HUODIANCHANG RANLIAO GUANLI
GANGWEI PEIXUN JIAOCAI

# 火电厂燃料管理

## 岗位培训教材

张宏亮　苏　伟　李　薇
解玉磊　张吉范　付殿峥　编著

## 内 容 提 要

本书以电厂燃料技术利用为主线，以“全生命周期”管理理念，建立了现代燃料管理体系，系统介绍了燃料采购、运输、计价和结算、统计及业务核算，重点阐述了燃料储存时的煤场管理、煤场盘点、燃料储存时发生的自燃，以及自燃控制措施，并对输煤设置进行了全面介绍。此外也涉及燃料油的基础知识。最后，介绍了燃料经济活动分析。为帮助读者学习使用，我们还同步编写了《火电厂燃料检测岗位培训教材》，希望这两本书的出版，能够使燃料管理、检测人员全面掌握岗位知识，并深化应用。

本书可供从事和关心动力燃料特别是电力燃料的工程技术人员、科研人员、管理人员，以及高等院校相关专业师生参考使用。

**图书在版编目（CIP）数据**

火电厂燃料管理岗位培训教材/张宏亮等编著．—北京：中国电力出版社，2017.1（2019.8 重印）

ISBN 978-7-5123-9782-8

Ⅰ.①火…　Ⅱ.①张…　Ⅲ.①火电厂-燃料管理-岗位培训-教材　Ⅳ.①TM621.4

中国版本图书馆 CIP 数据核字（2016）第 219655 号

中国电力出版社出版、发行

（北京市东城区北京站西街 19 号　100005　http://www.cepp.sgcc.com.cn）

三河市航远印刷有限公司印刷

各地新华书店经售

*

2017 年 1 月第一版　2019 年 8 月北京第二次印刷

787 毫米×1092 毫米　16 开本　21.75 印张　534 千字

印数 1501—3000 册　　定价 **68.00** 元

# 前　言

能源是现代化的基础和动力。能源供应和安全事关我国现代化建设全局。电力作为关乎国计民生的重要能源供给方，肩负着重要责任。我国电力能源供应分为火力发电、天然气、核电、水力发电和光伏、风力发电、生物质能等新能源发电，其中火力发电是最主要的电力能源来源，截至2015年年底，全国装机容量15.3亿kW，这和我国资源状况紧密相关，并且可预见的是在今后相当长的一段时期内，火力发电仍将占据电力能源市场的重要位置。

我国对能源资源约束日益加剧，《国务院关于印发大气污染防治行动计划的通知》提出，到2017年，煤炭占能源消费总量比重降低到65%以下。在此背景下，相比其他电力能源，以煤炭为主的火力发电必须更多地承担起节能减排的重任。

燃料是火力发电厂的“食粮”，燃料成本已占到电厂发电成本的70%以上。在火电企业节能降耗的大背景下，抓好燃料质量管理不仅关系到电厂经济效益和保证电厂锅炉安全经济运行，更重要的是实现燃料领域的节能减排，从源头上把好燃料质量关，提高火力发电厂燃料管理水平，减少因人为或管理落后导致煤炭的非正常损耗，从而保证电源质量，进而维护电网稳定。

目前我国燃料管理方面的标准仅为《燃料检验工作全面质量管理准则》(SD 322—1989)，自实施至今时间很长，已不能满足当今的煤检专业技术状况、燃煤管理状况、煤检行业标准体系建设状况。新的电力行业标准正在制定中。在煤炭以质论价的时代，电力企业对燃料检测实验室都很重视，纷纷配备先进的仪器设备，但在燃料管理方面则了解不多，可借鉴的资料不多，主要依靠积累的实践经验和历史统计数据，已不能适应现代化燃料管理需要。虽然一些新的锅炉燃烧技术推广应用，但粗放的燃料管理将新技术带来的经济效益抵消掉，因此建立燃料管理体系，实行科学化、规范化、制度化燃料管理刻不容缓。

燃料管理实际上就是对电厂燃料全过程的管理和监督，以降本增效为出发点，实行科学燃料管理，做好制度建设和过程管理，强化思想意识，提升人员素质，为发电企业实现降低发电成本、确保机组安全经济的目标提供了坚实保障。燃料管理必须实行“全生命周期”管理理念，贯穿于燃料由“生（入厂）”

到“死（燃烧）”的始终，包括燃料计划编制、采购、运输、燃料质量和数量验收、接卸、结算、核算、统计分析、煤炭储存科学管理、盘点、燃料设备等。

本书特色鲜明、重点突出、深浅适度、理论实践相结合，对“全生命周期”燃料管理进行了完整和深入的介绍，反映了国内外最新的研究进展，希望可为从事燃料相关领域的工程技术人员、科研人员、管理人员及高等院校相关专业师生提供一些有益帮助和参考。为帮助读者学习使用，我们还同步编写了《火电厂燃料检测岗位培训教材》，希望这两本书的出版，能够使燃料管理、检测人员全面掌握岗位知识，并深化应用。

本书由广东电网有限责任公司电力科学研究院张宏亮高级工程师和华北电力大学李薇教授等编著，其中张宏亮负责第一～四章、第十章，解玉磊、付殿峥负责第五章，张吉范负责第六章，李薇负责第七、九章，苏伟负责第八章。全书由张宏亮统稿，李薇负责文字编辑。在本书的编写过程中，华北电力大学研究生汤烨、焦阔、龚奂彰提供了很多支持和帮助，在此表示感谢。

限于编著者水平，书中难免存在不足之处，敬请读者批评指正。

作　者

2016年11月

# 目　录

第一章

# 燃料采购

电厂燃料管理从编制燃料需用计划开始，包括订货采购、燃料运输、燃料质量计量、质量验收、燃料结算、燃料储存，直到混配后入炉燃烧为止。如何采购到符合电厂锅炉燃烧标准的煤炭是整个燃料管理的第一步。近年来发电企业的市场环境发生了深刻的变化，一方面电力供需矛盾突出，不少地区存在夏季缺电现象，工业用电要错峰用电；另一方面，电煤供应从趋紧到宽松甚至过剩，价格总体水平大幅减低，以大优5500cal动力煤为例，2003年3月为268元/t，2008年7月上升到980元/t，2014年9月下降到470元/t，2015年12月370元/t。燃料供应已成为电厂生产的“瓶颈”，作为电厂的生命线，如何保证采购到质优价廉的、锅炉适用的电煤已成为燃料管理的重中之重。

## 1.1 电力用煤分类

煤炭的用途十分广泛，根据使用目的可分为两大主要类型：动力用煤和炼焦用煤，电力用煤属于动力用煤，但电力用煤和动力用煤有很多不同之处。

**1. 动力用煤**

动力用煤是按煤的用途进行分类的，它是指通过燃料燃烧的方式将煤的热能转化为动力的所有煤种。动力用煤包括发电用煤、船舶用煤、蒸汽机车用煤、一般工业锅炉用煤、生活用煤、冶金用动力煤、建材用煤等，其中建材用煤占动力用煤的10%以上，一般工业锅炉用煤量占动力用煤的30%，生活用煤占动力用煤的20%。动力用煤是我国煤炭最主要的用途，根据煤炭的不同用途，对其质量有不同要求，即使是同一用途，例如，工业锅炉、电厂锅炉都是锅炉用煤，但它们对煤质的要求也各不相同；即使是同一种锅炉，也因锅炉容量及采用的燃烧方式不同，对煤质的要求也不相同。就煤炭类型而言，动力用煤主要有长焰煤、褐煤、不黏结煤、弱黏结煤、贫煤和黏结性较差的气煤及少部分无烟煤；就商品煤而言，主要有洗混煤、洗中煤、煤泥、末煤、粉煤和筛选煤等。此外，某些高灰、高硫而可选性又很差的气煤、肥煤、焦煤、瘦煤等炼焦煤种也属于动力用煤。

工业锅炉分布最广，消耗煤炭最多，是动力用煤中的“大户”，我国工业锅炉燃料分类见表1-1。

由表1-1可知，工业锅炉所用燃料类别很广，既有煤炭，又有天然气、燃料油等，在煤炭中从褐煤到无烟煤甚至煤矸石都有。但是锅炉都有其设计煤种，虽然工业锅炉用煤炭比较广泛，但对具体每一台锅炉而言，需要提供给其适合的煤种，否则不仅热效率降低，更有可能造成锅炉灭火甚至事故，威胁锅炉运行安全。

表 1-1　　工业锅炉燃料分类

| 序号 | 燃料类别 | | 挥发分 $V_{daf}$（%） | 水分 $M_t$（%） | 灰分 $A_{ar}$（%） | 发热量 $Q_{net,ar}$（MJ/kg） |
|---|---|---|---|---|---|---|
| 1 | 石煤 | Ⅰ类 | — | — | >50 | 5.436 |
| | | Ⅱ类 | — | — | >50 | 5.436～8.363 |
| | | Ⅲ类 | — | — | >50 | >8.363 |
| 2 | 煤矸石 | | — | — | >50 | 6.272～10.454 |
| 3 | 褐煤 | | >40 | >20 | >20 | 8.363～14.636 |
| 4 | 无烟煤 | Ⅰ类 | 5～10 | <10 | >25 | 14.636～20.908 |
| | | Ⅱ类 | <50 | <10 | <25 | >20.908 |
| | | Ⅲ类 | 5～10 | <10 | <25 | >20.908 |
| 5 | 贫煤 | | 10～20 | <10 | <30 | >18.817 |
| 6 | 烟煤 | Ⅰ类 | ⩾20 | 7～15 | >40 | 10.454～15.472 |
| | | Ⅱ类 | ⩾20 | 7～15 | 25～40 | 15.472～19.654 |
| | | Ⅲ类 | ⩾20 | 7～15 | <25 | >19.654 |
| 7 | 油母页岩 | | — | 10～20 | >60 | <6.272 |
| 8 | 甘蔗渣 | | ⩾40 | ⩾40 | ⩽2 | 6.272～10.454 |
| 9 | 燃料油 | | — | — | — | 40.562～43.070 |
| 10 | 天然气 | | — | — | — | 3.345～3.763（$MJ/m^3$） |

**2. 发电用煤**

电厂锅炉和工业锅炉虽然都属于锅炉，但电厂锅炉单机容量远大于工业锅炉，目前我国电厂已成为最大的煤炭消耗者，年耗用煤炭 17 亿 t，占我国年煤炭开采量的 51%。电厂锅炉都是根据特定煤种设计的，并且由于电力生产的特殊性，电厂锅炉必须具备较高的安全性、连续性，因此电厂锅炉对煤种要求比较严格。同时电厂锅炉多是大容量、高参数的锅炉，煤炭燃烧温度高，对煤的着火燃烧特性及煤灰的熔融性等指标要求也高。

发电用煤的煤质要求主要包括以下几方面。

（1）发热量。火力发电厂是将煤中的化学能转化为电能，因此最主要的指标是煤的发热量。它不仅是煤炭分类的依据，也是发电厂锅炉热平衡、配煤燃烧、煤炭计价、煤耗计算的主要依据。发电用煤的发热量要符合电厂锅炉设计煤种的热值要求，但并不是发热量越高越好。国内 30MW 的发电机组一般要求燃煤发热量在 23.00MJ/kg（$Q_{net,ar}$）以上，对 60MW 机组最好在 25.09MJ/kg（$Q_{net,ar}$）以上，一般中小型电厂燃煤发热量多在 18.82～23.00MJ/kg（$Q_{net,ar}$）。发热量技术条件见表 1-2。

表 1-2　　发热量技术条件

| 符号 | $Q_{net,ar}$（MJ/kg） | 测定方法 |
|---|---|---|
| $Q_1$ | >24 | GB/T 213—2008 |
| $Q_2$ | 21.01～24.00 | |
| $Q_3$ | 17.01～21.00 | |
| $Q_4$ | 15.51～17.00 | |
| $Q_5$① | >12 | |

注　① 适用于褐煤。

（2）挥发分。挥发分是发电用煤的重要指标，挥发分的高低对煤的着火和燃烧影响较大，挥发分高的煤易着火、火焰大、燃烧稳定，但火焰温度较低；挥发分低的煤，不易点燃，燃烧不稳定，但火焰温度高。我国大部分火力发电厂燃煤以烟煤为主，其挥发分（$V_{daf}$）一般在10%以上，其中，挥发分大于20%甚至为30%～40%时更易于燃烧。以褐煤为主的电厂，特别是近几年沿海电厂大量进口印尼煤来掺烧，印尼煤就属于褐煤，其挥发分一般都在40%以上。以无烟煤作为设计煤种的电厂，挥发分一般在8%～12%。电厂用煤的挥发分应以符合锅炉设计时要求为宜。挥发分技术条件见表1-3。

**表1-3　　挥发分技术条件**

| 符号 | $V_{daf}$（%） | $Q_{net,ar}$（MJ/kg） | 测定方法 |
|---|---|---|---|
| $V_1$[①] | 6.50～10.00 | >21 | GB/T 212—2008、GB/T 213—2008 |
| $V_2$ | 10.01～20.00 | >18.5 | |
| $V_3$ | 20.01～28.00 | >16 | |
| $V_4$ | >28 | >15.50 | |
| $V_5$[②] | >37 | >12.00 | |

注　① 不宜单独燃用。
　　② 适用于褐煤。

（3）全硫。煤中硫分可分为可燃硫和不可燃硫，硫分是一种有害的成分，对煤的贮存、燃烧和环境保护都会带来不利影响，主要是引起锅炉高、低温受热面的腐蚀，加快运煤机的磨损，促进煤在贮存时的氧化自燃，并且硫分燃烧后产生的$SO_2$对环境产生污染，造成“酸雨”现象，因此煤中硫分越少越好。从我国发电用煤的实际情况来看，燃煤的硫分低于1%最好，但很多电厂的燃煤硫分往往在1%～2%之间，有些甚至超过2%。对高硫煤进行脱硫在现代火力发电厂特别是沿海发达地区应是普遍要求，虽然$SO_2$脱硫效果一般都可以在90%以上，但硫含量越高，脱硫成本会越大，因此应尽可能地采用低硫煤。硫分技术条件见表1-4。

**表1-4　　硫分技术条件**

| 符号 | $S_{t,d}$（%） | 测定方法 |
|---|---|---|
| $S_1$ | ≤0.50 | GB/T 214—2007 |
| $S_2$ | 0.51～1.00 | |
| $S_3$ | 1.01～2.00 | |
| $S_4$ | 2.01～3.00 | |

（4）灰分。同硫分一样，灰分对电厂也有不利影响，煤中灰分越多，可燃物成分就相对减少，发热量就越低。燃用高灰分煤会使机械不完全燃烧热损失和排烟热损失增大，加快锅炉设备的磨损，并且排放的灰渣粉尘影响环境，缩短贮灰场的使用寿命，因此发电用煤的灰分一般不宜太高，应在符合锅炉设计煤种的要求下尽量选用低灰分煤。灰分技术条件见表1-5。

**表1-5　　灰分技术条件**

| 符号 | $A_d$（%） | 测定方法 |
|---|---|---|
| $A_1$ | ≤20.00 | GB/T 212—2008 |
| $A_2$ | 20.01～30.00 | |
| $A_3$ | 30.01～40.00 | |

（5）煤灰熔融性。煤灰熔融性是动力用煤的主要指标，它反映煤中矿物质在锅炉中的动态变化，在电厂中具有重要意义，它可提供锅炉设计选择炉膛出口烟温和锅炉安全运行依据，并且可以预测锅炉燃煤结渣，判断煤灰的渣形。不同燃烧方式和排渣方式对煤灰的熔融性温度有不同的要求，对固态排渣的发电厂煤粉锅炉来说，煤灰熔融性温度要高，以防炉渣结渣，通常要求煤灰熔融性软化温度（ST）大于1350℃，但燃用神府煤、东胜煤、大同煤的电厂，这些煤灰的熔融性软化温度普遍在1250℃左右。

对少数液态排渣的气化炉和电厂锅炉来说，要求煤灰熔融性流动温度（FT）越低越好，一般以FT小于1200℃最好，以避免排渣困难。煤灰熔融性软件温度技术条件见表1-6。

**表1-6　煤灰熔融性软件温度技术条件**

| 符号 | ST（℃） | 测定方法 |
|---|---|---|
| $ST_1$ | 1150～1250 | GB/T 219—2008 |
| $ST_2$ | 1260～1350 | |
| $ST_3$ | 1360～1450 | |
| $ST_4$ | ＞1450 | |

（6）可磨性。煤的可磨性是衡量煤是否易于粉碎的指标，它与煤的变质程度、矿物质种类及其含量多少等有关，通常用哈氏可磨指数（*HGI*）表示。我国火力发电厂普遍采用煤粉燃烧，因此煤的*HGI*越高越好，*HGI*越高表示煤越易破碎，如选用可磨性太差的煤，则会增大其磨损电耗，加速磨煤机损耗，一般对烟煤的*HGI*值以大于50较好，至少也应在45以上。我国动力用煤可磨性指数*HGI*的变化范围为45～127，其中绝大多数为55～85，煤的*HGI*技术条件见表1-7。

**表1-7　煤的*HGI*技术条件**

| 符号 | *HGI* | 测定方法 |
|---|---|---|
| $HGI_1$ | 40～60 | GB/T 2565—2008 |
| $HGI_2$ | 60～80 | |
| $HGI_3$ | ＞80 | |

（7）水分。煤中都存在一定含量的水分，水分不能燃烧，并且煤炭燃烧时水分蒸发还要吸收一部分热量，导致炉膛温度下降，煤粉着火困难，煤粉斗和给粉机易出现煤粉黏结现象。水分增加会加大排烟热损失和引风机耗电量，增加锅炉尾部低温处硫酸凝结，腐蚀空气预热器和烟囱等部件，同时，水分也是引起煤炭储存时自燃的因素之一，对煤炭计价也会产生较大影响，这在煤炭计价章节会重点介绍。全水分技术条件见表1-8。

**表1-8　全水分技术条件**

| 符号 | $M_t$（%） | $V_{daf}$（%） | 测定方法 |
|---|---|---|---|
| $M_1$ | ≤8.00 | ≤37.00 | GB/T 211—2008、GB/T 212—2008 |
| $M_2$ | 8.1～12.0 | ≤37.00 | |
| $M_3$ | 12.1～20.0 | ＞37.00 | |
| $M_4$ | ＞20.0① | | |

注　①适用于褐煤。

对火力发电厂煤炭来说，除褐煤外，一般发电用煤的水分以不超过15%为宜，我国电厂锅炉所用煤炭按着火燃烧特性分为五大类，具体见表1-9。

表1-9　　煤炭按着火燃烧特性分类

<table>
<tr><th colspan="2" rowspan="2">类别</th><th colspan="2">煤质着火特性</th><th rowspan="2">灰分 $A_{ar}$（%）</th><th rowspan="2">水分 $M_t$（%）</th><th rowspan="2">硫分 $S_{t,d2}$（%）</th><th rowspan="2">灰分软化温度ST（℃）</th></tr>
<tr><th>$V_{daf}$（%）</th><th>$Q_{net,ar}$（MJ/kg）</th></tr>
<tr><td colspan="2">无烟煤</td><td>$V_1>6.5 \sim 10$</td><td>>20.91</td><td rowspan="5">$A \leqslant 24$<br>$24<A_2<34$<br>$34<A_3<46$</td><td rowspan="4">$M_{ar1} \leqslant 8$<br>$8<M_{ar2}<12$</td><td rowspan="5">$S_{t,d1} \leqslant 1.0$<br>$1<S_{t,d2}<3$</td><td rowspan="4">ST>1350</td></tr>
<tr><td colspan="2">半烟煤</td><td>$V_2>10 \sim 19$</td><td>>18.40</td></tr>
<tr><td rowspan="2">烟煤</td><td>Ⅰ类</td><td>$V_3>19 \sim 27$</td><td>>16.31</td></tr>
<tr><td>Ⅱ类</td><td>$V_4>27 \sim 40$</td><td>>15.47</td></tr>
<tr><td colspan="2">褐煤</td><td>$V_5>40$</td><td>>11.70</td><td>$M_{t1} \leqslant 22$<br>$22<M_{t2}<40$</td><td>不限</td></tr>
</table>

## 1.2　煤炭采购方式

2015年，我国煤炭消费量37.5亿t，其中，商品煤消费量34.61亿t，而电力行业是商品煤最大用户，耗煤约18.39亿t，占比53.1%，电厂煤炭采购从过去传统的计划供应到市场采购，并逐步向煤电联合方向发展。

**1. 传统计划供应**

煤炭从开采到送到用户，需要煤矿、铁路、海运、交通、码头等各单位协同作业才能完成。在计划经济时代，我国煤炭一直采用集中订货方式，每年召开一次全国煤炭订货会，根据国家下达的煤炭分配计划和调配方案，供、需、运三方在订货会上协商、调整，随后由产煤省和煤矿安排分矿、分品种、分供货时间的供应方案，与用户协商一致后签订供货合同。合同签订后，由各煤矿提出月度的到站及收货单位明细表和要车计划，报送有关铁路局、港务局安排运输计划，组织运输。对发电厂而言，根据发电量编制煤炭需求计划，在全国煤炭订货会上签订采购合同，这是过去电厂煤炭供应的方式。

随着煤炭的市场化，我国原有计划经济逐步走向市场经济，这种统一的煤炭订货会逐步消失。对发电厂来说，虽然通过这种订货会方式可以获得基本的保证，但其也有不尽合理的地方，首先是合同执行期长，统一签订合同后不能随行就市，不能充分反映市场变化，在供不应求的情况下，市场价高于计划价，供应执行计划的积极性低，合同兑现情况差；在供大于求的情况下，国家计划价高于市场价，给电厂造成实际经济损失。其次，煤炭已高度市场化，但煤炭订货会还是计划时代的产物，与目前的市场经济不符。近几年来煤炭价格不断上涨，面对涨价压力，国内发电企业上网电价还是国家统一控制，不能市场化，造成煤炭供应方和电力企业之间的矛盾越来越大，煤炭订货会上双方很难签订合同，即使签订合同也难以兑现。

**2. 市场采购**

鉴于煤炭的市场化，传统的煤炭订货会难以维持下去，2009年12月15日，国家发展和改革委员会（简称“发改委”）下发了《关于完善煤炭产运需衔接工作的指导意见》，2010年度煤炭视频会、衔接会及汇总会全部取消。从2010年以后，煤炭和电力企业将完全自主进行煤炭价格谈判，发电企业可根据本企业的用煤品质、数量进行市场采购，自主度大、选择多，价格随行就市。为了增大与供方的价格谈判力度，发电企业一般以集团公司如五大发电集团统一进行采购，可以增加抵御市场变化、调剂市场的能力，形成对煤矿价格上升等营销策略调整的强大阻力。集中采购要求电力企业燃料采购人员了解市场，熟悉市场法制和法规，掌握市场脉搏，同时也要注意自身的形象和信誉，与煤炭的供、运各方协调、协商，懂得运用价格杠杆来确保电煤供应。

市场化的采购虽然供应面广，但也面临煤价随行就市、质量不稳定情况，因此发电企业往往与国有大型煤炭供应企业建立长期供货合同，例如神华集团有限责任公司（简称“神华集团”），因为煤炭质量稳定，往往成为很多发电企业的主要煤炭供应商。

近年来，随着国内煤价的不断上涨，为了采购质优价廉的煤炭，境外煤如印尼煤、越南煤、澳洲煤就成为国内发电企业关注的对象，特别是我国放开了煤炭进口关税，进口煤价格与国内煤价格相比，存在一定的价格优势，因此，我国电力企业进口煤的数量逐年增多，2009 年由煤炭净出口国转变为净进口国后，2013 年进口煤炭 3.27 亿 t。但 2015 年以来，受国内煤炭价格大幅下滑及恢复煤炭进口关税等因素影响，进口煤优势减弱，进口量在经历了连续 5 年快速增长后，首次出现同比下降，2015 年全年进口煤炭量为 2.04 亿 t，其中印尼煤 7376.25 万 t，澳大利亚煤 7090.78 万 t，朝鲜煤 1958.12 万 t，俄罗斯煤 1579.70 万 t，蒙古煤 1438.85 万 t，煤种主要是烟煤和褐煤，占比超过 50%。进口煤炭排名前六名的分别是印尼、澳大利亚、朝鲜、蒙古、俄罗斯和加拿大，进口电煤占到进口煤的大多数。我国进口煤炭情况如图 1-1 所示。

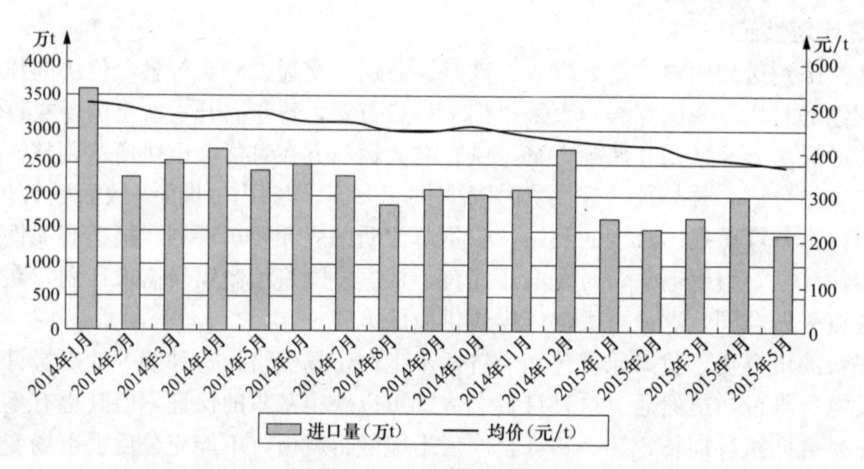


图 1-1　我国进口煤炭情况

2012 年后，随着国内煤炭价格的大幅持续下降，国内煤和进口煤价格差距不断缩小，2016 年以来已经出现国产煤和进口煤价格倒挂，但对广东、广西等沿海地区，采购印尼煤等仍有一定的价格优势。我国动力煤进口成本主要由在矿方采购成本、运输成本、税费等构成，表 1-10 分析了印尼煤和澳洲煤成本构成。

**表 1-10　　2015 年印尼煤和澳洲煤成本构成**

| 品种 | FOB（美元） | 运费（美元） | 汇率 | 增值税 | 关税 | 商检、报关 | 码头费 |
|---|---|---|---|---|---|---|---|
| 印尼煤（热值 3800cal） | 26 | 3 | 6.4 | 17 | 0 | 1.5 | 45 |
| 澳洲煤（热值 5500cal） | 47 | 7 | 6.4 | 17 | 6 | 1.5 | 45 |

**注**　进口煤库提价（元/t）=（FOB+运费）×汇率×增值税+关税+商检、报关+码头费。

**3. 煤电联合**

我国 2015 年商品煤消费量为 34.61 亿 t，其中，电力用煤耗用量为 18.39 亿 t，占 53.1%。电力企业作为最大的动力用煤用户，如何降低煤炭采购成本，保证稳定可靠的煤炭供应是一个亟需解决的问题，而煤炭企业和电力企业联合是一种有效的解决方式，电力企业出资煤矿，不仅可以保证稳定的电煤供应，也能降低煤炭采购价格，同时电煤质量也能得到保证。燃料质量的差异与价格高低直接相关，在市场经济下，为了获取更大的利益，存在以次充好、弄虚作假现象，不仅直接影响到电力企业的经济效益，更重要的是质量低劣或不适用的燃料入炉，对电力企业的安全生产造成威胁，而煤电联合则将双方利益结合在一起，杜绝了煤炭贸易中的不良现象，保证了电力煤炭供应的安全性。截至 2015 年，煤炭企业参股、控股电厂权益装机容量 1.5 亿 kW，占全国火电装机容量的 1/6，例如，察哈素煤矿、淮南中电投的煤矿电厂联营合作，华能集团收购内蒙古扎赉诺尔煤业有限责任公司，设立山西阳泉石港煤业有限责任公司，重组北方电力获得煤矿，收购澳大利亚昆士兰州 MONTO 煤矿，投资丰玉矿井建设项目，与甘肃华亭煤业集团有限责任公司开发煤矿；国电集团投资新疆煤矿，联手黑龙江龙煤矿业控股集团有限责任公司建设大型煤电基地，投资同煤国电同忻煤矿有限公司；大唐发电投资山西塔山煤矿，投资河北蔚州能源综合开发有限公司，取得锡林浩特胜利煤田东二号煤矿的采矿权，投资铁岭煤炭能源综合开发项目，在陕北能源化工基地开发建设煤电化一体化项目；华电集团投资新疆哈密淖毛湖煤电一体化项目；中国电力投资集团打造白音华亿吨级煤田；粤电集团投资澳洲纳拉布莱煤矿；华润电力集团预计于山西的太原购买 21 个煤矿，有关的年产能将超过 700 万 t，并会将其整合为 13 个煤矿，完成收购后，集团会通过提升技术及扩充煤矿，令其产能于 2012 年提高至逾 3000 万 t，相当于其约三分之一的消耗量。

## 1.3　燃 料 采 购 计 划

**1. 年度燃料采购计划编制**

年度燃料采购计划应与电厂发电生产计划同步编制，制订年度采购计划要依据年度预期发电量、煤耗、库存调整，以及上一年度的燃料定货基数等因素。编制燃料年度采购计划前必须对煤炭市场进行充分调研、分析和预测，并与供应商充分沟通和协商，确保被列入计划的燃料完全落实。同时采购计划中要详细列明供应商、供应量、品种、质量、预计到电厂价格、运输方式和要求等内容。对本地区的电力燃料供应情况、市场价格波动及采购难易程度应有充分的估计和前瞻性。

**2. 月度采购计划编制**

月度采购计划不能简单地将年度计划按月平均分摊，月度采购计划根据月度发电量预计、煤耗、库存量、其他耗用量、市场变化等因素制订。月度采购计划要列明供应商名称、月度订货量、累积到货率、采购价格、采购燃料质量指标等有关以质论价的内容。在编制月度计划时首先考虑重点合同量的供应，其次考虑非重点合同量的供应，在燃料供应紧张情况下，可以考虑市场采购，并优先向长期合作方采购。

**3. 燃料采购计划执行**

制订燃料采购计划后，要严格执行。年度采购计划通过全国性的燃料交易订货，落实资源、运力、质量、价格。由于燃料供应方式不同，在计划执行过程中，首先保证重点计划的落实，其次争取非重点计划量，燃料缺口部分尽可能通过长期合作方的市场采购补充资源，确保燃料供应的稳定性。对已落实的燃料资源、运力、价格，通过合法的书面合同方式，由供需双方签订。

燃料月度采购计划根据不同的供应商或供应渠道分别落实。重点和非重点计划，在计划编制前通过与供应商的合同保证计划的可操作性。与供应商签订的燃料采购合同，明确供应数量、供应时间、品种、质量、价格、以质论价的加扣标准和违约责任等，把计划落实到具体供应单位。需要临时采购的事先做好市场调研，做到心中有数，保证临时采购量质价的合理性。列入月度燃料采购计划后，须加强催交催运，确保计划供应。月度燃料采购计划都必须通过签订购销合同协议加以落实，每一批燃料采购业务都必须有对应的买卖合同或协议。

**4. 燃料采购计划的调整**

在执行过程中，由于一些不确定因素的产生，燃料采购计划要进行调整。不确定因素一般有以下几种：供方发生重大变故，包括矿难、采掘到地质断层、企业发生重大变更等；燃料市场发生重大变化，资源供应、燃料价格出现大幅度波动；运输环节发生重大变化，特别是铁路、海运出现过度紧张或运力极度缺乏；供需双方在商务上发生重大纠纷，难以保证计划的继续执行；需要调整的计划量超过原计划量10%以上的或重点合同量改为市场采购量的。燃料采购计划调整的采购部分，必须在燃料结算前签订合同或协议。燃料采购计划的调整结果，最好不提高燃料的平均采购成本。

电力生产的特殊时期，如“迎峰度夏”和“备冬储煤”期间，燃料采购计划按季度编制，编制前应与供应方和运输单位进行沟通，认真做好特殊时期的资源、运力落实工作。“迎峰度夏”和“备冬储煤”期间的燃料采购计划编制后，可与燃料月度采购计划一同上报到上级主管部门。

## 1.4 煤炭采购

**1. 煤炭采购时间**

近年来，煤炭市场行情呈现波浪向上的走势，市场一直处于变化的状态中，呈现W形走势。第一季度，年初低温天气使取暖负荷大幅上升、发电量快速增长，水电站由于枯水期水电减发，煤炭需求旺盛，临近春节煤矿会减少，煤炭产能有限，导致年底煤炭市场供需关系偏紧，煤价处于较高水平。春节后煤矿开始释放产能，煤炭需求和价格逐渐回落。第二季度，工矿企业生产持续复苏，高耗能行业用能快速增加，加之发电企业提前储煤迎峰度夏，拉动煤炭需求“淡季不淡”。第三季度，迎峰度夏期间，水电满发，重点发电企业库存充裕，煤炭供需保持平稳，并保持一段时间，煤炭消费“旺季不旺”。第四季度，10月后受我国冬储煤在即等因素影响，煤炭价格快速上涨，恢复到年初水平。例如，2010年初秦皇岛港5500kcal煤炭价格为805元/t左右，3月份降到675元/t，5月份到9月份在760元/t和720元/t之间徘徊，到11月底达到807元/t，与年初价格持平。火力发电厂采购市场煤炭时要了解煤炭市场这种行情，采用灵活多变的采购方式，在低煤价时多采购以降低全年燃料采购价格，提高电厂经济效益。

**2. 燃料采购策略**

煤炭采购是一个全面了解市场，掌握市场动态的综合工程，现代化的火力发电厂要在燃料采购中采取以下采购策略：

（1）全面了解煤炭市场和其他电厂的需求及价格情况，根据自身需求采用不同煤种和不同性价比的电煤。在确定煤炭价格前，必须对煤炭市场进行充分的调查研究和预期分析，从煤炭供应结构、供煤商选择、运输方式等方面进行整体、系统的分析，建立长期电煤价格数据库。一方面，通过市场调研和预期分析指导当前需要采购的煤炭价格；另一方面，对长期或一年的煤炭价格预测和确定有着积极的意义。

（2）要尽量按照锅炉设计煤种进行采购，以便最大限度地提高锅炉效率，确保机组的安全性和经济性。同时要综合分析校正采购煤种。火力发电厂随着新技术的不断应用，锅炉燃烧适用煤种的广泛性有了较大提高，这为火力发电厂在市场中提供了更为宽广的采购空间和选择机会。在燃烧不受影响、锅炉效率良好、标准煤单价偏低、煤耗稳定的情况下，可以合理调整煤种结构和煤质结构，并通过科学的掺配燃烧，最终达到降低燃煤成本的目的。

（3）要用阶梯式煤质定价方式，杜绝劣质煤进厂。煤炭采购定价要科学合理，不能采用每百大卡多少钱的简单定价，而应采用阶梯式煤质定价方式，力求细化。另外，定价时最好采用一票制结算，这样可避免因运距与运费不同，煤款与运费税差不同，导致同样的煤价而运距远的成本较高。

**3. 煤炭合同**

煤炭采购确定供需双方意愿后需要签订正式的合同，依据《中华人民共和国合同法》，煤炭采购合同应包括以下基本内容：

（1）甲方：供货单位。负责供应燃料的企业。

（2）乙方：收货单位。负责收货的企业。

（3）到站。燃料运到的地点，如铁路运输的，到站填写车站名，如是水陆运输的，填写到达港口名称。

（4）矿别品种。商品煤的生产单位和品种。

（5）数量。本次采购的煤炭数量。

（6）计量单位。按国家规定，煤炭计量单位为吨（t）。

（7）交货方式。交货方式有两种：一种是送货或代运，一种是需方自提。

（8）交货期限。由供需双方协商确定。

（9）品种质量标准。商品煤的质量标准在签订合同时应明确规定，按相应国家标准签订合同。

（10）数量、质量验收。发电燃料到站进厂后，需方按照合同规定的质量标准，对每批燃料数量和质量进行验收，在合同中明确验收地点、时间、方法，以及发生纠纷时的处理方法等。

（11）燃料价格。合同中应明确规定燃料品种的单价。

（12）结算方式。合同中明确规定结算时间、结算银行账号等。1994 年中国人民银行提出对煤炭、电力、冶金、化工和铁路的货款结算推行商业汇票。

（13）合同附则和签署。附则一般规定合同的有效期限、合同份数、未尽事宜的处理和合同变更修改办法等。签署主要是说明双方企业名称、企业法人代表姓名，并加盖公章和代表人签字。

（14）违约责任。

以下是一份煤炭购销合同样本。

# 煤炭购销合同

合同编号：

甲方（需方）：

乙方（供方）：

**一、货物**

| 货物名称 | 规格型号 | 产地 | 计量单位 | 数量 | 单价，元/t | 总价 | 备注 |
|---|---|---|---|---|---|---|---|
| 煤 | 5000cal/kg | | t | | 随行就市 | | |
| | | | | | | | |
| 总结合计人民币金额（大写） | | | | | | | |

（一）数量变更，可采取第1种方式：

1. 合同有效期内，甲方有权要求乙方按约定数量履行，乙方违约应承担违约责任，甲方同意数量变更的除外；

2. 合同有效期内，甲方已预付全部或部分货款的，乙方没有全部发货的，甲方有权对未发货部分货物数量提出变更；

3. 其他约定：______

（二）价格变更，可采取第1种方式：

1. 价格变更需双方协商，并另签书面变更补充协议，任何一方不得单方变更；

2. 合同有效期内，甲方已预付全部或部分货款的，收货结算时，参照甲方所在地市场价格，与本合同单价相比，遇涨不涨，遇降则降；

3. 其他约定：______

**二、质量标准**

双方对货物的质量标准采取下列第2种方式：

（一）按国家标准______执行，合同有效期内遇有国家标准变更的，按更新后的国家标准执行。

（二）质量规格（以第三方实验室检测结果为准或双方约定）。

1. 收到基低位发热值：$Q_{net,ar}\geqslant 5000cal/kg$；

2. 挥发分：$V_{ad}=22\%\sim 28\%$；

3. 全水分：$M_t\leqslant 8\%$；

4. 含硫量：$S_{t,ad}\leqslant 0.7\%$；

5. 焦渣特性：2～5；

6. 灰分：$A_{ad}\leqslant 24\%$；

7. 粒度：精度小于3mm占30%以下，大于3mm占70%以上。

（三）双方认可的气体标准：____________。

**三、合理损耗及计量方法：±__%，以双方共同认可的验收机构_____验收为准**

**四、运输方式和运杂费的承担**

双方当事人对运输方式和运杂费的承担选择第(一)方式：

（一）乙方负责___运输并承担运杂费；

（二）乙方负责办理___运输手续，甲方承担运杂费；

（三）甲方负责办理___运输手续，乙方承担运杂费；

（四）甲方自提，并承担运杂费。

**五、交费货物时间、地点**

（一）双方选择第四条（一）方式的，乙方应当于___日前将货物运抵甲方指定地点：___。双方选择第四条（三）、（四）方式的，提货时间为___，提货地点为：___。

（二）装卸货物及费用的约定：____________。

**六、货物所有权及风险转移**

货物所有权自甲方全部收到货物转移至甲方。

货物损毁、灭失的风险自甲方或者甲方指定的收货人实际接收货物时转由甲方承担。

**七、煤炭检验**

（一）数量确认：

以实际货物到达甲方指定地点，并由第三方出具的实际货物质量单据为准。

（二）质量检验及责任：

煤炭检验数据以第三方化验室出具的检验报告为准。

**八、价款结算**

（一）双方按照第七条（一）确认的数量进行价款结算。

（二）甲方应当于收到全部货物___日内，以_______方式向乙方支付价款。

（三）由甲方承担的运杂费等相关费用，甲方应当_____支付。

（四）因煤质问题调整价格或拒收：__________________。

因上述原因导致价格调整或拒收货物的，双方应当自货物交付完成起___日内，按照实际预付款数额，多退少补。

**九、奖罚措施**

1. 合同签订的同时，乙方应向甲方交纳___元的合同保证金；

2. 乙方严格按甲方进煤计划和本合同有关质量要求供货，因供货不及时或未达到本合同有关质量要求给甲方生产造成的一切损失，由乙方承担，所交保证金甲方不再退还（或从尚欠煤炭款中扣除）；

3. 全水分大于8%的部分，按比例扣除质量；

4. 收到基低位发热值在4901～5000cal/kg之间，扣减10元/t，在4801～4900cal/kg，扣减20元/t，低于4800cal/kg拒收，甲方终止合同；

5. 收到基低位发热值5000～5500cal/kg内，每增加100cal/kg，价格上调10元/t，在5500～5800cal/kg内，发热量每增加100cal/kg，价格上调5元/t，大于5800cal/kg不再上调价格；

6. 含硫量在指标要求范围内每高于0.1%，价格下调5元/t；

7. 挥发分在指标要求范围内每降低1%，价格下调10元/t。

**十、违约责任**

（一）乙方有下列情形之一时，应当向甲方支付20%违约金，并赔偿甲方因此而遭受的经济损失：

1. 乙方不能交货的；

2. 乙方交货不足的，甲方同意的除外；

3. 乙方逾期交货超过__日的；

4. 甲方请第三人销售本合同的货物时，因乙方原因致甲方被第三人追索而遭受损失的。

（二）乙方多交货物，甲方不同意变更合同数量的，甲方有权拒收多交的货物。乙方应当自行承担货物到达后的仓储、装卸及其他在到达地发生的费用，以及退货的各种费用，给甲方造成其他损失的，乙方应当赔偿。

（三）乙方交付的货物质量不符合合同约定的，甲方有权按照本合同第九条规定进行价格调整或者拒收。甲方拒收的，乙方应当自行承担货物到达后的仓储、装卸及其他在到达地发生的费用，以及退货的各种费用，给甲方造成其他损失的，乙方应当赔偿。

**十一、合同变更和解除**

合同有效期内，双方均不得随意变更或解除合同。合同如有未尽事宜，须经双方共同协商，作出补充约定，补充约定与本合同具有同等效力。

**十二、不可抗力**

任何一方由于不可抗力的原因不能履行合同时，应当及时向对方通报，在取得相关证明以后，可部分或者全部免予承担违约责任。

本合同所称不可抗力是指双方在订立合同时预见的重大自然灾害、战争等。

**十三、合同争议的解决方式**

本合同如发生纠纷由双方协商解决，如协商不成，可依法向甲方所在地人民法院起诉。

**十四、合同有效期**

本合同自签订之日起生效，有效期至____年____月____日。本合同一式四份，双方各执两份。

| | |
|---|---|
| 甲方：（盖章） | 乙方：（盖章） |
| 法定代表人或委托代理人： | 法定代表人或委托代理人： |
| 开户行及账号： | 开户行及账号： |
| 年　　月　　日 | 年　　月　　日 |

**4. 煤炭采购术语**

（1）煤炭分类术语。按煤的加工方法和质量规格可分为原煤、精煤、粒级煤、洗选煤和低质煤等五类。

1）原煤。煤矿生产出来的未经洗选、加工的煤称为毛煤。原煤是指从地下采掘出的毛煤经筛选加工去掉矸石、黄铁矿等后的煤。

2）精煤。精煤是指经过精选（干选或湿选）后生产出来的，符合质量要求的产品。

3）粒级煤。粒级煤是指通过筛选或精选生产的，粒度下限大于6mm，灰分小于或等于40%的煤。按不同的粒度可分为洗中块、中块、洗混中块、混中块、洗混块和混块、洗大块和大块、洗特大块和特大块、洗小块和小块、洗粒煤和粒煤。

4）洗选煤。洗选煤是指将原煤经过洗选和筛选加工后，去除或减少原煤中所含的矸石、硫分等杂质，并按不同煤种、灰分、热值和粒度分成若干品种等级的煤。其粒度分级为50、25、20、13、6mm以下。洗选煤可分为洗原煤、洗混煤、混煤、洗混末煤、混末煤、洗末煤、末煤、洗粉煤、粉煤等品种。除洗混煤的灰分要求小于或等于32%外，其余均要求小于或等于40%。

5）低质煤。低质煤是指灰分含量很高的各种煤炭产品。低劣煤灰分含量高，用于锅炉燃烧不仅经济性差，而且会造成燃烧辅助系统和对流受热面的严重磨损，以及维修费用的增加。

（2）煤炭价格术语。

1）坑口价：是指在坑口进行交易的价格，一般不包含除煤价外任何产生的费用（如山西装火车费用有代发费、站台费、装车费、借户费、能源基金等），即出厂价。

2）车板价：是指在火车已装载煤炭，即将发出之前除火车运费以外的一切费用。它包含煤炭的坑口价、税费、汽车运费、火车站台上的若干税费、铁路计划费等。

3）到库价：是指煤炭通过运输送到指定仓库的价格，包括车板价、运费、运输途中的其他费用。

4）库提价：是煤炭从仓库运出的价格，包括煤炭入库前的价格和仓库使用费。

5）平仓价：又称FOB价格，是指煤运到港口并装到船上的价格，包含了上船之前的所有费用，即卖方把煤炭装在船舶上，但不支付海运运费的交易价格。以秦皇岛港为例，1t煤到港装船平仓包含几个环节：①车皮进入秦皇岛港的各卸煤地点，进入翻车机房卸煤；②由皮带机倒放至煤垛，倒放至煤垛中有堆存费用，根据不同的公司有不同的费用标准；③由取料机从煤垛采煤，由皮带机送至装船机装船平仓。秦皇岛港这些装船平仓的整个流程的费用通称港口包干费，大概16元/t，堆存费另算。

6）一票价：是指除煤炭的车板价外，还包括了铁路运费和港杂费。一票价是指煤价加运费，开具全额增值税发票，税率为13%；两票包括了运费发票和煤炭增值税发票两项，其中运费票含税率为7%。

7）过驳价：是平仓价格加过驳作业费用。过驳作业是指大船靠码头、浮筒、装卸平台，或大船在锚地用驳船或其他小船装卸货物。过驳作业的费用由货主负担。但是，大船因受港口公布的吃水限制，在锚地、港外加载或减载的过驳作业费用由船方负担。

8）到岸价：又称到港价或CIF价格，是成本、保险费、海运运费（目的港）之和。

（3）煤炭交易术语。以秦皇岛海运煤炭交易市场为例进行介绍。

1）交易：是指交易商在自主沟通或在市场作为中介，通过业务大厅交易系统平台，进行签订煤炭购销合同、收付货款等最终实现货物有效交收的活动。

2）交易商：是指在中国境内注册登记，取得国家煤炭经营资格且具有良好资信，可从事煤炭交易的经营企业。入场交易商指依据市场交易规则和有关文件，符合入场交易的资格，在某煤炭交易市场从事煤炭产品交易活动的企业法人。

3）交易商品：是指经市场认定、在港口库场存放且可用于在交易双方签订煤炭购销合同中交收的标的物，包括煤炭品名、规格、发站、质量指标等属性。

4）现货：是指入场交易商在港口存有一定数量且可立即办理过户或装船手续的煤。

5）交易模式：是指经市场认可制度，交易商在各种交易类型下进行煤炭购销合同订立、贷款结算、手续办理、违约赔偿等环节，最终实现货物交收的各种具体操作方式。市场可根据业务需求适时推出新的交易模式或对现有模式进行调整。

6）保证金制度：是指在交易市场为交易商提供服务时，为规避交易风险，由交易方按当时市场价格计算的交易价格总额的5%～10%向交易市场支付履约保证金，交易完毕后，由交易市场自行扣除中介服务费用后，余款返还交易方的制度。

7）结算银行：是指由交易商委托市场在银行开户，专门用于存放交易商款项，并在市场授意下对该款项进行结算、划拨的银行。

8）冻结：是指在交易过程中的交易资金状态，为保护买卖双方安全，对已存入指定账号的卖方交易保证金、买方货款等交易资金暂时由银行监管，交易商任何一方和本交易市场都不能动用。

9）解冻：是指解除冻结的资金，银行根据管理办法将双方没有异议的款项进行结算、划转，交易商可对这部分资金进行出款、付款等操作。

10）市场结算：是指根据交易结果、交易商之间的合同约定和市场相关规定，对交易商货款、履约保证金、转账、各项费用和款项等进行资金计算、划拨的业务活动。

11）结算价：是指交易市场根据买卖双方签订的煤炭购销合同中奖惩条款计算出的实际煤炭结算单价。主要以煤炭装船时，船采化验结果的相关数据作为计算依据。

12）交收：是指按照煤炭购销合同约定，交易双方对合同约定的标的煤炭进行的实物的转移和交接。

## 1.5 构建电煤采购新体制

### 1.5.1 电煤采购中存在的问题

**1. 电煤质量下降**

电煤质量在近年来呈不断下降的趋势，除煤矸石外，碎石、泥土、矿渣等在电煤中屡见不鲜，造成电煤热值下降，灰分增大。电煤质量下降给发电企业带来两个明显问题，一是劣质电煤造成锅炉燃烧不稳定，常引起锅炉灭火，灭火又导致炉膛温度及蒸汽参数的突变对汽轮机、锅炉金属材质的安全寿命造成严重威胁。另外，燃用劣质煤对于锅炉还不仅是燃烧的不稳定，在高温下对管道的腐蚀和冲刷经常造成“四管”爆漏，同时造成发电厂配煤系统和除灰系统长期超负荷运行，直接加剧了锅炉制粉系统的磨损。二是电煤质量下降增加了发电企业的成本，并使部分电厂陷入发电越多，亏损越大的怪圈。初步测算，一家百万千瓦的燃煤发电企业因煤炭质量下降导致煤耗上升、生产厂用电量增加、锅炉主辅机维修费用增加、助燃油量增加等原因，而每年增加的成本将达到6000万元以上，更重要的是煤质下降给火力发电厂的安全生产带来严重威胁。在煤源紧张，保供电的硬性规定下，很多电厂迫于现实情况，对劣质煤照烧不误，增加了锅炉磨损、腐蚀、爆漏、结焦、燃烧不稳、熄火等的概率，给安全生产带来了隐患，严重影响了电网的安全运行。

**2. 海外采购电煤风险**

国内电力企业大量采购进口煤，一方面可以满足我国经济社会发展的能源资源需求，另一方面可以保护国内的资源环境，实现社会可持续发展，但随着采购量的加大，海外采购也面临一些风险，主要包括海外煤炭资源能否稳定供给，海外供应商是否借机抬价等。国外煤炭企业纷纷开拓中国市场，加大向我国的出口力度，由于受全球金融危机影响，其他国家和地区煤炭需求大幅下滑，国际煤炭市场供求形势宽松。随着未来全球经济逐步回暖复苏，煤炭等需求将大幅回升，到时国际市场供求形势将发生变化，目前我国已成为全球最大的煤炭进口国，海外采购煤炭价格连续上升，价格已与国内市场煤价格相差不大，因此，电力企业采购进口煤有必要未雨绸缪，提早把握市场的主动权。

### 1.5.2 电煤采购现代化

电煤采购的现代化主要体现在以下几个方面。

(1) 设备配置完善。全面实行入厂煤自动计量，根据入厂煤结构和数量，配备具备车号自动识别、自动计量和数据自动上传的火车衡称重系统；汽车衡称重系统要具有防作弊、车辆定位、计量数据自动传输等功能；船运煤应使用具有合格标尺的标准船。入厂煤机械化采样机投入率要求达到95%以上，汽车采样机和火车采样机要求达到全深度、自动布点的采样标准。对于有条件的单位，优先推荐使用更加具有代表性的煤流全断面机械采样技术。入厂煤与入炉煤制样区域、化验区域应分别独立设置，制样、化验设备应按照标准化实验室要求配备。

(2) 技术监督规范。技术监督是确保验收设备性能的重要手段。要按照国家标准和行业标准的要求，定期对采、制、化等设备进行检验，确保设备性能始终处于可靠状态；建立和健全采、制、化设备的使用管理规定，并针对不同化验室的差异可能造成的结果偏差，每周进行入厂入炉化验室间的存样交叉比对，发现问题及时整改，定期跟踪化验数据，提高化验数据的可靠性。

(3) 环境功能完善。推行集入厂煤制样、存样、化验等功能为一体的燃料质检楼模式。燃料质检楼实行标准化、封闭式管理，建筑面积要满足制样、化验、存样等工作开展的基本标准要求；环境设施要符合国家及行业相关规定；楼内部通过门禁系统将各区域功能分隔清晰，配置全覆盖摄像监控系统；化验数据自动上传至集团燃料管理信息系统。

(4) 备查煤样齐全。设置全水分备查煤样、存查煤样、化验存样，并单独存放；完善煤样的制备、保存、提取、使用、销毁等管理，实现过程监督和争议处理的责任追溯。

(5) 监督网络健全。设立客户观察室，配备全程监控显示设施，准许客户在观察室通过显示屏幕观看采制化验收全过程；为增强与供煤客户之间的信任，在客户提前申请，并经企业领导同意后，允许客户在监督人员的陪同下，到采制化现场进行观察。

(6) 实验室权威认证。通过大力开展标准化实验室建设，提高入厂煤实验室规范化管理，保障验收质量，提升燃料质检公信力，塑造燃料管理品牌。遵照公平、公正、合理、合法的基本原则，建立相应的商务纠纷处理机制，确保原始数据真实、处理程序规范、责任认定合理、处理结果公正。

### 1.5.3 建立电煤集中采购体制

为适应电煤采购新形势，增强电煤采购中议价能力，发电集团公司应建立电煤集中采购体制，燃煤供应实施“五统一”管理（统一计划、统一订货、统一调运、统一结算和统一管理），建立集团公司—区域公司—基层发电企业责、权、利相统一的三级燃料管控体系，首先在集团公司层面上实施集中和统一的煤炭采购体制，并在适当的时候把自有煤炭供给和相关基础设施纳入进来，实施燃料大物流体系的建设。

近年来，我国发电集团纷纷独立从国外购煤，这种体制很容易导致我国发电集团之间相互竞争而抬高国际煤价，这种情况已在很多行业中出现。因此，建议发电集团共同出资，组建独立的国外煤炭采购或物流公司，专门负责国外煤炭采购与配送等。

### 1.5.4 建立全国性的电煤物流公司

随着国家对发电集团管制政策的科学化，如对燃料管理费做出明确的限制性规定，在集约化和专业化生产的前提下，发电集团通过价值链管理，可以将燃料业务分离出来，采用第三方甚至第四方物流模式，组建独立的专业化燃料物流公司，负责包括集中采购及相关基础的系统规划与建设，甚至统一争取国家配套政策等经营业务。与一般商品物流不同，电煤物流的储存与配送成本、基础设施开发与利用的成本很大，为产生更大的规模效益、范围效益和协同效益，可进一步整合成全国统一规划建设的电煤物流系统，整体上包括煤炭的内陆运输、国内船运、国际海洋运输，内陆运输包括铁路、公路等运输。

## 1.6 煤炭资源

### 1.6.1 中国煤炭资源

据世界能源委员会的评估，世界煤炭可采资源量达到 $6.84\times10^{4}$ 亿 t 标准煤，占世界化石燃料可采资源量的66.8%，8个储量最大的国家依次为美国、俄罗斯、中国、澳大利亚、印度、德国、南非和波兰，其中，中国是世界上煤炭产量最高的国家。

中国煤炭资源丰富，除上海外其他各省份都有分布，但分布极不均衡，截至2007年，中国已查证的煤炭储量达7241.16亿t，其中生产和在建已占用储量为1868.22亿t，尚未利用储量达4538.96亿t。中国北部煤炭资源集中分布的地区主要在内蒙古自治区、山西、陕西、宁夏、甘肃等，其资源量占全国煤炭资源量的50%左右，占中国北方地区煤炭资源量的55%以上，在中国南方，煤炭资源量主要集中于贵州、云南、四川，这三省煤炭资源量占中国南方煤炭资源量的91%。各省市煤炭储量分布见表1-11。

表1-11 各省市煤炭储量分布

| 省（市） | 预测资源量（亿t） | 褐煤 | 低变质烟煤 | 气煤 | 肥煤 | 焦煤 | 瘦煤 | 贫煤 | 无烟煤 |
|---|---|---|---|---|---|---|---|---|---|
| 北京 | 86.72 | — | — | — | — | — | — | — | 86.72 |
| 天津 | 44.52 | — | — | 44.52 | — | — | — | — | — |
| 河北 | 601.39 | 9.98 | 7.24 | 508.44 | 30.19 | — | — | — | 45.54 |
| 山西 | 3899.18 | 12.68 | 53.85 | 70.42 | 343.90 | 508.02 | 301.89 | 589.79 | 2018.63 |
| 内蒙古自治区 | 12 250.4 | 1753.40 | 9004.00 | 1079.45 | 11.02 | 364.18 | 0.23 | 23.96 | 8.15 |
| 辽宁 | 59.27 | 6.04 | 25.35 | 7.52 | 1.05 | 1.63 | — | 2.15 | 15.53 |
| 吉林 | 30.03 | 7.46 | 11.06 | 3.68 | 0.48 | 0.71 | 1.88 | 1.96 | 2.80 |
| 黑龙江 | 176.13 | 44.49 | 8.53 | 83.33 | — | 37.65 | 0.55 | 1.58 | — |
| 上海 | — | — | — | — | — | — | — | — | — |
| 江苏 | 50.49 | — | — | 34.71 | 1.57 | 6.90 | 2.022 | 3.45 | 1.84 |
| 浙江 | 0.44 | — | — | — | 0.44 | — | — | — | — |

续表

| 省（市） | 预测资源量（亿 t） | 褐煤 | 低变质烟煤 | 气煤 | 肥煤 | 焦煤 | 瘦煤 | 贫煤 | 无烟煤 |
|---|---|---|---|---|---|---|---|---|---|
| 安徽 | 611.59 | — | 0.66 | 370.42 | 35.00 | 154.37 | 33.69 | 3.56 | 13.89 |
| 福建 | 25.57 | — | — | — | — | — | 0.09 | — | 25.48 |
| 江西 | 40.84 | — | 0.38 | 1.60 | 0.83 | 6.09 | 2.35 | 5.52 | 24.07 |
| 山东 | 405.13 | 24.67 | 3.23 | 220.68 | 76.50 | 5.64 | — | 27.66 | 46.75 |
| 台湾 | — | — | — | — | — | — | — | — | — |
| 河南 | 919.71 | 8.82 | 3.75 | 86.11 | 19.20 | 163.77 | 87.94 | 109.29 | 440.83 |
| 湖北 | 2.04 | — | — | — | — | — | — | 0.49 | 1.55 |
| 湖南 | 45.35 | — | 0.15 | 1.27 | 2.28 | 2.06 | 1.31 | 1.65 | 36.63 |
| 广东 | 9.11 | 0.41 | — | — | 0.06 | 0.07 | — | 0.74 | 7.83 |
| 广西 | 17.64 | 1.69 | 1.44 | — | — | — | 0.44 | 5.46 | 8.61 |
| 海南 | 0.01 | 0.01 | — | — | — | — | — | — | — |
| 四川 | 303.79 | 14.30 | — | 4.90 | 5.71 | 75.46 | 55.38 | 14.78 | 133.26 |
| 贵州 | 1896.90 | — | — | 5.22 | 41.40 | 319.57 | 133.97 | 247.27 | 1149.47 |
| 云南 | 437.87 | 19.11 | 0.67 | 6.22 | 3.58 | 124.00 | 31.17 | 125.48 | 127.64 |
| 西藏 | 8.09 | — | 0.08 | 0.08 | 0.20 | 0.13 | 0.14 | 0.03 | 7.43 |
| 陕西 | 2031.10 | — | 523.79 | 800.15 | 115.89 | 111.49 | 64.45 | 94.53 | 320.80 |
| 甘肃 | 1428.87 | — | 242.49 | 1172.99 | 1.63 | — | 5.72 | 4.83 | 1.21 |
| 宁夏 | 1721.11 | — | 1264.83 | 84.31 | 20.73 | 17.75 | 24.79 | 123.52 | 185.18 |
| 青海 | 380.42 | — | 143.60 | 51.86 | 7.85 | 33.00 | 30.34 | 81.18 | 32.59 |
| 新疆 | 18 037.3 | — | 12 920.0 | 4754.50 | 312.60 | 24.80 | 25.40 | — | — |
| 全国 | 45 521.0 | 1903.06 | 24 215.1 | 9392.38 | 1032.11 | 1957.29 | 803.75 | 1468.88 | 4742.43 |

中国聚煤期的地质时代由老到新主要是早古生代的早寒武世；晚古生代的早石炭世、晚石炭世-早二叠世、晚二叠世；中生代的晚三叠世，早、中侏罗世、晚侏罗世-早白垩世和新生代的第三纪，其中以晚石炭世-早二叠世，晚二叠世，早、中侏罗世和晚侏罗世-早白垩世四个聚煤期的聚煤作用最强，中国含煤地层遍布全国，包括元古界、早古牛界、晚古生界、中生界和新生界。中国聚煤期及含煤地层分布在华北、华南、西北、西南（滇、藏）、东北和台湾六个聚煤区。

### 1.6.2　国外煤炭资源

#### 1. 印尼

印尼煤炭资源非常丰富，据印尼能矿部统计，印尼煤炭资源储量为 580 亿 t，已探明储量 193 亿 t，其中 54 亿 t 为商业可开采储量。印尼已探明煤炭储量主要分布在苏门答腊和加里曼丹两岛，特别是集中在苏门答腊岛的中部和南部，以及加里曼丹岛的中部、东部和南部。印尼的煤矿多为露天矿，开采条件较好。印尼无烟煤占总储量的 0.36%，烟煤占 14.38%，次烟煤占 26.63%，褐煤占 58.63%。印尼的煤炭多具有高水分、低灰分、低硫分、高挥发分等特性。次烟煤热值为 5700～7200kcal/kg，挥发分为 37%～42.15%，低硫分为 0.1%～0.85%；褐煤热值为 4345～5830kcal/kg，挥发分为 24.1%～48.8%，硫分为 0.1%～0.75%。

#### 2. 澳大利亚

澳大利亚煤炭产量和出口量均居世界前列，其黑煤（黑煤包括烟煤和无烟煤）地质储量约 575 亿 t（工业经济储量 397 亿 t），占世界的 5%，列美国、俄罗斯、中国、印度和南非之后居世界第六，且煤质较好、发热量高，硫、氮含量和灰分较低。

煤炭在澳大利亚各州均有分布，但95%以上集中于新南威尔士州（简称“新州”）和昆士兰州（简称“昆州”）。新州煤炭占已探明工业经济储量的34.2%。昆州的黑煤以露天矿藏为主，已探明工业经济储量占全澳大利亚的62%。

澳大利亚的褐煤资源更为丰富，生产的褐煤主要用于发电，已探明地质储量为418亿t（工业经济储量为376亿t），占全球褐煤储量的20%，列德国（23%）之后居世界第二位。按目前的开采强度，澳大利亚褐煤矿藏可供开采近500年。维多利亚州（简称“维州”）占有全澳大利亚已探明褐煤储量的95%以上和经济可采储量的全部，其中89%的经济可采储量分布于La Trobe山谷。

**3. 俄罗斯**

俄罗斯煤炭资源丰富，储量占世界总储量的12%，仅次于美国和中国，居世界第三位，预测储量超过50 000亿t。俄罗斯煤炭品种比较齐全，从长焰煤到褐煤，各类煤炭均有。俄罗斯煤炭资源的3/4以上分布在俄罗斯的亚洲部分，欧洲部分46.5%的储量在俄罗斯中部，即库兹巴斯煤田，其余储量在克拉斯诺亚尔斯克边区、罗斯托夫州和伊尔库茨克州。

**4. 越南**

越南能源资源丰富、种类储量惊人，已探明的煤炭总量65亿t，且品种多、质量好，以鸿基煤、广田煤为代表的优质煤举世闻名。越南是东南亚第三大煤炭生产国，也是世界第三大无烟煤生产国。在越南煤炭出口中，中国、日本和韩国是其主要销售市场，而中国在越南煤炭出口总量中所占比例越来越大。

越南广宁煤田的无烟煤是世界上质量最好的无烟煤之一，广宁省的煤带西起东潮，尔后向南呈半弧形沿下龙湾向东北延伸，全长150km，煤层厚度20～28m，面积220km$^2$，从露头到300m深的储量约为33亿t，按年均2000万～2500万t产量计算，可采70多年。除广宁外，太原和广南省及其他地区也有无烟煤。谅山省主要生产褐煤，其热值为20.9～25MJ/kg，含硫量在1%以下。越南的肥煤分散在莱州、山萝、和平、太原、义平和义安等地，储量很少，从几十万吨到几百万吨不等。泥煤资源总储量约为60亿t，分布在北部、中部和南部，质量为中等，热值为9.6～14.2MJ/kg。泥煤可用来制有机肥和发电。

**5. 蒙古国**

蒙古国将全国21个省和首都乌兰巴托市划分为中央、山林、戈壁、西部、东部等五个经济区。蒙古国的15个煤田、85处煤矿点分布于五个经济区域各省，蒙古国探明煤炭总储量为1624亿t。煤矿点按经济区划分，中央经济区有13处，储量为265.281亿t，占全国总储量的16.5%；山林经济区有13处，储量为77.041亿t，占全国总储量的4.7%；戈壁经济区有20处，储量为497.853亿t，占全国总储量的30.6%；西部经济区有23处，储量为271.579亿t，占全国总储量的16.7%；东部经济区有16处，储量为511.651亿t，占全国总储量的31.5%。

## 1.7 煤炭国际贸易的操作程序及燃料采购方法

### 1.7.1 关于印尼煤炭国际贸易的操作程序

（1）需要印尼公司或供货公司的FCO文件——责任供货函：包括供货数量、批量、质检单、价格、结算办法、运输方式。

（2）需要对方公司的文件：公司资料和煤矿资料及公司与煤矿的关系，是资本纽带关系还是合作关系，有没有交易记录等。

（3）收到上述资料后，中方给对方发 ICPO 文件（不可撤销的认购函）。

（4）外方给中方报价函。

（5）中方根据外方的报价，确定质量、数量、价格，以及每月的供货能力和年供货能力等，给外方确定需求。

（6）就合同问题开始谈判：

1）每月的供货量、价格的确定，要求的是 CIF 交货价格或成本＋运费［CFR（CNF)］的交货价格，每年的供货量。

2）确定价格修改方法和周期。

3）确定煤炭的质量标准。我国以收到基（ARB）的接受为标准，印尼一般采用的是空气干燥基（ADB）的标准。

4）制定奖惩办法和拒收标准（按电厂的规定实行）。

5）确定供货日期和到货日期，装货港和卸货港。

6）确定支付方式：单信用证（DLC）结算，2%履约保函激活。

7）在卸货港的检验机构的确认。一般是中国出入境检验检疫局（CIQ）机构，该机构的检验标准为最终结算的唯一合法依据。

8）确定支付时间和支付条件。印尼贸易一般都会要求船离港即支付 98%的货款，不符合 CIF 的交货结算规定，也不符合 CFR 的交货结算规定，这点是与其他贸易不同的地方。中方一般要求货到卸货港，买家确认后，可先期解付 98%，余款在 CIQ 出来后 5 个银行工作日内支付，具体看谈判结果。

9）确定双方的责、权、利。

10）违约责任。

11）不可抗力致合同无法兑现。

12）保密协定。

13）未尽事宜。

（7）签完合同后，如果有必要，可以去考察对方的情况：

1）公司和煤矿。

2）装货港和码头。

（8）与此同时，去国内授信银行申请开立跟单信用证。由公司的财务协助，提出申请，填写申请表。然后审核信用证条款。审核无误后，交给银行国际部，由银行国际部通知外方银行。外方接到中方银行的通知后，会开出信用证额度的 2%的履约保函来激活中方的信用证。

（9）接到中方的信用证后，外方会马上与船务公司签订租船合同，确定船期。

（10）当对方的运煤船抵达装货港时，中方可邀请国内 CIQ 人员去装货现场采样检测，确保货物的质量稳定。

（11）运煤船快到达卸货港的锚地时，迅速通知船代公司和港务局做好接船准备，并准备卸货码头。

（12）请 CIQ 机构对整船进行重量和质量的检验，该报告为最终结算依据，并传真给外方。

(13) 依据合同开始启动支付程序。

(14) 及时与国内电厂结算，争取资金快速回笼，保证资金良性循环。

在做印尼的煤炭贸易中，须注意以下几个事项：

(1) 印尼的国家政策和相关法令。

(2) 印尼公司的信誉调查是很有必要的。

(3) 须了解印尼煤炭行业的基本情况，印度尼西亚的煤炭资源为613亿t——主要是位于Kalimantan的322亿t及位于Sumatera的286亿t。煤炭质量分布中等煤占62%，劣质煤占24%，优质煤占14%。还要了解煤矿的分布、产能、质量、港口、锚地。

(4) 须做CIF或CNF交货价格。

(5) 须知道煤炭收到基的低位各种数据。

(6) DLC一定是可转让的、不可分割的。一般新加坡公司需要的是可转让的。可转让信用证对开证行有一定麻烦，对第二受益人不太有利，但对中方来说没有风险。

(7) 在租船方面，如果遇到没船的情况，中方最多给对方提供船务信息，但不能参与外方的租船事宜。

(8) 最好在装货港派人检测质量。

### 1.7.2 燃料采购方法

#### 1. 比较法采购

煤炭采购是保证电厂生产正常进行的重要环节，比较采购是一种先进的采购方法，在卖方市场条件下，运用比价采购法，依靠价格的相对低价位，达到降低煤炭采购成本的目的。

在卖方市场条件下，运用比价采购需要多个部门配合，并有一套健全的采购制度：

(1) 建立过硬的采购领导班子。由主管燃料的企业领导任组长，计划、物资供应、财务、质检、审计、纪检、监察等有关部门参加，作为物资比价采购工作的最高领导机构，负责对比价采购工作中的重大事项进行审定和决策。其中，计划部门负责审查采购计划，安排采购资金计划，收集市场价格信息，考核采购工作成果；物资供应部门负责比价采购的具体实施，包括签订合同、比质比价、履行程序等，并接受监督；财务部门落实比价采购的资金，审核各种票据凭证，办理资金结算手续；质检部门负责检验物资质量；审计部门监督物资比价采购行为，审计采购价格的执行情况，并对物资采购管理中存在的问题提出处理建议和意见；纪检、监察部门监督比价采购管理制度和规定的执行情况，对违规采购过程和结果进行监察，对违纪或造成经济损失的问题进行调查和处理。

(2) 采购人员具备较强的业务素质，对市场具备较强的分析判断能力，能够廉洁自律，对所有客户一视同仁；同时对采购人员加强业务培训，不断提高他们的业务素质。

(3) 完善管理体系和规章制度，管理严格。

1) 制定切实可行的燃料比价采购管理办法，对计划管理、采购管理、价格管理、质量检验、资金结算、责任界定、考核与奖罚都要详细做出规定。

2) 制定和建立全新的价格管理程序，增设“燃料采购询价单”“燃料采购价格明细表”“燃料比价采购登记台账”等一系列相应的表格和台账。这些表格和台账既要简洁明了，又要便于操作、便于查询监督。

3) 建立对供应商优胜劣汰的动态管理制度。定期对供应商进行考核，对于经常出现弄虚作假的供应商不再签订供货合同。

4）建立货比三家的询价采购制度。采购人员在签订订货合同前，必须遵守“货比三家、比质比价”的原则。

5）建立严格的合同审查审批制度，实行订货合同审批会签制。将过去由采购部门一家拍板订货，改为各职能部门层层把关，共同监督。使过去集中的权力分散，隐蔽的权力公开，共同参与，相互制约。

6）建立严格的质量检验、入厂计量验收制度，各有关部门应建立当事人责任制，对进厂燃料从采购到贮存各环节都相应建立责任追溯制度。

（4）重合同、守信誉，遵守相关国家法律法规。现代企业在经营中必须遵守国家法律法规，对供应商要重合同、守信誉，不能为了自己的利益去损害供应商的利益。

运用比价采购法应注意的几个问题：

（1）采购计划专人负责：一般是每个月末编制下个月的计划，由于煤炭资源紧张，不确定因素较多，采购计划往往与实际情况不一致，因有专人负责所采购燃料的供应商发货情况、发货时间、发货数量等，必要时可派专人到供应商处落实。

（2）合同条款：在买方市场条件下，合同中的一些条款往往有利于买方，但在卖方市场条件下，买方要及时转变思路，调整合同中某些条款，有利于在激烈的市场竞争中取得更多的煤炭资源。

（3）结算配合：要完满地做好卖方市场条件下的采购工作，需要相关部门的大力配合，如财务部分要及时办理结算付款，力争缩短采购周期。

比价采购法数学模型包括：

（1）混煤平均收到基低位发热量（$X_Q$），公式为

$$X_Q=(Q_1P_1+Q_2P_2+\cdots+Q_nP_n)\times10^{-2}\quad(\mathrm{MJ/kg})$$

式中　$Q_1$、…、$Q_n$——各煤种的平均低位发热量（MJ/kg）；

$P_1$、…、$P_n$——各煤种的混合比例（%）。

（2）混煤平均干燥无灰基挥发分（$X_V$），公式为

$$X_V=(V_1P_1+V_2P_2+\cdots+V_nP_n)\times10^{-2}\quad(\%)$$

式中　$V_1$、…、$V_n$——各煤种的干燥无灰基挥发分（%）。

（3）煤平均价格（$T_g$），公式为

$$T_g=T_1P_1+T_2P_2+\cdots+T_nP_n\quad(元/\mathrm{t})$$

式中　$T_1$、…、$T_n$——各煤种的价格（元/t）。

（4）标准煤平均单价（$B_g$），公式为

$$B_g=\frac{29.27}{X_Q}\quad(元/\mathrm{t})$$

**2. 战略采购**

战略采购在国外已进行了三十多年的研究，研究领域多集中在战略采购方法、供应、供应商伙伴关系等方面，国内研究领域多集中在采购策略、最优订货模型、供应商选择、敏捷供应链环境下采购计划方法等方面。火力发电厂燃料采购可引用现代战略采购的相关理论，包括其内涵、分类方式及主要的发展趋势，建立新型的与供应商良好合作的战略采购实施框架。

对火力发电厂燃煤供应商进行评价，采用以下七个指标：煤炭质量、煤炭价格、供应商

信誉、供应商经济效益、供应商经济规模、供应商可持续发展能力、运输能力。煤炭质量可根据煤炭的检测指标细分为发热量、挥发分、灰分、全水分、全硫含量、煤灰熔融性等；比较煤炭价格时必须考虑运输费用、税金及杂费等因素，因此考虑以进厂综合标准煤单价为依据来进行比较。标煤单价是指单位发电用标准煤量所需发电燃料费用，其计算公式为标准煤单价=发电用燃料费用/发电用标准煤量（单位为元/t）；供应商信誉可细分为供货合同的兑现率、供应煤炭质量、供应煤炭亏吨情况；供应商经济效益可细分为供应商年度煤炭产量、供应商年度销售额；供应商可持续性发展能力可细分为供应商资源储备、未来可持续开采能力、生产装备更新情况、技术研发能力、劳动生产率提高等；运输能力可细分为运输线路、运量可持续发展情况、运输价格。

战略采购评价模型可用以下公式表示

$$\min T = \sum_{i=1}^{n} (d_i + c_i) z_i$$

约束条件

$$\sum_{i=1}^{n} p_i z_i = Q^{i=1}, z_i \geqslant 0 (i = 1, 2, \cdots, n)$$

式中 $d_i$——第 $i$ 个煤炭供应地的单位煤炭运输价格；

$c_i$——第 $i$ 个煤炭供应地的单位煤炭价格；

$p_i$——第 $i$ 个煤炭供应点供应煤炭的单位发热量；

$z_i$——第 $i$ 个煤炭供应地购买的煤炭量；

$Q$——要求的总的发热量。

上述模型计算分析如下：

（1）将约束条件等式做替换：

$$z_k = \frac{Q}{p_k} - \sum_{i \neq k, i=1}^{n} \frac{p_i}{p_k} z_i$$

（2）代入目标函数得

$$\min T = \sum_{i \neq k, i=1}^{n} \left( d_i + c_i - \frac{d_k + c_k}{p_k} p_i \right) z_i \frac{d_k + c_k}{p_k} Q$$

（3）如果某个 $z_m$ 的系数 $\left( d_m + c_m - \frac{d_k + c_k}{p_k} p_m \right) < 0$，即 $\frac{d_m + c_m}{p_m} < \frac{d_k + c_k}{p_k}$，

则重新做代换
$$z_m = \frac{Q}{p_m} - \sum_{i \neq m, i=1}^{n} \frac{p_i}{p_m} z_i$$

目标函数变为 $\min T = \sum_{i \neq m, i=1}^{n} \left( d_i + c_i - \frac{d_m + c_m}{p_m} p_i \right) z_i + \frac{d_m + c_{mk}}{p_{mk}} Q$

因为每次代换的 $z_m$ 对应的 $\frac{d_m + c_m}{p_m}$ 较小，当所有的 $\left( d_i + c_i - \frac{d_m + c_m}{p_m} p_i \right) > 0$，则 $z_m$ 对应的 $\frac{d_m + c_m}{p_m} = \min\limits_{i=1,\cdots,n} \frac{d_i + c_i}{p_i}$ 达到最优化。

（4）因所有的 $\left( d_i + c_i - \frac{d_m + c_m}{p_m} p_i \right) > 0$，目标函数 $\min T$ 求最小值，且 $z_i \geqslant 0$，所以令对应的 $z_i = 0$（$i \neq m$）即可，则 $z_m = \frac{Q}{p_m} - \sum_{i = m, i=1}^{n} \frac{p_i}{p_m} z_i = \frac{Q}{p_m}$。

在实际煤炭采购时，很少情况下一个供应点供应的煤炭可以满足电厂生产所需，基本都是电厂从多个供应点采购，因此上述数学模型有约束条件：$z_i \leqslant q_i$（$i$=1，2，…，$n$），$q_i$ 是第 $i$ 个煤炭供应点的最大供应量。

此时数学模型为

目标函数

$$\min T = \sum_{i=1}^{n}(d_i + c_i)z_i$$

约束条件

$$\sum_{i=1}^{n} p_i z_i = Q^{i=1}, z_i \geqslant 0 (i = 1,2,\cdots,n), z_i \leqslant q_i (i = 1,2,\cdots,n)$$

在采购中可按照供应矿点的费用-发热量比值$\frac{d_i + c_i}{p_i}$进行采购，$\frac{d_i + c_i}{p_i}$小的优先采购。

**3. 优化购煤模型**

为了更有效地配煤掺烧，必须从合理购煤和存煤做起。根据原来已有矿点和可发展新矿点的信息，合理筛选购煤矿点，这样既满足发电所需的煤量，又满足机组配煤掺烧所需煤质。根据配煤掺烧设备现有条件，燃煤进厂时应科学规划，合理堆放。

（1）建立数学模型并进行线性规划计算。根据历史来煤数据可统计出每个煤矿出煤的化学数据加权值，以及每个煤矿的综合单价，以热值从高到低进行排序编号，假定有 $n$ 个煤矿，为叙述简便以下就用 $i$ 表示第 $i$ 个矿点的煤。为操作方便一般都是取两种煤进行配煤掺烧，对所有的 $i \neq j \in$（1，2，…，$n$），建立以下数学规划模型（1-1）：

$$f_{ij} = \min_{i<j}(p_i x_i + p_j x_j)$$

$$\text{s. t.}\begin{cases} Q_{\min} \leqslant \dfrac{Q_i x_i + Q_j x_j}{x_i + x_j} \leqslant Q_{\max} \\ V_{\min} \leqslant \dfrac{V_i x_i + V_j x_j}{x_i + x_j} \leqslant V_{\max} \\ \dfrac{S_i x_i + S_j x_j}{x_i + x_j} \leqslant S_{\max} \\ \dfrac{M_i x_i + M_j x_j}{x_i + x_j} \leqslant M_{\max} \\ \dfrac{A_i x_i + A_j x_j}{x_i + x_j} \leqslant A_{\max} \\ \dfrac{1}{5} \leqslant \dfrac{x_i}{x_j} \leqslant 5 \\ Q_i x_i + Q_j x_j = 29.271 \times b \times w \end{cases} \tag{1-1}$$

$$i, j \in (1,2,\cdots,n) \text{ 且 } i < j。$$

式中　$x_i$、$x_j$——变量，表示掺烧所用煤量；

$p_i$——第 $i$ 种煤的单价，其中 $i$=1，2，…，$n$，$p_i$ 已知；

$Q_i$、$V_i$、$S_i$、$M_i$、$A_i$——第 $i$ 种煤的热值、挥发分、硫分、全水分、灰分，其中 $i$=1，2，…，$n$，$Q_i$、$V_i$、$S_i$、$M_i$、$A_i$ 已知；

$b$——机组的额定发电煤耗；

$w$——发电量，取 $w=1\times10^4$kWh；

29.271——标准煤热量（MJ/kg）。

假定入炉煤热值在 $q_{\min}\sim q_{\max}$，挥发分在 $v_{\min}\sim v_{\max}$ 之间时，适宜于锅炉稳燃，机组负荷稳定，且在机组带高负荷时可控范围大，为达到烟气排放，要求硫分不得超过 $s_{\max}$；根据机组的实际性能指标，全水分不得超过 $m_{\max}$，灰分不得超过 $a_{\max}$；考虑到实用性，第6个约束不等式限制掺配比例不得超出1/5～5；如果输煤设备能控制精确配煤比，可不限制掺配比，会得到更精确的配煤比例。

将模型（1-1）化成等价的标准线性规划问题（1-2）：

$$f_{ij}=\min_{i<j}(p_i x_i+p_j x_j)$$

$$\text{s.t.}\begin{cases}(Q_{\min}-Q_i)x_j+(Q_{\min}-Q_j)x_j\leqslant 0\\(-Q_{\min}+Q_i)x_i+(-Q_{\min}+Q_j)x_j\leqslant 0\\(V_{\min}-V_i)x_i+(V_{\min}-V_j)x_j\leqslant 0\\(-V_{\min}+V_i)x_i+(-V_{\min}+V_j)x_j\leqslant 0\\(-S_{\max}+S_i)x_i+(-S_{\max}+S_j)x_j\leqslant 0\\(-M_{\max}+M_i)x_i+(-M_{\max}+M_j)x_j\leqslant 0\\(-A_{\max}+A_i)x_i+(-A_{\max}+A_j)x_j\leqslant 0\\-5x_i+x_j\leqslant 0\\x_i-5x\leqslant 0\\Q_i x_i+Q_j x_j=29.271\times b\times w\end{cases}\tag{1-2}$$

$$i,j\in(1,2,\cdots,n),\text{且}\ i<j$$

上述线性规划问题（1-2）如果有解 $\overline{x_{ij}}$ 和 $\overline{x_{ji}}$，则说明 $i$ 和 $j$ 掺配后可满足机组的设计要求。$\overline{x_{ij}}$ 为 $i$ 与 $j$ 掺烧时 $i$ 的掺配量，$\overline{x_{ji}}$ 为 $j$ 和 $i$ 掺烧时 $j$ 的掺配量，$\overline{x_{ij}}$：$\overline{x_{ji}}$ 即为 $i$ 与 $j$ 的掺配比例。若 $\overline{x_{ij}}\neq0$ 且 $\overline{x_{ji}}=0$ 则说明 $i$ 可单烧；反之 $j$ 可单烧。规划问题（1-2）如果无解，说明这两种煤掺配无法满足机组要求。

对于规划问题（1-2）中每一对 $i$ 和 $j$，都得到一组数据（$\overline{f_{ij}}$，$\overline{x_{ij}}$，$\overline{x_{ji}}$，$\overline{Q_{ij}}$），$i=1$，2，…，$n$；$j=i+1$，$i+2$，… $i+n$。式中 $\overline{f_{ij}}$ 为规划问题（1-2）的最优值（最小燃料成本），$\overline{x_{ij}}$ 和 $\overline{x_{ji}}$ 为最优解（$i$ 和 $j$ 的掺配量），$\overline{Q_{ij}}=\dfrac{Q_i\,\overline{x_{ij}}+Q_j\,\overline{x_{ji}}}{\overline{x_{ij}}+\overline{x_{ji}}}$（掺配后的热值）。当规划问题（1-2）无解时，为（$\overline{f_{ij}}$，$\overline{x_{ij}}$，$\overline{x_{ji}}$，$\overline{Q_{ij}}$）$=0$。当规划问题（1-2）有解时，对规划问题（1-2）的所有解建立另一个规划问题（1-3）：

$$f_{\min}=\min\left(\sum_{i=1}^{n-1}\sum_{j=i+1}^{n}\overline{f_{ij}}t_{ij}\right)$$

$$\begin{cases}\displaystyle\sum_{i=1}^{n-1}\sum_{j=i+1}^{n}\overline{Q_{ij}}(\overline{x_{ij}}+\overline{x_{ji}})t_{ij}=29.271\times b\times w\\\displaystyle\sum_{j=i+1}^{n}\overline{x_{ij}}t_{ij}+\sum_{k=1}^{i-1}\overline{x_{ki}}t_{ki}\leqslant C_i,i\in(1,2,\cdots,n)\end{cases}\tag{1-3}$$

式中 $t_{ij}$——变量；

$c_i$——$i$ 的取煤量限制（购煤合同量与存煤量之和）；

$b$——机组发电煤耗；

$w$——计划发电量。

求解规划问题（1-2）得到最优解$\overline{t_{ij}}$，则

$$\overline{x_i} = \sum_{j=i+1}^{n} \overline{x_{ij}}\,\overline{t_{ij}} + \sum_{k=1}^{n-1} \overline{x_{ki}}\,\overline{t_{ki}} \tag{1-4}$$

其解是第 $i$ 个煤矿的最优购煤量。$f_{\min}$为规划问题（1-3）的最优值，即完成发电量 $w$ 所需要的最低燃料成本。在制订购煤计划时，还要考虑每个煤矿的信用度和前期的到货率。每月或月中，如果环境（如政策、矿点或市场）发生变化，也可随时修正原来数学模型，以便实时跟踪，为燃煤采购的决策提供实际依据。两种以上煤的配煤掺烧在实际中很少使用，但上述思路仍然适用，只是增加了规划问题（1-1）和规划问题（1-2）的数量及规划问题（1-3）中变量的个数。

（2）结果分析。

1）规划问题的求解。求解线性规划问题的方法已经很成熟。如果线性规划问题（1-2）和（1-3）的变量不超过 200 个，用 Excel 2007 中的规划求解功能就完全可以方便地得到最优解。

2）合理存煤。根据煤场分布和输煤设备布局，对每组可掺配煤种应合理堆放。每次来煤上堆应重点考虑该煤的存放位置，使其在日后取煤时所占用的输煤设备尽可能避开其掺烧时配对煤种的输送设备（如果一个煤场仅有一个取煤设备，对于存放于同一煤场的两种煤是无法掺配上仓的），堆放位置还应该考虑让其尽可能有较多且有效的搭配掺烧选择。

3）配煤掺烧最优化。因煤场现有煤种都有具体化验数据和数量，当天或当值来煤的数量已知，且化验数据大多可通过原来已有化验数据进行预测，根据当时负荷及调度要求也可计算出当天或当值发电量。假定输煤系统设备运行安全可靠，将煤场已有煤种和等待翻车的煤种按热值从高到低排序，将其编号为 1，2，…，$n$，对输煤设备允许配对掺烧的所有 $i$ 和 $j$，求解规划问题（1-2），得到最优解（$\overline{f_{ij}}$，$\overline{x_{ij}}$，$\overline{x_{ji}}$，$\overline{q_{ij}}$）。设 $c_i$ 为 $i$ 的容许量，$w$ 是要完成的发电量，求解规划问题（1-3），得最优解$\overline{t_{ij}}$，当$\overline{x_{ij}}\neq 0$ 时，$i$ 可以和 $j$ 掺配，且掺配比例为$\overline{x_{ij}}$：$\overline{x_{ji}}$，并且 $\overline{x_{ij}}\,\overline{t_{ij}}$ 可为 $i$ 的掺烧量，$\overline{x_{ji}}\,\overline{t_{ij}}$ 为 $j$ 的掺烧量。如果使$\overline{t_{ij}}\neq 0$ 的有多组，掺烧原则是尽量将挥发分高且存储时间长的煤种优先上仓。

以某发电公司为例，用 Excel 2007 求解规划问题（1-2），得到（$i$，$j$）对应的（$\overline{f_{ij}}$，$\overline{x_{ij}}$，$\overline{x_{ji}}$，$\overline{q_{ij}}$），分别列入表 1-12 的 3～6 行。

**表 1-12　　各类种配煤级合的分析**

| 序号 | $i$，$j$ | $\overline{f_{ij}}$（元） | $\overline{x_{ij}}$（t） | $\overline{x_{ji}}$ [t/(MJ·kg$^{-1}$)] | $\overline{Q_{ij}}$ | $\overline{t_{ij}}$ |
|---|---|---|---|---|---|---|
| 1 | 1，3 | 2188.56 | 0.73 | 3.70 | 22.000 | 0 |
| 2 | 1，6 | 2021.85 | 1.85 | 2.58 | 22.000 | 0 |
| 3 | 1，7 | 2011.62 | 1.16 | 3.51 | 20.885 | 0 |
| 4 | 1，8 | 2055.09 | 2.02 | 2.47 | 21.712 | 26 005 |
| 5 | 1，9 | 2123.81 | 2.78 | 1.65 | 22.000 | 0 |
| 6 | 1，12 | 1981.82 | 1.38 | 3.75 | 19.000 | 27 103 |
| 7 | 2，3 | 2173.99 | 0.73 | 3.70 | 22.000 | 0 |
| 8 | 2，6 | 1985.32 | 1.86 | 2.57 | 22.000 | 2050 |
| 9 | 2，7 | 1969.93 | 2.16 | 2.27 | 22.000 | 0 |
| 10 | 2，8 | 2005.59 | 2.26 | 2.17 | 22.000 | 0 |

续表

| 序号 | i，j | $\overline{f_{ij}}$（元） | $\overline{x_{ij}}$（t） | $\overline{x_{ji}}$［t/(MJ·kg$^{-1}$)］ | $\overline{Q_{ij}}$ | $\overline{t_{ij}}$ |
|---|---|---|---|---|---|---|
| 11 | 2，9 | 2068.65 | 2.78 | 1.65 | 22.000 | 0 |
| 12 | 2，10 | 2065.46 | 2.94 | 1.49 | 22.000 | 0 |
| 13 | 2，11 | 1949.81 | 2.95 | 1.49 | 22.000 | 6362 |
| 14 | 2，12 | 1942.75 | 3.00 | 1.43 | 22.000 | 0 |
| 15 | 2，13 | 1780.39 | 2.47 | 2.66 | 19.000 | 19 456 |
| 16 | 2，14 | 1868.86 | 2.70 | 2.44 | 19.000 | 49 602 |
| 17 | 3，4 | 2168.63 | 2.10 | 2.48 | 21.285 | 8863 |
| 18 | 3，5 | 2186.34 | 2.46 | 2.13 | 21.232 | 0 |
| 19 | 3，6 | 2103.54 | 1.70 | 3.00 | 20.734 | 0 |
| 20 | 3，7 | 2069.96 | 1.24 | 3.59 | 20.192 | 0 |
| 21 | 3，11 | 2117.85 | 2.44 | 2.60 | 19.339 | 6572 |
| 22 | 3，12 | 2095.69 | 2.26 | 2.87 | 19.000 | 0 |
| 23 | 3，13 | 2054.37 | 3.40 | 1.73 | 19.000 | 0 |
| 24 | 3，14 | 2125.77 | 3.60 | 1.53 | 19.000 | 0 |
| 25 | 3 | 2227.42 | 4.53 | — | 21.530 | 0 |
| 26 | 4，9 | 2252.55 | 2.19 | 2.85 | 19.330 | 0 |
| 27 | 4，10 | 2245.48 | 2.72 | 2.32 | 19.341 | 0 |
| 28 | 5，10 | 2274.67 | 2.46 | 2.67 | 19.023 | 0 |
| 29 | 6，8 | 2055.71 | 2.92 | 1.97 | 19.973 | 21 426 |
| 30 | 6，9 | 2179.62 | 2.71 | 2.37 | 19.209 | 0 |
| 31 | 6，10 | 2160.07 | 3.22 | 1.86 | 19.194 | 0 |
| 32 | 7，8 | 2042.82 | 3.11 | 1.85 | 19.650 | 26 273 |
| 33 | 7，10 | 2106.79 | 3.80 | 1.30 | 19.113 | 0 |
| 34 | 8，11 | 2074.70 | 3.94 | 1.19 | 19.000 | 0 |
| 35 | 8，12 | 2072.83 | 4.07 | 1.06 | 19.000 | 0 |
| 36 | 8 | 2097.285 | 4.994 | — | 19.516 | 0 |

从表 1-12 可发现，1、2、3 行是优质煤，可以配煤的种类较多，但价格较贵，单烧浪费大，低热值煤可配煤种很少，但有价格优势。因此多种煤优势互补即可降低成本。

已知发电量和煤耗，再根据煤量限制和表 1-12 数据，求解规划问题（1-3）得到$\overline{t_{ij}}$，目标函数最优值（即完成上述发电量的最低成本）$f_{\min}$＝381 824 522 元。

根据式（1-4）可算出最优购煤量$\overline{x_i}$，见表 1-13。表 1-13 为各类燃煤的最优使用量，根据前期各个煤矿的到货率，可以适当调整表 1-13 各类煤种的购煤量。

**表 1-13　各类燃煤的最优使用量**　(t)

| $x_i$ | $\overline{x_1}$ | $\overline{x_2}$ | $\overline{x_3}$ | $\overline{x_4}$ | $\overline{x_5}$ | $\overline{x_6}$ | $\overline{x_7}$ |
|---|---|---|---|---|---|---|---|
| 数值 | 89 956 | 204 263 | 34 587 | 22 013 | 0 | 67 731 | 81 656 |
| $x_i$ | $\overline{x_8}$ | $\overline{x_9}$ | $\overline{x_{10}}$ | $\overline{x_{11}}$ | $\overline{x_{12}}$ | $\overline{x_{13}}$ | $\overline{x_{14}}$ |
| 数值 | 90 773 | 0 | 0 | 26 561 | 101 639 | 51 778 | 120 785 |

如果煤场及当时待翻车的已有燃煤种类的化验数据已知，则求解规划问题（1-2），就得到表 1-12 中的$\overline{x_{ij}}$：$\overline{x_{ji}}$，它就是 $i$ 和 $j$ 的最优掺配比，实际使用时可将其化成近似整数比。

# 第二章

# 煤 炭 运 输

火力发电厂发电成本最大的一项是煤炭，占到发电成本的70%～80%，包括采购成本、储存成本、燃料运行加工成本等。我国的煤炭资源主要集中在西部、北部地区，全国五大产煤省——山西、内蒙古自治区、陕西、河南、安徽五省煤炭产量占全国煤炭产量的80%以上，特别是山西、陕西、内蒙古自治区是我国煤炭的主要产地，华东、广东、华中地区电力用煤主要靠这三省供应。由于我国煤炭资源分布情况为北多南少、西富东贫，煤炭的生产与供应基本在中、西部地区，而煤炭消费主要在东部地区，这种错位性布局导致我国煤炭运输形成“北煤南运、西煤东运、铁海联运”的格局。随着能源发展战略和开发重点西移和北移，长距离、大运量的煤炭运输任务将越来越繁重，煤炭运输“北煤南运、西煤东运”的格局将长期存在。

## 2.1 煤 炭 运 输 特 点

中国煤炭运输主要依靠铁路、公路、海运和内河水运，煤炭的运输方式包括铁路、水路和公路，或单方式直达运输，或铁路、水路多方式运输结合。煤炭省际运输主要依靠铁路和铁路-水路两种基本方式，其中，输往东北、华中、京津冀等地区以铁路为主要运输方式，输往东南沿海地区以铁路-海运联运为主要方式。我国煤炭运输主要有以下特点。

**1. 铁路运输**

我国煤炭运输的主要方式是铁路，近年来，随着煤炭产能过剩的逐步加剧及铁路运力的大幅提升，煤炭铁路运力逐步宽松。2000～2011年间我国铁路煤炭运量由7.3亿t增加到22.7亿t，2012～2014年运量基本呈现零增长，维持在23亿t左右，2015年，全国铁路运输煤炭20亿t，煤炭运量占全国煤炭总运输量的41%。

煤炭铁路运输的核心省份分别是山西、陕西、内蒙古自治区、河北、湖南、河南、安徽、江苏、浙江、福建等省。其中，山西和内蒙古自治区为具有全国意义的煤炭输出中心；湖南接受山西、河南的煤炭转运到广东、广西、福建，是区域性的煤炭中转中心；河南是产煤大省，又从山西、陕西接收到煤炭，输送到安徽、江苏、福建、湖北、湖南、山东，是兼具中转和输出的区域核心；浙江和广东是煤炭消费的核心。陆上煤炭主要来源于山西、陕西、湖南等，大宗的煤炭输入主要依靠海运。煤炭铁路运输体系是以山西、内蒙古自治区、河南为主要核心，总体布局是“西煤东运”“北煤南运”，已形成以“三西”及宁东地区煤炭基地为核心，向周边地区呈放射状的扇形布局。

**2. 铁路-海运联运**

煤炭的“铁路-海运”联运体系表现为三大煤炭输出地（山西、内蒙古自治区、陕西）

的煤炭运往环渤海地区的四大北方港口（天津港、秦皇岛港、黄骅港、京唐港）下水，通过海运运往五个沿海省市（上海、江苏、浙江、福建、广东）。

山西、陕西、内蒙古自治区的煤炭主要通过北方的秦皇岛港、天津港、黄骅港下水，其中，山西和内蒙古自治区的煤炭主要通过秦皇岛港和天津港下水，陕西的煤炭主要通过天津港和黄骅港下水，山东的煤炭主要通过日照港下水。煤炭海运下水量高度集中在秦皇岛港、黄骅港、天津港、京唐港四个港口。目前，我国海运煤炭主要是电煤。2015 年，全国主要港口完成煤炭发运 6.15 亿 t，同比减少 4099 万 t。环渤海六大港口（秦皇岛、天津、京唐、国投京唐、国投曹妃甸、黄骅）煤炭设计通过能力为 7.43 亿 t，实际下水量为 5.67 亿 t，占到北煤南运的 92.2%。

在煤炭的铁路-海运联运体系中，山西、内蒙古自治区、陕西的煤炭运往环渤海地区的天津港、秦皇岛港、黄骅港、京唐港下水，通过海运运往上海、江苏、浙江、福建、广东五个沿海省市。

我国煤炭水上运输包括海运和内河运输。煤炭的海上运输首先通过铁路或公路将煤炭从生产基地集结到北方沿海中转港口，再由海轮运向渤海湾、华东和中南地区及国外；内河煤炭运输通道主要包括长江和京杭运河，将来自晋、冀、豫、皖、鲁、苏及海进江（河）的煤炭，经过长江或运河的煤炭中转港或主要支流港中转后，用轮驳船运往华东和沿江（河）用户，从而形成了我国水上煤炭运输“北煤南运”“西煤东运”的水上运输格局。2007 年，全国内河运煤 2.44 亿 t。近十年来，通过对北方大型煤炭装船港和南方煤炭接卸港的大规模建设，以及大型运煤船队的发展，煤炭水上运输能力有了很大的提高。

## 2.2 煤炭输出和输入

### 2.2.1 煤炭主要调出地区

从煤炭基地来看，黑龙江煤炭主要供应东北地区；内蒙古锡林郭勒盟和呼伦贝尔盟地区煤炭以低热值褐煤为主，不适合铁路外运，适宜就地发电转化；新疆哈密和准东等煤炭基地距离中东部煤炭消费地区运距过远，煤炭长途外运并不经济；贵州和云南的外运煤炭主要销往广西，少量运往广东。

我国煤炭资源主要分布在北方，而煤炭消费主要是在南方，由于煤炭产量集中在“三西”地区，所以“三西”地区煤炭外运成为北煤南运的焦点。“三西”及宁东地区一直是我国煤炭调出的最主要和最集中的地区。2015 年，山西原煤产量 9.61 亿 t，同比下降 1.54%；外销量累计 3.87 亿 t，同比减少 1.43 亿 t，降幅 26.91%；其中，运往省外电力行业煤炭销量 2.53 亿 t，同比下降 27.28%，铁路方面，受 2015 年 1 月铁路运费上调及下游市场低迷影响，2015 年山西通过铁路及水路联运外销煤炭 3.54 亿 t，同比下降 24.89%；公路方面，全年山西公路外销煤炭 3298 万 t，同比下降 43.31%。主要销往华东、华北及中南区域，其中，销往华东区域煤炭量最高，占比达 45%；上述三区域占全部外销量 97%。

内蒙古自治区原煤产量 9 亿 t，同比下降 8.1%，鄂尔多斯全市销售煤炭 5.4 亿 t，同比减少 2056t，减幅 3.7%。

陕西省原煤产量 5.02 亿 t，同比下降 2.46%；累计煤炭销量 4.89 亿 t，同比减少

1173.43万t，下降2.34%。全省铁路煤炭运输8547.9万t，同比减少4.4%。2015年，陕西电网14家统调电厂累计进煤3294.67万t（日均进煤9.03万t），同比下降18.15%。其中，铁路运输768.88万t，同比下降23.82%；汽车运输2531.03万t，同比下降16.82%。累计耗煤3040.76万t（日均耗煤10.07万t），同比下降16.08%。“三西”及宁东地区外运的煤炭主要为动力煤，焦煤和化工用煤仅占很小一部分。

“三西”地区煤炭外运铁路分为北路、中路和南路，北运的外运铁路包括大秦、朔黄、京原和集通线，主运动力煤，将晋北、陕北、神东几大煤炭主产区的煤炭运往京津冀、东北、华东、秦皇岛、天津、黄骅港、唐山（曹妃甸、京唐）等地，是铁水或铁海联运的大通道，也是“三西”煤炭外运的主要通道。最主要的两条运煤铁路是大秦线和朔黄线，其中大秦线是最主要的运输线路，西起山西大同、东至河北秦皇岛的大秦线，全长653km。这是西煤东运的“第一通道”，也是目前世界上年运量最大的铁路。大部分煤炭运量来自晋北地区，在北同蒲、口泉、宁岢等线沿线装车，装车煤炭占运量80%左右；部分煤炭来自内蒙古自治区西部和陕西北部，通过大准线、神朔线等输送到大秦铁路，装车煤炭占运量9%左右；剩余部分为来自大秦铁路沿线的运量，装车煤炭占运量8%左右。2002年投入运营的朔黄铁路全长588km，自陕西神木神东煤田大柳塔东至河北黄骅港和天津港，是中国西煤东运的“第二大通道”，其重点供应神华集团电厂和东南沿海电厂。中路外运铁路目前主要是石太线、邯长线、太焦线，主要运输西山、阳泉、晋中、潞安等地区煤炭。南路的煤炭外运主要经同蒲线、陇海线、侯月线、西康线等。往华东地区的煤炭铁路运输量约为“三西”铁路运输的一半，目前进入华东的主要铁路运煤线路有陇海、石德、津浦、新菏、京九、武九等线路。2015年年初全线贯通的准曹线，是西煤东运的“第三条通道”，起点设在内蒙古自治区鄂尔多斯的准格尔，终点入海港口在唐山曹妃甸，全长超过1000km，远期设计运能2亿t/年。可以满足曹妃甸港煤炭码头和国家级煤炭储备基地的运输需求，点对点运输模式也可减少流通环节成本、平抑煤价。

### 2.2.2　煤炭主要调入地区

东南沿海五省市是我国煤炭主要调入地区。东南沿海的江苏、上海、浙江、福建和广东五省市是我国经济最发达地区，也是我国能源消费，特别是煤炭消费的主要地区。由于这些地区煤炭资源十分贫乏，因此成为我国煤炭调入的最主要地区之一。五省市的煤炭接卸量占北方港口煤炭全部下水量的60%。

东南沿海五省市调入的煤炭主要靠铁水联运。其主要原因为：①五省市的电厂和规划电厂主要布局在沿海地区，大多有自己的专用码头，水运较为方便；②煤炭的海运运价较低，铁水联运的运费比直接由铁路运输少；③海运运输稳定可靠，没有“点装费”等价外价；④近年南北铁路干线上集装箱和“白货”的增长很快，南北干线的运输需求不断增加，煤炭运价低、利润少，很容易被其他高运价货物挤掉，目前通过铁路直达从“三西”及宁东地区调入沿海五省市的煤炭每年仅0.4亿t左右。

东南沿海五省市调入的煤炭主要来自“三西”及宁东地区。这主要由两方面因素决定：一方面，如前所述，“三西”及宁东地区是我国煤炭的主要供应地，其地位越来越重要；另一方面，五省市的其他煤炭来源地，如山东省、安徽省、河南省和贵州省等，在煤炭产量增长减缓甚至减产以及本地煤炭消费增加的双重作用下，调往省外的煤炭数量呈下降趋势。

## 2.3 我国煤炭运输面临的形势及发展规划

### 2.3.1 煤炭运输能力由紧张至过剩

我国电力等主要耗煤产业大量分布在煤炭资源匮乏地区，导致铁路运输长期忙于煤炭长距离运输。尽管煤炭运量在扩大，煤运速度在增加，煤炭运输比重位于各类货物运输之首，但仍不能很好地满足中东部大规模发展燃煤电厂对煤炭运输的需求，能源运输的紧张状况不断加剧。

但近几年，在国家经济增速放缓，煤炭需求呈下滑趋势的情况下，煤炭运输能力处于过剩状态。2015年下半年，准池、蒙冀铁路的先后开通运行，煤炭运输格局发生深刻的变化，主产地煤炭外运将呈现围绕大秦线、朔黄线、蒙冀线“三足鼎立”的运输格局，铁路和港口运力过剩的问题逐步显现。2015年，全国铁路总运输能力为55亿t以上，其中煤炭运输能力为30亿t，而目前只有23亿t的运输需求。

**1. 港口煤炭运输情况**

2015年，北方11个运煤港口发运煤炭共6.15亿t，同比减少4099万t。环渤海六大港口（秦皇岛、天津、京唐、国投京唐、国投曹妃甸、黄骅）煤炭设计通过能力为7.43亿t，实际下水量仅为5.67亿t，占到北煤南运的92.2%。其中，天津港、京唐港煤炭运量增长较为明显，分别完成煤炭吞吐量9459万t、3675万t，增加了1622万t和734万t，而秦皇岛、国投曹妃甸、黄骅港运量均出现大幅下滑，国投京唐港出现小幅下滑，四港合计减少运煤6667万t，成为北方港口煤炭运输的主要亏损单位。2015年北方11个运煤港口煤炭发运量见表2-1。

**表2-1　　2015年北方11个运煤港口煤炭发运量**

| 港口 | 煤炭发运量（万t） | 同比增长（%） |
|---|---|---|
| 秦皇岛 | 22 009.5 | −7.2 |
| 天津 | 9459.4 | 20.7 |
| 唐山港 | 13 525.4 | −13.8 |
| 其中曹妃甸 | 4842.4 | −36.1 |
| 京唐 | 8683 | 6.9 |
| 黄骅港 | 11 736.6 | −14.6 |
| 青岛港 | 1194.4 | 2.1 |
| 日照港 | 961.6 | 3.3 |
| 连云港 | 470.5 | 11.1 |
| 营口港 | 569.5 | 6.4 |
| 锦州港 | 1176.9 | −19.2 |
| 烟台港 | 359 | 405.7 |
| 合计 | 61 462.8 | −5.5 |

**2. 铁路直达煤和汽运直达煤**

2015年，全国煤炭铁路累计发运量20亿t，同比下降12.6%。考虑到汽车运输优势的运输半径在200km以内，且下水煤煤源多为大型煤炭企业，煤炭大部分为铁路和水路联运，汽车和水路联运多见于散户，比例较小，约为10%左右。即内贸下水煤6.09亿t，约有6090万t为汽运下水，剩余5.48亿t为铁路下水。

全国累计铁路发运量20亿t，减去铁路下水5.48亿t发运量，铁路直达煤炭14.52亿t。全国煤炭销量35.15亿t，下水煤6.09亿t，铁路直达14.52亿t，则汽运直达14.54亿t，包括地销汽运和外销汽运两部分，三种运输方式占比结构为17.33%、41.31%和41.36%。

### 2.3.2　我国煤炭运输能力规划

**1. 铁路中长期及发展规划**

对于煤炭运输，2004年国务院批准的《中长期铁路网规划》中指出，到2020年，十大煤运基地对外运输能力达到18亿t左右。其中大同3亿t、神府2亿t、太原2.3亿t、晋东南1.3亿t、陕西2.2亿t、河南1.3亿t、兖州1.5亿t、两淮1.2亿t、贵州2亿t、黑龙江东部1.2亿t。主要煤炭运输通道中，大秦线煤炭运输能力由2002年的1亿t提高到2020年的2亿t，神朔黄煤炭运输能力由2002年的8000万t提高到2020年的2亿t。

**2. 沿海航运中长期发展规划**

交通运输部制定的《全国沿海港口布局规划》中规划北方沿海地区以秦皇岛、京唐、天津、黄骅、青岛、日照、连云港等港口为主要的煤炭装船港，根据煤炭运输增长的需要进一步扩大装船能力和港口煤炭集疏运通道的能力，并适时开辟新的煤炭装船港区，如京唐港区、曹妃甸港区。

## 2.4　煤炭运输重点解决问题

### 2.4.1　加快铁路建设，增加山西南部、内蒙古自治区地区煤炭外运能力

目前，铁路运输设施不健全，路网布局、与货源布局不够匹配等，影响了装车和外运效率；铁路运能结构不平衡，影响煤炭主产区的充分释放。山西大同等地北部矿区经过近百年的开采，煤炭资源枯竭、外运数量减少，煤炭质量下降，而山西南部和内蒙古自治区西部、东部未来将成为煤炭开采的重点。

我国煤炭资源和生产主要集中在山西、陕西、内蒙古自治区西部地区，煤炭消费主要集中在华东、华南沿海地区，资源分布、生产力布局和能源结构的特点决定了我国将长期存在“西煤东运”“北煤南运”和“铁海联运”的运输格局，目前，山西煤和内蒙古自治区煤已成为外调的主力。内蒙古自治区已探明煤炭储量7323亿t，是我国煤“底”最厚的省区。2009年内蒙古自治区产煤约6亿t，创下约1.5亿t的净增“天量”。今年内蒙古自治区计划将煤炭控制在7亿t左右。目前，内蒙古自治区正着力推进两条大能力货运快速通道建设，建成后将完善内蒙古自治区铁路网，推动内蒙古自治区打造“西部经济区”战略的实施。这两条大能力货运快速通道：一是阿拉善盟至乌海至临河至秦皇岛港及京津地区的货运通道；二是乌海至东胜至准格尔至曹妃甸港出海煤炭的专用通道，这也是内蒙古自治区西部地区第一条从矿区直达港口的煤运大通道。值得一提的是，内蒙古自治区东部地区煤田也需要开发，内蒙古自治区东部地区煤炭资源丰富，煤炭远景储量超过2200亿t，可为东北乃至南方诸多省份提供能源支撑，而面临的最大问题就是煤炭外运难。一条起自锦州西港口站，经辽宁省葫

芦岛市、朝阳市至内蒙古自治区赤峰市，全长287.7km的运煤铁路（锦赤铁路）已于2009年6月28日开工建设，将与锦州煤港相配套。而在此前，由中电投集团公司主导投资建设的赤大白铁路已于2008年12月竣工通车，这条铁路南起赤峰市，途经大板镇，终到白音华，全长约331km。国家还计划建设一条用于煤炭运输的大型铁路干线，用于内蒙古自治区煤炭外运，总设计运力2.3亿t，而前两年的设计运力大约在5000万t左右。这条300km的铁路“大动脉”，连接了内蒙古自治区煤炭主产区和辽宁省主要港口——葫芦岛。海运则将煤炭运往中国煤炭消耗的主要地区——华东和华南地区。

山西中南部铁路出海通道已开工建设，计划起点于吕梁所在的河东煤田，这里是中国最大的炼焦煤生产基地。该铁路全长1200km，经河南至山东出海，铁路部分投资约700亿元，配套港口投资约300亿元，由山西与河南、山东及原铁道部共同出资建设，该铁路将加快山西南部炼焦煤的下水。

### 2.4.2 北煤南运铁路规划

2014年10月国家发展和改革委员会先后批复了内蒙古自治区西部至华中地区铁路煤运通道的建设。蒙西—华中铁路以煤运为主，兼顾地方客运货运，北起内蒙古自治区鄂尔多斯地区，南至江西吉安市，纵贯内蒙古自治区、湖南、江西等7省区约13市28县（旗），全长约1817km，近期运量1亿t，远期2亿t以上，建设工期为5年，投资估算总额1930亿元。蒙西—华中沿线内包括内蒙古自治区、山西、陕西、河南这些产煤大省，运煤到湖南、江西这些耗煤大省，因此会产生极大的运输需求，是衔接多条煤炭集疏运线路、点网结合、铁水联运的大能力、高效煤炭运输系统。该铁路设计能力达到2亿t，连接北方煤炭主产省与目前国内最缺煤的湖南、湖北、江西等省，将改变国内北煤必须通过港口向南运输的格局。

### 2.4.3 优化运输方式，降低过剩运能

海路运输首先通过铁路或公路将煤炭从“三西”生产基地集结到北方沿海中转港口，再由海轮运向渤海湾、华东和中南地区及国外。配合南北铁路通道，目前基本已形成以“秦皇岛港、唐山港、天津港、黄骅港、京唐港、曹妃甸港”为主、“青岛港、日照港、连云港、营口港、锦州港”为辅的北煤下水11港体系。与此相对应的是江苏、上海、浙江、福建、广东等沿海地区以电厂、钢厂等大型用煤企业自建的专用码头和公用码头组成的煤炭接卸港，主要接卸港包括上海港、宁波港、广州港，占接卸量50%以上。

2015年，中国沿海地区煤炭市场整体保持供给和运输宽松的格局，煤炭生产与消费数量均呈较大幅度下降。煤炭市场供大于求，压力加大，社会库存高位，国内煤炭价格持续走低，港口实际交易价格从年初的510元/t下降到年底的360元/t，吨煤价格下降了150元/t。受沿海干、散货运输市场需求低迷及运力严重过剩的影响，海运费从年初开始就保持低位运行，直到年底。在需求减少的大背景下，煤炭产能、运力双过剩的市场结构难以改变。沿海煤炭市场仍将延续供过于求的市场格局，港口空泊常态化，铁路运力明显过剩，降低过剩运力、淘汰不合理运输方式、提高运输效率成为今后煤炭运输重点解决问题。

## 2.5 铁路运输

铁路运输是运用铁路线路和机车、车辆为主要工具来完成运输任务的一种运输方式，具

有运量大、速度快、成本低、消耗少、安全可靠及受自然环境影响小等优点，是我国陆上运输的主要运输方式。在铁路运输中，煤炭运输占 1/3。

### 2.5.1 铁路运输基本知识及规程和规则

**1. 轨道**

钢轨和轨枕是铁路的基础。现代铁路钢轨为平底，横断面成T形，干线轨重45～75kg/m，轨长为12m或40m的。近几年出现焊接长轨，即将钢轨焊接成长约400m的长轨，铺轨时再依次焊接，可长达数千米。钢轨间的标准轨距为4ft 8.5in（约1.44m）。干线都为标准轨距，支线有时采用窄轨距。轨枕多用木材，现代枕木经过化学防腐处理，平均寿命可提高到35年左右。因木材短缺、价格昂贵，开始改用钢铁轨枕和混凝土轨枕，混凝土与焊接长轨配合，构成一种极为平稳和牢固的新式轨道。

**2. 车辆**

车辆是铁路运送旅客和货物的工具。客车类型很多，各国设计互不相同。货车有敞车、棚车和平板车三种基本类型。此外还有许多特种车辆，如罐车、冷藏车、牲畜车和载运汽车的双层货车等。运送煤炭的为敞车，运送油品的为罐车。

铁路车辆的最大允许装载质量又称为“车辆标记载重”，是根据车体大小及车轮、车轴、弹簧、车架等的强度予以规定的，并用标记标明在车体的两侧或两端。车辆载重与自重的比值，是货车的重要技术经济指标之一。

一般装煤的车辆分为两大类，一类为常用车，另一类是杂型车。常用车是指敞车和部分车体为长方形、车底平整的煤车。杂型车是指车箱底部呈斗形或凸凹形的煤车。按相关规定，低边车、棚车和平板车都不能用来装煤。

铁路油罐车是铁路运输石油的专用车辆。油罐车的容积多为50m$^3$，成列发运时，每列可编30～50辆，运量可达2000t左右。油罐车可成列发运或单车分运，是我国目前石油运输的主要方式。

铁路油罐车按用途分为轻油罐车、黏油罐车和润滑油罐车三种。

（1）轻油罐车装运汽油、煤油、轻柴油，罐体为银铝色。

（2）黏油罐车装运重柴油、燃料油、原油，罐体为黑色。

（3）润滑油罐车为装运润滑油的专用车辆，罐体为银灰色。

为便于卸油，黏油罐车和润滑油罐车下部均设有卸油管阀，罐内有固定的加温管和外部加温套层等装置。为了便于识别和使用，各罐体都按用途分别刷印有“轻油”“黏油”和“润滑油”标记。

**3. 列车**

电厂运煤列车一般可分为下述几种：

（1）直达列车，指列车的质量达到牵引定数，途经各编组站（或区段站）无解编作业的列车。这种列车由本机务段机车直接牵引进厂。

（2）小运转列车，指在干线行驶的满轴列车到达编组站（或区段站）后，经改编以调车机车牵引进厂。

（3）固定成组列车，指固定于装车和卸车地点之间运输的车辆。

（4）调车列车，按调车作业方式运行的列车。

煤车进入电厂卸车线前，一般要先到达规定的交接线上，与路网铁路办理交接作业，然后再将列车分送到卸车线上卸车。列车交接方式及交接地点根据电厂规模、运输量大小、列车作业量等因素而定。

### 2.5.2 燃料的铁路运输

**1. 煤炭运输**

煤炭是我国的主要能源，而铁路运输是我国煤炭运输的主要方式。这是因为铁路运输的运输量大、速度快，一般不受气候条件的限制；铁路运输可成列发运，也可单车分送；同时也由于煤矿大多不在江河湖海边上，出矿外运的通道只能是铁路。我国除沿海地区和南方一些靠近江河湖海的电厂采用水运外，绝大部分的大、中型电厂的煤炭都是依靠铁路直接运输到厂的。即使是水运煤电厂，从煤矿到港口中转水运前，也多是依靠铁路来运送。

煤炭的运输流向如前所述，是由煤炭资源的分布和耗用在地区上的不平衡所决定。20世纪70年代以后，我国沿海地带的经济迅猛发展，无论北部、东部和南部沿海地区，煤炭的需要量均越来越大，越来越需要依靠正在发展中的黄河中游能源基地输运煤炭。这样就形成了“北煤南运、西煤东调、煤炭出关”的格局。今后会因缺煤地区的煤炭产量与自给率逐渐缩小，产煤地区的煤炭生产比重逐年扩大，产销差额调拨量还将随之增加。因此，“北煤南运、西煤东调、煤炭出关”的平均运距将是延长的趋势，且货物周转量的增长速度将比同期货运量的增长速度快。

**2. 石油运输**

石油是我国能源的重要组成部分，其产量占我国能源生产总量的21.3%，消耗占我国能源消耗总量的19%。

石油产品分为原油和成品油。

(1) 原油。我国的原油生产主要集中在东部地区，约占全国总产量的94%（其中东北地区约占50%），西部地区约占6%。这种情况决定了我国长距离的“北油南运，东油西运”的局面。

我国的原油运输，在20世纪60年代主要是依靠铁路。20世纪70年代初开始，由于石油工业迅速发展，原油产量大幅度增加，铁路运输已不能满足石油发展的需要，开始建设大规模输油管道。

(2) 成品油。我国的石油加工厂主要分布在东北及东部沿海地区。据统计，东北地区的石油加工量约占全国加工量的37%，华北、华东及中南地区的加工量占53%，西北及西南地区仅占10%。因此，成品油的流向与原油流向基本相似，即“自北向南，自东向西”。

### 2.5.3 运价计算

**1. 运费**

铁路货物运价按其适用的范围可分为普通运价、特定运价、优待运价、地方运价（临时营业线运价）和国际运价五种；按货物运输种类，铁路运价分为整车货物运价、零担货物运价和集装箱货物运价。煤炭运输的铁路运价一般是普通运价的整车货物运价。计算整车货物的质量以吨为单位，吨以下四舍五入。一般均按照货车标记载质量计算运费。运价里程根据货物运价里程表所列发站至到站间最短路径计算，运价里程不包括专用线、货物支线的里程。水陆联运的货物，应将换装站至码头线的里程加入运价里程内计算。货物运费的起码里程为100km；货物运费按照承运货物当日实行的运价率计算；杂费按照发生当日实行的费率核收。我国现行的铁路运价制度采用分号制，整车运价为12个运价号。煤炭运输计价为7号运价。

**2. 杂费**

(1) 整车货物的装卸费。按各铁路局和各省、自治区、直辖市物价局制定的费率，装费由发站向托运人核收，卸费由到站向收货人核收。

(2) 取送车费。用铁路机车往专用线、货物支线（包括站外出岔）或专用铁道的站外交接地点调送车辆时，自车站中心线起算，里程往返合计，每车每千米核收取送车费1.80元。

(3) 变更费。煤炭发运后变更到站（包括同时变更收货人），每车收费30元；煤炭发运后只变更收货人或发送前取消托运，每车收费10元。对已承运的煤炭，因自然灾害发生运输阻碍而变更到站时，免收变更手续费，运费按发站至处理站与处理站至新到站的实际经由里程合并通算；如至新到站经由发站至处理站的原经路时，应扣除原经路的回程里程计算。

(4) 杂费费率按"货运杂费费率表"的规定核收。

## 2.6　水　路　运　输

### 2.6.1　水路运输的基本知识

水路运输成本低廉，内河运费约为铁路运费的40%～60%，约为公路运费的30%～40%，海运则更低。其次，水路运输能力大，一条驳船可运输数千吨，一艘海轮可运4万～6万t。水路运输的缺点是受地理条件的限制，以及受季节性气候的影响很大，而且速度较慢。

水上运输系统是由港口、航道、船舶、通信与导航、修造船等方面构成的，各个环节缺一不可、相辅相成。

**1. 航道**

水运航道必须保证在最低水位时，仍有一定的宽度和深度，以适应船舶全年或全航期完全满载通航。通道的宽度和深度决定了通航的吨位大小。

水运燃料的电厂很少建有专用航道，绝大部分利用天然江河进行水运。

**2. 海轮**

我国沿海运煤的海轮吨位大小不一，小至5000t，大至60 000t以上。一般万吨以上的散装货轮有5～6个货舱，航速比客船略低，为11～18节（"节"是航速的专用名词，1节=1852m/h)，船体总长超过160m，重载吃水都在8.30m以上，船体采用合金钢或低碳钢。

装煤的船都是散装货船。这种船比一般货船装得多、卸得快、运输成本低。

装煤船是干货船，装油船则是液货船。油轮除航行系统外，还装有加热系统、自卸输入系统和消防系统。

**3. 顶推与拖带运输船舶**

驳船按航行区域分为海驳和内河驳；按用途分为货驳、煤驳和油驳；按推进方式分为机动船和非机动船。机动船本身有推进动力装置，可以自航，如甲板驳等；非机动船本身没有动力，不能自航，例如分节驳等。

航行于支流、运河的煤驳，吨位较小，一般为100～300t，有2～3个货舱，船体材料多是钢材，100t以下的也有采用钢丝网水泥和木材的。

航行于大江、大河的煤驳，吨位较大，一般为1000～5000t。航行于海上的驳船，其吨位为3000～5000t的，但是要求具有较高的抗风能力和良好的适航性。

油驳的分舱较多，一艘1000t的油驳有8个油仓。油驳上装有加热管道、卸油泵、进出油管道和消防系统等设施，但蒸汽和电源须由码头上供给。油驳的吃水都比较浅，载重3000t的油驳满载吃水也只有3.30m。

### 2.6.2 燃料水路运输

**1. 水运燃料的承运**

这是指单纯的水路运输，即通常所说的非联运的水路运输。

首先是按交通部颁布的《中华人民共和国交通部水路货物运输规则》办理托运申请（单批的或月度的），经航运部门平衡后承运。货物一般情况在装港由港方代理与航运部门交接，卸货时则由收货方（或卸港）与船方交接。货损、货差如果是在装船时发现的，则由装港（或运输部门）会同船舶编制港航内部记录；如果是在卸货时发现的，则由卸港（或运输部门）会同收货单位编制货运记录。对于货物灭失、短缺的赔偿处理，《中华人民共和国交通部水路货物运输规则》规定，除起运港装船前发生的应由起运港受理外，其余一律由到达港负责受理。直接运到厂交接的货物则由运输单位受理。

**2. 水陆联运**

一般煤炭从矿里发出到电厂，单纯是水路运输的极少，大多是从矿里出来通过铁路运输到第一换装港，装船后水运到厂或到第二换装港后再换装小船或二次装车到厂。还有个别电厂的用煤需经多次水陆中转才能到厂。

为了缩短铁路运距，减轻铁路压力，加速车皮周转，同时充分发挥水路运输运量大、条件好、成本低的优越性，交通部门采用了煤炭水陆联运的运输组织，构成了一条合理的运输线。同时，相应制订了煤炭水陆联运规则和运费优待办法。

水陆联运煤炭的计划核准后，铁路、港务、航运各单位给予优先承运。煤矿根据订货合同，向发货站办理托运，铁路、港务、航运各单位按计划自行衔接，一票到底，中间不需要再办理运输申请。煤款及水陆运费、换装港杂费等均由煤矿向收货人一次核收，中间不发生其他费用。

（1）交接。煤矿对于水陆联运煤炭的重量和质量，负责到第一个换装港口的车站。煤车到达第一个换装港口的车站后，站、港双方应共同派人逐车进行检查，由车站编制货运记录，随同货物运单交由用煤单位。

（2）运到期限。联运货物的运到期限，铁路区段按铁路规定计算，水路区段按水路规定计算，换装期限则按联运规则全程合并计算。逾期20天仍不能在到站或到达港交付时，收货人可以认为该项货物业已灭失，按规定提出赔偿要求，并可同时声明保留货物发现时的领取权。

（3）变更运输。水陆联运的煤炭合同和其他煤炭合同相同，在全年订货时一次签订。但是它涉及的面广，情况在不断地变化，煤矿、铁路、港务、航运各方都需根据变化了的情况协作配合。

**3. 运输损耗**

煤炭运输损耗是指煤炭由发站至到站（港）运输途中损失的质量。原铁道部、交通部货规分别规定，铁路运输损耗不超过1.2%，水路运输损耗不超过1.5%，每换装一次的损耗标准暂定为1%。水陆联运的煤炭，如果经过两次铁路或两次水路运输，运输损耗仍按一次计算，但换装损耗按换装次数累加。

**4. 合同签订**

煤炭办理水陆联运，目的港必须是联运港才能办理。如果目的港不是联运港，只有换装港是联运港，则不能办理全程水陆联运。

签订合同时，“到达港或到站”一栏应把换装港和到达港（站）都填上。如果水陆联运的到站或到达港并非货物的最终到点，尚需经过短途运输或其他工具转运时，应将负责转运的机关或代理人和收货人同时填入“收货人”栏内。

## 2.7　公　路　运　输

**1. 公路运输特点**

公路运输是以公路线路、汽车及其他车辆为主要工具进行运输作业的一种运输方式，具有机动、灵活、方便、迅速、能适应多种地形等优点，可深入到许多铁路及航道不能到达的山区角落，还可采取直达运输，减少中间环节，节省装卸费用。煤炭运输的主力是铁路，但是在一定条件下公路仍可作为重要的补充力量。尤其是小煤矿大量采掘后，公路运输已成为煤炭运输中的重要组成部分。从煤矿到铁路集运装车站，或从煤矿直接到电厂，都必须依靠公路运输，公路运输的煤炭占煤炭总运量的比重迅速上升。另外，从调整运输结构、减轻铁路运输的沉重负担出发，也应该发挥公路中短途运输的优势，为铁路分担部分中途运输任务和大部分短途运输任务。

由于成本和运价等因素，理论上公路煤炭运输只适合区域内近距离的运输。事实上，公路煤炭运输作为铁路和水路煤炭运输的重要补充，在主要的煤炭生产基地和煤炭中转港腹地，一直有部分中、短距离的公路直达运输或公路集港运输。跨地区公路煤炭运输主要集结在山西、内蒙古自治区等地区。大规模的长距离煤炭运输并不是公路运输方式的优势所在，然而近几年来，随着经济发展对煤炭需求的大幅度增长，铁路运力不断趋紧，公路煤炭运输发展较快。

表2-2为陕西神木地区不同里程铁路与公路运输经济性比较，可以看出铁路运输更具有经济性，但公路运输具有公路网分布广、机动灵活，可实现“门到门”的运输优势。

**表2-2　陕西神木地区不同里程铁路与公路运输经济性比较**　(元/t)

| 里程（km） | 项目 | 铁路运输 | | 汽车运输 |
|---|---|---|---|---|
| | | 有自备铁路线 | 依靠代理发货 | |
| 500 | 铁路运费 | 65 | 65 | 180 |
| | 请车计划站台费 | 30 | 85 | — |
| | 短途运输费用 | 0 | 15 | — |
| | 货物损耗 | 16 | 24 | 8 |
| | 合计 | 111 | 189 | 188 |
| | 铁路优于公路 | 82 | −1 | — |

续表

| 里程（km） | 项目 | 铁路运输 | | 汽车运输 |
|---|---|---|---|---|
| | | 有自备铁路线 | 依靠代理发货 | |
| 800 | 铁路运费 | 100 | 100 | 270 |
| | 请车计划站台费 | 30 | 85 | — |
| | 短途运输费用 | 0 | 10 | — |
| | 货物损耗 | 16 | 24 | 8 |
| | 合计 | 146 | 219 | 278 |
| | 铁路优于公路 | 132 | 59 | — |

从成本核算的角度讲，公路煤运的经济运距应该不超过500km。但是，在电煤严重紧张、铁路运能无法满足的情况下，许多用煤企业不得不选择公路甚至是高速公路运输，无形中成倍地提高了煤炭的消费价格。

“三西”煤炭基地中，山西煤炭经公路调出的主要流向为天津、河北、山东等地，部分直接供应市场，部分经沿海港口下水；内蒙古自治区西部的煤炭经公路调出的流向为天津、河北等地；陕西的煤炭经公路调出的流向为河南、湖北等地。公路运输运价是计算汽车货物运费的依据，分为货物基本运价，长途、短途运价，整车、零担运价，普通货物分等运价等，还可在基本运价的基础上，根据具体情况加成或减成。

**2. 公路运输基本知识与运输规则**

（1）整车货物运输以吨为单位，尾数不足10kg时，四舍五入。一般货物按实际质量计算，以过磅为准。

（2）运距25km以上为长途，25km以下为短途。

（3）计费里程以千米为单位，不足1km的尾数，四舍五入；短途运输计费里程以0.5km为计算单位，不足0.5km的尾数，进为0.5km。

（4）货物运输计费里程，包括运输里程和装卸里程。运输里程按装货至卸货地点的实际载货里程计算。装卸里程按车辆由车站（库）至装货地点、加卸货地点至附近车站（库）的空驶里程的50%计算。卸货后返回原站（库）时，按空驶里程的40%计算。各省、市、自治区根据实际情况也可不计装卸里程。

（5）整车计程运价以元/(t·km)为单位。运费尾数以角为单位，不足1角的四舍五入。

（6）货物运价的加成、减成及幅度和装卸费及其他费用，按当地交通、物价主管部门规定的费率计收。

**3. 公路运输不足**

我国很多煤矿，特别是小煤矿，煤炭从矿区运输到铁路中转站或到电厂用户往往采用汽车运输方式，每辆汽车载煤少者有3～5t，多者10～30t，甚至还有超过50t的。据了解，目前我国公路运煤基本采用普通载重汽车散装运输。许多车主为多赚钱，往往擅自加高槽帮拼命多装，以致严重超标并引发各种交通事故；许多新修的道路经不住超载重车的碾压，很快被破坏，使用寿命较设计标准大为缩短，另外许多运煤车顶部未遮盖篷布，造成煤炭散落，严重污染环境并影响交通安全。

第三章

# 煤炭计价和结算

电厂采购部门根据本厂需求采购到适用煤炭后，要根据煤炭质量和数量对煤炭计价后进行货款结算。煤炭计价的一个基本原则是按质计价，不同质量、不同品质的煤炭价格都不一样。电煤作为动力煤，计价主要是根据煤的热值。

## 3.1 我国煤炭计价发展

**1. 统一煤炭产品价格时期**

1953～1964年为统一煤炭产品价格时期。这一时期，在稳定物价方针的指导下，全国实行统一的煤炭产品价格，目的是平衡各大区之间、国营煤矿和地方煤矿之间的不合理现象。基本原则是，煤炭价格总水平基本不动，个别调整。这一时期，虽然对煤炭价格在地区差价、品种差价和质量差价上做了适当调整，但并没有考虑各矿的地质条件、生产条件、运输条件等，更未考虑与其他工业产品之间的比价关系，由此产生了煤炭产品价格低于价值问题。虽然国家采取了内部调剂政策，但仍然有很多单位亏损，有些企生尽管努力改善经营管理工作，可仍未摆脱亏损的局面。从当时煤炭工业部门总的经营成果来看，不论按企业单位计算，还是按商品总量计算，亏损面都在30%以上。这期间虽对煤炭产品几经调价，但就全行业来说仍处在低效益下运行。如1963年，煤炭工业的成本利润率为－6.7%，资金利润率为－3.6%。而冶金工业为2.7%和8.7%，化工工业为44.5%和20.9%，石油工业为37.5%和27.6%。

**2. 计划价格时期**

1965～1978年为计划价格时期。这一时期是煤炭产品的完全计划价格时期。在大力发展社会主义计划经济方针的指导下，全国的各大中型煤矿按国家指令性计划生产，产品按国家规定的价格由国家包销，各煤矿无自主经销的权利，只是作为煤炭生产单位。虽然这一阶段煤价较低，利润水平也不高，但由于国家实行补贴政策，煤炭行业并没有受到很大影响。在这一时期，国家虽多次提高煤价，可由于成本的不断增加，利润水平并未有多大提高，与其他行业比效益仍属最低。如1978年煤矿工业的成本利润率和资金利润率分别为10%和3.9%，冶金工业为25.4%和14%，化工工业为33.8%和27.8%，石油工业为96.2%和32.8%。

**3. 计划价格和市场价格共存时期**

1979～1991年为计划价格和市场价格共存时期。这一时期在调整、改革、整顿、提高方针指导下，煤炭产品同其他工业产品一样实行计划与市场并行的双轨制价格。国家在煤炭价格偏低，但又不能做合理调整的情况下，从1985年开始，把过去执行的单一计划价格办法改革为多层次的煤炭价格结构，实行多种价格制。对全国统配和重点煤矿按国家指令性计划生产的煤炭，实行统一的计划价格，超包干基数实行加价。超国家计划部分实行议价自销，同时还实行了特殊议价，扩大了地区差价。为鼓励缺煤地区提高煤炭自给率，少调人，减少运输距离，规定了调人缺煤地区煤炭加收地区差价的政策。这在一定程度上促进了煤炭工业的发展，然而并未从根本上解决价格与价值偏离的问题。

**4. 市场价格时期**

1992年以后进入市场价格时期。这一阶段是计划价格向市场价格过渡时期。在建立、发展和完善社会主义市场经济的方针指导下，煤炭工业同其他工业一样开始步入市场。但由于长期的低价政策和国家财政扶植，煤炭工业对开始消减补贴表现出了极大的不适应。尽管煤炭价格一再上涨，但由于煤炭价格对下游产品价格的影响，造成煤炭生产成本水涨船高，加之煤炭工业基础性强、灾账多，以及多年来存在政策、管理、经营等方面的问题，使煤炭企业自身陷入极大的困境。

## 3.2 常见煤炭计价方式

### 3.2.1 灰分计价

自1949年以来，我国的煤炭计价方式是按照灰分来确定的，早期的煤炭产品出厂价格的计算是以全国重点煤矿正常的综合平均原煤（精煤）成本为基础，加上税金和适当的利润，同时考虑煤种、品种、灰分、水分、硫分、块煤限下率和地区差价七个具体指标来确定的，其计算式为

$$V=C+T+P$$

式中 $V$——综合原煤（精煤）的基本价格；

$C$——某一品种煤的单价（元/t）；

$T$——税金；

$P$——利润。

$$V_i=V\times m_i\times n_i\times A_i\times M_i\times \mathrm{S}_i\times r_i\times d_i$$

式中 $V_i$——第 $i$ 种原煤（精煤）的价格；

$m_i$——第 $i$ 种原煤（精煤）的煤种比价（%），按照煤炭的14大类分为9个组进行计价，焦煤和肥煤主要用于炼焦，比价分别为125%和120%，褐煤为83%；

$n_i$——第 $i$ 种原煤（精煤）的品种比价（%），按加工方法和质量的不同划分为5大类27个品种，各商品煤的比价率随加工程度和使用价值的不同而不同，精煤最高，中煤、煤泥最低，原煤为100%；

$A_i$——第 $i$ 种原煤（精煤）的灰分比价（%），灰分分为39级，其中1级 $A_{\mathrm{d}}$ 为4.01%～5.00%，36级为39.01%～40%，等级间隔一级为1%，37级 $A_{\mathrm{d}}$ 为41.01%～43%，等级间隔为2%，38、39级等级间隔为3%，39级以上为非正常产品，价格由各煤矿局、矿自定；

$M_i$——第 $i$ 种原煤（精煤）的水分比价（%）；

$\mathrm{S}_i$——第 $i$ 种原煤（精煤）的硫分比价（%），除炼焦精煤外其他产品煤 $\mathrm{S}_{\mathrm{t,d}}<3\%$ 的

为100%，3.01%$<S_{t,d}<$5%的为97%，5.01%$<S_{t,d}<$7%的为94%，$S_{t,d}>$7%的为91%；

$r_i$——第$i$种原煤（精煤）的块煤限下率（%），每个等级块煤限下率的间隔为3%，15%～18%的比价为100%；

$d_i$——第$i$种原煤（精煤）的地区差价（%）。

根据水分分类，煤种类和品种分为四类：

（1）长焰煤、1/2中黏煤、弱黏煤、不黏煤、气煤、气肥煤和1/3焦煤类的原煤、混煤、粉煤、末煤、块煤及各群煤（褐煤除外）的洗原煤、水采原煤、洗混煤、洗末煤、洗粉煤、中煤为一类，这一类的水分间隔范围为5%～8%的比价为100%。

（2）焦煤、肥煤、瘦煤、贫煤、贫瘦煤、无烟煤等煤种的原煤、混煤、末煤、粉煤和各种块煤为一类，这类煤的水分间隔在4%～5%的比价为100%。

（3）褐煤的水分间隔在20%～23%的比价为100%。

（4）精煤的水分间隔在10%～12%的比价为100%。

地区差价增加系数和地区比价见表3-1。

**表3-1　地区差价增加系数和地区比价**

| 煤矿所在地区 | 地区差价增加系数（%） | 地区比价（%） | 备注 |
|---|---|---|---|
| 新疆、甘肃、陕西、宁夏、内蒙古自治区西部、山西 | 无 | 100 | （1）江西安源煤矿筛选煤加价5%；（2）统配煤矿煤价及地区差异另有规定 |
| 北京、河北、贵州 | 10 | 110 | |
| 四川 | 20 | 120 | |
| 吉林、内蒙古自治区东部 | 23 | 123 | |
| 山东、河南、安徽、黑龙江 | 25 | 125 | |
| 江苏、辽宁、江西 | 30 | 130 | |

灰分计价方式虽然在计算中也考虑了有关煤炭质量指标的比价，但却忽视了决定煤炭质量的重要指标——发热量。因为动力煤是作为能源来发热的，而灰分是不能燃烧的部分，不能发热，不能表征动力煤的基本性质，因此以灰分计价方式是不合理的，与现实动力煤的使用目的相差较大。

### 3.2.2　热值计价

针对动力煤灰分计价的不合理性，1989年，由煤炭部提出改灰分计价为收到基低位热值计价，报请国务院批准，并在3个重点动力煤矿务局（义马、鹤壁、平庄）试行，随后全面展开。煤发热量表征了动力煤的基本性质，是计算燃料消耗、热效率和计价的主要技术指标。动力煤按发热量计价可使煤炭产品价格和其使用价格相一致，因此这种计价方式更能体现煤炭本身价值，实现节约用煤，提高社会效益和经济效益。

发热量计价公式为

$$C = aQ_{net,ar}K_rK_vK_pK_SK_XK_A$$

式中　$Q_{net,ar}$——收到基低位发热量（MJ/kg）；

$a$——发热量单价（元/GJ），$1GJ=10^3MJ=10^9J$；

$K_r$——发热量比价系数（%）；

$K_v$——干燥无灰基挥发分系数（%）；

$K_p$——煤炭品种比价（%）；

$K_S$——全硫比价系数（%）；

$K_X$——块煤限下率系数（%）；

$K_A$——灰分系数（%）。

为了计算方便，将上计价公式缩写为

$$C = C'K_vK_pK_SK_MK_XK_A$$

其中

$$C' = aQ_{net,ar}K_r$$

式中 $C'$——发热量基价（元/t）。

**1. 发热量单价 *a***

发热量单价 $a$ 为单位发热量的价格，按灰分比价中 20 级原煤（$A_d$＝23.01%～24.00%，比价为 100%）的价格除以所对应的收到基低位发热量为 20.91MJ/kg（5000kcal/kg），不同地区 20 级原煤价格不同，华北 43.8 元/t，东北 48.6 元/t，华东与中南 42.5 元/t，西南 42.5 元/t，西北 44.4 元/t，则各地区 $a$ 值为：华北 2.095 元/GJ，东北 2.324 元/GJ，华东与中南 2.018 元/GJ，西南 2.033 元/GJ，西北 2.123 元/GJ。

**2. 发热量比价系数 $K_r$**

低位发热量从 9.51～29.5MJ/kg 划分为 40 级，间隔为 0.5MJ/kg，20.51～21.0MJ/kg（位于第 21 级）的比价为 100%，系数定为 1。发热量每增加 1 级（0.5MJ/kg），比价系数增加 0.012，发热量每降低 1 级（0.5MJ/kg），比价系数降低 0.006，增减比例为 2∶1。大于 21 级的比价系数 $K_r$＝1＋（级别－21）/0.5×0.012，小于 21 级的比价系数 $K_r$＝1－(21－级别)/0.5×0.006。发热量比价系数 $K_r$ 见表 3-2。

表 3-2　　发热量比价系数 $K_r$

| 编号 | $Q_{net,ar}$ (MJ/kg) | $K_r$ (%) | 编号 | $Q_{net,ar}$ (MJ/kg) | $K_r$ (%) |
|---|---|---|---|---|---|
| 29.5 | 29.01～29.5 | 120.4 | 19.5 | 19.01～19.5 | 98.2 |
| 29 | 28.51～29.0 | 119.2 | 19 | 18.51～19.0 | 97.6 |
| 28.5 | 28.01～28.5 | 118 | 18.5 | 18.01～18.5 | 97 |
| 28 | 27.51～28.0 | 116.8 | 18 | 17.51～18.0 | 96.4 |
| 27.5 | 27.01～27.5 | 115.6 | 17.5 | 17.01～17.5 | 95.8 |
| 27 | 26.51～27.0 | 114.4 | 17 | 16.51～17.0 | 95.2 |
| 26.5 | 26.01～26.5 | 113.2 | 16.5 | 16.01～16.5 | 94.6 |
| 26 | 25.51～26.0 | 112 | 16 | 15.51～16.0 | 94 |
| 25.5 | 25.01～25.5 | 110.8 | 15.5 | 15.01～15.5 | 93.4 |
| 25 | 24.51～25.0 | 109.6 | 15 | 14.51～15.0 | 92.8 |
| 24.5 | 24.01～24.5 | 108.4 | 14.5 | 14.01～14.5 | 92.2 |
| 24 | 23.51～24.0 | 107.2 | 14 | 13.51～14.0 | 91.6 |
| 23.5 | 23.01～23.5 | 106 | 13.5 | 13.01～13.5 | 91 |
| 23 | 22.51～23.0 | 104.8 | 13 | 12.51～13.0 | 90.4 |
| 22.5 | 22.01～22.5 | 103.6 | 12.5 | 12.01～12.5 | 89.8 |
| 22 | 21.51～22.0 | 102.4 | 12 | 11.51～12.0 | 89.2 |
| 21.5 | 21.01～21.5 | 101.2 | 11.5 | 11.01～11.5 | 88.6 |
| 21 | 20.51～21.0 | 100 | 11 | 10.51～11.0 | 88 |
| 20.5 | 20.01～20.5 | 99.4 | 10.5 | 10.01～10.5 | 87.4 |
| 20 | 19.51～20.0 | 98.8 | 10 | 9.51～10.0 | 86.8 |

**3. 干燥无灰基挥发分系数 $K_v$**

挥发分基准是干燥无灰基，分为 5 个档次，以 $V_{daf}$ 为 20.01%～28%的比价为 100%。干燥无灰基挥发分系数 $K_v$ 见表 3-3。

表 3-3　　干燥无灰基挥发分系数 $K_v$

| $V_{daf}$（%） | ≤20 | 20.01～28 | 28.01～37 | ＞37 | 褐煤 |
|---|---|---|---|---|---|
| $K_v$（%） | 90 | 100 | 110 | 120 | 125 |

**4. 煤炭品种比价 $K_p$**

以灰分计价中的品种比价为准，共分为 24 个品种，不包括精煤。煤炭品种比价 $K_p$ 见表 3-4。

表 3-4　　煤炭品种比价 $K_p$

| 品种 | 粒度（mm） | $K_p$（%） | 品种 | 粒度（mm） | $K_p$（%） |
|---|---|---|---|---|---|
| 原煤、水采原煤 | — | 100 | 洗原煤 | — | 108 |
| 特大块 | ＞100 | 129 | 洗特大块 | ＞100 | 132 |
| 大块 | 50～100，＞100 | 129 | 洗大块 | 50～100，＞100 | 139 |
| 混块 | ＞25 | 134 | 洗混块 | ＞25，＞13 | 139 |
| 中块 | 25～50 | 140 | 洗中块 | 25～50，25～60 | 150 |
| 混中块 | 13～50，13～80 | 137 | 洗混中块 | 13～50，13～60 | 143 |
| 小块 | 13～25 | 130 | 洗小块 | 13～25，13～20 | 136 |
| 粒煤 | 6～13 | 125 | 洗粒煤 | 6～13 | 132 |
| 混煤 | ＜50 | 105 | 洗混煤 | ＜50 | 107 |
| 末煤 | ＜13，＜25 | 103 | 洗末煤 | ＜13，＜25 | 109 |
| 粉煤 | ＜6 | 103 | 洗粉煤 | ＜6 | 107 |
| 水采煤泥、煤泥 | ＜1 | 60 | 洗中煤 | — | 60 |

**5. 全硫比价系数 $K_S$**

全硫比价系数划分为 8 级，以干基全硫 2.01%～3%的比价为 100%。全硫大于 1%时，间隔为 1%，比值（即硫分间隔和比价间隔之比）为 1∶1.5；全硫小于或等于 1%时，间隔为 0.5%，比值为 1∶3，全硫比价系数 $K_S$ 见表 3-5。

表 3-5　　全硫比价系数 $K_S$

| $S_{t,d}$（%） | ≤0.5 | 0.51～1 | 1.01～2 | 2.01～3 | 3.04～4 | 4.01～5 | 5.01～6 | ＞6 |
|---|---|---|---|---|---|---|---|---|
| $K_S$（%） | 104.5 | 103 | 101.5 | 100 | 98.5 | 97 | 95.5 | 94 |

**6. 块煤限下率系数 $K_X$**

块煤限下率是筛选煤的一项重要指标，是指块煤的下限部分产率。限下率共分为 10 级，以限下率 15.01%～18%比价为 100%，间隔为 3%，比值（即限下率间隔与比价间隔之比）为 1∶0.5。块煤限下率系数 $K_X$ 见表 3-6。

**7. 灰分系数 $K_A$**

以收到基灰分（$A_{ar}$）为计算基础，划分为 9 级，灰分不大于 5%时系数为 1.0；灰分为

5.01%～40%时，分为7级，间隔为5%；灰分为5.01%～25%时，系数由0.99按0.02递减；灰分为25.01%～40%时，系数由0.93按0.01递减；灰分越高，系数越小。灰分大于40%时，系数为0.89。灰分系数 $K_A$ 见表3-7。

表3-6　　块煤限下率系数 $K_X$

| 限下率（%） | ≤3 | 3.01～6 | 6.01～9 | 9.01～12 | 12.01～15 |
|---|---|---|---|---|---|
| $K_X$（%） | 107.5 | 106 | 104.5 | 103 | 101.5 |
| 限下率（%） | 15.01～18 | 18.01～21 | 21.01～24 | 24.01～24 | 27.01～30 |
| $K_X$（%） | 100 | 98.5 | 97 | 95.5 | 94 |

表3-7　　灰分系数 $K_A$

| $A_{ar}$（%） | ≤5.0 | 5.01～10 | 10.1～15 | 15.01～20 | 20.01～25 | 25.01～30 | 30.01～35 | 35.01～40 | >40 |
|---|---|---|---|---|---|---|---|---|---|
| $K_A$ | 1.00 | 0.99 | 0.97 | 0.95 | 0.93 | 0.92 | 0.91 | 0.90 | 0.89 |

**8. 发热量基价 $C'$**

发热量单价按1.057元/GJ，发热量基价 $C'$ 见表3-8。

表3-8　　发热量基价 $C'$

| 编号 | $Q_{net,ar}$（MJ/kg） | $K_r$（%） | $C'$（元/t） | 编号 | $Q_{net,ar}$（MJ/kg） | $K_r$（%） | $C'$（元/t） |
|---|---|---|---|---|---|---|---|
| 29.5 | 29.01～29.5 | 120.4 | 37.22 | 19.5 | 19.01～19.5 | 98.2 | 19.98 |
| 29 | 28.51～29.0 | 119.2 | 36.22 | 19 | 18.51～19.0 | 97.6 | 19.34 |
| 28.5 | 28.01～28.5 | 118 | 35.24 | 18.5 | 18.01～18.5 | 97 | 18.71 |
| 28 | 27.51～28.0 | 116.8 | 34.26 | 18 | 17.51～18.0 | 96.4 | 18.09 |
| 27.5 | 27.01～27.5 | 115.6 | 33.30 | 17.5 | 17.01～17.5 | 95.8 | 17.47 |
| 27 | 26.51～27.0 | 114.4 | 32.35 | 17 | 16.51～17.0 | 95.2 | 16.85 |
| 26.5 | 26.01～26.5 | 113.2 | 31.41 | 16.5 | 16.01～16.5 | 94.6 | 16.25 |
| 26 | 25.51～26.0 | 112 | 30.48 | 16 | 15.51～16.0 | 94 | 15.65 |
| 25.5 | 25.01～25.5 | 110.8 | 29.57 | 15.5 | 15.01～15.5 | 93.4 | 15.06 |
| 25 | 24.51～25.0 | 109.6 | 28.67 | 15 | 14.51～15.0 | 92.8 | 14.47 |
| 24.5 | 24.01～24.5 | 108.4 | 27.79 | 14.5 | 14.01～14.5 | 92.2 | 13.89 |
| 24 | 23.51～24.0 | 107.2 | 26.91 | 14 | 13.51～14.0 | 91.6 | 13.31 |
| 23.5 | 23.01～23.5 | 106 | 26.05 | 13.5 | 13.01～13.5 | 91 | 12.74 |
| 23 | 22.51～23.0 | 104.8 | 25.20 | 13 | 12.51～13.0 | 90.4 | 12.18 |
| 22.5 | 22.01～22.5 | 103.6 | 24.36 | 12.5 | 12.01～12.5 | 89.8 | 11.63 |
| 22 | 21.51～22.0 | 102.4 | 23.54 | 12 | 11.51～12.0 | 89.2 | 11.08 |
| 21.5 | 21.01～21.5 | 101.2 | 22.73 | 11.5 | 11.01～11.5 | 88.6 | 10.54 |
| 21 | 20.51～21.0 | 100 | 21.93 | 11 | 10.51～11.0 | 88 | 10.00 |
| 20.5 | 20.01～20.5 | 99.4 | 21.28 | 10.5 | 10.01～10.5 | 87.4 | 9.47 |
| 20 | 19.51～20.0 | 98.8 | 20.63 | 10 | 9.51～10.0 | 86.8 | 8.95 |

动力煤按发热量计价计算举例。

［例3-1］　已知：$Q_{net,ar}$=20.91MJ/kg，$A_{ar}$=31.20%，$V_{daf}$=22.45%，$S_{t,d}$=3.00%，煤炭品种为原煤，求此煤炭的价格。

**解：** 由 $Q_{net,ar}$=20.91MJ/kg，查表3-8得发热量基价 $C'$=21.93元，然后再分别查出挥发分比价 $K_V$=100%，品种比价 $K_p$=100%，全硫比价 $K_S$=98.0%，灰分系数 $K_A$=91%。

则该商品煤单价为 $C=C' \cdot K_V \cdot K_P \cdot K_S \cdot K_A=19.56$（元/t）。

### 3.2.3　市场定价

表 3-8 中的煤炭发热量基价是 1987 年国家统配煤矿原煤基价，现在使用应按每年公布的煤炭产品质量规格及价格目录。计划经济时代，全国实行统一的产品目录，市场经济后，价格放开，统一的产品目录随之失去意思，各地现行的价格目录极不统一，出现了很多问题，如有的单位只定价格，不定质量，有的只规定产品的平均质量标准，而不对批质量做出具体规定。

市场经济下，电煤采购合同一般一年一签，煤炭价格完全随行就市。煤炭价格由固定价格和浮动价格两部分组成，固定价格是质量价格，即按照最新煤炭价格汇编规定的基本价，以发热量作基价与其他指标的比价相乘；浮动价格是市场价格，两者合一，即构成电煤每年实际价格。浮动价格为地区性、政策性浮动价和季节性浮动价总和，浮动价应由供需双方根据实际情况自行制定，按照按质论价原则，浮动价不能固定不变，浮动价格以系数方式表示，浮动价格＝固定价格×浮动价系数。

浮动价格不能采用绝对数，如上调“若干元/t”或下浮“若干元/t”。

燃料费用占发电成本的 70％还要多，而标准煤单价的完成是否将直接影响发电成本的完成。入厂（入炉）标准煤单价包括燃料管理、收、耗、存、量、质、价在内的全过程综合性指标。标准煤单价不仅是考核燃料管理工作的重要指标，同时也是考核一个电厂生产管理和财务管理工作好坏的重要依据。

## 3.3　煤炭计价存在的问题

我国动力煤热值计价起始于 1986 年。当时，经过十几年的运行，其实际效果喜忧参半。由于收到基低位热值除受到煤炭自身质量影响外，同时还受到外在水分即全水分的制约，而全水分除受到出矿煤炭产品本身的全水影响外，还与煤炭产品运输过程中天气情况有关，如雨天将使全水增大，晴天则全水降低。因此，由于全水影响，造成出矿煤收到基低位发热量值与到用户验收值出现差异现象屡见不鲜。进入市场经济后，随着企业精细化管理的逐步深入，动力煤计价热值基准问题已引起业内同仁的关注。不少矿区与用户协议改收到基低位热值计价为干基高位热值计价，避开了煤炭外在水分对热值的影响，然而，对全国而言，不同煤种的动力煤干基高位热值又不能反映煤炭内在水分对有效热值的影响。

煤的发热量基准有收到基、分析基、干燥基和干燥无灰基，又分为弹筒发热量、高位发热量、低位发热量等，而动力用煤按发热量计价时，只能定一种发热量作为计价基准。目前，我国煤以发热量为计价基础的计价方式中，存在两种主要方式，一种是以空气干燥基高位发热量计价，另一种是以低位发热量计价，前者是国际贸易中的主要计价方式，后者是国内煤炭贸易中的主要计价方式。无论哪种发热量计价方式都是按照特定热值的动力煤为基础价格，以“增热加价，减热减价”的计价方式计算该批次煤炭单价后进行结算，基础价格根据市场行情确定，“增热加价，降热减价”幅度由煤电双方合同商定，当前“增热加价，降热减价”主体幅度在 0.06～0.10 元/(kcal・t)。

### 3.3.1　空气干燥基高位发热量计价

弹筒发热量减去硝酸形成热和硫酸与二氧化碳形成热之差后所得的热量即为高位发热

量，其计算式为

$$Q_{gr,ad}=Q_{b,ad}-(\alpha Q_{b,ad}+94.1S_{b,ad}) \tag{3-1}$$

式中 $Q_{gr,ad}$——空气干燥基煤样的高位发热量（MJ/kg）；

$Q_{b,ad}$——空气干燥基煤样的弹筒发热量（MJ/kg）；

$\alpha$——硝酸校正系数，根据煤弹筒发热量可取为0.001或0.0012或0.0016；

94.1——煤中每1%硫的校正值（MJ）；

$S_{b,ad}$——空气干燥基煤样的弹筒含硫量（%），当$S_{t,ad}$小于4%时，可用$S_{t,ad}$代替$S_{b,ab}$。

从式（3-1）中看出，影响空气干燥基发热量的主要因素是煤弹筒发热量和全硫，排除了全水分和氢值带来的影响，但这种计价方式很不合理，因为易受到煤中$M_{ad}$的影响，对同一样品，煤中$M_{ad}$高，则$Q_{gr,ad}$降低。煤中$M_{ad}$是一个不确定值，受空气温度、湿度的影响，空气中湿度越高，$M_{ad}$就越高，因此，不同检测时间、不同环境测得的$M_{ad}$值差别很大，对计价结果造成严重的影响。

### 3.3.2 低位发热量计价

高位发热量减去煤中水和氢燃烧后形成的水汽化热后即为低位发热量。

低位发热量计算式为

$$Q_{net,ar}=(Q_{gr,ad}-206H_{ad})\times\frac{100-M_t}{100-M_{ad}}-23M_t \tag{3-2}$$

式中 $Q_{net,ar}$——煤的收到基低位发热量（MJ/kg）；

$Q_{gr,ad}$——空气干燥基煤样的高位发热量（MJ/kg）；

206——对应于空气干燥基煤样中每1%氢的气化热校正值（MJ/kg）；

$H_{ad}$——煤的空气干燥基氢含量（%）；

$M_t$——煤的全水分（%）；

$M_{ad}$——煤的空气干燥基水分（%）；

23——对应于收到基煤中每1%水分的气化热校正值（MJ/kg）。

从式（3-2）可看到，影响低位发热量的主要因素除煤炭自身质量外，还有煤中水分（全水分）和氢值，而氢值主要受煤种影响，同一矿区的煤的氢值（$H_{daf}$）变化不大。全水分除受到出矿煤炭产品本身的全水影响外，还与煤炭产品储存、运输、装卸过程中天气情况有关，如雨天将使全水增大，晴天则全水降低。因此，全水分是一个动态变化，极易受天气等自然条件的影响，正是由于全水影响，在煤炭贸易中经常出现煤矿收到基低位发热量值与到用户验收值出现差异现象的情况。

对发电用煤而言：①若设定全水分值不变，当干燥基高位发热量在22.00～28.00MJ/kg范围内时，氢值每增加1%，应用基低位发热量减少190J/g左右。②若设定氢值不变，当干燥基高位发热量在22.00～28.00MJ/kg范围时，全水分每增加1%，应用基低位发热量将减少237～297J/g。

**1. 全水分对低位发热量的影响**

以往以高位发热量计价的合同，都是超水扣重。因此，水分是我们重视的一项重要指标；以低位发热量计价的合同，无此条款，超水不再扣重。这往往引起我们的错觉，认为超水无关紧要，因而放松了对全水分的控制，并且认为水分变大，煤的收到基热值会降低，但煤的质量增加，总价值是不变的，事实情况并非如此。我们从式（3-2）可以看出，从 $Q_{b,ad}$ 到 $Q_{net,ar}$，要扣除水分造成的热值损失，因而会大大降低收到基低位发热量，使价格下降。下面，举一个 2004 年对日长协动力煤出口实例进行说明。

例如，出口一船以低位发热量计价的动力煤，合同计价基数为 5800kcal/kg，单价 48.3 美元/t。商检检验结果如下：$M_t$：9.0%，$M_{ad}$：1.7%，$H_{ad}$：4.59，$Q_{net,ar}$：6159kcal/kg，$Q_{gr,ad}$：6932kcal/kg，每吨单价为 48.3×6159/5800=51.29（美元）。若全水分超出 1%，达到 10%，将 $M_t$=10%代入式（3-2）得 $Q_{net,ar}$=6085kcal/kg。此时每吨单价为 48.3×6085×(1+0.01)/5800=51.18（美元）。每吨损失为 51.29－51.18=0.11（美元），若此船装 40 000t，则损失 4400.00 美元。

从上例分析看出，全水分每超 1%，低位发热量就要下降 75kcal/kg 左右，而超水增加的质量不足以弥补因热值下降带来的损失；再加上因超水增重还会引起整船装船费用增加。所以，实际操作中，应加强对全水分的控制，更不必人为加水。

**2. 空气干燥基水分对低位发热量的影响**

从式（3-2）看出，不仅 $M_{ad}$ 对发热量有很大影响，$M_{ad}$ 也直接关系着 $Q_{net,ar}$ 的高低。在分式 $(100-M_t)/(100-M_{ad})$ 中，$M_{ad}$ 越大，分母越小，分式值越大，低位发热量的值越高。若仍以上例为例，每增高 1%，则 $Q_{net,ar}$ 增加 60kcal/kg 左右。众所周知，空气干燥基水分 $M_{ad}$ 由煤炭的煤化程度所决定，它代表着煤种的性质。同样作为动力煤，贫煤的 $M_{ad}$ 大都在 1%左右，而有的长焰煤 $M_{ad}$ 则在 4%，甚至高达 8%以上，即使其他指标不变，仅 $M_{ad}$ 一项，长焰煤的 $Q_{net,ar}$ 就比贫煤高出几百大卡。因此，出口变质程度较低的煤种时，对 $M_{ad}$ 的测定一定要规范，千万不要人为地在恒湿恒温条件下测定来降低 $M_{ad}$，那只会适得其反，导致 $Q_{net,ar}$ 的大幅降低，从而影响整船煤炭的收益。

**3. 氢值对低位发热量的影响**

低位发热量还受氢值的影响。实践证明，氢值 $H_{ad}$ 每增高 1%时，热值降低近 50kcal/kg。因此，也应注意氢值测定的精确度。对于无氢值检测设备的实验室，若采用经验公式推算氢值，应注意有的经验式仅适用于烟煤；若将其用于变质程度较高的无烟煤时，误差往往超过 1%。所以，在使用这些公式计算时应注意适应煤种的范围，以防由此引起 $Q_{net,ar}$ 的较大误差。

## 3.4　煤炭新计价方法

为消除水分对煤计价的影响，引入干燥基高位发热量计价方法，其计算式为

$$C=\alpha Q_{gr,d}+y_v+y_A+y_S=\alpha Q_{gr,d}+b\Delta V_{daf}+c\Delta A_d+d\Delta S_{t,d}$$

式中　$\alpha$——发热量单价（元/GJ）；

$Q_{gr,d}$——干燥基高位发热量（MJ/kg）。

新计价方法的核心是取消分级比价制，所有的计价指标均采用单价制，这样可以体现“优质优价”。

**1. 发热量单价 $\alpha$**

以各地现行的价格为基础，经过科学测算和协商来确定以干燥基高位发热量计价时的发

热量单价，例如，按收到基低位发热量计价时，发热量单价为10.7元/GJ，以干燥基高位发热量计价时，由于干燥基高位发热量数值远高于收到基低位发热量，其发热量单价通过测算后可能在9.0～10.0元/GJ之间，采用干燥基高位发热量进行计价后，煤炭价格由一个可变值变为定值，这就可减少贸易上的纠纷。另外取消发热量比价，直接以发热量单价乘上热值得到发热量基价，这样更能体现“优质优价”原则，也废除了不同级别发热量加价和减价不一样的不公平公式。在新的计价方法上将地区差别、品种差别考虑到发热量中去，不另外设参数。

**2. 挥发分单价 *b***

一般来说，$V_{daf}<6.5\%$的无烟煤其着火性能很差，燃烧不稳定、未完全燃烧损失大，锅炉的运行的经济性差，但$V_{daf}>40\%$的高挥发分烟煤和褐煤，由于其煤粉很容易氧化自燃，不利于储存和输送，对锅炉运行的安全性有较大影响，不宜单独作为发电用煤，因此，片面强调“高挥发分高价”是错误的。对电煤来说，$V_{daf}<6.5\%$和$V_{daf}>40\%$的煤价格最低，挥发分在$6.5\%<V_{daf}<40\%$之间，分为两个阶段，$6.5\%<V_{daf}<30\%$的煤，随着挥发分的增加加价，$\Delta V_{daf}=30-V_{daf}$为正数加价；$30\%<V_{daf}<40\%$的煤，随着挥发分增加减价，$\Delta V_{daf}=30-V_{daf}$为负数加价，$V_{daf}=30\%$时$\Delta V_{daf}=0$，不加价不减价。挥发分单价$b$的确定应以现行的价格为基础，结合挥发分大小对锅炉安全性和经济性的综合影响进行测算，并通过协商后确定。

**3. 灰分单价 *c***

灰分含量越大，对锅炉燃烧越不利。灰分单价中以$A_d=24\%$为界，当$A_d<24\%$时，$\Delta A_d=24-A_d$为正数加价，当$A_d>24\%$时，$\Delta A_d=24-A_d$为负数减价，$A_d=24\%$时，$\Delta A_d=0$，不加价不减价。灰分单价$c$应以现行的价格为基础，综合分析、测算和协商后确定。

**4. 硫分单价 *d***

硫作为煤中的有害成分，为鼓励供给低硫煤，对于低硫煤给予加价，高硫煤给予减价。以$S_{t,d}=1.0\%$为界，当$S_{t,d}<1.0\%$，$\Delta S_{t,d}=1-S_{t,d}$为正数加价，当$S_{t,d}>1.0\%$，$\Delta S_{t,d}=1-S_{t,d}$为负数减价，$S_{t,d}=1.0\%$时，$\Delta S_{t,d}=0$，不加价不减价。硫分单价$c$以现行价格为基础，综合分析硫对锅炉腐蚀带来的影响并协商后确定。

## 3.5 煤 炭 结 算

### 3.5.1 煤炭结算金融汇票

煤炭经质量验收后，根据煤炭质量和数量，煤炭供应商与电厂进行煤炭结算。结算依据《煤炭货款结算办法》执行，根据中国人民银行规定实行商业汇票结算方式。商业汇票是指由付款人或存款人（或承兑申请人）签发，由承兑人承兑，并于到期日向收款人或被背书人支付款项的一种票据。所谓承兑，是指汇票的付款人愿意负担起票面金额的支付义务的行为，商业汇票按其承兑人的不同，分为商业承兑汇票和银行承兑汇票。银行承兑汇票是指由付款人或承兑申请人签发，并由承兑申请人向开户银行申请，经银行审查同意承兑的汇票。煤炭货款结算采用银行承兑汇票，即在国有企业、股份制企业、集体所有制工业企业、供销合作社及三资企业之间，根据购销合同进行的煤炭产品交易，使用银行承兑汇票进行结算。

这是适应社会主义市场经济发展的需要，对煤炭货款结算办法的重大改革。使用商业汇票结算煤炭货款，体现了市场对煤炭资源配置的基础性作用。商业汇票结算有两种方式，一种是购货单位签发的汇票，一种是供货单位签发的汇票，前者是由购货单位签发，于到期日向收款人或背书人支付款项，购货单位和银行对已承兑的汇票，负有到期无条件付款责任，不得以交易纠纷和本身承兑的责任拒付票款。后者是由供货单位签发，购货单位承兑后，交供货单位承诺，到期日向收款人或背书人支付款项。商业承兑汇票票样如图 3-1 所示，商业汇票流转流程如图 3-2 所示。

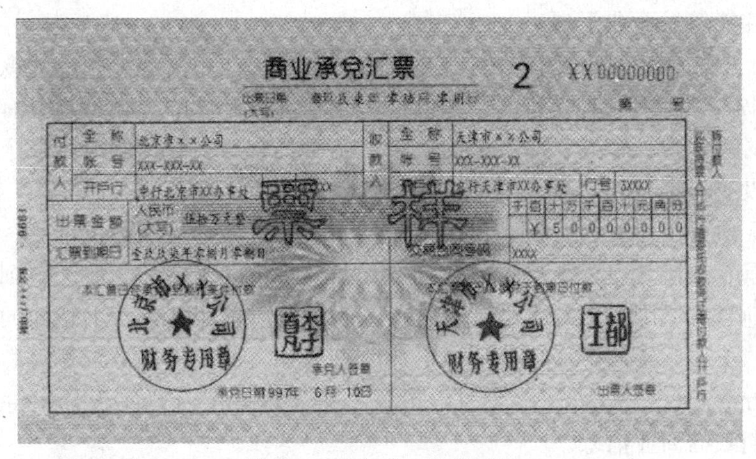
商业承兑汇票　2　XX00000000
付款人　全称　北京市××公司
账号　XXX-XXX-XX
开户行　中行北京市XX办事处
收款人　全称　天津市××公司
账号　XXX-XXX-XX
开户行　中行天津市XX办事处　行号　3XXXX
出票金额　人民币（大写）　伍拾万元整
千　百　十　万　千　百　十　元　角　分
¥　5　0　0　0　0　0　0
汇票到期日
票样
北京市××公司　财务专用章
天津市××公司　财务专用章
承兑人签章
承兑日期 97年 6月 10日
出票人签章

图 3-1　商业承兑汇票票样

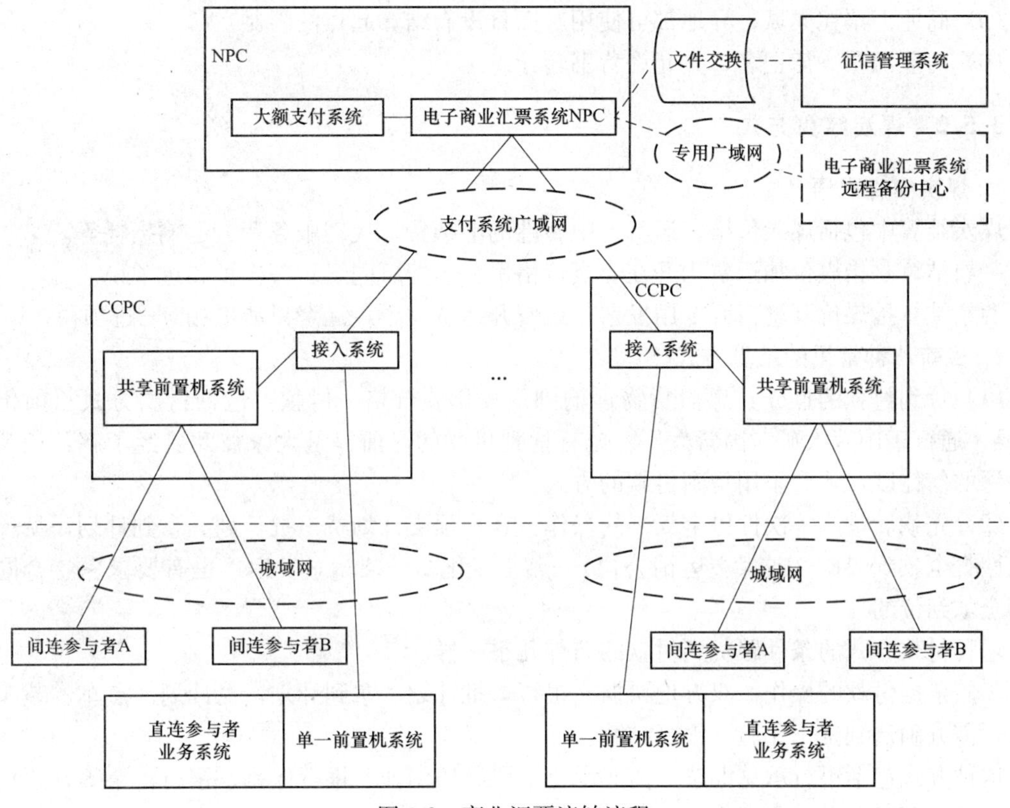


图 3-2　商业汇票流转流程

商业汇票一般有三个当事人，即出票人、收款人和付款人。出票人：工商企业需要使用商业汇票时，可成为出票人。商业汇票与银行汇票的主要区别是银行汇票的出票人是银行，商业汇票的出票人是工商企业。收款人：商业汇票上实际载明的收取汇票金额的人。付款人：对商业汇票金额实际付款的人。

商业汇票结算是指利用商业汇票来办理款项结算的一种银行结算方式。与其他银行结算方式相比，商业汇票结算具有如下特点：

（1）商业汇票的适用范围相对较窄，各企业、事业单位之间只有根据购销合同进行合法的商品交易，才能签发商业汇票。

（2）商业汇票的使用对象是在银行开立账户的法人。使用商业汇票的收款人、付款人及背书人、被背书人等必须同时具备两个条件：一是在银行开立账户，二是具有法人资格。个体工商户、农村承包户、个人、法人的附属单位等不具有法人资格的单位或个人，以及虽具有法人资格但没有在银行开立账户的单位都不能使用商业汇票。

（3）商业汇票可由付款人签发，也可由收款人签发，但都必须经过承兑。只有经过承兑的商业汇票才具有法律效力，承兑人负有到期无条件付款的责任。商业汇票到期，因承兑人无款支付或其他合法原因，债务人不能获得付款时，可以按照汇票背书转让的顺序，向前手行使追索权，依法追索票面金额，该汇票上的所有关系人都应负连带责任。商业汇票的承兑期限由交易双方商定，一般为3～6个月，最长不得超过6个月，属于分期付款的应一次签发若干张不同期限的商业汇票。

（4）未到期的商业汇票可到银行办理贴现。

（5）商业汇票在同城、异地都可使用，而且没有结算起点的限制。

（6）商业汇票一律记名，并允许背书转让。

### 3.5.2 煤炭结算方式

**1. 煤炭结算术语**

煤炭结算中包括煤炭价格、运费、中转港的港杂费、代理服务费、运输损耗等。

一票结算是指煤价加运费均开在煤炭价格里，运费可同煤炭一样抵扣进项税。

两票结算指煤价开增值税专用发票，运费开运费发票，运费只能抵扣7%进项税。

**2. 目前几种常见的结算方式**

（1）货到付款的操作：煤炭货物运输到厂—化验合格—付款。这种付款方式目前仍然（主要）通行于国营大矿对国营大厂。也有货到付款的，前提是大家彼此已经了解，相互有了很深的信任度，才会采用货到付款的方式。

（2）先款后货（一次性付全款）的操作：客户预交计划费—批计划—拿到计划，见计划一次性打全款到煤矿（或煤炭运销公司）—点车、化验—装车—发运。也有要求一签合同就要打全款到位的。

这种付款方式的条件跟货到付款的条件几乎一样。

（3）票据付款的操作：双方把票据交银行—批计划—拿到计划，见计划—点车、装车—发货—需方确认到货—化验—银行结算。

这种方式包括银行承兑汇票、商业承兑汇票、信用证、银行保函、银行汇票等，票据结算主要用于国际贸易，在国内，起步较晚，在南方比较通行，在北方则有其局限性。

（4）跟踪付款（分批付款）的操作：客户预交计划费—批计划—拿到计划，化验—装车前（一般提前几天）预付一部分货款—装车完毕，见铁路大票付清剩余货款—发运。

在彼此还没有建立良好的信任度时，这种结算的方式对于供需双方都易于接受。

**3. 几种结算方式的风险**

对于需方，都想货到付款，这样需方就没有风险。对于供方，都要求先款后货，这样供方就没有风险。那么，什么样的付款方式对供需双方都是安全的？直到现在还没有一个比较好的供、需双方都认可的方法。其实，任何交易，想完全规避风险是不可能的，只能尽量降低风险，把风险降低到可以接受的程度。上面四种付款方式任何一种都有其缺陷，如果只是一味地谋求一方没有风险，无疑风险就转嫁到了另一方的身上，不具备操作性。

（1）货到付款的风险。国营大矿对国营大厂（这是基本的条件），拖欠资金的风险由国家承担，这种情况不在探讨的范围。对于规模不大的小厂和私营企业，存在以下几个方面的风险：这个企业有没有支付煤款的能力？会不会很长时间地占用煤款作为企业的周转金而延时支付货款？会不会厂里某个人为了一己私利出现故意刁难而延迟付款的情况？企业会不会出于对生产成本的考虑故意压低煤炭的到厂价格？

（2）先款后货的风险。国营大矿对国营大厂，这种情况也不在探讨的范围。其他的风险有煤矿或供应商到底能不能（有没有能力）批到计划？计划可以按时批下来吗？计划批下来了能不能按时走车？煤矿可以保证需方需要的产量吗？化验合格后装车的质量与到厂的质量相同吗？怎么保证到厂的质量？到厂的煤炭货物的数量会不会亏吨位？

（3）票据结算的风险。票据结算的风险主要有这张票据是否真实有效？票据是不是空头的，出票方有能力支付货款吗？票据的本身是否规范，票面有没有错误而导致不能贴现？票据的贴现附加的条件会不会影响到正常贴现？票据的出票方有没有与其他第三方产生纠纷，致使票据不能正常贴现？如果煤炭的质量没有问题，就可以顺利拿到货款吗？

（4）跟踪付款的风险。煤矿发运的煤炭跟到厂的质量是相同的吗？怎么保证到厂的吨位不出现亏吨的现象？

上面四种付款结算方式的风险，应该是比较全面的，当然，还没有考虑因中介的因素而造成的风险，如果通过中介操作的话，不确定的风险会更多一些。

### 3.5.3　电煤结算注意事项

**1. 燃料采购合同中明确煤炭质量和单价**

（1）燃料采购合同特点。燃料采购合同中明确煤炭质量和单价，一般是用扣款和奖励形式来实行“优质优价，按质结算”。某电厂合同发热量扣款条款见表 3-9。

下面是某电厂对挥发分和硫分的合同条款：

挥发分要求 $12\% < V_{daf} < 16\%$，如果 $V_{daf} > 16\%$，每超 1%扣 1 元/t，$V_{daf} > 20\%$，拒收；含硫的要求是低于 1%，每升高 0.1%，扣款 1 元/t，超过 1.5%时拒收。

（2）合同质量条款执行。电厂燃料入厂时，是按批次采样、制样和化验的，每个批次都有一组化验结果。每个批次化验结果都要对比合同，得到一个单价、数量、金额，一段时间内的燃料结算金额是所有批次的金额和。由于电厂月进煤量大，每一批都按照以上条款执行工作量太大，因此可将某供应商在一段时间内的燃料汇总结算，如一个月内，将所有批次合并，对化验结果加权计算得出该批次总的化验结果，以此加权化验结果进行结算。

表 3-9　　　　某电厂合同发热量扣款条款

| 发热量低于 4600cal，每低 100cal 扣 12.4 元 | | | | 发热量高于 4600cal，每高 100cal 奖励 12.4 元 | |
|---|---|---|---|---|---|
| 发热量（cal） | 扣款（元） | 发热量（cal） | 扣款（元） | 发热量（cal） | 奖励（元） |
| 5250-~5299 | 3.1 | 4550～4599 | 49.6 | 5550～5559 | 3.1 |
| 5200～5249 | 6.2 | 4500～4499 | 55.8 | 5600～5649 | 6.2 |
| 5150～5199 | 9.3 | 4450～4499 | 62.0 | 5650～5699 | 9.3 |
| 5100～5149 | 12.4 | 4400～4449 | 68.2 | 5700～5749 | 12.4 |
| 5050～5099 | 15.5 | 4350～4399 | 74.4 | 5750～5799 | 15.5 |
| 5000～5049 | 18.6 | 4300～4349 | 80.6 | 5800～5849 | 18.6 |
| 4950～4999 | 21.7 | 4250～4299 | 86.8 | 5850～5899 | 21.7 |
| 4900～4949 | 24.8 | 4200～4249 | 93.0 | 5900～5949 | 24.8 |
| 4850～4899 | 27.9 | 4150～4199 | 99.2 | 5950～5999 | 27.9 |
| 4800～4499 | 31.0 | 4100～4149 | 105.4 | 6000～6049 | 31.0 |
| 4750～4799 | 34.1 | 4050～4099 | 111.6 | 6050～6099 | 34.1 |
| 4700～4749 | 37.2 | 4000～4049 | 117.8 | 6100～6149 | 37.2 |
| 4650～4699 | 40.3 | — | — | 6150～6199 | 40.3 |
| 4600～4649 | 43.4 | — | — | ＞6200 | — |
| 低于 4000cal，暂不结算 | | | | 6200cal 以上不奖励 | |

**2. 准确对燃料质量进行检测**

电厂燃料入厂时准确进行检测对结算至关重要，对于以电厂结果进行燃料结算的电厂，首先要保证采样代表性，其次制样要符合标准要求，最后化验结果要准确可靠。对以第三方检验结果进行结算的电厂，要加强对入厂燃料的监督检验。监督检验即电厂按照燃料采制化标准独立进行燃料检测，监督检验的结果要与第三方检测结果进行比较，指标存在差异要分析查找原因，并解决问题防止指标间存在差异。如果电厂燃料以供应商所提供的结果进行结算，电厂必须进行燃料入厂质量验收，验收合格方可结算，如不合格，则提请第三方进行仲裁。

**3. 按检测结果和合同精确计价**

在得到燃料每批次的准确检验结果后，在合同条款化的基础上，对该批煤进行计价。计价具体过程如下：

（1）按该批次列出待计价燃料验收单，对于有争议的、资料不齐全的待解决问题后再结算。

（2）按照采样的批次，一批一批进行，每批都有一组化验结果，包括发热量、灰分、挥发分、全硫、水分等，按照矿别、煤种、发货时间或到货时间去对照合同。

（3）根据合同约定，结合检测结果确定单价，并记录发热量、灰分、挥发分、全硫、水分等指标对单价的影响，也就是扣奖金额，此时得到了按合同质量条款精确计算出来的结算单价。

（4）根据结算单价和该批煤质量计算出煤款金额、增值税等，生成结算单，见表 3-10。

表 3-10　　　　　　　　　　　　煤 炭 结 算 单

结算日期：　　　　合同号：　　　　结算单号：　　　　本单位结算金额全部含税：

| 收货单位 | | | | | | 供货单位 | | | | |
|---|---|---|---|---|---|---|---|---|---|---|
| 收货起止日期 | 货物名称 | 规格 | 车辆（车） | 数量（t） | 水分 | 应收款 | | 扣款（元） | 实际应收款（元） | |
| | | | | | | 单价（元） | 金额（元） | | 单价（元） | 金额（元） |
| 10.25—11.25 | 原煤 | | 5 | 142.06 | | 500 | 150 000 | | | 78 133.0 |
| | | | | | | | | | | |
| 合计 | | | | | | | | | | |
| 附件张数 | 5 | 人民币（大写） | | | | | | 小写 | 78 133.0 | |
| 扣质量方式 | | | | 客户实际打款余额 | | 300 000.0 | | 欠款 | | |
| 开增值税发票 | 142.06t　71 030 元 | | | 开运输发票 | | 142.06t　7103 元 | | 贷款余款 | 221 867.0 | |
| 备注 | | | | | | | | | | |

主管：　　　　　　　　　　　　　　　　　　　　　　　　制表：

**4. 合理将计价结果累积进行计算**

结算时将相同矿别的若干计价单累计成一张结算单，主要是对某段时间某矿别燃料的结算数据的累计，主要累计内容为：

（1）数量累计：对结算数量、验收数量、票重、路损等进行合计累积。

（2）质量累计：采用加权方式对燃料质量指标发热量、挥发分、硫分、水分、灰分等进行累积。

（3）质量影响值累计：合计发热量、挥发分、全硫、灰分、水分等化验值对结算金额的影响值。

（4）煤款结算累计：内容包括结算煤款、煤款增值税、不含税单价。不含税单价的累计规则由累计结算煤款除以累计结算数量计算得到，结算煤款、煤款增值税等采用合计方法累计。

（5）运杂费结算累计：对运费、运费增值税、杂费等合计累计。

（6）总金额累计：是结算煤款、煤款增值税、运费、运费增值税、杂费之和。

**5. 根据燃料质量合理索赔**

电力行业煤炭合同，具体规定了以发热量计价和结算有关内容。

## 电厂煤炭买卖合同

合同签订地：广州

出卖人：×××煤炭贸易有限公司

买受人：×××煤电有限公司

双方根据《中华人民共和国合同法》和有关法律、法规的规定，本着公平公正、诚实守信、互惠互利原则，经双方友好协商，就煤炭买卖事宜签订如下合同：

**一、发站、到站、合同数量、交货方式、煤质要求**

1. 发站：神木

2. 到站：广州

3. 月供煤数量

单位：万 t

| 月份 | 1月 | 2月 | 3月 | 4月 | 5月 | 6月 | 7月 | 8月 | 9月 | 10月 | 11月 | 12月 |
|---|---|---|---|---|---|---|---|---|---|---|---|---|
| 数量 | | | | | | | | | | | | |

4. 交货方式：到站交货，公司铁路专用线费用由买受人支付。

5. 煤质指标：收到基低位发热量（以下简称基准热值）$Q_{net,ar}\geqslant$5200kcal/kg；全水分 $M_t\leqslant$10%；全硫 $S_{t,d}\leqslant$1.5%；干燥无灰基挥发分 $V_{daf}\leqslant$13%～28%。

**二、验收标准及方法：数量以买受人轨道衡计量作为结算依据；质量以买受人验收结果作为结算依据**

**三、煤价及计价方式**

（一）按发热量计价（单批次全硫 $S_{t,d}>$2.0%不计入加权平均）：

1. 月度加权平均收到基低位热值<5200kcal/kg 的煤炭，含税到站基价 175 元/(Mcal·t)；

2. 4800kcal/kg≤月度加权平均收到基低位热值<5200kcal/kg 的煤炭，含税到站基价为 168 元/(Mcal·t)；

3. 4500kcal/kg≤月度加权平均收到基低位热值<4800kcal/kg 的煤炭，含税到站基价为 160 元/(Mcal·t)；

4. 月度加权平均收到基低位热值<4500kcal/kg 的煤炭，只结算运费，拒付煤款。

（二）按含硫计价（按发热量分类加权平均以后）：

1. 1.5%<全硫 $S_{t,d}\leqslant$2.0%，以 1.5%为基数，每上升 0.1%，综合到站价减 0.5 元/t；

2. 2.0%<全硫 $S_{t,d}\leqslant$3.0%，以 1.5%为基数，每上升 0.1%，综合到站价减 2.0 元/t；

3. 3.0%<全硫 $S_{t,d}\leqslant$3.5%，以 1.5%为基数，每上升 0.1%，综合到站价减 4.0 元/t；

4. 全硫 $S_{t,d}>$3.5%，只结算运费，拒付煤款。

（三）按挥发分计价（按发热量分类加权平均以后）：

1. 13%≤挥发分 $V_{daf}<$28%，以 13%为基数每下降 1%，综合到站价减 1 元/t；

2. 13%≤挥发分 $V_{daf}<$28%，以 25%为基数每上升 1%，综合到站价减 1 元/t；

3. 挥发分 $V_{daf}<$13%，只结算运费，拒付煤款。

**四、货款、运杂费结算方式**

货到 1 列（最少 50 节车皮）化验结果出来后，5 个工作日内支付 80%的货款，下月 10 日前凭增值税专用发票支付余款；实行两票结算，即增值税专用发票和火车大票。

**五、违约责任**

（一）在合同执行期内，如无特殊不可抗力原因且买受方没有过错，出卖方应按合同优先满足供应买受方月度煤炭需求数量，月供煤合同兑现率必须达到 50%以上，否则，买受方有权单方对欠供数量降价 5 元/t 进行结算，此扣款从出卖方当月度末最后批次煤炭货款中扣罚。

（二）在合同执行期内，如无特殊不可抗力原因且出卖方没有过错，买受方应按合同优先采购出卖方煤炭，否则将视为买受方单方违约，由买受方承担出卖方所蒙受的直接经济损失，并按 5 元/t 支付违约金。

（三）在合同执行期内，如遇不可抗力原因，双方均不承担违约责任。

**六、解决合同纠纷的方式：履行合同发生争议时，买卖双方应及时协商解决，协商不成，可向买受方所在地人民法院提出诉讼**

**七、其他约定事项**

1. 买受人拒收条件（买受人拒收时应在当日通知出卖人）：

（1）出卖人供应地炭品种不符；

（2）发现掺杂使假。

2. 合同有效期间如有价格调整或其他未定事宜可签订补充协议，与本合同具有同等法律效力。

**八、合同有效期：××××年××月××日至××××年××月××日（铁路发货日期）**

国内煤价以秦皇岛海运煤炭交易市场为例。

## 秦皇岛海运煤炭交易市场结算细则

来源：秦皇岛煤炭网发布日期：2009-10-22

### 第一章　总则

第一条　为规范秦皇岛海运煤炭交易市场（以下简称交易市场）煤炭交易的结算行为，保护交易商的合法权益和社会公众利益，防范和化解市场风险，根据《秦皇岛海运煤炭交易市场交易规则》，制定本细则。

第二条　结算是指根据交易结果和交易市场有关规定对交易商保证金、交割货款、交易服务费及其他有关款项进行计算、划拨的业务活动。

第三条　交易市场的煤炭业务结算实行现金结算制度，即买方交易商的全部货款已到汇入交易市场账户，交易市场方能进行交易结算。

第四条　交易市场实行分级结算制度，即按照《秦皇岛海运煤炭交易市场交易商管理办法》关于交易商等级分类，进行不同类别的货款结算。

第五条　交易市场的货款结算业务按本细则进行。交易市场和交易商必须遵守本细则。

### 第二章　结算机构

第六条　结算机构是指交易市场内设置的市场业务部。市场业务部作为具体的业务办理、资金结算承办部门，负责交易商交易资金管理、结算保证金的管理、货款结算及结算风险的防范。

第七条　结算机构的主要职责：

（一）控制货款结算风险；

（二）编制交易结算单；

（三）负责核对交易商交易资金往来账目；

（四）向财务部门开具交款通知单和付款申请单；

（五）统计、登记和报告交易结算情况；

（六）协助解决交易商交易中的账款纠纷；

（七）办理单笔交易资金结算业务等。

第八条　交易商必须有专职部门（或专人）配合交易市场进行资金结算工作，专职部门（或专人）应妥善保管结算资料及相关凭证，以备查询和核实。

第九条　结算银行由交易市场指定，协助交易市场办理煤炭交易结算业务。经交易市场同意成为结算银行后，所有在交易市场成交的合同必须通过市场业务部进行结算。

第十条　交易市场选择的结算银行符合以下条件：

（一）是全国性的商业银行；

（二）资金雄厚；

（三）信誉良好；

（四）在全国各主要城市设有分支机构和营业网点；

（五）拥有先进、快速的同城和异地资金划拨网络；

（六）具有资金管理制度；

（七）拥有懂得资金清算知识、期货知识、风险防范意识强的专业技术人员；

（八）交易市场认为必须具备的其他条件。

第十一条　结算银行的权利：

（一）开设交易市场专用结算账户和交易商委托交易市场监管的资金账户；

（二）吸收交易市场和交易商的存款；

（三）了解交易商在交易市场的资信情况。

第十二条　结算银行的义务：

（一）向交易市场提供交易商委托交易市场监管的资金账户的资金情况，根据交易市场要求对交易商交易货款实施必要的监管措施；

（二）根据交易市场提供的票据优先划转交易商的资金；

（三）协助交易市场核查交易商资金的来源和去向；

（四）向交易市场及时通报交易商在资金结算方面的不良行为和风险；

（五）交易市场出现重大风险时，必须协助交易市场化解风险；

（六）保守交易市场和交易商的商业秘密；

（七）接受交易市场对其交易业务的监督。

第十三条　结算机构及其工作人员应当保守交易市场和会员的商业秘密。

## 第三章　日常管理结算

第十四条　交易市场在结算银行开设专用结算账户，用于存放交易商的交易货款、保证金及相关款项。

第十五条　交易商必须在交易市场指定结算银行进行货款结算。

第十六条　交易商可以在结算银行开设委托交易市场监管的资金账户，用于存放交易货款及相关款项。

第十七条　交易市场与交易商之间资金的往来结算通过交易所专用结算账户和委托交易市场监管的资金账户办理，即交易资金的流转全部通过交易市场完成。

第十八条　交易市场对交易商存入交易市场专用结算账户的资金实行分账户管理，为每一位交易商设立明细账户，按日序时登记核算每一位交易商资金转入和转出、盈亏、交易预付款、手续费等。

第十九条　交易商开设委托交易市场监管的资金账户时，须经交易市场审核同意，并与交易市场签订《客户交易资金第三方结算协议》和提交企业财务章及法人章等相关资料。

在交易商长期拖欠交易服务费的情况下，交易市场有权在不通知交易商，通过结算银行从交易商委托交易市场监管的资金账户中收取各项应收交易服务费，并且有权随时查询该账户的资金情况。

第二十条　委托交易市场监管资金账户的交易商更换资金户，需向市场财务部提出书面申请，并填妥相关资料，经批准后方可更改。

第二十一条　交易市场实行保证金制度。保证金分为结算保证金和交易保证金。

第二十二条　结算保证金是指交易市场为了保证合同条款中关于煤炭质量、数量、船舶滞期等责任的严格履行，在买方汇入市场专用结算账户全额货款，交易市场预付卖方一定比率货款后，余下的部分货款资金用作最终结算，与预付给卖方的货款进行对比，多退少补。

第二十三条　交易保证金是指交易市场在为交易商提供交易服务时，为规避交易风险，由交易方按当时市场价格计算的交易价值总额的5%～10%向交易市场支付履约保证金，交易完毕后，由交易市场自行扣除中介服务费用后，余款返还交易方的制度。

第二十四条　交易市场根据中国人民银行公布的同期银行活期存款利率对委托交易市场监管资金账户的交易商资金账户余额计算利息，并在每年的3月21日、6月21日、9月21日、12月21日（遇节假日顺延）将利息划入代理结算账户。

第二十五条　交易商汇入市场专用结算账户的全额交易资金市场按比例分为交易预付款和结算保证金，交易保证金不得存入委托交易市场监管资金的账户。

第二十六条　交易预付款分为买方对交易市场的全额预付款和交易市场按约定比例对卖方的预付款。是指在签订《煤炭购销合同》《交易中介合同》后，买方在约定时间内将合同全额汇入交易市场专用结算账户，当卖方达到合同约定的付款要求后，交易市场按合同约定的比率向卖方支付的交易预付款。

第二十七条　交易市场对卖方的预付款比例在《委托交易结算合同》中约定，不同比例的交易预付款具体情况执行，一般为合同全额的80%。

第二十八条　每个交易合同交易市场可以根据双方协商的款数向买卖交易商各收取交易保证金和结算保证金。

第二十九条　交易市场根据交易商实际成交数量按规定的标准计收交易服务费和其他费用。

第三十条　交易市场对交易商在交易时产生的费用实行二次资金结算。卖方在结算时结清所有费用，对于买方交易市场按以下顺序扣除：

（一）交易市场发送结算单后，交易商在收到后三个工作日内另行付款；

（二）买方在结算单确认后直接从买方交易余款中扣除。

第三十一条　遇特殊情况造成交易市场不能按时传送结算单，交易市场将及时与交易商沟通另行传送结算单。

第三十二条　交易商在取得结算单后做好数据核对工作，并对数据及交易服务费支付方式进行确认，若对数据金额有异议，应在二个工作日内以书面形式向交易市场提出延缓结算申请，如在规定时间内没有对结算数据提出异议，则交易市场视作交易商已认可结算数据的正确性，交易市场将按照结算单进行最终结算。

第三十三条　交易结算完成后，交易市场将资金划转至交易商提供的结算账户。

第三十四条　交易商有下列情况之一的，交易市场可以限制会员出金：

（一）涉嫌重大违规，经交易市场立案调查的；

（二）因投诉、举报、交易纠纷等被司法部门、交易市场或者其他有关部门正式立案调查，且正处在调查期间的；

（三）交易市场认为必要的其他情况。

第三十五条　当日交易结束后交易市场对每一会员的盈亏、交易手续费、保证金等款项进行结算。结算结果是会员核对当日有关交易并对客户结算的依据，会员可通过会员服务系统于每交易日下午4时以后核收结算结果。因特殊情况不能按时提供时，交易市场另行通知提供结算结果的时间。

第三十六条　交易商应当每天及时获取交易市场提供的结算报表，做好核对工作，妥善保存。

第三十七条　交易商对结算结果有异议的，应当在下一工作日前以书面形式通知交易市场。遇特殊情况，会员可在下一工作日上班后以书面形式通知交易市场。规定时间内交易商没有对结算结果提出异议的，视作交易商已认可结算结果的正确性。

第三十八条　交易商因故不能从事煤炭业务时，由交易商提出申请，经交易市场批准，可进行撤销该交易商在交易市场的交易记录。

## 第四章　交割结算

第三十九条　交易商在秦皇岛港进行煤炭交割后，应当由《委托交易结算合同》中约定的服务费缴费方向交易市场交纳交易服务费。具体标准在《委托交易结算合同》中标明。

第四十条　煤炭交割货款结算实行一船一结，交易服务费在支付尾款或退回余款时由服务费缴费方划转给交易市场。

第四十一条　交割结算价由船采化验单的具体数据计算得出，并且交易市场向买卖交易商出具的结算单必须经买卖交易商业务经办人签字确认方能执行。交割商品货款以交割结算价为基础，乘以实际装船数而得出。

## 第五章　违规处罚

第四十二条　对于违规交易商的处罚按《秦皇岛海运煤炭交易市场违规违约处理办法》执行。

## 附则

第四十三条　违反本细则规定的，交易市场按《秦皇岛海运煤炭交易市场违规处理办法》有关规定处理。

第四十四条　本细则解释权属于秦皇岛海运煤炭交易市场。

第四十五条　本细则自即日起施行。

### 3.5.4　进口煤炭贸易的结算方式

进口煤结算流程如图3-3所示。

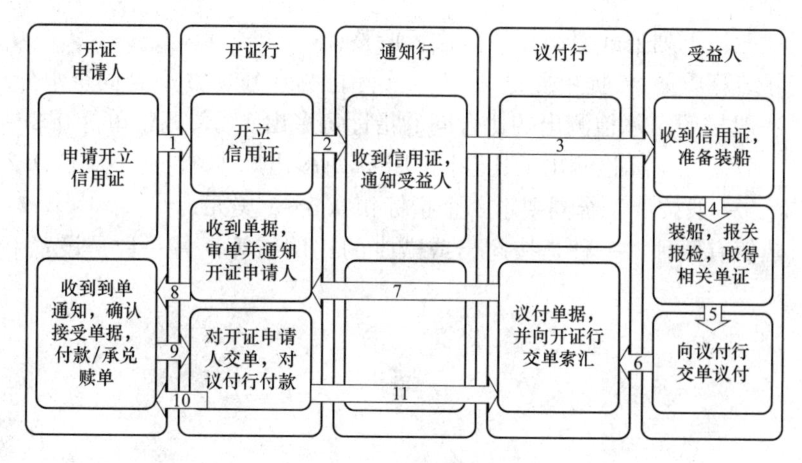


图 3-3 进口煤结算流程

信用证（L/C，Letter of Cedit）是像煤炭一样大宗散货国际贸易的主要结算方式，加上银行履约保函（PB，Performance Bond）等诸多辅助工具。

（1）选择信用证作为结算方式原因。

1）信用证是建立在银行信用之上的有条件的付款承诺，银行信誉高于商业信誉。

2）信用证可通过银行押汇减少企业资金压力。

3）信用证可规避一些票据转让的风险。

4）信用证的审单由银行执行，可减少企业本身工作失误造成的损失。

（2）信用证的主要当事人。

1）开证申请人：即买方或买方的代理。

2）开证行：即买方委托开立信用证的银行，为信用证的第一付款责任人。

3）受益人：即卖方或卖方的代理。

4）通知行：即承担向受益人通知信用证的银行。

5）议付行：即向卖方提供单据议付（即买单）的银行，大多情况下，通知行和议付行都是同一个。

（3）煤炭进口成本的构成。

1）采购成本：即向国外供应商需要支付的货款（FOB）。

2）营运成本：即主要的海运费、保险费等，如果和供应商做 CIF 条款，则此项目不存在。

3）财务费用：主要包括开证费、通知费、改证费、审单费、议付费、押汇利息等。

4）管理费用：主要包括常规营运的房租、水电费、管理费、人工工资、代理费用等。

5）佣金支出：需要特别指出的是在国内佣金是不合法的，在香港是合法的。

（4）其他支出。

1）煤炭价格的换算：以人民币美元的汇率，CFR/CIF 价格和舱底完税交货价的换算为舱底完税交货价（人民币）＝CFR/CIF 价格（美元）×汇率×增值税率 1.17。

2）内贸单位成本和吨售价：内贸每吨售价（人民币）＝单位售价（人民币/kcal）×收到基低位发热量。

3）煤炭合同罚则的订立。

a. 水分：一般按下列公式对结算质量进行调整：

实际结算质量 = 提单质量 ×（1 − 实际检测水分）/（1 − 合同全水分）

b. 灰分：一般按照实际检测出的比合同的指标每多出 1%，调整单价 0.2～1 美元。

c. 硫分：一般按照实际检测出的比合同的指标每多出 0.1%，调整单价 0.2～1 美元。

d. $G$、$Y$ 值：一般按低于合同要求一个指标扣 0.5～1 美元。

e. 热值：热值有两种，一种是按超出或减少的比例结算，另一种是设置一定的金额扣罚或奖励。

第四章

# 燃料统计及业务核算

电力燃料是以生产原料的形式参与电力企业生产和有关各项经济活动的，是电力工业企业的重要组成部分。电力燃料统计，是研究电力企业在燃料采购、耗用、储备等各项经济活动与电力生产、经营的关系，电力工业企业统计的一部分，也是整个社会经济统计的组成部分。燃料统计属于电力工业系统的部门统计，同时又是国家物资系统的部门统计。电力燃料统计的基本任务是准确、及时、全面、系统地搜集、整理和分析研究一段时期内有关电力燃料经济活动统计资料，为国家制订国民经济计划，为电力企业编制计划提供依据。

## 4.1 燃料统计和核算的具体任务

**1. 为编制电力企业燃料供应计划和检查监督计划执行情况提供依据**

电力企业燃料供应计划，是确定计划期内为保证正常生产需用燃料计划。对发电企业来说，它是组织订货和市场采购各种燃料的依据。对国家来说，它是全国燃料产、运、需衔接平衡分配的基础。

**2. 为国家制订政策提供依据**

电力燃料供应决定着电力的生产是否稳定。国家针对电力燃料供应情况，制订许多政策，并对电力燃料工作实行具体指导。国家可根据燃料统计情况对政策做相应的修改补充，使政策更加符合实际。

**3. 为电力企业组织经济活动分析，提高燃料管理水平**

电力燃料成本占电力总成本的70%～80%，因此，燃料经济活动的成果，对电力企业经济效益有着重要的影响。燃料统计记录了燃料经济活动的全部过程，通过统计分析，把燃料经济活动的全貌反映出来，从而为燃料成本分析提供系统、准确的资料。

**4. 为电力经济调度工作服务**

现代化的大型电网经济效益的取得，很大程度上取决于电力经济调度；而电力经济调度，需要燃料的经济调度配合。不论电力经济调度还是燃料经济调度，其基础资料都来源于燃料统计。

**5. 为开展燃料专业竞赛、考评提供资料**

燃料业务核算，是电力企业经济核算的一部分，是火力发电厂经济核查的重要环节。经济核算就是用货币的形式对生产经营过程中的劳动消耗、资金占用和经营结果进行计划、记录、计算、控制和分析对比，保证企业以较少劳动消耗和资金占用，取得较大的经济效果。业务核算是指企业对本单位的生产经营和业务技术活动进行反映和监督。由于会计核算、统计核算只能解决经济活动中的共同问题，许多个性问题，必须借助于形式多样的各种业务核算来解决。业务核算可以核算现在，也可以规划未来，可以采用不同计量单位，也可采用不拘一格的方法。

燃料核算对火力发电企业显得特别重要，从图 4-1 看出，燃料核算在燃料管理系统中处于承上启下地位。

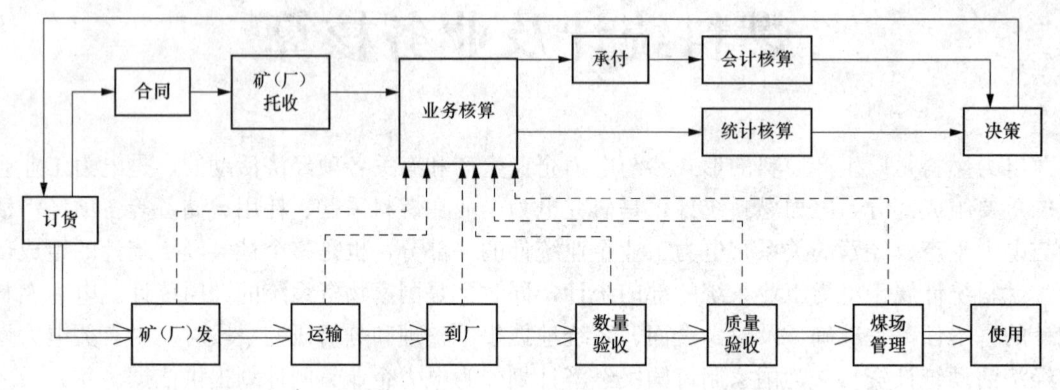


图 4-1　燃料管理系统结构

燃料业务核算具体任务为：

（1）正确、及时地记录各种燃料的收入、发出及结存量和质的情况，以保护国家财产不受损失。

（2）准确反映、计算燃料消耗定额执行情况，减少燃料消耗，防止浪费。

（3）审核燃料购运费用，减少不必要的损失。

（4）正确计算购入燃料和耗用燃料的实际成本。

（5）利用掌握的资料，经常分析研究燃料业务信息，以使各级燃料管理人员能把注意力集中到关键问题上，并为领导和有关部门研究决策提供资料。

## 4.2　燃料统计基础工作和统计指标

### 4.2.1　火力发电厂的燃料统计基础工作

火力发电厂燃料统计的基础工作，主要包括计量、化验、原始记录、统计台账和厂内报表等。统计信息的基本来源是原始记录，根据原始记录的记载，利用统计台账和厂内报表对反映火力发电厂燃料活动情况的原始材料按时进行汇总整理，便可及时取得各方面的数据。但是要把数据搞准，原始记录必须准确可靠，这就要求加强计量和化验工作，做到准确可靠。

**1. 计量和化验工作**

计量工作是企业生产和管理的一项基础工作。火力发电厂燃料作为原料投入生产，因此，必须配备入厂燃料计量检测装置，如轨道衡、地中衡、码头皮带秤，以及入炉皮带秤和实物检验装置等，从物质条件上保证计量工作的准确性，同时还必须有计量管理及检验制度落实计量工作责任制来保证。

燃料热值及各项数据是靠化验测定的，其数据测定是否准确直接影响入厂煤炭计价和煤耗计算的准确程度，同时也影响着燃料统计数据的准确性。因此，火力发电厂必须设置化验室，配齐采样、制样、化验设备及经过考核合格的操作人员，同时还必须按照有关标准进行操作、测试。

**2. 原始记录**

原始记录是通过一系列表格形式，对企业各项生产经营活动所做的最初记载，是反映企业信息的第一手材料。原始记录是统计核算的基础，也是会计核算和业务核算的基础。建立健全原始记录是企业加强经济核算，贯彻经济责任制，实行科学管理的重要基础工作。

燃料管理原始记录的来源，有外部来源和厂内记载。外部来源有发货单位提供的发票、化验单、费用明细表等，铁路交通部门提供的货物运单、商务记录，作业单位提供的作业项目签证单等；厂内记载有接卸车记录、过磅记录、测车记录、测比重记录、磅秤校验记录、采样记录、化验记录、发煤记录，以及售料单、调拨单、验收单、领料单等，均由生产管理有关人员填写或搜集。为了保证原始资料准确，一方面要加强业务培训监督检查，另一方面建立制度并把正确填写原始记录作为有关人员岗位责任制的内容进行考核。原始记录设计应遵循以下几点：

（1）能反映业务活动的全貌与特征。

（2）能满足指标体系的需要。

（3）能满足核算的需要。

（4）简单明了，尽量避免不必要的项目或模糊数字。

（5）统一代号和计量单位，一个发电集团内的名称、代号必须统一，计算单位必须统一，以便记录汇总。

**3. 统计台账**

统计台账是按定期统计报表和企业生产经营管理的要求设置的，是按时间顺序登记、积累资料的良好形式，是沟通原始记录和统计报表的桥梁。建立健全统计台账，可以系统地反映企业生产经营活动的变化过程和各项经济指标之间的联系，适应企业开展经济分析的需要。

燃料统计台账有反映计划执行及变动的调运台账，或反映发运情况的调运进度台账；有反映验收方面的质量验收台账、数量验收台账；有反映核算方面的煤款支付台账，质价台账，亏吨索赔台账等。

### 4.2.2　燃料统计程序

燃料统计程序有三个阶段，第一阶段确定合理的电力燃料统计指标，得到电力企业燃料统计结果；第二阶段是燃料统计资料的整理，建立统计报表，即对调查搜集的电力燃料资料进行分组、汇总、编制统计报表，以及汇编各种统计资料等；第三阶段统计分析，最后对经过整理的资料，利用各种统计方法进行周密的分析和研究。

统计指标是表明统计总体数量特征的范畴。一个科学的统计指标，应该具备以下基本要求：

（1）指标的范围和内容必须有明确的界限。

（2）指标内容必须同质，可以统一计量。

（3）指标的计算方法必须一致。

（4）与财务、计划指标的口径应该统一。

电力燃料统计报表是电力主管部门定期取得统计资料的基本调查组织形式，它是各电力基层单位按电力主管部门统一规定的制度、方法、表格形式、报送程序和报送时间，自下而上向电力主管部门和各级领导报告燃料基本统计资料的一种报告制度。统计报表有以下要求：

（1）要按照实际需要设定报表指标内容和指标体系。

（2）报表中属检查计划执行情况的指标，要与计划指标一致。

（3）统计报表格式应力求清晰明了，信息量足够，每一张表都需明确规定表名、表号、报送单位、报送日期、报送方式、单位负责人和填报人、审核人签章等。

### 4.2.3　燃料统计指标

科学地设置统计指标是统计工作的前提，统计指标设置合理性直接关系到统计分析结果。电力燃料统计指标有以下各指标。

**1. 矿方供应量指标**

矿方供应量是指电力企业在报告期内实际收到供方所供应的燃料数量。通过核算矿方供应量，可以检查企业所需燃料实际到货情况，考核燃料对电力生产的保证程度。

矿方供应量包括全国订货合同到货、国家增拨到货、地方供应合同到货、企业自购合同到货、带料加工到货、市场采购及其他各种渠道收入的燃料总数量。因此，针对各种不同用途，还需做进一步分组。当考核完成国家计划电量所需燃料资源保证程度时，应以统配电煤和非统配电煤进行分组；当检查合同到货情况时，应以全国订货、地方合同、企业自购、带料加工等进行分组；当分析燃料成本时，按指令、指导、定向及市场价格体系进行分组；当反映燃料到厂验收情况时，应按各个矿务局及其管理体系进行分组。

**2. 燃料消耗量指标**

消耗量是指发电（供热）生产过程中消耗燃料的数量和燃料运输和储备过程中的损耗。可分为生产消耗和非生产消耗指标。

**3. 生产消耗指标**

生产消耗指标包括：

（1）发电、供热正常运行（包括热备用、并机、并炉）耗用的燃料。

（2）机组小修、临时检修、事故处理后启动用燃料。

（3）在生产过程中的其他损失。

**4. 非生产消耗指标（计入其他消耗）**

非生产消耗指标包括：

（1）发电机调相运行耗用的燃料。

（2）生产厂房防冻、卸煤解冻、卸油上油加热使用的燃料。

（3）机炉大修或更新改造后，从点火到带负荷前所耗用的燃料。

（4）热效率试验或其他试验期间，由于调整操作频繁，超过该机组前五天正常平均煤耗燃料。

（5）基建、技改、大修等工程施工所耗用的燃料。

（6）自备机车、船舶耗用的燃料。

（7）企业综合利用及非生产耗用的燃料。

从上述燃料消耗计算范围可看出，生产燃料消耗量与非生产燃料消耗量是两个不同的指标。生产燃料消耗量是计算产品单耗的基础，反映产品消耗水平，考核产品消耗定额执行情况；非生产燃料消耗量则是为了核算企业消耗燃料的总量，作为编制供应计划，研究燃料使用方向的依据。生产燃料消耗量是以产品为对象计算的，例如，发电燃料消耗量，供热燃料消耗量；非生产燃料消耗量则是以企业为对象计算的，凡是企业在报告期的燃料消耗均应计入，包括生产消耗和非生产消耗，但不包括调出的燃料。

用于生产的燃料消耗量，受产品的制约，不能反映生产单位产品的燃料消耗水平。为此，需要计算单位产品燃料消耗量。单位产品燃料消耗量是国家考核企业经济效益的指标之一。电力企业是考核供电标准煤耗率和供热标准煤耗率。

**5. 燃料库存量指标**

燃料库存量是指电厂在报告期初或报告期末实际结存的燃料数量。它反映电厂燃料的实际储备情况。库存量按照“谁保管谁填报”的原则进行统计。凡属下列情况，不论来源如何均应计入燃料库存量，包括：

（1）电厂各煤场的自有燃料。

（2）外单位带料加工的燃料尚未消耗的部分。

（3）自外单位调入的燃料。

（4）委托外单位代本电厂保管的燃料。

（5）清查出的账外燃料。

凡属下列情况，均不计入燃料库存量，包括：

（1）已借出的燃料。

（2）错发到电厂来的燃料。

（3）代外单位保管的燃料。

（4）已亏损、丢失的燃料。

（5）在途中的燃料。

期末盘点库存，出现账面与实物不相符的情况时，不论盘盈或盘亏，也不论盘亏数量是否已报上级主管机关批准，都应以盘点后的实有数量记入库存量。“盘盈或盘亏”是指合理的衡差和储备损益，如因其他原因造成账物不符时，应加以说明。

电厂燃料是大宗散装物品，往往是露天存放，或煤棚存放，水分增减变化很大，因而电力用煤在收、耗、存过程中，存在进厂煤与入炉煤的水分差。由此，必然引起煤的质量差和热值差，如不及时调整，最终反映到煤场存煤量上，必然造成不合理的大盈大亏。为此，应按照有关规定对水分差进行月度调整，以便真实地反映库存状况。

**6. 进厂煤发热量与入炉煤发热量的关系**

进厂煤发热量是煤炭采购验收入库的一个质量指标，属外部商业往来的范畴。入炉煤发热量是厂内计算煤耗的依据，属厂内考核技术经济指标的范畴。以发热量为基础计算的，进厂煤标准煤单价与入炉煤标准煤单价反映了两个不同的范畴。但是，两个发热量又是紧密相连，就某种程度来说，应该是一致的，而实际确有很大的差距，究其原因有下面几点：

（1）进厂煤水分与入炉煤水分不一致，水分差影响热值差。

（2）采样方式，如进厂煤在火车顶部采样，入炉煤在煤流中采样，或者入炉煤采煤粉样与采原煤样出现代表性的误差。目前机械采样机普及，但进厂和入炉采样机采样器开口尺寸、皮带中部、端部采样等都会带来两者热值差，出现系统误差。

（3）没有对同一批煤进行热值比较。进厂、入炉热值差往往是统计一个月内的差异，很多情况下入炉燃烧的煤并不全是当月进厂煤，对象不同因此很容易造成两者热值差异。

因而，进厂煤与入炉煤发热量差，就构成比较相对数指标，该指标作为衡量该单位燃料管理水平是很恰当的。

**7. 煤炭等级差、发热量差与质价不符率，单价差与质价不符总金额的关系**

这几个指标均系反映煤质情况的。

煤炭等级差是指电厂化验该矿各批煤炭平均发热量（或灰分）所对应的等级，与矿方化验的各批煤炭平均发热量（或灰分）所对应的等级相比较的差值。

发热量差是指电厂化验该矿各批煤炭平均发热量（或灰分、水分），与矿方化验的各批煤炭平均发热量（或灰分、水分）比较的差值。

由于等级差和发热量差均采用平均数，就存在着正误差与负误差的抵消问题，同时也含有国家标准允许误差在内。因此，只能说是反映双方化验室的一般误差，不能以这两个指标来判定质价符与不符。

要判断质价是否相符，还必须对每一批煤进行对比判别。其中，在允许误差范围内的和优于计价煤质的都应视为质价相符；所谓质价不符，仅指某批煤炭经电厂化验与矿方对照，其误差超过国家标准规定允许误差范围的，才计算质价不符。

质价不符率是各批质价不符煤量之和与经过检验该矿的全部煤量（不含该矿煤炭未经过验收的部分）之比。计算式为

$$P_{df}=B_{df}\times100/B_{jl} \tag{4-1}$$

式中 $P_{df}$——质价不符率（%）；

$B_{df}$——经检验的质价不符的煤量（t）；

$B_{jl}$——经检验的总煤量（t）。

所谓质价不符总金额是指各批质价不符煤矿托收的煤价款，与根据电厂煤质检验结果计算出的应付矿方煤价款之差额。

所谓单价差是指该矿质价不符煤炭的平均单价差额。其计算式为

$$C_{le}=(C_{kk}-C_{ak})/B_{zl} \tag{4-2}$$

式中 $C_{le}$——单价差额（元/t）；

$C_{kk}$——矿发煤各批量煤款合计金额（元）；

$C_{ak}$——电厂按质计价各批量应付煤款金额（元）；

$B_{zl}$——矿发煤各批量总质量（t）。

从质价不符可反映出煤矿在商业往来的状况。单价差反映了质价不符的程度，单价差值大，则反映该矿质价不符严重；单价差值小，则反映质价不符较轻。这也反映了电厂在煤炭采购上所蒙受的损失。

### 4.2.4 建立统计报表制度

建立统计报表制度，是统计调查的主要组织形式。火力发电厂是电力生产活动的基层单位，也是电力燃料统计报表的填报单位。加强火力发电厂燃料统计的基础工作，不仅对加强火力发电厂的经营管理和经济核算，完善经济责任制有重要意义，而且也是及时取得全面、准确的统计数据，完成各项统计任务，实行统计监督的先决条件。电力燃料统计报表按时间

分为日表、月表、季表和年表，以日表和月表为常见。

**1. 日表**

日表属快报性的，时效性强，见表 4-1。

**表 4-1　　燃料收、耗、存日表**　　(t)

| 燃料类别 | 收入 | | 耗用 | | 库存 |
|---|---|---|---|---|---|
| | 本日 | 累计 | 本日 | 累计 | |
| 煤炭合计 | | | | | |
| 石油合计 | | | | | |
| 其中：重点电厂 | | | | | |
| ××厂煤炭 | | | | | |
| ××厂石油 | | | | | |

收入燃料数量为了便于同口径对照检查计划。耗用数量只填报发电、供热等生产耗用数量，不含运输损耗、储存损耗、盘点盈亏数量。库存数量填报本日全部库存数量，月末最后一天填报库存中含自筹和带料加工的燃料库存数量。

**2. 月表**

月表的统计指标要系统而完整。根据月表的任务不同，电力燃料统计月表有以下几种。

(1) 综合反映燃料基本活动情况的综合性月表。

1) 生产用煤炭（石油）供应、耗用与结存月表见表 4-2。此表是燃料月表的核心，由各火力发电厂按月填报。

**表 4-2　　生产用煤炭（石油）供应、耗用与结存月表**

填报单位：　　填报日期：　　(t)

| 矿别 | 品种 | 本月及累计 | 月初结存量 | 实际供应情况 | | | | | | 其他收入量 | 实际耗用量 | | | | | 调出量 | 盘盈或盘亏 | 月末结存量 |
|---|---|---|---|---|---|---|---|---|---|---|---|---|---|---|---|---|---|---|
| | | | | 矿方供应量 | | 发热量 $Q_{net,ar}$ (MJ/kg) | 灰分 $A_d$ (%) | 水分 $M_t$ (%) | 挥发分 $V_{daf}$ (%) | | 合计 | 发电 | 供热 | 其他 | 储存损耗 | | | |
| | | | | 合计 | 运输损耗 | | | | | | | | | | | | | |
| 煤炭合计 | | 本月 | | | | | | | | | | | | | | | | |
| | | 累计 | | | | | | | | | | | | | | | | |
| 一、统配电煤 | | 本月 | | | | | | | | | | | | | | | | |
| | | 累计 | | | | | | | | | | | | | | | | |
| 二、市场采购 | | 本月 | | | | | | | | | | | | | | | | |
| | | 累计 | | | | | | | | | | | | | | | | |
| 三、其他煤炭 | | 本月 | | | | | | | | | | | | | | | | |
| | | 累计 | | | | | | | | | | | | | | | | |

编制：　　审核：

2）生产用煤炭供应、耗用与结存月报汇总见表4-3。此表把基层报表汇总，将各种燃料及有关指标综合在一起，向集团公司或其上级有关部门报送。

**表 4-3　　生产用煤炭供应、耗用与结存月报汇总**

填报单位：　　　　填报日期：

| 单位名称 | 装机容量(MW) | 本月累计 | 煤炭(t) | | | | | | | 实际完成 | | 煤耗率(g/kWh) | | | | 标准煤量(t) | | 发热量(MJ/kg) | |
|---|---|---|---|---|---|---|---|---|---|---|---|---|---|---|---|---|---|---|---|
| | | | 实供 | 耗用(t) | | | | | 库存 | 发电量(MWh) | 供热量(1000MJ) | 标准煤耗 | | 天然煤耗率 | | 发电用 | 供热用 | 综合燃料 | 纯燃煤 |
| | | | | 小计 | 发电 | 供热 | 其他 | 损耗 | | | | 发电 | 供热 | 发电 | 供热 | | | | |
| | | 本月 | | | | | | | | | | | | | | | | | |
| | | 累计 | | | | | | | | | | | | | | | | | |
| | | 本月 | | | | | | | | | | | | | | | | | |
| | | 累计 | | | | | | | | | | | | | | | | | |
| | | 本月 | | | | | | | | | | | | | | | | | |
| | | 累计 | | | | | | | | | | | | | | | | | |
| | | 本月 | | | | | | | | | | | | | | | | | |
| | | 累计 | | | | | | | | | | | | | | | | | |

编制：　　　　审核：

（2）专题反映燃料到货情况的报表。此表主要反映燃料到货合同、计划执行情况，要求分类别、分矿点填写清楚，为集团公司或其上级有关部门掌握供应计划完成情况，便于同供应单位或其主管部门联系，协调、督促完成计划。表式见表4-4。

**表 4-4　　燃 料 供 应 月 表**

填报单位：　　　　填报日期：

| 供应商 | 计划 | | 实供 | | 超、欠 | | 到货率（%） | |
|---|---|---|---|---|---|---|---|---|
| | 当月 | 累计 | 当月 | 累计 | 当月 | 累计 | 当月 | 累计 |
| | | | | | | | | |
| | | | | | | | | |
| | | | | | | | | |
| | | | | | | | | |
| | | | | | | | | |

编制：　　　　审核：

（3）反映燃料到厂验收情况的报表。

1）进厂煤（油）计量盈亏情况月表。它是反映燃料到厂数量验收情况的月表。通过验收，对矿方（油厂）装载不足，或运输途中被盗、漏损造成亏吨的统计，从而反映电力企业所蒙受的经济损失。因此，在统计盈亏时，均不包括国家规定途耗定额范围以内的合理损耗。表式见表 4-5。

**表 4-5　　　　进厂煤（油）计量盈亏情况月表**

填报单位：　　　　　　　　　　　　填报日期：

| 供应商 | 月末累计（t） | 进厂煤数量（t） | 进厂后抽查 | | | | 盈吨（t） | 盈吨折金额（元） | 亏吨（t） | 亏吨折金额（元） | 索赔金额（元） | 备注 |
|---|---|---|---|---|---|---|---|---|---|---|---|---|
| | | | 抽查量（t） | 抽查率（%） | 过衡率（%） | 检尺率（%） | | | | | | |
| | | | | | | | | | | | | |
| | | | | | | | | | | | | |
| | | | | | | | | | | | | |
| | | | | | | | | | | | | |

2）进厂煤发热量计价煤质验收情况月表见表 4-6。

**表 4-6　　　　进厂煤发热量计价煤质验收情况月表**

填报单位：　　　　　　　　　　　　填报时间：

| 供方 | 煤种 | 当月及累计（t） | 进厂煤量（t） | 验收情况 | | 供方化验数据 | | | | | 电厂化验数据 | | | | | 热值差（MJ/kg） | 质价不符情况 | | 索赔金额（万元） |
|---|---|---|---|---|---|---|---|---|---|---|---|---|---|---|---|---|---|---|---|
| | | | | 验收数量（t） | 检质率（%） | $Q_{net,ar}$（MJ/kg） | $A_d$（%） | $M_t$（%） | $V_{daf}$（%） | $S_{t,ad}$（%） | $Q_{net,ar}$（MJ/kg） | $A_d$（%） | $M_t$（%） | $V_{daf}$（%） | $S_{t,ad}$（%） | | 单价差（元/t） | 总金额（万元） | |
| | | | | | | | | | | | | | | | | | | | |
| | | | | | | | | | | | | | | | | | | | |
| | | | | | | | | | | | | | | | | | | | |
| | | | | | | | | | | | | | | | | | | | |
| | | | | | | | | | | | | | | | | | | | |

填报：　　　　　　　　　　　　　　　审核：

表 4-5 和表 4-6 反映电力用煤到厂验收质量与供方发煤质量的比较，从而反映了质价不符的程度，以及电力企业所受的经济损失。它也是电力企业燃料经济活动分析的重要依据，是向上级领导部门报告电煤质价不符状况，以便领导部门及时掌握情况，及时解决矛盾，避免煤、电企业间纠纷。

3）进厂煤以灰分计价煤质验收情况月表见表 4-7。

**表 4-7　　　　进厂煤以灰分计价煤质验收情况月表**

填报单位：　　　　　　　　　　　　填报日期：

| 供方 | 煤种 | 当月及累计 | 进厂煤量（t） | 验收情况 | | 供方化验 | | 电厂化验 | | 灰分差 | 水分差 | 质价不符情况 | | 索赔金额（万元） |
|---|---|---|---|---|---|---|---|---|---|---|---|---|---|---|
| | | | | 验收数量 | 检质率 | $A_d$（%） | $M_t$（%） | $A_d$（%） | $M_t$（%） | | | 单价差（元/t） | 总金额（万元） | |
| | | | | | | | | | | | | | | |
| | | | | | | | | | | | | | | |
| | | | | | | | | | | | | | | |
| | | | | | | | | | | | | | | |
| | | | | | | | | | | | | | | |

填报：　　　　　　　　　　　　　　　审核：

### 4.2.5 燃料统计资料分组

统计资料整理是一项重要工作，是进行统计分析的前提。为了搞好统计资料整理，事先必须周密地制定整理纲要。整理纲要是统计资料整理的依据。它主要包括两个部分：一是确定资料如何分组，即按什么标志分组和分成几个组；二是选择说明总体和各组特征的统计指标。

统计分组是根据事物内在特点和统计研究任务，对所研究的社会现象，按照一定的标志，划分成性质不同的各个部分。只有科学的统计分组才能使统计研究在质与量的辩证统一中，对事物进行正确判断。所以，统计分组既是统计整理工作的第一步骤，同时也是统计分析的基本方法之一。

为了反映电力燃料类型、内部结构、分析现象之间的依存关系，需要按照不同标志进行一系列分组。

**1. 按供应渠道分组**

我国电力企业管理体制上变动了多次，燃料供应关系也随着多次变更，致使电力燃料供应渠道多样化。燃料统计按供应渠道分组，可以研究结构变化和各类型的表现及其特点，为制定政策提供依据。目前电力燃料供应渠道如下。

（1）全国订货。每年一次全国煤炭订货会议由国家发改委牵头，有关部参加主持召集产、运、需三方在一起，按照国家分配任务签订供货合同。

（2）地方上划。在办理电力燃料由地方管理划到中央部集中管理过程中，国家同地方协定，每年由地方定量供应的电力燃料部分。

（3）企业自购。电力企业自行购进的燃料，随着市场经济的发展，企业自购的比例日益增多。

（4）带料加工。由电力系统外的企业或地方来料加工燃料。

（5）其他。由其他渠道收入的燃料。

**2. 按供应单位类型分组**

随着经济体制改革的深化，企业向集团化发展，实行集约经营，燃料的生产、经营出现多样化管理。电力燃料按供应单位类型分组，可分别研究其各自的特点，掌握情况，便于衔接、协调，并处理购、销中的问题。

（1）统配矿。国家投资建设，由国家指定部门管理经营，产品归国家统一分配。集中管理单位有中统公司（中国统配煤矿总公司）、华能精煤有限公司（华能集团精煤公司）、东蒙公司（东北内蒙古煤炭工业联合公司）。

（2）地方矿。是地方投资或国家有偿投资、集资、贷款、合资经营等方式开办的地方煤矿企业。根据国务院〔1986〕105号文件规定，地方矿由中国地方矿联合经营开发公司实行行业管理，因此，这个“地方矿”是指由国家调运的地方煤炭（即参加全国煤炭统一分配订货部分地方煤炭），不包括地方直接交给电业部门的指标（即地方上划）。

地方矿一项还需分省列出；对调出地方煤炭较多的山西省、河南省等还需分片统计，如山西地方矿下面可分为晋中、临汾、晋城、长治等。

（3）军矿。系指由总后勤部军需生产部矿业管理局（简称“军矿局”）统一归口管理的煤矿。军矿下面还需分省列出；对调出量较大的山西省、河南省还需分片统计。

**3. 按不同价格体系分组**

不同价格体系有其不同价格水平及不同的变化规律。按价格体系分组可分析各类价格变化状况，以及各类价格不同比例组成整体价格的变化，以便进行分析，挖掘潜力，降低燃料成本。目前执行的价格体系如下。

（1）指令性煤炭价格执行原能源部制定经国家物价局批准的煤炭出厂价格；地方矿煤炭执行地方物价部门颁布的出厂价格。

（2）指导性煤炭属统配矿的，按煤炭出厂价（含地区差价，不含增产、超核定能力加价）加价100%，属地方矿的执行该省物价局颁发的加价办法（有的按本省地方煤炭出厂价格加价50%，有的固定加20元等）。

（3）定向煤炭是煤矿在完成国家任务后超产的煤炭，由国家指定供某个部门或企业使用（如定向供电煤），纳入国家分配计划，其价格则在国家最高限价内协商确定。

（4）市场采购煤炭企业在市场上自行采购的部分，其价格随行就市。一部分用来补充完成国家计划发电量中国家分配留的缺口，另一部分作超额完成发电任务用（实行高进高出电价）。

（5）带料加工煤炭是指用电单位送煤炭给电力企业代为加工电量。电力部门按平价煤炭计价；来煤单位按平价电交电费，电力部门另外收取加工费的办法。

**4. 按发电的类型分组**

随着国家计划体制改革，以及电力系统改一家办电为多家办电的政策，出现了电力分配上的多种形式。因此，按发电的类型分组，可以观察分析各类比例变化，检查政策的正确性及贯彻落实的程度和存在的问题。便于领导研究新的政策或改进完善措施。具体分组如下。

（1）统配电。由电网统一调度，统一分配。其燃料由国家分配，地方上划和企业自购组成。

（2）华能电（即华能集团的机组或其合资所占部分）。按照政策一部分为统调统分；一部分留给当地（省）分配。其燃料由国家分配，企业自购组成。

（3）集资电。按照投资比例，属国家部分纳入统调统分；属集资部分，分给投资单位。燃料由国家分配和企业自购组成。

以上三类均纳入国家任务电量。

（4）带料加工电。由加工单位来料，电不纳入国家任务。

（5）退役机组电。利用退役机组发电，其燃料完全由企业自购，发电是不纳入国家任务的。

（6）燃料统计分组，要根据研究的需要，有时采用这一类分组，有时采用另一类分组，有时采用两种或多种分组联系起来运用。总之，是从各个侧面反映各自特征及其发展变化情况，从而获得更全面的认识。

## 4.3 燃料统计分析

### 4.3.1 利用统计相对数进行分析

统计相对数即是两个相互联系的指标对比。在电力燃料统计分析中常用以下相对数。

**1. 计划完成情况相对数**

计划完成情况相对数的计算式为

$$G_s = Z_f / G_f \tag{4-3}$$

式中 $G_s$——计划完成情况相对数（%）；

$Z_f$——实际完成数；

$G_f$——计划完成数。

例如，某厂某月计划到货15万t，其中计划内煤10万t，市场采购煤5万t。到月末实际到货合计煤量为13.5万t，其中计划内合同煤到货8.8万t，市场采购煤4.7万t。运用计划完成情况相对数，见表4-8。

表4-8　某厂某月煤炭到货计划完成情况　（万t）

| 项目 | 计划 | 实际 | 完成计划（%） |
|---|---|---|---|
| 计划内煤 | 10 | 8.8 | 88 |
| 市场采购煤 | 5 | 4.7 | 94 |
| 合计 | 15 | 13.5 | 90 |

**2. 结构相对数**

结构相对数，是部分与全体的对比。它反映各个部分在全体中所占的比重，说明现象的结构或全体中某一类现象的普遍程度。结构相对数用百分数来表示。其计算式为

$$J_s = C_k / C_c \tag{4-4}$$

式中 $J_s$——结构相对数（%）；

$C_k$——各组（部分）数量；

$C_c$——总体数量。

如上例用结构相对数分析，可看出谁完成计划不好对整体影响的程度。从表4-9分析本月到货未完成计划的计划内合同煤占未完成欠供的80%，因此，对计划内合同煤到货工作要抓紧催交。

表4-9　某厂某月煤炭到货计划完成情况分析　（万t）

| 项目 | 计划 | 实际 | 欠供 | 欠供（%） |
|---|---|---|---|---|
| 计划内煤 | 10 | 8.8 | 1.2 | 80 |
| 市场采购煤 | 5 | 4.7 | 0.3 | 20 |

**3. 动态相对数**

动态相对数是同类指标在不同时期的对比，以报告期的数值与基期数值相比（通常把作为比较标准的时期叫“基期”，把用来和基期比较的时期称为“报告期”）。动态相对数可说明现象在时间上的发展变化，以及发展变化的方向。其计算式为

$$D_s = D_1 / D_2 \tag{4-5}$$

式中 $D_s$——动态相对数（%）；

$D_1$——报告期数值；

$D_2$——基期数值。

例如，某电厂上年度进厂原煤平均单价500元/t，本年度进厂原煤平均单价550元/t，两者对比得出相对数为110%，即本年度进厂原煤单价是上年的1.1倍。这个110%或1.1倍，就是动态相对数。它说明本年度进厂原煤单价比上年上涨，其上涨速度是110%或1.1倍。

**4. 强度相对数**

强度相对数是两个性质不同但互有联系的总量指标的对比。它可说明现象的强度、密度或程度。其计算式为

$$Q_s = Q_m / Q_L \tag{4-6}$$

式中　$Q_s$——强度相对数；

$Q_m$——某一现象的数值；

$Q_L$——另有联系而性质不同的现象数值。

例如，反映发电消耗煤炭的消耗强度相对数：发电煤耗率=消耗煤量（t）/发电量（kW·h）。

### 4.3.2　利用统计平均数进行分析

平均数的作用主要有两个方面：①利用平均数，可对若干现象进行比较研究；②利用平均数，可研究某一总体某种数值的平均水平在时间上的变化，说明总体发展过程和趋势。

**1. 算术平均数**

它是统计中最基本最常用的一种平均数，其计算方法是用总体的单位数去除总体的各单位标志总量。其计算式为

$$\overline{x} = \frac{x}{f} \tag{4-7}$$

式中　$\overline{x}$——平均数；

$x$——标志总量；

$f$——总体单位数。

**2. 加权算术平均数**

当我们遇到的资料是经过统计分组整理过的统计资料，也就是对总体内各单位标志数值进行了分组，编成了单项数列，且各组标志值又不相同的情况时，计算平均数就要采用加权算术平均数。其计算式为

$$\overline{x} = \frac{x_1 f_1 + x_2 f_2 + x_3 f_3 + \cdots + x_n f_n}{f_1 + f_2 + f_3 + \cdots + f_n} = \frac{\sum xf}{\sum f} \tag{4-8}$$

式中　$xf$——各组单位标志数值之和；

$\sum xf$——全部单位标志数值的总和；

$\sum f$——总体单位数的总和（或次数、权数）。

例如，某厂某月到厂各种煤数量及价格如下：甲种煤到厂 10 万 t，价格为 500 元/t；乙种煤到厂 4 万 t，价格为 450 元/t；丙种煤到厂 1 万 t，价格为 530 元/t。计算到厂煤平均单价：

$$\overline{x} = \frac{(10 \times 500) + (4 \times 450) + (1 \times 530)}{10 + 4 + 1} = \frac{7330}{15} = 489(\text{元}/\text{t})$$

平均单价反映该月到厂煤炭的平均价格水平，乙种煤低于平均水平，甲种煤、丙种煤高于平均水平。

### 4.3.3　利用标志变异度进行分析

平均数是将各单位的某一数量标志的差异抽象化，反映总体单位在该标志上的一般水

平。所以，它是代表性的指标。但是，在一定的条件下，在同质总体中各单位之间，可以没有本质上的差别而有数量上的差别。因此，在研究平均数的时候，还必须进一步研究在计算平均数时被抽象化了的差异究竟达到什么程度。把这种差异程度与平均数结合起来看，就能使我们的认识更深入、更全面。例如，有一堆煤炭，两个化验室都在这堆煤上采7个子样，化验灰分，其化验结果见表4-10。

**表4-10　灰分化验结果**

| 实验室 | 灰分各测定值（%） | 平均灰分（%） |
|---|---|---|
| 甲 | 18，18.5，19，20，21，21.5，22 | 20 |
| 乙 | 16，18，16，20，22，22，26 | 20 |

这两个化验室的化验结果平均都是20%，但是，甲化验室各次化验结果与平均数比较接近，而乙化验室各次化验结果与平均数差异很大。乙化验室的平均数显然没有甲化验室的平均数代表性大。表示标志变异度有如下两种方法。

**1. 均方差**

均方差的计算方法是，用每一个变量与平均数的平均离差来确定其变异程度。首先算出各变量与平均数的离差，把各离差平方，再求它们的算术平均数，最后将其开方。其计算式为

$$s=\sqrt{\frac{\sum(x-\overline{x})^2}{n}} \tag{4-9}$$

式中　$s$——均方差；

　　　$n$——项数。

按表4-10所列数据为例，计算均方差，结果见表4-11。

**表4-11　均方差计算**

| 甲实验室 | | | 乙实验室 | | |
|---|---|---|---|---|---|
| 灰分含量 | 变量与平均值的离差 | 离差平方 | 灰分含量 | 变量与平均值的离差 | 离差平方 |
| 18 | −2 | 4 | 16 | −4 | 16 |
| 18.5 | −1.5 | 2.25 | 18 | −2 | 4 |
| 19 | −1 | 1 | 16 | −4 | 16 |
| 20 | 0 | 0 | 20 | 0 | 0 |
| 21 | 1 | 1 | 22 | 2 | 4 |
| 21.5 | 1.5 | 2.25 | 22 | 2 | 4 |
| 22 | 2 | 4 | 26 | 6 | 36 |
| 合计 | 0 | 14.5 | 合计 | 0 | 80 |

甲实验室均方差 $s=\sqrt{\frac{14.5}{7}}=1.44$（灰分%）

乙实验室均方差 $s=\sqrt{\frac{80}{7}}=3.38$（灰分%）

计算结果表明乙化验室均方差（3.38）比甲化验室均方差（1.44）大，所以甲化验室的代表性大。

**2. 标志变异系数**

均方差不仅受标志变异程度的影响，而且还受变量和平均数大小的影响。所以，对于两个具有不同水平的总体，就不宜直接通过均方差来比较标志变异程度的大小，这时引入标志变异系数。标志变异系数用 $V$ 表示，即

$$V=\frac{s}{x}\times 100\% \tag{4-10}$$

例如，某电厂由两个铁路分局供煤，某月两分局发出煤车情况见表4-12。分析两分局发车均衡情况。

**表 4-12　　两分局发出煤车情况**

| 日期 | 甲铁路分局 | | | 乙铁路分局 | | |
|---|---|---|---|---|---|---|
| | 发车数 | 变量与平均数离差 | 离差平方 | 发车数 | 变量与平均数离差 | 离差平方 |
| 1 | 20 | −20 | 400 | 100 | −20 | 400 |
| 2 | 224 | −16 | 256 | 104 | −16 | 256 |
| 3 | — | −40 | 1600 | 80 | −40 | 1600 |
| 4 | 10 | −30 | 900 | 90 | −30 | 900 |
| 5 | 40 | 0 | 0 | 120 | 0 | 0 |
| 6 | 45 | 5 | 25 | 125 | 5 | 25 |
| 7 | 50 | 10 | 100 | 130 | 10 | 100 |
| 8 | 60 | 20 | 400 | 140 | 20 | 400 |
| 9 | 70 | 30 | 900 | 150 | 30 | 900 |
| 10 | 81 | 41 | 1681 | 161 | 41 | 1681 |
| 合计 | 40 | 0 | 6262 | 120 | 0 | 6262 |

计算：甲铁路分局的均方差

$$s_{甲}=\sqrt{\frac{6262}{10}}=25\text{（车）}$$

乙铁路分局的均方差

$$s_{乙}=\sqrt{\frac{6262}{10}}=25\text{（车）}$$

两个铁路分局的均方差都是25车，但不能由此认为两个铁路分局发车不均衡程度是一样的。通过比较标志变异系数可准确判断。

甲铁路分局标志变异系数

$$V_{甲}=\frac{25}{40}\times 100\%=62.5\%$$

乙铁路分局标志变异系数

$$V_{乙}=\frac{25}{120}\times 100\%=20.8\%$$

由此明显地看出，甲、乙铁路分局虽然均方差均为25车，但甲铁路分局标志变异系数

为62.5%，乙铁路分局标志变异系数为20.8%，说明甲铁路分局发车比乙铁路分局发车不均衡。

### 4.3.4 统计分析结果的表现形式

燃料统计分析结果，应根据分析的目的和内容采用因事制宜、灵活多样的形式，及时提供给有关领导和部门，使其最大限度地发挥作用。分析结果的表现形式，一般有以下几种。

**1. 统计分析报告**

统计分析报告，是表达分析结果的一种主要形式。它可以是以文字为主、数字为辅的分析报告，也可以是以数字为主、文字为辅的分析报告。例如，年度（季度）燃料计划完成情况分析报告（综合报告）；月度燃料到货情况分析报告（专题）；煤炭调价后增支情况分析报告（专题）等。

分析报告的结构一般可分为情况、成绩、问题、建议或措施等几个部分。但是各种分析报告的目的不同，重点要求也各不一样。分析报告的格式不求一致，但是写分析报告要具备以下几点基本要求。

（1）主题要明确。首先要明确分析的主题，突出问题的中心。

（2）论据要准确，判断要符合逻辑。论据要准确。确定论点要符合客观实际，实事求是，不能虚构。

（3）材料和观点要统一。在写分析报告时，一定要用观点去统帅材料，用材料去说明观点，使两者统一起来。

（4）恰当地使用统计数字资料。统计分析报告中，统计数字是主要依据，选用的统计数字资料，要分清先后主次，对比恰当。

**2. 文字说明**

文字说明是结合定期报表制度使用的一种形式，通常附在定期报表之后。文字说明不能搞成报表数字的重复解释，而应按照统计分析要求，用简洁的文字表达分析的结果。

**3. 其他形式**

分析结果，还可采用计划完成情况公报、调运进度简报、图板显示、统计图表等形式表达。

## 4.4 燃料成本核算

燃料购入成本是指电厂购入的燃煤、燃油、燃气等燃料到达并卸载到储存场所（煤场、油罐、储气罐）所发生的可归属于燃料的费用（不含可抵扣的税金），其中电煤购入成本主要包括电煤采购费用、运费、中转港港杂费、燃料服务费、运输损耗、二次费用等。电煤采购费用指电厂采购电煤发票账单上列明的价款，不包括可以抵扣的增值税额，一般指车板价；运费指自电煤合同发运站到达站（码头）前所发生的运费，包括从第一、第二等中转港运至电厂到站（码头）发生的运费，含铁路运费、公路运费、水路运费；中转港港杂费是按规定向中转港口支付的费用；燃料服务费是按规定向上级燃料管理部门支付的燃料服务费（不包括由区域燃料公司同意采购并通过加价在增值税发票中收取的燃料管理服务费，此种方法收取的燃料管理服务费应包括在电煤采购费用中）；运输损耗可按照电厂规定定额内运损与合同规定运损孰低的原则确定，定额内运输损耗直接减少实收数量，不能调整金额，如中电投集团公司规定铁路和公司运输损耗为1.2%，水路、水陆联运为1.5%，中间每换装一次增加1%；二次费用指电煤从电厂到达站（码头）运至并卸载到设计煤场所发生的费用，包括：①不属于电厂产权的铁路线、到达港及附属设施设备在使用中发生并支付给外部相关单位的费用，如铁路、到达港、码头及其附属设施设备发生的租赁、大修、维修、维护、保养等相关费用；②煤炭接卸、转运等租赁设备发生的费用；③按照铁路部门有关规定或合同（协议），铁路部门收取的取送车费、延时服务费等费用；④到达电厂站（码头）后至电厂煤场间发生的短途倒运费，如没有厂内专用线的电厂、火车卸煤后用汽车倒运到煤场的费用、从码头运输到煤场发生的费用；⑤到达电厂站（码头）委托具有地市级以上检测质机构化验、计量所支付的煤质检测、计量费等；⑥对轨道衡、汽车衡及化验设备发生的定期或不定期校验、检验、测试而发生的费用；⑦雇工进行煤炭接卸等发生的劳务费用（含冻煤卸载所发生的劳务费用）、煤车和煤船清扫费用；⑧委托省级以上电煤质量检验中心开展技术服务所发生的费用。

以下几类费用不包括在燃料成本中：

（1）自有设备、设施的购建及大修、维修、维护、保养、运行等发生的费用，自有设备、设施主要指自有铁路、港口、码头等设施和设备，以及煤场接卸设备、数量质量验收设备等与燃料相关的自有设备。自有设备购建属于资本性支出，自有铁路等其他自有设备大修、维修、维护、保养等费用做修理费或材料费等费用反映，不计入燃料购入成本，自有铁路维护费用不在“铁路维护费”反映。

（2）煤场管理费指电煤卸载到设计煤场后所发生的费用，一般包括煤场平整、煤沟清理等，列入“其他费用——煤场管理费”核算。

（3）燃料系统代运行费指新体制电厂将燃料接卸、燃料生产运行、煤场管理等委托其他单位运行管理所支付的费用，其中，委托燃料生产运行、接卸及煤场管理发生的费用，在“委托运行费”中反映，委托采制化支付的费用作为二次费用在电煤购入成本中反映。

（4）燃料调运、驻矿等燃料管理相关人员的催煤旅费、驻矿费、招待费等管理类费用不在燃料成本中核算，应在生产成本——其他费用的相关明细科目中核算。

## 4.5　燃料业务核算内容及体系

燃料业务核算，是对燃料收、耗、存业务活动过程，依照国家法律、条例、政策、规定和标准，以签订的合同、协议为准绳，进行检查、鉴别和审定，并对发生的具体业务问题，做出正确的处理。燃料业务核算不同于燃料成本核算。燃料业务核算的内容，可以根据管理工作上的实际需要，从不同角度组成许多体系，对燃料业务活动进行记录、审定、计算和分析。

燃料业务核算包括数量核算、质量核算、采购费用核算（包括煤炭计价审核、运价及附加费审核、到厂费用审核等）。燃料业务核算审核的依据是对其合法性、合理性和真实性三方面进行审核。

### 4.5.1　核算内容及基本原则

燃料业务核算要按照合法、合理、真实三原则进行。

**1. 合法**

合法性审核断定标准是看提供票据凭证是否齐全，票据凭证是否符合有关规定，是否符合合同协议规定。是否合法应从以下几个方面分析：

（1）提供票据凭证是否齐全。

（2）票据凭证是否符合有关规定。

（3）是否符合合同协议规定。

**2. 合理**

合理性审核断定标准是看煤炭价格是否符合有关规定或合同约定，运费、杂费的计算是否符合规章或合同约定，其他附加及收费是否符合文件或合同约定。是否合理应从下面几个方面衡量：

（1）所定价格是否符合有关规定或合同规定。

（2）运费、杂费的计算是否符合规章或合同规定。

（3）其他附加及收费是否有依据（文件或合同定约）。

**3. 真实**

真实性审核断定标准是审核提供的数据（包括外部和内部）是否准确真实，例如，一般车皮载煤量为60t左右，如记录单上车批载煤量为70t以上就可能不真实。到厂验收后，质价是否相符，数量是否亏吨等，对亏吨亏卡必须进行索赔。是否真实，应从以下几个方面衡量：

（1）提供数据（包括外部和内部）是否准确真实。有的数据可以一目了然地判断，如一个火车皮，一般不超过65t，发现记录70t以上，显然是不真实；有的数据则需做比较，例如，某矿所提供煤炭其热值总是在20MJ/kg左右，突然提供热值为25MJ/kg的煤炭，那么这个数据就要核实，是否发生煤层变化或有其他特殊情况，或者是不真实数据等。

（2）反映情况是否真实。如绕道运输收费是否真的绕了道，电铁附加费是否走了电铁线路等。

（3）数字计算有无错误。

（4）到厂验收后，质价是否相符，数量是否亏吨。

### 4.5.2　燃料业务核算体系

燃料业务核算体系及内容，随着环境变化会有增有减，按照一般情况设置如下体系。

**1. 数量验收体系**

燃料数量验收由燃料调度（车船调度）、计量部门及燃料核算部门组成。

（1）燃料调度。负责煤（油）车（船）号和货票装载量，以及车（船）装载异状检查、记录登记。如发现异状必须同到达车站（港）办理商务记录，每班下班后将登记卡连同商务记录送到燃料核算部门。

（2）计量部门。轨道衡计量、水尺检验、测车检尺、地中筏、码头皮带秤等计量班（组），应负责自身衡器、工具、仪器的维修，按规定定期请有关部门检定达到规定要求。对到厂煤、油等燃料认真计量，发现亏吨应立即会同到站（港）出具商务记录，并将各班（组）记录及时送到燃料核算部门。

（3）燃料核算部门。根据燃料调度和计量部门送来的原始记录，结合化验室化验的到厂水分，同矿方计价水分进行换算对照，判别是途耗、途损，还是亏吨，并计算各自数量做好验收记录，并做相应处理。

**2. 质量验收体系**

燃料质量验收，由燃料采样、制样、化验、核算组成，负责部门分别为燃料采样部门、制样部门、化验室及燃料核算部门。

（1）采样部门。煤炭到厂必须分矿、分煤种进行采样；燃油到厂要分油品、油厂进行采样，分送化验室。水运到厂煤（油）或管输进厂的油则单船、单罐采样。

（2）制样部门。按制样标准分矿、分煤种、分船制好煤样送化验室。

（3）化验室。接到煤、油样后，应及时按矿点、品种分别化验，化验结果送燃料核算部门。

（4）燃料核算部门。根据化验结果，同财务部门送来的矿方（炼厂）的托收单据进行对照，做出质价相符或不符的判断，并加以处理。同时将原来未使用过的矿点或煤种的质量及时通报有关部门。

**3. 采购费用支付体系**

采购费用支付体系由燃料采购、厂财务部门及燃料核算部门组成。

（1）燃料采购。燃料采购人员或燃料计划人员，在市场采购或接受国家订货所分配的燃料，都必须签订好购销合同，签订后交厂财务、燃料核算部门，作为收货、付款的依据。

（2）厂财务部门。矿方发货后通过银行托收，厂财务部门在接到开户行转来矿方托收凭证后，应立即登记并送交燃料核算部门。煤矿（炼厂）发货后直接到电厂来结算的，则可由矿方（炼厂）直接带着凭证到燃料核算部门请求核算。

（3）燃料核算部门。接到上述凭证后，立即同到厂数量验收、质量验收的资料进行核对、审核后做出全付、减付、部分拒付、全部拒付或索赔的判断。燃料核算部门根据审核意见，办理相应的手续，然后填具验收单，交财务记账并付款。

**4. 耗用管理体系**

耗用管理体系由煤场管理、油库管理、燃料运行部门、生产运行部门入炉煤化验室、厂计划部门和燃料核算部门组成。

（1）煤场管理。及时提供零星发煤的凭证及月终盘点报告，供燃料核算部门。

（2）油库管理。每天提供耗油计量及月终盘点报告，供燃料核算部门。

（3）燃料运行部门。提供每班皮带计量原始记录，供燃料核算部门。

（4）燃料运行部门。定期提供皮带秤校验记录，供燃料核算部门。

（5）生产运行部门入炉煤化验室。每天提供“入炉煤”工业分析报告，给有关部门。

（6）厂计划部门。根据燃料核算部门提供的生产耗煤量等编制燃料采购计划。

（7）燃料核算部门。每天向计划部门提供前一天生产耗煤量，月终根据磅秤误差调整发煤量，并根据调整后发煤量向财务部门提供“燃料耗用量分配计算表”和其他用煤领料单或调拨单等凭证。

## 4.6　燃料业务核算方法和程序

业务核算的主要任务是检查、鉴别和审定燃料有关业务活动的合法、合理和真实性。燃料业务核算主要核算燃料数量、燃料采购费用。

### 4.6.1 数量的核算

数量核算包含两个方面：一是核对燃料是否到厂，二是核对到厂燃料是否足量。

**1. 核对燃料是否到厂**

燃料调度或现场办理入厂煤的人员，接入煤车后，必须检查车辆施封状态，验收后填写接卸记录（如发现有异状的连同商务记录），交燃料核算部门。记录格式见表 4-13。

燃料核算部门接到矿方托收承付结算凭证后，应立即与接卸车记录逐车核对，凡经审核无误后，登记托收承付台账，并填制燃料验收凭证（见表 4-14），连同发票送财务部门入账并承付货款。如有下列情形则应另制凭证。

表 4-13　××电厂接卸车记录

班次：　年　月　日
调到时间：　时　分
来煤矿别：　煤种：
卸完时间：　时　分

| 序号 | 车号 | 标记载重（t） | 货票号 | 托收号 | 备注 |
|---|---|---|---|---|---|
| | | | | | |
| | | | | | |

核对：　验收：

注　1. 托收号栏供核算人员核对托收用，验收人员不填。
2. 中转港同样可用此接卸记录。

表 4-14　电厂燃料验收单

年　月　日　第　号

| 供货单位 | 品种 | 规格 | 项目 | 数量 | 单位 | 单价 | 托收总价 | | | | | | | | | | 备注 |
|---|---|---|---|---|---|---|---|---|---|---|---|---|---|---|---|---|---|
| | | | | | | | 千 | 百 | 十 | 万 | 千 | 百 | 十 | 元 | 角 | 分 | |
| | | | | | | | | | | | | | | | | | |

（1）托收已到煤未到，煤款到期已承付，月末填制在途凭证，送交财务，并登记在途账卡。

（2）如下月煤到了，则填制燃料验收凭证，并填制在途凭证交财务入账。

（3）对收到煤炭（石油），到月末托收仍未到，则填制暂估收料凭证交财务部门入账。

（4）下月或次月托收到了，仍按正常验收填制验收凭证，同时按暂估价填制暂估凭证，交财务列账。

（5）需经中转换装才能到达电厂的燃料，按以下办法核算。

1）付款。电厂财务部门收到燃料托收承付结算凭证和铁路货票发票账单等，应立即转燃料核算部门审核，燃料核算部门应及时审核并将意见和有关原始单据返回财务部门，财务部门经审核无误后，做付款凭证一式二份，并将其中一份连同货票抽出编号，代替在途明细卡。

2）中转收料。中转站收到燃料或装船发运均需每天向燃料核算部门报送日报（或运单），燃料核算部门收到中转港（站）报送的燃料收发日报（或运单），应及时同财务部门在途明细卡进行核对，并填列到港（站）燃料明细（见表 4-15）送财务部门入账。

如燃料已到中转港（站），托收结算凭证和铁路货票、发票账单未到的燃料，月末比照上述（3）、（4）暂估入账的办法处理。

3）中转发料。燃料核算部门收到中转港报送的燃料收发日报，应与到厂码头的燃煤（油）验收汇总表逐项核对，对已到厂验收的燃料，填制验收凭证，交财务部门，据以编制转账凭据。

**表 4-15**　　**××港（站）收到燃料明细**

年　月　日

| 供货单位名称 | 托收号 | 运单号 | 吨位<br>（t） | 承付金额<br>（元） | 备注 |
|---|---|---|---|---|---|
| | | | | | |

制表：

**注** 1. 承付金额是指财务在途燃料明细卡与本批燃料对应部分所承付的金额。
2. 为了简化手续，一般可在月终一次办理。

**2. 核对到厂燃料是否足量**

核对到厂燃料是否足量，应先核对托收货款发票数量与所附铁路货票的数量是否一致。如果不一致，是否为计算错误；如是一致的，再核对到厂验收数量，分别核算合理途耗、途损、亏吨。煤炭的运输损耗按国家规定范围内的为合理途耗。在运输途中发生异状（被盗、漏损或事故），则按异状实际状况分别计量，列为途损（即途中损失），途损必须有商务记录为证。矿方在装载时由于疏忽或其他原因，有时会出现少装，这就是属于亏吨（亏吨＝原发质量－到厂质量－合理途耗）。

（1）火车运输到厂数量验收。一般以轨道衡计量，应当注意运煤货车是敞车，途中遇雨雪或曝晒，煤中含水分有很大变化。因此，燃料核算部门在接到计量班送来的过衡记录单（见表 4-16）后，对到厂煤过衡质量还必须按照式（4-11）进行折算成含规定水分的到厂质量。

$$B_{dz} = B_{sj}\frac{100 - M_{sj}}{100 - M_{jl}} \tag{4-11}$$

式中　$B_{dz}$——含规定水分的到厂质量（t）；
$B_{sj}$——衡量出的到厂煤实际质量（t）；
$M_{sj}$——到厂实际全水分（%）；
$M_{jl}$——规定全水分上限（洗混、末、粉煤按计量水分）（%）。

**表 4-16**　　**××电厂过衡记录**

发煤矿别：　　　　煤种：　　　　年　月　日

| 序号 | 车号 | 货票质量<br>（t） | 过衡质量<br>（t） | 折算质量<br>（t） | 规定途耗<br>（t） | 盈（＋）亏（－）<br>（t） |
|---|---|---|---|---|---|---|
| | | | | | | |

审核：　　　　过衡人：

含规定水分的到厂质量（即折算质量）与原发煤量（货票质量）相比，到厂煤实际质量多于原发质量的部分，即为盈吨量；到厂煤实际质量比原发质量短少部分，在规定合理途耗内的为途耗，超过合理途耗部分，即为亏吨。数量核算完后，填写燃料验收单，见表 4-17。

表 4-17　　　　燃料验收单

<table>
<tr><th rowspan="2">供货单位</th><th rowspan="2">品种</th><th rowspan="2">规格</th><th rowspan="2">项目</th><th rowspan="2">数量</th><th rowspan="2">单位</th><th rowspan="2">单价</th><th colspan="10">托收总价</th><th rowspan="2">备注</th></tr>
<tr><th>千</th><th>百</th><th>十</th><th>万</th><th>千</th><th>百</th><th>十</th><th>元</th><th>角</th><th>分</th></tr>
<tr><td></td><td></td><td></td><td></td><td></td><td></td><td></td><td></td><td></td><td></td><td></td><td></td><td></td><td></td><td></td><td></td><td></td><td></td></tr>
</table>

审核：　　　　制表：

（2）水陆联运到厂验收时使用码头皮带秤计量或验收船舶水尺，水尺计量监定见表 4-18。

表 4-18　　　　水尺计量监定

<table>
<tr><th>年</th><th rowspan="2">监定</th><th rowspan="2">淡水咸度（t/m³）</th><th colspan="5">水尺（m）</th><th rowspan="2">总载质量（t）</th><th colspan="3">船存</th><th rowspan="2">载货质量（t）</th><th colspan="2">监定签证</th></tr>
<tr><th>月</th><th>船舷</th><th>首</th><th>中</th><th>尾</th><th>平均</th><th>燃料（t）</th><th>水（t）</th><th>常数</th><th>港方</th><th>船方</th></tr>
<tr><td rowspan="2">月</td><td rowspan="2">装载前</td><td></td><td>左</td><td></td><td></td><td></td><td></td><td></td><td></td><td></td><td></td><td></td><td></td><td></td></tr>
<tr><td></td><td>右</td><td></td><td></td><td></td><td></td><td></td><td></td><td></td><td></td><td></td><td></td><td></td></tr>
<tr><td rowspan="2">月</td><td rowspan="2">装载后</td><td></td><td>左</td><td></td><td></td><td></td><td></td><td></td><td></td><td></td><td></td><td></td><td></td><td></td></tr>
<tr><td></td><td>右</td><td></td><td></td><td></td><td></td><td></td><td></td><td></td><td></td><td></td><td></td><td></td></tr>
<tr><td rowspan="2">月</td><td rowspan="2">装载前</td><td></td><td>左</td><td></td><td></td><td></td><td></td><td></td><td></td><td></td><td></td><td></td><td></td><td></td></tr>
<tr><td></td><td>右</td><td></td><td></td><td></td><td></td><td></td><td></td><td></td><td></td><td></td><td></td><td></td></tr>
<tr><td rowspan="2">月</td><td rowspan="2">装载后</td><td></td><td>左</td><td></td><td></td><td></td><td></td><td></td><td></td><td></td><td></td><td></td><td></td><td></td></tr>
<tr><td></td><td>右</td><td></td><td></td><td></td><td></td><td></td><td></td><td></td><td></td><td></td><td></td><td></td></tr>
</table>

批注：　　　　核对：　　　　验收：

### 4.6.2　采购费用的核算

燃料采购费，是指从购进燃料到进厂整个阶段所支出的费用。以电煤为例，有煤价及附加费，运费及附加费，到厂费用及其他费用等。

**1. 煤炭计价的审核**

煤炭计价审核主要是根据质量验收结果同计价有关规定，同所签订合同比照进行审核，一般的审核项目如下：

（1）品种审核。要检查收款的品种与到厂的品种是否相符，到厂品种与合同规定品种是否相符。

（2）煤种审核。审核到货煤种是否为合同规定煤种，特别要注意的是现行的《中国煤炭分类方案》及其分群比价率，在煤种间相差是很大的，但是区别两煤种的边界相邻的，特别是对有些矿务局，其煤炭赋存处于边界状态的，这时就应注意，否则会蒙受损失。

（3）灰分审核。首先审核供应商或矿方提供化验单灰分的基准是否属干燥基灰分（$A_d$）；供应商或矿方化验与到厂化验的灰分比较是否在规定允许误差范围内等。

（4）水分审核。水分核算时注意有两种情况：一种是煤矿已按化验结果的水分及计价办法调整煤价，属于这种情况的只需核对其计算是否正确；如果水分超过合同约定而矿方未调整煤价的，则应向矿方索赔多计的煤款，或由矿方补煤。补煤时应注意不能“超一补一”，即超1t吨水补1t煤，因为所补煤炭也是含有水分的。正确方法应该是按式（4-12）计算

$$B_{bl}=B_{gl}\left(1-\frac{100-M_{sj}}{100-M_{jl}}\right) \tag{4-12}$$

式中　$B_{bl}$——补发煤炭的质量（t）；

$B_{gl}$——供应煤炭的质量（t）。

（5）硫分审核。到厂化验的硫分是否在合同规定的范围内，如超过应按合同给予扣煤款；供应商或矿方化验与到厂化验的硫分比较是否在规定允许误差范围内。

（6）限下率审核。是指块煤含末率，由现场验收人员用目测，如发现末煤很多，超过15%则需过筛，求出块煤限下率的比率，即采用该品种规格规定的下限尺寸的筛子过筛后按式（4-13）计算

$$X_x=\frac{B_{xg}}{B_{xc}} \tag{4-13}$$

式中　$X_x$——限下率（%）；

$B_{xc}$——全部过筛煤炭质量（t）；

$B_{xg}$——规定筛孔筛下物质量（t）。

根据实际限下率查产品目录计价的办法，按照限下率比价表的比价重新计算价格。

（7）煤价外附加费的审核。除以上审核煤价构成外，还需核查煤价外附加费。主要审核两点：一是有无批准文件；二是发出批准文件单位是否具备国家赋予的权限。

**2. 运价及附加费的审核**

（1）铁路运输。铁路运输对不同货物实行不同的运价，整车运输各类货物归为10个运价号；煤炭归类改变了多次，从1990年3月起从5号运价率调整到7号运价率；铁路对运输里程实行区段运价（在同一区段内一个运价率），在区段中100km作为起码区段，1990年3月以后又相继出台了铁路建设基金按全程千米计算与电力附加费（按所经电气化铁路路段里程计算）等加价，往往容易搞错。因此，对于铁路运输的计价也要认真加以审核。在充分理解铁路货物运价有关文件后，列出计算式，如从某一发站到某一到站铁路综合运价式为

综合单价 =7号运价率(查表)＋铁路建设基金(运输全程×加价率)＋电力附加费

(有关区段里程×电气化征收标准)

还有专列运输、半快运、绕道运输和经由临时营业线等，都需根据文件及其规定列出计算式进行审核。

（2）水路运输。煤炭水路运输的比重相当大，因此对煤炭水运有专门规定。以长江水路煤炭运输为例，其价格组成如下：

1）航运基价。按照航道宽度、水流缓急等分别计算不同航段基本价格。长江上、中、下游基价分别为3.55、2.45、2.2分/（t·km）。

2）运价计费里程。按区间计算，长江为10km一个区间，不足10km按10km计算。

3）停泊基价。每次航运起停装卸，计算一次停泊基价，煤炭为5元/t。

4）货物分类运价等级系数。自1993年7月起煤炭运价调为五级系数为1.340。

5）加价。加价根据货运市场行情确定。

6）货物附加费。交通部所属航运企业承运的货物，按运输里程征收每吨公里5厘的货运附加费。

7）港口建设费。对外开放口岸由发货港口征收港口建设费。长江港口收费标准：南京、镇江、张家港、南通、上海等港按5元/t计征，重庆、城陵矶、武汉、黄石、九江、安庆、铜陵、芜湖、马鞍山、江阴、高港等港按2.5元/t计征。

同样，在充分理解有关文件后，列出计算式，如长江水路运费计价式为

运费=(计费里程×航行基价+停泊基价)×运价等级系数×加价+货物附加费+港口建设费

(3) 汽车运输费的审核。汽车运输距离短，国家不作统一规定运价，由地方（省、市）物价部门核定。审核时要注意的是运输距离，因为运煤公路多数不是国家标准公路，没有明确的里程标志，因此，须对每个运煤矿点实施里程实测，便于查对核实。

(4) 杂费审核。杂费是指运价及附加费以外的其他收费，项目繁多，有专用线费、运费利息、短途集运费、货场租费、装卸作业费、服务费等，核算时按以下原则进行。

1）凡国家或主管部有规定的要按国家规定执行。例如，专用线费，《煤炭质量规格及出厂价格》目录中有明确规定："矿场火车上交货的每吨公里0.14元，路矿交接线交货的每吨公里0.23元。"矿方不能任意收取或任意提高。

2）属地方规定的，必须按物价管理权限，由当地物价部门批准。

3）订货合同有明确条款约定的按合同规定。

4）无依据文件的按实际情况协商。

(5) 到厂费用审核。到厂费用一般包括取送车费、卸车作业费、过衡费、卸车延时罚款、损坏车辆赔偿费等，这些费用多采取同城托收无承付的付款方式，费用核算时往往容易忽略审核，认为款已付了，凭单据报销，这是不对的。应该认真核算，发现多付款项，要及时交涉索回。

1）取送车费、过衡费。按原铁道部规定收费。由企业取送车、过衡的也必须参照原铁道部规定收费，属于自定价格的要交涉，求得合理解决。

2）卸车作业费。凡在铁路公共场所内装卸煤炭（不论使用机械或人力）均按照原铁道部规定的费率计算；其他场地装卸作业按当地物价部门规定费率计算。

3）损坏车辆赔偿费。尽量注意爱护车辆不受损坏，发生损坏时要求现场人员明确损坏程度，按照原铁道部损坏车辆赔偿有关价目表支付。

4）卸车延时罚款。必须签订卸车协议，明确责任，对于一些不属电厂责任的要据理力争，弄清是非责任，防止统包的做法。

**3. 燃料耗用的核算**

电厂购入的燃料，主要用于发电、供热，部分用于其他方面。正确分清各方面消耗量，对于企业管理、经济核算都具有重要意义。

发电煤耗指标直接反映一个电厂的设备状况和运行水平，同时也反映一个电厂的技术管理和经营管理水平，它是一个综合性的考核指标，而入炉燃料量的确定是关系到正确计算煤耗和燃料成本的关键。为了科学、准确地确定入炉燃料量，应处理好以下几个问题。

(1) 计算误差的调整。准确的计量手段是确定入炉燃料量的前提。计量设备必须经常维护、校验和调整。每天积累的入炉煤量到了月度终了，都要进行一次计量误差的调整，计量

误差调整方法有以下几种：

1）上次校验时误差率合格，下次校验前发现误差率不合格，需按式（4-14）调整煤量。

$$B_{dl}=B_{lj}\times\frac{J_{cl}}{2} \tag{4-14}$$

式中　$B_{dl}$——应调整的煤量（t）；

$B_{lj}$——两次校验之间的入炉煤量（t）；

$J_{cl}$——下次校验前的误差率（%）。

2）上次校验时误差率不合格，下次校验前发现误差率扩大或缩小时，需按式（4-15）调整煤量。

$$B_{dl}=B_{lj}\times\frac{J_{sl}+J_{xl}}{2} \tag{4-15}$$

式中　$J_{sl}$——上次校验时误差率（%）；

$J_{xl}$——下次校验时误差率（%）。

3）上次校后计量设备有一定误差（在规定范围内），下一次校验前检查误差没有变化，则按此误差调整这一段时间的入炉煤量。

4）在运行中计量设备失灵，无法计量，则此段时间的上煤量按前五天的平均标准煤耗率，根据发电量（供热量）推算入炉煤量。

全月各段时间入炉煤量调整好后，核定本月经过计量误差调整后的入炉天然煤消耗量，需按式（4-16）计算全月份计量误差调整后的入炉天然煤量

$$B_{ydl}=\sum B_{rrl}-\sum B_{ddl} \tag{4-16}$$

式中　$B_{ydl}$——全月份计量误差调整后的入炉煤量（t）；

$\sum B_{rrl}$——本月每日入炉的煤量的总和（t）；

$\sum B_{ddl}$——全月各段时间调整的煤量的总和（t）。

（2）煤水分差调整。煤在运输、储存、耗用过程中，水分在不断地变化，而水分的变化引起煤的质量变化。由于水分是在不断地变化，所以需要选择一个基础水分进行调整。因为煤矿发煤是以计价水分计算质量而收取煤款的，到厂计量验收也是按照计价水分为基准进行数量验收，同时以此基准填制验收凭证，财务、统计、燃管已经统一，那么在耗用上也应该采用计价水分作为入炉煤水分差调整的基准。据此，按式（4-17）调整水分差影响的煤量

$$B_{dl}=B_{ydl}\left(1-\frac{100-M_{rl}}{100-M_{ii}}\right) \tag{4-17}$$

式中　$M_{rl}$——入炉煤平均收到基水分（%）；

$M_{ii}$——矿方发煤计价平均收到基水分（%）。

入炉煤的热值是在原入炉煤水分的基础上测试出来的，调整计量误差后的入炉煤水分，必然引起入炉煤的低位发热量的变化。为此必须进行调整入炉煤低位发热量。计算式为

$$Q_{net,ar}=\frac{b_{fa}\times 29.27}{B_{fa}}\quad \text{MJ/kg} \tag{4-18}$$

式中　$b_{fa}$——计算误差调整后的发电标准煤量（t）；

$B_{fa}$——水分差调整后的发电天然煤量（t）。

（3）消耗燃料的用途及品种分配。入炉燃料一般是用于发电、供热，但是也有一部分用

于其他方面的，例如，大修或更新改造后从点火到带负荷所耗用燃料，做试验耗用燃料等。这些不属于发电（供热）燃料成本开支范围，但又通过入炉燃烧的，应该剔出来（根据计划统计部门通知数）另填燃料领用单。

余下部分为发电、供热所耗用，这两块如何划分，目前多采用耗热量比例法，即由计划部门计算供热量同全厂总热量比例，消耗燃料按此比例计算供热耗用燃料量。然后全部发电、供热耗用燃料总量减去供热耗用量即为发电耗用燃料量。据此，编制全月耗用燃料分配表，格式见表4-19。

关于消耗品种，由于往锅炉送煤时不易分清品种，因此需到月终核定，核定原则是上月库存各品种煤加本月进厂各品种煤，减去月末库存各品种煤，即为本月消耗各品种煤。如果总量同核定耗用总量有出入，以占比例最大的品种进行调整。

**表4-19　发电、供热用燃料分配表**

| 品种 | 用途 | 煤炭（油） | | | 折标准煤 | | 金额（元） |
|---|---|---|---|---|---|---|---|
| | | 数量（t） | 单价（元） | 发热量（MJ/kg） | 数量（t） | 单价（元） | |
| 小计<br>其中 | 发电 | | | | | | |
| | 供热 | | | | | | |
| 油<br>其中 | 发电 | | | | | | |
| | 供热 | | | | | | |
| 合计<br>其中 | 发电 | | | | | | |
| | 供热 | | | | | | |

制表：　　　　　　　　　　　　　　审核：

注　1. 本表由燃料核算部门填写，一式三份，送财务、统计。
2. 品种、用途、数量由燃料核算部门根据原始记录填写。
3. 发热量及折合标准煤量只填小计、合计部分。
4. 单价、金额由财务部门填写，并返回一份给燃料核算部门。

#### 4. 燃料成本核算

核算燃料成本应遵循的规定：正确核算、实际成本核算、合理估价、燃料存货的清查盘点、燃料成本在各种产品之间合理分配、成本核算方法一致性。

燃料耗用成本核算包括生产用燃料成本和非生产用燃料成本；燃料耗用的计量及计价；燃料成本在各种产品之间合理分配、负担。

生产用燃料包括：

（1）发电、供热正常运行（包括点火、并机、并炉）耗用的燃料及助燃用油。

（2）生产厂房防冻耗用的燃料。

（3）卸煤暖室、卸油、上油加热耗用的燃料。

（4）机炉小修、临时检修、事故修理后烘炉、点火、暖机耗用的燃料。

（5）发电机调相耗用的燃料。

（6）燃料全过程管理规定应列入入炉煤成本的其他费用。

非生产用燃料包括：

（1）机炉进行大修或技术改造后，从点火到带负荷前所耗用的燃料。

（2）做热效率试验或其他试验的机组，在试验期间由于变化调整操作，超过该机前五天的平均实际煤耗而多耗用的燃料。

（3）新机在未移交生产前发电供热所耗用的燃料。

（4）基建、技术改造等工程施工所耗用的燃料。

（5）自备机车、船舶、运输机械所耗用的燃料。

（6）对外销售的燃料。

（7）储存燃煤发生的定额内损耗（储存损耗）及运输、储存过程中的超定额损耗和其他非正常损失。

（8）其他按规定不应计入发电、供热耗用的燃料。

燃料耗用的计量及计价：

（1）入炉煤耗计算以正平衡方法为主，反平衡法校核。

（2）燃料耗用平均单价应采用全月一次加权平均法计算：

1）耗用（调出）平均单价（元/t）=(月处结存燃料实际金额+本月结算燃料实际金额+本月暂估燃料金额-上月暂估燃料金额)/(月初结存燃料数量+本月结算燃料实际数量+本月暂估燃料数量-上月暂估燃料数量)。

2）耗用（调出）燃料金额（元）=耗用（调出）量×燃料耗用平均单价。

3）月末库存燃料结存金额=期初结存金额+本月购入金额-发电、供热耗用燃料金额-其他耗用金额-调出燃料金额-储存损耗金额。

燃料成本核算中需要注意以下问题：

（1）价款中可抵扣税计算为：煤价不含税金额×增值税税率=可抵扣进项税。

（2）运费税抵扣计算为：可抵扣运费×7%=可抵扣运费税；可抵扣运费-可抵扣运费税=进成本运费。

（3）可抵扣运费。

财务审计中发现以下问题要引起注意：

（1）综合标准煤单价大幅波动：月度综合标准煤单价环比波动达5%及以上。

（2）入厂标准煤单价和入炉煤折标准煤单价月度差值达到30元/t以上。

（3）同一单位累计水分差调整煤量超过3倍及以上定额内储存损耗。

（4）同一单位连续三个月储存损失均未超过定额损失。

## 4.7　燃料核算问题处理

### 4.7.1　问题处理原则及注意事项

市场经济是法制经济，燃料管理人员应有很强的法制观念，所谓法制观念就是办事和处理问题时，要以事实为依据，法律为准绳。燃料业务活动中要注意做好以下事项。

（1）经济合同是非常重要的依据，在签订合同（协议）时必须依照下列项目，对合同条款认真推敲，界定分明。

1）产品的名称、品种、规格。

2）产品的技术标准（含质量要求）。

3）产品的数量和计量单位。

4）产品的交货单位、交货方法、运输方式、到货地点（包括专用线、码头）。

5）接货单位。

6）验收的方法。

7）产品的价格。

8）结算方式、开户银行、账户名称、账号、结算单位。

9）违约责任。

10）当事人协商同意的其他事项。

（2）业务往来信函、电报、电传资料是很重要的依据，必须保管好。

（3）重要电话联系要做好记录，包括通话日期、时间、通话人姓名及通话内容等。

（4）对方或第三者提供的凭证资料必须齐全。在要求对方提供资料时，要以信函文件方式，尽量避免用电话或口头方式。

### 4.7.2 业务活动中具体问题处理方法

**1. 煤车丢失的处理方法**

矿方煤炭已装车发运，电厂已付款，但煤未运到厂，即视为煤车在运输过程中丢失。根据《铁路货物运输规程》，在收到托收单10天内未收到煤炭，收货人应立即向铁路到站书面提出，请求查找，或派人到铁路沿途车站查找，沿途车站有责任协助。

**2. 在合同执行中问题处理方法**

合同在执行过程中，可能会发生各种问题，一般来说，应根据燃料供应渠道的不同分别处理。

（1）按照国家下达指令性煤炭计划所签订的供需合同，供方不履行时，按照《国家指令性计划和国家订货的暂行规定》第七条："企业无正当理由不执行国家指令性计划，或不履行合同的，计划下达部门应责令其改正；情节严重的，给予经济和行政的处罚；由此给国家造成重大经济损失的，由司法机关依法追究有关人员的刑事责任。"所以，属于此类合同供方不履行，或未全部履行的，应及时向国家有关部门报告。

（2）在煤炭交易市场签订的期货交易合同，未履行的，则依据《煤炭交易市场业务规则》第十一章有关条款，要求该市场监事会仲裁追索损失，并从违约方的保证金中划拨。

（3）在市场外供需双方直接签订合同而供方未履行的，则按照合同条款规定向当地工商行政部门要求仲裁。

如果以上三单位仲裁后供方不执行，则可向人民法院提出诉讼。

**3. 无合同发货处理方法**

无合同发货或超月度运输计划较多，或品种、质量与订货合同规定明显不符的（先卸下单独堆放），可以拒付货款和运费。

**4. 发货数量短少处理方法**

验收数量短少时，应以下面三种不同情况分别处理。

（1）途耗。属于国家规定合理途耗范围内的，依照财务规定报途耗，直接减少实收数量。

（2）途损。在验收中发现煤车有异状，按照《煤炭送货办法》第十六条，到站煤车标记状态发生变化的，车站应当会同用煤单位进行复查。短少的质量，由铁路部门赔偿。

（3）亏吨。在验收中未发现煤车有异状，按照《煤炭送货办法》第十五条及实施细则第十条，用轨道衡抽查。车皮自重以标记自重为准。抽查水洗煤和水采煤时，过轨道衡以后，用煤单位还必须按照本实施细则第三条的规定，在抽查质量的各该煤车上采取煤样，化验全水分，然后再将衡量出的质量，折算成含规定水分的到站质量。

凡是发生亏吨或涨吨的煤车，车站均应在当日内编制货运记录，交由用煤单位转交煤矿。亏吨的，由煤矿补发煤炭并负担运费和抽查费。涨吨的，用煤单位应向煤矿补交煤炭的价款，并向车站补交运费。

用煤单位在到站抽查发现煤炭质量不合格或亏吨的，应当在 20 天以内（自收到煤炭之日起计算）通知煤矿，并将有关的化验单、筛选记录、货运记录、过磅记录一并寄去。煤矿接到用煤单位的通知后，如果有异议，应当在 20 天以内答复，对方或派员前去处理，逾期即作为同意对方意见。凡已经同意的，煤矿必须尽速赔偿。

**5. 船运亏吨处理方法**

船运亏吨，按照《中华人民共和国交通部水路货物运输规则》规定，卸货时发现的货损货差，由卸港（或运输部门）会同收货单位编制货运记录。其丢失、短缺的赔偿处理，由到达港负责受理。水陆联运的，煤矿负责到第一换装港口的车站，煤车到达第一换装港口的车站后，站、港双方应共同派人逐车进行检查，由车站编制货运记录，随同货物运单交送用煤单位。

**6. 质价不符处理方法**

在签订供需煤炭合同时，对煤炭质量的检测或复验都必须有明确的补充协议，遵循补充协议处理质价问题，往往双方都能接受。

### 4.7.3　经济索赔

在市场经济条件下，业务交往中索赔是普通的业务。办理索赔必须认真、慎重，要坚持有理、有利、有据的原则办事。

**1. 索赔必须具备的条件**

索赔必须具备的条件包括：

（1）有法律依据。

（2）有合同依据。

（3）准确的数据。

（4）齐全的凭证。

（5）有效的时间内。

**2. 填写索赔通知单**

例如，某矿某年 6 月 7 日发××电厂煤一批，计 44 车 2300t，烟煤，单价 550 元/t，煤款 1 265 000 元，供方附化验单标明；干燥基灰分 21.5%，全水分 5%（规定水分上限为 5%）。煤到电厂后验收：化验干燥基灰分为 22.5%，全水分 6%，过衡质量为 2260t。经审核，煤价费用计算无差错，灰分在规定误差范围内，仅质量不足。

到厂质量按式（4-11）折算

$$含规定水分到站质量=2260\times\frac{100\%-6\%}{100\%-5\%}=2236.2\ (t)$$

$$2300-2236.2=63.8\ (t)$$

扣除合理途耗 27.6t，净亏 36.2t，填写索赔通知单见表 4-20。

表 4-20　　××电厂索赔通知单

××年 6 月 10 日

| 供货单位 | ××矿务局 | | |
|---|---|---|---|
| 煤种 | 烟煤 | 发货日期 | ××年 6 月 7 日 |
| 车数 | 44 | 煤量 | 2300t |
| 金额 | 1 265 000 元 | 索赔金额 | 19 250 元 |

索赔理由：本批煤炭经我厂会同到站按照煤炭进货办法实施细则第十条第一款规定方法，使用本厂轨道衡检查（轨道衡检验合格），过衡质量为 2260t，按《煤炭送货办法》实施细则规定公式折算：

$$\text{规定水分到站质量}=\text{轨道衡质量}\times\frac{100\%-\text{到站实际全水分}\%}{100\%-\text{规定全水分上限}\%}=2260\times\frac{100\%-6\%}{100\%-5\%}=2236.2(\text{t})$$

$$2300-2236.2=63.8(\text{t}),63.8-(2300\times1.2\%)=36.2(\text{t})$$

本批煤炭亏吨 36.2t，计需退还 19 910 元。

**3. 供需双方协商解决**

电力部门在同煤矿、石油、铁路、交通部门的业务往来中，一旦发生纠纷，应采取协商的办法，在讲清道理、互相理解、互相体谅的基础上，按照有关规定共同研究改进措施或补偿办法。一次达不成共识，可以多次协商，只要双方心平气和，有耐心，大部分问题是能够协商解决的。

**4. 调解与仲裁**

有的问题经多次协商，由于涉及较多问题，或其他种种原因，协商不能解决，则可按照一定渠道申请调解或仲裁。

## 4.8　电力燃料管理成本核算

### 4.8.1　电力燃料管理成本构成

电力企业燃料管理成本一般主要由三个部分组成。

**1. 人工成本**

通过科技进步，提高劳动生产率，加强管理，可以降低劳动力成本。随着我国劳动力成本的提升，人工成本在电力企业成本中所占比重逐渐增加，通过降低劳动力成本作为利润源的中国优势逐步降低。

**2. 设备与材料成本**

电力燃料管理中的设备与原材料主要由发电设备、修理费、燃料费等组成，由于燃料成本费用居高不下，很难通过设备与材料成本大幅提高利润率。

**3. 物流成本**

物流成本包括采购成本、运输成本、库存成本、管理成本、回收成本等。随着电力燃料的市场化，燃料采购的市场成分已逐步占有主导地位，燃料物流管理的理念也逐步进入电力企业管理者的视线，物流成本控制成为企业利润的重要来源。

### 4.8.2　发电企业燃料物流成本组成

物流是为满足消费者需要而进行的原材料、中间过程库存、最终产品和相关信息从起点到终点之间有效流动和存储的计划、实施和控制管理的过程，而物流成本定位于实现物流需求所必需的全部开支，指随着企业的物流活动而发生的各种费用，是物流活动中所消耗的物化劳动和活劳动的货币表现。

发电企业燃料物流成本由以下内容组成：

（1）仓储作业成本：燃料采样、制样、化验成本、装卸成本、二次转卸成本。

（2）存储成本：煤罐、煤场和临时储煤场的各种费用。

（3）运输成本：传统纳入煤价中的运输过程中产生的费用，包括运费、劳务费、城建费、铁建费、交货前杂费、矿取送车费、矿专用线费等。

（4）管理成本：采购成本、服务费等。

### 4.8.3　发电企业燃料物流成本核算方法

企业物流成本有3种核算方法，分别为物流成本的会计核算方法、物流成本的统计核算方法、物流成本的作业成本核算方法。这3种方法中物流成本的统计核算方法是较简单、实施方便的方法，这种方法利用统计原理，以企业会计核算资料为基础，进行资料搜集、加工和处理，最后汇总出企业的物流成本资料。该方法采用多种计量尺度，包括货币和实物尺度，并采用普查、重点调查等统计方法获取所需要的核算资料，具体做法是首先对发电企业成本核算资料进行分析，从中分离出燃料物流耗费部分，然后再加上会计成本核算中没有包括但需计入的部分，如相关设备的使用、维修费用、采样、制样、化验的成本等，最后根据燃料物流成本管理要求对上述材料进行整理、加工、分类，得出所需基本的物流成本信息。由于物流成本的统计核算方法是建立在传统的会计核算体系基础上，随着发电企业物流流程的改进、信息管理的完善，逐步过渡到更完善的燃料物流成本核算方法上。

### 4.8.4　建立科学管理体制降低燃料物流成本

**1. 燃料管理工作标准化、制度化**

目前有些发电企业还存在按照燃煤运输途径不同来进行区别管理、按照燃煤来源途径不同来进行区别管理的方法，明显增加了燃料管理的复杂性，造成了多环节并行的燃料管理局面，给企业的燃料成本核算增加了难度。降低物流成本的最有效途径是尽量减少中间环节，实现燃料物流管理的标准化，如入厂煤采样、制样、化验工作的标准化、煤场管理的标准化、燃料款结算工作的标准化等。

**2. 合理燃料库存量**

发电企业要求保持一定的燃料库存，而足够的燃料库存能够有效抵御煤炭市场的短期价格波动，在煤炭市场价格波动较大的情况下，适当的增加煤炭库存，这样做虽然提高了煤炭存储费用和相应的财务费用，但是在一定时期起到了平抑煤价的作用，从整体上降低了电力企业的燃料成本。合理的燃料库存水平和资金周转是随着不同的外部情况而变动的，这就需要企业的燃料管理人员全面了解煤炭市场，正确决策。

**3. 发电企业煤炭资源重组**

随着国家放开煤炭市场，电煤价格不再管制，发电企业要面临完全市场化的煤炭市场，因此发电企业要调整燃料发展战略，进行必要的采购，例如，各大发电集团、各地方发电集团公司在与煤炭企业、运输企业谈判中往往可以得到较低的采购价格和较多的运力指标，发电集团再根据最后结果进行内部资源优化整合，以节省不必要的人力、物力。

# 第五章

# 煤 场 管 理

火力发电厂的最主要的燃料是煤炭，煤场是对煤炭进行储存与管理的地方，是火力发电厂不可或缺的一部分。

随着煤炭价格的持续上涨，燃料成本已占到火力发电厂运营成本的70%以上，降低燃料成本对电厂具有关键的意义，除了燃煤本身特点和采购价格外，降低热值损失是节能增效的重要手段，所以，煤场管理对于火力发电厂的重要性不言而喻。

## 5.1 煤 场 概 述

### 5.1.1 煤场布置形式

**1. 开放式煤场**

开放式煤场是我国传统燃煤电厂广泛采用的形式，是一种露天煤场，主要为条形，需要配备装卸桥、门式起重机、斗轮式堆取料机、刮板机等设备。这种形式的煤场在燃煤电厂占90%以上。

优点：具有丰富的运行经验，煤场设备国产化程度较高，建设周期短，投资费用低，煤质散热快，有利于防止燃煤自燃。

缺点：煤场占地面积大，煤场利用率不高；燃煤受暴雨条件影响较大，入炉煤含水率不稳定；环境污染严重，尤其是北方多风的地区。

**2. 半开放式煤场**

半开放式煤场又即干煤棚，一般我国南方雨水较多的地方多采用这种形式。煤场配备的设备与开放式煤场基本相同。

优点：在暴雨状况下不会造成煤的流失，雨季煤料输送堵料现象较少，入炉煤水分相对稳定，环保条件得以优化。

缺点：占地面积大，煤场利用率不高。

**3. 圆筒仓并列群仓**

这种储煤工艺不设置传统储煤场，用筒仓替代煤场和堆取料机，根据来煤煤种的不同用皮带直接输送至若干个排列在一起的圆柱形筒仓内储存。用该煤种时，从筒仓底部的放料口放出，再到配煤盘进行配煤作业。圆柱形筒仓不仅能够起到煤场储煤的作用，而且能起到配煤盘上斗槽的作用。

优点：占地面积小，场地利用率高；因筒仓的个数较多有利于煤质的细分；全封闭的环保条件保证了在暴雨条件下也不会造成煤的流失，入炉煤的水分稳定。这种煤场布置方式大型移动设备少，运行维护成本相对较低；环境污染小。

缺点：投资较高，建设周期较长，进入同一筒仓的煤均匀性不好。

**4. 全封闭圆形煤场**

全封闭圆形煤场由圆形煤场堆取料机、球冠状（或半球状）钢结构网架、圆形煤场上建结构及其他辅助设施构成，如图 5-1 所示。封闭式圆形煤场采用自然通风方式，每个圆形煤场内安装一台圆形堆取料机。燃煤由堆取料机顶部进料，通过旋转悬臂堆料机向煤场堆煤，由刮板取料机旋转取煤到中心柱下部的圆锥形煤斗，并通过煤斗下的给煤机和地下皮带机向外出料，实现正常供煤。在煤场内另设一紧急煤斗，在取料机故障或维护期间，由推煤机作业，继续向系统供煤。堆取料机控制方式有人工手动操作、PLC 半自动和自动程序控制及监控系统。

图 5-1　全封闭圆形煤场

优点：景观较好，占地面积小，土石方量少，储煤场场地利用率高；全封闭结构使得环保性能突出，同时避免了恶劣天气对煤场安全运行的影响，对燃煤有很大的保护作用；设备技术先进，自动化程度较高；可同时进行堆料和取料作业，设备利用率较高。

缺点：土建及设备投资大，施工工期长。

**5. 方形全封闭煤场**

该煤场布置方式是国外电厂常用的成熟技术方式，其工艺特点与圆形煤场接近。采用条形煤堆，堆料采用卸料车在高位沿煤场纵向行走卸煤，取料用主副刮板取料机沿煤堆纵向行走并沿煤堆面俯仰取煤。一般安装 1 台卸料车，设 1～2 台取料机。煤场采用自然通风的方式通风。

优点：占地面积小，土石方量少；全封闭结构保证了燃煤不受气候条件影响，环保性能好；设备性能先进可靠，自动化程度高；有扩建延伸条件。

缺点：方形全封闭煤场在国内缺乏实例，运行经验较少。

### 5.1.2　火力发电厂煤场管理制度

**1. 总则**

第一条　为加强煤场管理，规范管理行为，形成各部门相互配合、相互制约、相互促进的良好运作机制。依照有关燃料管理标准和要求，制定实施细则。

第二条　煤场管理工作实行归口管理，按部门负责。管理内容包括入场车辆管理、入场煤质量验收、燃煤接卸储存、掺烧、盘点等工作。

**2. 煤场管理职责分工**

第三条　燃料运输部主要负责对内的生产运行管理，如入场车辆管理（厂计量开始至回空结束）、接卸管理、配煤掺烧、燃煤堆储管理，同时负责煤场运行设备和运输道路的维护管理。通过对煤场存煤质量的实时采样分析，实现对上煤方式和锅炉燃烧的调配与调整。

第四条　燃料管理中心主要负责对入厂煤（包括煤场卸车样）的采制样全过程实施有效监督，并根据矿别信息向质检部门提供和编制煤样编码，同时就卸车过程中发现的异常煤，及时联系矿点协调处理。

第五条　燃料质检中心主要负责对入厂煤的验收管理，并保证煤样采集的真实性与代表性，包括对煤质化验所测数据的准确性负责。煤场质检员所核对的各矿点煤种、煤质变化情况，应及时向燃管中心反馈，从而为采购部门编制次日采购计划提供依据。

第六条　纪检监察部门负责岗位工作人员的监督工作，受理岗位投诉事宜及违纪处理。

第七条　上述部门职责的分工仅限与煤场管理内容有关联的职责界定，包括但不局限于以上内容。

**3. 入场车辆管理**

第八条　凡属公司承运车辆必须遵循入厂煤机械采样→汽车衡计量→指定煤场接卸→质量验收→车辆回空等业务流程行驶，并依序完成相关验收手续。

第九条　针对入场运煤车辆的指挥和管理工作，燃运部须合理规划进、出车路线，负责确保进煤线路的畅通，防止发生人身伤亡等安全事故。

第十条　入场车辆必须服从燃运部现场工作人员的指令，按照规定路线及指定的煤场进行有序卸煤。为达到对入场煤质的监督效果，在保障锅炉燃用的前提下，原则上燃运部煤场收煤班每班最多只能同时开辟两处接卸点。卸车管理员在未与现场质检人员事先沟通好的前提下，不得指挥或默认运输车辆另辟接卸点。否则，由此造成现场车辆拥堵或质检失责的后果均由燃运部承担，并由公司对责任部门进行考核。

第十一条　遇入场运输线路出现坡度较陡、道路不畅或卸煤台积煤等情况时，燃运部应及时指挥煤场机械设备进行平整，以避免发生险情或影响到后续接卸工作。

第十二条　燃运部负责配合运输车辆归口管理部门（以下简称合同主管部门）对运输车辆实施动态考核，并将综合评比信息（如承运车辆不服从现场指挥或回空前放水等现象）反馈合同主管部门。针对运输车况是否满足公司汽车接卸的需要，有权要求承运方做出车辆调整。

**4. 煤场质量、数量验收**

第十三条　煤场质量验收包括外在质量和内在质量两部分的验收工作。

第十四条　燃运部负责外在质量验收，对卸车煤量实时监控。主要是严防运输车辆煤未卸尽而离场，严防来煤中夹杂的铁器、炮线、柴草、木块、泥土、砂石等混入煤场。一般情况，发现此类杂物应及时安排现场人员拣出剔除，情况严重的则需做好现场记录并通报燃管中心要求采取措施；情况特别严重的则可通知燃管中心联系供煤单位来人共同处理，或提出暂停发煤意见。

第十五条　质检中心负责内在质量验收，持煤场质检章对矿方来煤实施质量监督并依据燃管中心采样监督员编制的采样编号，进行人工抽采代表性样本。如无特殊原因现场质检人员不得无故擅离职守，由此而影响到正常接卸的后果均由质检部承担，并由公司对责任部门进行考核。

第十六条　对到达交接场的煤车，燃管中心派驻的采样监督员须按入厂机械采样顺位立即编写检测编码及填写“入厂煤采样记录”表。编码时应注意凡属同矿、同煤种的入厂煤按当批进行采样编码，来煤非同矿、同煤种禁止使用相同编号。

第十七条　质检中心所采集的子样数目、质量、采样点布置、深度应符合国标规定；对诚信较差的矿点到货，可根据实际情况确定和增加采样点，以确保所采煤样具有代表性。在采样过程中如确需机械设备（铲车）配合时，燃运部应给予现场协助。

第十八条　在卸车过程中，如发现水分异常、含矸量大、煤质分层或有掺假现象，采样员与采样监督员应立即向各自部门汇报，并做好工作记录，同时在煤堆上插上标记，通知燃运部卸车管理员避免铲车推煤，等待煤质处理。

第十九条　对接卸煤中发现的大矸石、水分超标严重的现象，质检中心同时有责任按照相关规定实施扣矸扣水的索赔（煤场质检人员按照权限执行）。

第二十条　当质检中心采样人员收到燃运部司磅员反馈有异常车辆信息时，应及时跟踪来煤情况。如证实发现劣质燃煤或火烧煤时，则应及时会同燃管中心采样监督员进行仔细鉴别，并按异常煤处理程序予以上报处理。

第二十一条　质检中心在异常煤处理过程或其他异常情况处理过程中扣压下的煤票，当以燃运部回空磅管理细则与相关统计程序履行手续。原则规定以事件处理完毕煤票转交期作为入厂计量数据统计的时间。

第二十二条　为加强入场煤煤质的监督，促进和提高汽运煤采样准确度，发挥各部门的职能作用。燃运部须每周不定期对某些矿点的卸车样进行抽查。采样原则是以所选矿点一天来煤，采集的具有代表性的样本作为一个采样单元；以该矿当日煤场卸车过程中跟踪样的平均值作为比对分析源，以校核入厂煤验收样品的准确程度。误差绝对值以 1300kJ/kg（300kcal）作为部门间比对分析的参考数，超出值达（500kcal）时，由公司燃料管理领导小组研究对采样人员所在部门进行适当考核。

**5. 燃煤的储存、掺配和盘点**

第二十三条　燃煤储存定额原则上应能满足全电厂机组正常运行 10 天以上的耗煤量。当存煤量降至 5 天耗用量以下时，相关部门必须切实采取措施加强调运接卸，补充资源。特殊情况时，应采取逐步降低发电出力，稳定存煤的紧急措施。

第二十四条　燃运部负责燃煤的储存工作，为减少库存损失，应合理分配存煤掺烧比例，尽可能做到定点存放、定点取煤，防止煤质大幅波动，在为锅炉燃烧调整提供原始煤质依据的前提下，确保锅炉低负荷时稳燃的煤质要求，力求实现最佳经济效益。

第二十五条　为严格煤场管理，燃运部应在接卸过程中按掺烧要求科学堆放、定期测温、储新用旧、缩短存期、防止变质、减少自然损失，有效控制和回收燃料输送沿途及堆放中的散落损失。

第二十六条　为抓好煤场精细化管理，燃运部在接卸和堆储过程中应充分考虑存煤堆放高度，防止溢煤、尘煤损失，包括考虑影响斗轮机安全行走等因素。

第二十七条　煤场盘点的组织工作由商务部负责，燃运部负责配合做好具体盘点事项，盘点应与入厂、入炉煤计量相协调。盘点记录包括存煤的几何体积、比重、水分差调整量、盈亏量，盘点记录应由参加者签字。煤的比重应根据不同季节、不同煤种进行测试，具体由商务部负责。煤场盘点应做到每月盘点一次，月末将当月盘煤情况报安生部、燃料管理中心，遇有大盈大亏现象发生时应查明原因，并按有关规定处理。

## 5.2　煤炭的交货、检质和运输

### 5.2.1　煤炭的交货、费用

**1. 交货方式**

交货方式包括矿场交货、矿场车板交货、发站车板交货、到站车板交货、到厂交货、电厂专用线交货、到港交货、平仓交货等。目前最常用的交货方式有矿场车板交货、到厂交货、到港交货、平仓交货。

(1) 矿场车板交货：交货前所发生的费用由出卖方承担，装上车板后的一切费用由买受方承担。买受方承担发站取送车费（或矿场专用线费用）、正常的运杂费（国铁发站以后）和运输损耗。

(2) 到厂交货：铁路、公路运输，煤炭以到厂验收为准。验收前的一切损失由卖方承担，买受方不承担运输损耗。价格按到厂一个价，一票结算或两票结算，谈价时注意两者抵扣税率不同。

这样就有了两种数量的统计方法：一种是以货票数量入账，按《煤炭运货办法》规定统计运损，列入生产成本；另一种是以买受方过衡验收净重数量入账，是实物数量入账的方式。

不同的交货方式对燃料费用核算口径的影响：

(1) 矿场车板交货：买受方承担发站取送车费（有铁路专用线的矿则是专用线费用）、煤炭价款、铁路运杂费及地方铁路运费、到站的取送车费及杂费（电厂专用线有自备机车的则没有此项）等。

(2) 矿场交货：在矿场车板交货费用项目上再加上矿场装车费。

(3) 到厂交货：汽车运输直接到煤场，只有煤炭价款（两票结算的有运费）、厂内卸车费用。铁路一般是一个价到到达站，再加上到站的取送车费及杂费（电厂专用线有自备机车的则没有此项）。

**2. 数量指标**

(1) 数量的几个概念。

1) 需求数量：分为天然煤数量和标准煤数量两个口径，从测算燃料需求数量的角度一般指天然煤。每年第四季度开始，电厂开始编制下一年度生产经营计划。燃料管理部要根据电厂下一年度发电，供热生产计划来测算电煤的需求数量。测算的主要数据基础是下一年度发电量、供热量、供电煤耗、供热煤耗、天然煤平均发热量、其他耗用量、库存煤变化量等。这些数据的计算式为

供电量＝发电量×(1－发电厂用电率)；

耗用标准煤量＝供电量×供电煤耗＋供热量×供热煤耗；

耗用天然煤量＝耗用标准煤量×29.271/天然煤平均发热量；

需求天然煤量＝耗用天然煤量＋其他耗用量＋库存煤变化量。

2) 订货数量：指电厂为保证煤炭供应、满足生产需要而签订的合同总量。考虑到合同兑现率普遍较低的情况，订货数量都大于实际需求量。

3）合同数量：是买卖双方约定的一个时间期限内兑现的供需数量，是一个确定的数值。根据合同约定不同，可分为年度数量、月度数量等。合同数量对卖方来讲是制定生产计划，采购计划和销售计划的重要依据；对买方来讲是制订采购计划、做好调运、保证燃料供应的重要依据，也是计算合同兑现率的依据。

4）货票数量（票重）：是矿方在装车时填写在铁路货票单据上的数量。在统计合同兑现率时，要以货票数量为准。因为煤矿、铁路均以票重数量作为发运数量和运输量来统计。

5）过衡数量（净重）：指经过电厂计量衡器称量出的数量。

汽车煤：净重=毛重－皮重；

火车煤：《煤炭送货办法》规定：用轨道衡衡量质量的，车皮自重以标记自重为准。这样，在计算每一节车的净重时是用过衡的毛重减去这节车皮的自重计算得出的，在加权计算某一时段内入厂煤质量时，要用净重作为权数。

6）来煤批次的确定：一般情况下，对汽车煤，一个矿点一天的来煤总量作为一个批次，进行数量验收统计和采样化验。对火车煤，一个矿点的一列来煤作为一个批次。

7）耗用数量：入炉煤耗用数量用皮带秤的走字计算。其他耗用根据实际情况使用皮带秤或其他衡器。入炉煤耗用数量可定期（每月）按规定对耗煤量进行适当调整：

a. 入炉煤和入厂煤水分差。

b. 入炉煤计量皮带秤的计量误差。

8）库存数量：库存数量=期初库存－本期来煤－本期生产耗用－其他耗用±调入调出量。

9）入账数量（财务数）：用票重减去运损、盈亏吨、超水扣吨等。

（2）数量口径的应用。

1）票重：执行矿场车板价合同的电厂是以来煤票重作为来煤数量。运损和亏吨都是以票重为基础值进行计算的。矿方、铁路在统计发运量时也是以票重为依据的。在计算合同兑现率时，要统一到这个口径上来。

当前，在运损和亏吨现象较为普遍，且亏吨索赔困难的情况下，以票重作为来煤数量的统计方法面临一个新的问题：运损、亏吨、超水扣吨数量产生的累积效应，导致年度库存数量无法统一口径。即年初库存＋本期来煤－本期耗煤≠期末库存。

对一个区域公司或集团公司来讲，这个差值是非常大的。

2）净重：是电厂实际收到的来煤数量。以净重作为来煤数量，排除了运损、亏吨的影响，能够更真实地反映到货数量，在计算入厂煤总体质量时也是用净重数量作权重的。

3）结算数量：是作为财务入库记账用，分摊采购成本的数值。

因此，在数量报表体系中要体现这三个数据，也要体现运损、亏吨、超水扣吨等数量。以票重来计算合同兑现率，以净重计算来煤量，以结算数量来核算采购成本，针对不同的应用目的取相应的数据。

**3. 入厂煤数量审核**

燃料管理中有两个地方会有盈、亏情况出现，设计报表时要体现盈、亏指标。一个是入厂煤数量验收时，存在盈、亏情况，这涉及商务结算；另一个是燃料库存盘点时（包括煤，油），涉及燃料耗用计量和账务调整管理，是属于内部经营管理范畴。下面对入厂煤验收的盈、亏统计做详细说明。

计算来煤盈亏数量，首先要确定基础值，也就是以哪个数量为基准。按照电力燃料统计的有关规定，以来煤票重计来煤数量。对数量的审核包括两个方面：一是核对燃料是否到厂，二是核对燃料到厂是否足量。

（1）过衡及时打印过衡单，由过衡员签字。要求过衡员核对车数、过衡单，发现异常数量，进行分析，及时解决。常见的问题有丢车、数据异常。过衡单由燃料部门妥善保管，以备查验。过衡单要纸张大小一致，按时间顺序、分月装订整齐。

（2）火车的皮重以标记重量为准，以此计算来煤净重（要抄车号和皮重）。

（3）火车运输的煤炭经常会发生因车辆技术故障扣车，中途变更等情况，因此统计人员要拿来煤入厂过衡数据与矿方装车货票（随车带来）进行核对，对车号、对质量。

（4）对于汽车煤，应车车称重，车车回皮，计算净重，核对燃料到厂是否足量。要拿随车来的矿方装车单与电厂入厂的采样记录、重车衡、空车衡、卸车验收等数据进行核对，防范重复过衡，或是过衡后未卸车拉走的情况发生。

**4. 运损**

按规定，铁路运输允许运损设为1.2％，水路运输允许运损设为1.5％。对汽车运输，如果是以入厂验收数量为准，就没有运损这一项了；如果是以矿发数量为准，也要统计运损、亏吨，入厂数量统计如铁路运输一样。所谓允许运损是人为地对一个数量指标进行分割，来划分经济责任。对铁路运输来说，1.2％及以内的运损由电厂负担，超过1.2％的部分计为亏吨，应由矿方赔付。

运损是按照一个批次来煤数量来计算的，不是按单车来计算的。这个需要在设计燃料管理信息（MIS）系统时要注意。运损的具体规定如下。

（1）净重＞票重，为盈吨，不计运损。

（2）票重＝净重，不盈不亏。

（3）净重＜票重，分为以下几种情况：

1）票重－净重＜票重×1.2％，则提（票重－净重）的实际差值为运损。

2）票重－净重＝票重×1.2％，则提票重的1.2％为运损。

3）票重－净重＞票重×1.2％，则提票重的1.2％为运损，超过票重1.2％的部分计为亏吨数量。

化验全水分，然后再将衡量出的质量，按下列公式折算成含规定水分的到站质量：含规定水分的到站质量＝衡量出的质量×[（100％－到站实际全水分％）/（100％－规定全水分上限％）]（洗精煤为计量水分％），衡量出到站质量（水洗煤和水采煤为算出“含规定水分的到站质量”）后，与原发质量（收煤款的质量）相比，到站质量多于原发质量的部分，即为涨吨量；到站质量比原发质量短少的数量，超过原发质量的1.2％部分，即为亏吨量。

运损对燃料成本的影响：由于规定运损是由买方负担，因此这一部分煤量的减少并不影响电厂付煤款金额的减少。所以运损只减少了来煤数量，而煤款金额不变，也就抬高了入厂煤炭的单价。现在，由于铁路方面严格装车管理，盈吨的机会几乎没有，而亏吨现象普遍，造成运损量增加，增加了电厂的负担。

运损首先影响煤价、运费这两个单价的抬高，进厂后也影响到部分与票重吨数相关的厂内费用单价抬高。在计算到厂煤单价和到厂煤标准煤单价时，一定要考虑运损的影响。否则，会影响对各矿到厂真实成本的评判。在燃料数据报表体系中要保留运损一栏，对这个指标加以重视，指明了一个控制燃料成本的努力方向，通过与矿方沟通协调尽量装车准确，减少运损，也是降低采购成本的一个措施。

**5. 入厂煤的水分**

（1）签订煤炭买卖合同时应约定全水分上限。这个水分界线要订得合理，如果高了，等于花买煤的价钱买了水，吃亏了；如果太低了，需要验收每个批次时都要对超水扣吨进行核减煤量，难以落实。应该根据这个矿的地质条件、多年经验数据，双方协商合理确定。

（2）实际来煤水分超过合同计价水分时，要对来煤数量进行调整，折算到合同计价水分的基准。其公式为：合同计价水分的煤量＝过衡净重×（1－验收水分）/（1－合同计价水分）。

调整入厂煤验收的低位热值。如果来煤超合同水分，对来煤验收数量进行了调整，那么应该对入厂煤化验的低位热值进行调整，则由空气干燥基高位热值换算成收到基低位热值时，全水分值应采用合同中的全水分，而不是以实际验收全水分。否则既超水扣吨，又降低热值，就是双倍扣罚了。

**6. 运费**

当前，汽车运费、船运费已是市场经济，由供需赢方协商。铁路运输是计划经济，运费由国家控制。按《铁路货物运价规则》的相关规定，由类别、货物品种确定运价号，查找基价 1 和基价 2。则每吨运费＝基价 1＋基价 2×运价里程。

铁路运输的运单和货票：运单是铁路运输合同的组成部分，具有法律效力。货票是具有财务性质的货运单据，是清算运输费用、确定货物到达期限的依据，是统计工作的依据。需要注意的是，不是货票上所有费用项目都是税率 7%，有些基金项目是不扣税的。

**7. 煤价**

燃料的价格口径包括：

（1）坑口价：是原煤在坑口的价格。一般是汽车运输包括装车费，也叫出矿价。

（2）矿场车板价：在矿场装上火车后的交易价格。煤炭由矿方负责代办运输工作，由矿方将煤炭装好火车，具备运输条件的价格。一般是矿方代垫运杂费，由买受人承担。

（3）港口平仓价（FOB）：指在货物出发港装船平仓的交易价格（除水上运费外，含其他杂物）。

（4）到厂价：是一个综合价格，合所有摊入到厂燃料费用折算的价格。

车板价，运费、厂内费、代理费，其他（如山西省内的煤炭管理费等），包括运损折算的费用（如集团报表中以净重统计来煤，就没有此项了）。以这样一个综合的价格来折算到厂标准煤单价（不合税），才是最有价值的。有的是以车板价加运费作为到厂价的，这样是不全面的，严格地讲应该叫到站价，这个价格是不能作为比较采购价值指标的，因为有的来煤加上厂内费用或代理费后，就不具备价值优势了，而单比车板价加运费却有价值优势。以综合的到厂单价所折算的到厂标准煤单价（不合税）可用性强，一是因为可以作为采购比较用，二是因为可与入炉综合标准煤单价对照，口径一致，都是不含税，两者之间的差距是燃油和热值差（都是厂内可控指标），有利于对照分析和加强管理。

**8. 入厂煤质量验收**

入厂煤应车车采样、批批化验。正常情况下，制样岗位应保证每天早晨将昨天的来煤样送到化验室，尽早出化验结果，以指导掺配供烧。月末日应将当天来煤出化验结果，以方便统计出当月入厂煤质量月报，为暂估煤价提供依据。

煤质应设置完善的报表体系：

（1）化验原始记录。

（2）化验报告。

（3）来煤质量日报。

（4）来煤质量分矿月报。

（5）来煤质量汇总月报。

报表（3）、（4）、（5）在计算当期加权质量时所用的权重数量应为入厂净重，这样按数量加权出来的单一矿来煤质量和汇总各矿来煤质量才与实际入厂煤的情况相符。如果有完善的燃料 MIS 系统，部分报表可在燃料 MIS 上实现查询和打印，为减轻工作负担，就不必打印报送了。化验原始记录和化验报告由化验室妥善保管。有调出调入和外销业务的，要在调整入厂煤数量的同时，用加权的方法调整入厂煤热值，保持口径一致，否则，会造成热值偏差，导致热值差大幅变化。

**9. 索赔**

燃料统计必须建立索赔台账，对来煤的亏吨亏卡情况进行记录统计，通过与矿方的沟通与协调，力争在结算时进行索赔。涨吨只付煤款，不付运费，因为矿方未垫付运费。

（1）亏吨索赔。如有亏吨，应与煤矿、铁路、航运等部门共同做好商务记录和索赔台账，及时向煤矿等相关方索赔亏吨煤款和运费：

1）直接在结算时扣煤款和运费。

2）因争议等原因不能在当批次结算的，应在实际扣除价款或收到索赔款时，直接冲减当期购入成本。

3）如不能做扣款处理，双方约定由矿方发煤补偿。则运费由矿方承担，电厂不付运费（已在结算时付过了）。补足数量的，超过亏吨数的部分冲减运损，只反映数量不反映金额。

煤中杂物多扣矸、超水扣吨，操作同亏吨索赔。

（2）亏卡索赔。

1）如果合同约定是以到厂化验结果为准进行结算，结算时直接扣除索赔金额。约定以卡计价的，注意合同上必须明确约定来煤质量下限，防止质量过低的煤炭进厂。

2）协商由矿方补发高质量的煤炭来补偿。

3）如合同规定结算以矿方质量化验为准（矿方应附化验报告），入厂化验结果作为入厂煤统计数据，内部计算到厂标准煤单价时，应以实际入厂化验结果为依据。

4）因质量争议等原因不能当批次结算的，应在实际扣除价款或收到索赔后，直接冲减当期购入成本。

### 5.2.2　煤炭出入库管理系统介绍

煤场出入库情况采用人工记录方式，工作量非常大，而且非常烦琐，也会经常出现数据误差的现象，虽然有专职人员负责数据核对和库存检点，但工作效率非常低，一段时间下来，随着仓库中煤炭的增多，但靠人工管理显得力不从心。使用出入库管理软件可大大缩短工作量，并提高记录的效率，软件界面如图 5-2 和图 5-3 所示。

图 5-2　出入库软件界面 1

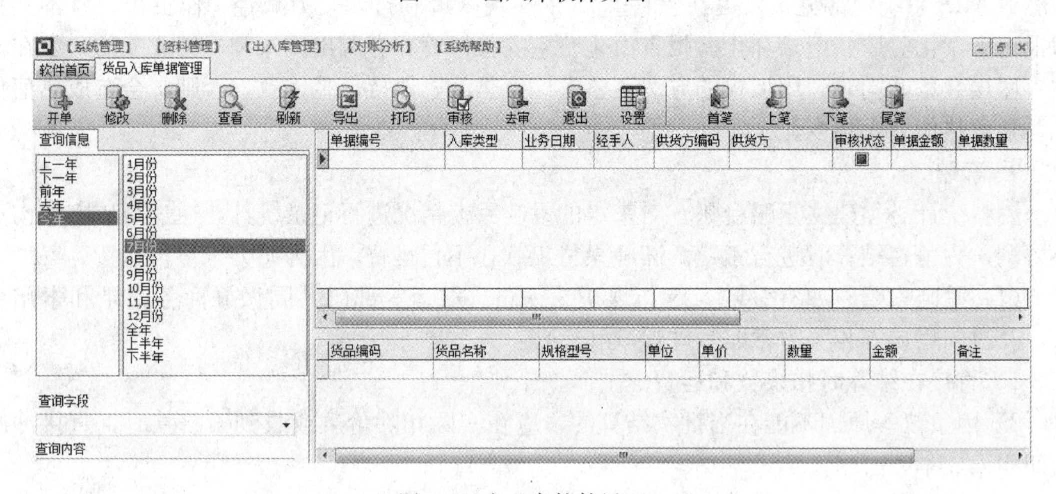


图 5-3　出入库软件界面 2

### 5.2.3　煤炭检质验收

**1. 管理内容**

煤炭检质验收是指对进出场煤炭数量检验和样品采集。数量检验是应用国家计量部门检测认可的计量工具，对到场煤炭进行称重计量验收过程；煤样采集是根据国家有关煤炭采样标准及公司实际情况，对到场煤炭采样送达的过程。

**2. 管理目标**

通过煤炭验收管理，及时准确掌握到场煤炭的数量和质量，做好数量、质量等各项统计汇总工作，为结算工作提供真实依据，确保降低煤炭成本，提高经济效益，促进工作的稳定。

**3. 管理流程**

（1）煤炭数量验收。

1）煤炭数量验收工作由仓储部验收科负责。

2）煤炭数量验收的计量器具为动态电子衡，必须经过国家指定的计量部门定期检定，并取得核准检定合格证。

3）所有以汽车运输、火车运输方式送达的煤炭都必须通过动态电子衡计量，由检斤员操作电子衡软件并计算实际入库净重。计算公式为：实际净重＝车辆毛重－车辆皮重。

（2）煤炭数量验收规程及要求。

1）检斤员将车号、煤种、发（收）货单位、毛重等录入计算机，车辆装（卸）煤后，检斤员严格核对煤种、车号、供应商或使用单位（锅炉房）等相关数据，并对车辆皮重进行配对称重，开具过磅计量单。

2）检斤时必须两人共同进行，一人负责检斤仪表操作，一人负责监磅。监磅人员不到位，检斤仪表操作员不得过磅。车辆进出称重时，车上的人数或随车物品应保持一致，车辆重心要停在磅体中心位置上，磅体上不得有人。

3）对进煤车辆实行集中检斤方式。翻斗式进煤车每批受检数量不超过 5 辆；人工自卸进煤车受检数量根据场区情况而定。

4）晴天检斤时，若车厢边缘有大量滴水则不予检斤。待无明显滴水或相关部门与客户协商现场确定扣吨后方可进行入场检斤。

5）若因各种原因需对过磅计量单进行修改的，经验收班长报验收主管同意后方可重新开具，并在原过磅计量单上加盖作废章。禁止在原过磅计量单上做任何修改。此作废的过磅计量单应登记保存备查，不得私自销毁。

6）出煤时因各种原因需要退煤的，参照《退煤与更换收货地处理办法》。

7）出煤过磅计量单一式四份，分别为统计记账、出门证、收货凭证、使用单位留存。

8）检斤员于次日早 7：30 前将检斤数据及票据报至验收班长，验收班长审核后，于当日早 9：00 前将检斤数据报至统计员。

9）检斤人员须经过岗位培训，合格后方可上岗操作。未经培训和培训不合格者严禁从事检斤工作。

10）检斤人员应熟练本岗位业务，按操作规程使用设备，防止事故的发生和设备的损坏。

11）检斤人员应妥善保管各种票据、检斤记录等检斤资料，严禁丢失损坏。

12）检斤房为工作重地，无关人员不得入内。

13）如遇到雷雨天气，应及时关闭动态电子衡。

**4. 煤炭采样**

（1）煤炭采样工作由仓储部验收科负责。

（2）煤炭采样方法参考 GB/T 18666—2014《商品煤质量抽查和验收方法》的有关条款执行。

（3）煤炭采样规程及要求。

1）进出场煤炭实施现场采样，操作规程参照采样及检斤工作流程。

2）进场车辆称重后由仓储科负责指挥到指定位置卸车。采样人员采样前须检查运输车辆有无放水、卸其他重物等影响车体质量的现象。发现异常情况，验收班长须及时处理并向验收主管报告，由验收主管向分管副总经理汇报。

3）煤样编号由验收班长负责编制。不得向供应商、检验中心和其他无关人员泄漏样品编号。送达检验中心的煤样只允许有煤样编号，不准登记供应商名称、个人姓名、采样时间和煤种等其他信息。

4）样品送达要及时，要做好登记。送至检验中心化验时要填写交接手续。

5）采样员在采样时必须使用采样专用工具。

6）采样员应熟练本岗位业务，严格按照公司采样方法操作。

7）采样员要认真填写记录、做好登记和签署，并妥善保管相关资料，严禁丢失损毁。

8）采样员应提高安全意识，现场操作时，必须身着反光工作服以防车辆刮碰等安全事故的发生。

9）采样员要加强学习，提高认识，增强法治观念，廉洁自律，严禁以权谋私，损害企业利益。

10）国矿备用样至少保留三个月，地矿备用样至少保留半年以上，无异议后方可销毁。对有异议的样品，必须密封送仲裁机关进行检验。

**5. 煤炭质量统计管理**

（1）统计员每日应主动与检斤房联系，收集进、出煤数据。认真审核移交票据的各要素是否齐全，包括是否有班长签字；是否有取汇总人签字；退煤和更换收货地，汇总和检斤小票上是否有情况说明；供应商自带检斤票的，是否有对方检斤总量；票据装订是否符合标准；是否有检斤票据编号等。

（2）统计人员必须以检斤票据为入账依据。票据入账后，应按照检斤票编号顺序归档备查。

（3）合账统计应及时，数据准确，供煤商、矿别或来源地登记清晰，煤种分类明确。

（4）不得向供应商、检验中心和无关人员泄漏进煤煤样编号。

（5）化验结果要按照化验单准确登记，核对，不得私自修改。

（6）登记台账后，将无煤样编号的台账抄送至仓储管理员。

（7）进煤统计员负责统计和编制进煤台账、化验结果和日报；出煤统计员负责统计和编制统计台账、化验结果和日报；按时填报各种报表及对量表。

（8）与供应商每半月对量一次，并出具对量表；与使用单位每半月对量一次，每月出具一次对量表。对量必须有对方的确认签字，并将对量明细与对量表一并存档。

（9）依据双方共同认证的煤炭检验结果，出具煤炭指标统计表，统计表一式三份，采购结算、仓储入库、统计存档各一份。

（10）过磅计量单编号要连贯，不能有遗漏。销售过磅计量单一式三份，销售结算、仓储出库、统计存档各一份。

**6. 不合格煤炭的处理**

（1）煤炭质量不合格的标准以采购合同规定为依据。

（2）每车煤炭在打开挡板卸车时，验收班长行目测，直观查看煤质优劣及干湿均匀度，对水分大、杂质多、质量差的煤炭，验收班长应逐级上报，同时做好照相、摄像记录。根据领导指示，分别采取停止卸车，通知采购部门，由采购人员通知供应商停发煤。

（3）煤样化验结果有异议时，统计员负责将煤炭分析数据及时通知经营部，按《煤样化验结果争议处理办法》执行。

**7. 质检人员工作标准**

（1）岗位职责。

1）在行政上受班长和分场领导，是把好入厂煤质量的直接责任人。

2）是入厂煤质检查的直接责任人，杜绝劣质及不符合锅炉燃烧要求的煤炭入厂。

3）有责任监督采制样人员认真执行国家标准有关采制样的规定及上级有关煤质检查的规定。

4）服从班长领导，努力把好煤炭入厂第一关。

5）坚守岗位，公正廉明，杜绝一切干扰，始终把企业的利益放在第一位。

6）有权对不合格煤炭做出暂停卸车和取样鉴定的权利，汇报班长查看后，填写否决票报分公司签发原车退回。

7）有权制止一切违反规章制度的行为，杜绝营私舞弊，损公肥私。

8）有权根据煤场情况调配车辆合理接卸。

9）有权对掺假的车辆做出不予卸车的权利。

10）有权对采制样工作人员进行监督检查，有权对上级汇报或停止工作或返工。

（2）工作内容与要求。

1）负责入厂煤的目测验收工作，对各矿点的煤质参数要做到心中有数，目测合格率不小于95%。

2）燃料入厂经目测及验收后，在卸煤时发现质量低于规定的最低标准时，应及时汇报班长办理否决票，报公司签发做出返回或扣吨处理。

3）新的煤种入厂时，如目测不能确定其质量时，应汇报班长共同验收，必要时，进行采样化验。

4）当目测无误，待取样人员取样后，方可在过衡单上签字。

5）负责对采制样人员的检查监督，每天收磅后须在入厂煤采制化工序卡上签字，并与磅房核对验收过衡单据。

6）负责与运行班联系，及时拉空汽车卸煤槽。

7）及时联系平煤场司机理顺卸煤道路，做到及时卸车出车，不造成混乱和压车现象，保证卸煤场所秩序井然，卸车光净率99.95%。

（3）检查与考核。

1）标准执行情况由燃料分场煤场班班长按月检查考核。

2）考核内容为本标准规定的工作内容、要求与任务完成情况。

### 5.2.4　系统输煤

**1. 输煤系统发展现状**

火力发电厂燃料输煤系统是电厂的主要辅助系统，主要负责对发电机组燃煤的卸载、储存、上煤和配煤。输煤系统具有受控设备多、分布范围广、工艺流程复杂、环境恶劣（如粉尘、潮湿、震动、噪声、电磁干扰等）的特点，使其不利于自动化技术的推广，自动化水平长时间停留在较低的水平。近年来，随着电力工业的大力发展，电力企业之间竞争的加剧，如何有效降低成本、提高企业的管理水平和自动化水平，成为电力企业的发展方向。

传统输煤系统采用集中控制方式，设备元件繁多，接线复杂，可靠性及自动化水平低，员工劳动强度大，不利于安全生产，与企业降低生产成本、提高竞争力的要求不相适应，与发展国家“一流火力发电厂”的标准更是相差甚远。采用先进的控制技术，对系统进行彻底改造势在必行。随着国民经济的不断发展，能源、交通等基础建设出现了前所未有的大力发展，并发挥着极其重要的作用。在电力行业大力发展的同时，以计算机为核心的电厂生产过程自动控制技术也取得了空前的进步，并逐渐普及到输煤、化学及除灰等重要的辅助系统。

**2. 输煤系统的组成**

根据设备的功能，一般分为卸煤系统、储煤系统、上煤系统和配煤系统。

（1）卸煤系统：该系统的功能是将燃煤从运输工具上（船舶或火车等）卸载至电厂用于发电。电厂来煤分水路和陆路两种方式，在卸煤过程中一般还应对燃煤进行除大块，除铁件、取样及称重计量等工作。卸煤部分设备分为两类，一类指卸船机、翻车机、叶轮给煤机、入厂煤采样机、除大块机等中、大型设备，一般都采用独立的控制系统，与整个输煤控制系统只具有联锁控制功能，或通过无线通信技术实现与输煤控制系统数据交换控制功能；另一类指皮带输送机、除铁器、除尘器、皮带秤等设备，被纳入到输煤程控系统中。卸煤系统流程如图 5-4 所示。

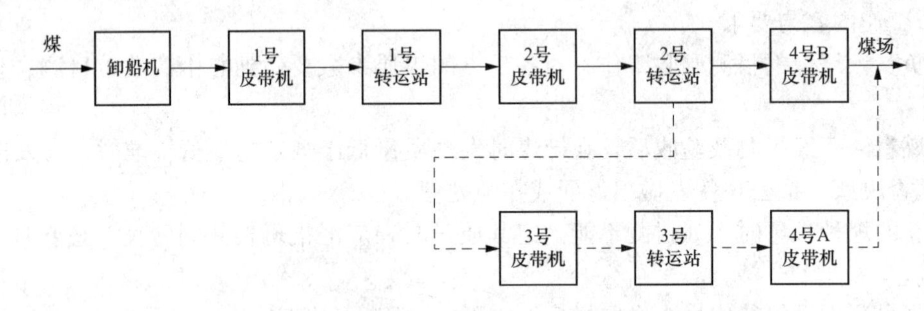


图 5-4　卸煤系统流程

（2）储煤系统：为了预防不可抗力灾害，确保电厂稳定发电，火力发电厂必须储存不少于电厂满负荷运行 10 天所需要的燃煤。所以，电厂一般都是一次性大量进煤，除了满足当日锅炉所需燃煤外，剩余的燃煤将由皮带输送机、斗轮堆取料机堆放到露天储煤场里，或运至用于储存干煤的干煤棚、储煤筒仓里，作为备用。储煤系统的主要设备是斗轮堆取料机（有门式和臂式两种）及与其配合使用的皮带输送机、筒仓及与其配合使用的叶轮给煤机、皮带输送机等。与卸煤系统类似，用于储煤的斗轮堆取料机、叶轮给煤机等中、大型设备的运行通常也是由其本身的控制系统进行控制，或通过无线通信技术实现与整个输煤控制系统数据交换，与其配套的皮带输送机等设备则纳入输煤程序控制系统。储煤系统流程如图 5-5 所示。

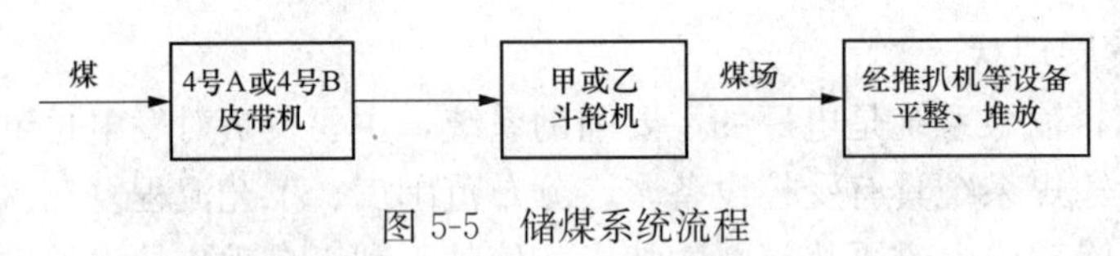


图 5-5　储煤系统流程

（3）上煤系统：将燃煤从卸煤码头或储煤场，通过皮带运输机等设备，经输煤转运站输送到锅炉上方原煤仓的过程叫作上煤，同时在上煤过程还应完成对燃煤的筛分、破碎、取样、除铁、除杂物等工作，上煤系统主要包含上煤皮带输送机、概率筛、破碎机、入炉煤采样机、除铁器、除木器、除尘器、三通挡板、振打器及电子皮带秤等设备。上煤控制主要是通过选择上煤流程，在相应的联锁条件下，自动确定皮带输送机的运行方向及挡板的位置，实现皮带运输机的自动启动、停止和保护，具有逆煤流启动、顺煤流停止的特点。上煤系统流程如图 5-6 所示。

（4）配煤系统：配煤系统的作用是将燃煤按要求分配至位于锅炉磨煤机上方的原煤仓里，供锅炉燃烧。配煤系统设备数量较多，且操作频繁，主要设备有犁煤器（用于将燃煤从输煤皮带上卸至原煤仓里）、卸料小车、配煤皮带输送机、除尘器、用于检测煤位信号的煤

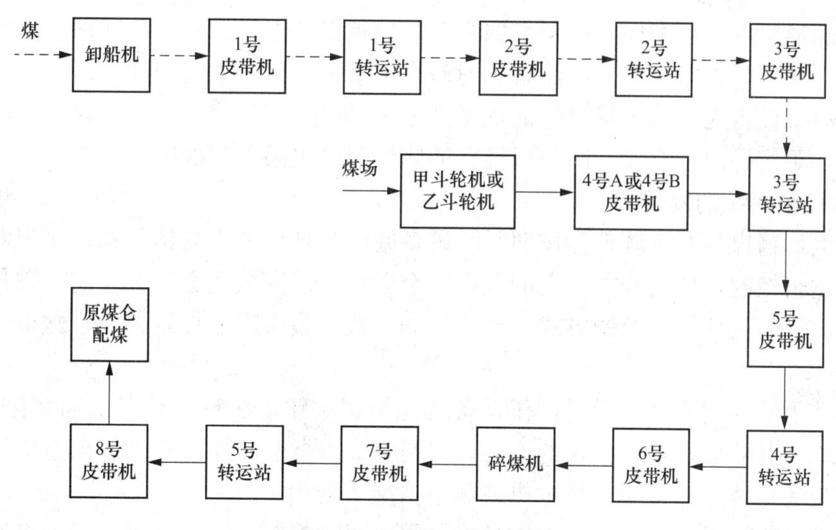


图 5-6　上煤系统流程

位等。煤仓是否需要加煤，一般由煤仓的煤位来控制。当某一煤仓出现低煤位信号时，则要及时加煤；当加煤至煤仓出现高煤位时，则应停止给该煤仓加煤（或进行一定延时后停止加煤），轮换到下一煤仓加煤；若加煤过程中某一煤仓突然出现紧急低煤位，则应优先给这个煤仓加煤。煤仓加煤一般由安装在皮带输送机上的卸煤小车或犁煤器来实现，配煤控制就是控制卸煤小车的前进、后退自动定位，或控制犁煤器的抬起、落下。配煤系统具有受控设备多、工艺复杂等特点，是输煤控制系统重点部分。

**3. 输煤系统工艺过程特点**

相对电厂其他生产车间来讲，火力发电厂燃料输煤系统具有设备多、分布范围广、工艺流程复杂、环境恶劣及故障点多等特点。

（1）设备种类多。系统包含卸船机、斗轮堆取料机、皮带输送机、犁煤器等设备超过20余种。

（2）设备数量多。整个系统设备数量超过100台。

（3）分布范围广。输煤系统具有卸煤、储煤、上煤及配煤功能，同时要将煤从地面提升至三、四十米高的原煤仓上方，设备布设分散，分布范围广，作业战线长达三、四千米。

（4）流程复杂多变。输煤系统可从多种煤源进行取煤：可通过斗轮堆取料机从储煤场取煤至锅炉，也可通过卸船机直接将燃煤输送至锅炉。电厂输煤系统设计为双路运行，通过切换位于各转运站落煤管的三通挡板，便可选择不同的皮带输送机，组合成几十种甚至上百种输送流程，将燃煤送至原煤仓。因煤质的差异，有时需要两路煤源同时取煤，对煤进行混合，以使燃煤的质量满足锅炉燃烧的要求。

（5）环境恶劣。输煤系统煤粉飞扬，空气中粉尘浓度高，设备积尘严重；为清洁地面和设备，要用水进行清洗，造成湿度较大；大部分设备都是转动设备，燃煤在输送过程中对设备进行冲击，破碎机还要对大块煤进行锤击，噪声很大；部分输煤系统设备为露天设备，经受日晒雨淋，对设备也带来十分大的不利影响。

（6）故障点多。燃料输煤系统设备的保护装置多，卸船机、斗轮堆取料机等自身具有多种保护，皮带输送机设有拉绳保护、跑偏保护、打滑保护、超载保护、防撕裂保护等，碎煤机设有轴承超温保护、超振保护，犁煤器及三通挡板设有卡死、不到位保护等，加上其设备多、战线长，所以，故障点多，故障率相对较高。相对电厂主机来讲，输煤系统起点较低，设计较为落后，设备元件的质量也较低，尤其是20世纪90年代中期以前建成的电厂，这一点更为突出，更容易出现故障。同时，设备的频繁启停也易引起故障。

**4. 输煤控制系统的发展**

火力发电厂输煤控制系统就是按照系统设备间的各种保护、联锁关系，实现对输煤系统设备的顺序逻辑控制，使其能按一定的顺序安全运行，以完成整个系统功能。燃料输煤控制系统经历了简单的就地手动控制方式、集中控制方式、集中程序控制方式、微机分级控制方式四个阶段。

(1) 就地手动控制方式：通过操作设备就地控制按钮，实现对设备的启、停控制操作。这种控制方式极其落后，需要大量的人力，只是在20世纪80年代初期以前被电厂采用，但这种控制功能还保留，在检修设备试机或紧急情况下使用。

(2) 集中控制方式：这种控制方式是采取强电集中控制方式，通过中间继电器和开关按钮组成简单逻辑对输煤设备进行联锁或就地控制的方式。在20世纪80年代中后期投产的火力发电厂燃料输煤系统多采用这种方式，珠江电厂原输煤控制系统就是采用集中控制方式。跟就地手动方式相比，它具有一定的优点：人员有所减少，劳动强度降低、安全性能有所提高。但该方式具有功能少、适应能力差、可靠性低和维护强度大等问题，给生产带来很大的影响。

(3) 集中程序控制方式：可编程序控制器（PLC）的出现，为工业自动化的发展提供了革命性的动力，促进了工业生产过程自动化水平的不断提高。20世纪80年代中期，国内开始将PLC应用到输煤控制系统上。由于当时技术条件所限，输煤程控系统采用的控制方式只是PLC+模拟屏+控制台，所有输煤系统设备的启停控制及上煤流程的选择仍然通过集中控制室里的控制台上的操作按钮来实现，这便是集中程序控制方式。由于这种控制技术的自动化水平仍然很低，因此没有得到广泛应用。

(4) 微机分级控制方式：20世纪90年代后，随着计算机技术、信息技术及网络技术的迅猛发展，输煤控制系统的控制水平也得到了飞速发展，火力发电厂为了进一步提高企业工业生产过程自动化水平及生产管理水平，纷纷开发了适合本企业的输煤控制系统。PLC、微机等自动化水平高的控制方式得到了大力推广，PLC和上位机的两级控制结构方式逐渐被各火力发电厂采纳。从20世纪90年代中期开始，新建的燃煤电厂基本上都采用PLC和微机等控制技术。

## 5.3 煤场动力煤的储存与管理

### 5.3.1 煤炭仓储管理制度

**1. 煤炭存放**

(1) 储煤场地应布局合理，进出车便利；无浸水和杂草，防止煤质变质、发热、自燃。

(2) 煤场储煤必须距院墙3m以上，煤堆应整齐见方，顶部平坦，其坡度不得超过60°。

(3) 必须按煤质品种分别存放，煤垛储量不宜过高过大，应控制在高4m以下。

（4）煤堆超高或靠墙堆煤时，必须采取有效可靠的措施。

（5）煤堆要采取层层压实，减少空气，防止氧化，或者采取多洞多孔的通风办法，散发热量，降低温度。

（6）煤堆着火时，应将燃烧的煤从煤堆中挖出后，再用水浇灭。

（7）推土机推运煤时，必须严格遵守本机操作规程，要观察好地势环境，保证机械运行的纵横坡度和平稳。

（8）机械铲或人工挖煤时，必须始终按60°掘进，不准垂直挖掘，不准掏洞，不准留尖顶，严防煤堆坍塌伤人。

（9）处理结冻煤层时，人工用捶打钎子要执行打捶的操作要求，下方不得站人，要设人监护。机械处理要严守本机的操作规范。

（10）煤炭取放应坚持“分堆存放、先存先取、用旧存新、按质匹配、科学管理”的原则。

（11）根据风速和煤的水分，对煤场进行不定期的喷水，防止煤粉飞扬，污染环境。

（12）煤场排洪沟、沉淀池每年清理一次。

（13）保证煤场喷水系统、消防系统的可靠备用，做好防火措施，确保煤场安全。

（14）要经常清理煤场内铁路专用线，保证车辆安全畅通。

（15）煤炭盘点由仓储科牵头，验收科、经营部、财务部等有关人员参加。

**2. 仓库账务管理**

（1）保管员及时整理、汇总统计员抄送的进出煤台账，填写煤场生产日报表，登记原料煤、成品煤保管账。将煤场生产日报表报送相关领导。

（2）登记台账，编制报表，登记应及时准确，分类清楚。

（3）根据采购科采购员提供的发票复印件和统计员提供的煤炭质量统计表办理入库手续。

（4）根据销售科销售员提供的销售单和统计员提供的过磅计量单办理出库手续。

（5）根据混配科混配员提供的领料单办理出库手续。

（6）混配后的产品移交给仓储部门，根据混配科提供成本计算单，即该产品耗用原料、人工、机械费、水电费等费用合计单。仓储统计按此办理入库手续并登记保管账，将该产品放置在成品库中。

（7）准确及时掌握各煤种进场、使用、发出和结存情况。

### 5.3.2　燃煤储备量的组成和确定

目前，燃煤供应由于运输和生产条件的限制，很难做到随用随到。为了保证电厂生产连续不断地进行，就需要有一定数量的燃煤储备，用来调剂到货的不均匀，到货间隔期过长、运输事故或本厂发电负荷变动等情况的发生，在短期内仍能保持正常发电所需的储备量。燃煤储备的组成及储备量的确定方法如下：

**1. 经常储备**

经常储备是指在正常情况下电厂为了保持日常发电、供热需要而用于经常周转的燃煤储备。这种储备是每天都在不断变动的，进煤量大于消耗量时，储煤量增大，进煤量小于消耗量时，储煤量减小。这样，库存量在最大值和最小值之间变化，形成了燃煤的最高和最低经常储备。经常储备应在前后两次进货间隔期内，使燃煤供应不致中断。因此，经常储备定额指前后两批到货间隔期内保证生产进行所需要的合理储备量。其计算式为

$$Q_1 = 2TS \tag{5-1}$$

式中 $Q_1$——经常储备定额；

$T$——运输路途天数；

$S$——平均每天消耗量。

**2. 保险储备**

保险储备是指电厂燃煤供应有时发生意外，如运输事故、到货间隔时间延长，电厂输煤接卸事故等造成的燃煤供应中断，为了保证安全发电，就需要在经常储备之外增加储备，这就是保险储备。保险储备定额的确定，主要是确定保险储备天数，一般情况下，保险储备天数可按 7 天考虑，其计算式为

$$Q_0 = KS \tag{5-2}$$

式中 $Q_0$——保险储备定额；

$K$——保险储备天数，一般为 7 天。

**3. 季节性储备**

季节性储备是指自然条件发生变化时，需要临时增加的储备。如雨季、汛期、冰封枯水（水电少发）、节假日等原因需要增加的储备。季节性储备定额，主要根据地区自然条件的变化，确定季节储备天数，其公式为

$$Q_2 = GS \tag{5-3}$$

式中 $Q_2$——季节性储备定额；

$G$——季节性储备天数。

火力发电厂在实际运行中应随时掌握和调整燃煤库存的变化。如果实际储备超过经常储备时，应及时调整进煤计划，降低库存。如低于保险储备量时，应及时采取有效措施加以补充以防供应中断，影响安全发电。经常储备与保险储备的关系如图 5-7 所示。

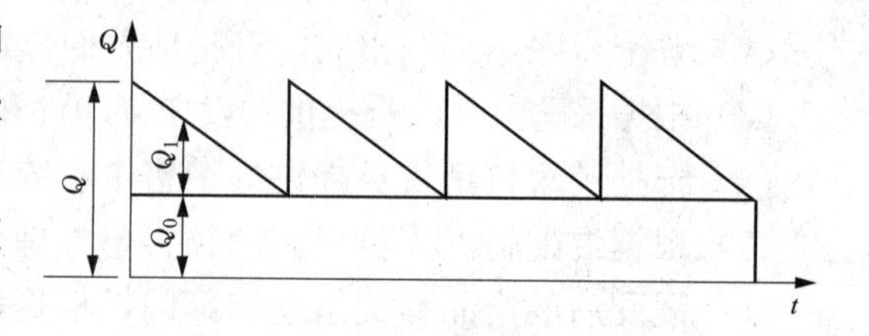


图 5-7 经常储备与保险储备的关系

Q—最大储煤量

### 5.3.3 储存煤炭煤质的变化

煤场储煤由于受空气的氧化作用及环境条件特别是温度的影响，其煤质变化是不可避免的。由于储存条件的不同，其煤质变化的幅度也不尽相同。煤的发热量发生变化，与其相应煤的其他一些特性指标也将发生变化。其基本变化倾向是一致，并呈现某种规律性。

**1. 热量变化**

一般来说，贫煤、瘦煤、焦煤为主体的混煤，储存 6 个月后，发热量损失约为 1.8%～2.0%；而高挥发分的气煤、长焰煤等的损失约为 5%；无烟煤储存 6 个月以至更长一些时间，发热量变化甚微；而褐煤即使储存 1 个月，发热量也会明显降低。

**2. 挥发分变化**

煤在储存过程中会产生缓慢的氧化作用，煤中挥发分是最易燃烧的部分，故随着煤的氧化，对变质程度较浅的高挥发分煤，将导致挥发分的降低；而对变质程度较高的低挥发分的无烟煤等，挥发分变化不明显。

**3. 含硫量影响**

可燃硫高的煤，一般是煤中含硫铁矿硫较多，在储存时易发生自燃。煤中硫氧化成二氧化硫易溶于水生成稀硫酸，并伴随着放热，致使煤堆温度升高，从而进一步加速了煤的氧化与自燃。

**4. 机械强度与水分变化**

某些煤在储存过程中，机械强度会降低。

**5. 元素组成的变化**

煤储存若干月后，碳、氢含量降低，氧含量则迅速增高。硫含量也因煤受氧化而改变，通常煤中含的硫铁矿硫受轻度氧化后逐渐变成硫酸盐。

### 5.3.4　目前煤炭储存管理存在的问题

（1）从一些电厂燃运公司情况来看，燃料方面的工作人员，不论从学历，还是从人员配置方面，在电厂中同其他专业相比都是最低的，煤炭储存与管理方面的专业人才很少。

（2）对存煤的组堆、选择、监测等方面不够科学、合理。

（3）煤场存煤的分类存放、掺烧、倒垛、存取等环节的计划、措施、监督机制不够完善。

（4）对煤场的储存与管理缺乏理论及数据支撑。

（5）相关的配套设施如防洪沟、沉淀池、干煤棚、喷水防尘、测温测密度设备等不完善。

（6）煤场盘点不够科学、规范。

### 5.3.5　建立良好储存管理的措施

**1. 加大煤管人员的业务培训力度**

较高的业务素质和过硬的专业知识是搞好煤场管理的基础。因此经常性的聘请专业人士进行技术讲课、开展技术比武、技术问答、岗位练兵，不断提高煤管人员的理论水平和业务素质，运用科学的管理方法不断提高煤场管理水平。

**2. 确定科学合理的储煤场面积和储煤量**

储煤场的面积必须科学合理。合理的煤场面积和储煤量，既保证了安全发电的需要，又尽量减少了流动资金的占用率和燃料的储备损耗，一座容量 1000MW 的火力发电厂，日燃用天然煤约 1 万 t，通过运用储存论的科学计算和实践检验，电厂煤场至少存储 7 万～15 万 t 煤，因此合理的储煤量应为所在电厂 7～15 天的日耗煤量。

**3. 定点存放、掺配使用**

煤在储存中的性质变化，主要是由氧化作用引起的，而这种氧化作用的主要因素是空气、煤中水分及环境条件。这就要求取煤时应按照先存先烧，后存后烧，定点存放，合理掺配的原则，结合煤种及时合理的调配使用。

因目前煤炭发生变化，完全按锅炉设计要求严格规定煤种已不现实。所以根据来煤煤种，合理存放、合理掺烧已成必然。总之，应根据各电厂锅炉设计要求结合煤源、煤场等实际情况通过加权平均，精确计算出各煤源掺配比例，将不同发热量、挥发分、硫含量的煤种分别堆取，合理掺配。

**4. 科学组堆、合理储存**

为减少储存中煤质的恶化，煤堆形状要合理，煤堆的取向，从我国大多数地区的实际经验看，以南北取向长，东西取向短为宜。煤堆不能太散，太薄，但也不能太高。褐煤和长焰煤堆存高度一般以低于 2m 为宜，堆放时间在一月以内最好。气煤、肥煤、焦煤和瘦煤的堆放高度可达 4～5m，堆放时间以不超过 2 个月为好。贫煤和无烟煤一般不宜自燃，堆放高度不限，时间不超过半年为宜。煤堆角度以 40°～45°为宜，角度太大的煤堆，煤的偏析现象严重，而角度太小，所占场地更大，而且更增大其氧化面积。

煤场存煤在组堆时，要注意分层压实，使其堆积密度能达到 1.0～1.1t/m$^3$，煤堆顶部应较为平整略呈凸状，这样有助于积水的排走，同时又有利于减少雨水与空气渗入煤堆内部，减缓或防止煤的氧化与自燃。组堆过程中，为了消除煤块和煤末分离的偏析现象，往煤堆上卸煤时，第一层要沿整个煤堆四周的边缘堆平，堆铺第二层时要沿其整个煤堆四局的边缘向心缩退 0.5～0.7m，第二层推平压实后再堆第三层，依次类推，直至整个煤堆组成为止，其压实分层厚度一般为 0.3～0.6m。

**5. 加强观察、定期测温**

为防止储煤的氧化与自燃，要加强储煤的测温监督，以便及时消除隐患。煤的氧化表现出温度的上升。对燃用挥发分较高，特别是含硫量又较大的煤堆，应增加测温点。遇到隐情，更得增加测温点与测温频率，改进与完善测温手段，做到快速准确地反映煤堆温度。

在煤堆中测量温度，有多种方法。现在常用的一种新型的快速测温仪，即手携式红外点测温仪，应用于煤场测温，可收到常规测温方法所达不到的效果。

**6. 防风防雨、减少损失**

在多风的地区，风损是一个严重的问题，种植白杨树等植物，可起到很好的防风效果。为了防止雨水冲刷，储煤场地要高于地平面，且最好采用水泥地面堆煤。储煤场地面应有一定坡度，四周设有水沟、防洪沟、以便于排水。在煤场四周应设有沉淀池，防止煤炭流失。

**7. 建立煤场档案，规范储煤管理**

煤场管理中除应制定严格的管理监督机制外，还应建立起科学规范的煤场档案，如煤场进煤台账、煤场进煤预报、煤场成型率统计、煤场测温记录、煤场比重实测记录、煤场盘点记录、采制样精密度检验报告等，并通过网络系统与运行、调运、货运等相关专业及部门互通信息，使煤场管理逐步形成一套科学规范、更具现代化的管理体系。

## 5.4 煤炭的防风抑尘与固化

### 5.4.1 煤粉扬尘的原理和危害

**1. 扬尘原理**

火力发电厂用煤属于碎煤，煤中粒径大于 100μm 的颗粒占 95%，100μm 以下的颗粒是影响环境空气的主要因素。煤场扬尘包括动态扬尘和静态扬尘。动态扬尘是煤场在装卸、转运作业过程中产生的煤尘，主要与装卸和转运机械扰动范围、落煤高度、环境风速、煤含水率等因素有关。静态扬尘是煤场原煤表面在风的作用下引起的扬尘，主要受大气稳定度、环境风速、煤的密度、表面含水率、堆垛几何形状等因素影响。西北地区原煤水分年平均为 6%左右，水分绝大部分分布在碎煤中。煤堆的静态起尘强度与原煤的干燥程度成正比关系。一般当原煤表面水分小于 10%时，煤中小于 30μm 的颗粒就开始运动。当有风时颗粒克服自

身重力和摩擦力脱离煤堆表面而产生飞扬。煤场的静态起尘强度与风速之间的关系为

$$Q = \alpha(v - v_0)^n \tag{5-4}$$

式中　$Q$——煤堆的起尘强度；

$v$——环境风速；

$v_0$——颗粒的起动风速；

$\alpha$——与粒度分布有关的系数；

$n$——大于 1.2 的指数。

式（5-4）表明，煤堆的起尘强度与环境风速和起动风速之差的 $n$ 次方成正比，环境风速大小是影响煤堆表面起尘强度的主要因素。

国家对煤场粉尘治理的环保要求已日益严格，分析煤场粉尘的产生，原因如下：

（1）翻卸车机在火力发电厂煤翻卸过程中产生扬尘，粉尘量大且集中，是起尘的主要环节，粉尘主要集中在翻车机房及卸料地点。

（2）皮带机转载点，火力发电厂煤炭从一条皮带机转运到另一条皮带机，一般转接点都有几米的落差，煤流散开，煤尘扬起，并从进出煤口，导料板等处溢出。

（3）堆场/煤棚，煤炭及粉煤灰在整个堆存期间，表面干燥，易风化，并产生扬尘形成较大范围的污染，由于堆场开放，因此是形成污染的大源头。

（4）堆取料机和装船机落料点，在堆取料和装载作业中，均有一定程度的落差，且落差点完全对外开放，从而形成扬尘，在煤种比较干燥，又遇到恶劣天气时，会造成一定程度的污染，而且造成原料的损失浪费。

**2. 扬尘的危害**

由于微小尘粒与水滴在空中均存在环绕气膜现象，尘粒与水滴都必须有足够的相对速度，才能冲破环绕气膜实现接触凝聚，因此，微小尘粒很难被水湿润或与水滴凝聚。粉尘越细，在空中停留的时间就越长，被人体吸入的概率也越大。小于 5$\mu$m 的粉尘也称为吸入性粉尘，这些粉尘表面活性强，与二氧化硫等有害气体或金属离子的亲和力强，对人体的危害极大；大于 10$\mu$m 的粉尘，几乎全部被鼻腔内的鼻毛、黏液所截留；5～10$\mu$m 的粉尘绝大部分也能被鼻腔、喉头器官、支气管等呼吸道的纤毛，分泌黏液截留，再经过人体保护性的条件反射如咳嗽、打喷嚏等排出体外；0.5～5$\mu$m 的粉尘容易穿透肺叶，深入肺泡中。除 0.4$\mu$m 左右的一部分粉尘能够在人体呼气时排出外，绝大部分都滞留在肺泡中形成纤维组织，导致肺病等呼吸系统疾病。燃煤火力发电厂输煤系统产生的煤粉尘除了对人体的呼吸系统造成很大的危害外，还对人体的消化系统、皮肤组织、眼睛和神经系统造成伤害。

煤粉尘是可燃粉尘，悬浮于空气中，当浓度达到一定范围（一般煤尘的爆炸下限为 114g/$m^3$，对于挥发分大于 25%的煤粉，其爆炸下限可达 35g/$m^3$），在一定的湿度和温度条件下会引起爆炸，因此，如果不对其加以治理控制，将严重威胁人身和设备的安全。

### 5.4.2　防风抑尘的必要性

随着现代工业的迅猛发展，燃煤发电厂、港口码头、煤矿、矿山、化工厂、钢铁厂堆场等场所，非常容易产生超量粉尘，造成环境污染。

政府相关部门已出台相关规定对这方面的污染进行控制和约束，越来越多的企业积极采取相应措施进行扬尘控制。

**1. 环境效益**

由于不采用任何的防风抑尘措施，被环保部门视为无组织排放。根据我国的有关环保法规，将收取粉尘超标排污费。同时煤场的粉尘污染将给周边居民的生活、学习、工作、生产造成一定的影响。防尘设施建成后可使粉尘污染大大降低，美化了周边地区的景观效果，达到环保部门的要求，可以使原来污染严重的堆料场变成具有非常美观的绿色环保堆料场，从而达到治理粉尘污染的目的。

**2. 经济效益**

露天储煤粉尘在装卸过程中的产污系数为3.53～6.41kg/(t·a)（依据《部分行业污染物排放量核定技术导则》）。原煤用量以每年50万t计，产污系数在计算过程中取最大值，使用防尘设施后，按80%的减尘率计算，每年可节约2564t煤。若加上大风扬尘的煤粉损耗，总体阻止煤损将达1%左右，每年可节约5000t煤左右。

随着我国经济的迅猛发展，煤炭、矿粉、砂灰等散料的货物储运量不断增加，由此带来的粉尘也越来越引起人们的重视。随着国家节能环保法律法规的进一步严格，煤场的扬尘污染及能源消耗题目已成为各地政府管理的重点，而对煤厂实施全封锁工程，不仅耗资巨大，而且堆放场地受顶棚跨度和斗轮机功率要求限制，再加上透风、隔热、防尘、采光及场地狭小，车辆出入不利便等因素，很难推广实施。而国外已普遍采用的挡风抑尘墙、防风抑尘网等技术，因为投资小，抑尘效果好，越来越受到企业的欢迎。

### 5.4.3 防风抑尘的主要方法

**1. 洒水抑尘**

将具有一定压力的水，通过洒水喷枪自动旋转的喷头在一定角度范围内均匀喷向煤场的上空，水滴雾化后落下并湿润煤灰煤粉，使细粉尘通过水分子的张力黏合在一起，也增加了煤灰煤粉自身的质量，避免风吹起尘。同时还具有加湿、避免自燃的作用。煤场洒水抑尘主要由水源系统、自动控制系统、管路系统、喷枪喷头、控制电磁阀及防护设备构成。

煤场洒水抑尘的特点：

（1）喷枪、喷头洒水雨雾均匀并自动旋转，角度可调，合理布置避免盲区出现，防尘、抑尘效果显著。

（2）远程全自动控制，有多种设定程序，分组控制、单独控制、任意组合控制灵活方便。

（3）临时需要可现场手动控制，喷枪站控制阀自带手动开关功能，现场作业人员即可操作。

（4）大喷枪喷射距离远，半径可达30～95m，减少管道铺设、方便施工。

（5）大喷枪、喷头相结合的设计，可覆盖所有扬尘区域，彻底治理扬尘。

（6）可设自动泄水阀、保温伴热，维护简便，冬季也可正常使用。

煤场洒水抑尘布置喷枪的选择至关重要，其参数主要包括射程、流量、仰角、旋转角度等。理论上讲，煤场的长度决定喷枪的数量，煤场的宽度决定喷枪的射程，煤堆高度决定喷枪的仰角。根据煤场堆取煤方式、供水管路布置及周围环境等，喷枪布置可分为煤场单边、两边两种方式，其主要指标是保证喷淋覆盖率达到98%以上，且力求喷枪、供水管路、电缆等数量最小，以降低工程投资。

利用大型喷枪喷水压尘、防尘是一种行之有效的方法。高压水流经由专门设计的喷嘴，形成数十米半径的均匀雨帘，效果非常理想。洒水抑尘如图5-8所示。

洒水抑尘实例如下：

（1）工程概况。北方某港属温带季风气候，年平均气温 8.4℃，年极端最高气温 33.8℃，年极端最低气温 −28.2℃；年平均降水量 820mm；最大风速为 21.0m/s，年平均风速为 3.9m/s；最大冻土深度为 0.88m。港区 5 万吨级专业化煤炭码头的堆场距码头前沿约 1400m，堆存量为 106 万 t，设计周转天数为 7d。堆场内的煤炭由堆取料机和皮带机系统输送至码头装船机装船外运，或通过码头卸船机将船舶货舱内的煤炭取出，再经皮带机转运输送至堆场堆存。煤炭堆场长 637m，宽 292m，占地约 26.0$hm^2$，堆场共布置 4 条堆取料机作业线和 8 条堆料机作业线，皮带机轴线间距 74.0m，整个堆场由 46 个堆垛组成，堆垛尺寸为 100m×28.5m×14.0m，堆存角为 44.5°。

图 5-8　洒水抑尘

（2）煤场的喷洒水系统设计。

1）煤场喷洒水枪的布置。

a. 喷洒水枪的布设方式。喷洒水枪布置在煤堆垛之间的堆取料机轨道梁两侧，距轨道梁边缘 0.5m，洒水喷枪的安装高度为 1.2m。根据堆取作业需要和风向情况，喷枪可采取两侧或单侧喷洒的作业方式。要根据料堆宽度和堆垛高度确定喷枪的设置间距、喷射高度、喷射角度和射程等参数。在本工程初步设计阶段，提出 2 种喷枪布设方案进行比选。

方案 1：喷枪正对布置，喷枪间距 55.0m，共布置 93 个喷枪站。

方案 2：喷枪交错布置，喷枪间距 60.0m，共布置 86 个喷枪站。各方案喷洒水枪的覆盖范围示意，如图 5-9 所示。

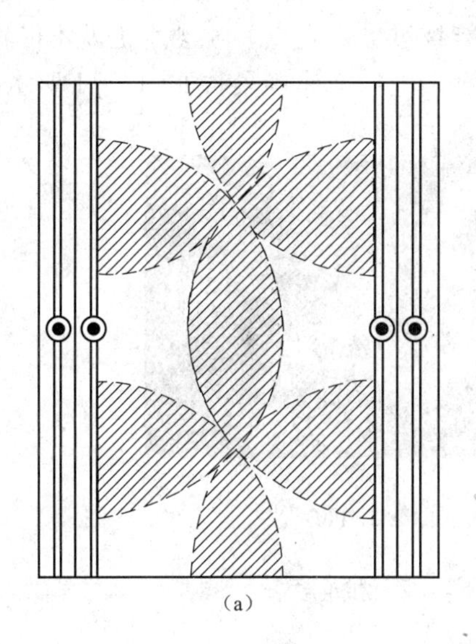

（a）

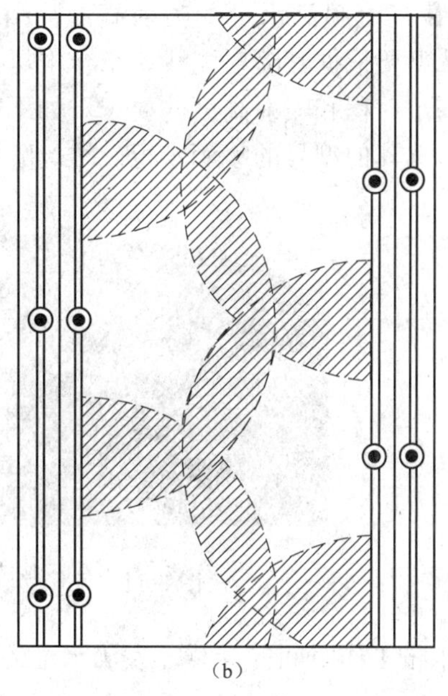

（b）

图 5-9　各方案喷洒水枪的覆盖范围示意

（a）喷枪正对布置；（b）喷枪交错布置

图 5-9 中黑色圆点为喷枪站的位置，虚线为喷枪的喷洒覆盖范围，阴影部分为喷洒水作业中重复喷洒的部分。从 2 种喷洒水枪布设方式的整体喷洒效果上看，两者均能全部覆盖煤炭堆场范围，满足喷洒水作业的要求；方案 1 所需的喷枪多于方案 2，方案 2 的重复喷洒面积小于方案 1。设计中推荐采用既能满足喷洒水作业要求，喷洒比较均匀，且工程投资较低的喷洒水枪交错布置方案。

b. 喷枪的选择。根据堆场喷洒水枪的平面布置和堆垛洒水要求，选用尼尔森 SR100 系列 43°仰角的锥形喷嘴喷洒水枪，喷嘴直径 19.1mm，工作压力 0.7MPa，流量 37.0m³/h，喷射高度 18.0m，射程 43.0m，摆动角 0°～180°。堆场堆垛剖面及喷洒水枪布置示意，如图 5-10 所示。

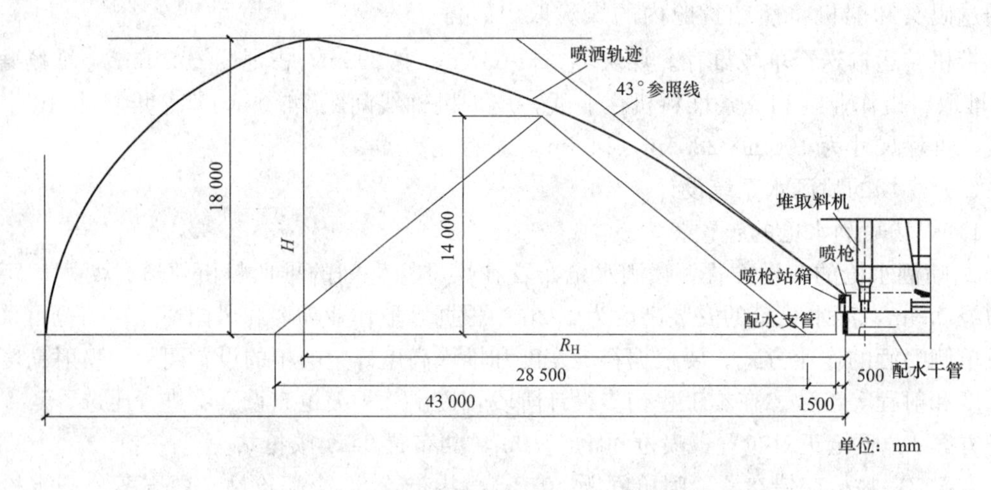


图 5-10　堆场堆垛剖面及喷洒水枪布置示意

图 5-10 中 $H$ 为喷洒水枪的喷射高度；$R_H$ 为喷洒水枪至最大喷射高度处的水平距离。喷洒水枪的选型要根据其喷射流线，结合堆场上煤炭的堆垛高度，确定喷射轨迹能否越过堆垛顶点，要满足射程和喷射高度的要求，如不能越过堆垛高点，喷洒水枪就不能覆盖堆垛的全表面，需另选其他型号的喷洒水枪。堆场喷洒水枪的工作场景，如图 5-11 所示。

图 5-11　堆场喷洒水枪的工作场景

c. 喷洒水枪工作时间的计算。喷洒水枪的实际喷洒强度：

$$T = q/A \tag{5-5}$$

式中　$q$——喷洒水枪的额定流量，L/s；

$A$——喷洒水枪旋转180°时的保护面积，m²。

本工程单支喷洒水枪的实际喷洒强度：$T=2\times10.28/(\pi\times432)=0.0151L/(m^2\cdot s)$，喷洒水枪旋转180°的周期为40s，单支喷洒水枪旋转1次的喷洒水量为0.14L/m²。根据《港口工程环境保护设计规范》（JTS 149—1—2007）的规定，煤炭堆场的单次洒水强度要达到2.0～3.0L/m²，为满足堆场单次洒水强度的要求，喷散水枪每次喷洒作业时需要旋转18～22次，每次喷洒作业的工作时间为12～14min。

d. 喷枪工作数量组合的计算。同时工作的喷枪数量越多，完成整个堆场喷洒的时间就越短，对供水管道的管径和喷洒泵能力的要求就越高。在不同数量的喷洒水枪同时工作的情况下，供水管道和水泵的布置与投资对比，见表5-1。

**表5-1　　供水管道和水泵的布置与投资对比**

| 喷洒水枪组合（支） | 流量（m³/h） | 单次堆场喷洒时间（h） | 主管内径（mm） | 水泵扬程（m） | 水泵数量（台） |
|---|---|---|---|---|---|
| 2 | 74 | 8.6 | 150 | 98 | 2 |
| 4 | 148 | 4.4 | 200 | 90 | 2 |
| 6 | 222 | 3 | 250 | 80 | 3 |

从表5-1的对比可知，2支喷洒水枪同时工作的组合，整个堆场单次喷洒需8.6h，当夏季每天3次喷洒时，即使喷洒水枪每天连续工作也不能满足堆场喷洒的需要；4支和6支喷洒水枪同时工作的组合，当夏季每天3次喷洒时，喷洒水枪分别需要连续工作13.2h和9.0h，而4支喷洒水枪同时工作的组合投资较低、经济效益较好，所以本工程煤炭堆场采用以4支喷洒水枪为1组同时喷洒的工作模式。

e. 喷洒水枪的组成。针对北方的气候特点，本工程采用成套组合式喷洒水枪，每个喷枪站均由喷洒水枪、电磁阀、泄水阀、手动闸阀、保温箱、电伴热保温装置和控制模块组成。由控制室的控制模块操控电磁阀的启闭，当电磁阀关闭后，会通过泄水阀自动泄空喷洒水枪内的存水，防止冬季喷洒水枪被冻裂；喷洒水枪检修时可通过手动闸阀切断水流；在供水管道上位于泄水阀门以下的部位布置电伴热带，防止冬季管道被冻裂。港区内煤炭堆场的面积较大，往往在风力较强时更需要喷洒水抑尘，顺风时喷洒水枪的实际射程会增大，逆风时实际射程会减小。为减少风向对喷枪的影响，一般采用从堆场两侧对向喷洒的方式，设计时可考虑3.0～5.0m的射程富余量。根据喷洒强度和煤堆垛表面积计算堆垛喷洒水的理论用水量，实际用水量为理论用水量与喷洒损失水量之和，损失水量与风向、喷枪的喷洒特性和旋转角度有关，一般取喷枪洒水量的10%～30%。

2）喷洒水枪供水管道的布置。堆场内的供水管道呈环状布置，并与高压除尘泵房内的2路水泵出水管相连，沿作业线布置的纵向喷洒水枪配水管均与环状管网相接，垂直于轨道引出横支管为喷洒水枪供水。环状供水管道的管径均为DN200，配水支管的管径为DN100。管道敷设深度为1.2m，由于喷洒水枪的立管距离堆取料机轨道梁边缘仅0.5m，为防止冬季管道被冻裂，氰聚塑预制直埋保温管会延伸至立管底部。在管道节点处布置组合阀门井，能方便地开关阀门，并在管道敷设的低位设置放水阀门井，方便管道检修时放空管道内的存水。

堆取料机作业时煤炭会因重力作用下落，当煤炭含水率低于8%时就会随风扬尘，因此，在堆取料机工作时要同时喷洒水以抑制扬尘。在堆取料机轨梁上设置通长的供水槽，由堆场内的低压供水系统为堆取料机的喷洒除尘供水，在供水槽管道出水口处设置液压水位控制阀，当水槽内液位超标时阀门可自动关闭，供水槽底部设置泄水阀，冬季可全部放空存水。应根据堆取料机额定洒水标准和工作时间计算堆取料机洒水的用水量。

3）喷洒水枪的自动控制。煤炭堆场的抑尘用水均由高压除尘水泵供给，通过水泵与喷洒水枪间的连锁控制，可实现定时顺序喷洒和手动喷洒，并显示在控制室内的模拟屏上。堆场喷洒水时以 4 个喷洒水枪为 1 组，由堆场两侧或单侧进行喷洒，第 1 组喷洒水枪工作 12min 后关闭，并开启第 2 组的 4 个喷洒水枪，以此类推。遇到堆取料机正在工作或没有堆垛的空堆场时可自动越过，每个喷洒水枪均可在控制室进行手动控制，也可在现场遥控（或手动控制）其喷洒操作。

**2. 喷雾降尘**

（1）喷雾降尘概述。喷雾降尘是一种新型的降尘技术，其原理是利用喷雾产生的微粒极其细小，表面张力基本上为零，喷洒到空气中能迅速吸附空气中的各种大小灰尘颗粒，形成有效控尘。对大型开阔范围的控尘降尘有很好的效果。同时，这种效果完全是一种雾化效果，绝不产生水滴和潮湿。特别适用于煤场、铸造厂、纺织厂、食品厂、印刷厂、机场、步行街等场所，费用低廉、效果明显。

（2）喷雾降尘原理。高压喷雾降尘系统是一种新型降尘系统，其原理是利用高压泵将水加压至 50～70kg，经高压管路送至高压喷嘴雾化，形成飘飞的水雾，由于水雾颗粒是微米级的，非常细小，能够吸附空气中杂质，营造良好清新的空气，达到降尘、加湿等多重功效。该系统除对纺织、陶瓷等车间有降尘功效外，还能用于广场、步行街等场所，加上药水更具有打药、消毒、清洗等多用途，因此，具有使用经济、系统造价低、运行维护成本低、经济实用、控制系统可实现无人自动控制等优点。

**3. 挡风抑尘墙**

（1）挡风抑尘墙的防尘机理。挡风抑尘墙之所以能大量降低露天煤堆场的起尘量，其机理是通过降低来流风的风速，最大限度地损失来流风的动能，避免来流风的明显涡流，减少风的湍流度而达到减少起尘的目的。对于煤堆场，只有外界风速达到一定强度，该风力使煤堆表面颗粒产生的向上迁移的动力足以克服颗粒自身重力和颗粒之间的摩擦力及其他阻碍颗粒迁移的外力时，颗粒才会离开堆垛表面而扬尘。

（2）挡风抑尘板、墙的结构。对多种不同形状、不同开孔率的挡风抑尘板进行风洞效果实验，结果表明特定形状挡风板在特定开孔率下具有明显降低风速和风力的作用。依据空气动力学原理，根据实施现场的风洞实验结果及现场条件将挡风抑尘板结合成的“挡风抑尘墙”，使流通的空气（强风）从外通过墙体时在墙内侧形成上、下干扰的气流以达到外侧强风、内侧弱风、外侧小风、内侧无风的效果。

（3）“挡风抑尘墙”的使用效果。自 1994 年提出“挡风抑尘墙”技术至今，该项技术已在天津、河北、江苏、山西等地的厂矿、码头等储料场进行了广泛应用。综合抑尘效果非常明显，单层“挡风抑尘墙”抑尘效果能达到 65%～75%，双层“挡风抑尘墙”抑尘效果能达到 75%～85%。另外，“挡风抑尘墙”在防风固沙、防止沙化的应用方面有着广阔前景。

（4）挡风抑尘墙的应用。目前挡风抑尘墙在国内的港门、码头、钢铁企业堆料场得到了应用，有关资料显示，通过挡风抑尘墙后风速减小约 60%，实际抑尘效率大于 75%。挡风抑尘墙在露天堆场使用，一般要解决设网方式、设网高度和与堆垛的距离三个主要问题。设网方式一般分为主导风向设网和堆场四周设网两种方式，采用何种方式主要取决于堆场范围大小、堆场形状、堆场地区的风频分布等因素；设网高度主要取决于堆垛的高度、堆场范围大小和对环境质量要求等因素。对于一个具体工程来说，要根据堆场地形、堆垛放置方式、挡风抑尘墙及其设置方式，计算出网高与堆垛高度、网高与庇护范围的关系，结合堆场附近的环境质量要求等综合因素确定堆场挡风抑尘墙的高度。与堆场堆垛的距离试验结果表明，在网后一定距离内有一个低风区，减速效果较好，因此挡风抑尘墙的设定有一最佳距离。对于由多个堆垛组成的堆场而言，可以视堆场周围情况，因地制宜地设置。一般可沿堆场堆垛边上设置挡风抑尘墙。

（5）挡风抑尘墙应用实例。内蒙古某公司为解决厂区石灰石煤场预均化堆和扬尘问题，委托内蒙古自治区环境科学研究院设计“挡风抑尘墙”方案并组织施工，对石灰石预均化堆和煤场进行防尘处理。

1）设计技术参数确定。内蒙古自治区环境科学研究院接受委托后对内蒙古某公司进行了多次现场研究，模拟现场的气象条件进行了试验，确定了内蒙古某公司所在区域适合的“挡风抑尘墙工程”的相关技术参数。

a. 气象条件。呼和浩特市属中温带半干旱大陆性季风气候区。冬季漫长而寒冷，春季干旱多风，夏季温热短促，且降水集中。春秋季气温变化剧烈，无霜期较短，气温年、日差较大，雨热同季，积温有效性高，日照充足，降水量偏少，蒸发量大，气候干燥。年平均气温为3.0～7.4℃，最热月平均温度17～22.9℃，最冷月平均温度－12.7～16.1℃。年平均日照1600h。主要气象灾害有干旱、霜冻、冰雹、大风、洪涝、沙尘暴、寒潮等。冬季平均风速3.8m/s，夏季平均风速3.9m/s，历史最大风速34.0m/s。全年主导风向：西北偏西（WNW）。

b. 物料堆积高度。煤堆场一般不超过6m，石灰预堆场一般不超过9m。

2）挡风抑尘墙的设计。按围护结构考虑风载，基本风压取0.75kN/$m^2$，场地土类别为Ⅱ类；抗震设防烈度为八度。工程设计按风力风速30m/s、风压750Pa为设计参数。

a. 挡风抑尘墙的高度。根据当地的气候条件和物料堆积的高度，挡风抑尘墙建设高度分别确定在9m（煤堆场）、12m（石灰预堆场）较为经济合理。其中，煤堆场挡风抑尘墙底部为3m的砖墙，上部为6m的挡风抑尘板。

b. 挡风抑尘墙规模。石灰石预均化堆场西侧设置挡风抑尘墙：挡风抑尘墙长为320m，高为12m。钢结构采用钢桁架斜支撑式，材料为焊接钢管、槽钢。采用独立砼基础。煤场设置挡风抑尘墙：挡风抑尘墙长为76m，宽50m，单侧，高为9m，底部为3m的砖墙，上部为6m的挡风抑尘板。钢结构采用钢桁架斜支撑式，材料为焊接钢管、槽钢。采用独立砼基础。

c. 挡风板的材料、形状和开孔率。根据当地的气候特征和现场试验，挡风板采用喷塑冷轧板。喷塑冷轧板具有抗紫外线、阻燃性好、抗冲击、防静电的特性，使用寿命超过30年。喷塑冷轧板的形状采用蝶形板，开孔率为27%。

d. 基础。石灰石预均化堆场挡风抑尘墙基础跨度5m，采用独立砼基础，基础为C30，垫层为C10，钢材采用Q235B，柱脚为刚性固定露出式柱脚，设置剪力键以抵抗水平剪力。煤场挡风抑尘墙基础跨度6m，采用独立砼基础，基础为C30，垫层为C10，钢材采用

Q235B，柱脚为刚性固定露出式柱脚，设置剪力键以抵抗水平剪力。底部为 3m 的砖墙。钢材均采用 Q235B，混凝土标号均为 C30。

e. 支护结构。石灰石预均化堆场挡风抑尘墙钢结构支架采用钢桁架斜支撑式，高 12m，底部宽 2m，材料为焊接钢管、槽钢。煤场挡风抑尘墙钢结构支架采用钢桁架斜支撑式，高 9m，底部宽 1.8m，材料为焊接钢管、槽钢。

f. 挡风板安装。挡风抑尘板加工采用一次成型，与支架的连接方式采用螺钉和压片固定。

3）“挡风抑尘墙”的应用效果。为了解“挡风抑尘墙”的应用效果，内蒙古某公司委托呼和浩特市环境监测站 2011 年 7 月 14～15 日连续 2 天对厂区进行了总悬浮颗粒物含量监测。由监测结果及监测期间当地风向、风速观测结果分析，石灰石预均化堆场与煤场周界 TSP 监测结果均能够满足《大气污染物综合排放标准》（GB 16297—1996）中颗粒物厂界无组织排放监控浓度 1.0mg/$m^3$ 的要求。监测结果表明“挡风抑尘墙”对颗粒物污染有着较好的防治效果。

**4. 化学抑尘**

化学抑尘技术起源于 20 世纪 40 年代，英国用磺化碳氢化合物的衍生物作为润湿剂，用于抑制巷道底板积尘和爆破等作业时的煤尘。到 20 世纪 60 年代以后，美国、苏联等国采用润湿剂用于路面和煤尘防治，效果良好。我国在这方面的研究始于 20 世纪 70 年代，起步较晚。20 世纪 80 年代后研究进展显著，还有相当数量的研究成果申请了专利。

（1）润湿型抑尘剂。润湿型抑尘剂一般由非极性亲油碳氢链部分和极性亲水基团共同构成。当添加到水中时，亲水端伸向水中，疏水端受水分子排斥伸向空气，润湿型抑尘剂分子在水溶液表面形成定向排列层，使水溶液表面张力降低，同时，疏水基在水和尘粒之间架起“通桥”，打破尘粒表面空气膜，增强润湿作用。通过对黄河沙抑尘研究，确定了抑尘剂最佳浓度配比，即 0.15％十二烷基苯磺酸钠、0.075％十二烷基硫酸钠和 0.20％丁二酸钠。湿润型抑尘剂主要应用于控制大气飘尘的喷雾系统、湿式除尘器、煤层注水预润湿及各种细颗粒物的预润湿等。采用湿润型抑尘剂的缺点是同一种湿润剂的适用范围小，有引起二次污染的可能，而且不具有较强的黏结粉尘能力。

（2）吸湿型抑尘剂。吸湿型抑尘剂主要包括 NaCl、$CaCl_2$、$MgCl_2$ 等卤化物和 $Na_2CO_3$、$NaHCO_3$、$Na_2SiO_3$、活性氧化铝和硅胶等无机盐。用吸湿盐抑尘剂处理后，一方面水在润湿的粉尘中能形成水化膜，促进了粉尘的黏附团聚，水化膜越厚，水分蒸发越慢，因而能延长抑尘期；另一方面，吸湿性盐在大自然中有很强的吸湿性，其吸湿量随环境相对湿度的增加而增加，能够保持一定的、有利于抑尘的含水量。周勃等研究表明当平均气温小于 15℃、相对湿度小于 65％时，无水 $MgCl_2$ 含量大于 10％的粉尘试样可保持一定的含湿率和自动吸湿、放湿。但是吸湿性卤化物溶液大多呈酸性，对汽车轮胎及金属零部件有一定的腐蚀性，而且易溶于水，抑尘水量过大或夏季多雨时，将会对水土造成一定的污染，另外其使用受温度和湿度影响较大，因而应用上受到限制。

（3）黏结型抑尘剂。黏结型抑尘剂主要包括油类产品和造纸、酒精工业的废液、废渣等有机黏性材料。使用前将油、水和一定量的乳化剂配成乳状液。由于乳状液中各相分子与尘粒的相互作用，具有很强的吸附作用（物理吸附和化学吸附），促使了乳状液与尘粒间的黏结，起到抑尘作用。孙三祥等研制以合成高聚物 POL1 为基料复配而成的黏结型抑尘剂在煤表面固化结膜，实验结果表明，运煤列车沿线扬尘削减率在 95.1％～99.6％之间，隧道中扬尘削减率在93.8%～97.8%之间，抑尘效果良好。杜翠凤等的黏结性抑尘剂在经历4场雨，2场雪冲刷及冻融，在第56天时扬尘浓度0.697mg/m³（测试风速23m/s），其合成的尾矿抑尘剂，喷洒后表面所结壳体历经203d日晒、多次雨淋后，依然连续完整，能承受18m/s强风吹袭。但这类抑尘剂种类稀少，有异味，可能排放有害成分，从而引起土壤、地下水及周围环境污染，并存在加工工艺复杂及成本较高等缺陷。

（4）高吸水性树脂类抑尘剂及其他合成高分子抑尘剂。高吸水性树脂起源于1961年美国农务省北方研究所C. RRussell等从淀粉接枝丙烯腈开始研究制备超强吸水剂。1975年，日本开发出淀粉接枝丙烯酸的共聚物，并于1978年投入市场，此后多年来，世界各国对超强吸水剂的品种、制造方法、性能测定和应用领域等方面进行了大量的研究。高吸水性树脂按原料来源分为淀粉类、纤维素类和合成树脂类。作为一种特殊功能高分子材料，它具有良好的吸水、保水、吸湿、保湿、放湿和黏性等特性，因此可作为有效抑尘剂。一方面，吸水树脂吸水保水性能优良，吸水倍率可高达自身质量的几百倍到上千倍，在一定压力下也不会释放水分；另一方面，日间气温高，空气湿度低时释放自身水分，夜间气温较低，空气含湿量上升可从空气中吸收水分，吸湿放湿过程是反复进行，因而其有效抑尘期长，经一次喷施后，有效抑尘期内只需重复洒水，就能使料堆保持较高的含水量，其洒水时间间隔比纯水洒水抑尘的时间间隔长，从而降低了抑尘成本；最后，吸水树脂具有一定的黏结作用，使粉尘团聚增大粒径，沉降在路面、料堆等尘源表面，起到抑尘作用。王海宁等合成的淀粉——丙烯酸钠吸水树脂，抑尘期可达15～20d，其合成的淀粉接枝丙烯酸盐高吸水性树脂的抑尘剂用于路面抑尘，当喷洒浓度为2.0kg/m²时，对路面有效抑尘期为8d，并起到了一定的养路作用。王静通过试验得出结论，当喷施3kg/m²浓度为0.2%的高吸水性树脂抑尘剂时，抑尘效果可达30d，应用成本较低，效果显著。

由于高吸水性树脂制备工艺困难，溶解后多为凝胶状，极易堵塞喷水头，造成喷淋装置瘫痪，聚合高分子抑尘剂的出现弥补了其不足。

聚合高分子抑尘剂抑尘机理和高吸水性树脂抑尘剂相同，保水、吸湿放湿、黏结作用等性能协同作用起到抑尘效果。聚合高分子抑尘剂采用简单有机合成方法，可选的原料更加广泛，制备工艺条件得到改善，溶解性能良好，可制备更加安全、性质稳定、对环境友好的抑尘剂。中南大学配制了聚丙烯酸钠溶胶并进行实验室模拟抑尘，在室温为15℃的条件下，抑尘时间达60h以上。韩娟娟等采用乳液聚合方法，以丙烯酸丁酯和甲基丙烯酸甲酯合成抑尘剂，当甲基丙烯酸甲酯含量为25%（质量比）、引发剂0.8%、乳化剂3%，合成的抑尘剂效果最佳。谭立香等以淀粉为原料合成高分子抑尘剂CH对料堆抑尘可达90d，裸露土地可达30d，对道路抑尘的抑尘期可达10d。

（5）复合型化学抑尘剂。复合型化学抑尘剂是将两种或多种抑尘剂复合，从而使湿润、黏结凝并及吸湿保水等功能共同起作用。因此，复合型抑尘剂具有抑尘效果优越、适用范围广泛等特点。俄罗斯、南非、日本、澳大利亚等对复合抑尘剂研究较多，不少配方都得到国际上的认可。目前国内外研究还处在初级阶段，但也有一定的进展，例如，李锦等研究表明由高分子成膜物与镁盐制备的复合抑尘剂MPS型抑尘剂可使料堆风损失量减少90%以上，防尘期可达43d。吴超等研究了不同温度和湿度下$CaCl_2$和水玻璃对抑尘效果的影响。以硼砂为交联剂，高锰酸钾氧化的淀粉与聚乙烯醇（PVA）接枝共聚，当聚乙烯醇0.5%～1.0%、氧化淀粉5%、催化剂0.005%、交联剂0.5%～1.0%时，制备的复合型抑尘剂具有较好的保水性、黏结性，抑尘率可达到99%以上，抑尘周期可达3～5个月。

(6) 特殊型抑尘剂。近年来，特殊型抑尘剂受到人们的青睐。特殊型抑尘剂是指集抑尘、防尘、防火、防冻等多重功效于一体的多功能抑尘剂。特殊型抑尘剂不仅抑尘效果好，而且还有防火、防冻等性能，一次使用多重功效，从而节省大量原料，省时省力。施春红等提出煤场防火抑尘剂可添加到煤矿预防性灌浆或直接撒布到粉尘二次飞扬严重的胶带机巷等处，有效防止采空区煤层自燃，也能抑制粉尘的二次飞扬。刘雨忠等发明的高效防火抑尘材料由60%的二水氯化钙、20%的六水氯化镁、20%的水和由润湿剂、分散剂和缓蚀剂组成的表面活性剂复配物组成，该材料具有低腐蚀性，对环境友好，高效抑尘和防尘的作用。肖彤申请的防冻抑尘剂专利，是由水溶性聚丙烯酸酯、聚丙烯酸钠、无水 $CaCl_2$、无水 $MgCl_2$、表面活性剂和水组成。何勇等发明的防冻抑尘剂喷洒在粉体材料上时，可形成一种具有很好保水性能和很强黏结能力的类网状结构，并且能够在较低的温度下实现不结冰的效果，特别适用于高含水量的粉体材料在冬季的运输和堆放。具有防冻防火的特殊型抑尘剂研发涉及产权，存在专业性和保密性，其组成与合成过程多数暂时不对外公开，但其发展趋势不容忽视，其应用效果也越来越受到专业人员的重视。

**5. 其他抑尘技术**

其他抑尘技术包括密闭技术、压实技术、覆盖法抑尘、设置防风林带等。

(1) 密闭技术。密闭技术是通过在储煤场加封闭干煤棚、网壳结构或用筒仓储煤，从而减小煤尘污染的一种方法，其运行安全可靠、抗恶劣天气能力强，但都存在投资大、造价高的不足。

(2) 压实技术。压实技术是通过外界压力加压于松散的煤堆上，以缩小其体积，增大煤堆的密度，减小空隙率从而减小煤尘飞扬的一种操作方法。其具有应用范围较小，不适合在经常作业的煤场使用，且抑尘效率低的缺陷。

(3) 覆盖法抑尘。覆盖法抑尘是利用覆盖物（如塑料篷布等）覆盖在煤堆表面，从而避免在大风天气时煤尘的污染，其优点是简单有效，但只是一种临时性的措施，且对于面积较大的储煤场在覆盖过程中也存在操作上的困难，而且覆盖物废弃后会造成新的环境污染。

(4) 设置防风林带。对产生粉尘的厂矿，尽量用园林绿化带将其包围起来，以便降低进入园林绿化带内的风速，减少粉尘的向外扩散，而且，园林绿化还能起到美化环境的功效，改善生态环境，可谓一举数得，但其不足之处在于，周期太长，不适用于临时性扬尘场地。

### 5.4.4 输煤皮带系统的防尘

**1. 除尘器在输煤皮带系统中的广泛应用**

输煤系统的除尘器一般布置在输煤皮带机尾部的转运站里，即在尾部落煤点处的导煤槽上布置除尘器。目前，一般是在导料槽上部开口抽风除尘，并在导料槽出口处设1～2道胶皮挡尘帘以阻止含尘气流外逸。抽风除尘装置主要有两项功能：一是将导料槽空间抽成微真空，减少粉尘逸出；二是将含尘气体中的尘分离出来，使排出的空气符合排放标准。

输煤系统常用的主要有湿式除尘器（水浴式除尘器、水激式除尘器、水膜除尘器）、干式除尘器（袋式除尘器、高压静电除尘器、旋风除尘器）、组合除尘器（灰水分离式除尘器、旋风水膜除尘器、荷电水雾除尘器）。

**2. 输煤皮带系统的水喷淋抑尘**

输煤皮带抑尘的另一个措施是水喷淋抑尘，即水雾除尘法。该法以雾化水碰撞飘浮在空气中的煤尘粒子，使尘粒相互凝聚而迅速沉降，从而达到抑尘的目的。其优点是造价低廉、控制简单、维护方便、效果显著、稳定性佳、结构简单、无须收集和输送含尘气体、无二次污染。沿海燃煤火力发电厂的水雾除尘系统主要布置在常规条形储煤场、输煤皮带栈桥及卸船机卸料斗上方。

**3. 密闭式皮带输送机的应用**

输煤系统采用密闭式皮带输送机和密闭可调防偏导料槽，可有效地解决由于沿海风力大而产生的煤粉扬尘。密闭式皮带输送机用机壳将整条皮带密封，具有以下优点：

（1）避免了物料在输送过程中因风力因素造成的煤尘污染，同时落料及溢料大大减少，既减轻了清洁、维修工作量，也大大减少了一次污染和因清扫而导致的二次污染。

（2）可实现露天布置皮带输送系统，无须栈桥，减少了输煤系统的占地面积和投资。

（3）改造方便，投资省。可在不改变传统皮带机驱动机构和钢结构的情况下，将其改造为密闭式皮带输送机，无须增加设备。同时，密闭式皮带输送机和密闭可调防偏导料槽的组合使用，较好地改善了普通皮带机在落料、溢料及皮带跑偏时存在的粉尘污染问题。由于输煤系统运行中煤的落差冲击，在落煤管内产生的正压气流会从导煤槽出口排出，当皮带跑偏或导料槽密封性能差时，大量的煤粉扬尘将溢出，密闭可调防偏导料槽采用了双层橡胶密封，因橡胶本身的变形回弹力始终紧贴皮带，并且与皮带以 8 字迷宫槽线贴合，使得密封性能极佳，具有防尘降压功能。另外，通过煤流调节器的调节，还能实现调整煤流落料居中，不会因落料点不正而导致皮带跑偏的漏煤问题。

**4. 防止输煤系统二次污染的措施**

清除输煤皮带系统转运站和栈桥地面的撒煤和设备表面煤尘的措施主要有湿式清扫法（水力冲洗）和干式清扫（真空吸尘）法。水力清扫系统是指在输煤系统的各转运站、栈桥、碎煤机室、煤仓间等处设置单独的冲洗母管，并每隔 20m 左右引出一路支管，其端部设置一组电动（或手动）栈桥冲洗器。当需要清扫时，即对积尘部位进行水冲洗。为便于操作，还需对相关的输煤土建结构进行改造，如楼板和栈桥面的防渗漏，栈桥与转运站接口处的过水措施，楼面空洞四周的护沿和挡水槛设置，地面排水坡度的调整，排水沟道的疏通，墙面的防水处理等。水力冲洗清扫虽然设备简单，操作方便，但容易引起二次污染。

真空吸尘一般用于清除输煤长廊等处的飞尘、渣块和散落的煤粉，尤其是锅炉进行定期保养时，此法能迅速把锅炉顶部和煤仓间内的飞灰清除干净，并且不会产生二次污染。输煤系统的配煤皮带一般为水平布置，其主要扬尘点是皮带导料槽出口、尾部滚筒、犁煤器下料时从原煤斗内溢出的煤尘。由于它处于锅炉煤仓间的上方，距离地面的落差大（50m 左右），如果用水冲洗，则含煤污水将从渗漏点渗漏，严重污染锅炉厂房和设备，因此，为减少二次污染，配煤煤仓间一般采用真空吸尘。配煤皮带煤仓间的真空吸尘系统布置方式为在煤仓间皮带沿程安装吸尘管网，在管网的适当位置安装若干个吸尘软管接口，把带有吸头的软管与接口连接，在管网末端安装负压吸尘装置，启动吸尘装置后会在管网中形成高负压，用人力操纵吸头，实现对煤仓间吸尘。一般采用 UV 移动式真空吸尘车。

### 5.4.5 露天煤炭堆场防风抑尘集成技术

煤炭露天堆放在料场内发生的扬尘不仅会造成原料的损失，还会成为邻近地区环境污染的主要原因，常常会引发民怨。国外的一些大型煤、矿石专业码头，采用防风网、防风林带结合喷洒水防尘，效果明显。我国常见的综合防尘形式在堆场以喷洒水降尘为主，沿堆场周围设置防风网或绿化防风林带，特殊装卸起尘部位密封或半密封结合喷雾洒水等。

专业化煤炭堆场防风抑尘集成技术对防风抑尘网建设工程关键技术进行突破，在喷水洒水、苫盖、防护林、隔尘水道等技术综合应用的基础上，避免单一环保措施的弊端，具有可操作性强、防尘效果显著等特点。通过一系列理论分析和试验研究，确定了以防风网、抑尘网、喷水洒水抑尘、机械除尘为主，以苫盖、防风林、隔尘水道措施为辅的防风抑尘集成技术的主要设计参数。在露天煤炭堆场的应用结果表明，该集成技术抑尘率达85%以上，有利于露天煤炭堆场的防风抑尘。

集成技术的相关信息如下：

（1）主要监测指标和监测方法。主要监测指标包括总悬浮颗粒（TSP）、可吸入颗粒物（PM10）、细颗粒物（PM2.5）。此外，监测过程中还需测定风速、风向、温度、湿度、大气压力等相关气象参数。主要监测方法为：

1）总悬浮颗粒物（TSP）：利用大气采样器进行采样，采样时间为15～30min，所得样品利用差重法分析计算得到。

2）可吸入颗粒物（PM10）：利用大气采样器和PM10切割器进行采样，采样时间为15～30min，所得样品利用差重法分析计算得到。

3）细颗粒物（PM2.5）：利用大气采样器和PM2.5切割器进行采样，采样时间为15～30min，所得样品利用差重法分析计算得到。

4）气象参数：利用便携式智能微气象测定仪，可直接获得风速、风向、温度、湿度等项参数。当地的大气压力可通过数字大气压力计直接读出数值。

（2）集成技术主要设计参数的确定。

1）平面布置参数风向是影响起尘去向的一个重要因素，一些环境敏感目标（如办公楼、宿舍区、食堂等）应尽量设置在常年主导风向的上风向，煤堆场布置在常年主导风向的下风向。此外，煤场堆放高度越高，其表面所受到的风侵蚀的差别就越明显。在煤堆顶部，风速相对较大，因此更容易起尘。分别选择不同高度的煤堆，在风速为2m/s，含水率为7%时，在堆场3m处进行了TSP、PM10和PM2.5的监测。从图5-12中可看出，随煤堆高度的增加，其附近所监测的TSP、PM10、PM2.5浓度值均有升高趋势，当煤堆高度小于14m时，扬尘浓度增加平缓；煤堆高于14m后，TSP增加值不大，但PM10和PM2.5浓度增加值较多。随煤堆高度的增加，较细小的颗粒污染物更容易进入大气中。煤堆高度一般应控制在14m以下。

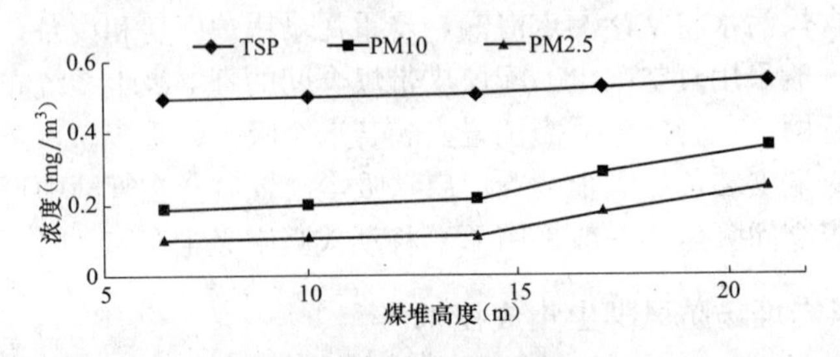


图5-12　煤堆高度对起尘的影响

2）防风（抑尘）网设计参数。

a. 网高的确定。煤炭堆场防风（抑尘）网高度主要由煤堆垛的高度和煤堆场的范围大小和主导风向确定。有研究表明防风（抑尘）网总体高度应比正常储煤堆高度高出10%以上（一般30%效果最佳），且高出部分不小于1m。

防风网是指在堆场上风向设置的疏透（多孔）障碍物，其作用是减小网后的风速，达到降低堆场起尘的目的。考虑防风网的有效庇护距离，实测数据表明对网后下风向2～5倍网高的距离内，煤堆垛抑尘率可达90%以上；对网后下风向16倍网高距离内，煤堆垛综合抑尘效率达到80%以上；在网后25倍网高距离处有较好的抑尘效果。因此，防风网高度一般为网后庇护距离的1/25～1/16。

抑尘网是指在堆场下风向设置的疏透（多孔）障碍物，可有效抑制粉尘外溢且减小粉尘迁移距离，达到抑尘的目的。根据实际检测结果，当抑尘网高度为堆垛高度0.6～1.2时，随着网高的增加，抑尘效果随之增强，抑尘率由39%升至70%，当抑尘网的高度为堆垛高度1.2倍以上时，抑尘率为70%～80%，网高的增加对其抑尘效果的增长就不十分明显。因此，抑尘网高度一般在堆垛高度的1.2～1.5倍。

b. 开孔率的确定。防风（抑尘）网开孔率是衡量防风（抑尘）网特征的指标，指网开孔部分的平面投影面积与整个网平面投影面积的比值。理论分析和试验结果表明，防风网开孔率为30%～50%具有较好的防风效果；抑尘网开孔率为30%～45%具有较好的抑尘效果；开孔率40%的防风网和开孔率33%的抑尘网的组合，粉尘透过量最小，抑尘效果最好。这是因为防风网选用40%的开孔率时，能够在较大范围内得到较好的减风效果；而选用33%开孔率的抑尘网时，其对飞散煤尘的捕捉效果最好，还兼具减风效果。

3）喷水洒水除尘设计参数。

a. 最佳含水率的确定。煤颗粒为憎水性物质，喷水抑尘过程中，除了润湿煤堆表面的煤颗粒作用，多余的水量会通过径流或渗透方式排放，并不起抑尘作用。

一般来说，煤堆一次洒水的表层含水率不宜高于15%，也不能低于6%～8%。含水率低于6%不能保证抑尘效果；含水率高于15%，多余的水会产生径流造成浪费。通过静态试验考察了煤堆表面含水率与抑尘效果之间的关系。在风速2m/s条件下通过喷水来改变煤堆表面的含水率，测定了与煤堆距离为3m处一固定点的TSP、PM10和PM2.5浓度值。

从图5-13中可看出，随着煤堆表层含水率的提高，扬尘产生量（TSP、PM10和PM2.5）均呈下降趋势，抑尘效果明显；当煤层含水率超过6.3%时，再继续增加其表面含水率，对扬尘的抑制效果已不再明显。因此在风速为2m/s时，有利于抑尘的煤层表面最佳

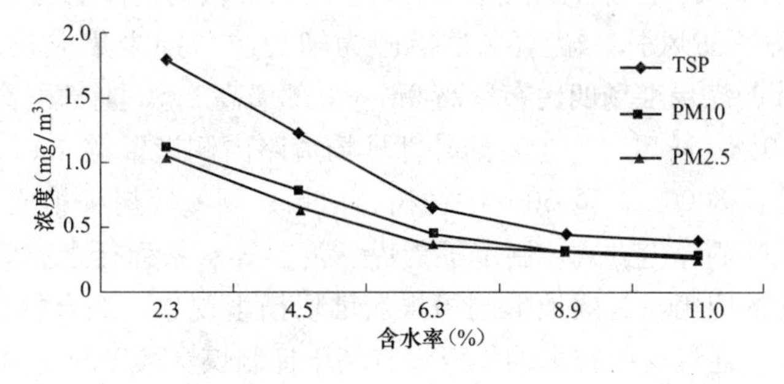


图5-13　煤层表面含水率对抑尘的影响

含水率为6.3%。当风速大于2m/s时，要根据煤堆的实际颗粒粒径、风速大小等环境条件合理的确定最佳的煤堆表层含水率。

b. 洒水量的确定。采用喷水抑尘的方式适合于煤堆场清理过程，因为喷水抑尘方法灵活，洒水量随时可调。试验表明随着洒水量的增加，扬尘产生量随之下降。当洒水量为$4L/m^2$时，TSP由$12.2mg/m^3$降至$1.3mg/m^3$，当洒水量超过$5L/m^2$时，TSP维持在$0.7mg/m^3$以下，再继续增加洒水量，扬尘的变化很小，因此确定最佳的洒水量应为$4\sim5L/m^2$。

4）除尘设备的选择。机械除尘工艺局部抑尘效果较好，煤炭堆场主要包括水冲击式除尘器、布袋除尘器和高压静电除尘器。一般带式输送机采用密闭防尘罩，在堆料机、取料机、卸车机和翻车机等装卸部位及带式输送机，转换点落差处经常采用雾化喷头控制扬尘的产生，在带式输送机转运塔内一般采用布袋除尘器或静电除尘器。布袋除尘器，是利用滤料过滤将粉尘分离捕集，除尘效率能达到99%以上，缺点是布袋的维护量较大，需定期更换，另外煤尘含湿量较大会影响带式除尘器的效率。高压静电除尘器的工作原理是将电晕线装在尘源点延长的导煤槽或垂直风筒中央，电晕线是正极，导煤槽或风筒外壳是负极，粉尘粒子荷电后就附着在负极的外壳上，从而阻止了粉尘的飞扬，缺点是该方法并不是对所有煤尘都适用。同时，在清除吸附的粉尘时，还会产生二次污染。

5）防风林的选择。防风林带是人工的吸尘器。由于树木高大、树冠能减小风速，有降尘的作用。树木滞尘的方式有停着、附着和黏着3种。防尘树种的选择应选择树叶的总叶面积大、叶面粗糙多绒毛，能分泌黏性油脂或汁浆的树种。防风防尘林带的滞尘能力的大小和树叶的大小、枝叶的疏密、树叶表面的粗糙程度等因素有关。在产生粉尘的堆场外围，以及敏感建筑物周围要种植各种乔木、灌木和绿篱，组成浓密的树丛，发挥其阻挡和过滤作用。针对港口散货堆场的特点可因地制宜地选用不同的树种作为防风防尘林带树种。

北方宜选用刺槐、槐树、毛白杨、白榆、丝棉水、泡桐、油松、加杨、白蜡、悬铃木、桧柏等；长江港口宜选用刺槐、槐树、龙柏、广玉兰、重阳木、女贞、夹竹桃、悬铃木等；南方宜选用刺槐、槐树、凤凰木、女贞、苦楝、夹竹桃、银桦、海桐、蓝桉、梧桐、木麻黄、相思等。

6）隔尘水道设计参数。隔尘水道是指在煤炭堆场周围道路向堆场一侧用于隔尘的水道，通过对煤炭粉尘的吸附达到降尘的目的。隔尘水道因地适宜修建在道路旁，作为煤炭堆场抑尘隔尘的辅助措施，一般隔尘水道宽度为3～5m，水深0.5～1.0m。

（3）集成技术的防风抑尘效果。在煤炭堆场应用以防风网、抑尘网、喷水洒水抑尘、机械除尘为主，以苫盖、防风林、隔尘水道措施为辅的防风抑尘集成技术。长1375m，宽220m，煤堆高度7m的煤炭堆场四周布置高9m（下部墙高2m，上部网高7m）的防风（抑尘）网，其开孔率40%；防风（抑尘）网外部堆场道路内侧设置宽4.5m，水深1m的隔尘水道；堆场一侧种植长3000m，宽60m的杨树、白蜡、刺槐等树种组成的防风林。同时堆场及堆场内道路采用喷洒降尘方式，制定了货垛、苫盖等一系列行之有效的环保管理制度。该防风抑尘集成技术的应用，有效地抑制了煤炭堆场扬尘现象，综合抑尘率可达到85%以上，其抑尘效果明显。通过这些技术的集成将有利于抑制煤炭堆场的扬尘，减少煤炭流失和带来的环境污染问题。

## 5.5　煤场污染及处理方法

### 5.5.1　煤场水的处理

火力发电厂煤场废水主要由输煤皮带冲洗水，输煤栈桥冲洗水等组成。水量一般为10～20t/h，水中的主要杂质为煤粉，浓度在1000～3000mg/L之间。目前火力发电厂煤场废水的处理办法是沉淀后排放，还有序批式煤水回收处理工艺技术。

**1. 煤场排水来源及特性**

（1）化学废水。

1）来源：各种酸碱废水、锅炉补给水处理系统排水、锅炉化学清洗系统排水、实验室、取样系统排水、空气预热器冲洗排水、锅炉侧冲洗水等。

2）特性：pH、悬浮物。

3）处理：化学废水→调节池→pH调节槽→絮凝反应沉淀区→最终中和池→回用（达标排放）。

（2）综合废水。

1）来源：机组排水、机组检修污水、清洗排水、输煤系统冲洗水（经初沉）、经预处理后的生活污水。

2）特性：固体悬浮物浓度（SS）高、含油。

3）处理：工业废水→调节池→泵→反应沉淀池→气浮池→泵→过滤器→清水池→回用。

（3）生活污水。

1）来源：厂区或生活区生活污水。

2）特性：五日生化需氧量（$BOD_5$）、化学需氧量（COD）高，可生化性好。

3）处理：生活污水→调节池→泵→生物氧化池→沉淀池→中间水池→过滤器→消毒池→回用。

（4）含煤废水。

1）来源：输煤系统冲洗水等。

2）特性：SS高。

3）处理：含煤废水→调节预沉池→泵→一体处理机→清水池→回用。

（5）冷却水排污水

1）来源：循环冷却系统排污水。

2）特性：含盐量高，SS。

3）处理：排污水→澄清池→过滤器→超滤→保安过滤器→反渗透→出水。

（6）给水净化含泥水。

1）来源：河水净化工艺时产生的含泥污水。

2）特性：含泥量高。

3）处理：排泥水→浓缩→加药絮凝→压滤脱水→泥饼外运。

**2. 煤场排水水质及处理**

煤场排水水质及处理情况如下：

（1）水质水量。根据实地监测及电厂料部的运行工况，煤场排水的产生主要集中在每天7：00～9：00和15：00～16：00，平均水量约600m³/d。煤场排水的水质平均测试值见表5-2。

表5-2　　水　质　水　量

| 项目 | 冲洗水 | 溢流清水 |
|---|---|---|
| pH值 | 8.26～8.33 | 8.29～8.53 |
| SS（mg/L） | 976～3011 | 30～80 |
| $COD_{Cr}$（采用重铬酸钾作氧化剂测出的化学需氧量，mg/L） | ＞1500 | 30～60 |
| 矿物油（mg/L） | 0.56～1.26 | 1.02 |

（2）现有处理工艺。煤场排水主要由煤场喷淋水、输煤栈桥和各转运站的冲洗水组成，这些废水就近汇入煤泥池，用提升泵打入位于煤场两端的沉煤池，通过自然沉淀后，澄清水溢流排放。处理系统的主要设备规范有：

1）煤泥池：4m×2m×3m，14只。

2）提升泵：50m³/h，14台。

3）沉煤池：60m×9m×3.5m（可用深度），2座。

（3）煤场排水凝聚试验。由于煤场排水中的煤粉颗粒非常细小，为提高过滤效率，一般在过滤之前采用絮凝处理。试验采用电厂常用的PAC作为凝聚剂，通过改变加药量做出加药量与剩余悬浮物的关系曲线，实验结果如图5-14所示。

从图5-14可看出，加药量大于20mg/L，水中绝大多数的煤粉均能迅速沉降，剩余悬浮物为较大的絮体，极易被过滤去除。考虑到经济运行，加药量控制在20～30mg/L即可。经过沉淀处理，不能完全达到回用的水质要求，因此采用过滤方式处理是必要的。

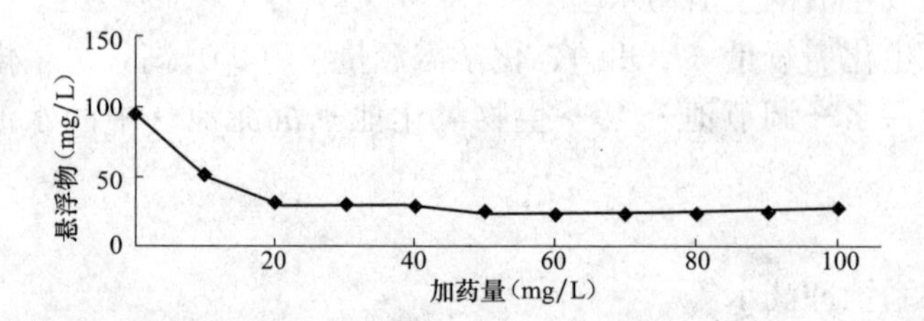


图5-14　PAC加药量与剩余悬浮物关系曲线

**3. 煤场沉淀池**

（1）概述。燃煤电厂含煤废水主要来自输煤系统，包括输煤栈桥冲洗排水和煤场因降雨形成的表面径流等，其中，输煤栈桥冲洗水量小，而煤场雨水量较大，不满足废水排放标准。以前，电厂设计和管理部门对含煤废水认识不够，一般经简单沉淀后直接排入雨水排水系统。近年来，电厂设计和管理部门环保意识增加，含煤废水问题逐渐得到重视。目前，输煤栈桥冲洗水量计算方法在《火力发电厂运煤设计技术规程》中有具体要求，而煤场雨水量计算方法及相应参数尚未详细规定，因此各个电厂的含煤废水储存及处理设施各不相同，部分电厂的雨水沉淀池容积较大，投资也大。煤场沉淀池如图5-15所示。

（2）现状。目前，各个电厂均设置煤场雨水沉淀池，根据具体情况，容积也各不相同，总容积最大的4000m³，最小的65.1m³，一般长15m，宽5m，深度4～6m，澄清水直接排入雨水下水道，栈桥冲洗水经沉煤池处理后排放。

通过对火力发电厂进行调研观测，发现电厂沉煤池存在不同程度的问题，主要表现在运行管理和设计方面都有不完善之处，雨水沉煤池出水小能满足国家排放标准。因此，如何合理确定煤场、雨水沉淀池设计标准及含煤废水处理工艺，需要我们认真探讨。

图 5-15　煤场沉淀池

（3）关于煤场雨水沉淀池问题的探讨。

1）电厂宜设置煤场雨水沉淀池。电厂煤场一般占地数公顷，其中堆有大量原煤。降雨时，煤场表面逐渐形成径流。由于水流的冲刷作用，细小的煤粉颗粒随水流排出煤场。因此煤场排出的初期雨水，含有相当数量的煤粉颗粒，颜色乌黑，如果直接排入下水道，不仅污染受纳水体，而且其中的煤粉颗粒未得到回收，造成浪费。因此，电厂应收集煤场初期雨水，并进行适当处理，这样不仅保护了水环境，而且回收了雨水中夹带的煤粉。

2）煤场雨水沉淀池容积宜按收集煤场初期雨水设计。煤场雨水沉淀池有效容积可根据煤场降雨量确定。煤场排出的雨水量与雨水设计重现期、降雨历时和煤场径流系数有关。煤场雨水设计重现期不宜定得太高，宜与全厂协调一致，应立足于煤场雨水在常见的降雨条件下不外排。根据《火力发电厂水工设计规范》，煤场雨水设计重现期取为 2～5d，煤场径流系数取为 0.15～0.3。煤场雨水沉淀池宜收集煤场排出的初期受污染雨水，随着降雨历时的延长，雨水中夹带的煤粉颗粒愈来愈少，因此后期排出的雨水基本不受污染，可以直接排放。一般情况下，降雨持续 0.5h 后排水比较清洁，因此煤场雨水沉淀池集雨时间按不小于 0.5h 考虑，0.5h 内的降雨汇入煤场雨水沉淀池，此后的降雨全部排入下水道。

3）输煤栈桥冲洗后沉淀池宜与煤场雨水沉淀池合并设置。输煤栈桥冲洗水与煤场排出的初期雨水相似，含有煤粉颗粒，颜色乌黑，不能直接排入受纳水体。输煤栈桥冲洗水沉淀池与煤场雨水沉淀池宜合并设置，不仅便于管理，而且可节省投资。输煤栈桥一般采用水力清扫，由人工进行冲洗，一日三次，总排水量不大。假定栈桥宽度为 7m，总长 2km，经计算输煤栈桥冲洗约 $420m^3/h$，而煤场雨水沉淀池容积大，一般在 $500m^3$ 以上，在无雨季节处于闲置状态。沉淀池合建后，栈桥冲洗排水可利用雨水沉淀池进行水量调节和初步沉淀，有利于改善出水水质和简化后续处理工艺。

某发电厂工程即采用了煤场雨水沉淀池与输煤栈桥冲洗水沉淀池合并的做法，其初期雨水与栈桥冲洗水经沉淀后用作水力除灰至煤场，后期雨水直接排放。这样，不仅少投资建设一个沉淀池，节省了投资，而且方便管理，又节省了电厂的用水。

4）煤水沉淀池设置方式与煤水处理工艺有关。

a. 当煤场雨水沉淀池出水用于水力除灰时，不需进一步处理，投资省，应优先采用。当直接排放或回用时，宜采用混凝沉淀加过滤处理，此时，煤水沉淀池可按收集煤场初期受污染雨水和输煤栈桥冲洗水设计，其作用相当于水量调节池和初步沉淀池。

b. 当有废弃池塘利用或经济比较合理时，煤水沉淀池也可按自然沉淀池设计。但其占地面积大，出水水质难于控制，效果不甚理想。根据有关单位静沉试验数据，煤粉平均沉降速度为 0.01～0.8mm/s，小颗粒煤粉难以沉降。要达到排放要求，必须建设大容量沉淀池或利用大容量废弃池塘。

**4. 输煤系统含煤污水的处理**

沿海燃煤火力发电厂输煤系统所产生的含煤污水包括煤场水喷淋和雨天积水，输煤码头水冲洗和雨天积水，各转运站、栈桥的喷淋渗漏和水冲洗等。图 5-16 是将物理、化学法融为一体的含煤污水处理工艺。

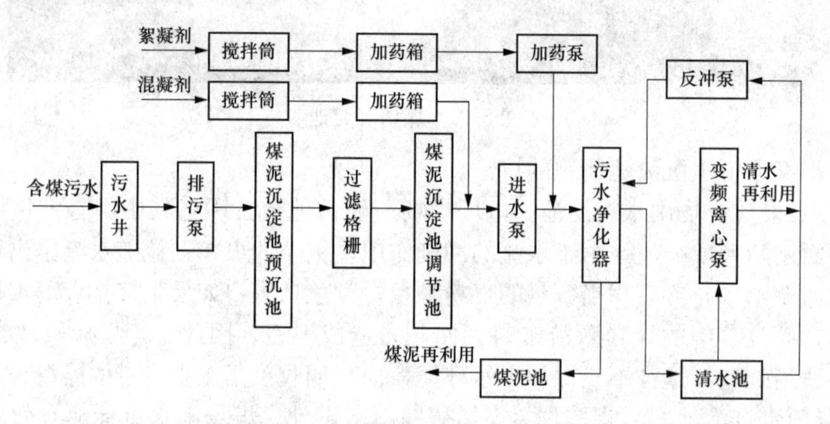


图 5-16　输煤系统含煤污水处理工艺

含煤污水主要处理方式为：

（1）添加混凝剂和絮凝剂。药剂与含煤废水中细颗粒煤充分混合后使煤絮凝沉淀。含煤污水净化处理混凝剂通常采用铝盐或铁盐，目前较为常用的是聚合氯化铝。絮凝剂主要采用聚丙烯酰胺。混凝剂通常用水泵混合、管道混合器混合或机械混合，其中常用的是水泵混合法。

（2）沉淀和澄清。采用沉淀池或澄清池作为处理单元，沉淀池用平流沉淀或斜管（板）沉淀方式。

（3）过滤。常用的过滤设施有快滤池和重力式无阀滤池。一般是由几种方式通过优化组合后混合应用，在考虑经济效益的同时，实现对含煤污水的最佳净化效果，以达到环保效益的最大化。

**5. 序批式煤水回收处理工艺**

（1）原理及流程。序批式煤水回收处理系统由两个以上处理器并联而成，其主要特征就是设备在空间和时间上按序排列、间歇操作。所谓空间上的序批是指废水连续按序列进入各个处理器，它们运行时的相对关系是有次序的，也是间歇的；而时间上的序批是指设备的每个运行周期均包括进水—反应沉淀—排水—闲置等几个连续的阶段，各个阶段的运行时间、反应器内混合液体积的变化及运行状态等都可根据废水性质、出水质量与运行功能等灵活掌握，其工艺流程如图 5-17 所示。

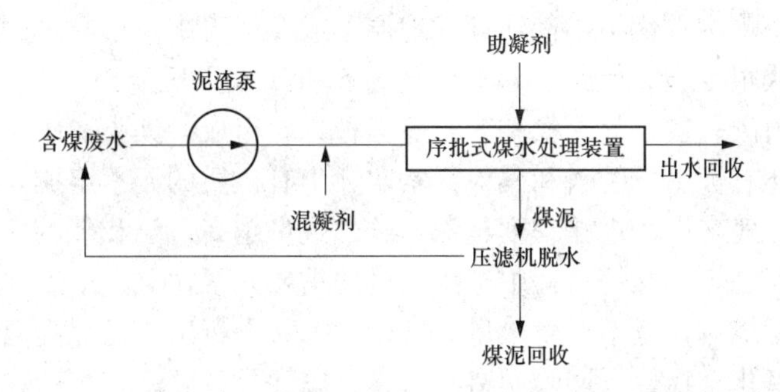


图 5-17　序批式煤水回收处理工艺流程

序批式煤水回收处理系统由两个以上的沉淀池组成，其运行方式如下：

1）进水打开第一个处理器进水阀，使含煤废水由进水口进入，此时其他处理器的进水阀均关闭；当第一个处理器充满水后，关闭其进水阀，继而再打开第二个处理器的进水阀开始进水，依次类推。

加药通过进水管和处理器上端的加药管对已充满水的池内投加混凝剂和助凝剂，药量和投加比例依照试验结果确定，用计量泵控制投加量。反应借助机械搅拌器来完成。

2）澄清反应完毕后，开始沉淀，当沉淀到一定时间后，固液完全分离，澄清过程结束。

3）排水。打开排水阀排放清水，清水排放到指定液位后，关闭排水阀。

4）排泥。排泥可一周期排一次，也可几个周期排一次。

（2）特点。通常的煤水处理设备主要由调节池、絮凝澄清池、过滤器、污泥脱水等部分组成，是连续流式的污水处理。这类设备结构复杂、投资大、占地广、运行维护困难。序批式煤水回收处理设备是提供了时间程序的污水处理，它容各部分功能于一体，其特点如下：

1）运行管理简单。由于工业自动化和电子技术的高速发展，先进的电磁阀、液位传感器、可编程控制器及电子计算机的应用，完全可以实现运行管理自动化。

2）降低造价，减少用地。由于此系统不需要调节池，污泥浓缩也可在此装置中完成，省去了庞大的调节池和污泥浓缩池，因此可降低工程造价，减少占地，节约投资。

3）分离效果好。系统沉淀时没有进水干扰，是理想的静止沉淀，泥水分离效果好，可避免短路、异重流等影响，出水浊度均小于 20NTU。

4）耐冲击负荷。此装置为间歇式运行，其本身有耐水量冲击负荷的能力。通过调试加药量、反应时间和沉淀时间，也具有耐悬浮物冲击负荷的能力。

5）运行可靠，操作灵活。可调节此装置的运行周期和反应时间，使处理后水达标排放或回用。据最新资料，市场上现有的煤水处理系统包括机械反应池、竖流沉淀池、无阀滤池组合；沉煤池、高效过滤器组合；沉淀池、曝气池、膜式过滤器组合等系统。

上述煤水处理系统虽然各有所长，但与序批式煤水处理系统相比，均存在设备较多、占地面积大、建设成本高等不足，这类系统一套 20t/h 的设备成本加上土建等费用，投资将在百万元以上，而序批式煤水处理系统结构简单、附加设备少、制作成本低、运行维护简单，投资约为上述系统的三分之一左右，性价比很高，值得推广应用。

### 5.5.2 煤场空气污染的处理

**1. 煤场空气污染源**

（1）煤的成分。煤由古代植物遗体埋在地层下或在地壳中经过一系列非常复杂的变化而形成。煤的化学组成很复杂，但归纳起来可分为有机质和无机质两大类，以有机质为主体。煤中的有机质主要由碳、氢、氧、氮和有机硫五种元素组成。其中，碳、氢、氧占有机质的95%以上。此外，还有极少量的磷和其他元素。煤中有机质的元素组成，随煤化程度的变化而有规律地变化。一般来讲，煤化程度越深，碳的含量越高，氢和氧的含量越低，氮的含量也稍有降低。碳和氢是煤炭燃烧过程中产生热量的重要元素，氧是助燃元素，三者构成了有机质的主体。煤炭燃烧时，氮不产生热量，常以游离状态析出，但在高温条件下，一部分氮转变成氨及其他含氮化合物，可回收制造硫酸铵、尿素及氮肥。硫、磷、氟、氯、砷等是煤中的有害元素。含硫多的煤在燃烧时生成硫化物气体，不仅腐蚀金属设备，与空气中的水反应形成酸雨，污染环境，危害植物生产，而且将含有硫和磷的煤用作冶金炼焦时，煤中的硫和磷大部分转入焦炭中，冶炼时又转入钢铁中，严重影响焦炭和钢铁质量，不利于钢铁的铸造和机械加工。用含有氟和氯的煤燃烧或炼焦时，各种管道和炉壁会遭到强烈腐蚀。将含有砷的煤用于酿造和食品工业作燃料，砷含量过高，会增加产品毒性，危及人民身体健康。

煤中的无机质主要是水分和矿物质，它们的存在降低了煤的质量和利用价值，其中绝大多数是煤中的有害成分。另外，还有一些稀有、分散和放射性元素，例如，锗、镓、铟、钍、钒、钛、铀等，它们分别以有机或无机化合物的形态存在于煤中。其中某些元素的含量，一旦达到工业品位或可综合利用时，就是重要的矿产资源。

1）煤中的碳。一般认为，煤由带脂肪侧链的大芳环和稠环所组成，这些稠环的骨架由碳元素构成。因此，碳元素是组成煤的有机高分子的最主要元素。同时，煤中还存在着少量的无机碳，主要来自碳酸盐类矿物，如石灰岩和方解石等。碳含量随煤化度的升高而增加。在我国，泥炭中干燥无灰基碳含量为55%～62%；成为褐煤后碳含量就增加到60%～76.5%；烟煤的碳含量为77%～92.7%；一直到高变质的无烟煤，碳含量为88.98%。个别煤化度更高的无烟煤，其碳含量多在90%以上，如北京、四望峰等地的无烟煤，碳含量高达95%～98%。因此，整个成煤过程，也可以说是增碳过程。

2）煤中的氢。氢是煤中第二个重要的组成元素。除有机氢外，在煤的矿物质中也含有少量的无机氢。它主要存在于矿物质的结晶水中，如高岭土（$Al_2O_3 \cdot 2SiO_2 \cdot 2H_2O$）、石膏（$CaSO_4 \cdot 2H_2O$）等都含有结晶水。在煤的整个变质过程中，随着煤化度的加深，氢含量逐渐减少，煤化度低的煤，氢含量大；煤化度高的煤，氢含量小。总的规律是氢含量随碳含量的增加而降低，尤其在无烟煤阶段就更为明显。当碳含量由92%增至98%时，氢含量则由2.1%降到1%以下。通常是碳含量在80%～86%时，氢含量最高，即在烟煤的气煤、气肥煤段，氢含量高达6.5%。在碳含量为65%～80%的褐煤和长焰煤段，氢含量多数小于6%，但变化趋势仍是随着碳含量的增大而氢含量减小。

3）煤中的氧。氧是煤中第三个重要的组成元素。它以有机和无机两种状态存在。有机氧主要存在于含氧官能团，如羧基（—COOH），羟基（—OH）和甲氧基（$—OCH_3$）等中；无机氧主要存在于煤中水分、硅酸盐、碳酸盐、硫酸盐和氧化物中。煤中有机氧随煤化度的加深而减少，甚至趋于消失。褐煤在干燥无灰基碳含量小于70%时，其氧含量可高达

20%以上。烟煤碳含量在85%附近时，氧含量几乎都小于10%。当无烟煤碳含量在92%以上时，其氧含量都降至5%以下。

4）煤中的氮。煤中的氮含量比较少，一般为0.5%～3.0%。氮是煤中唯一的完全以有机状态存在的元素。煤中有机氯化物被认为是比较稳定的杂环和复杂的非环结构的化合物，其原生物可能是动、植物脂肪。植物中的植物碱、叶绿素和其他组织的环状结构中都含有氮，而且相当稳定，在煤化过程中不发生变化，成为煤中保留的氮化物。以蛋白质形态存在的氮，仅在泥炭和褐煤中发现，在烟煤中很少，几乎没有发现。煤中氮含量随煤的变质程度的加深而减少。它与氢含量的关系是随氢含量的增高而增大。

5）煤中的硫。煤中的硫分是有害杂质，它能使钢铁热脆、设备腐蚀、燃烧时生成的二氧化硫（$SO_2$）污染大气，危害动、植物生长及人类健康。所以，硫分含量是评价煤质的重要指标之一。煤中含硫量的多少，似与煤化度的深浅没有明显的关系，无论是变质程度高的煤或变质程度低的煤，都存在着有机硫或多或少的煤。煤中硫分的多少与成煤时的古地理环境有密切的关系。在内陆环境或滨海三角洲平原环境下形成的和在海陆相交替沉积的煤层或浅海相沉积的煤层，煤中的硫含量就比较高，且大部分为有机硫。

根据煤中硫的赋存形态，一般分为有机硫和无机硫两大类。各种形态的硫分的总和称为全硫分。所谓有机硫，是指与煤的有机结构相结合的硫。有机硫主要来自成煤植物中的蛋白质和微生物的蛋白质。煤中无机硫主要来自矿物质中各种含硫化合物，一般又分为硫化物硫和硫酸盐硫两种，有时也有微量的单质硫。硫化物硫主要以黄铁矿为主，其次为白铁矿、磁铁矿（$Fe_3O_4$）、闪锌矿（ZnS）、方铅矿（PbS）等。硫酸盐硫主要以石膏（$CaSO_4 \cdot 2H_2O$）为主，也有少量的绿矾（$FeSO_4 \cdot 7H_2O$）等。

（2）煤的物理性质。煤的物理性质是煤的一定化学组成和分子结构的外部表现。它是由成煤的原始物质及其聚积条件、转化过程、煤化程度和风、氧化程度等因素决定的。其包括颜色、光泽、粉色、比重和容重、硬度、脆度、断口及导电性等。其中，除了比重和导电性需要在实验室测定外，其他根据肉眼观察就可以确定。煤的物理性质可作为初步评价煤质的依据，并用以研究煤的成因、变质机理和解决煤层对比等地质问题。

1）颜色。颜色是指新鲜煤表面的自然色彩，是煤对不同波长的光波吸收的结果。呈褐色或黑色，一般随煤化程度的提高而逐渐加深。

2）光泽。光泽是指煤的表面在普通光下的反光能力。一般呈沥青、玻璃和金刚光泽。煤化程度越高，光泽越强；矿物质含量越多，光泽越暗；风、氧化程度越深，光泽越暗，直到完全消失。

3）粉色。粉色指将煤研成粉末的颜色或煤在抹上釉的瓷板上刻划时留下的痕迹，所以又称为条痕色。呈浅棕色或黑色。一般是煤化程度越高，粉色越深。

4）比重和容重。煤的比重又称煤的密度，它是不包括孔隙在内的一定体积的煤的质量与同温度、同体积的水的质量之比。煤的容重又称煤的体重或假比重，它是包括孔隙在内的一定体积的煤的质量与同温度、同体积的水的质量之比。煤的容重是计算煤层储量的重要指标。褐煤的容重一般为1.05～1.2，烟煤为1.2～1.4，无烟煤变化范围较大，为1.35～1.8。煤岩组成、煤化程度、煤中矿物质的成分和含量是影响比重和容重的主要因素。在矿物质含量相同的情况下，煤的比重随煤化程度的加深而增大。

5）硬度。硬度是指煤抵抗外来机械作用的能力。根据外来机械力作用方式的不同，可进一步将煤的硬度分为刻划硬度、压痕硬度和抗磨硬度三类。煤的硬度与煤化程度有关，褐煤和焦煤的硬度最小，为2～2.5；无烟煤的硬度最大，接近4。

6）脆度。脆度是煤受外力作用而破碎的程度。成煤的原始物质、煤岩成分、煤化程度等都对煤的脆度有影响。在不同变质程度的煤中，长焰煤和气煤的脆度较小，肥煤、焦煤和瘦煤的脆度最大，无烟煤的脆度最小。

7）断口。断口是指煤受外力打击后形成的断面的形状。在煤中常见的断口有贝壳状断口、参差状断口等。煤的原始物质组成和煤化程度不同，断口形状各异。

8）导电性。导电性是指煤传导电流的能力，通常用电阻率来表示。褐煤电阻率低，褐煤向烟煤过渡时，电阻率剧增。烟煤是不良导体，随着煤化程度增高，电阻率减小，无烟煤电阻率较低，具有良好的导电性。

**2. 煤场空气污染的危害**

（1）大气污染物的迁移和扩散。大气污染物排放至空气中后，会随空气流动发生迁移和扩散。一方面污染物稀释，另一方面可将部分污染物扩散到更大的范围。此外，污染物也可从空气中逐渐沉降至水、土壤等环境介质中。迁移和扩散过程可受多种因素影响，如污染源排放情况（排放量、排放高度等）、气象因素（风向、风速等）和地形因素等。煤场污染物在多种因素综合作用的影响下，会对其周围数千米范围内的人群造成危害。一般来说，离污染源的距离越近，污染越严重，对人群健康危害越大。这并不意味着远离污染源的人群就不会受到任何影响。随着迁移和扩散，更广泛的人群在一定程度上仍会接触到大气污染物。以细颗粒物（PM2.5）为例，它的扩散距离可以达到数千千米，造成大范围的污染，甚至成为全球性问题。

（2）煤场污染物对人体的危害。大气污染物主要通过呼吸道进入人体，小部分的污染物（主要为总悬浮颗粒物、重金属等物质）也可降落至食物、水体或土壤，通过进食或饮水，经消化道进入体内。还有些脂溶性的污染物（如多环芳烃类、砷等）可通过直接接触黏膜、皮肤进入机体。

除此之外，煤场的某些污染物（如多环芳烃类）可能还会通过胎盘转运至胎儿体内从而造成健康危害。人体接触外源化学物后，会经历吸收、分布、代谢和排泄四个过程。依接触方式和化学性质的不同，外源化学物可经皮肤、肺（呼吸）黏膜和消化道吸收。经皮肤、黏膜吸收的直接进入血液循环至全身各处；经消化道吸收后到肝脏，代谢后分布至全身各组织器官。作为所有化学物的代谢中心，肝脏内各种酶的作用使外源化学物发生各种复杂的代谢转化反应，相应地其化学毒性也会有增强、降低和不变三种情况。外源化学物及其代谢产物可经尿、粪、汗、呼气等各种途径排出体外。

**3. 治理措施**

（1）储煤场的空气污染防治。

1）煤场周围种植大量乔木，组成防护林带，减少煤尘对周围大气环境的影响。

2）在煤场周围设置3m高的围墙，并装设防风抑尘网，可有效减少煤尘飞扬。

3）对存储煤炭加高压水喷洒，根据一年四季天气情况，适时进行严格管理，春夏秋三季每天4次（8点、12点、16点、20点），冬季一次（10点），进行高压喷水，保持煤堆表面含水率在6%以上。

4）易扬尘处均设置水力清扫设施，以消除煤尘，防止煤尘的二次污染。

5）储煤场全部存煤用塑料布进行遮盖。

6）装卸机装设喷雾降尘喷嘴，在其运行过程中自动喷水雾防尘。

采用以上措施后，可有效防止煤尘对大气环境的污染。

（2）煤炭运输过程中煤尘的防治。采用汽车运输，在运输过程中，沿途撒漏、碾压都会造成扬尘的二次污染。汽车运输不仅增加现有公路的运输压力，也增加了路面质量的破坏程度，因此，进场道路必须进行定期维护。装卸车过程中防尘措施比较易于落实，喷水降尘会取得很好的效果，同时，装车后在煤车表层煤炭增加湿度。控制汽车装载量，严禁超载，避免因超载加速路面损坏。主要运煤道路要有专人负责维护和保养，及时清洁路面，煤尘对沿线的污染影响也是客观存在的，一般情况下，道路两侧100m是其主要影响区域，只要落实防尘措施，这种影响可控制在较小范围内。

### 5.5.3 土壤的渗透及处理办法

**1. 土壤污染的概念**

土壤是指陆地表面具有肥力、能够生长植物的疏松表层，其厚度一般在2m左右。土壤不但为植物生长提供机械支撑能力，也能为植物生长发育提供所需要的水、肥、气、热等肥力要素。近年来，由于人口急剧增长，工业迅猛发展，固体废物不断向土壤表面堆放和倾倒，有害废水不断向土壤中渗透，大气中的有害气体及飘尘也不断随雨水降落在土壤中，导致了土壤污染。凡是妨碍土壤正常功能，降低作物产量和质量，还通过粮食、蔬菜、水果等间接影响人体健康的物质，都叫作土壤污染物。

土壤污染物的来源广、种类多，大致可分为无机污染物和有机污染物两大类。无机污染物主要包括酸，碱，重金属（铜、汞、铬、镉、镍、铅等）盐类，放射性元素铯、锶的化合物，含砷、硒、氟的化合物等。有机污染物主要包括有机农药、酚类、氰化物、石油、合成洗涤剂及由城市污水、污泥及厩肥带来的有害微生物等。当土壤中含有害物质过多，超过土壤的自净能力，就会引起土壤的组成、结构和功能发生变化，微生物活动受到抑制，有害物质或其分解产物在土壤中逐渐积累，通过“土壤→植物→人体”或通过“土壤→水→人体”间接被人体吸收，达到危害人体健康的程度，就是土壤污染。为了控制和消除土壤的污染，首先要控制和消除土壤污染源，加强对工业“三废”的治理，合理施用化肥和农药。同时还要采取防治措施，如针对土壤污染物的种类，种植有较强吸收力的植物，降低有毒物质的含量（如羊齿类铁角蕨属的植物能吸收土壤中的重金属）；通过生物降解净化土壤（如蚯蚓能降解农药、重金属等）；施加抑制剂改变污染物质在土壤中的迁移转化方向，减少作物的吸收（如施用石灰），提高土壤的pH，促使镉、汞、铜、锌等形成氢氧化物沉淀。此外，还可通过增施有机肥、改变耕作制度、换土、深翻等手段，治理土壤污染。

**2. 煤场对土壤的影响**

对土壤环境的危害，煤尘中含有大量的碳、硫（电厂煤尘中不含此元素）、氮及重金属等元素，降落于土壤后，长期积累可能引起土壤酸化、重金属污染等问题。土壤环境发生变化后，最终也会影响植物的生长发育。

为承重大型运输车辆的碾压需要，在土层厚的耕地里建设煤场，需要四道工序：首先，向下挖几十厘米厚的土层，用轧道机或电夯把它充分打实；其次，填鹅卵石，大致需要三四十厘米，用小沙石铺平后用轧道机再滚数遍；然后，再用三合土铺平，用轧道机碾轧、夯实；最终，铺上10cm煤矸石轧平，再建上房屋，一个煤场就形成了。

建煤场所挖掉的土层正是最适于耕作的地表土土层。这种土层非常宝贵，就连国家要进行一些项目的建设时，所挖出的地表土都必须作为一种资源存放起来。就算农民能把煤场下的土地清理出来的话，其粮食产出水平也会大不如前。另外，土壤经过多次的碾轧、夯实，其物理性质，如透气性、土壤疏松度已经发生了明显的变化，这对于农作物的生长有很大影响。农作物需要较为疏松而且透气性好的土壤才能保持产量，建过煤场的土地显然不具备这个条件。

煤场破坏的不仅仅是其所占的耕地，还会对周围的耕地产生影响，飞舞的煤尘落到周围的农作物上会减少其光合作用面积，从而影响农作物的生长，同时人行、车轧也会影响到周围耕地的物理性质。从化学的角度讲，原煤中的一些化学物质（如硫）会随着雨水或洗煤水流到周围的耕地或地下水里，从而改变土壤的化学成分，影响耕种。

### 5.5.4 煤场噪声

**1. 煤场噪声的基本特征**

煤场的主要设备有卸煤机、堆（取）料机、皮带输送机、振动筛、破碎机、喂料机、提升机、车辆和船舶等。大部分设备是连续稳定运转的，为连续稳定噪声源，这些设备产生的噪声以低、中频噪声为主，是煤场噪声环境预测评价的关键。车辆、船舶的鸣声是间断性的，为间断性噪声源，预测评价可按交通噪声的方法进行。

**2. 场区内声源分类和声压级确定**

根据煤场设备的发声特点及传播方式，在预测评价中将各声源分为两大类，一类是点声源，另一类是整体声源，在半自由声场中传播的噪声均为点声源，具有较强噪声的机器设备车间或动力站房，可作为整体声源。当建筑物长、宽、高中最大值的 $1/\pi$ 小于受声点与建筑物外墙距离时，则整个建筑物可作为等效点声源处理。露天高噪声设备集中，其噪声相互作用形成一个混响声场，很难区分各声源的声级，只当作一个声源，混合点声源。据此，前述噪声设备中，卸煤机、堆（取）料机为点声源，卸船机为混合点声源；振动筛、破碎机、喂料机等布置在破碎车间和筛分车间内，可视为整体声源；皮带输送机、提升机布置在各转载楼内，水泵布置在水泵房内，可视为等效点声源。

**3. 治理措施**

（1）在设备订货时，向制造厂家提出限制设备噪声的要求，尽量将设备噪声控制在允许范围内。

（2）进出煤场的煤炭装卸定于 8～18 点，禁止夜间装卸运输。

（3）场区多种植乔木，提高绿化率，形成自然隔声屏障。

通过采取以上措施，能够有效控制噪声，确保厂界噪声达到《工业企业厂界环境噪声排放标准》（GB 12348—2008）2 类标准要求。厂区周围无自然、生态保护区和文物古迹等环境敏感点，距离最近的村庄均在 800m 以上，在采取上述措施后，煤场噪声对周围环境影响会减小。

## 5.6 煤场管理的数字化建设

### 5.6.1 概述

随着电力行业从 2002 年开始进行了机构改革和体制改革以来，发电市场产生了一种新的竞争机制，表现为“厂网分开，竞价上网”。发电厂能否在日益激烈的市场竞争中占有一席之地，最需要把握的就是采取何种措施使其拥有核心竞争力，而这一系列具体措施的实施是与发电厂的生存与发展紧密联系的。众所周知，发电中成本最高的是燃料的费用，所以对各种燃料的管理显得至关重要，具体到煤场来说就是如何提升空间的利用率。以前旧式的煤场管理存在着种种弊端，如调配不合理使得燃煤存放时间太长，质量下降，燃烧不充分，严重影响正常生产。到目前为止这些业务环节需要大量的手工工作表，大量的重复劳动，一些单据基本上都是人工填写和传递的，效率相当低。如此多的管理方面的弊端表明落后的信息方式已不能满足现代社会的需求，而这些问题都必须尽快解决。

企业信息化是指企业在一定程度上利用计算机技术、网络技术和数据库技术，实现企业内外部信息资源的共享和更加有效利用资源，从而提高企业的经济效益和市场竞争力，是解决电厂存在的种种问题的最有效方法，从而实现煤场系统的资源共享，帮助管理人员优化决策并提供科学指导。数字化煤场管理系统的建设必将对精化煤炭管理，辅助掺配煤工作，进一步降低燃料成本，提高煤场经济效益具有积极的促进作用。

现代化数字管理系统就是采用现代高科技信息化科技成果，合理高效的应用于电力产业各方面的管理，使得各部门能够合理利用资源，产生最大的效益。数字化煤场管理系统的主要任务就是最大限度地、高效地利用现代化计算机的主流技术来对煤场、燃料进行搭建管理平台和加强信息管理。要想为企业创造更多的经济效益，不断发展壮大，就必须通过信息资源的广泛利用和进一步的开发。在此基础上，还应当采取持续体改生产、经营的管理水平和效率，提升企业竞争力等措施。

对煤场采用现代数字化管理是一项庞大的工程项目，它包括计算机技术、网络技术、数据库技术、管理理念的创新，管理流程的优化，管理团队的重组和管理体制的创新，是一项复杂精细的工作。电厂数字信息化建设的目标是降低成本、提高经济效益、增强企业的市场竞争力。所以未来电力企业的竞争将主要是成本和技术两大方面的竞争。所以在规划时，应该重点考虑如何才能加强技术和带来最大的经济效益。所以分清主次、合理搭配是整个数字信息化建设的核心，而且要明确降低成本和提高经济效益的根本方法是提高技术含量、增强核心竞争力，从而让企业能充分利用好电厂的数字信息化建设。

事实上，我国该方面的发展还没有与我国现状达到一定程度的结合。我们需要从实际国情出发，合理引进国外先进技术。同时，还需加强自身自主开发能力，提高自主建设步伐。

### 5.6.2　国内外研究现状

现如今，国外的一些发达国家发电都是利用优质动力煤，而煤炭耗用，掺配和储存方面成了燃料管理研究的主要课题，这些研究都是为了提高燃烧效率和降低煤耗，与此同时也考虑减少损耗和排放污染的降低。

国际能源署（IEA）下属在英国的分部煤炭研究所曾调查了60个电厂，分属12个国家，从煤场管理经验和实践两个方面来研究煤质对火力发电厂影响的程度。美国在20世纪80年代初建立了一系列关于煤质影响方面的研究实践课题，提出了一种称为煤质影响模型（CQIM），并设计了煤质工程分析系统，专门评估、分析和计算不同煤质的影响程度，评估煤质产生的结渣，从而优选煤种或混配比。国外对煤场的管理主要是在确保生产的同时，通过合理规划库存物资和使用到的资金量最小，从而在提高物资产品的利用率同时，能加速资金周转以存储燃煤。

我国电力行业在20世纪60年代开始实现了信息化的发展，在这个信息化初级阶段的主要实现目标是在国家电力部门实现电厂和变电站自动监测反馈信息方面。经过二十多年的发展，在二十世纪八九十年代进入了电力行业专业化和系统化的应用，涉及的范围很广，包括信息的收集、处理和控制系统，配电管理系统，计算机智能系统。而在20世纪90年代后期，大规模集成的发展，计算机网络技术的改进，使得电力信息技术得到了更快的推进和发展，主要体现在以图形为界面、网络和数据库为支撑的管理信息系统逐步在电力企业中广泛推广等方面。在电力行业按照国家提出的产业转型后，电力生产和经营管理都实现了现代信息的改革，在信息网络化、信息系统化中的应用都得到了高速发展和渗透。

在20世纪末，技术的发展体现在硬件的高度集成和软件规模化，它带动的电力行业信息技术的进步使电力信息技术在各个方向得以发展。

### 5.6.3 建设数字化煤场的必要性

火力发电厂中燃料成本占发电成本的75%左右，控制燃料成本是电厂降低成本的关键，燃料管理无疑是降低成本、提高效益、抗御市场风险的有效方式，是提高企业管理水平、提高燃料质量、降低燃料成本的重要环节。

未来的燃料管理必将是信息化、网络化、管理信息化，网络化的存在可减少电厂参数的反馈时间，燃料管理系统可对各种质量的燃料统计分析，掺配组合根据生产现场运行方式反馈的问题信息做出及时的解决，找出最有利于锅炉燃烧热量吸收，水和硫的产物危害最低的燃煤，信息化、网络化的运行可使燃料管理工作达到快节奏信息化、高层次的管理要求，可使燃料管理满足从燃料计划、签订合同、入厂验收、采样、化验、质数量确认到结算统计的整个管理过程，从而提升企业生产管理水平、推动企业信息化进程、实现企业经济效益最大化服务。因此，建设现代化的数字化煤场是储煤管理的发展方向。

### 5.6.4 数字化煤场功能

（1）可分班次计算出煤场中每堆煤的存煤量。

（2）可按不同的煤种计算出煤场中各煤种的存煤量。

（3）可实时地显示煤场中总的存煤量，必要时发出超储积压或缺煤报警。

（4）可按用户的要求，实时统计和计算出各种存煤量数据。

（5）可按用户的要求，实时打印各种存煤量报表。

（6）可实时模拟仿真堆取煤的过程。

（7）可实时显示仿真堆煤在煤场中的位置及其形状。

（8）可实时查询配煤掺烧数据，对煤质指标超标准的存煤能按优先级别进行筛选排序当前现有的存煤量最佳配煤建议。

（9）可实现运行记录、查询、统计、分析等功能，实现网上信息共享，保证煤场的管理更加科学、合理，为机组安全经济运行提供保障。

### 5.6.5 数字化煤场的管理策略和措施

**1. 采用信息化管理**

采用数字化网上信息共享管理系统取代以往的粗放式管理，为实现锅炉安全经济提供技术支持。以直观的立体图和数据表来表示各处煤场的储煤情况。立体图用不同的颜色来区分不同煤场不同层的煤质指标，煤质波动时颜色作相应变化。合理掺配满足锅炉稳定燃烧的要求、经济性的要求、环保的要求。智能化的堆取煤操作功能采用基于图像分析的斗轮机上煤流量半自动控制系统中的煤流量检测装置，结合斗轮的行走编码器、俯仰编码器和回转编码器提供的堆取煤的位置信息及堆取煤的固有特征，实时地计算出煤场的存煤量并仿真堆取煤的过程，采用地理信息资源的方式在信息网煤控中心屏幕上显示出来，采用可视化图形以不同颜色显示不同煤场煤堆的外形，实时地显示每个煤堆的存煤量。信息网具有强大的查询、报表及打印功能，涉及煤场管理的方方面面。

**2. 数字化煤场的管理措施**

由于煤场堆，取煤操作的频繁性，有必要对煤场实行动态的管理，按照煤场数据采集功能，煤控中心屏幕上能单独将各煤场存煤情况以立体图和数据表形式显示出来，数据表应显示如下内容：煤场编号、存煤时间、矿别煤种、存煤量及各种煤质指标灰熔点、锅炉试烧意见及按配煤原则生成配煤建议列表的功能。

配煤方案的优化，本着烧旧存新的原则，为减低煤场损耗对煤场配煤采取最优化的方案：①煤质指标在标准范围内的存煤不必要进行掺配；②当煤质指标超过标准范围的存煤，必须进行掺配，利用微机将配煤方案优化，使配煤既能达到满足锅炉稳定燃烧需要，又是成本最低、经济效益好的优化配比方案，同时还能取得良好的社会效益和环境效益。

选用何种煤质指标作为配煤的依据，视锅炉燃料要求而定，通常选用灰分或发热量挥发分，有时也选用灰熔融性，例如，锅炉燃烧不好，煤耗高时，则选用挥发分或灰分作为配煤指标较合适，再如，为使烟气中硫氧化物含量符合排放标准要求，可选用硫分作为配煤指标，一般混煤的煤质特性可按参与混配的各种煤的煤质特性用加权平均计算出来，这是因为煤中灰分或发热量挥发分等在混配过程中不发生“交联”作用，有很好的加成性。然而，对灰熔融性则不能采用上述加权平均法，而必须通过对混配煤的实测，因为各种煤炭所含的矿物质各不相同，在高温下互相发生复杂的化学反应而形成新的共熔体，使混灰的熔融性发生变化。因此，对混煤的灰熔融性温度，必须通过实验室一系列不同的配比实验，筛选出适合锅炉燃烧要求的配比。

**3. 存取煤管理**

（1）为了进一步细化煤场管理，除用不同的颜色来区分不同煤场、不同层的煤质指标外，还要将一个整体煤场进行合理分段，以便于斗轮司机从空中侧面地清楚观察到煤场存取煤情况，准确地向煤控人员提供堆取料位置和数据，便于煤控中心人员准确记录堆取料数量、煤质、煤种、位置、储煤量等，具有方便快捷易操作的特点。

（2）由于煤场分段，便于煤场定点存放，将不同煤种做好详细记录，为合理配煤掺烧做好准备工作，对煤质差异大的存煤需要重点关注，合理调度，做好煤场定期测温、定期清场等控制煤场自燃、节能的目的。

（3）加强设备维护工作，保证设备的完好率。由于煤场采用数字化管理，保证设备的完好率是完成煤场堆、取煤及燃煤配烧的工作的有利保障。

**4. 完善各项规章制度**

为了使各项工作有条不紊的开展下去，必须有严格的制度约束按规定做好煤的盘点工作，利用现代化手段完成煤场月盘点及典型盘点工作，将盘点结果与数控系统中的数值进行比对，发现误差，立即分析原因及时校正。

**5. 加强人员的培训**

聘请有经验的专业人员对燃料相关专业人员进行专业培训，培训内容为配煤指标的选择与要求，锅炉的燃烧过程、磨煤机的运行工作原理、设备故障分析与处理等，让燃料运行人员充分了解锅炉燃烧特点及电厂的生产过程，提高燃料运行人员对加强煤场管理，做好煤炭掺配的重要性和必要性的重视。

### 5.6.6 数字化煤场建设的经济效益

数字化煤场的建立，可减少煤场的损耗，利用煤场的现代化管理手段和技术减少煤场的损耗，加强煤场的温度控制，减少煤场由于氧化、自燃而产生质量损耗，减少由于雨损、风损产生的数量损耗。

数字化煤场的建立，使配煤掺烧工作得到了加强，用较为劣质的煤种经配煤掺烧后，同样达到机组满发的效果，减少了燃用劣质的煤种对电厂产生的危害，对电厂节能降耗间接地创造了巨大的经济效益。

数字化煤场的建立，使配煤得到的新煤种煤质指标得到优化，杜绝了锅炉磨煤机发生堵塞、锅炉结焦，降低了机组非计划停运次数等事故，其创造的安全效益和经济效益都是非常可观和巨大的。

数字化煤场的建立和管理，可有效地减少消耗，降低发电成本，提高电厂的经济效益，从而提升了电厂抵御市场风险的能力，提升了发电企业在市场上的竞争力。

数字化煤场的建立和管理，可根据锅炉对配煤的质量要求和储煤煤质的变化，不断地优化配煤方案，以便对不同煤的配入比例及时做出调整，使配煤的质量均一、煤质稳定、配煤的成本最低，降低企业燃料成本，提高企业经济效益，同时还会取得良好的环境效益。

### 5.6.7 智能煤场

**1. 智能煤场的概念**

智能煤场包括两个方面的含义：

（1）进行煤场的数字化管理。煤场的数字化信息主要包括煤场的几何结构，煤场存煤煤种、煤质，存煤的来源，煤在煤场中的存放位置及数量，存煤的时间及存煤的温度等。操作主要有来煤登记、堆料安排、取料安排、取料记录、煤场修正等。

（2）进行智能化的堆、取料决策。堆料和取料是煤场的主要工作内容，目前我国的煤场管理主要依靠燃料运行人员的生产经验进行管理，由于不同运行人员的专业水平参差不齐，工作经验也不相同，导致了不同管理人员的煤场管理水平也不相同，整个煤场管理效率比较低下，人员工作比较繁重。该系统提出了智能化管理的概念，引入故障诊断领域广泛应用的专家系统，构建专家规则库和知识库，将运行人员的经验知识和领域专家的规则知识统一起来，采用合适的推理机制进行推理，提供智能的堆、取料决策。

**2. 智能煤场软硬件体系**

（1）系统硬件。系统采用B/S结构，通过IIS服务器进行发布，便于安装、维护，后台数据库采用微软公司的SQLServer2008。图5-18为本系统的硬件结构，由电厂服务器（或SIS)、系统应用服务器、客户端三部分组成。

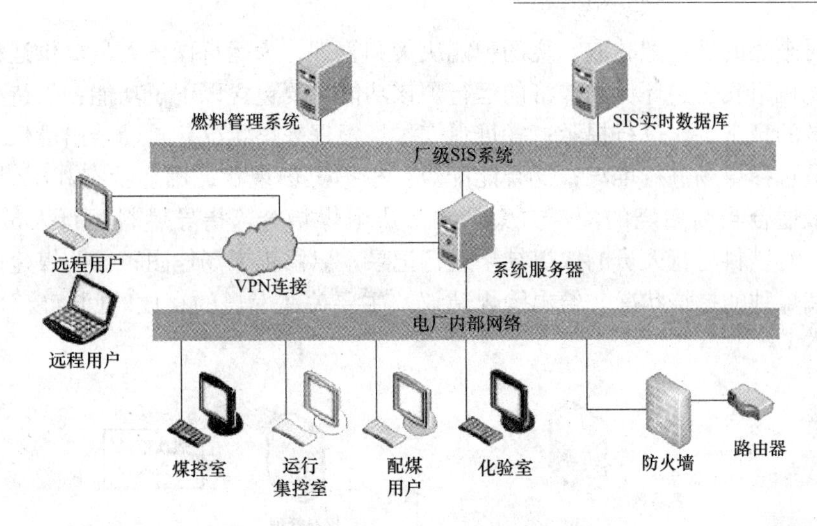


图 5-18　智能煤场管理系统硬件结构

电厂服务器是本系统中的实时数据源，又可将本系统中的优化决策和统计查询结果进行复用，从而实现数据的无缝连接；系统服务器和客户端之间采用标准的 B/S 三层结构，数据库和主要的计算程序运行在后台服务器上，前台以网页形式展现给用户，用户通过浏览器访问和操作系统。由于系统有很多的计算模块，通过后台实现这些运算，并且依托高速的内部网，能够大大提高系统前台的响应速度，这也是系统实时性和动态性的基础。

（2）系统软件。

1）功能分析。针对火力发电厂煤场智能管理的实际需要，系统的主要功能可归纳为以下几点：

a. 管理煤船到港、卸船情况。

b. 图形化显示煤场的实际存煤状况，即提供一张煤场存煤的三维地图，燃料运行人员可通过该图直观了解煤场的实时存煤情况和存煤堆放时间等所有与煤相关的信息。

c. 能够根据煤场的管理原则和运行人员的堆、取煤经验，确定堆煤、上煤计划，自动给出堆、取煤方案，并在确认或修改后直接给出堆煤和上煤计划表。

d. 以火电机组的安全、经济、环保为优化目标，建立智能配煤模型，根据电厂的实际情况给出具有可操作性的配煤方案。

e. 可对煤场的日常工作进行管理。主要包括堆煤、取煤、日常测温等。

f. 统计燃料运行人员的工作情况，根据电厂的实际需求，生成相应的报表。

g. 煤场安全报警，可设置存煤的堆放时间和煤质报警参数，以红色显示超出报警参数的存煤煤种。

h. 根据电厂的来煤特点，提供煤质数据录入和修改功能，修改后结果实时显示在煤场地图上。

i. 对电厂存煤进行综合分析，提供下一次的购煤建议，对价格和煤种给出具体建议。

j. 根据燃煤管理的需求，提供完善的管理统计报表，满足电厂的具体需要。

2）软件功能。根据功能分析，设计出结构图来满足不同功能的需求，如图 5-19 所示。系统开发采用了模块化的设计方法，根据设计目标，软件分为 4 个重要的模块。

a. 工作流程。这是该系统最主要的功能。依据火力发电厂燃料运行和发电运行的工作流程，实现对来煤的堆、配、取、烧的智能决策和管理，为运行操作人员提供运行操作指导意见，以实现机组安全、环保和经济的运行。该功能主要包含以下子功能：①待办工作：对燃料运行人员的日常工作进行提示；②堆料安排：根据来煤状况，自动给出堆煤决策，指导燃料运行人员选择煤场进行堆煤；③智能配煤：根据煤场现状、燃烧状态和配煤约束边界，自动计算出最适合当前燃烧的配煤方案，并形成上煤指令，指导燃料运行人员进行取煤；④取料记录：对燃料运行人员的取煤结果进行记录，以修正煤场地图；⑤购煤建议：综合煤场存煤状况和煤种的掺烧状况，给出购煤建议，主要关注燃煤的存放时间、硫分、发热量、挥发分和成本。

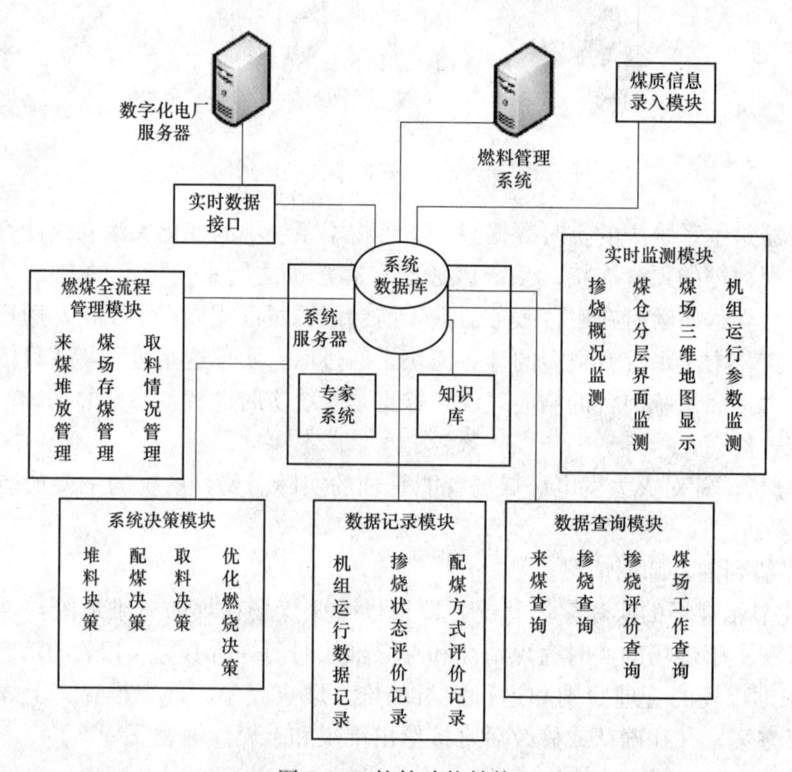


图 5-19　软件功能结构

b. 实时工况。该模块用来监测掺烧后的情况，并进行实时显示，进而在锅炉的运行过程中进一步实行优化，其包含以下子功能：①机组概况：显示来煤的堆、配、取、烧的结果，对异常情况进行报警，并对掺烧结果按安全、环保和经济三个方面进行实时评价；②煤场地图：显示存煤的实际情况，以三维图和二维展开图显示每一船煤的堆放位置、角度、时间、煤质信息和质量；③入炉煤监测：实时显示当前入炉煤的煤质情况和烟气（包括污染物）排放状况，并对未来几小时内的状况进行预测，供运行人员参考。

c. 统计查询。统计查询功能对煤场存煤情况及运行人员的燃煤掺烧工作情况进行查询和统计，包括以下子功能：①到港查询：可查看全厂的来煤情况；②上煤查询：查询燃料运行班长每次的上煤操作；③工作执行查询：对代办工作的执行情况进行查询；④盘煤统计查询：显示目前煤场内的存煤的煤质总体情况及 10 天内煤总量进出情况；⑤报表中心：提供电厂堆、配、取、烧的所有报表，并提供打印功能；⑥配煤查询：对历史配煤结果进行查询；⑦掺烧评价查询：可对历史上掺烧的煤种及燃烧状态进行查询，并对智能配煤的结果进行修正，以达到最优的目标。

d. 系统设置。系统设置为管理员特有的操作，用来设置边界、工作、权限等，包括以下子功能：①掺烧设置：用于设置配煤计算的边界条件；②煤场设置：定义煤场名称、半径和最后仰角等信息；③报警设置：定义煤质的报警阈值；④用户管理：设置系统使用者的用户名和密码；⑤岗位管理：根据电厂的工作流程设置系统的相关岗位；⑥部门管理：根据电厂实际情况设置工作部门；⑦工作制定：设置每项工作的实施人员及实施期限，其结果在代办工作中得到体现；⑧权限设置：给不同身份的登录用户不同的使用权限，以保障系统安全。

**3. 智能煤场的应用**

该系统在某电厂的主要应用界面有：

（1）来煤进厂登记界面，图 5-20 为 2011 年 6 月 21 日鹏业 V128 船所运优混煤的进场登记信息。

（2）进场登记操作结束后，系统根据专家系统求解的结果，自动给出堆料位置的决策（如图 5-21 所示）。操作人员也可根据实际情况，对给出的决策接受或进行修改。

| 煤种编号 | 11052102 | 船名 | 鹏业 * | 航次 | vL28 | 煤种名称 | 优混 * |
|---|---|---|---|---|---|---|---|
| 到港时间 | 2011-6-21 | 6 时 | 25 分 | 货票重量 | 10696 吨* | 录入人 | 林伟雄 |
| 装仓情况 | 1号仓☐ 2号仓☑ 3号仓☐ 4号仓☐ 5号仓☐ 6号仓☑ 7号仓☐ 8号仓☐ | | | | | | |

离港煤质数据记录表

| 全水分，% | 11.9 * | 低位发热量，MJ/kg | 22.64 | 5416.27 大卡 |
|---|---|---|---|---|
| 硫分，% | 00.79 * | 高位发热量，MJ/kg | 0 | 0 大卡 |
| 空干基水分，% | 0 | 可磨性系数 | 0 | |
| 灰分，% | 0 | 变形温度DT，℃ | 0 | |
| 挥发分，% | 0 | 软化温度ST，℃ | 0 | |
| 固定碳，% | 0 | 流动温度FT，℃ | 0 | |

图 5-20 进场登记信息

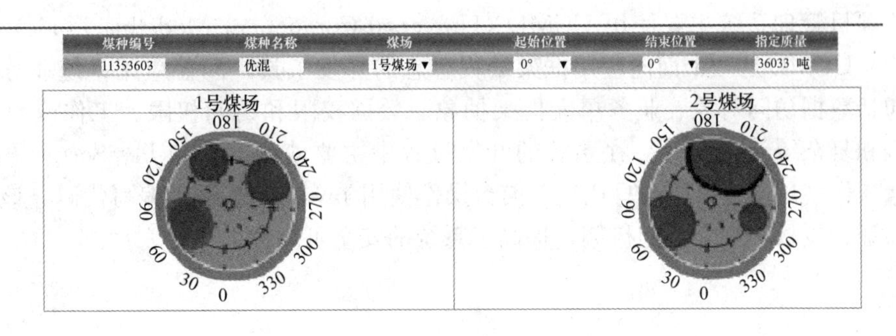


图 5-21 堆料决策

(3）取料管理界面由三部分构成：上部为对应煤场地图，中间为取料安排，下部为数据填写，燃料当班人员在每次取料后需填写并提交取料记录，填写的内容包括煤场名称、煤种名称、取料质量、取料时间、偏转角度和最后仰角，如图 5-22 所示。

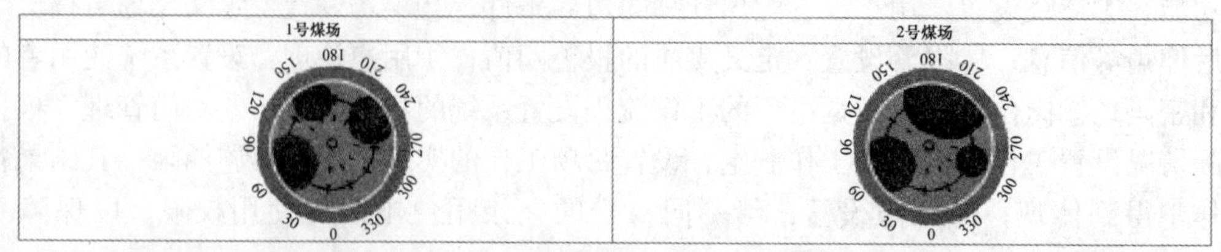


2011/7/2全天 取样安排:

| 1号机组 | | | | | 2号机组 | | | | |
|---|---|---|---|---|---|---|---|---|---|
| 煤仓 | 煤种 | 煤场 | 偏转角 | 安排类型 | 煤仓 | 煤种 | 煤场 | 偏转角 | 安排类型 |
| F仓 | 11063000 粤电101-优混 | | 度到度 | 自动 | F仓 | 11063003 粤电101-优混 | | 度到度 | 自动 |
| E仓 | 11063002 广州发展5-神混1 | | 度到度 | 自动 | E仓 | 11063002 广州发展5-神混1 | | 度到度 | 自动 |
| D仓 | 11063000 粤电101-优混 | | 度到度 | 自动 | D仓 | 11063003 粤电101-优混 | | 度到度 | 自动 |
| C仓 | 11063002 广州发展5-神混1 | | 度到度 | 自动 | C仓 | 11063002 广州发展5-神混1 | | 度到度 | 自动 |
| B仓 | 11063002 广州发展5-神混1 | | 度到度 | 自动 | B仓 | 11063002 广州发展5-神混1 | | 度到度 | 自动 |
| A仓 | 11063000 粤电101-优混 | | 度到度 | 自动 | A仓 | 11063003 粤电101-优混 | | 度到度 | 自动 |

注：偏转角为0°到0°，表明该煤夹在两堆煤之间，无法自动判断取煤角度，请手动设定!

数据填写

| 煤场名称 | 煤种名称 | 取料重量 | 取料时间 | 偏转角度 | 最后仰角 |
|---|---|---|---|---|---|
| 选择煤场▼ | 选择煤种▼ | 0 吨 | 2011/7/1 中班▼ | 0° ▼ 到 0° ▼ | -6 ▼ 0° ▼ |

图 5-22　取料管理

(4）电厂煤场的数字化三维地图，如图 5-23 所示，可看出 2 号煤场堆煤的实际位置。

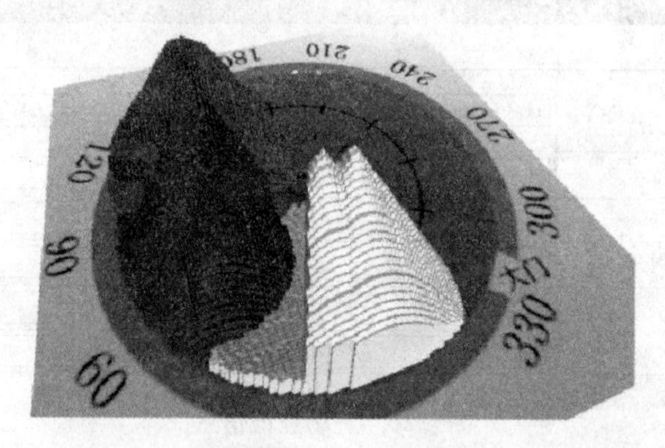


图 5-23　煤场三维地图

维修项目管理系统主要使用 UCML（Universal Component Modeling Logic）框架平台工具实现。UCML 是一个面向应用框架编程思想的开发工具，涵盖应用系统业务开发的全过程，包括数据访问对象、业务单元框架抽象、数据权限和访问权限、工作流引擎、WEB 填报报表和复杂统计报表等。在系统的开发过程中主要使用 C＃和 JavaScript 语言编写代码，后台操作使用 C＃语言编写代码，前台操作使用 JavaScript 语言编写代码。该系统将实施身份验证、授权等安全访问机制，提高了系统的安全可靠性。

第六章

# 煤 场 盘 点

盘煤就是火力发电厂盘点电厂煤场的存煤量，可分为人工盘煤和激光盘煤。如今盘煤的方式从原始的人工皮尺盘煤逐渐演变成高科技的激光自动盘煤。

早期人工盘煤的主要原理为首先将堆积的煤炭通过斗轮堆取料机（用来堆取煤炭的载体）进行整形，一般将其整成比较规则的梯形或矩形，再通过人工采用皮尺进行丈量，根据计算得其体积，再根据密度得出质量。

激光自动盘煤仪主要原理为利用高精度的激光扫描仪对煤场表面进行采集。通过计算机处理煤堆轮廓数据，重建出料煤场的3D图形，计算出煤堆的体积等信息，结合测定的密度，将得到堆煤的质量。

煤场盘点除测定煤堆体积外，还必须测定煤堆密度，如何更为准确地提供煤堆的密度尤为重要。

## 6.1 煤场盘点概述

早期国内各电厂普遍采用的传统测量方法基本是采用先用推土机把煤堆整形，使其外观形体近似梯形，再用经纬仪和米尺进行人工丈量，得到煤堆的体积后，还要按堆积重度进行煤量换算，由于煤场的燃料种类繁杂，煤场各点的压实状况不同，很难取得具有代表性的堆积重度。又由于煤场煤堆经常处于堆取状态，不可能对全部煤场进行整形，对不能整形的部位只能凭经验估算，人为因素较多，所以这种方法耗时耗力，耽误堆煤、取煤，计量精度差不利于管理数据化，不利于提高管理水平，也不利于提高经济效益。

管理是企业的命脉，火力发电厂的燃煤管理是生产管理的重要环节之一，因为火力发电厂每月的效率是与发电量和耗煤量密切相关的，而煤场存煤量的计量对电厂的经济指标有着直接的影响，因而准确、迅速地测量出煤场存煤的体积和质量是各电厂进行成本核算、经济效益评估和科学管理的重要工作。燃煤电厂存煤量计量的准确与否，一方面关系到电厂煤耗的计量和经济性指标，另一方面也关系到如何根据电厂的负荷，准确预测现有存煤的可用时间，这是电厂在运行过程中应该掌握的重要数据，尤其是在用煤紧张的情况下更为如此。

目前，各电厂装机的容量不断增加，而大多数电厂的煤场都是设置在露天的，且占地面积大，形状又不太规则，这些现状为存煤量的准确计量增添了一定的难度。

综上所述，煤场存煤量的快速、准确地计量是非常必要的。为保证发电厂煤炭使用与管理的科学化和数字化，便于电厂进行成本核算、提高绩效、经济效益评估和科学管理，有必要对煤炭的运输、储存和使用过程中的体积或质量进行实时的计量，为发电成本核算提供科学、准确和客观的盘存数据。

### 6.1.1 国内煤场盘点的现状

随着各大发电集团对燃料管理和核算的日趋精细化，盘煤工作已被提到了一个举足轻重的地位，激光盘煤作为目前最先进的盘煤技术，因其精度高、操作简便、自动化程度高受到了各大发电企业及冶金、矿业的青睐，其普及度也在迅速扩展。

目前，国内激光盘煤仪从技术层面上大致可分为两种：一种是单点式盘煤仪，即常说的便携式盘煤仪；另一种是固定式盘煤仪。

**1. 单点式盘煤仪**

单点式盘煤仪的基本原理是借用激光打点设备在煤堆上大量取点，获取了煤堆的表面特征点后，再进行三维构图，然后进行储量计算，其优点是携带简便，不受煤场规则的限制，可覆盖多个煤场；其缺点是由于是单个人工打点，故打点数比较有限，不能完全反映煤堆表面形状，且由于是人工操作，人为观察误差和经验误差较大（整体误差3%以上，视打点多少及煤场规则度而定），同时由于打点较多，操作量偏大，故此技术目前主要应用于部分小型无斗轮机载体的煤场如汽车煤场等，而对于圆仓煤场，由于煤堆过高，表面复杂度太高，单点设备根本无法盘测。

**2. 固定式盘煤仪**

固定式盘煤仪的基本原理是借用载体（斗轮机或行车等）固定激光扫描仪，脉冲激光从煤堆上方以扇形断面方式连续扫描，即在煤堆表面进行密集打点（最高测距精度达到1cm），从而获得煤堆表面形态，进行储量计算。相比较单点系统而言，固定式盘煤系统优势较为明显，首先是精度高，可达0.5%；其次是自动化程度高，部分公司开发的远程无线控制技术可实现单人单机远程盘煤；然后是操作简便，盘煤时仅须派1～2人到现场，盘煤时间为载体绕煤场行走一圈的时间。限于该系统的固定安装，故其缺点就是对没有载体或形状极不规则的煤场无法实现盘煤，同时由于涉及配件较多，造价也比单点的高。

目前，固定盘煤系统有2种方式进行数据采集：

（1）采用双传感器，行程传感器采集实际行走距离参数（圆仓系统里面不需要采用），回程传感器采集实际回转角度参数，所用传感器采用日本OMRON公司生产的高精度传感器。

（2）直接读取斗轮机表盘行程数据，存在一定误差，而且不能对盘煤系统进行实时匹配，对于煤场首尾两端不能测到的死角采用的是系统附带一套单点设备，而并未采用回程传感器，这样增加了成本的同时也导致了天然误差。

### 6.1.2 国外煤场盘点的现状

国外发达国家和地区类似的场合，如货场、矿场、料场、车场、治安监视区、汽车前后视区、物料输送车、皮带等均有较成熟的测量设备及方法。特别是在将军事导航等方面的技术民用化工作中，已有多种精密测量设备投放市场。基于红外激光的大功率扫描测量系统就是一种成熟的测量设备，它可进行二维或三维的高速测量，并配有高速的计算机接口，应用在类似火力发电厂储煤场这样的测量对象上有明显的实用性和优势。这种设备测距可达几十米到几千米，不受强光照射影响，自带高速光学扫描器，体积小、接口简单，价格也不断下调。在我们所研究的堆煤场这样的被测对象上，一些发达国家和地区都已有应用。

## 6.2　火力发电厂盘煤方法及系统功能

如今，随着科技的发展，存在各种各样的盘煤设备，如何精准地完成煤场盘点是现代电力企业制度的需要，也是电力企业自身的要求。仪器的高精度是取得准确数据的关键，系统的可操作性、便捷性是现场是否容易使用的关键，系统的可评判性（系统的自纠错能力）是结果是否准确的关键，数据的处理是结果评判的关键。

火力发电厂盘煤的目的是保证电厂的储备煤量适量，不能储备过多或过少。因为过多的储备煤会占用电厂的大量的流动资金，不利于资金周转，再有，煤在煤场堆积时间太长，煤质会发生变化，燃烧效率降低，甚至引起自燃；而过少的煤量储备，不能应付意外情况的发生，若因运输问题而延误煤到厂时间，或煤矿因故不能按时发运煤等造成锅炉燃料中断，则会影响正常发电。

每个火力发电厂合理的储备量需要根据电厂的储存条件、日消耗水平、运输间隔、经常储备量和保险储备量等因素确定。其中，经常储备量是指前后两批到货期内，保证生产正常进行所需要的储备量，其计算式为

$$QI = 2TS + KS \tag{6-1}$$

式中　$QI$——经常储备定额（t）；

$T$——运输路途天数（d）；

$K$——保险天数（d）；

$S$——平均每天消耗量（为全年需求量/365）（t）。

保险储备定额，其计算公式 $Q_0 = TS$，主要是确定保险储备天数，其中，$Q_0$ 为保险储备定额。

当煤场煤量增长到经常储备量时，需要停止或减小进煤量，煤场进煤量开始呈减少趋势，避免占用过多资金。当煤场煤量减少到保险储备量时，又需要加大进煤量，重复上面的变化过程，这就形成周期性的变化。盘煤就是根据火力发电厂的经常储备量和保险储备量，来保证煤场储煤量呈良性周期变化。煤场煤量变化等于入厂煤量与入炉煤之差，煤场存煤量等于煤场初始煤量与变化量之和。

### 6.2.1　便携激光盘煤仪

#### 1. 便携激光盘煤仪的功能与组成

激光盘煤仪由激光测距仪、电子罗经仪和笔记本电脑三大部件组成。其激光测距仪用于测量仪器至目标点的距离和倾斜角度；电子罗经仪记录基准方向至目标方向的水平夹角；笔记本电脑以人机对话方式控制整个测量过程，适时对测量数据进行传输、计算处理和图形显示。

（1）激光测距仪：用于测量高度、水平距离、倾斜距离和倾斜角。它包括激光量程传感器、流体倾斜传感器、观测目镜和数据输出端口。激光量程传感器具有很高的灵敏度，可以测量反射性和非反射性的目标，测量距离远，量程分辨率高；流体倾斜传感器可在包括观测点和目的物连线的垂直平面内进行360°的测量，仪器持平时为0°，并可向上或向下各转动80°进行测量。借助仪器两侧面板上的各三个按键，以及背部面板上的液晶显示屏，可及时

获得测量数据。该测距仪在其前面板上有两个镜头，上镜头可发射出红外激光信号，下镜头则接收从目标反射回的信号，并将信号输入内部电路，电源采用两节5号电池。仪器内的蜂鸣器，根据仪器的工作状态可发出各种响声，例如，当瞄准目标时快速的滴滴声停止，表示可开始进行测量；当完成测量，所有传感器都获得读数时，就发出双高音；若一个或多个传感器未获得数据，便发出单高音，同时显示屏上出现错误信息。

激光测距仪内部软件以选项形式出现，每一个选项代表一个测量或设置功能，并在液晶显示器上给出一个相应的标志。按住开启电源按钮，可点亮显示器上的所有标志。显示的标志按功能可分成4组：测量模式、测量修改、指示/警告、设置/选项，同时还有各种错误代码和显示及解释。

1）测量模式。使用激光传感器和倾斜传感器，测距仪可进行6种不同的测量，见表6-1。

**表6-1　　测距仪测量类别**

| 指示器 | 功能 | 解释 |
|---|---|---|
| HT | 高度 | 测量目标高度 |
| HD | 水平距离 | 测量测距仪和目标所在平面间的水平距离 |
| VD | 垂直距离 | 测量目标的垂线到水平线的距离 |
| SD | 倾斜距离 | 测量测距仪和目标之间的直线距离 |
| INC | 倾斜角 | 测量测距仪和目标间的水平夹角 |
| MULTI | 多次测量 | 使测距仪进行多次测量<br>CUM：进行连续测量时保持累积距离<br>DIFF：计算一个基本距离和一系列目标距离的差值 |

2）测量修改。测量修改器是选项，能选择或删除目标，以进行更精确的测量。测量修改器的内容见表6-2。

**表6-2　　测量修改器内容**

| 指示器 | 功能 | 解释 |
|---|---|---|
| GATE | 测量阈值 | 设置一个测量“门”或“窗口”。测距仪仅测量距离位于测量窗口内的目标<br>G：打开阈值选项<br>S：设置短阈值，增加最小测量距离<br>L：设置长阈值，减小最大测量距离 |
| OFFSET | 偏移范围 | 从倾斜测量距离中加或减一个距离值 |
| PIVOT | 轴向高度偏差 | 用手持高度测量时仪器测量点和顶点到基点轴线的偏差 |
| FILTER | 过滤器模式 | 降低激光传感器的灵敏度，只检测从反射器反射回来的光线 |

3）指示/警告。指示器给出了当前状态、警告或提示，见表6-3。

**表6-3　　指示器功能表**

| 指示器 | 功能 | 解释 |
|---|---|---|
| LASER | 激光 | 激光传感器开 |
| BATT | 电池 | （闪）应更换电池 |
| DNLD | 下载 | 测量结果可以下载 |
| ▼ | 下箭头 | （闪）在HT选项时进行基本测量或在倾斜检验进行第一次测量 |
| ▲ | 上箭头 | （闪）在HT选项时进行基本测量或在倾斜检验进行第二次测量 |

4）设置/选择。仪器的设置/选择功能帮助使用者快速方便地使用仪器，其内容见表6-4。

表6-4　　仪器的设置/选择功能

| 指示器 | 功能 | 解释 |
|---|---|---|
| SYS | 系统 | 选择测距仪特征参数 |
| RIGHT/LEFT | 右或左 | 右/左手测量系统 |
| BORE | 可示范围 | 校准瞄准镜中的红点或十字标志 |
| CAL | 倾斜角校准 | 校准倾斜传感器 |
| AUTO | 自动下载 | 测量数据自动下载 |
| ¤ | LED背景灯 | LED背景灯亮 |
| UNITS | 单位 | 测量单位：F：英尺，M：米，D：度，G：弧度，%：百分比坡度 |
| V | 伏特 | 电池电压值 |

附注：屏幕中间部分，除了显示测量结果，有时会作为一个类别指示器；如果出现虚线，仪器准备测量；如果是空白，按“开”键提取下级选项。HD没有下级选项，虚线出现在显示测量结果的位置。SYS有下级选项，用“开”键可进入其选项。

5）错误代码。屏幕中间部分显示错误代码。该测距仪错误代码以EXX格式出现，其中“XX”是错误代号。错误代码号见表6-5。

表6-5　　错误代码号

| 代码 | 解释 |
|---|---|
| D0F | 显示溢出。测量超出显示范围，或倾斜角在±90° |
| E0F | 编辑器溢出 |
| E01 | 锁定目标失败。重新放置仪器并重新测量 |
| E02 | 测量时失去目标。重新放置仪器并重新测量 |
| E03 | 瞄准不稳定，固定仪器，重新测量 |
| E04 | 无效倾斜传感器读数 |
| E05 | 倾斜读数在倾斜或高度测量限制的±90°范围外。重新定位并重新测量 |
| E06 | 倾斜校验错误 |
| E60<br>E61<br>E62 | 校验或内存检验失败 |
| E52 | 温度太高，停止操作 |
| E53 | 温度太高，停止操作 |

（2）电子罗经仪：用于测量相对于地球磁极的水平角（方位角），在其传感器中有一浮环，可在圆筒状壳体内的流体中自由浮动。浮环使方向指示元件经常保持水平，即使罗经仪与水平面的倾角达到15°，仍可精确地得出方位角的读数。罗经仪用两节AA电池作电源，它在工作中也可发出多种响声，使操作人员凭经验就可听出罗经仪的工作情况。例如，双高强的嘟嘟声（好响声）表示罗经仪已测得正确的方位角，响两下表示已成功地完成校准；单低强的嘟嘟声（坏响声）表示由于某种错误条件而使方位角不能保持，或校准失败等；持续

稳定的音响减弱时，表示仪器偏离瞄准目标，而增强时表示接近于瞄准目标，变为无声时意味着已对准目标；持续的多音色嘟嘟声增强时，表示仪器偏离校平，减弱时表示仪器接近校平，变为无声时则意味着仪器处于规定的倾角极限内。为了使电子罗经仪工作性能最好，每当改变地点、更换激光测距仪或其他附件时，应对电子罗经仪进行现场校准。当更换激光测距仪时，由于每种激光测距仪瞄准系统的机理不同，必须修正固定偏移。电子罗经仪容易受到磁性干扰，应使电子罗经仪离开一切铁磁料和强的磁场。电子罗经部件的额定温度范围为－30℃～＋50℃，电子罗经仪不得在这个温度范围外的温度下使用。

数字罗盘的操作菜单包括：

1）功能与指示。数字罗盘的内部软件由一系列菜单构成。每一个菜单表示一种测量方式或设定功能，并在 LCD 屏幕上有相应的指示。按下电源按钮并保持，可检查所有指示。按功能指示可分为三类：主菜单、系统设定菜单和运行指示/警告。

a. 主菜单。主菜单的内容见表 6-6。

**表 6-6　　主 菜 单 内 容**

| 指示 | 功能 | 说明 |
|---|---|---|
| N<br>XXX. X | 北罗盘 | 仪器以北为参考测量方位角 |
| N<br>SEL | 北菜单 | 输入磁场影响所带来的偏移量 |
| R<br>XXX. X | 参考罗盘 | 仪器以用户定义的空间坐标测量方位角 |
| R<br>SEL | 参考菜单 | 定义参考坐标 |
| SEL | 校准菜单 | 校准参数或校准罗盘 |
| SEL | 系统菜单 | 选择操作特性和仪器功能 |

b. 系统设定/选项菜单。为方便有效地使用，数字罗盘设有系统设定/选项菜单，其内容见表 6-7。

**表 6-7　　数字罗盘系统设定/选项菜单内容**

| 指示 | 功能 | 说明 |
|---|---|---|
| ⊙ | 瞄准窗口宽度 | 设定瞄准窗口的宽度（单位:°或 rad） |
| Y | 倾斜限制 | 设定可接受的倾斜范围（单位:°） |
| ⊙Y | 辅助时间 | 设定测量结果处于激活状态的时间间隔 |
| UP | 测量更新速率 | 设定测量更新速率（单位：s） |
| D↑↓ | 下载/上传选项 | 串口通信设定 |
| Pr | 电源管理设定 | 设定自动关闭电源的时间间隔（单位：min） |
| SEL | 单位 | 选择测量单位（°或 rad） |
| r _ | 旋转选项 | 改变罗盘测量向量的方向（单位:°） |
| ¤ | LED 背景灯 | LED 背景灯亮 |

c. 运行指示/警告。运行指示/警告内容见表 6-8。

表 6-8 运行指示/警告内容

| 指示 | 功能 | 说明 |
| --- | --- | --- |
| | 警告/错误指示 | 显示警告或出错信息。读数或许受到影响 |
| D↑ | 上传 | 串行数据从外部装置传到罗盘 |
| D↓ | 下载 | （闪）罗盘数据经串口传到外部装置 |
| | 显示保持 | 显示冻结在最后一次的测量结果上 |
| Y | 水平辅助 | 水平辅助有效 |
| ⊙ | 瞄准辅助 | 瞄准辅助有效 |
| 0◆◆ | 0°参考 | 罗盘以用户定义的0°为参考测量 |
| | 电池 | （闪）表示电池电压低<br>（常亮）表示电池电压很低，应关闭仪器 |

2）警告和错误代码。在测量过程中，如仪器检测到非正常信息，仪器将给出警告和错误代码。出现警告信息时仍可读数，但其数值或许受到影响。警告信息出现在屏幕的底部。

警告信息1、2和警告信息4是独立的。其他警告代码是多种警告信息的组合，即独立警告信息代码相加的结果，其内容见表6-9。

表 6-9 独立警告信息代码相加的结果

| 代码 | 警告信息 |
| --- | --- |
| 1 | 用户定义的倾斜限制超限 |
| 2 | 仪器不稳定 |
| 4 | 罗盘中心不稳定 |
| | |
| 3 | 警告1和2同时出现 |
| 5 | 警告1和4同时出现 |
| 6 | 警告2和4同时出现 |
| 7 | 警告1、2、4同时出现 |

当外部干扰使得罗盘不能给出测量结果时，仪器给出错误信息，同时给出声音提示。错误信息将覆盖测量结果显示区，并给出错误代码。错误代码的组合方法与警告代码相同，其内容见表6-10。

表 6-10 错误代码的组合方法内容

| 代码 | 出错信息 |
| --- | --- |
| E01 | 倾斜限制超出15.1° |
| E02 | 罗盘剧烈晃动 |
| E04 | 存在强磁场干扰 |
| | |
| E03 | E01和E02同时出现 |
| E05 | E01和E04同时出现 |
| E06 | E02和E04同时出现 |
| E07 | E01、E02、E04同时出现 |
| E60～E65 | 校准、代码寄存器检验或RAM测试失败 |

（3）数据采集器成计算机：它通过软件对采集到的数据进行处理和计算，从而求出煤堆的体积，并绘制出煤场范围内煤堆的三维立体图形。通过图形观察，煤堆形状一目了然。

在典型的配置中，罗经仪在激光测距仪和电脑间起着接口作用。罗经仪可从激光测距仪接收数据串，包括倾斜距离、水平距离和倾斜角，方位角的数据则为零，但罗经仪可将当时测得的方位角插入，并将新的数据串输数据采集器成计算机。如图 6-1 所示。

图 6-1　罗经仪数据采集器成计算机

**2. 便携激光盘煤仪的应用**

在测量一个煤堆之前，首先要找准控制点（观测点），控制点即为架设仪器的位置点。一般一个煤堆需要若干个控制点，具体数目由煤堆的形状决定。控制点多少和选取必须符合以下两条要求：

（1）站在所有控制点位置上观察的煤堆表面范围加起来应该是接近整个煤堆，一般情况下控制点围绕整个煤堆进行选取。

（2）前一个控制点和后一个控制点之间能相互可见，且水平距离不能超过激光测距仪的最大或用户设置的最大测量范围。

测量前，首先检查测距仪、电子罗经仪和笔记本电脑是否连接好。开启激光测距仪和电子罗经仪，并分别调整到工作状态。其中，激光测距仪调整到水平测量模式“HD”。电子罗经仪调整到水平角观测状态，即显示屏上出现“R”。观测一个目标点时，先通过瞄准镜将测距仪中的红色光点对准目标，按下发射键后，发出“嘟嘟”声，即表示测量完成，测量成果显示于测距仪和电子罗经仪的显示屏上。如果观测是在非盘煤状态下，观测数据显示于激光测距仪和电子罗经仪的显示屏上。如果观测是在盘煤状态下，则数据自动下载给笔记本电脑，在笔记本电脑上以图形点和数字方式显示所有测量的数据。

通常因为煤场形状及测量范围的限制，不可能在某一点上看到所有的煤场特征点，因此必须改变不同的观测控制点进行测量。为保证所有测量数据为同一个坐标系，需对控制点进行平移。如第 1 控制点为原点 A，其坐标为 $x(0)=1000$，$y(0)=1000$，$z(0)=100$，在测量第 2 个控制点 B 时，应以 AE 为参考北方向，即将激光盘煤系统瞄准 AE 方向，仪器自动将 AE 看作整个煤场的北方向，然后对准 B 点测量。激光测量数据为斜距 SD（1），方位角 ARI（1），倾角 INC（1），则被测点 B 的坐标为

$$x(1)=x(0)+\mathrm{SD}(1)\cdot\sin[\mathrm{INC}(1)]$$

$$y(1)=y(0)+\mathrm{SD}(1)\cdot\cos[\mathrm{INC}(1)]\cdot\sin[\mathrm{ARI}(1)]$$

$$z(1)=z(0)+\mathrm{SD}(1)\cdot\cos[\mathrm{INC}(1)]\cdot\cos[\mathrm{ARI}(1)]$$

此时将仪器放置在 B 点上，确定下一个控制点 C。由于角度编码器采用的是相对角测量方法，因此在确定 C 坐标前必须将 BA 确定为零方向，再测量 ABC 的角度。根据 ABC 的方位角及 AB 相对 AE 的角度，就可计算出 BC 相对 AE 的角度，并根据测量的斜距和倾角计算 C 的坐标。依次类推可得到其他剩余控制点的坐标（如 D、E 点等）。以上方法保证所有测试数据都属于相同的坐标体系中，如图 6-2 所示。

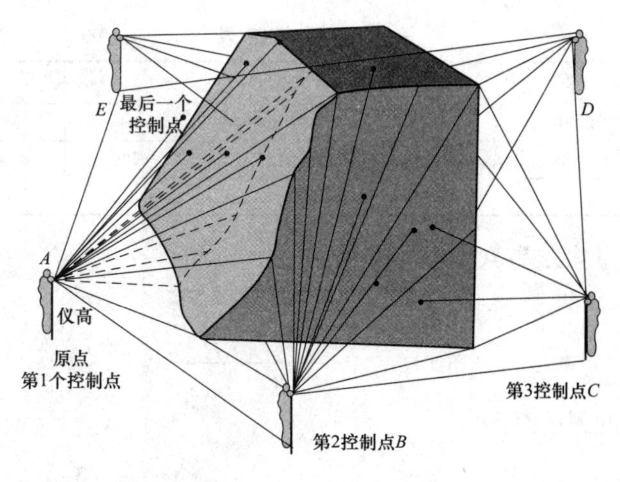


图 6-2　便携激光盘煤仪

便携式激光盘煤数据点示意如图 6-3 所示，每个控制点上，需要若干打数据点盘煤时在煤堆上所采集的数据点。

图 6-3　便携式激光盘煤数据点示意

在某电厂 B 场煤堆先后进行三次盘煤实测，实际情况如下。

该煤场面积为 100m×100m=10 000m²，最大储煤量可达 15 万 t，取煤场的排水沟的水泥坝面作为水平基准点。

（1）第一次激光盘煤（常规盘存）。盘存结果见表 6-11。

**表 6-11　　第一次盘存结果**　　($m^3$)

| 日期 | 9 月 25 日 | 9 月 26 日 | 9 月 27 日 | 平均值 |
|---|---|---|---|---|
| 序号 | 1 | 2 | 3 | ($\overline{X}$) |
| 存煤量 $X_i$ | 102 724 | 101 064 | 101 373 | 101 720 |
| 差值 $\Delta X_i$ | 1004 | 656 | 347 | — |
| 相对偏差 $\Delta X_i/X_i$（%） | 0.98 | 0.65 | 0.32 | 0.65 |

（2）第二次激光盘煤（定形定量）。盘煤时间为 9 月 30 日连续盘煤 6 次，B 煤场内的煤没有入炉，激光盘煤仪所盘存煤量的数据统计见表 6-12。

表 6-12　　第二次盘存结果　　($m^3$)

| 序号 | 1 | 2 | 3 | 4 | 5 | 平均值 $\overline{X}$ |
|---|---|---|---|---|---|---|
| 存煤量 $X_i$ | 85 450 | 85 539 | 85 297 | 85 319 | 85 486 | 101 720 |
| 差值 $\Delta X_i$ | 32 | 121 | −121 | −99 | 68 | |
| 相对偏差 $\Delta X_i/X_i$（%） | 0.037 | 0.141 | 0.142 | 0.116 | 0.079 | 0.65 |

由表 2 数据求测量均方差 δ(x)，采用的公式为

$$\delta(x)=\sqrt{\frac{\sum_{i=1}^{6}(X_i-\overline{X})^2}{n-1}} \tag{6-2}$$

式中　$X_i$——第 $i$ 次的测量值；

$\overline{X}$——平均值；

$n$——测量次数。

由式（6-2）求得 $\delta(x)=105.7$。根据格鲁布斯准则 $T=|X$ 质疑$-X$ 平均$|/S$。

其中，$S$ 为这组数据的标准差。之后，对比计算出的 $T$ 与数据表中的 $T$ 值，若计算出的 $T$ 值比查表得到的相应值大，则舍去可疑值，当要求的置信概率为 99%，且实测次数 $n=5$ 时，置信系数 $g=1.75$。

现在，$A_1=|X_i-\overline{X}|=32$，121，121，99，68。

$A_2=g\delta(x)=1.75\times105.7=185.1$。因 $A_2>A_1$，故证明测量结果无异常数据。

此外，设 $\Delta X_{max}$ 为最大允许残差，若 $\Delta X_{max}/\delta(\overline{X})>3$，则置信概率为 99%。现在 $\delta(\bar{x})=\frac{\delta(x)}{\sqrt{n}}=\frac{105.7}{\sqrt{5}}=47$。

因盘煤误差一般要求小于 1%，故 $\Delta X_{max}=\overline{X}\times1\%=854$，显然 $\Delta X_{max}/\delta(\overline{X})=854/47=18>3$，故置信概率大于 99%。

（3）第三次激光盘煤（变形变量）。盘存结果见表 6-13。

表 6-13　　第三次盘存结果　　($m^3$)

| 日期 | 9 月 30 日 | 10 月 1 日 | 差值（$\Delta X$） |
|---|---|---|---|
| 存煤量（$X_i$） | 85 418 | 71 260 | 14 158 |

煤场存煤量由于发电耗煤而减少，进行了变形变量后的测量。根据电厂燃料部提供的同期内用煤量统计数字为 12 883t。根据密度算出激光盘煤相对误差如下：

1）激光盘存煤量（表中差值）－电厂实用煤量＝14 158×0.948°－12 283t＝539t。

2）相对误差＝(539/85 418×0.948)×100%＝0.67%。

根据上述情况，可以肯定激光盘煤仪的测量误差 1%，完全满足盘煤要求。

**3. 便携激光盘煤仪系统误差**

便携激光盘煤仪测定煤堆的体积时精度较高。在测量煤场时，首先选择一个基点，正确的选择基点对整个煤堆的体积大小起到决定性作用。然后在各个控制点上对煤场特征点进行扫描打点，测量时在控制点上打点的顺序无要求。因人为因素较多，所以在操作便携激光盘煤仪时，或多或少都会产生盘点的偏差与误差。周围环境也有会对便携激光盘煤仪产生各种干扰而产生误差。

（1）角度误差。火力发电厂的空间存在极强的电磁场，会对电子罗经仪产生干扰，强烈的干扰可能使电子罗经仪接收到的信号被改变，引起盘煤仪的误差。

（2）测距误差。周围环境对定点距离测量的精度影响较大。一般进行煤场盘点工作时，最好是晴天。如遇上雨雾天气或煤堆自燃冒烟时，常常会导致激光测距仪打到错误点，从而使煤堆体积产生偏差。

（3）测量盲区误差。在煤场盘点时，经常会有不规则的煤堆。致使激光测距仪打点很难顾及完全，即有可能漏点。这样的话，激光盘煤仪系统会默认的将两点连线，从而可能导致煤堆体积偏大。

### 6.2.2　固定式盘煤仪

固定式激光盘煤系统是一种较理想的煤场盘点工具，其操作简单、维护工作量小、盘点精度高、性能稳定、对环境的适应性较好、测量精度高、可靠性好、受天气影响小。

**1. 固定式盘煤仪的主要硬件组成与功能**

固定式盘煤仪主要由检测对象、激光扫描仪、激光测距传感器、光电编码器、计数采集卡、倾角传感器、方位传感器、无线收发模块、计算机及相关测试软件组成。系统组成如图 6-4 所示。

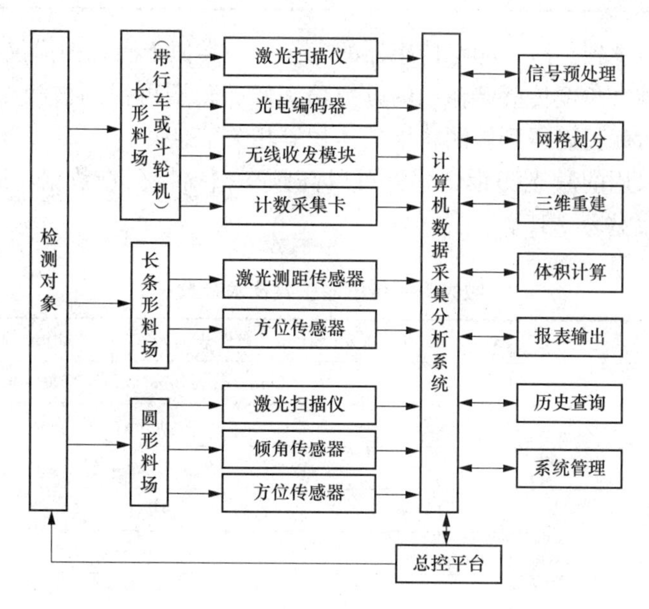


图 6-4　系统组成

（1）检测对象。带行车或斗轮机的煤场。

（2）激光扫描仪。用户可以根据现场环境选择合适的扫描仪型号，激光扫描仪是迄今为止可实际投入工业领域应用仅有的一种可准确检测固体物料和体积的创新和成熟技术，而且不受物料种类、物化性能、储存物料间、开放仓或料仓的类型和尺寸的影响，并能够监测储存在各种料仓包括筒仓、大型开放仓、固体物料储存室、堆场和仓库中的各种散状固体物料，标出料仓内的物料物位及绘制出物料随时变化、随机形成的不规则表面形状，计算出物料的实际体积，使物位监测水平达到了新的高度，其主要技术参数见表 6-14。

表 6-14　　激光扫描仪主要技术参数

| 参数 | 值 |
|---|---|
| 范围（最大值/10%反射率） | 250m/80m |
| 扫描角度 | Mzx：300°，可以在设置参数中调整 |
| 角度分辨率 | 0.25°/0.5°/1.0°可调 |
| 扫描频率 | 18.7/37.5/75Hz |
| 响应时间 | 53/26/13ms |
| 分辨率 | 10mm |
| 系统误差 | typ. ±35mm |
| 数据接口 | RS232/422 |
| 激光防护等级 | 1级（人眼安全） |
| 工作电压 | 24V DC±15% |
| 功耗 | max. 20W |
| 工作温度 | －30～50℃ |
| 储存温度 | －30～70℃ |
| 防护等级 | IP67 |
| 外形尺寸 | (*W*×*H*×*D*)：352mm×266mm×236mm |

（3）激光测距传感器。激光测距传感器的工作原理类似于激光扫描仪，它用于获取与被测点的直线距离，结合角度传感器输出的方位角和倾斜角即可得到被测点的空间三维坐标，经相应的算法处理后就可以得到被测料堆的体积等相关信息。

激光盘煤系统采用的激光测距传感器可以高频率扫描特征点数据，适用于现场工况环境，其主要技术参数见表 6-15。

表 6-15　　激光测距传感器主要技术参数

| 参数 | 值 |
|---|---|
| 测量范围 | 0.5～300m（自然表面），0.5～3000m（高反射面） |
| 测量精度 | 2cm（100Hz），6cm（2000Hz） |
| 距离分辨率 | 1mm |
| 测量时间 | 0.5ms |
| 眼睛安全性 | 一级安全 |
| 工作温度 | －40°～＋60° |
| 存储温度 | －40°～＋70° |
| 防护等级 | IP67 |
| 工作电压 | 10～30V DC |
| 功率 | <5W |
| 数据接口 | RS422/RS232 |
| 波特率 | 9600～460 800Baud |
| 数据输出速率 | 100/2000Hz |
| 尺寸 | 136mm×57mm×104mm |
| 质量 | 800g |

（4）倾角传感器。三轴倾角补偿磁罗盘，该磁罗盘主要技术参数见表6-16。

表6-16　　角度传感器主要技术参数

| | |
|---|---|
| 方位角测量范围 | 0°～360° |
| 分辨率 | 0.1° |
| 精度 | ±0.2° |
| 倾角测量范围 | －90°～＋90° |
| 分辨率 | 0.1° |
| 精度 | ±0.2° |
| 工作电压 | 5～15V DC |
| 数据输出速率 | 30Hz |
| 通信接口 | RS422/RS232 |
| 波特率 | 9600、19 200、38 400、115 200Baud |
| 工作温度 | －40～＋85℃ |
| 尺寸 | 104mm×39mm×23.5mm |
| 质量 | ＜130g |

（5）无线收发模块。激光盘存系统采用无线遥控方式，通过激光扫描探头、启停传感器、移位传感器将储煤场的存煤数据化。经无线遥控接发器，将数据传送到主控系统，并通过MIS系统实现数据共享，无线收发模块ZigBee串口转无线设备基本技术参数见表6-17。

表6-17　　无线收发模块ZigBee串口转无线设备基本技术参数

| | |
|---|---|
| 串口类型 | RS232、RS422、RS485可选 |
| 波特率范围 | 1200～115 200Baud |
| 传输距离 | 150m、300m（增益天线） |
| 通信方式 | ZigBee |
| 工作电压 | 9～24V DC |
| 功耗 | 6W |
| 工作温度 | －25～＋75℃ |
| 保存温度 | －40～＋85℃ |
| 外形尺寸 | 120mm×96mm |

（6）激光测量单元的载体设计。激光测量单元的载体——斗轮机。激光盘煤装置在斗轮机上的安装如图6-5所示。斗轮机伸出臂长12.5m，可看作是悬臂梁，在机械部分设计时应考虑伸出臂应该有足够的抗弯强度和硬度，同时还要考虑伸出臂质量尽可能的小，故设计伸出臂中心为空心结构，否则伸出臂产生弯曲变形使激光扫描单元离地面的高度产生偏差，进而产生体积的测量误差。另外也应有良好的抗振性，可加载减振装置，使振动尽可能小地传递到激光扫描单元。

斗轮机小车的行驶速度决定了激光扫描单元扫描的速度，其前面有伸长臂。当测量煤堆体积时，斗轮机小车匀速在轨道上行驶，完成一个煤堆的单侧测量后，再反向行驶以完成另一半煤堆的测量。

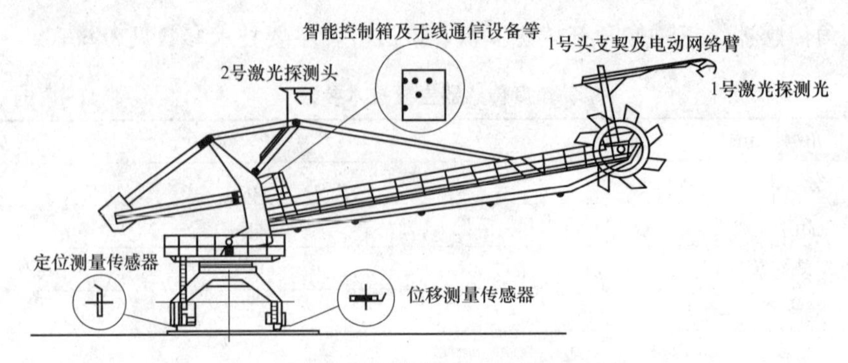


图 6-5　激光盘煤装置在斗轮机上安装

激光测量单元的载体也可以是门式斗轮堆取煤机。激光盘煤装置在门式堆取料机上安装如图 6-6 所示。盘点系统的 2 台激光探测头固定在储煤场门式斗轮堆取料机的固定梁上，位于 20m 高的水平等距放置。盘点系统的无线发射器与控制系统固定在储煤场门式斗轮堆取料机顶部与室内。位移传感器装置与定位传感器装置固定在储煤场门式斗轮堆取料机一端大车行走机构处。无线接收器和通信转换模块配套安装在转运站顶部和燃管人员的电脑内。

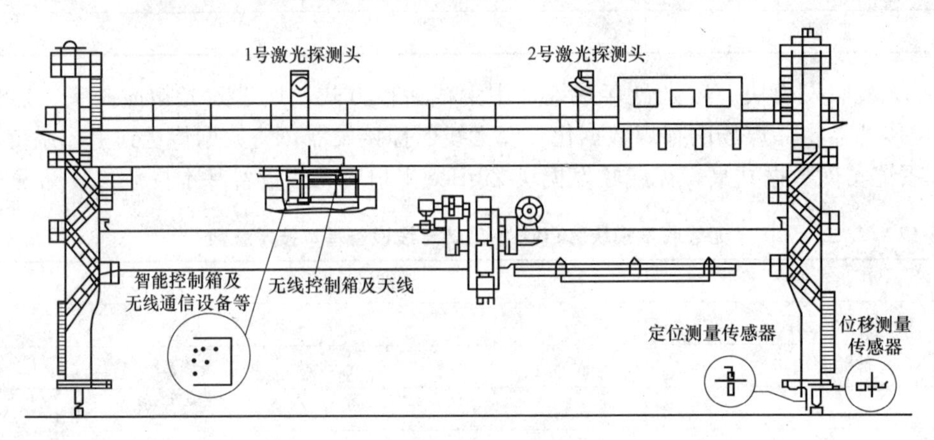


图 6-6　激光盘煤装置在门式堆取料机上安装

**2. 固定式盘煤仪的系统设计思想**

固定式盘煤系统是通过系统中的激光扫描仪向被测量煤堆发射激光束，激光脉冲发射器周期地驱动激光二极管发射激光脉冲，然后由接收透镜接收目标表面后向反射信号，产生接收信号，利用一稳定的石英时钟对发射与接收时间差作计数，经由微电脑对测量资料进行内部微处理，显示或存储输出距离和角度资料，并与距离传感器获取的数据相匹配，最后经过相应系统软件进行一系列处理，获取目标表面三维坐标数据，从而进行各种量算或建立立体模型；激光测距传感器的工作原理类似于激光扫描仪，它用于获取与被测点的直线距离，结合倾角传感器输出的方位角和倾斜角即可得到被测点的空间三维坐标，经相应的算法处理后就可以得到被测料堆的体积等相关信息。

（1）数据采点。在煤堆表面点形状的数据采集中，要满足数据采样定理，它是数字信号处理及分析领域的一个基本定理。

采点频率高，就能在一定时间内获得更多的原始信号信息，为了再现原始信号，必须有足够高的采点频率。显然，如果信号变化比采集的数字变化要快，或者比采集慢，都会产生波形失真。要得到完整的煤堆体积，必须知道每一个采点网格的底面积（长和宽）和高度，宽度和高度的获取可通过激光扫描单元给出的角度和斜距离换算求出；长度由堆取煤车移动的速度（近似匀速运动）和激光扫描单元扫描周期决定；网格的疏密程度理论上应满足采样定理（Nyquist 定理）。网格划分越密，煤堆表面高度测量的样本数就越多，体积测量也就越精确。方形煤场采点如图 6-7 所示，圆形煤场采点如图 6-8 所示，煤堆表面点高度测量原理如图 6-9 所示。

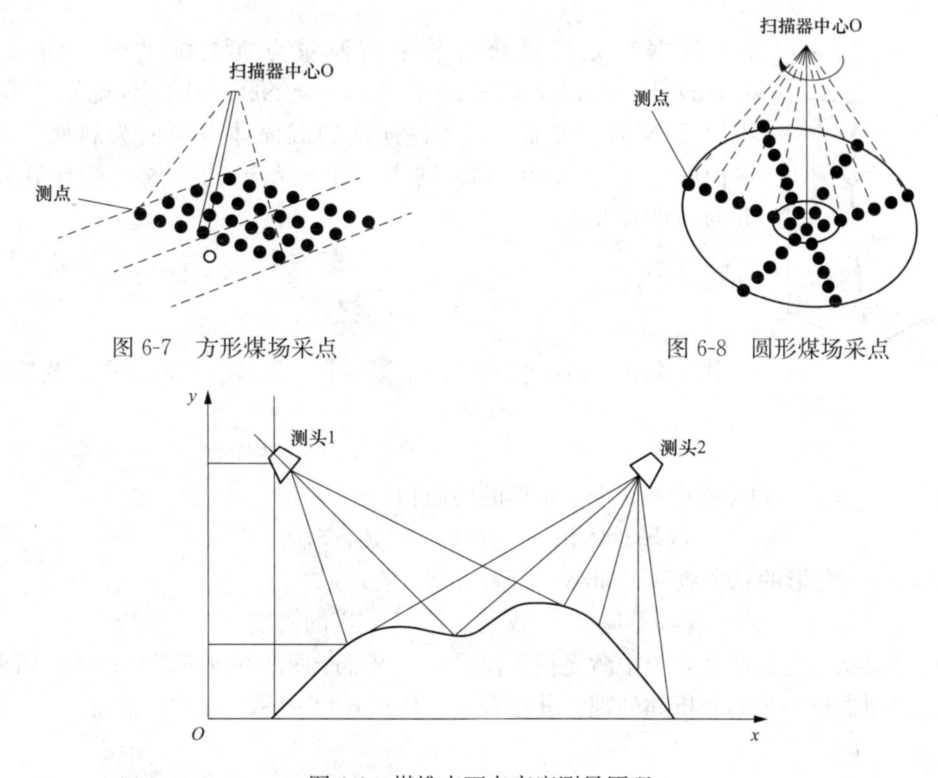


图 6-7　方形煤场采点

图 6-8　圆形煤场采点

图 6-9　煤堆表面点高度测量原理

根据 Nyquist 定理：采点间隔的倒数 $f$ 必须大于考虑的采点信号的最高频率的两倍。为了从连续信号中提取采点来准确地复现这个连续信号，直观的可以看到，采点间隔越小，其复现就越准确，这意味着 $f$ 应该尽可能的高。如果采点频率过大，给出了大量的数据，那么带来计算评定效率的下降。反之，若采点频率过小，则不能很好地反映出信号的特征，产生混频现象，无法辨认某些有用的高频分量，为了正确的反映被测对象的信息，获得满足系统要求的实际点数，合适的选择频率范围是十分重要的。

（2）数据处理。激光扫描仪采用激光对煤堆进行二维高速连续扫描，并结合激光测距仪采集的行车行程位置信息，获取煤堆表面上各点的三维位置信息。激光扫描仪二维扫描的方式采集数据，堆体就像切片一样被分成许多断面，普通计算体积的算法是简单对各个断面进行积分算出总体积。

首先二维插值拟合，二维插值拟合是用连续曲线近似地刻画或比拟平面上离散点组所表示的坐标之间的函数关系的一种数据处理方法，其目的是用解析表达式逼近离散的数据点。在科学实验或社会活动中，通过实验或观测得到量 $x$ 与 $y$ 的一组数据对（$x_i$，$y_i$）（$i=1$，

2，…m），其中各 $x_i$ 是彼此不同的。人们希望用一类与数据的背景材料规律相适应的解析表达式，$y=f(x, c)$ 来反映量 $x$ 与 $y$ 之间的依赖关系，即在一定意义下“最佳”地逼近或拟合已知数据。目前最常用的一种做法是选择参数 $c$ 使得拟合模型与实际观测值在各点的残差（或离差）$ek=yk-f(xk, c)$ 的加权平方和达到最小，此时所求曲线称作在加权最小二乘意义下对数据的拟合曲线。有许多求解拟合曲线的成功方法，对于线性模型一般通过建立和求解方程组来确定参数，从而求得拟合曲线。其计算原理如图 6-10 所示。

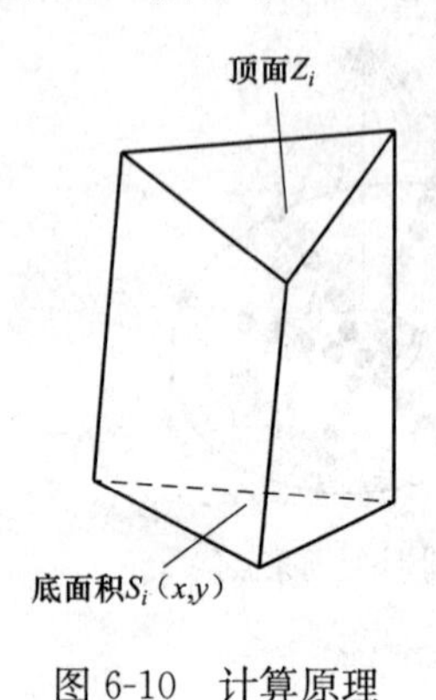


图 6-10　计算原理

根据激光扫描获得的浓密测量点（二维平面上约 0.1m×0.1m）构成 TIN（Triangle Irregular Network，不规则三角网），再以 TIN 网为表面生成无缝连接的五面体（顶面为斜面、底面为平面的三棱体），由 TIN 网中每个三角形的三维坐标计算每个小五面体的体积。

$$P_i = \iint Z_i(x,y)d_x d_y \tag{6-3}$$

式中　$Z_i(x, y)$——TIN 网中第 $i$ 个三角形的平面方程，或按以下简化式：

$$P_i = S_i(x,y) \times 平均高 \tag{6-4}$$

式中　$S_i(x, y)$——TIN 网中第 $i$ 个三角形的底面积。

$$煤场总体积 = \sum P_i(i = 1,2,\cdots,N) \tag{6-5}$$

式中　$N$——三角形的总个数（也即小五面体的总个数）。

$$煤场总储量 = 煤场总体积 \times 煤的密度 \tag{6-6}$$

煤场储煤状态监控测量系统中激光扫描仪采集的煤堆断面的数据都是离散的，需要进行曲线拟合以便做进一步的分析和处理。其拟合过程如图 6-11 所示。

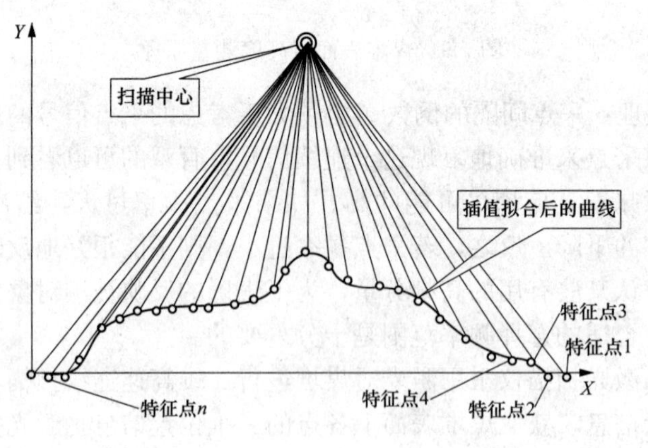


图 6-11　煤堆断面插值拟合示意

不规则三角网（Triangulated Irregular Network，TIN）是一种表示数字高程模型的方法，它既减少规则格网方法带来的数据冗余，同时在计算（如坡度）效率方面又优于纯粹基于等高线的方法。TIN 模型根据区域有限个点集将区域划分为相连的三角形网络，区域中任意点落在三角面的顶点、边上或三角形内。如果点不在顶点上，该点的高程值通常通过线性插值的方法得到（在边上用边的两个顶点的高程，在三角形内则用三个顶点的高程）。所以 TIN 是一个三维空间的分段线性模型，在整个区域内连续但不可微。相比其他网格划分模型来说，三角网能够更精确的模拟三维立体模型，从而使物料体积计算变得更准确。

如图 6-12 所示为一个断面体积微元的网格划分。

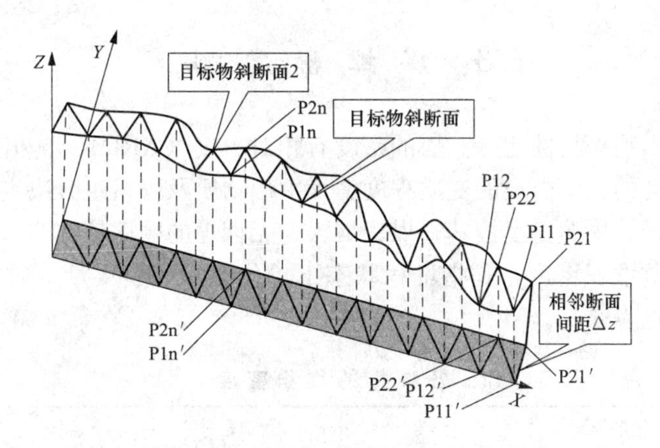


图 6-12　断面体积微元的网格划分

在多数情况下，被积函数的原函数很难用初等函数表达出来，因此能够借助微积分学的牛顿-莱布尼茨公式计算定积分的机会是不多的。由于扫描断面的体积微元不仅无法用初等函数表达出来，而且是离散的，所以只能通过插值型的积分公式进行计算。

如图 6-13 所示为煤堆体积插值积分过程。

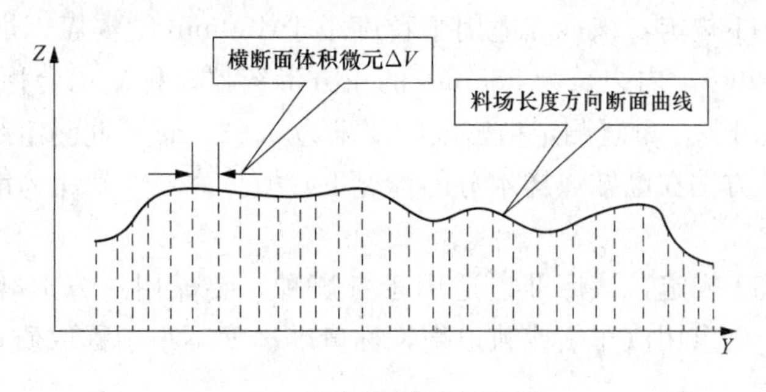


图 6-13　煤堆体积插值积分过程

激光扫描仪采用激光对煤堆进行二维高速连续扫描，并结合激光测距仪采集的行车行程位置信息，获取煤堆表面上各点的三维位置信息。

激光扫描仪用于煤堆扫描时，将扫描数据通过串口转无线设备发送到本地工作站（PC 机）上，结合来自行车行程位置的数据，以及激光扫描仪本身的安装位置，利用坐标变换和三维重建算法构建料堆的三维立体模型。本地工作站将处理后的立体模型数据发送，并保存到中央控制室（由用户企业指定）内的数据库服务器及自身的数据库内。中央控制室内的远程终端根据数据库内的数据显示完整的煤堆三维图形。

如图 6-14 所示为煤堆三维立体模型。

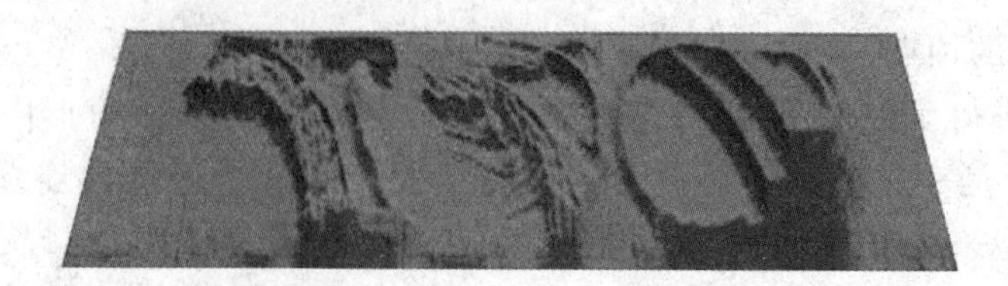

图 6-14 煤堆三维立体模型

## 6.3 煤堆密度测定

密度是煤的基本物理特性之一。煤的密度有相对密度（ARD）、真相对密度（TRD）及堆积密度之分。密度的大小由煤的变质程度、煤中矿物质及煤岩组分决定。煤的变质程度越深，则其密度越大，故煤的密度按其褐煤、烟煤、无烟煤的顺序依次增大。电厂中应用最多的为堆积密度。所谓堆积密度，是指堆积状态下单位容积的装煤量，通常以 $t/m^3$ 来表示。各种煤的堆积密度见表 6-18。

**表 6-18　　各种煤的堆积密度**　　$(t/m^3)$

| 煤种 | 无烟煤 | 烟煤 | 褐煤 | 泥煤 | 煤粉 |
|---|---|---|---|---|---|
| 堆积密度 | 0.90～1.00 | 0.80～0.95 | 0.65～0.85 | 0.30～0.60 | 0.50～0.70 |

对于煤场煤堆密度的测定，它受装煤容器大小及几何形状、煤的粒度与水分、装样方式与压实程度及煤种等多种因素的影响，所以要准确测定出煤的堆积密度并不是一件容易的事。现尚无煤的堆积密度测定方法的国家标准，煤炭系统制定了 MT/T 739—2011《煤炭堆密度小容器的测定方法》及 MT/T 740—2011《煤炭堆密度大容器的测定方法》。

MT/T 739—2011 规定：该标准适用于粒度小于 150mm 的褐煤、烟煤及无烟煤。装煤用的是 200L（0.200$m^2$），内边长为 585mm 的正方形容器。称量用台秤最大称量为 500kg，称量准确度不小于 0.1%，重复测定精密度的要求为 0.03$t/m^3$，此测定结果为收到基煤的堆密度，可按基准换算方法在已知煤样水分的情况下，换算成干燥基煤的堆密度。测定结果保留小数点后两位。

MT/T 740—2011 规定，该标准也适用于各煤种，装煤用的方形容器至少可容 3t 样，如货车或翻斗车等。称重用汽车衡或轨道衡，称量准确度不小于称取质量的 0.2%。重复测定精密度为 0.04$t/m^3$。

上述两项标准均规定，在出具测定报告时，均应注明测定地点、煤炭粒级与煤种。原电力工业部颁发的《火力发电厂按入炉煤量正平衡计算发供电煤耗的方法》中，附有推荐的确定原煤与煤粉堆积密度的测定方法，该方法是将原煤或煤粉从 1m 高空中自由落入一直径为 0.4m、高约 0.5m 的容器中，勿敲打容器与捣实，再计算出单位体积下原煤或煤粉的量，即求出其堆积密度。

目前，电厂多用电力系统传统的规定方法测定煤的堆积密度。MT/T 739（740）—2011 对测定电煤的堆积密度也具有一定的指导及参考价值，特别是 MT/T 739—2011 所规定的方法，更接近电厂的实际使用方法。

对煤场存煤盘点，一是要测量煤堆体积，二是要测定其堆积密度，方可求出存煤量。煤堆由于煤种及其粒度、水分含量的不同，组堆方式的差异，在煤堆不同深度，其堆积密度因受压的不同而有明显差别。

电厂定期要对煤场存煤进行盘点，一般情况下，为每月一次，故必须经常实测煤的堆积密度。由于堆积密度同煤的品种、粒度大小、水分含量、测定容器、压实程度等很多因素有关，故不同单位所测结果可比性不强，同时其测定结果也很难反映某一煤堆不同高度堆积密度的真实情况。

### 6.3.1　标准斗法测量煤场堆积密度

**1. 测量工器具**

（1）钢制密度箱：标准斗规格：长×宽×深＝585mm×585mm×585mm，净容积（$V$）为0.200$m^3$。

（2）最大称重500kg。

（3）挖掘机、推煤机、装载机、铁锹、木板（棍）等。

**2. 测量与计算方法**

煤场存煤密度的测量原则上分自然堆放密度、压实堆放密度两种，具体测量方法如下。

（1）自然堆放密度。

1）用磅秤称取密度箱的皮重$W_1$，并做好记录，精确到小数点后一位。

2）用铁锹将煤装入密度箱，铁锹距密度箱顶部不超过300mm，使被测量的煤自然落入密度箱。待密度箱中的煤高于密度箱顶部约100mm时停止操作。用一长度超过箱宽的木板（棍）沿箱体一端向另一端将密度箱表面存煤刮平。

3）用磅秤称取装满煤的密度箱的质量$W_2$。

4）按下式计算存煤密度$\rho$：

$$\rho=(W_2-W_1)/V\quad \text{kg/m}^3$$

（2）压实堆放密度。

1）用磅秤称取密度箱的皮重$W_1$，并做好记录，精确到小数点后一位。

2）用推煤机平整出一适合测量存煤压实密度的平台。

3）用挖掘机挖一坑，该坑大小应能将密度箱自然放入，且密度箱上边沿距煤台约400mm。

4）将密度箱放入挖掘机挖出的煤坑，然后用铁锹将挖出的煤装入密度箱，其剩余的煤应全部放入密度箱上面及其周围空隙，并在坑周围做好标志。

5）用推煤机在密度箱上面反复行走5次（或按照实际的压踩情况决定行走次数，往返一来回为一次）。

6）用挖掘机小心挖出密度箱。若挖出密度箱后其压实煤量明显低于箱体上边沿，该次操作失败，应挖出密度箱中存煤后重新操作。

7）用铁锹和木板去除高于密度箱上边沿的存煤，其标准为存煤量与密度箱上边沿取平。

8）用磅秤称取装满煤的密度箱的质量$W_2$。

9）按下式计算存煤密度$\rho$：

$$\rho=(W_2-W_1)/V\quad \text{kg/m}^3$$

**3. 煤场存煤密度选取与计算**

（1）每一存煤量计算单元的密度测量有效次数不得少于3次。将各次测量密度进行算术平均后即为该计算单元的测量密度。将各测量单元的密度加权平均后为煤场的存煤密度。若发现其中一次测量结果明显偏离正常范围，此次测量失败，不计入有效测量次数。

（2）自然堆放煤堆计算存煤量的密度选取：

按方法（1）测量的自然堆放密度，其代表自然堆放煤堆的上层密度，从堆放表面往下每米其密度增加约15kg/m$^3$，其最终计算存煤量时所取密度可按此进行修正。

（3）经推煤机平整后的煤台存煤量的密度选取：

按方法（2）测量的压实密度，其代表压实煤台的上层部分存煤的密度，其最终计算存煤量时所取密度可略大于此值。

（4）盘煤期间，如果煤场进煤没有变化，采用上次盘煤计量单元的密度值。

（5）相同煤种，如果堆存方式没有变化，采用同一个计量单元的密度值。

### 6.3.2 沉筒法测量煤场堆积密度

制作一个30cm×50cm的圆柱形无底钢筒（钢筒壁厚为5～10mm），在煤堆上部用铁锹挖一个0.5m的煤坑，将钢筒放入坑内，然后用推土机将钢筒压入煤堆内，沿筒口刮平后将钢筒称重求堆积比重。

煤堆取堆积比重点数应根据煤堆长度而定，一般的情况是把煤堆长度$AB$分成三个相等的区间段，每个区间段长度为$y$，则$y=\frac{AB}{3}$。

（1）取堆积比重点的部位及个数。不论煤堆的长度为多少，在每个区间段$y$，都沿斜线方向取5点，斜线的始末两点应位于距煤堆边1m处，其余各点须均匀地分布在余下的线段上。

（2）在每个测点（沉筒内）取一份煤样，将取出的煤样送到煤样室进行缩分，化验全水分和灰分。

（3）计算沉筒内煤的体积。

沉筒容积计算式为

$$V=\pi r^2 h=\frac{\pi d^2}{4}h \tag{6-7}$$

式中 $d$——内圆直径（cm）；

$r$——内圆半径（cm）；

$h$——高度（cm）。

（4）煤的堆积比重计算式为

$$d_{dj}=\frac{100-M_{Sl}}{100-M_{jj}}\times\frac{G_{Sl}}{V} \tag{6-8}$$

式中 $d_{dj}$——煤的堆积比重（t/m$^3$）；

$M_{Sl}$——煤堆的实际水分（%）；

$M_{jj}$——入厂煤验收时的全水分（%）；

$G_{Sl}$——测得各沉筒煤实际质量（t）；

$V$——各沉筒装煤的总容积（m$^3$）。

### 6.3.3 机械自动测量煤料堆密度

目前，随着科技的进步，市场上出现了越来越多的自动测量煤料堆密度的设备。

自动测量煤料堆密度设备包括自动取样器（它配置在将煤料送至煤塔的最后一个皮带运输机的前面），昼夜储存中间煤样的容积 0.4m$^3$ 的槽，螺旋输送机；直径 0.35m、高 4m 的不锈钢测量管（安装在称量器上的移动箱），如图 6-15 所示。

测量管在上部装有料位指示器和上、下两个自动闸门。当分析时，下闸门关闭，煤料在管内往下落，直至料位指示器使螺旋输送机停机为止。这时，应马上关闭上闸门，自动打开下闸门，煤料装入移动箱。整个测量过程需要 3min。测量结果的模拟性很高，误差不超过 4.5kg/m$^3$。该设备测量堆密度的理想值是 780kg/m$^3$。测量设备还可分析煤料水分、煤料粉碎粒度和重油流量对煤料堆密度的影响。

为了保证煤料的最佳堆密度，煤料中小于 0.5mm 的粉煤量最好小于 42%。煤料的堆密度增大对焦炭的质量有良好的影响；堆密度增大 10kg/m$^3$，焦炭反应性 $C_R$改善 0.5%。

煤的堆密度测定准确与否，对煤场存煤量的计算准确性影响很大。例如，一个 2.5×10$^5$m$^3$ 的煤堆，堆密度为 1.02t/m$^3$ 时，其存煤量为 1.02×2.5×10$^5$t＝2.55×10$^5$t，则煤场存煤量为 25.5 万 t；

如堆密度为 1.06t/m$^3$ 时，其存煤量为 1.06×2.5×10$^5$t＝2.65×10$^5$t，则煤场存煤量为 26.5 万 t；二者堆积密度仅仅相差 0.04t/m$^3$，而煤场存煤量则相差 1.0 万 t 之多。值得注意的是，有的电厂为掩饰煤场亏煤，随意提高煤的堆密度值，从而出现煤场不仅不亏煤，而且虚盈数量可观的存煤。

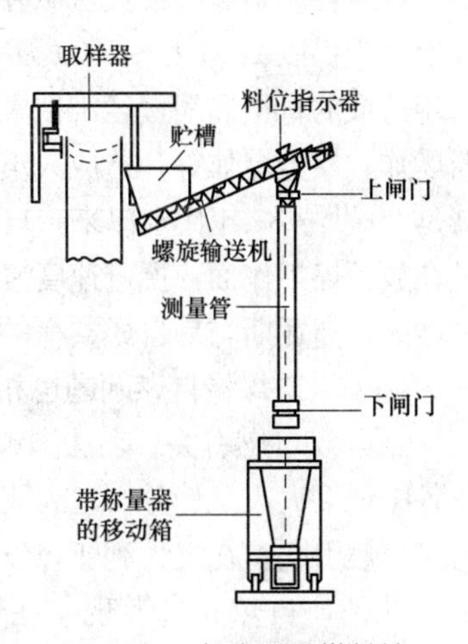

图 6-15　自动测量煤料堆密度的设备

由于为煤密度测定所受影响因素很多，煤中水分、粒度、灰分、压实程度的变化及人为操作所产生的误差，都将影响测定结果，因而制定相应的测定方法标准、规定测试操作，以提高测定结果的准确性及不同电厂之间测定结果的可比性。

# 第七章

# 煤的自燃

煤炭自燃不仅是矿井开采的主要自然灾害之一，在运输和储存过程中煤炭自热和自燃现象也很普遍。研究煤炭自燃机理对于防治矿井内火灾、保证矿井安全生产、提高煤的利用价值都具有重要的指导意义。

我国煤矿煤炭自燃火灾事故十分严重。全国煤矿中存在煤层自然发火危险的矿井约占56%，由于煤炭自燃引起的火灾占矿井火灾总数的90%～94%。由煤自燃导致的优质煤损失量达42亿t以上，现仍以2000万～3000万t/年的速度增加，而受其影响造成的冻结煤储量超过2亿t/年，每年造成的直接和间接经济损失近百亿元。煤自燃严重影响矿井正常生产，如引发煤矿火灾、瓦斯爆炸、煤尘爆炸等，造成人员伤亡、生产设备破坏，甚至被迫封闭采区、井口、报废矿井。尤其是20世纪80年代末以来，自燃火灾已成为制约煤矿高产高效技术发展的主要障碍之一，尤其是在放顶煤工作面，掘进速度慢，遗煤量多，自然发火较为严重。随着开采深度的增加，瓦斯含量增大，高瓦斯与易自燃共存的煤层逐渐增多，给矿井安全生产带来了更严重的隐患。

国外煤矿煤炭自燃问题也相当严重。统计表明，美国1952～1969年期间发生的877起火灾中有10%与煤自燃有关。在法国和英格兰1970～1980年间平均每年发生8起煤矿自燃火灾事故。南非各国地下火灾统计分析也表明，煤自燃是主要的火源，1970～1990年间254起火灾中的1/3均由煤自燃引起。在澳大利亚，仅在新威尔士州，1960～1991年间就发生了125起煤自燃事故。

此外，自热和自燃现象在煤的储存和运输过程中也普遍存在，各矿的储煤场、运煤码头的煤仓、堆放在燃煤电厂的煤堆、远洋运煤船舶和铁路运煤车厢的煤都常常发生自燃。这不仅影响了煤质，降低了煤的利用价值，还极大地改变了煤的炼焦和浮选特性。研究发现，煤氧化后热值降低15%，气化煤的炼焦性能也被破坏。

此外，煤的自燃还会产生大量CO、$SO_2$、$NO_2$、$CO_2$、$H_2S$等有害气体，除对大气环境造成严重污染，形成大范围酸雨，并形成地球的温室效应外，在特定的气象条件、处于不利的风向和风速时，还会造成火灾，引发恶性事故，以至于危及人们的生命安全或造成设备厂房和财产不应有的重大损失，由此造成的间接损失更是难以估计。另外，煤层自燃后上覆地层被烘烤烧变，致使原来的草场、农田变为不毛之地。所以，1994年我国在《中国21世纪议程》中将煤炭自燃列为重大自然灾害类型之一。

## 7.1 煤的自燃基础理论

### 7.1.1 煤的自燃学说

关于煤炭自燃起因和过程，学者们在17世纪即开始探索和研究，迄今未能得到圆满解决。各国学者发表了各种学说以解释煤炭自燃的起因，主要有黄铁矿导因、细菌导因、酚羟基导因、煤氧复合导因等，其中煤氧复合学说得到了大多数学者的一致认同。煤自燃的最终参与物主要是煤和氧，煤对氧的吸附和氧化反应经实验考察得到证实。

引起煤自燃的最初导因是煤岩体与某些物质的作用，激发煤表面分子中的某些结构，这些受激的表面结构进而与氧发生复合作用，放出的热量使煤体温度升高，从而使氧化反应加快，最终导致自燃。煤岩并非一个均质体，它含有多种成分的有机和无机物质，其化学结构、物理性质、煤岩组分因产地不同存在很大差别，不同煤岩的氧化性和放热性也不同。

煤体暴露于空气中能否引起自燃取决于煤体的自发放热和环境散热，当热量产生速率大于散发速率时，煤温上升就会引起自燃。也就是说，任何一种煤暴露于空气中因存在多种作用，具有自发产生热量的属性，即都存在自然发火的属性，但能否发生自燃则取决于煤体的放热强度和环境散热强度。因此，煤氧复合及热效应是导致煤自燃过程发展最主要因素。

**1. 黄铁矿导因学说**

该学说最早由英国人于17世纪提出，是第一个试图解答煤自燃原因的学说。它认为煤的自燃是由于煤层中的黄铁矿（$FeS_2$）与空气中的水分和氧相互作用放出热量而引起的，其化学反应过程推断为

$$2FeS_2 + 2H_2O + 7O_2 = 2FeSO_4 + 2H_2SO_4 + Q_1$$

硫酸亚铁（$FeSO_4$）在潮湿的环境中，可被氧化生成硫酸铁［$Fe_2(SO_4)_3$］，其化学反应为

$$12FeSO_4 + 6H_2O + 3O_2 = 4Fe_2(SO_4)_3 + 4Fe(OH)_3 + Q_2$$

硫酸铁［$Fe_2(SO_4)_3$］在潮湿的环境中作为氧化剂又可和黄铁矿发生反应：

$$FeS_2 + Fe_2(SO_4)_3 + 2H_2O + 3O_2 = 3FeSO_4 + 2H_2SO_4 + Q_3$$

以上化学反应均为放热反应（$Q_1$、$Q_2$、$Q_3$ 分别代表各反应释放的热量）。另外，黄铁矿在潮湿的环境里被氧化产生 $SO_2$、$CO_2$、CO、$H_2S$ 等气体的反应，也都是放热反应。因此在蓄热条件较好时，这些热量将使煤体升温达到煤氧化反应所需温度，导致煤自热与自燃。

黄铁矿另一促使煤体氧化的物理作用是当其自身氧化时，体积增大，对煤体产生胀裂作用，使得煤体裂隙扩大、增多，与空气的接触面积增加，导致氧气更多地渗入。此外，硫的着火点温度低，在200℃左右易于自燃；$FeS_2$ 产生的 $H_2SO_4$ 使煤体处于酸性环境中，也能促进煤的氧化自燃。

黄铁矿学说曾在19世纪下半叶被人们所接受，但随后大量的煤炭自燃实践证明，大多数的煤层自燃是在完全不含或极少含有黄铁矿的情况下发生的。该学说无法对此现象做出解释，因此具有一定的局限性。

**2. 细菌导因学说**

该学说是由英国人帕特尔（Potter M. C）于1927年提出。他认为在细菌的作用下，煤体发酵，放出一定热量，这些热量对煤的自燃起了决定性的作用。后来（1934年），有的学者认为煤的自燃是细菌与黄铁矿共同作用的结果。

1951年，波兰学者杜博依斯（Dubois R）等人在考查泥煤的自热与自燃时指出，当微生物极度增长时，通常伴有放热的生化反应过程。30℃以下是亲氧的真菌和放线菌起主导作用（使泥煤的自热提高到60～70℃是由于放线菌作用的结果）；60～65℃时，亲氧真菌死亡，嗜热细菌开始发展；72～75℃时，所有的生化过程均遭到破坏。

为考察细菌作用学说的可靠性，英国学者温米尔与格瑞哈姆（Grabam. J. J）曾将具有强自燃性的煤置于1℃的真空器里长达20h，在此条件下，所有细菌都已死亡，然而煤的自燃性并未减弱。细菌作用学说仅这一点就无法做出解释，未能得到广泛承认。

**3. 酚羟基导因学说**

1940年，苏联学者特龙诺夫提出，煤的自热是由于煤体内不饱和的酚基化合物强烈地吸附空气中的氧，同时放出一定的热量所致。此学说的实质实际上是煤与氧的作用问题，因此可作为煤氧复合作用学说的补充。

该学说的依据是在对各种煤体中的有机化合物进行实验后，发现煤体中的酚基类最易被氧化，不仅在纯氧中可被氧化，而且也可与其他氧化剂发生作用。故特龙诺夫认为，正是煤体中的酚基类化合物与空气中的氧作用而导致了煤的自燃。

根据该学说，煤分子中的芳香结构首先被氧化生成酚基，再经过醌基后，发生芳香环破裂，生成羧基。但理论上芳香结构氧化成酚基需要较激烈的反应条件，如程序升温、化学氧化剂等，这就使得反应的中间产物和最终产物在成分和数量上都可能与实际有较大的偏移。因此，酚羟基导因作用是引起煤自燃的主要原因的观点尚有待进一步探讨。

**4. 煤氧复合导因学说**

1870年，瑞克特（Rachtan. H）经实验得出，一昼夜里每克煤的吸氧量为0.1～0.5mL，而褐煤为0.12mL。

1945年，姜内斯（Jones E. R）提出，常温下烟煤在空气中的吸氧量可达0.4mL/g。该结果与1941年美国学者约荷（Yohe G. R）对美国伊利诺伊煤田的煤样试验结果相近。

20世纪60年代，抚顺煤炭研究所通过大量煤样分析，确定了100g煤样在30℃的条件下经96h吸氧量小于200mL时，属于不自燃的煤，超过300mL时属于易自燃的煤。这也说明，在低温时，煤的吸氧量愈大，愈易自燃。

1951年，苏联学者提出，煤的自燃正是氧化过程自身加速的最后阶段，但并非任何一种煤的氧化都能导致自燃，只有在稳定、低温、绝热条件下，氧化过程的自身加速才能导致自燃，这种氧化反应的特点是分子的基链反应，即每个参加反应的团粒或在链上的原子团首先产生1个或多个新的活化团粒（活化链），然后，又引起相邻团粒活化并参加反应。这个过程在低温条件下，从开始要持续地进行一段时间，即通常所称的“煤的自燃潜伏期”。

煤体发生自燃主要是由煤氧复合作用并放出热量引起的。煤与空气接触后，首先发生煤体对氧的物理吸附，放出物理吸附热，之后，又发生煤氧化学吸附和化学反应，并放出化学吸附热和化学反应热。煤与氧作用的这个过程所放出的热量积聚起来，就改变了煤自身所处的环境条件，因此，煤的氧化放热是热量自发产生的根源之一，也是引起煤炭自燃发火的根本原因之一。

细究上述各种煤的自燃学说，不论其是否完善或是否能得到广泛承认，都涉及煤的氧化作用和自发产热的问题。煤具有的氧化性质正是由煤的有机质及无机矿物质的易氧化性所体现的，煤具有的放热性质也正是由煤有机质及无机矿物质的氧化反应所放出的热量所体现的。另外，水对煤的润湿热、煤分子的水解热、煤中含硫矿物质的水解热、煤中细菌作用放出热等，对煤体自发产生热量也起着一定的积极作用。

### 7.1.2 煤自燃机理研究

近十多年来，国内外学者从不同的角度、采用不同的方法对煤自燃的机理进行了研究，并取一些新进展，主要体现在以下几个方面。

**1. 利用热分析技术研究煤自燃机理**

舒新前等用热重分析分别研究了神府烟煤和汝箕沟无烟煤的氧化自然动力学过程，认为煤炭低温氧化遵从阿仑尼乌斯定律；路继根采用等温 DTA 技术结合 TGA 研究了煤氧化机理，发现对所有的煤从室温直至着火点附近所发生的对自热有贡献的化学反应都一样；彭本信对我国焰煤、气煤、肥煤、焦煤、贫煤及无烟煤六个煤种 70 个煤样进行 TGA、DTA、DSC 及热分析红外光谱试验，测定煤的自燃倾向性，研究煤的自燃机理，查清了煤变质浅的煤容易自燃的主要原因是其氧化放热量大于变质深的氧化放热量。另外，Garcia P 也利用热分析技术对煤的自燃进行了研究。

**2. 从煤的活化能入手研究煤自燃机理**

TeVrucht 采用 FFIR 检测脂类 C-H 吸收峰强度的变化求取煤氧反应的活化能和速度常数；Kelemen 采用 XPS 考察了煤表面 O/C 原子比的变化，并据此求出在 295～398K 时表观活化能为 11.4511d/mol；Martin 用 SIMS 研究了 23℃、70℃和 90℃时煤表面氧浓度变化，计算结果说明 70℃前后活化能差别很大，在氧化反应的第一周内，温度小于 70℃，具有以吸附扩散过程为主的低活化能特征。

**3. 从煤分子结构模型入手研究煤的自燃机理**

煤分子的结构研究一直是煤科学领域的热点和重要的基础研究内容。多年来，国内外的学者对煤结构的研究做了大量工作，并提出了不同的煤分子结构模型。Wender 提出了高挥发分烟煤、低挥发分烟煤和无烟煤的结构模型，即威斯化学结构模型；Shinn J H 等人提出了高挥发分煤的结构模型，其结构较 Wender 模型更庞大。尽管威斯模型并不适合于所有的煤，但是迄今为止，该模型仍是煤化学界公认的比较正确和合理的一个化学结构模型。1989 年，Haenel 等总结前人的工作提出煤的两组分物理结构模型；Kichkot 提出自相关多体结构模型；Nishiok 等通过对煤分子间作用力的大量研究，提出了单相模型和两相模型（主客体模型）。20 世纪 80 年代以来，煤的两相结构概念得到普遍的认可。威斯等结构模型主要以簇为基础，只代表煤的平均结构，并不能定量地精确描述煤的特定结构。为了更全面地了解煤分子结构有关的物理特性，Spiro 曾用填空物理模型构造了 Given、Wiser、Solomon 煤分子模型的三维表现，此模型仍无法判断各结构间的相对概率。

**4. 从煤氧化学反应和表面反应热的角度研究煤自燃机理**

Itay 研究了煤的氧化机理，指出煤的低温氧化从外层开始，遵从核反应收缩模型，反应速度是由空气从氧化层的扩散控制；Galiero 研究了化学吸附氧及化学反应的速率，指出在不同的温度区域，该速率遵从不同的变化规律；徐精彩根据测定煤表面氧反应热研究煤的自燃机理，得出不同的煤表面反应热不同，并与煤体温度有关；何萍通过对煤氧化过程中氧化形成特征的研究，选择出煤自燃指标。

**5. 从煤岩相学角度研究煤的自燃机理**

舒新前、葛岭梅等从煤相学方面对神府矿区长焰煤进行研究后，认为丝炭在低温下能吸收大量氧，吸氧时放出热量，因此，丝炭容易自燃，是煤炭自燃的导火索。周安宁、王晓华等在研究宁夏石嘴山矿区气肥煤时，也发现丝炭着火点最低。张玉贵在考察了平庄褐煤和阜新长焰煤自燃过程后，认为镜煤的燃点低，自燃倾向性高。Markuszewski R 曾研究认为，无论煤级如何，镜质组总是最易自燃的显微组分。由上述可知，从煤岩组成研究煤自燃出现了许多矛盾。

另外，还有些学者采用红外光谱、FTIR谱等来研究煤在自燃的各个阶段里，其吸附光谱的强弱、频率的大小，结果发现，各种煤处在不同的频率上，并具有不同的吸收光谱。

### 7.1.3 煤自燃的发展历程

按照现在被大多数学者公认的煤氧作用学说，煤的自燃发展过程一般分为三个阶段，即潜伏阶段，自热阶段和稳定燃烧阶段。

**1. 潜伏阶段**

煤自燃的准备阶段即煤的低温氧化过程，又称为潜伏期，其时间长短取决于煤的变质程度和外部条件，如褐煤几乎没有准备阶段，而烟煤则需要一个相当长的准备阶段。

潜伏阶段的特征是煤的表面生成不稳定的氧化物（—OH，—COOH等），氧化放出的热量很少，能及时放散，煤温和巷道空气气温不变，但煤重略有增加，煤被活化（化学活性增加），煤的着火温度降低。

**2. 自热阶段**

经过潜伏阶段，煤的氧化速度增加，不稳定的氧化物先后分解成水、$CO_2$和CO。氧化产物的热量使煤温上升，当温度超过临界温度60～80℃时，煤温急剧增加，氧化加剧，煤开始出现干馏，生成碳氢化合物、$H_2$、CO、$CO_2$等火灾气体，煤呈赤热状态，当达到着火温度以上时便燃着。这一阶段为煤的自热阶段，又称自热期。

**3. 稳定燃烧阶段**

这一阶段是煤从低温氧化发展成自燃的最后一个阶段。主要特征是空气中氧含量显著减少，$CO_2$的数量倍增，同时由于燃烧不完全和$CO_2$受热分解而产生更多CO，巷道中出现浓烈的火灾气体和烟雾，有时还出现明火，火源温度达1000℃左右。

从煤的自燃发展过程可见，煤自燃实质是其自身氧化速度加速的过程，其氧化速度之快，以致产生的热量来不及向外界放散而导致了自燃。煤的氧化进程既可在常温下发生，也可在高温下进行，伴随氧化过程的发展其周围空气中的氧含量必然降低。

煤的氧化进程可人为地使之减速或加速，掺入碱类化学物质（如过氧化氢）可以加速，掺入氯化物（如工业氯化钙）可抑制煤的氧化进程。

综上所述，煤体要发生自燃必须具备以下4个条件：

（1）开采的煤炭本身具有低温易氧化性能，即煤炭具有自燃倾向性，并以破碎状态存在。

（2）有连续、适量漏风供氧的条件。

（3）煤炭氧化所生成的热量速度大于散热速度。

（4）上述3个条件同时存在的时间大于煤炭最短自然发火期。

井下采空区内遗煤具有强吸附氧的能力，以及具有连续、适量的漏风供氧和热量不易排散的环境，是导致煤炭与环境温度升高直到自燃的实质性原因，这也是研究制定防治技术措施的基本点。目前，国内外用于防治煤炭自燃的技术措施都是基于以上理论而采取的具体方法和实用手段。

### 7.1.4 煤自燃的影响因素

煤自燃的影响因素非常复杂，主要包括内因和外因。如煤化程度、煤岩成分、含硫量、水分、孔隙率、矿物质含量与组成、硬度、导热性等属于内因，决定了煤的自燃倾向性；环境气候（温度、湿度等）、风速、漏风条件、煤堆大小及堆积方式等属于外因，决定了煤自燃发生的可能性。

**1. 煤化程度**

各种煤化程度的煤都有发生自燃的可能性，但煤化程度最低的褐煤最易自燃。到目前为止，一般认为随着煤化程度的提高，煤自燃的趋势下降。Ogunsola 将煤放在炉中加热，经过一段时间后，煤温升高并超过炉温，把该温度（即交叉点温度）作为评价煤自燃趋势的指标，发现即使煤化程度相同，交叉点温度的差别也很大。人们在生产实际中也发现，变质程度相同的煤，有的易于自燃，有的就不自燃。所以煤的自燃能力与煤化程度没有必然的关系，自燃趋势不仅仅取决于煤化程度。

**2. 含硫量**

煤中的硫分为有机硫和无机硫。影响煤自热、自燃特性的主要因素是无机硫，煤中无机硫主要以黄铁矿（$FeS_2$）形式存在。Wu 研究了氧化对煤浮选性的影响后认为，在 25℃时黄铁矿的氧化显著，而在 80℃时有机质的氧化较明显。Huggins 用 FTIR 技术对煤中黄铁矿的氧化行为提出了不同的看法，他认为 $H_2SO_4$ 是 $FeS_2$ 氧化的副产物，它不仅提高了煤中矿物质的可溶性和浸取能力，而且对显微组分中 C-H 键被氧化为含氧官能团的反应起促进作用。此外，黄铁矿的粒径分布、煤中碳酸盐中和酸的能力等也可影响氧化速率。一般认为黄铁矿的氧化可产生放热效应，但不含硫的煤也能引起自燃；另一方面，有的煤尽管含 8%～10%的无机硫，但由于其较小的内表面积，亦难自燃。因此单从硫含量的多少来判断煤的自燃趋势是片面的。

**3. 水分**

煤中水分含量对自燃的影响非常复杂，归结起来主要有三方面的结论：促进作用，抑制作用和参与作用。

（1）促进作用。在煤自燃初始阶段，水分对煤的氧化有着极为重要的催化作用。煤体被水湿润时，水分与煤体表面相互作用并释放出一定量的湿润热。另一方面，当干煤被通以潮湿空气时，水蒸气在发热区外围产生凝结放出汽化潜热，加速煤自燃进程。再则，煤中水分蒸发后形成了更多的孔隙通道或裂隙，使煤体具有更大的内比表面积，有利于更多的氧进入煤体内部氧化。

（2）抑制作用。水分在一定条件下起抑制煤自燃氧化的作用。如果保持煤中有足够高的水分含量，充满在煤中的水分由于具有极高的蒸汽压力，将阻止空气中的氧到达煤表面。煤炭科学研究总院抚顺分院的科研人员通过大量的系统实验发现，当煤的湿度增大到某一程度时，煤的表面将形成含水液膜，可以起到隔氧阻化作用，此外水分蒸发吸收大量热，导致煤温下降。同时，水的作用改变了煤的热物理参数，导热系数将大大提高，有利于煤中热量的散失；含水煤的热容量比干燥煤的热容量大，所以湿润煤温度升高速度比干燥煤要慢，这就抑制了煤体自然发火的发展。

（3）参与作用。有研究发现，水分在蒸发阶段参与了自由基反应，对过氧化络合物的形成起着重要的催化作用。煤中水分含量的不同也会对过氧化物的生成有影响，有人甚至将过氧化络合物定义为煤-氧-水复合物。水分还会促进过氧化络合物的分解，导致煤炭自燃的进一步发生，链反应的发展可通过过氧化物和水反应生成—OOH 和—OH 的过程来解释。对于含黄铁矿较高的煤来说，水分起着重要的作用，因为水的存在可生成硫酸盐、$H_2O_2$ 和氢过氧化物，它们可能是氧化反应的引发剂。低阶煤表面温度上升不仅取决于煤-氧反应，还有煤-水反应，水分还可促进煤-氧反应的中间产物——过氧化物的分解。Berkowitz 对空气中水分对煤自燃的影响研究后认为，对在干燥气候中失去水分的煤来说，引起煤堆温升的主要原因是空气中的水分而非氧化放热反应，因为用含有同样水分的 $N_2$ 流处理可引起同样的温升。Christie 讨论了煤的润湿热的影响后认为，对低阶煤来说，煤表面覆盖水可占据大量的活性空位而使润湿热下降，润湿热取决于煤中有机官能团和可交换金属离子的含量。Itay 先将煤在 $N_2$ 流中充分干燥，然后在 56℃下氧化 25min，将 3mL 水加入到反应器中发现，在加入水后温度开始急剧上升，氧的吸附能力，气相中 CO、$CO_2$ 浓度也骤增；干燥煤基本上不吸附氧，也不产生温升，由此可见，水对煤的氧化起了催化作用。

总之，水分对煤的氧化、蓄热和散热过程都有一定的影响，煤中水分对煤炭自燃起着非常大的作用，但作用机理尚不清楚。

**4. 粒度与孔结构**

粒径对煤氧化行为的影响也有很多不同的看法。首先，从热力学角度分析，煤的粒度对热传导和气体扩散有较大影响，所以煤颗粒的粒径越小，煤的自燃、着火温度会降低。其次从化学动力学角度分析，煤颗粒粒径越小，氧化反应速率常数越大，煤的比表面积随着煤粉颗粒粒径的减小而增加，活化能也减小，煤粉越易着火燃烧。此外煤粒分布范围较广时煤更容易自燃。Oreshko 认为煤的低温氧化速率与煤的容积有关，而不是内表面积。Schmidt 认为氧化速率与内表面积的立方成正比。Karsner 的研究表明当粒径在0.84～2.79mm 时，氧化速率与粒径无关，并指出煤的孔结构在氧化过程中起重要作用，具有大空隙的煤更易自燃。

**5. 煤岩成分**

组成煤炭的四种煤岩成分中，暗煤硬度大，难以自燃。镜煤和亮煤脆性大、易破裂，而且在其次生的裂隙中常常充填有黄铁矿，开采中易碎裂，具有较高的自燃性。丝煤结构松散，着火温度低（190～270℃）。正是由于它的微孔松散结构，所以吸氧性能较强。Yun 用裂解质谱（Py-MS）技术对煤中显微组分的低温氧化进行研究，结果表明源于角质、藻类的富含脂肪族碳氢的煤结构很少起化学变化，而镜质组和孢粉体可被适度氧化。

**6. 其他影响因素**

煤中矿物成分、分子结构、光照等因素对煤自燃也有一定影响。Herman 综合使用了 X 射线衍射仪（XRD）、扫描电镜（SEM），能量色散 X 射线分析（EDXA）和穆斯堡尔光谱仪（Mossbauer）等手段考察了煤中矿物质在低温氧化过程中的变化，指出含 Ca 组分（$CaCO_3$ 及其转化物 $CaSO_4$）对煤的低温氧化起催化作用。Ogunsola 发现煤中氧含量高时，对水分的化学结合能力增强，因此使煤更具有亲水性和反应能力。Mayo 比较了在黑暗中和阳光下煤氧化行为的差异后认为，光分解作用对煤氧化有影响力，在阳光下煤的失重主要由于阳光而非高温，并指出将煤适度干燥和防雨可避免煤炭自燃。另外，煤层瓦斯含量、煤层厚度、风速、煤堆的形状和大小等因素也对煤炭自燃有影响。

## 7.2 煤自燃监控

### 7.2.1 煤炭自燃预测技术

影响煤炭自燃的因素很多，包括煤化程度、煤岩成分、煤炭含水量、含硫量、煤的孔隙率和脆性、煤层的厚度和倾角、煤层埋藏深度、煤层瓦斯含量及开采条件等。煤炭自燃的研究一般分为自燃预测技术和预报技术两种。

煤炭自燃预测技术是指在煤层开采前或煤刚暴露于空气中，处在低温氧化阶段（即自燃潜伏期），还未出现自燃征兆之前，根据煤的氧化放热特性和实际开采条件，超前判断松散煤体自燃的危险程度、自然发火期及最易自燃区域的技术。主要有自燃倾向性测试预测法、综合评判预测法、统计经验预测法和数学模型模拟预测法四种。

**1. 自燃倾向性测试预测法**

自燃倾向性预测法主要根据煤自燃倾向性不同，划分煤层自然发火等级，以此区分煤层的自燃危险程度，从而采取相应的防灭火措施。煤自燃倾向性的测试方法很多，主要包括绝热测试法、着火点温度法、双氧水法（$H_2O_2$）、静态吸氧法、高温活化能法、差热分析法（DTA）、热重法（TG）、交叉点法（CPT）。其中，绝热测试法被公认是最科学、最准确的测试方法，但由于其耗时长而未得到广泛应用。

20 世纪 80 年代以前，国外对煤自燃倾向性的测试法主要以煤的氧化性为基础，大体分为化学试剂法和吸氧法两类。20 世纪 80 年代后，美国利用绝热炉（adiabatic heating oven）测定煤炭最小自热温度，评估煤炭自燃倾向性；加拿大采用静态恒温法（static isothermal）、可燃性法（ignitability）、绝热（adiabatic）和动态法（dynamic）研究煤的自燃倾向性。进入 20 世纪 90 年代，我国推广使用色谱动态吸氧法。由于上述方法仅考察了煤与氧的作用速度和作用量，没有考察其作用效果和动态趋势，无法真实反映煤的内在自燃性，仅能粗略判断出自然发火危险程度。

燃自燃倾向性的部分测试方法及其他相关内容的介绍如下。

（1）化学试剂法。该类方法主要以双氧水、亚硝酸钠、联苯胺等化学试剂取代氧，把缓慢的难以测定的煤氧复合过程加速，考察煤在试剂作用下的氧化速度和快速反应的临界点——着火点，以此衡量煤自燃倾向性的强弱。该类方法在各国采用的有奥尔宾斯基法、奥尔莲斯卡娅-维谢洛夫斯基着火点温度降低值法（苏联）、马切雅什法（即双氧水法）等。由于化学试剂对煤的氧化与自燃过程差别很大，化学试剂法不能完全反映煤的自燃性。

测量煤中过氧基的浓度也被发展为评定煤自燃倾向等级的方法。过氧基或过氧化物是在煤低温氧化中形成的中间产物，其浓度反映了煤与氧相互作用的活性。Chandra 和他的同事提出了一个操作程序，用化学滴定技术量化过氧基数量，并由此评判煤走向自燃的危险等级。

（2）吸氧法。吸氧法也被称为“氧吸附”法，通过色谱分析测定煤样对氧气的物理吸附能力以分析煤的自燃性，这类方法主要分静态吸氧法和动态吸氧法。静态吸氧法是把一定量的煤样置于一个恒温的密闭容器中，在该容器内充满氧气，然后考察在一定时间内该煤样对氧的吸收量。动态吸氧法是让氧以一定的流量在一定的时间内通过恒温的煤样（通常为几克煤样），然后考察该煤样在某一设定温度下单位质量煤样吸附氧的数量。一般将数十克重的样品放置在密封的反应器中，在恒温下（通常为 30℃）让样品对容器中的氧气的吸附达到平衡，监测反应器中的氧气和气相氧化产物的分压力，研究煤吸收氧气，并产生气体氧化产物的速率，据此来推断煤的自燃倾向性。

Winmill 提出，在 30℃条件下，100g 煤样在 96h 的吸氧量如果超过 $300cm^3$，则对应煤样有自燃倾向性，如果低于 $200cm^3$，则无自燃倾向。有研究用 CO 浓度和吸收的 $O_2$ 百分数（%）的比值（Graham 比率或称为一氧化碳指标值）作为煤自燃倾向性的判断依据，

Kuchta 提出 Graham 比率超过 180 的煤样具有高自燃倾向性。

在中国，戚颖敏、钱国胤采用双回路流动色谱法研究煤低温吸附流态氧的特性。该方法以每克干煤在 30℃和 1 个标准大气压力下的物理吸附氧量，以及煤的工业分析数据为依据，将煤的自燃倾向性分为容易自燃、自燃和不易自燃，该方法已成为中国煤炭行业煤自燃倾向性鉴定标准方法。

但是，吸氧过程是煤氧复合的开始，没有吸氧就没有煤氧复合，吸氧量大的煤样通常比表面积大，与氧气接触的面积大，但煤表面的氧化活性结构不一定多，因而进一步发生氧化反应的速率不一定大。由于吸氧法不能反映煤自燃的本质，并且煤炭自燃是由煤在不同温度下与氧的反应共同决定的，因此吸氧法测试结果不能全面反映煤的自燃倾向性，与实际有一定误差。

（3）交叉点温度法。交叉点温度技术最先被引入用以测量煤的相对着火温度。将煤样置于程序升温环境中，监测样品和环境温度。二者达到平衡的温度称为交叉点温度（*CPT*）或相对着火温度。*CPT* 的值对实验条件有依赖性，而且经常随着实验参数的变化而变化，包括样品的形状和尺寸、粒径和含水率、热物性、环境中的氧分压及温升速率等。因此，*CPT* 指标仅从一个侧面反映样品的自燃倾向性。

一些研究对 *CPT* 指标进行改进，Feng 等人在用 *CPT* 测定实验的过程中，样品在 110℃和 230℃温度间的平均升温速率（*AHR*）来量化样品热释放速率，用 $AHR/CPT\times 1000$ 来表征样品的自燃倾向性，该指标通常被称为 *FCC* 指标。另一种指标是用交点处的升温速率表征煤的自燃倾向性，称为 *HR*。为研究煤样氧化放热性，在 *CPT* 测定实验中，分别在空气和氮气气氛中实验，测定样品中心温度。将两对比实验的温度-时间曲线的面积增量记为 *Ia* 指标。Ogunsola 和 Mikula 应用上述几种方法检测了四种尼日利亚煤的自燃倾向性，表明除 *CPT* 指标的结果外，通过 *HR*、*FCC* 和 *Ia* 指标评估这四种煤的危险等级基本上相同，表明用这三种指标表征煤自燃倾向性比交叉点温度法更可靠。

（4）绝热测试法。用绝热试验装置进行实验，将煤样装入绝热装置，实时调整环境温度与样品温度一致，使样品与环境基本不发生热量交换。由于煤与氧相互作用并释放出热量，引起煤温升高。记录样品的温度变化过程，确定临界自燃温度及自燃着火延迟时间，在实验中还可对反应器内的气体成分进行分析。

Rena T. X. 等通过绝热实验研究粉煤样的自燃倾向性。Humphreys 等研究发现，除不具备自燃倾向的样品外，绝热炉中煤的温度随着环境温度线性增加到 70℃。因此，以煤温从 40～70℃的平均升温速率（70R 值）作为衡量煤自燃倾向性强弱的指标，这就是煤自燃倾向性鉴定方法 70R 指标法。其判定标准为

1）70R＜0.5℃/h，不易自燃煤。

2）0.5℃/h＜70R＜0.8℃/h，自燃煤。

3）70R＞0.8℃/h，易自燃煤。

70R 值鉴定煤自燃倾向性在澳大利亚已应用于商业阶段。

基于改进的绝热量热技术，Smith 和 Lazzara 提出了根据煤的最低自热温度（*SHT*）评价煤自燃倾向性的方法。煤样的自燃倾向性随 *SHT* 值降低而增加，并根据 *SHT* 被分为低、中和高三类。

（5）金属网篮法。金属网篮法由 Bowes 和 Cameron 提出。将煤样装入一定形状的金属

网篮中，将金属网篮置于可维持一定环境温度的加热炉中，实时监测样品内部温度。通过多次测试，确定具有特定尺寸的样品自燃所需的最低环境温度。用同一形状但尺寸不同的篮子对煤样进行一系列测试，可确定样品自燃的临界尺寸，并且根据 Frank-Kamenetskii 模型，还可确定固体自燃过程中放热反应表观化学动力学参数的基础。

Chen X-D 等将实验样品放在金属网篮中，置于可提供恒温环境的加热炉中进行实验，采用两个温度传感器检测样品温度，一个置于样品中心，另一个放在离中心几毫米处。改变条件，当样品中心附近温度梯度为 0 时，样品放热量全部用于温度升高。建立该过程的热平衡方程，可根据实验数据测算实验样品氧化放热反应的动力学参数。该方法比金属网篮法测试工作量减少，已被广泛应用。

Jones J C 等采用金属网篮交叉点温度法研究煤的自燃倾向性，将装煤样的金属网篮置于一定温度的加热炉中，测量样品的中心温度，并确定样品与炉温相等时样品的升温速率。炉温与样品中心温度基本相同时，样品与环境的热交换与样品放热量相比可以忽略。建立交叉点温度处的热平衡方程，可确定煤样氧化放热反应的表观活化能等动力学参数。仲晓星、王德明等采用金属网篮交叉点法预测煤自燃临界厚度，将煤样置于 120℃的恒温箱中，给煤样通入空气，使煤样温度上升到恒温箱温度以上。据煤样温度变化可计算出煤的氧化动力学参数，预测煤自燃临界厚度，判定其自燃倾向性，预测结果与实际吻合良好。

（6）近代分析技术研究煤自燃倾向性。自燃是煤氧化引起温度升高的结果，因此许多研究都采用可控制的条件下开展煤的氧化实验，研究煤在不同温度下氧化过程中的质量变化、能量变化、产生的小分子气体的变化及煤结构的变化等，分析煤的自燃性。最近几十年，许多精密的分析仪器，如热分析仪器（TG，DSC 等）、红外光谱仪（IR）、傅里叶变换红外光谱仪（FTIR）、X 射线光电光谱仪（XPS）、二次离子质谱仪（SIMS）和碳 13 核磁共振（13CNMR）、电子自旋共振（ESR）和电子顺磁共振光谱仪（EPR），都被用来分析煤氧化过程中发生的物理化学变化，研究煤的自燃特性。

将热分析技术运用到检测固体自燃潜力始于 20 世纪 60 年代。Banerjee 和 Chakravorty 在对多种类型煤样热分析实验中，发现煤自燃存在三个明显的阶段。舒新前用热分析技术研究了煤的低温氧化特性，据热分析曲线特点把煤自燃过程分为潜伏期、蓄热阶段和燃烧阶段，研究了煤自燃过程中的几个特征温度，认为差热和热重分析是研究煤自燃的有效手段。

陈勤妹等采用热分析联同技术，在 TG-DAT-T-DTG 及 DAT-T-EGD-GC 两套热分析装置上，测定了 5 种粉煤在程序升温整个燃烧过程中的热特性曲线，分析氧化增重、表观活化能、着火温度、燃烧最大失重速率、可燃性指数及燃烧逸气浓度组分等的变化规律。Pilar Garcia 等提出了一个新的基于 DSC 实验曲线中，煤的氧化焓变开始明显增加的温度判断煤自燃倾向性指标，该指标值与煤样的煤阶变化规律相符合，并且能反映出风化时间对自燃倾向性的影响。刘剑、陈文胜等对煤样在空气中进行热重分析（TG）研究，根据热分析动力学原理，计算出煤氧化的活化能等动力学参数，据此预测煤的自燃倾向性。何启林、王德明采用热重、差热及红外光谱分析技术联用，研究煤低温氧化过程，认为该技术是研究煤自燃过程的有效手段。张辛亥通过红外光谱研究低温氧化引起煤结构的变化，分析煤的自燃倾向性。通过多个煤样实验研究，表明该方法分析结果与实际比较吻合。

现代分析技术研究煤自燃倾向性具有一定的理论依据，也取得了一些成果。但是，这些方法目前还处于理论研究阶段，投入煤自燃性测试的生产实践还需要大量的研究。

（7）煤自然发火实验模拟。近年来，国际上诸多学者根据煤氧复合学说建立大型煤自然发火实验台（如法国煤矿研究中心的实验台有装煤样 5000kg 和 3000kg、美国 13 000kg、日本 300kg）。Grossman 等开展低温实验模拟煤堆在户外的自催化氧化（50～150℃）过程，检测到万分之几的分子氢，采用热重分析研究了美国北 Applalachia 和德国 Ruhr 盆地褐煤的低温氧化，研究认为 $H_2$ 的产生在 50℃以前与氧化过程有关，加热煤样几分钟就开始释放 $H_2$，其释放速度快于 CO 和低分子烃类，据此详细讨论了反应机理和参数。煤氧化放热速度快于散热速度时导致热量聚积，引起温度升高，并使氧化速度更快。如果这一过程持续下去就导致自燃发生。热产生和发散能力受一系列因素影响，这些因素的相互作用决定了自燃与否。在我国，西安科技大学徐精彩教授于 20 世纪 80 年代末设计建造的大型煤自然发火实验台，模拟煤的自然发火过程，可准确测试煤自燃的各种参数。

但是，煤自然发火实验周期长，一般极易自燃煤的实验需要 1 个月以上，难燃煤样的实验周期达数月甚至一年以上，每次实验需要煤 1t 以上，实验费用也很高。我国每年有许多易自燃的采煤工作面投入生产，而现有实验台每年只能开展几个煤样的自然发火实验，不能满足需要。

（8）根据升温氧化数据测算煤自燃倾向性。一些研究采用程序升温实验研究煤的自燃特性参数。徐精彩、张辛亥等应用程序升温实验分析不同温度下煤的耗氧速率、CO 和 $CO_2$ 产生速率等参数，通过理论推导出从煤氧化到生成气体产物可能发生的化学变化，估算煤在不同温度下氧化释放的能量，从而可分析煤的自燃特征参数。

为了研究煤的氧化过程，破碎的煤样颗粒放入反应器中并通入空气，样品与空气发生反应，氧气被消耗并产生 CO、$CO_2$ 等气体。通过在反应器出口阶段检测气体组成及浓度，确定煤的耗氧速率和氧化产物的生成率。程序升温实验、恒温实验等都属这一类实验，该方法对研究氧化过程中反应机理和化学动力学参数非常有效，并且也适合检测煤的氧化反应的活性，只是到目前为止还没有将操作步骤建立起来并标准化。

张辛亥研究认为，煤在不同温度下的耗氧及气体产生率与其氧化放热强度关系密切，并定性分析了它们之间的关系。煤中硫含量及灰分等对自燃都有重要影响。我们认为煤中水分、灰分及煤在不同温度下的耗氧、各种气生成速率与其自然发火期之间存在对应关系，并利用人工神经网络反映这一对应关系。运用西安科技大学测定的全国数十个煤矿煤样的自然发火实验数据及收集的各煤样的硫分、灰分等数据对网络训练，确定了神经元之间的连接强度；设计了新型程序升温实验装置，采用少量煤样在该装置中缓慢升温氧化实验，可测定不同自燃温度下煤的耗氧速率及 CO、$CO_2$ 产生率，将这些数据及煤质分析数据代入该人工神经网络即可得到煤样的实验自然发火期。该方法实验时间短，样品用量少，预测结果精度较高。但是，神经网络技术是黑箱操作过程，即只知道输入和输出，不知道其过程。该方法难以作为公认的标准实验。

**2. 综合评判预测法**

煤自然发火期能够从煤的内因上反映煤的自燃危险性。但是，在生产实践中，往往不需要准确确定煤的自然发火期。并且由于煤自然发火期受多种因素控制，煤的实际自然发火期与实验发火期之间有时候存在一定的差异。受实验精度的影响，煤的实验自然发火期往往难以准确测定。因而，实际有时只需知道煤自然发火期的大致范围。《煤矿安全规程》第 228 条规定，煤的自燃倾向性分为容易自燃、自燃、不易自燃三类。现有测定煤自燃倾向性的实验技术存在一些争议，所以根据煤程序升温实验结果对煤的自燃倾向性进行分类，研究新的煤自燃倾向性分类方法意义重大。

综合评判预测法是我国和美国研究的一种方法，把影响煤自燃危险程度的内、外因素——煤的自燃倾向性、地质赋存条件、通风条件、开采技术因素和预防措施等，进行主观判断，分析评分，然后应用模糊数学理论，逐步聚类分析，根据标准模式计算聚类中心，对煤自燃危险程度进行综合评判预测。该方法利用大量的统计资料来分析煤自燃主要因素的影响程度，粗略预测煤自然发火危险程度，而对发火期及可能发火的区域则无法进行预测，即该方法只能定性不能定量。

综合评判预测法主要包括以下两种。

（1）模糊聚类分析方法及模糊识别模型。模糊聚类分析的方法是最常用的分类方法之一。聚类分析也称群分析、点群分析，是研究分类的一种多元统计方法。其基本思想是根据所研究的样品（网点）或指标（变量）之间存在程度不同的相似性（亲疏关系，以样品间距离衡量），于是根据一批样品的多个观测指标，具体找出一些能够度量样品或指标之间相似程度的统计量，以这些统计量为划分类型的依据。把一些相似程度较大的样品（或指标）聚合为一类，把另外一些彼此之间相似程度较大的样品（或指标）又聚合为另一类，直到把所有的样品（或指标）聚合完毕，这就是分类的基本思想。

运用模糊聚类分析的方法可用来预测煤的自燃危险性，并对其进行分类。可通过程序升温实验测定煤体在不同温度下的耗氧速率、CO 及 $CO_2$ 产生速率，根据实验测定的数据，建立模糊矩阵，根据模糊矩阵运用一定的方法进行分类，判断煤的自燃倾向性。

1）模糊相似矩阵的建立。建立模糊相似矩阵的方法有很多种，这里采用差的平方和法。用数 $r_{ij}\in[0,1]$ 来刻画对象，$x_i$ 与 $x_j$ 之间的相关程度，从而构造模糊矩阵

$$R=(r_{ij});r_{ij}=r_{ji};r_{ii}=1(i,j=1,\cdots,n)$$

可见，$R$ 是一个模糊相似矩阵。具体公式为

$$r_{ij}=1-\sqrt{\sum_{k=1}^{m}(x_{ik}-x_{jk})^2} \tag{7-1}$$

其中，$\sqrt{\sum_{k=1}^{m}(x_{ik}-x_{jk})^2}>0$ 为常数，可根据实际情况选定，使 $r_{ij}\in[0,1]$，且分布较均匀。

2）模糊聚类方法及步骤。模糊聚类是用构造出的模糊矩阵 $R$ 进行聚类，模糊聚类分析有许多具体的方法，此处用直接法中的最大树方法对模糊矩阵 $R$ 进行聚类，其步骤为

a. 以被分类的对象为顶点。

b. 当 $r_{ij}\neq0$ 时，$x_i$ 与 $x_j$ 之间可以连一边。

c. 将 $r_{ij}$（$1\leqslant i,j\leqslant n$）从大到小排列。

d. 将关系程度为 $a_1$ 的对象连接，并在相应的线段上注明 $a_1$（不出现相交线），若在连接某两对对象时出现回路，则不画此线。

e. 依次对 $a_2\cdots a_k$（$k\leqslant 1$）重复步骤 $d$ 直至所有的数据出现。

f. 取 $a\in[0,1]$，去掉线段上值小于 $a$ 的连线，剩下互相连接的对象则在水平 $a$ 下归于一类。

3）数据标准化变换。对待识别的数据和已归类好类别的数据进行规范，此处用平移-极

差变换法，公式为

$$x_{ij}=\frac{x_{ij}-\min\limits_{1\leqslant i\leqslant n}x_{ij}}{\max\limits_{1\leqslant i\leqslant n}x_{ij}-\min\limits_{1\leqslant i\leqslant n}x_{ij}}(i=1,2,\cdots,n,j=1,2,\cdots,m) \tag{7-2}$$

数据变换后，可得到标准化后的矩阵为

$$X=[x_{ij}]_{n\times m}(i=1,2,\cdots,n,j=1,2,\cdots,m) \tag{7-3}$$

4）模式识别步骤。一般的模式识别过程可分为下列几个步骤：①信息（数据）的获取；②特征提取：这是模式识别的最关键的一步，它可以从获取的信息中提取一些能反映其特征的测量值以供识别时用；③选择、匹配分类：根据所提取的特征，按照某种分类方法对输入的模式进行判决，将其分类。

根据煤自然发火期预测的特征，将模糊模式识别分为以下三个步骤：

a. 格贴近度。设 $A$、$B$ 为论域 $U$ 上的模糊子集，则称

$$\sigma(A,B)=\frac{1}{2}[A\cdot B+(1-A\odot B)] \tag{7-4}$$

为 A 与 B 的格贴近度，其中，$A\cdot B$ 称为 A 与 B 的“内积”，$A\cdot B=\bigvee\limits_{x\in X}[A(x_i)\wedge B(x_i)]$。

$A\odot B$ 称为 A 与 B 的“外积”，$A\odot B=\bigwedge\limits_{x\in X}[A(x_i)\vee B(x_i)]$。

可见，$\sigma$（$A$，$B$）值越大，A 与 B 越贴近。

b. 择近原则。设论域 $U$ 上有 $m$ 个模糊子集 $A_1$，$A_2$，…，$A_m$ 构成一个模糊模式｛$A_1$，$A_2$，…，$A_m$｝，$B$ 为待识别的模式，若存在 $i_0\in$｛1，2，…，$m$｝，使得

$$\sigma(A_{i0},B)=\bigvee_{k=1}^{m}\sigma(A_k,B) \tag{7-5}$$

则称 $B$ 与 $A_{i0}$ 最贴近，或者把 $B$ 归并到 $A_{i0}$ 类。

c. 模糊模式识别。分别计算新样本与标准模式库中的标准模式的贴近度，根据择近原则，哪一种模式与预测样本最接近，待预测样本即属于哪一种突出类型。

5）运用模糊聚类和模式识别法预测煤自燃倾向性。

a. 根据大量升温氧化，取得了 $n$ 个煤场煤样在不同温度下的耗氧速率及 CO、$CO_2$ 产生率。依靠获取数据，进行模糊聚类分析。

b. 取 $c=0.0005$，计算得出模糊矩阵。

c. 按给定煤矿的顺序，令 $X$=｛煤场 1，煤场 2，煤场 3，…，煤场 $n$｝=｛1，2，3，…，$n$｝

d. 由模糊矩阵的定义，$r_{ij}\neq 0$，排序后，按照 $a$ 的区间划分类别。

e. 对待识别样本进行模糊模式识别，上述两类样本构成模糊模式库｛$A_1$，$A_2$｝，其中 $A_1$ 为自然发火期短的模式集合，自然发火期在 21 至 40 天之间，$A_2$ 为自然发火期长的模式集合，自然发火期在 36 天至 56 天之间。

f. 构建模糊模式库指标数据和待识别样本指标数据。

g. 按 $A_1$、$A_2$ 各温度下的 $O_2$、CO、$CO_2$ 的值是各类元素对应指标的平均值计算贴进度。

h. 依靠贴进度，预测各煤场发火期时间。

（2）模糊综合评判法。煤炭自燃的发生和发展是一个极其复杂的动态变化过程，其实质是热量的自发产生并且逐渐积累使煤体升温，最终引起着火燃烧。结合煤自燃的基本机理和

煤矿生产的实际情况，煤层自然发火的影响因素主要有以下3个方面：

1）煤本身的自然发火倾向性。

2）煤层裂隙的发育程度或松散煤体的堆积状态。

3）煤层和松散煤体外围气流流场对流强度。

因此，科学地鉴定煤自然发火倾向性对于煤矿安全生产、矿井防灭火和煤炭储运过程至关重要。

模糊综合评价是以模糊数学为基础，应用模糊关系合成原理，将一些边界不清，不易定量因素定量化进行综合评价的一种方法。

对于煤自然发火倾向性，取 $X$ 为评价因素集，$Y$ 为评语集，即

$X=\{$吸氧率 $x_1$，放热强度 $x_2$，…，$x_n\}$；

$Y=\{$容易自燃 $y_1$，自燃 $y_2$，不易自燃 $y_3\}$。

结合吸氧率、放热强度和活化能三项指标对煤自燃倾向性的内在影响，分别定义其在论域 $Y$ 上的隶属函数：

吸氧率 $\mu_1(x)=x_i/\sum_{i=1}^{m}x_i$；

放热强度 $\mu_2(x)=x_i/\sum_{i=1}^{m}x_i$；

…

$\mu_n(x)=x_i/\sum_{i=1}^{m}x_i$。

对所研究的 $s$ 种煤样分别就吸氧率、放热强度和活化能作单因素评价，于是可以用模糊矩阵表示 $X$ 与 $Y$ 的关系，即可得到单因素评价矩阵 $R$。

确定吸氧率、放热强度及活化能的权重分别为 $A=(a_1,\ a_2,\ \cdots,\ a_n)$

这里，$A$ 是论域 $X$ 上的模糊集，利用模糊变换可得到：

$$B=A\odot R \tag{7-6}$$

其中，$B$ 为论域 $Y$ 上的模糊集，即为综合评价结果。由 $B$ 可对 $s$ 种煤样的自然发火倾向性由大到小依次顺序。

**3. 统计经验预测法**

统计经验预测法是建立在已发生自然发火事故统计资料基础上，分析预测煤体实际条件下的自燃危险性。

（1）多元统计分析在煤自燃预测中的应用。由于煤自然最短发火期由多个因素决定，且它们之间的关系不确定，应用回归分析的方法来预测煤自然发火期是可行的。

1）变量确定及实验数据。考虑到灰分、挥发分、硫分及氧含量对自然发火期有较大影响，采用工业分析的方法测定灰分、挥发分、硫分、氧含量及煤自然最短发火期。

2）预测模型的建立和分析。

a. 预测模型的建立。根据回归分析理论，包含4个自变量的回归模型形式为

$$Y=\beta_0+\beta_1X_1+\beta_2X_2+\beta_3X_3+\beta_4X_4+e \tag{7-7}$$

对于随机误差，常假定 $E(e)=0$，$\mathrm{var}(e)=\sigma^2$。

定义：$Y$ 为自然发火期，$X_1$ 为灰分，$X_2$ 为挥发分，$X_3$ 为硫分，$X_4$ 为氧含量。

其中，$\beta_0$、$\beta_1$、$\beta_2$、$\beta_3$、$\beta_4$ 是待估计的回归系数。

通常用最小二乘法来得到模型中的参数估计，其公式为

$$\hat{\beta}=(X^{\mathrm{T}}X)^{-1}X^{\mathrm{T}}Y \tag{7-8}$$

假设（$X^{\mathrm{T}}X$）存在，只由（$X^{\mathrm{T}}X$）决定，由于计算过程非常烦琐，通常用 SAS 软件来计算。通过该软件可以得到回归方程。

b. 方差分析。总变量平方和的公式为

$$SS_{\mathrm{total}}=\sum(Y_i-\overline{Y})^2=\sum(Y_i-\hat{Y})^2+\sum(\hat{Y}-\overline{Y})^2=SSE+SS_{\mathrm{reg}} \tag{7-9}$$

总误差平方和的公式为

$$SSE=\sum e_i^2=\sum(Y_i-\hat{Y})^2 \tag{7-10}$$

总回归平方和的公式为

$$SS_{\mathrm{reg}}=SS_{\mathrm{total}}-SSE \tag{7-11}$$

c. 决定系数。回归方程的决定系数的公式为

$$R^2=\frac{SS_{\mathrm{reg}}}{SS_{\mathrm{total}}}=1-\frac{SSE}{SS_{\mathrm{total}}} \tag{7-12}$$

$R^2$ 越接近 1，回归方程拟合得越好。

d. 回归系数的显著性检验。以上讨论了回归方程的所有因素的总回归效果，但这并不能说明每个变量都是显著的，也就是说，可能其中某一个变量不起明显的作用，或者说被其他变量代替。因此要剔除回归方程中无效的变量，以此来建立一个简单并有效的方程。很明显，如果其中某个变量不明显，其系数应该是 0，所以可以通过检验系数来检验每个变量是否显著。这里用 $t$ 分布。

假设：$H_0$：$\beta_1=0$，

$H_1$：$\beta_1\neq0$。

这里用 $t$ 检验：$t_1=\dfrac{b_1/\sqrt{c_{ii}}}{\sqrt{Q/(n-m-1)}}$（$i=1，2，3，4$）

其中 $c_{ii}$ 是矩阵（$X^{\mathrm{T}}X$）对角线上的元素。

统计量 $t_1=\dfrac{\hat{\beta}-\beta_i}{\sqrt{c_{ii}}\sqrt{\dfrac{1}{4}S_E}}\sim t$

在 $H_0$ 成立的条件，$t_1=\dfrac{\hat{\beta}_i}{\sqrt{c_{ii}}\hat{\sigma}}$，其中 $\hat{\sigma}=\sqrt{\dfrac{1}{4}S_E}$ 为回归标准。

e. 回归诊断。检验是在模型和假设正确的前提下进行的，但在实际问题中假设可能不正确。接下来检验假设是否正确或是否有必要建立一个新的模型，因为最初的模型是概括性的统计，需要验证统计是否有值。

$$r_i=\frac{e_i}{\hat{\sigma}\sqrt{1-h_{ii}}} \tag{7-13}$$

经分析可知，残差图上的点的分布是无规律的，说明此回归方程是合适的。$Y$ 轴上孤立的点远离零点时被认为是异常点，若 $Y$ 轴上没有点超过 2，可确定数据中没有异常点。

3）预测结果及误差分析。多元回归分析的最终目的是预测煤的自然发火期。由回归方

程可知，若要预测，首先应该知道煤的硫分、灰分、挥发分及氧含量。可从煤矿的地质资料中获得这些数据，因此将数据代入回归公式即可求解。虽然这个公式不是最终的，但可以帮助工程技术人员大略的预测最短发火期。

由于煤自然最短发火期不仅与煤的水分、灰分、挥发分、硫分及氧含量有关，还受其他随机性因素的影响，如煤的粒径、浮煤厚度、传导散热量、风流焓变、供氧速度、起始温度等。这些因素都将会导致预测结果与实际结果产生相对误差，所以在工程实践中还需要继续探索这些影响因素对预测的影响。

(2) 最小二乘法在煤自然发火期预测中的应用。自燃倾向性不是一个准确的数值，它反映了煤自燃的难易程度。煤的实验自然发火期从理论上来说有一个可以确定的数值。一般来说，可以用煤实验自然发火期表征煤的自燃倾向性。自然发火期越短，则自燃倾向性越强。

煤的自然发火期与煤在不同温度下的耗氧速度、CO 产生率、$CO_2$ 产生率之间存在对应关系，即实验自然发火期是煤在不同温度下的耗氧速度、CO 产生率、$CO_2$ 产生率的函数，而这个函数关系是未知的。可以通过理论分析，设定二者之间的对应函数关系，根据已有的实验数据，采用最小二乘法确定其系数，从而可预测煤的自然发火期，分析煤的自燃倾向性。

1) 煤自燃倾向性与实验数据之间的函数关系。煤的实验自然发火期是煤在不同温度下的耗氧速度、CO 产生率、$CO_2$ 产生率系列值的函数，即

$$t(i)=a\sum_{j=1}^{n}f(C_{O_2})+b\sum_{j=1}^{n}g(C_{CO})+c\sum_{j=1}^{n}h(C_{CO_2})+d' \tag{7-14}$$

式中 $a$、$b$、$c$、$d'$——待定系数；

$t(i)$——第 $i$ 个煤样的实验自然发火期，也可以是表征煤自燃倾向性的指标；

$j$——第 $j$ 个离散同温度点的值；

$f$、$g$、$h$——不同的函数；

$C_{O_2}$、$C_{CO}$、$C_{CO_2}$——煤的耗氧速度、CO 产生率和 $CO_2$ 产生率。

煤的耗氧速度、CO 产生率和 $CO_2$ 产生率都从一个侧面反映了煤的氧化反应速度，都是温度的函数，与反应温度之间的关系符合 Arrhenius 定律，而自然发火期与反应速度成反比，因此：

$$f(C_{O_2})(T)=A_1\exp\left(\frac{E_1}{RT}\right) \tag{7-15}$$

$$g(C_{CO})(T)=A_2\exp\left(\frac{E_2}{RT}\right) \tag{7-16}$$

$$h(C_{CO_2})(T)=A_3\exp\left(\frac{E_3}{RT}\right) \tag{7-17}$$

式中 $A_1$、$A_2$、$A_3$——不同指标表征的反应的指前因子；

$E_1$、$E_2$、$E_3$——相应的活化能 (kJ/mol)；

$T$——绝对温度 (K)；

$R$——摩尔气体常数，$R$=8.314 51J/(mol·K)。

则

$$t(i)=a'\sum_{j=1}^{n}\exp\left(\frac{E_1}{RT_j}\right)+b'\sum_{j=1}^{n}\exp\left(\frac{E_2}{RT_j}\right)+c'\sum_{j=1}^{n}\exp\left(\frac{E_3}{RT_j}\right)+d' \tag{7-18}$$

式中 $T_j$——第 $j$ 个实验测点对应的绝对温度。

只要确定式中的 $a'$、$b'$、$c'$、$d'$、$E_1$、$E_2$、$E_3$ 六个参数，就能求解煤的实验自然发火期，从而分析煤的自燃倾向性。其中，$E_1$、$E_2$、$E_3$ 可根据耗氧速度、CO 产生率和 $CO_2$ 产生率随温度变化的数据确定；$a'$、$b'$、$c'$、$d'$的值可采用最小二乘法确定。

2）煤自燃过程中活化能计算方法。活化能的求解方法有多种，这里仍根据煤自燃升温过程中不同温度下的耗氧速度、CO 产生率及 $CO_2$ 产生率数据，运用 Arhhenius 公式，即可求出对应的活化能 $E_1$、$E_2$、$E_3$ 等参数。

根据煤不同样品程序升温实验在不同温度下的反应速度，可绘制出相应的阿伦尼乌斯曲线，如图 7-1 所示。

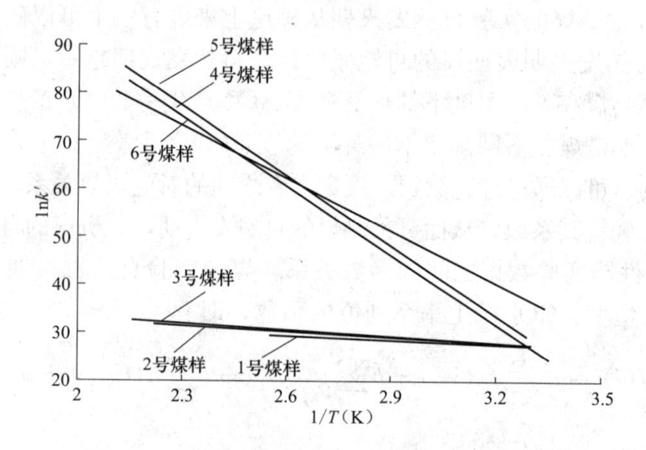


图 7-1 煤样升温氧化过程的阿伦尼乌斯曲线

$\ln k'-1/T$ 线性回归曲线的斜率，反映了煤氧化反应的活化能，而其与 $\ln k'$轴的交点就是其指前因子的对数。根据各粒度煤样程序升温实验数据，得到反应活化能。

3）最小二乘法。最小二乘法是求权重问题的重要方法。根据理论分析，煤的自然发火期是由于煤的耗氧速度、CO 产生率、$CO_2$ 产生率等共同作用的结果，但各自作用的大小不同，作用大小即为权重系数。

建立应用最小二乘法计算不同温度下耗氧速率、CO 产生率和 $CO_2$ 产生率的权重的数学模型。

最小二乘法的基本原理是从整体上考虑近似函数 $p(x)$ 同所给数据点（$x_i$，$y_i$）($i=0$，1，…，$m$）的误差 $r_i=p(x_i)-y_i$($i=0$，1，…，$m$）的大小，常用的方法有以下三种：①误差 $r_i=p(x_i)-y_i$($i=0$，1，…，$m$）绝对值的最大值 $\max\limits_{0\leqslant i\leqslant m}|r_i|$，即误差向量 $r=(r_1, r_2, \cdots, r_m)^{\mathrm{T}}$ 的∞-范数；②误差绝对值的和 $\sum\limits_{i=0}^{m} r_i$，即误差向量 $r$ 的 1-范数；③误差平方和 $\sum\limits_{i=0}^{m} r_i^2$ 的算术平方根，即误差向量 $r$ 的 2-范数。前两种方法简单，但不便于微分运算，后一种方法相当于考虑 2-范数的平方，因此在曲线拟合中常采用误差平方和 $\sum\limits_{i=0}^{m} r_i^2$ 来度量误差 $r_i$($i=0$，1，…，$m$）的整体大小。

数据拟合的具体做法是对给定数据（$x_i$，$y_i$）($i=0$，1，…，$m$)，在取定的函数类 $\Phi$ 中，求 $p(x)\in\Phi$，使误差 $r_i=p(x_i)-y_i$($i=0$，1，…，$m$）的平方和最小，即

$$E_2^2=\sum_{i=0}^{m} r_i^2=\sum_{i=0}^{m}\left[p(x_i)-y_i\right]^2=\min \tag{7-19}$$

从几何意义上讲，就是寻求与给定点 $(x_i, y_i)(i=0, 1, \cdots, m)$ 的距离平方和为最小的曲线 $y=p(x)$。函数 $p(x)$ 称为拟合函数或最小二乘解，求拟合函数 $p(x)$ 的方法称为曲线拟合的最小二乘法。采用最小二乘法进行曲线拟合如图 7-2 所示。

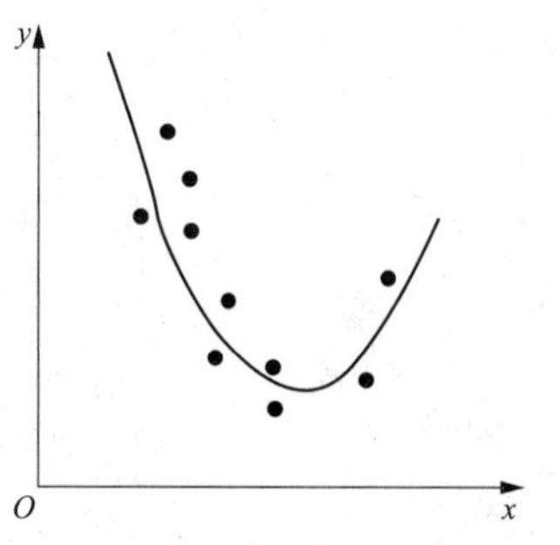


图 7-2　采用最小二乘法进行曲线拟合

在曲线拟合中，函数类 $\Phi$ 可有不同的选取方法。解最小二乘问题的可靠方法是正交化方法。下面是求解最小二乘问题的算法。

本算法用正交化方法求数据的最小二乘近似。假定数据已用来生成了矩阵 $G$，并将 $y$ 作为其最后一列（第 $n+1$ 列）存放，结果在 $x$ 中，$\rho$ 是误差 $E_2^2$。

计算过程为

a. For $k=1, 2, \cdots, n \longrightarrow$ 形成矩阵 $Q_k \longrightarrow -\operatorname{sgn}(g_{kk})\left(\sum_{i=k}^{m} g_{ik}^2\right) \Rightarrow \sigma \longrightarrow g_{kk}-\sigma \Rightarrow \omega_k \longrightarrow$ For $j=k+1, k+2, \cdots, m \longrightarrow g_{jk} \Rightarrow \omega_j \longrightarrow \sigma\omega_k \Rightarrow \beta \longrightarrow$ 变 $G_k-1$ 到 $G_k \longrightarrow$ For $j=k, k+1, k+2, \cdots, n, n+1 \longrightarrow \sum_{i=k}^{m} \omega_i g_{ij}/\beta \Rightarrow t \longrightarrow$ For $j=k+1, k+2, \cdots, m \longrightarrow g_{ij}+t\omega_i \Rightarrow g_{ij}$

b. 解三角方程 $Rx=h_1 \longrightarrow g_{n,n+1}/g_{n,n} \Rightarrow x_n \longrightarrow$ For $i=n-1, n, \cdots, 1 \longrightarrow \left(g_{i,n+1}-\sum_{j=i+1}^{n} x_j g_{ij}\right)/g_{ii} \Rightarrow x_n$

c. 计算误差 $E_2^2 \longrightarrow \sum_{i=n+1}^{m} g_{i,n+1}^2 \Rightarrow \rho$

**4. 数学模型模拟预测法**

数学模型模拟预测法是根据传热学、传质学和流体力学等理论，分析煤体温度和各因素之间的关系，建立多种煤自然发火动态数学模型，模拟煤的自燃过程，预测采空区或煤堆的自然发火危险性。该方法借助计算机，利用自燃数学模型及现场监测数据，使用有限元法、有限差分法等计算机程序，快速、准确地动态模拟煤炭自燃过程。但是它仅能预测矿区综放工作面采空区可能自燃的区域和实际发火期，适用范围较小。

近 20 年，世界各主要产煤国先后建立了静态模拟煤层自燃过程的大型自然发火实验台，观测煤体自然发火过程，并建立起相应的数学模型，从煤的氧化性和放热性两个方面考察煤的自燃性。20 世纪 80 年代，西安矿业学院（现为西安科技大学）自行设计建造了国内第一个大型煤自然发火实验台，其装煤量 0.85t。20 世纪 90 年代，又在此基础上，建造了一系列的煤自然发火实验台，装煤量 0.4t 和 1.5t。利用这些实验台进行了 60 多次的实验研究，以实验获取的实验最短自然发火期、煤自燃临界温度、煤在不同温度下的放热强度、氧消耗速度和各种气态产物的产生速度等为基础，研究煤的氧化性、放热性、煤自燃的影响因素及煤自燃过程中一些参量的动态变化规律，取得了大量的研究成果，但该实验模拟条件单一，测试周期长，因此，有必要建立煤自然发火动态数学模型，模拟实际条件下的煤自然发火过程，指导煤层自燃火灾的预测预报与防治。

（1）煤自燃特性参数的实验。测定根据煤自然发火实验测得的煤温和气体浓度分布状

况，可推算出煤自燃过程中的耗氧速率和放热强度为

$$V_0(T)=\frac{QC_0}{S(z_2-z_1)}\ln\frac{C_1}{C_2} \tag{7-20}$$

$$q_0(T)=\left[\rho_e\cdot c_e\frac{\partial T}{\partial\tau}+\overline{Q}_1\cdot\rho_g\cdot C_g\frac{\partial T}{\partial Z}-\lambda_e\left(\frac{\partial^2 T}{\partial r^2}+\frac{\partial^2 T}{\partial Z^2}\right)\right]\cdot\frac{C_0}{C} \tag{7-21}$$

其中，

$$\frac{1}{\lambda_e}=\frac{1}{\lambda_g}+\frac{1-n}{\lambda_m} \tag{7-22}$$

$$c_e=nc_g+(1-n)c_m \tag{7-23}$$

$$\rho_e=n\rho_g+(1-n)\rho_m \tag{7-24}$$

式中　$T$——碎煤温度；
$V_0(T)$——煤温为 $T$ 时的耗氧速率；
$q_0(T)$——煤温为 $T$ 时的氧化放热强度；
$\tau$——时间；
$Q$——供风量；
$\overline{Q}_1$——供风强度；
$C_0$、$C$——新鲜风流中的氧浓度和测点实测氧浓度；
$C_1$、$C_2$——自然发火实验台中心轴处任意两点 $z_1$ 和 $z_2$ 处的氧浓度；
$S$——实验台的横断面积；
$\lambda$、$c$、$\rho$——导热系数、比热容和密度；
$r$、$Z$——实验台径向和纵向坐标；
下标 $g$、$m$、$e$——空气、实体煤和等效值；
$n$——空隙率。

根据松散煤体粒度与氧化自燃性关系的实验，不同粒度松散煤体的耗氧速度与放热强度的粒度影响函数关系可按对数规律拟合：

$$\psi(d_{50})=a+b\ln\frac{d_{50}}{d_{\text{ref}}}(b<0) \tag{7-25}$$

式中　$d_{50}$——松散煤体的平均直径，表示小于此直径的煤体质量占松散煤体总量的50%；
$d_{\text{ref}}$——参考直径（取1cm）；
$a$、$b$——与煤粒粗糙度、空隙率等有关的常数，由实验数据拟合确定。

（2）煤自然发火三维动态数学模型。风流以一定方式向松散煤体内部渗透和扩散，在松散煤体中形成大面积吸附面和反应面，煤氧复合产生热量，当煤体氧化产生的热量大于向周围散发的热量时，热量逐渐积聚，煤体内部温度升高，达到自燃点时，松散煤体即发生自燃。由于煤体的破碎程度不一，其煤温、氧浓度和漏风强度均是空间坐标 $x$、$y$、$z$ 的函数，且随时间不断发生变化。因此，松散煤体自然发火是一个三维动态过程。

实际条件下，松散煤体是各向异性的多孔介质，其内部的传热、传质及热力过程十分复杂，它受多种因素的影响。

1）在对煤自燃过程宏观特性的研究中，可认为各特性参数（如导热系数、放热强度、耗氧速率等）均与空间位置无关，即松散煤体是各向同性的均匀多孔介质。

2）煤自燃过程中，松散煤体内的风速很小（若风速过大，煤氧化产生的热量会通过对

流换热散失掉)，气体在空隙间的流动属层流，可忽略因风流脉动而引起的机械整装耗散，并可忽略 Soret 效应和 Dufour 效应的影响。

3）由于风流速度很小，且煤体自然氧化升温是一个缓慢的过程，可近似认为松散煤体内同一位置的风流温度与煤体温度相等。

4）煤自燃的主体参与物是煤和氧，煤层形成过程及赋存条件的多样性造成煤体内瓦斯及水含量不同，它们是影响煤自燃的外在因素。

松散煤体的数学模型包括以下三个方面：

1）松散煤体漏风流场数学模型。松散煤体中的漏风流场十分复杂，且漏风源难以确定。根据多孔介质流体力学的质量守恒原理，可得漏风流场的数学模型为

$$\frac{\partial}{\partial x}(K_x\overline{Q}_x)+\frac{\partial}{\partial y}(K_y\overline{Q}_y)+\frac{\partial}{\partial z}(K_z\overline{Q}_z)=0 \tag{7-26}$$

式中　$x$、$y$、$z$——坐标轴；

$\overline{Q}$——漏风强度（通过单位面积煤样的漏风量）。

第一类边界条件：

$$\overline{Q}\,|_s=\overline{Q}_1+\overline{Q}_2+\overline{Q}_3+\overline{Q}_r \tag{7-27}$$

式中　$s$——松散煤体表面；

$\overline{Q}_1$——由通风系统压差引起的漏风强度；

$\overline{Q}_2$——巷道（工作面）起伏引起的漏风强度；

$\overline{Q}_3$——巷道（工作面）风阻或变形等局部阻力引起的漏风强度；

$\overline{Q}_r$——由煤体温度上升而引起的热风压漏风强度。

第二类边界条件：

$$\frac{\mathrm{d}\overline{Q}}{\mathrm{d}n}\,|_s=0$$

松散煤体自燃是煤与漏风流中的氧进行反应的过程，单位时间内氧化生成热与松散煤体气体中氧浓度直接相关，根据多孔介质传质溶质质量守恒原理，可建立氧浓度质量平衡方程：

$$\frac{\mathrm{d}C}{\mathrm{d}\tau}+\overline{Q}_x\frac{\mathrm{d}C}{\mathrm{d}x}+\overline{Q}_y\frac{\mathrm{d}C}{\mathrm{d}y}+\overline{Q}_z\frac{\mathrm{d}C}{\mathrm{d}z}=D_x\frac{\mathrm{d}^2C}{\mathrm{d}x^2}+D_y\frac{\mathrm{d}^2C}{\mathrm{d}y^2}+D_z\frac{\mathrm{d}^2C}{\mathrm{d}z^2}-V(T) \tag{7-28}$$

式中　$D$——氧气在煤体中的扩散系数。

初始条件：$C\,|_{t=0}=C_0$（$x$，$y$，$z$）

第一类边界条件：$C\,|_s=C_0$

第二类边界条件：$\frac{\mathrm{d}C}{\mathrm{d}n}\,|_s=0$

2）松散煤体温度场数学模型。根据能量守恒定律知，松散煤体某一微元体内热量的变化等于微元体内的氧化放热量、多孔介质向微元体的传导热量和对流换热量，从而得出描述松散煤体温度场的能量守恒方程：

$$\rho_e c_e\frac{\partial T}{\partial\tau}=q(T)+\lambda_e\left(\frac{\partial^2T}{\partial x^2}+\frac{\partial^2T}{\partial y^2}+\frac{\partial^2T}{\partial z^2}\right)-\rho_g c_g\left(\overline{Q}_x\frac{\partial T}{\partial x}+\overline{Q}_y\frac{\partial T}{\partial y}+\overline{Q}_z\frac{\partial T}{\partial z}\right) \tag{7-29}$$

初始条件：$T\,|_{t=0}=T_0$

第一类边界条件：$T\,|_{\mathrm{s}}=T_{\mathrm{w}}$

第三类边界条件：$-\lambda_e\frac{\partial T}{\partial x}\,|_{x=0}=\alpha(T_{\mathrm{w}}-T_{\mathrm{s}})$

式中　$T_0$——煤层初始温度；

$T_w$——松散煤体表面温度；

$T_s$——风流温度。

3）松散煤体自然发火动态数学模型。综合上述分析，可得松散煤体自然发火三维动态数学模型：

$$\frac{\partial}{\partial x}(K_x\overline{Q}_x)+\frac{\partial}{\partial y}(K_y\overline{Q}_y)+\frac{\partial}{\partial z}(K_z\overline{Q}_z)=0$$

$$\rho_e c_e\frac{\partial T}{\partial \tau}=q(T)+\lambda_e\left(\frac{\partial^2 T}{\partial x^2}+\frac{\partial^2 T}{\partial y^2}+\frac{\partial^2 T}{\partial z^2}\right)-\rho_g c_g\left(\overline{Q}_x\frac{\partial T}{\partial x}+\overline{Q}_y\frac{\partial T}{\partial y}+\overline{Q}_z\frac{\partial T}{\partial z}\right)$$

$$\frac{dC}{d\tau}+\overline{Q}_x\frac{dC}{dx}+\overline{Q}_y\frac{dC}{dy}+\overline{Q}_z\frac{dC}{dz}=D_x\frac{d^2C}{dx^2}+D_y\frac{d^2C}{dy^2}+D_z\frac{d^2C}{dz^2}-V(T)$$

$$q(T)=\psi(d_{50})\cdot\frac{C}{C_0}\cdot q_0(T)$$

$$V(T)=\psi(d_{50})\cdot\frac{C}{C_0}\cdot V_0(T)$$

$$\psi(d_{50})=a+b\ln\frac{d_{50}}{d_{\mathrm{ref}}}$$

a. 数学模型的数值计算方法：松散煤体自燃主要因浮煤氧化生热所致，松散煤体内热、质的传输过程十分复杂，根据能量守恒原理建立起来的描述其温度场、氧浓度场和漏风流场的数学模型虽然简化了许多次要因素，但利用三维微分方程组求解松散煤体的温度和氧浓度分布特征仍是十分困难的。在综放面实际条件下（如采空区和巷道），松散煤体自然发火模型通常可简化为二维模型，采用有限差分法进行二维方程组的联合求解。

b. 数值计算条件：①松散煤体以实际条件下的围岩原始温度为初始条件，进行模拟计算；②模拟计算以最高温度点达到煤的燃点时停止；③计算过程中，煤的放热强度、耗氧速率、粒度影响函数等均取实验测定值；④风流温度已知，且为常数，氧的质量分数为21%。

c. 计算区域网格划分：根据综放面实际松散煤体分布情况、区域大小、计算精度要求和网格考核结果，将计算区域划分为一定结点数的均分网格。

d. 方程离散：松散煤体内温度和氧浓度分布方程均为对流扩散方程，可表示为通用形式：

$$\frac{\partial(\rho\phi)}{\partial\tau}+\frac{\partial(\rho u\phi)}{\partial x}+\frac{\partial(\rho u\phi)}{\partial y}=\frac{\partial}{\partial x}\left(\Gamma\frac{\partial\phi}{\partial x}\right)+\frac{\partial}{\partial y}\left(\Gamma\frac{\partial\phi}{\partial y}\right)+S \tag{7-30}$$

式中　$\phi$——通用变量；

$\Gamma$和$S$——与$\phi$相对应的广义扩散系数及广义源项。

假设$S=S_c+c_\rho\phi_\rho$，方程可离散为

$$\alpha_\rho\phi_\rho=\alpha_e\phi_e+\alpha_w\phi_w+\alpha_n\phi_n+\alpha_s\phi_s+\alpha_\rho^0+b \tag{7-31}$$

其中，

$$\alpha_e=D_A(|P_{\Delta e}|)+[|-F_e,0|]$$
$$\alpha_w=D_eA(|P_{\Delta w}|)+[|-F_w,0|]$$
$$\alpha_n=D_sA(|P_{\Delta n}|)+[|-F_n,0|]$$
$$\alpha_s=D_sA(|P_{\Delta s}|)+[|-F_s,0|]$$
$$b=S_C\Delta x\Delta y/\Delta t$$

$$\alpha_p = \alpha_e + \alpha_w + \alpha_n + \alpha_s - S_C \Delta x \Delta y / \Delta t$$
$$\alpha_p^0 = \rho_p \Delta x \Delta y / \Delta t$$
$$F_e = (\rho\mu)_e \Delta y$$
$$F_w = (\rho\mu)_w \Delta y$$
$$F_n = (\rho\mu)_n \Delta y$$
$$F_s = (\rho\mu)_s \Delta y$$
$$D_e = \Gamma_e \Delta y / (S_x)_e$$
$$D_w = \Gamma_w \Delta y / (S_x)_w$$
$$D_n = \Gamma \Delta x / (S_y)_n$$
$$D_s = \Gamma_w \Delta x / (S_y)_s$$

式中　$p$——所研究的结点；

$n$、$e$、$w$、$s$——相邻的节点。

e. 边界条件处理：由于外边界为第一类边界条件，边界温度已知，不必补充节点方程，而对于第三类对流换热边界条件，因边界温度未知，且采用区域离散法，因此用附加源项法把第三类边界条件所规定的导入或导出计算区域的热量作为与边界相邻的控制容积当量源项。对内节点的离散方程，不包含边界未知温度值，求解仅限于内部节点。

边界容积中的附加源项为

$$S_{\mathrm{p,ad}} = -\frac{1}{1/\alpha + (\delta x)_w/\lambda_B} \cdot \frac{A}{\Delta V} \tag{7-32}$$

$$S_{\mathrm{C,ad}} = -\frac{AT_{\mathrm{f}}}{1/\alpha + (\delta x)_w/\lambda_B} \cdot \frac{A}{\Delta V} \tag{7-33}$$

式中　$A$——研究控制单元在边界上的传热面积；

$\Delta V$——控制单元体积；

$\alpha$——边界对流换热系数；

$T_{\mathrm{f}}$——边界流体温度；

$\lambda_B$——物理参数；

$\delta x$——网格宽度。

（3）煤最短自然发火期解算数学模型。在评价煤自然发火危险性时，传统的方法是对其做自然发火倾向等级鉴定。然而，在现实过程中所确定的煤自然发火倾向等级与实际情况存在较大差异，因此，通过计算煤最短自然发火期来评价煤自然发火危险性已成为一种较可靠的方法。根据煤氧化放热、升温吸热平衡关系，建立了实验解算最短自然发火期的数学模型，以及相应的实验方法。苏联学者 И·B·卡连金提出了计算煤层最短自然发火期的数学模型，为建立更符合实际情况的煤最短自然发火期数学模型打下基础。

И·B·卡连金提出用色谱法测煤吸氧速度，在绝热条件下，将煤吸附氧气时所放出的吸附热，用于加热煤体和使煤中水分、瓦斯等释放，并使煤体升温达到着火温度所需要的时间，记为煤的最短自然发火期，由此建立的数学模型为

$$t = \frac{C_{\mathrm{p}}(T_{\mathrm{kp}} - T_0) + W_{\mathrm{p}}\lambda/100 + \mu' Q'}{3600 \times 24 K_{\mathrm{cp}} C_{O_2} Q} \tag{7-34}$$

式中　$t$——煤由常温升至临界温度所需时间，d；

$T_0$——常温（293K）；

$T_{kp}$——煤开始加速升温的临界温度（K），根据煤质不同取328～353K；

$W_p$——煤中全水分含量（%）；

$C_p$——煤从常温到临界温度间的平均比热容［J/(kg·K)］；

$\lambda$——水蒸发吸热（J/kg）；

$\mu'$——原煤中的瓦斯含量（$m^3$/kg）；

$Q$——煤吸氧气的吸附热（J/$m^3$）；

$Q'$——沼气解附热（J/$m^3$）；

$K_{cp}$——煤在 $T_0 \sim T_{kp}$间的吸氧速度常数［$m^3$/(kg·s)］；

$C_{O_2}$——$O_2$ 的比热容［J/(kg·K)］，根据通风条件取0.10～0.21间的值。

式（7-34）的物理意义：因为井下松散煤的导热性差，导热损失小，松散煤堆中漏风量极小时对流散热损失小，可将这种情况下的自燃过程视为在绝热状态下，这时煤吸附氧气所产生的吸附热消耗于加热煤体中，使煤中水分、瓦斯蒸发，并使煤温升高到临界温度，这段时间为煤自然发火的潜伏期。因煤低温氧化阶段（即自燃潜伏期）吸氧放出的吸附热是主要放热源，氧化反应的速度慢，氧化生成热为次要热源，因此用式（7-34）计算低温氧化阶段时间是可行的，但如果将式（7-34）直接用于计算到煤着火温度所需时间，因式（7-34）中未包含加速氧化、激烈氧化、热裂解所放出或吸收的氧化热，而这些阶段氧化反应热又是主要热源，吸附热小，会造成很大误差。

将式（7-34）中与 $T_{kp}$有关的参数值均扩展到煤的着火温度下的值，那么采用式（7-34）的形式运算，可以计算绝热状态下煤吸附氧放出的吸附热，用以加热煤体到着火温度的时间，但这却不能反应加速氧化、激烈氧化、热裂解阶段是氧化放出热使煤体升温的主要热源这一事实。因此必须寻求煤氧化全过程中放出热量的测定和计算，才能使解算自然发火期的公式趋于完善。

采用高灵敏度、高精度的差示扫描量热（DSC）仪，可以直接测量煤在空气下氧化、热裂解等所放出的热量。只要设计出适当的实验方法和实验条件，就能对氧化、热裂解等热量进行准确定量。用DSC法测得各温度段的表面氧化放热量，再用式（7-34）将 $T_{kp}$所代表的温度值记为着火温度，然后从常温到着火温度间，分温度段计算煤吸氧放出的吸附热，加上氧化放出热，记为煤的氧化过程中放出的热量，这样自燃氧化放出热量的计算就比较完整。

由于色谱法测煤的吸氧速度常数、DSC法测煤的表面氧化热、比热等参量，均是在一定温度下或分温度段升温测定的，各段的测量值随温度增长而变化，用温度段始、末温度点的吸氧速度来计算各段平均吸氧速度，然后求平均吸氧放热量；表面氧化热则按温度段积分计算该温度段的数据。

设温度段起始温度为 $T_i$，末端温度为 $T_{i+1}$，则温度段的温度差为 $\Delta T_i = T_{i+1} - T_i$。

各温度段吸氧放出的吸附热：

$$\Delta q_{s,i} = (V_{q,i} + V_{q,i+1})\Delta t_i / 2$$

式中　$\Delta t_i$——煤温由 $T_i$ 升到 $T_{i+1}$所需时间（min）；

$V_{q,i}$、$V_{q,i+1}$——温度 $T_i$、$T_{i+1}$时煤的吸氧放热速度［J/(g·min)］；

$$V_{q,i} = K_{q,i} c_{q,i} Q_s$$

$$V_{q,i+1} = K_{q,i+1} c_{q,i+1} Q_s$$

$Q_s$——煤吸附单位氧量放出的吸附热，按氧的平均吸附热计，取 $Q_s=16.8\text{J/mL}$；

$K_{q,i}$、$K_{q,i+1}$——温度 $T_i$、$T_{i+1}$ 时煤的吸氧速度 [mL/(g·min)]；

$c_{q,i}$、$c_{q,i+1}$——温度 $T_i$、$T_{i+1}$ 时煤所吸氧的氧浓度值。

每温度段由 DSC 法测量获得的煤氧化放热量：

$$\Delta q_{D,i}=\int \mathrm{d}q/\mathrm{d}T$$

式中　$\mathrm{d}q/\mathrm{d}T$——DSC 测定所得峰高，即热流速度 [J/(g·min)]。

在一定供氧条件下，热传导及对流散热少，近似于绝热条件，而煤的最短自然发火期是在煤最佳供氧和贮热条件下，煤从常温吸氧、氧化、贮热升温达到着火温度的时间，故在绝热条件下，获取煤的最短自然发火期。先推算煤从 $T_i$ 升到 $T_{i+1}$ 所需时间，在温度段 $T_i\sim T_{i+1}$，煤所放出的热为吸氧放出的吸附热和表面氧化热之和，即

$$\Delta q_{s,i}+\Delta q_{D,i}=(V_{q,i}+V_{q,i+1})\Delta t_i/2+\Delta q_{D,i} \tag{7-35}$$

放出的热量应消耗在煤体升温、煤中水分、吸附瓦斯解吸所需的热量，即

$$(C_{p,i}+C_{p,i+1})\Delta T_i/2+W_{p,i}\lambda/100+\mu_i Q' \tag{7-36}$$

式中　$C_{p,i}$、$C_{p,i+1}$——煤在 $T_i$、$T_{i+1}$ 温度时测得的比热 [J/(g·℃)]；

$W_{p,i}$——温度段 $T_i\sim T_{i+1}$ 煤中水分蒸发量，为煤的全水分含量（原煤样测定值）乘以该温度段所蒸发全水分量的百分数，定常温到 100℃解吸水分总量的 95%，100～120℃解吸 5%；

$\lambda$——水分蒸发及解吸热，取平均值 2.26kJ/g；

$\mu_i$——温度段 $T_i\sim T_{i+1}$ 煤的瓦斯吸附量，原煤瓦斯吸附量按滴定法测 $a$，$b$ 常数计算，然后乘以该温度段的解吸百分数，定常温到 60℃解吸瓦斯的 20%，60～100℃解吸 40%，100～160℃解吸 40%；

$Q'$——瓦斯解吸热，取平均值 12.6J/mL。

煤吸氧及氧化放热和煤消耗热在绝热条件下的平衡方程为

$$\Delta q_{s,i}+\Delta q_{D,i}=(C_{p,i}+C_{p,i+1})\Delta T_i/2+W_{p,i}\lambda/100+\mu_i Q' \tag{7-37}$$

即

$$(V_{q,i}+V_{q,i+1})\Delta t_i/2+\Delta q_{D,i}=(C_{p,i}+C_{p,i+1})\Delta T_i/2+W_{p,i}\lambda/100+\mu_i Q'$$

解得煤温从 $T_i$ 升到 $T_{i+1}$ 所需时间为

$$\Delta t_i=\frac{(C_{p,i}+C_{p,i+1})\Delta T_i+2(W_{p,i}\lambda/100+\mu_i Q'-\Delta q_{D,i})}{K_{q,i}c_{q,i}Q_s+K_{q,i+1}c_{q,i+1}Q_s} \tag{7-38}$$

将煤从常温到着火温度这一过程中，各温度段所需时间相加即为煤的最短自然发火期，即

$$t_Z=\sum_{i=1}^{n}\Delta t_i=\sum_{i=1}^{n}\frac{(C_{p,i}+C_{p,i+1})\Delta T_i+2(W_{p,i}\lambda/100+\mu_i Q'-\Delta q_{D,i})}{K_{q,i}c_{q,i}Q_s+K_{q,i+1}c_{q,i+1}Q_s} \tag{7-39}$$

式中　$n$——计算时所取温度段的段数。

式（7-39）即为煤最短自然发火期计算的数学模型。

（4）基于 BP 神经网络的煤层自燃预测。煤的自然发火期与煤的物理与化学性质、供氧、散热、煤的粒度、堆积密实程度等有关，但在给定的条件下，自然发火期是一个确定的值。煤自然发火期目前只能在设定的标准供氧和散热条件下开展模拟实验测定，该实验得到的煤实验自然发火期可精确到 1 天，能满足实际防火需要，但实验周期较长，实验费用高。

通过色谱分析测定煤样对氧气的物理吸附能力、采用TGA和DSC实验研究煤氧化过程中的质量变化和能量变化、采用绝热实验或程序升温实验研究煤的耗氧物性等也可分析煤的自燃性，但这些方法一般只能定性得到煤自燃性的相对强弱或较宽的发火期范围（如1～3个月，3～6个月等），不能满足煤矿自燃防治的需要。

张辛亥、徐精彩等认为煤体表面分子存在的7种活性结构是低温下与氧发生化学反应的主体，根据煤表面活性结构与氧复合过程中每步反应化学键能的变化，推算出煤对氧的化学吸附热 $q_a \approx 58.8$kJ/mol；煤氧复合最终产生CO的平均热效应为 $\Delta H_{CO}=311.9$kJ/mol；生成 $CO_2$ 的平均热效应为 $\Delta H_{CO_2}=446.7$kJ/mol。

通过程序升温实验测定煤体在不同温度下的耗氧速率、CO及 $CO_2$ 产生速率。假定煤氧复合消耗的氧全部转化成CO和 $CO_2$，二者的产生量与各自的实际生成量成正比，则据耗氧速率 [$V^0_{O_2}(T)$]、CO和 $CO_2$ 产生速率 [$V^0_{CO}(T)$、$V^0_{CO_2}(T)$]，可算出煤氧复合放热强度：

$$q_{max}(T)=\frac{V^0_{CO}(T)}{V^0_{CO}(T)+V^0_{CO_2}(T)}V^0_{O_2}(T)\Delta H_{CO}+\frac{V^0_{CO_2}(T)}{V^0_{CO}(T)+V^0_{CO_2}(T)}V^0_{O_2}(T)\Delta H_{CO_2}$$

假定煤氧复合消耗的氧除实际生成CO和 $CO_2$ 外，其余均与煤发生化学吸附，据此同样可计算出煤氧复合放热强度：

$$q_{min}(T)=q_a\cdot[V^0_{O_2}(T)-V^0_{CO}(T)-V^0_{CO_2}(T)]+\Delta H_{CO}V^0_{CO}(T)+\Delta H_{CO_2}V^0_{CO_2}(T)$$

煤氧复合实际的放热强度介于 $q_{min}(T)$ 和 $q_{max}(T)$ 之间。根据热平衡法计算的东滩煤在不同温度下的氧化放热强度和前述键能法根据气体产生率估算的氧化放热强度。

由于煤氧复合实际消耗的氧除了一部分与煤发生物理、化学吸附，一部分与煤反应生成CO和 $CO_2$ 外，还有一部分与煤反应生成中间产物，故仅凭煤氧复合的耗氧速率及气体产生率还不能确定煤的氧化放热强度。煤自燃过程是煤氧复合放出的热量积累的结果，当散热条件相同时，煤在不同温度下的氧化放热强度就决定了煤的自然发火期。

因此，煤在不同温度下的耗氧速率与CO、$CO_2$ 产生率与自然发火期是紧密相关的。但是，还不能通过程序升温实验准确测定煤的自然发火期。总结大量实验发现，煤自然发火实验过程中，不同温度下的耗氧速率、CO及 $CO_2$ 产生率的序列与煤的实验自然发火期之间紧密相关，不同自然发火期煤样的耗氧和CO、$CO_2$ 产生率等参数序列各不相同。即煤样的一组不同温度下的耗氧速率和CO、$CO_2$ 产生率序列，对应于一个该煤样的实验自然发火期。只要建立了它们之间对应的函数关系，就可实现运用程序升温实验测定的气体产生率对煤实验自然发火期的预测。煤中硫含量及灰分等对自燃都有重要影响。本研究认为煤中水分、灰分及煤在不同温度下的耗氧、各种气体生成速率与其自然发火期之间存在对应关系，并利用人工神经网络反映这一对应关系。运用西安科技大学测定的全国数十个煤矿煤样的自然发火实验数据及收集的各煤样的硫分、灰分等数据对网络训练，确定了神经元之间的连接强度；设计了新型程序升温实验装置，采用少量煤样在该装置中缓慢升温氧化实验，可测定不同自燃温度下煤的耗氧速率及CO、$CO_2$ 产生率，将这些数据及煤质分析数据代入该人工神经网络即可得到煤样的实验自然发火期。

西安科技大学采用煤自然发火实验台已测定了全国数十个矿煤样在不同温度下的耗氧速率、气体产生率及自然发火期，但由于这些参数之间关系是极为复杂的非线性的，目前还没有建立它们之间的关系。作者认为，煤样在不同温度下的耗氧速率 [$V^0_{O_2}(T)$]、CO产生率 [$V^0_{CO}(T)$] 及 $CO_2$ 产生率 [$V^0_{CO_2}(T)$] 序列与其实验自然发火期之间存在对应关系，采用前向三层人工神经网络模型反映煤在不同温度下的 $V^0_{O_2}(T)$、$V^0_{CO}(T)$ 及 $V^0_{CO_2}(T)$ 与其自然发火期之间的非线性关系，利用已有煤自然发火实验结果对网络进行训练以确定神经元之间的连接强度。通过少量煤样空气中缓慢升温氧化实验测定的不同温度下的 $V^0_{O_2}(T)$、$V^0_{CO}(T)$ 及 $V^0_{CO_2}(T)$ 与自然发火实验相同，将这些数据代入该人工神经网络既而得到煤样的实验自然发火期，实现少量煤样程序升温实验快速测定煤的自然发火期。

1）预测煤自然发火期的人工神经网络模型。煤自燃在低温阶段的升温速率非常缓慢，但温度超过150℃后，供氧适宜的条件下，几乎所有的煤在 1 天内温度就会升高到着火点。因而本文仅研究煤从常温到150℃范围的耗氧速率及 CO、$CO_2$ 产生率与发火期间的非线性关系，采用S型函数的前向三层人工神经网络表征这种关系，并据此预测煤的自然发火期。

该神经网络构如图 7-3 所示，网络的输入层为煤样在 30℃、40℃、50℃、60℃、70℃、80℃、90℃、100℃、120℃、150℃下的耗氧速率、CO 产生率和 $CO_2$ 产生率，以及煤样的硫分、灰分等数据，是一个$N$=32 维向量。网络第一层有 $L$=20 个神经元，第二层有 $k$=15 个神经元，第三层为输出层向量，有$M$=8 个神经元。神经网络输出的期望值为煤的自然发火期，通过自然发火实验测定的发火期一般只能精确到 1 天，因而神经网络输出只取整数。神经元的变换函数采用 Sigmoid 函数，网络的输出值容易接近 0 或 1，故将煤的自然发火期转换成二进制数，共有 8 位，即可实现发火期从 0 到 255 天的预测。预测精度理论上可达到 1 天，与煤自然发火实验精度相同。

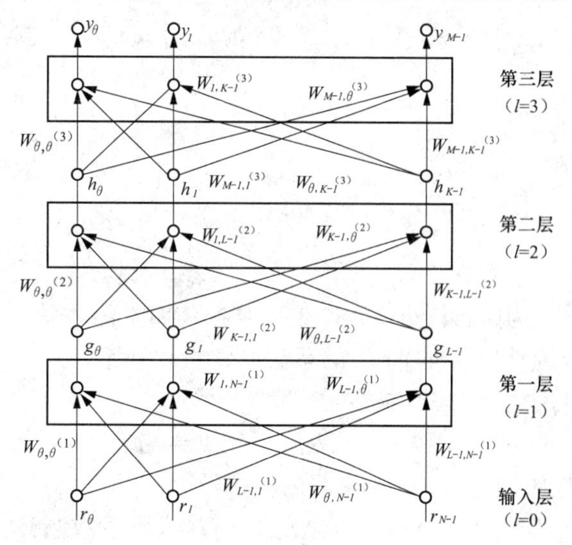

图 7-3　前向三层神经网络结构

神经网络各层输出分量 $o^{(l)}_{p,i}$ 与各层输入 $o^{(l-1)}_{p,i}$ 之间关系可表示为

$$o^{(l)}_{p,i}=f_s[I^{(l)}_{pi}]$$

$$I^{(l)}_{pi}=\sum_{j=1}^{L-1}w^{(l)}_{i,j}o^{(l-1)}_{p,i}-\theta^{(l)}_i$$

式中　$w^{(l)}_{i,j}$——神经元之间的连接强度；

$\theta^{(l)}_i$——阈值。

$f_s[\cdot]$ 表示 Sigmoid 函数，$f_s[\mu]=\dfrac{1}{1+e^{-\mu}}$。

设 $o^{(l-1)}_{p,i}=1$，$-\theta^{(l)}_i=w^{(l)}_{i,j}$，则 $I^{(l)}_{pi}$ 还可表示为

$$I^{(l)}_{pi}=\sum_{j=1}^{L}w^{(l)}_{i,j}o^{(l-1)}_{p,i}\tag{7-40}$$

2）神经网络的逆推学习算法。为得到前向三层神经网络的权重系数，需要采用煤自然发火实验测定的不同温度下的耗氧速率及 CO、$CO_2$ 产生率对其进行训练。其训练过程为，先设定一个随机的网络连接强度序列，代入式（7-40）可计算出预测值，再根据预测值与期望值之间的偏差对权重系数进行调整。权重系数调整量按式（7-41）和式（7-42）计算为

第三层（当 $l=3$ 时）：

$$\Delta_p w_{i,j}^{(3)} = 2\alpha(d_{pi} - o_{p,i}^{(3)})o_{p,i}^{(3)}(1 - o_{p,i}^{(3)})o_{p,j}^{(2)} \tag{7-41}$$

$$\delta_{pi}^{(3)} = 2(d_{pi} - o_{p,i}^{(3)})o_{p,i}^{(3)}(1 - o_{p,i}^{(3)}) \tag{7-42}$$

式中 $p$——训练中的样本编号；

$d_{pi}$——输出期望值，即为训练煤样的二进制发火期的第 $i$ 位值；

$\alpha$——训练步幅。

第二层（当 $l=2$ 时）：

$$\Delta_p w_{i,j}^{(2)} = \alpha\left(\sum_{k=0}^{M-1}\delta_{pk}^{(3)} \cdot w_{k,i}^{(3)}\right)o_{p,i}^{(2)}(1 - o_{p,i}^{(2)})o_{p,i}^{(1)}$$

$$\delta_{pi}^{(2)} = \left(\sum_{k=0}^{M-1}\delta_{pk}^{(3)} \cdot w_{k,i}^{(3)}\right)o_{p,i}^{(2)}(1 - o_{p,i}^{(2)})$$

第一层（当 $l=1$ 时）：

$$\Delta_p w_{i,j}^{(1)} = \alpha\left(\sum_{k=0}^{K-1}\delta_{pk}^{(2)} \cdot w_{k,i}^{(2)}\right)o_{p,i}^{(1)}(1 - o_{p,i}^{(1)})o_{p,i}^{(0)}$$

$$\delta_{pk}^{(1)} = \left(\sum_{k=0}^{K-1}\delta_{pk}^{(2)} \cdot w_{k,i}^{(2)}\right)o_{p,i}^{(1)}(1 - o_{p,i}^{(1)})$$

为防止权重系数产生反复振荡而不能收敛，采用了“惯性”调整算法，令时序 $t_k$ 的系数调整量与时序 $t_{k-1}$ 的系数调整量相联系，从而造成一种“惯性”效应或“后效”。此算法可用式（7-43）描述：

$$\Delta_p w_{i,j}^{(l)}(l_k) = \alpha\delta_{pi}^{(l)}(t_k)o_{p,j}^{(l-1)}(t_k) + \eta \cdot \Delta w_{i,j}^{(l)}(t_{k-1}) \tag{7-43}$$

式中 $t_k$、$t_{k-1}$——学习的时序号；

$\eta$——惯性系数，$\eta$ 越大则系数调整的惯性越大，即每一次系数的调整量与前一次调整量更密切相关。

这一算法计算过程首先计算第三层（即输出层）的各项“误差分量”$\delta_{ij}^{(3)}$，然后用 $\delta_{ij}^{(3)}$ 计算第二层（隐含层）的“等效误差分量”$\delta_{ij}^{(2)}$，最后再用第二层（隐含层）计算第一层的“等效误差分量”$\delta_{ij}^{(1)}$。只要算出这些误差分量，系数调整量可立即求得。这是一种由输出层向输入层逐步反推的学习算法，称为“逆推”学习算法，或简称为 BP 算法。

3）神经网络的训练。采用 C＋＋语言编写了煤自然发火期预测的人工神经网络学习及计算的程序，程序框图见图 7-4。为得到前向三层神经网络的权重系数，采用煤自然发火实验测定的不同温度下的耗氧速率及 CO、$CO_2$ 产生率、各煤样硫分、灰分等数据及对应的实验自然发火期对其进行训练。训练过程为，先对训练样本的耗氧速率、CO 产生率及 $CO_2$ 产生率、硫分、灰分等分别进行正规化变化，即分别将其转化为 0～1 之间的量，并设定一个随机的网络连接强度序列，一并代入式（7-42）和式（7-43）可得到网络输出值，再根据输出值与期望值之间的偏差采用 BP 算法对权重系数进行调整。采用自然发火实验测定的不同煤样的耗氧速率、CO 产生率、$CO_2$ 产生率及以 30℃为起始温度的实验自然发火期等数据作为训练样本。用多个样本对网络进行反复训练，训练过程为每个样本迭代 20 次后再换下一个样本，直至所有样本训练完后再开始下一轮训练。

采用自然发火实验测定的不同煤样的耗氧速率、CO 产生率、$CO_2$ 产生率及以 30℃为起始温度的实验自然发火期等数据作为训练样本。用 30 余个样本对网络进行反复训练，直至各样本预测结果 8 个分量的误差平方和均小于 $10^{-6}$，认为网络达到收敛。将最后得到的连接强度存储到硬盘上，在进行预测或有新样本再训练时再调入。训练样本的实验自然发火期范围为 19～64 天，其间隔不超过 3 天，故该网络能准确预测实验自然发火期在这一范围的样本。

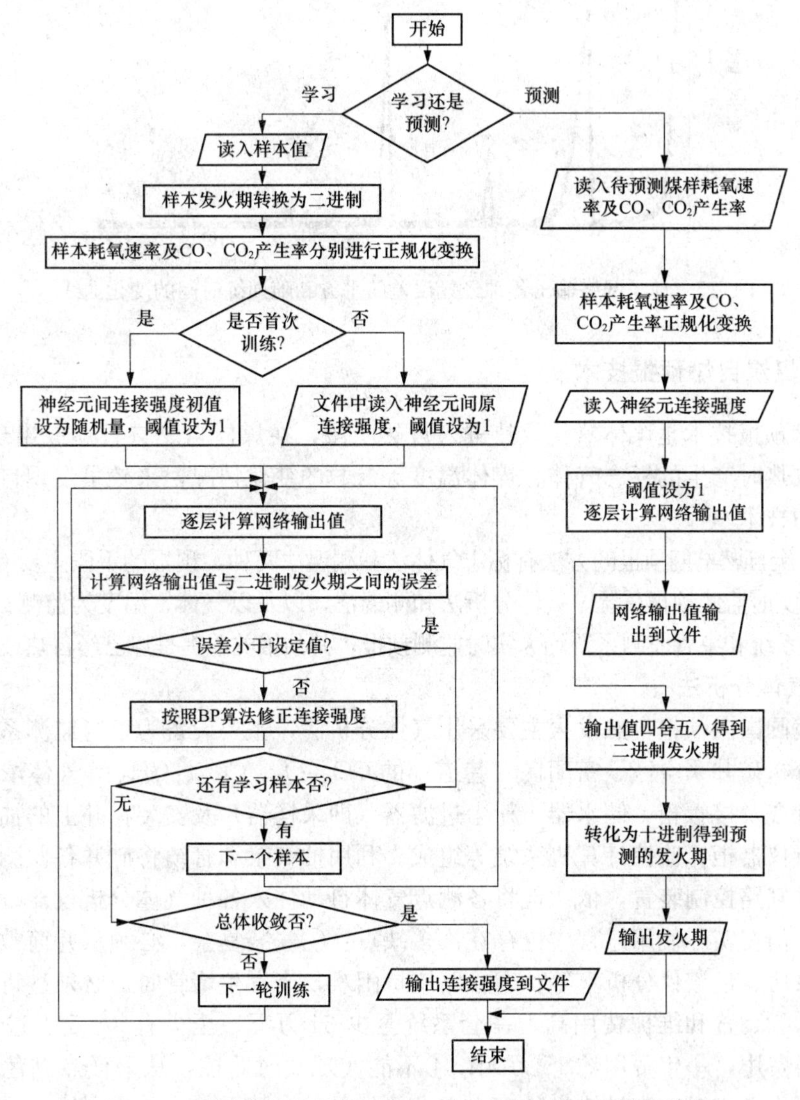


图 7-4 预测煤自然发火期的人工神经网络学习及计算程序

网络学习的步幅及动量项的系数（惯性系数）均调整为 0.8。其中一个样本输出分量误差平方和随网络训练次数的变化如图 7-5 所示。从图中可以看出，经过约 7 个循环，即每个样本训练 140 次后，网络输出神经元的误差平方和已小于 0.1。经过 1000 个循环的训练，各训练样本得到的网络输出的 8 个分量误差平方和均小于 $10^{-6}$，认为网络达到收敛。

可见该神经网络的收敛速度是比较快的，训练样本的实验自然发火期范围为 19～64 天，其间隔不超过 3 天，故实验自然发火期在这一范围的样本用该网络预测精度比较高。本人工神经网络预测模型的输出矢量为二进制的煤自然发火期，即每个输出神经元期望值为 0 或 1，而 S 型函数的输出值为 [0，1]，在对未知样本进行预测时，神经网络输出的各神经元的值接近 0 或 1，只要对其输出值进行四舍五入变化，即可纠正较小的误差。

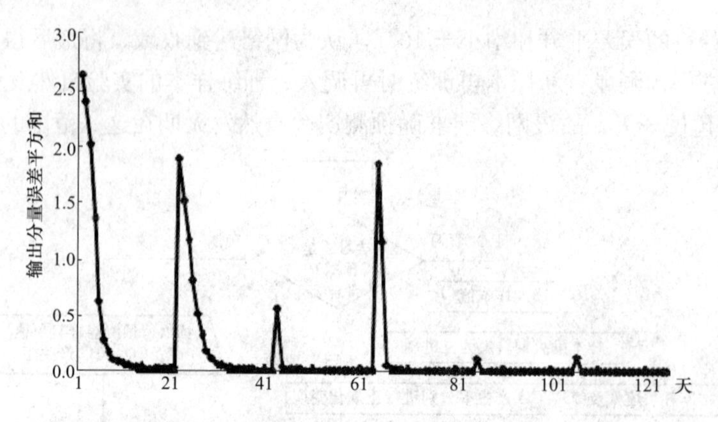


图 7-5 神经网络输出各神经元误差的平方和随训练时间的变化曲线

### 7.2.2 煤炭自燃预报技术

煤炭自燃预报技术是煤体氧化放热进入自热阶段，在煤体自燃冒青烟或出现明火之前，根据煤氧化放热时产生的标志气体、煤体温度等参数的变化情况，来较早发现自燃征兆，判断自燃状态的技术。

目前，煤炭自燃早期预报的方法有标志气体法和测温法两种，预报的手段主要有人工取样监测分析预报和实时监测预报系统。气体分析法和测温法，以及以气体、温度为监测目标和预报指标的安全监测系统和束管监测系统均为实时监测预报，其预报的前提是煤已经自热或自燃。

**1. 标志气体分析法**

当前，我国国内预报自然发火主要采用气体分析法，主要设备为束管监测系统。系统通过束管取样分析矿井采空区、密闭区、巷道中的 CO、$O_2$、$CO_2$、$CH_4$ 等气体浓度，由安装在矿井内的管缆及接管箱、储水器、粉尘过滤器（即采样器）及安装在井上的抽气泵、气路控制柜、分析仪器柜、监控计算机系统等组成。利用抽气泵和管缆将矿井各监测地点气体取到地面，通过气路控制装置，依次地将各测点气体自动注入各种气体分析仪器。虽然能够实现连续监测，但在实际使用过程中也存在许多缺点：①安装复杂，必须从井筒敷设束管，在地面要设置泵房、色谱仪分析室等；②管路维护困难，当发生堵管时，必须进行反吹，堵管处不易确定；③购置和维护费用高，一套系统至少 34 万元，至少有 3～5 人进行维护和监测，加上材料费用，一年费用约 15 万元；④不能实现实时监控，从采样点到色谱仪分析出结果，至少要半个小时，容易错过处理火灾事故的最佳时间。

气体分析法是通过分析煤自然发火过程中产生的某些气体的浓度、比值、发生速率等特征参数，对煤自然发火发展趋势等做出预报的方法。

标志气体分析法预报技术主要利用一氧化碳、乙烯、乙炔、链烷比等作为指标气体预报煤自燃的发展过程。因为煤炭在氧化自热阶段会分解出 CO、$CO_2$、$CH_4$ 等反映自燃征兆的气体产物。当煤质一定时，气体产物和温度之间有一定的规律。通过测定气体产物的浓度或它们之间的差量变化作为判定自燃火灾发生的参数，进而判断煤炭自燃的危险性，对井下煤炭自燃“三带”进行划分。常用的方法有直接测定法、实验室分析法和自动检测法三种，但该方法只能检测煤已经自热或自燃时产生的氧化气体，无法确定高温区域、自燃发展速度和趋势，以及煤体可能达到的温度。

气体分析法的标志气体指标分为两类：一类是利用某些标志气体的浓度直接进行预测预报；另一类利用某些气体组分的变化特性（增率等）或某些气体组分之间变化规律（比值等）进行预测，如链烷比、火灾系数等都属于此类。两类预报方法中应用最广泛的是后者。气体分析法的监测手段主要有检知管、气体传感器、便携仪表及色谱分析仪等。检知管因其操作手段落后，测定结果受操作的影响较大，而且自动化程度低，无法实现自动监控而逐渐被众多煤矿所淘汰；气体传感器具有体积小、电信号输出、使用方便等特点，被广泛应用于矿井监测系统和便携式仪表中，但多数气体传感器的稳定性、灵敏度和寿命不令人满意，加之其价格比较昂贵，在一定程度上制约了气体传感器的使用。色谱分析法是气体分析的最精确、稳定和可靠的方法，随着分析仪器及计算机自动控制和数据处理技术的不断进步，已基本实现自动化作业。20 世纪 80 年代，煤矿普及气相色谱分析法，并成功研制了束管监测系统。“八五”期间研制的 GC-85 型矿井火灾多参数色谱监测系统，不仅提高了分析精度，而且使分析组分扩充为 CO、$CH_4$、$C_2H_4$、$C_2H_6$、$C_2H_2$ 等，以及包括 $SF_6$ 在内的矿井火灾的微量气体全组分分析。近年来，我国已研制开发出以 GC-8500 型矿井火灾多参数色谱监测系统和 GC-4008 气相色谱仪为代表的煤矿专用型色谱分析装备，在一定程度上促进了气体分析法在我国煤矿自然发火预报中的普及。自然发火过程中的特征温度及其气体表征对应关系见表 7-1。

**表 7-1　　自然发火过程中的特征温度及其气体表征对应关系**

| 特征温度 | 热重试验 | | 自然发火试验 | | | 备注 |
|---|---|---|---|---|---|---|
| | 表征参数 | 温度范围（℃） | 表征参数 | 温度范围（℃） | 极值点（℃） | |
| 高位吸附温度 | 质量比最大 | 25～30 | $CO_2$ 浓度极大 | 35～45 | 40 | 吸氧性强 |
| 瓦斯脱附温度 | — | — | $CH_4$ 浓度极大，有 CO 产生 | 50～65 | 55 | 瓦斯脱附速度加快 |
| 临界温度 | 失重速率极大 | 55～88 | $CO_2$/CO 极大，CO 和 $CO_2$ 浓度剧增，$O_2$ 浓度降幅加大 | 60～100 | 85 | 耗氧加剧，化学反应速度加快 |
| 裂解温度 | 质量比拐点 | 117～200 | $C_3H_8/C_2H_6$ 极大，$CH_4/C_2H_6$ 剧增，$O_2$ 浓度剧降，CO 浓度剧增，$C_3H_8$ 浓度极大，$C_2H_6$ 浓度极大 | 100～150 | 130 | 侧链、桥键等断裂和裂解加快 |
| 裂变温度 | — | — | $C_2H_4/C_2H_6$ 极大 | 150～180 | 165 | 环状结构断键加快 |
| 活性温度 | 质量比极小 | 155～239 | $C_2H_4/C_2H_6$ 基本不变 | 210～250 | 230 | 耗氧加剧，气体析出增多，指标气体产生量剧增，比值基本恒定 |
| 增速温度 | 失重速率极小 | 252～286 | $C_3H_8/C_2H_6$ 和 $CO_2$/CO 基本恒定，CO、$CH_4$、$C_2H_4$、$C_2H_6$、$C_3H_8$ 等气体浓度剧增，$O_2$ 浓度骤降 | 250～340 | 280 | 活性结构增多；指标气体产生量基本恒定；耗氧加剧 |
| 燃点温度 | 质量比极大 | 290～331 | 耗氧剧增，温度变化率剧降 | >340 | 340 | 煤燃烧的起点 |

**2. 测温法**

测温法是指利用温度传感器对被监测地点进行温度监测以确定煤层的自然发火危险程度的方法。该法可通过在钻孔内安设温度探测器，或在某些区域内布置温度探头及其无线电发射装置，根据测定的温度和接收到的信号变化判断煤层是否发生自然发火。

测温法是通过在自燃危险区预埋测温探头或红外测温仪（非接触式）直接获得危险区温度的方法。通过测定井下煤与周围介质的温度的升高情况直接反映煤的氧化程度，主要有红外线测温法和温度传感器法。测温法是发现煤炭自热和探寻高温点及火源的最直接、可靠的方法，但巷道松散煤体内部温度的测温技术尚未完全解决。

预报煤自然发火的测温法分为两类：一类是直接用检测到的温度值进行预报或报警；另一类则是通过监测点温度的变化特性进行预报。采用测点温度值直接进行预报方法简单，但无法得知阈值温度前的变化特性和之后的变化趋势；采用测点温度变化进行预报，不但可直观地得到测点的温度，而且能根据之前温度变化的特性，预报之后的火灾趋势。温度监测传感器主要有热电偶、测温电阻、半导体测温元件、集成温度传感器、热敏材料、光纤、红外线、激光及雷达波等，其中热电偶、测温电阻、半导体无件和热敏材料等因其价格低廉、测试简单、操作方便而被广泛应用。近年来，便携式激光测温仪表也较为普及，而红外热成像、雷达探测等因受穿透距离、地质构造等因素的影响，应用受到一定限制。

日本太平洋煤矿采用热电偶法连续探测火灾温度，中国抚顺矿务局用热电偶探测采空区自然发火，并依此圈定采空区自然发火危险区域；美国则采用热敏电缆进行火灾监控；苏联利用红外测温技术来监测温度的变化过程。20 世纪 90 年代，中国煤炭科学研究总院抚顺分院在“九五”期间研制成功了以 PN 结组合连接、分时供电检测技术为基础的缆式温度在线监测系统，可用于煤矿火灾温度的实时监测。

**3. 煤层近距离自燃隐患点红外探测**

红外探测技术可用于地质构造、煤巷及煤柱自燃火源的探测，是研究和应用红外辐射的一门新兴技术。红外测温和红外探测有着本质区别。红外测温是测取一个物体表面的具体温度值，需接触测量，而红外探测是从红外辐射能量场的理论出发，建立场与源的对应关系，根据场的变化规律，来确定自燃隐患点是否存在及其发展趋势，是非接触测量。尽管介质密度不同引起红外辐射强度的差异，但在正常状态下，这种差异基本上是固定的，不随时间的变化而变化；当煤炭处于自燃过程时，引起的红外辐射强度异常却是变动的，并随煤温的升高，红外辐射强度逐渐增大，由此确定的异常区则是自燃隐患点。对于近距离煤层自燃隐患点尤其是在自燃多发生地点如在开切眼、停采线、沿空巷道顺槽、褶曲断层处、溜煤眼等地点，利用红外探测技术具有较好的效果。

**4. 示踪气体法**

国内外利用六氟化硫（$SF_6$）、卤化物二氟一氯一溴甲烷（1211）等热稳定性较好的示踪气体测定采空区漏风量的工作已获成功。根据该项技术的应用经验，可采用某一温度条件下易于热解的气体，与上层示踪气体在同一环境下释放，在采样点采样检测其比例变化，或测定相关分解物，从而间接了解自燃隐患点温度值，达到预报目的。

### 7.2.3 煤炭自然发火预测预报技术展望

**1. 预测技术展望**

煤自然发火预测技术的最重要的特征是要真实地反映实际条件下煤体所处的自然发火环境。上述自燃倾向性预测法的标准实验条件，因素综合评判预测法和经验统计预测法的主观臆断性及数学模型预测法的简化边界条件限制了预测方法的真实性，导致结论在某种程度上的非客观性。

鉴于此，近年来英、美、日等国都在研究用绝热氧化实验的方法来模拟井下煤自燃的环境条件或自燃煤堆。由于煤自然发火必须具备蓄热的环境条件，加之煤体中热传导很小，因此，绝热氧化法代表了较真实的自燃环境条件。但由于这种模拟试验的难度较大，因此目前该方法主要还处在探索研究中，尚未进入应用阶段，但却预示了发展方向。

**2. 预报技术展望**

煤自然发火预报技术能否保障煤矿的安全生产，关键在于“早期识别和预警”。现阶段的预报技术，包括测温法和气体分析法，大多是根据参数是否达到自然发火的阈值来进行报警，此时火灾状况已相当严重，因此，发展一种能在煤自燃初期即对煤的自然发火危险程度进行识别的技术手段，是非常有必要的。

气味检测技术是近年来逐步发展起来的早期检测煤自然发火的预测方法，利用一组不同类型气味传感器检测煤自然发火过程中释放出来的气味物质及其变化特性，并通过神经网络分析，预测预报煤自然发火的类型和程度。气味检测法的研究最早在美国、日本等国家进行，1995 年开始，中国煤炭科学研究总院抚顺分院与日本北海道大学合作，开始了煤自然发火气味检测法的基础研究，逐步开辟了煤自燃气味检测法的新领域。气味检测法能捕捉煤低温氧化初期释放气味的微弱变化，并将这一感知温度提前到 30～40℃，比 CO 的预报更早；此外，气味传感器不但能感知人类嗅觉器官能感觉到的“有嗅气体”，而且能感知通常意义上的“无嗅气体”。因此，对气味检测技术进行进一步研究，对于煤炭自然发火早期预报有十分重要的意义，是一项具有前瞻性的工作。

### 7.2.4 煤自燃监控系统简介

煤田火灾分布很广，遍布南北半球，不仅中国有，而且在印度、美国、俄罗斯、澳大利亚、印度尼西亚、中亚等国家和地区都普遍存在。中国由于特殊的地理位置和气候条件，成为世界上煤田自燃灾害最为严重的国家。据统计，在我国北方煤田自燃火区共有 56 处，主要分布在西北 7 个省、自治区，火区燃烧面积累计达 $720km^2$，累计烧毁量在 42 亿 t 以上，目前仍以每年 3000 多万 t 燃烧速度发展。煤田火灾不仅仅是损失了数亿吨的煤炭，而且由此引发的地质环境、生态环境、大气环境等问题，对我国今后经济的可持续发展将带来无法估量的危害。煤田火灾监测是评估火区灾害、分析火灾发展变化趋势、考察灭火效果的依据，一直是煤田火灾研究的重点方向之一，近年来，随着无线通信技术的迅速发展，无线传感器网络技术和远程监控技术在现场工业应用中的日趋成熟，使得研究的深度和广度也逐渐增加，研究内容涉及的领域也日趋扩大，取得的研究成果为结合两种技术在煤田火灾监控系统中的应用提供了技术支持和基础。

**1. 煤田火灾监测技术简介**

近年来，国内外煤田火灾监测技术主要有气体探测法、测氡法、测温法、磁探测法、电阻率探测法、地质雷达探测法、遥感法、计算机数值模拟法、无线电波法等。

气体探测法受煤层埋深、自燃火区上覆岩层性质、地表大气流动的影响，只能作为探测火源的辅助手段；测氡气法探测温度一般需超过 200℃，且用氡气量值也无法判断自燃的燃烧程度及其温度；测温法由于是点接触，预测预报范围小，安装、维护工作量大，特别是探头、引线极易破坏，在实际应用中受到技术和经济的限制，不宜大面积探火采用；红外探测法受煤的导热系数较小的影响，不适合探测煤层内的温度；地质雷达探测法目前仍处于实验和研究阶段；遥感法探测的深度和范围受地表热辐射背景、上覆岩层岩性、构造的影响较大；计算机数值模拟与实际存在一定的差异，在现场应用中存在许多待解决的问题；无线电波法，用于煤炭自燃隐患或自然发火火源位置探测精度高，成本低，工作量小，维护简单，但在技术方面仍有待于进一步研究，伴随着无线传感器网络技术和远程监控技术的飞速发展和在工业现场的成功应用，为无线电波法在煤田火灾远程监测系统中的应用提供了条件和技术支持，也减少了研发在人力和资金方面的投入。

在判断煤田火灾的燃烧程度和范围时，温度是最直接、最准确的指标，受外部因素影响小，只要确定某处煤层的温度场及其分布，就能分析给定煤层的自燃程度和范围。温度测定法既可以用于煤层自燃预报，也可用于火源探测。

由于煤田发火区域有隐蔽性、着火点分散、被测点多、距离远等特点，使得对煤田火灾的预防、监控和治理非常困难。无线自组网技术、移动通信技术、互联网技术与温度传感器相结合的监测方法，是近几年来一个新的发展趋势，改变了传统温度传感器系统的拓扑结构，适应更多温度测量的应用场合。随着技术的逐步发展，无线通信技术的优势逐渐显现出来，它可在现场灵活应用，零安装铺设费用，以及更高的安全性和可靠性。因此，温度传感器无线传输和远程传输相结合必将成为首选的方案。随着工业环境中对温度的要求越来越高，传统的温度监控系统的弊端越来越明显，已不能适应人们生产生活的需要。为满足社会的需求，设计出无线温度测量与远程控制系统已成为很迫切的问题之一。

**2. 无线传感器网络监测技术简介**

无线传感器网络的研究起始于20世纪90年代末期，对无线传感器网络最早的讨论见于1998年的一些论文中。目前，美国已设立了专项基金对无线传感器网络的研究进行资助，美国的许多大学都有针对无线传感器网络的研究小组。无线传感器网络是美国高级国防研究中心用于军事目的而提出并实施的，被认为是21世纪最重要的十大新技术之一。近年来，无线通信、集成电路、传感器等技术的飞速发展，使得低成本、低功耗的微型无线传感器的大规模应用成为可能，由于无线传感器网络巨大的科学意义和应用价值，已引起世界发达国家的学术界、军事部门和工农业界的极大关注。

无线传感器网络最初来源于美国先进国防研究项目局（DARPA，Defense Advanced Research Projects Agency）的一个研究项目，最初由于当时各种条件的限制，无线传感器网络的应用仅局限于军方的一些项目中，难以得到推广和发展，直到这几年，这方面的研究工作才在各大学及研究所蓬勃开展起来。加州理工大学的教授对无线传感器网络在2003年提出了宣言性的论断，麻省理工学院和赖斯大学等研究团队通过实验床对其中涉及的数据融合技术、节点集群功能分层的有效性和传感器功能造成的网络协议的特殊性进行了研究。但是，目前大部分研究还处于起步阶段，少数投入使用的商业产品距离实际需求还相差甚远，为了加快其实用化进程，国外建设了很多演示系统，相关的理论研究成果也很多。其中比较重要的研究计划有PicoRadio，WINS，Smart Dust，CAMPS，SCADDS等。

我国在无线传感器网络方面的研究相对较少，但近年来，国内一些高等院校和研究机构也开始展开了无线传感器网络的理论和应用的研究工作，中国科学院上海微系统与信息技术研究所已通过系统集成的方式完成了一部分终端节点和基站的研发；中国科学院电子技术研究所和沈阳自动化研究所也分别从传感器技术和控制技术两种方面入手，专注于传感或控制执行部分；浙江大学现代控制工程研究所成立了“无线传感器网络控制实验室”，联合相关单位专门从事面向传感器网络的分布式自治系统关键技术及协调控制理论方面的研究；山东省科学院也认识到了无线传感器网络的前景，于2004年10月正式启动了关于无线传感器网络节点操作系统的研究；另外，中国科学院软件研究所、国防科技大学、清华大学、中国科学技术大学、哈尔滨工业大学、北京邮电大学、山东大学、东南大学等单位在无线传感器网络方面也都有一定的研究。整体而言，从研究的深度和投入的力量来说，国内水平相对落后于国外，从问题的点上研究较多，缺少对整个系统的创新性研究，拥有的自主知识产权较少，这和我国无线传感器网络飞速发展的市场需求是不相称的。

无线传感器网络在理论上已经成熟，世界两大无线芯片生产商TI公司和Freescale公司相继推出符合国际标准的各个频段的无线收发器芯片，但它只是一个硬件平台。目前，国内外在无线传感器方面有一些标准和知识产权，如国际性的标准化组织也为无线自组网温度传感器制定了可行的标准，如IEEE标准化协会制定了IEEE 802.15.4，但无线自组网温度监测领域无相关技术标准和专利授权。

现有煤田火灾监测技术，不能实现连续在线监测煤层温度变化趋势及自燃煤层异常区域的温度场，将温度传感器与无线传输模块相结合，对易自燃煤层温度场进行实时在线监测，是目前国内外复杂介质内温度监测技术的发展趋势。无线传感器网络协议开放的标准为不同厂家、不同功能的监控模块实现互联与互操作提供了可能，最大限度地保护了矿业企业的信息化投资。而动态组网和网格型拓扑结构使得煤矿监测节点可以实现自动断网重连。由于网格型网络的路由存在相互冗余，使得当默认路由因故断开时，下位监测节点可通过备选路由与上位系统实现信息的交换，解决了通信干线故障级联的问题。双工通信使传感器信息采集与网点设备控制成为可能，使煤矿安全监控系统实现同步的监测与控制。

煤田火灾无线自组温度远程监控系统可完成对煤田火灾高发区域的监测，对高温异常区域进行定位并提供安全告警信息。该监测系统可将采集到的信息通过无线传感器网络传递到网关，网关通过移动通信网络无缝接入监控中心服务器，同时可以转发监控中心下达的安全信令，从而构建起煤田火灾的远程监测网络。

**3. 远程监控系统简介**

传统远程监控系统的实现方式主要有铺设光纤或电缆、采用数传电台、租用运营商专用线路等。前一种方式是有线的，受布线的局限较大，增加或减少一个被监控对象都不太容易。而后两种方式需要自己建设或租用运营商专线，维护和建设费用比较高。传统监控手段的监控者和被监控对象都是固定的，无论任何一端都无法随意移动；传统监控手段针对偏僻、偏远地域监控不能很容易的实现。因此，传统的远程监控方式无法满足人们日益发展的要求。

远程监控是国内外研究的前沿课题，近年来国内外都展开了积极的研究。1997年1月，首届基于Internet的远程监控诊断工作会议主要讨论了有关远程监控系统的开放式体系、诊断信息规程、传输协议和对用户的合法限制等，并对未来技术的发展做了展望。由斯坦福大学和麻省理工学院合作开发的基于Internet的下一代远程监控诊断示范系统也得到了制造业、计算机业和仪器仪表业的Sun、HP、Intel、Ford等12家大公司的热情支持和全力配合。之后，由这些公司共同推出了一个实验性的系统Testbed。Testbed用嵌入式Web组网、实时JAVA和BayesianNet初步形成在Internet范围内的信息监控和诊断推理。许多国际组织，如 MIMOSA（Machine Information Management Open System Alliance）、SMFPT（Society for Machinery Failure Prevention Technology）、COMADEM（Condition Monitionan Engineering Management）等，也纷纷通过网络进行设备监控与故障诊断咨询及技术推广工作，并制定了一些信息交换格式和标准。许多大公司也在他们的产品中加入了 Internet 的功能，如 Bentley 公司的计算机在线设备运行监测系统 Data Manager 2000 可通过网络动态数据交换（NetDDE）的方式向远程终端发送设备运行状态信息；著名的 National Instruments 公司也在它的产品 Lab Windows/CVI 及 LabVIEW 中加入了网络通信处理模块，因而可以通过 WWW、FTP、E-mail 等方式在网络范围内进行监控数据的远程传送。

目前，西安交通大学、华中科技大学、哈尔滨工业大学等高校已取得了较为先进的研究成果。如西安交通大学研制的大型旋转机械计算机状态监测系统及故障诊断系统 RMMD、华中科技大学开发的汽轮机工况监测和诊断系统 KBGMD、哈尔滨工业大学的微计算机化机组状态监视与故障诊断专家系统 MMMDES、北京移动与北京夜景照明管理部门建立的基于 GPRS 的夜景照明管理系统 LMAS 等。

目前，远程监控技术的主流是通过某一特定的通信网络来应用于 Internet，在 TCP/IP 和 WWW 规范的支持下，合理组织软件结构，使工作人员通过访问网络服务器来迅速获取自己权限下的所有信息，并及时做出响应。将来嵌入式系统的发展会越来越迅速，越来越成熟，这项新技术迟早必将用于远程监控系统上，是监控系统未来发展方向之一。嵌入式远程监控系统可使信息实现本地化处理，改善服务器性能，可使每个设备都具备上网与服务功能，即每个设备都可独立进行服务，从而大大提高监控的质量和范围。将 GPRS 无线通信技术应用于远程监控系统的数据传输是当前比较热门的研究课题，采用 GPRS-Internet 通信网络，使远程监控系统的监控空间延伸到了公用通信网络和 Internet 网络，在保证系统实时性、可靠性的同时降低了系统的开发成本及运营费用。基于 GPRS 的远程监控系统目前还处于研究阶段，但该系统的方案是无线远程监控领域的研究热点，随着我国移动通信技术的迅猛发展和技术的不断成熟，基于 GPRS 的远程监控系统必将在国民经济的各个领域得到广泛应用。

**4. 圆形料场堆取料机红外监测技术**

(1) 工作原理。堆取料机红外监测系统是一种安装在圆形料场堆取料机上，以非接触式的红外温度检测为主，同时和易燃、有毒气体浓度检测相结合，并加以实时位置来判断煤场实时温度分布和自燃等级的综合环境监测系统。堆取料机红外测温子系统示意如图 7-6 所示。各种易燃、有毒气体传感器的值作为煤场自燃环境的重要参考，通过系统软件对温度趋势的分析，以及和位置信息的匹配，从而提供煤场管理人员综合的环境信息，指导煤场安全管理工作。

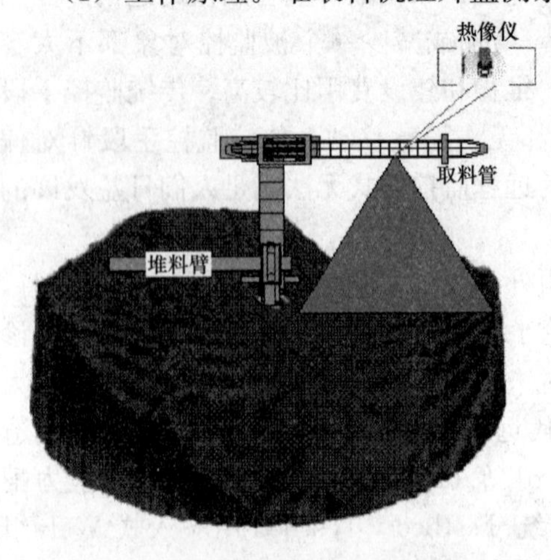

图 7-6　堆取料机红外测温子系统示意

(2) 堆取料机红外测温子系统工作界面——温度变化趋势如图 7-7 所示。

(3) 堆取料机红外测温子系统功能模块。

1) 温度实时显示：通过位置传感器和热像仪

图像匹配，获得煤场表面温度的实时分布图。

2）表面温度分析：通过图像分析和处理，判断当前时刻煤场全范围内温度最高区域和温度变化最激烈的区域，以帮助管理人员确定如何应对这些潜在的威胁。

3）温度变化趋势分析：通过对历史数据，以及温度变化的数学模型，找出煤场内可能的自燃趋势，提前预警。

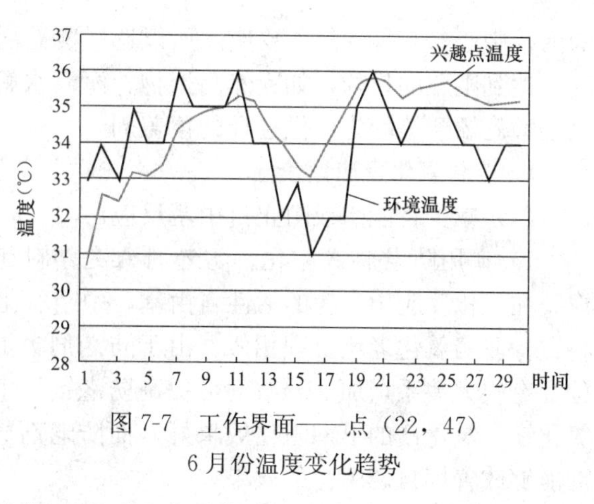


图 7-7　工作界面——点（22，47）6 月份温度变化趋势

**5. 煤层自燃火源位置探测技术**

为了解决自燃火源探测的难题，国内外科技工作者对此做过一些试验研究，其探测原理均是测煤自燃过程中其本身或周围介质的物理性质或化学性质的改变量。目前国内外除同位素测氡法外，大部分停留在试验研究阶段，未形成实用技术，如井下探测法的测温法、无线电波法、地质雷达法、双元示踪法等；地面探测法的遥感技术、火灾气体测量法、地面物探测法等。

与以上方法相比，煤层自燃火源位置的精确探测技术不受地形影响，探测深度大，探测达到 500～800m 深处；精度高，火源中心位置准确率达到 90%，边缘位置准确率达到 85%，不仅能给出火源位置范围，而且能给出火势发展趋势及温度。

目前，该技术可解决煤矿采空区高温异常区及隐蔽火源位置及范围的确定、灌浆灭火打钻定位技术参数的选择、火区下采煤开拓部署、安全决策、封闭火区内设备的启封与抢险中防灭火方法的选择、大面积均压灭火设备及参数的选择、大面积煤田火灾灭火方法及参数的选择及熄灭标准、矿井火灾事故调查技术分析、煤炭地下气化矿井燃烧带监测等难题。

## 7.3　煤的自燃防治技术

煤层（堆）的供氧条件、自燃倾向性、氧化速率、储热条件、温度、粒径、水分含量、灰分、堆积密度和空气湿度等都是影响煤自燃的重要因素。其中氧化速率是最重要的影响因素。虽然煤堆水分的吸附、蒸发和冷凝作用也发生热交换，但是只有氧化作用才起着主要作用。温度升高和空气湿度增大则加速了煤的氧化。事实上，煤的自燃过程是煤的氧化放热和空气对流换热的综合过程。如果煤氧化产生的热量大于其对流散失到环境的热量，将导致煤层（堆）温度升高，加快煤的氧化反应，放出更多的热量，引起煤的自燃。

### 7.3.1　阻化方法

研究表明，煤的自燃取决于氧化放热速率和对流散热速率二者谁占优势。如果氧化放热速率占优势才会发生自燃现象。因此，通过对煤氧化速率的控制以达到控制煤的自燃是一种有效的方法。

国内外煤自燃阻化的理论与煤氧化机理有关，即：①在煤的氧化初期，煤表面吸附了氧并产生官能团或开始了自由基反应，因此选择阻化剂以减少官能团或阻止自由基反应来达到阻燃目的，如用萘胺、二苯胺、酚、苯酚、氢醌、苯联三酚等制成的阻化剂；②只有煤表面的活性中心参与煤的氧化反应，所以选择覆盖剂覆盖煤表面的活性中心，以便减缓煤氧化速度，达到阻燃的目的，如天然高聚物、海藻水解物、水不溶性型树脂、水玻璃、脲醛树脂、聚乙酸乙烯酯等均为可供选择的覆盖剂。

**1. 控制氧化反应速度**

（1）减少官能团或阻止自由基反应。

1）矿用防老剂A阻化。防老剂A是塑料和橡胶中常用的一种抗氧化剂，能捕获塑料和橡胶在氧化反应中产生的活性自由基，中断氧化反应链。煤氧化自燃为自由基链反应，与塑料、橡胶的氧化老化机理相似。由于防老剂A的水溶性差，对煤自燃的阻化效果与其分散程度有很大关系，加入分散剂可提高防老剂A的阻化效果，而且试验表明其阻化效果优于氯化镁。氯化镁的早期阻化效果好，而防老剂A的后期阻化效果好，二者组成的复合阻化剂能够改善煤自燃阻化的效果。

2）卤盐吸水液。这类阻化剂主要是一些吸水性很强的无机盐类，其中$CaCl_2$、$MgCl_2$和NaCl的水溶液较早用于阻化。这些组分具有很强的吸水性，能使煤长期处于潮湿的状态，或形成水膜层隔绝了氧气。水汽化时吸热降温，减小了煤堆的升温速率，从而在一定程度上抑制了煤的自燃。卤盐阻化剂处理的煤堆（层），减少了煤氧化学反应中官能团或阻止自由基反应，使氧化反应速度受到抑制。氯化钙对高硫煤的阻化效果也较好，氢氧化钙阻化高硫煤时浓度必须达到20%以上。试验得出，化学周期表中碱土金属的氧化物及其盐对易发火的褐煤、长焰煤均有良好的阻化作用，其中氯化锌阻化效果最好，其阻化率达80%～93.7%。

3）铵盐水溶液阻化。氯化铵和磷酸氢二铵水溶液阻化处理烟煤，实验测得烟煤氧化时化学吸附的活化能增加了4～14kJ/mol。氯化铵和磷酸氢二铵不仅具有优良的吸湿性能，在自燃初期水分蒸发时，也起到明显的降温作用，抑制了煤自热的升温速率，而且能够捕获煤氧化链反应中的自由基，遏制煤的低温氧化。

4）粉末状阻化剂。已使用的该类阻化剂有氯化钠、碳酰二胺（尿素）、硼酸二胺、磷酸二铵、氯化铵、氨基甲酸酯等。此类阻化剂能够阻止煤氧化自由基链反应。除氯化钠外，其他阻化剂在煤氧化局部高温下分解，这些分解反应都是吸热反应；粉末状阻化剂撒到煤体，吸收水分，形成集水膜层。受热后水分蒸发也起到降温作用，延长煤的自热引起自燃的潜伏期；同时分解反应伴有惰性气体产生，如形成$NH_3$、$CO_2$，为煤堆（层）提供了惰性气体，从而降低了氧化速率，阻止煤自燃发火。

（2）覆盖煤的表面活性中心。

1）氢氧化钙阻化液。高硫煤易自燃的主要原因在于黄铁矿的水解氧化反应。因此，对于高硫煤应首先选择能中断或阻碍黄铁矿氧化反应的阻化剂。只要能抑制住这类氧化产物的生成，就能有效降低高硫煤的氧化速率。氢氧化钙阻化液能中断高硫煤的自催化反应，对高硫煤阻化的化学作用的方程式为

$$FeS_2 + H_2O + 7/2O_2 = FeSO_4 + H_2SO_4$$

$$Ca(OH)_2 + H_2SO_4 = CaSO_4 + 2H_2O$$

$$Ca(OH)_2 + FeSO_4 = CaSO_4 + Fe(OH)_2$$

$$3Ca(OH)_2 + Fe_2(SO_4)_3 = 3CaSO_4 + 2Fe(OH)_3$$

由于反应产物$CaSO_4$是难溶物质，$Fe(OH)_2$和$Fe(OH)_3$是胶状物质，具有很好的包裹覆盖和填充作用，它们与未反应的$Ca(OH)_2$在黄铁矿表面形成轻水性膜，覆盖煤体表面

活性中心，减少了反应物分子之间的有效碰撞机会，增大氧扩散传质的阻力，使氧化反应受到抑制。

2）美国新研究出的热处理法控制煤的自燃。煤粒中有许多气孔和反应活性点，在约60～175℃下对煤用空气处理，在60～120℃下氧化处理煤0.5～2h，然后冷却，重复热处理和氧化处理过程，用热空气氧化煤表面的活性中心，使煤表面活性中心钝化，从而降低了煤在低温下的氧化速率。

3）硅凝胶。硅凝胶的主要成分为水玻璃和固化剂。先将水玻璃和固化剂分别配成一定浓度的水溶液，在注浆或喷洒前进行混合，经一定时间后凝固成凝胶。硅酸凝胶可封闭煤中孔隙，隔断漏风通道，使空气不能浸入煤体中。胶体中，硅和氧形成的共价键骨架呈立体网状空间结构，水填充在硅氧骨架之间，由于水与硅氧骨架之间具有较强的分子间力和氢键，胶体不能流动。同时成胶反应的产物 $NH_3$ 具有稀释空气中氧浓度，降低氧化反应速率的作用。凝胶是高含水材料，注入后使煤含水量显著升高，起到降温作用，从而预防煤自燃。胶体灭火技术兼有降低煤温度和堵漏风两种作用，是一种较好的灭火技术。我国义马煤田主要使用此法，得到了良好的效果。

4）喷注石膏浆。塑性石膏浆喷注防治煤自燃，就是将石膏粉与水以一定的比例混合，通过一定时间的搅拌使之充分吸水膨胀而形成不再沉淀结块的石膏浆，然后利用喷注设备将其喷涂在煤体表面或嵌入煤体之中，从而封堵裂隙，防止煤体因漏风而氧化自燃。

5）高聚物乳液。有机型煤炭自燃阻化剂由高聚物加特殊表面活性剂及少量助剂组成。使用时将药剂喷洒到煤堆表面，凝聚成一固相层覆盖在煤表面上，阻止和延缓氧气进入煤体，起到隔氧阻化的作用，已开发的BGO自燃阻化剂即为此类。其中，表面活性剂把憎水基附在煤粒表面，亲水基伸向空气，使煤粒获得亲水性，促使煤粒很快被阻化液湿润。随着药剂中水分蒸发，高聚物分子在煤粒表面使煤粒相互黏聚，最后形成一定厚度和一定强度的固化层。这种阻化剂的缺点是高温下高聚物也参与氧化反应，很快失去阻化作用。聚丙烯酰胺在低温下，可以形成稳定的固相膜层并具有隔氧阻化作用，但温度升高到98℃后氧化放热，不仅失去了作用，而且加速了煤的自热。因此，在开发此类阻化剂时必须慎重考虑其高温抗氧化性能。

6）灌浆阻化。用黏土与水混合并加入分散剂后，形成水与泥土的悬浮液（泥浆），泥浆借助自然压差或泥浆泵增压，沿管路输送到矿井中。然后通过钻孔或专门的灌浆引管向采空区灌注。在泥浆脱水的过程中，降低了煤体温度。同时泥浆则沉积覆盖在煤表面上，利用泥浆的渗透作用及黏着力可使采空区的浮煤及煤柱龟裂部分布满泥浆，从而隔绝了空气，防止煤氧化；同时泥浆中的水蒸发使灌浆区的水分提高，阻止了煤的水分蒸发，直接或间接达到防止自燃的目的。我国在煤矿广泛采用灌浆阻化，每年消耗大量的良田，造成土地资源的严重浪费，因此必须寻求新的阻化方法。在泥浆中加入阻化剂，阻化效果更好，原捷克斯洛伐克采用泥浆和氯化钙混合，钻孔注入煤柱防治井下火灾，使井下火灾减少了70%。

（3）复合阻化剂。DDS系列复合水溶液阻化剂。海藻类水解的天然聚合物既作为黏附剂又作为表面覆盖剂，在其水溶液中配以阴离子表面活性剂，加入阻止自由基链反应的阻化剂（铵盐），形成的DDS系列复合水溶液阻化剂，既能覆盖煤表面活性中心，又能捕获煤氧化链反应中的自由基，实质性地提高了自燃阻化效果。该阻化剂还具有高效无毒和阻化成本低的特点，使阻化煤能抵抗风化氧化，在较长时期内保持高的热值。

**2. 控制供氧条件**

(1) 水溶性阻化剂。水溶性阻化剂处理煤，能形成水化膜可阻止和削弱煤继续氧化，而且当煤堆中的水分蒸发时吸收大量的热量，起到降温的作用；当煤氧化反应放热时，水分蒸发产生水蒸气向外部扩散，与氧的扩散方向相反，冲淡了煤内孔道中氧气的浓度，减缓了煤的继续氧化。

(2) 高倍数惰气泡沫堵漏防火。向采空区注入惰性泡沫，并让它们保存于冒落矸石缝隙中形成堵漏带，阻止风流进入采空区，预防煤自燃。使用的泡沫有化学和机械泡沫两种。化学泡沫大多使用尿醛泡沫，即尿素-甲醛塑料泡沫。苏联和波兰煤矿曾用此项技术，美、德等国家也曾用以聚醚或聚次甲基苯基多异氰酯为原料，常温快速凝固而成的聚氨酯泡沫塑料防火。机械泡沫则多用稳定的低倍数泡沫或在其中添加增塑剂形成的可塑性泡沫，这是苏联开发的一种防灭火方法。另外还有一些国家用发泡水泥堵漏防火灭火。

(3) 惰性气体稀释。惰性气体，如氮气、二氧化碳等充入封闭区域内可稀释此空间的氧浓度，从而降低氧化速度。美国俄亥俄州曾用二氧化碳气体惰化方法，防止煤的自燃。在35～90℃的温度下热处理煤，用液态分流器将二氧化碳气体导入煤堆的底部，二氧化碳附着于煤体表面使煤体形成惰化的吸附膜层，减缓了煤的氧化速率，达到阻燃的目的。此方法适用于任意粒径的煤，由于小粒径煤的比表面积较大，所以对小粒径煤的惰化阻化效果更好。

(4) 水泥速凝材料。英国曾用水泥外加一些固凝剂、膨润土或其他助剂阻化采空区的煤柱。用这些材料可胶结采空区里的浮煤、密封巷道和煤柱（壁）裂缝，还能阻止回风流向采空区里的渗透，起到了阻燃的作用。美国曾用硅酸钠盐溶液加入泥浆覆盖在煤堆的表面，形成一层黏膜硬壳隔绝煤与水分和空气的接触，有效地防止煤的自燃。

**3. 方法评价**

每一种阻化方法、阻化剂都有它的局限性。在研究煤的自燃阻化方法和阻化剂时，应尽可能从多方面控制影响煤自燃的因素，并且与煤炭的开采与制备过程相结合，研究经济合理、使用方便、工艺简单、无毒高效的阻化剂。

减少官能团或链反应自由基的阻化方法很少。DDS系列煤炭自燃阻化剂、加分散剂的防老剂A和卤盐等阻化剂的配置简单、配料便宜、经济有效。其他阻化方法如阳离子聚合物水溶液阻化，程序较烦琐，阻化工艺也很复杂，而且阻化剂易于氧化放热，不利于高温抗氧化阻化。

新型热处理法虽然解决了以往热处理法对低等级煤自燃的钝化阻化问题，但该种热处理法是不经济的。

使用泥浆覆盖于煤体表面的阻化方法虽然经济，但是泥浆不仅要破坏良田，而且稀稠程度也很难掌握。化学凝胶含有约90%的水，吸热能力强、运输方便、配置简单、充填速度快、能够有效地防止煤的自燃。

用二氧化碳和氮气等惰性气体对小粒径煤的稀释隔氧阻化效果较好，因粒径越小，比表面积越大，但是该方法不仅对密封程度要求高，而且阻化处理的成本也较高。

氯化钙和氢氧化钙阻化高硫煤，但浓度必须在20%以上。碱土金属氧化盐对褐煤与长焰煤阻化效果较好。

煤的氧化过程是十分复杂的，因此，基于煤低温氧化的理论来选择煤自燃阻化剂既是一个理论难题，又是一个技术难题。从煤自燃阻化的实践和实验研究结果来看，单一的“煤氧化自由基理论”或“煤表面活性中心理论”均不能满足选择阻化剂或阻化方法的要求。然而基于“煤氧化自由基理论”和“煤表面活性中心理论”复合作用的理论，选择的DDS系列复合水溶液阻化剂对烟煤有好的阻化效果，证明复合作用理论能够比较全面地解释煤低温氧化机理。因此，由表面覆盖剂（覆盖煤表面活性中心）和阻化剂（阻止自由基链反应）组成的水溶性复合阻化剂可作为煤自燃阻化剂的发展方向。

### 7.3.2　煤层自燃火灾治理技术

随着煤炭行业的高速发展，煤层自燃火灾治理技术取得了显著的成绩，20世纪50年代黄泥灌浆防灭火技术的应用；60年代均压防灭火技术的推广，高倍数泡沫灭火技术的出现；70年代阻化剂防灭火试验的成功，早期预报煤炭自燃的束管系统初步建立；80年代惰性气体防灭火技术开始应用，研究了矿井煤层自然发火预测系统、快速高效堵漏风防治煤层自燃火灾等技术；进入90年代，随着放顶煤技术的发展，采空区注氮防火得到推广与应用；近年来，胶体防灭火技术得到推广与应用，逐步形成适应普通采煤法和高产高效采煤法的综合防灭火技术。

由于煤自燃是煤氧复合的结果，影响煤自燃的主要条件是煤的表面活性结构浓度、氧浓度和温度。因此，自燃火灾扑灭主要从三个方面着手：①隔离煤氧接触，使自燃火灾窒熄；②降低煤温，使煤氧化放热强度降低，最终使火熄灭；③惰化煤体表面活性结构降低煤氧复合速度，防止煤自燃的发生。

目前常用的防灭火技术主要有以下几类。

**1. 堵漏技术防灭火**

堵漏技术，就是采取各种技术措施减少或杜绝向煤柱或采空区的漏风，使煤缺氧而不会自燃。近年来，堵漏技术和材料在我国发展迅速，相继研究和开发出适用于巷顶高冒堵漏的抗压水泥泡沫和凝胶堵漏技术和材料，适于巷顶堵漏的水泥浆、高水速凝材料和凝胶堵漏技术与材料，以及适于采空区堵漏的均压、惰泡、凝胶和尾矿泥堵漏等技术成果，如马丽散、艾格劳尼、聚氨酯等，它们各有其使用条件和优缺点。其中均压防灭火和凝胶防灭火技术，操作都不复杂，具有不污染或少污染环境的优点，所需的投入也不多，技术也成熟。

**2. 均压防灭火技术**

20世纪50年代初，波兰学者从理论上对均压防灭火技术予以阐述，70年代至80年代相继应用，并日臻成熟。但其应用前提是必须了解矿井通风状态，进行通风参数测量，绘制矿井通风系统网络和压能图。

目前国内众多矿井采用了均压防灭火技术，并且也起到了很好的作用。不过，从使用的技术手段来看还属于人工操作阶段，还没有将矿井均压防灭火技术的各个环节集成在一起，形成一个完成特定功能的监测系统。为了使矿井均压防灭火技术取得更好的应用效果，就必须把现有的这种分离方式，通过应用现代电子技术和计算机技术将其紧密地结合在一起，从而组成一个完整的均压防灭火实时动态监测系统。

**3. 注水和灌浆技术**

水是最经济、来源最广泛的灭火材料。水的热容量很大，1L水转化成蒸汽时吸收2256.7kJ热量，同时生成1.7$m^3$水蒸气，大量水蒸气能很快降低煤温，具有冲淡空气中的氧浓度，包围、隔离及窒熄火源的作用。

灌浆防灭火技术在我国应用得较为普遍，也取得了良好的效果，成为治理井下内因火灾的主要措施之一。泥浆能够包裹煤体，其水分有增湿减缓氧化速度，浆流能充填煤体缝隙，起到隔绝漏风、阻止氧化作用，按与回采工艺的关系分为随采随灌、采前预灌和采后灌浆三类，对采空区防灭火有积极的作用。

**4. 惰化技术防灭火**

惰化技术就是将惰性气体或其他惰性物质送入拟处理区，抑制煤层自燃的技术。惰性物质惰化技术，除已作为常规防灭火技术措施使用的黄泥浆外，近年发展起来的粉煤灰、页岩泥浆、选煤尾矿泥、阻化剂和阻化泥浆等已比较广泛地被应用。它们的作用，除惰化外还兼有降温，对煤矿本身则有微弱的污染，其中具有较大优势的还是粉煤灰注浆和阻化剂，它们最大的优点是可取自某些废弃物再利用，多用于厚煤层采全高或分层开采。

惰气防灭火技术是向火区注入惰性气体，惰气源目前发展起来的主要以注入 $N_2$ 和 $CO_2$ 为主，也可注入其他惰性气体来降低火区的氧浓度，达到防灭火的目的。惰气可充满整个空间，既能扑灭大的明火火灾，又能抑制并扑灭隐蔽火源。但惰性气体对大热容的煤体降温效果不好，灭火周期较长，火区易复燃，而且对现场的堵漏风工作也要求较高。

**5. 胶体防灭火技术**

煤层自燃火灾的防治，需要具有既能很快地降低煤温，又很好地隔绝煤与氧气的接触，并能惰化煤体表面，同时，在防灭火过程中还要安全可靠的技术。堵漏、惰化防灭火技术均不能满足这一要求。胶体防灭火技术集堵漏、降温、阻化、固结水等性能于一体，较好地解决了灌浆、注水的水泄漏流失问题，适用于各种类型的矿井自燃火灾。胶体防灭火技术具有灭火速度快、安全性好、火区复燃性低等特点，火区启封时间也相对缩短，注胶灭火工程实施完，不需等待（《煤矿安全规程》规定各项指标达到启封条件后还需观察稳定一个月才能启封），即可启封火区。

防治技术措施技术分析比较，见表7-2。

**表7-2　　防治技术措施技术分析比较**

| 技术措施名称 | 优点 | 缺点 | 适用条件 |
|---|---|---|---|
| 均压通风技术 | 能阻止相邻老窑、小窑漏风和温升对回采面影响，减少往采空区漏风供氧 | 在高瓦斯采面操作较难，可能导致采空区瓦斯和火灾气体进入进风系统 | 低瓦斯采面，与进风系统无漏风联系的其他采面 |
| 低压供风系统 | 能大幅度减少采空区瓦斯涌出量，减少采空区漏风量和漏风范围 | 高瓦斯采面上隅角易出现瓦斯聚积超限，采面冒顶将失去效果 | 顶板条件好，中低瓦斯涌出量的采面 |
| 隔漏风墙技术 | 能大幅度减少往采空区漏风，减少采场瓦斯涌出量，提高有效风量 | 每月一次的材料运输量大，砌墙前的替棚较麻烦 | 所有无高空顶的回采工作面 |
| 灌注黄泥浆技术 | 能覆盖浮煤，隔断煤氧间联系，保持采空区冷湿状态，减缓煤炭氧化速度 | 材料运输量大，易堵塞管路系统，需专门的排泄水系统 | 所有的易燃回采面 |
| 撒石灰、灌洒清水技术 | 能阻隔煤氧联系，保持采空区冷湿状态，抑制煤炭氧化速度 | 对采面有影响，恶化采面运输条件，需专门的排水系统 | 特别适应潮湿、涌水量大的采面 |
| 低压汽雾技术 | 能使采空区保持冷湿状态，堵塞漏风小通道，减缓煤的氧化反应 | 需专人负责，对水质水压有一定要求，需专门的排水系统 | 所有漏风大的采面底板无底鼓的区域 |

### 7.3.3　灾变时期风流稳定、控制、救灾指挥及应急技术

我国研究的火灾时期风流稳定性和风流控制，还处于建立物理数学模式、进行通风网路解算和灾变风流模拟阶段，未达到实用化。近年来，还开展了救灾专家系统的研究，试图将众多防灭火专家的技术经验，经计算机软件形成人工智能，组成救灾专家决策系统，以便在各火灾发生时，快速选择救灾方案，避免人为因素的片面性。

以上各类火灾治理技术都有其不同特色，适用于各类不同的环境，集中体现在降温、堵漏、阻化的性能上。通常情况下，在自燃火灾的防治过程中，采用某种单一防灭火技术一般难以奏效，而是采用综合治理的措施和方法加以治理。防治技术措施经济分析比较见表 7-3。

表 7-3　　防治技术措施经济分析比较

| 技术措施名称 | 施工费用（元/月） | 运行及材料费（元/月） | 吨煤成本（元/t） | 备注 |
|---|---|---|---|---|
| 低压供风系统 | 800 | 200 | 0.10 | 另可减少矿井主通风机电耗，但采面上隅角瓦斯易聚积 |
| 低压汽雾技术 | 800 | 800 | 0.16 | 可改善采面环境除尘，但喷头对水质有一定要求 |
| 隔漏风墙技术 | 1400 | — | 0.14 | 此法需有地面及运输部门配合，有时对井下运输有影响 |
| 撒石灰、灌洒清水技术 | 200 | 2600 | 0.28 | 此法对井下运输影响较小，但洒灌水的排泄，需有专门排水系统 |
| 均压通风技术 | 1000 | 1200 | 0.22 | 此法在瓦斯突出的矿井操作较困难，风压增值偏高时，会使采空区瓦斯或火灾气体进入进风巷 |
| 灌注黄泥浆技术 | 1000 | 3200 | 0.42 | 需大量将黄泥运入井下，影响井下运输，灌注后不及时清洗，管路易出现堵管 |

### 7.3.4　煤场自燃火灾预防管理

#### 1. 煤炭自燃条件及初期征兆

煤炭自燃有三个必须具备的条件：煤炭本身具有自燃倾向性；连续适量地供给空气；散热条件差，煤氧化生成的热能不断积累。

煤炭本身具有自燃倾向性，即具有低温氧化能力，它是自燃的内在因素，取决于煤炭本身的物理化学性质和煤的成分。牌号不同的煤，它们的煤岩成分不同，自燃性也不一样，褐煤、烟煤易自燃；在烟煤中，长焰煤和气煤的自燃性最强；贫煤和无烟煤的自燃性较差；在同一牌号的煤中，含硫越多越易自燃。

水火不相容，煤中水分多不易自燃，但有自燃性的煤失去水分后，自燃的危险性增强，所以地面煤堆经雨雪渗漏、蒸发后容易发生自燃；井下用水淹没自燃火区恢复生产后，更容易自燃，因为煤经过水洗后，表面更容易氧化。

煤层的地质条件对煤炭自燃的影响很大。煤层越厚、倾角越大，则煤的自然发火危险就越大。因为在厚煤层、急倾斜煤层中，回采率低、丢煤多；采区煤柱受压后容易破碎，采空区封闭不严密、漏风量大，这就为煤炭自燃创造了条件。同时在断层、褶曲和破碎带，煤容易自燃。

对煤炭自燃倾向比较严重的矿井，应将主要巷道布置在岩层中，以减少煤柱，避免煤层

切割过多而暴露在空气中；同时应选用合适的采煤方法，提高回采率，减少丢煤，及时封闭采区，减少或避免向采空区中漏风。要尽量降低通风压差，以减少向采空区中漏风。漏风在 0.4～0.8$m^3$/min 时，生成的热量容易积聚，最容易煤炭自燃。

煤炭自燃发现得越早越容易扑灭。因此，了解和掌握煤炭自燃的初期征兆并及时识别和判断，对防灭火具有重要的意义。

煤炭自燃的初期征兆有以下几种：

(1) 煤在低温氧化过程中产生热量，由于热量的积聚，提高了煤体的温度，使水分蒸发，因而巷道中的湿度增加，水汽凝聚在空气中呈现雾状，在支架和巷道壁表面形成水珠，工人把这种现象叫巷道煤壁出汗。但应注意，有这种现象的地方不一定都是煤炭自燃的初期征兆，因为在冷热两股气流汇合的地方，也会在巷道中出现雾气和出汗现象。

(2) 在巷道中如闻到煤油、汽油和松节油气味，尤其当闻到煤焦油的恶臭时，表明煤炭自燃已经发展到严重程度。

(3) 井下火区附近的空气温度及从火区流出来的水的温度高于正常情况下的温度。

(4) 煤炭自燃过程中产生一氧化碳和二氧化碳，使人感到闷气、憋气、头疼、四肢无力、疲劳等症状。

(5) 开采浅层煤时，可看到从地表塌陷裂隙中逸出水汽并能闻到煤焦油味，冬季可见到地表塌陷区的积雪先融化。

压入式通风的矿井，如在采空区发生火灾，征兆不明显，不容易及时发现。为了尽早且准确可靠地发现井下自燃火灾，应及时在井下取空气样进行化验，分析空气成分的变化，如微量一氧化碳，且是持续存在的，其浓度随时间逐渐增加，则可断定煤炭自燃。

**2. 火力发电厂煤炭自燃现象分析**

煤炭自燃使煤炭热值下降（如气煤和长焰煤自然储存 6 个月发热量就损失 5%），灰分增加，碳和氢含量降低，并且产生严重的环境污染。因此，防止煤炭自燃成为电厂必须解决的问题。引起煤炭自燃原因有以下几种。

(1) 在煤氧化过程中，主要是煤分子中的非芳香结构侧链和桥链与氧发生反应。在常温常压下，煤表面分子中的一些活性基团就能与氧发生化学反应。随着成煤年代的不同，煤炭有不同的变质程度，从褐煤到烟煤，煤的变质程度逐渐加深，煤体内部的孔隙率减小，结构致密，吸附氧的能力降低。因此，褐煤和高挥发分的烟煤等自燃倾向性较高。同时，变质程度低的煤氧化放热量大于变质程度高的煤氧化放热量。

(2) 由于受风雨雪及阳光照射等作用，煤炭在堆存时会逐渐风化破碎，粒度减小，比表面积增大，和空气的接触面积也增大。同时，不同粒度的煤混在一起，增大了煤堆的空隙率，可使空气更多地渗入到煤堆内部，从而易引起自燃。

(3) 煤炭自燃是煤炭的氧化过程，与煤炭接触的空气越多，氧化反应越激烈。如广东省冬季温度比夏季下降较多，空气的温度降低，使空气密度增大，当其大于煤堆内部的空气密度时，则使渗入煤堆内的空气量增加；夏天干燥无雨季节，大气温度又高于煤堆温度，大气密度低于煤堆内空气密度时，进入煤堆中的空气减少。因此，这种过程加速了煤的风化和氧化过程，即加速了煤的自燃速度。

(4) 煤中水分对自燃有促进和抑制双重影响。水分的促进作用表现在煤炭遇到水分时，水分会释放出湿润热从而促进煤的氧化。煤中水分蒸发可使煤形成很多空隙或裂缝，增大煤的内部比表面积，使氧气易于进入煤内部。此外，水分对煤中黄铁矿的氧化起重要作用，黄铁矿在水存在时的氧化放热反应释放的热量比煤炭氧化放出的热量高两倍。黄铁矿氧化时，体积增大，使煤体裂缝增大，煤与空气的接触增加，导致更多氧气进入。水分的抑制作用表现在当煤中的水分达到某一程度时，煤的表面就形成含水液膜，可阻止煤炭和氧气接触，降低煤对氧气的吸附。同时，煤炭氧化产生的热量大部分被煤中水分吸收，水的导热系数比空气高很多，煤中的水分也有利于煤中热量的散失，使煤体温度难以上升。煤中水分对煤自燃的影响很大，一定含量的水分有利于煤自燃，但水分过多则抑制煤自燃。

**3. 电厂煤炭自燃预防措施**

物质在没有外界热源影响下，由于物质内部发生化学或生化过程而产生热量，这些热量逐渐积累，使物质温度上升到自燃点而燃烧，此类现象称为自燃。

煤堆发生自燃的热量来自于本身吸附作用和氧化反应，此反应可积聚大量热量，且散发不出去，导致煤堆温度逐渐上升，最终达到自燃温度。

（1）影响或导致露天煤堆自燃的因素。主要因素是煤的挥发分、水分、低位发热量、煤堆厚度、存放时间、散热条件及周围环境相对湿度等。

一般含 H、CO、CH 等挥发分较多，以及含有一些易氧化的不饱和化合物和硫化物的煤堆发生自燃的危险性较大，供煤一般经过破碎，当其颗粒度在 5～30mm 范围时，煤堆内部存在较大的孔隙率，使煤进行吸附与氧化的表面积大、吸附能力强、氧化速度快、析出的热量也多，且不易散发出去，极易自燃。

（2）低温干燥。冬、春两季室外环境温度低，煤在低温时主要发生表面吸附作用，它能吸附蒸汽和氧气等气体进行缓慢氧化，并使蒸汽在煤的表面浓缩变成液体放出热量使温度升高，由于煤的氧化速度不断加快，散热条件不良时会积聚热量，使温度持续升高，直至自燃。

煤中一般均含有铁的硫化物，硫化铁在低温下能产生氧化反应并促进自燃，硫酸盐加速煤的氧化，同时硫化铁氧化逐渐放出热量，从而加速了煤的自燃过程。

若煤堆的内部疏松孔隙率大，则容易吸附大量空气，有利于氧化和吸附作用，而热量又不易导出，所以就越易自燃。

当环境相对湿度低、气候干燥时，在煤堆内部积聚热量达一定程度后，挥发分将析出，从而进一步为煤堆的自燃创造有利条件。

（3）防止煤堆自燃的措施。目前，多数露天煤堆都是采用被动方法去制止煤堆自燃，即当煤堆已发生自燃后，再临时拽胶皮管企图将其浇灭，但收效甚微，主要原因是首先自燃均产生于煤堆心部，逐渐扩散至表面，而从表面浇水很难将其浇灭；其次一些露天煤场面积较大，如特钢公司动力厂 20t/h 锅炉房露天煤场占地达 $2000m^2$，发生自燃点多，临时浇水效果极差。

防止煤堆自燃现象的主要途径是隔绝空气、水分与煤炭的接触，防止温度或水分过度积聚，并采取测温、喷水等预防措施。具体操作上可通过对堆煤的场地、堆煤的方位、煤堆的形状、堆煤的方式和堆放的时间等进行控制。

煤堆形状以屋脊式为佳，以减少阳光照射及雨水渗入；煤堆的高度一般不超过 6m，煤堆过高，一旦发生自燃，很难进行倒堆或喷水处理；煤堆的存放时间应根据煤质牌号而定，一般无烟煤和贫煤的存放时间可稍长一些，但以不超过 4 个月为宜；煤堆旁应布置足够的水喷淋装置，以便煤堆自燃或表面温度异常上升时降温，但采用水喷淋降温是防止煤堆自燃的下策，如果喷水量不足，可能起到适得其反的作用。另外，有条件的话，应在煤场煤堆中布置测温元件，以便及时控制煤堆的自燃问题。

根据对煤炭自燃机理的研究，防治技术措施按其作用机理可分为减漏风供氧、吸热降温和既能隔氧又能降温三类。

1）减漏风供氧技术措施。减漏风供氧技术措施的实质是采取有效措施，减少往采空区内的漏风供氧，抑制煤炭的氧化反应及速度。本项目研究和应用的减漏风供氧技术措施有3种，即低压供风系统、隔漏风墙和均压通风技术。

众所周知，采空区漏风供氧是促使采空区遗煤氧化，导致煤炭自燃发火的重要原因。早在1916年努费尔特（Nusselt）首先发现，固体燃烧的速度主要取决于氧气输送到固体表面的速度。化学反应中质量作用定律清楚地表达了相同的意思。在一定温度条件下，化学反应物浓度的函数为

$$V = K \times a \times C(\mathrm{A}) \times b \times C(\mathrm{B}) \tag{7-44}$$

式中 $K$——反应速率常数；

$C(\mathrm{A})$，$C(\mathrm{B})$——反应物A，B的浓度；

$a$，$b$——反应物A，B的化学反应计量系数。

当其他条件相同时，反应物浓度愈高，化学反应速度愈快。在井下采空区内由于遗煤的存在，碳充足而难以减少，要避免或减缓碳氧化学反应的速率，只有减漏风供氧。以上三种措施具有这种作用。

显然，低压供风系统和均压通风技术是通过降低回采面上下两端风压差$H$、减少采面供风量$Q$及风流速度的手段，而达到降低采空区内漏风流的速度和漏风量的目的。而隔漏风墙则是通过增加采空区漏风源侧即“U”形漏风通道的入口处的通风阻力，减少通往采空区的漏风量。同时，隔漏风墙的垒砌又具有缩短回采面斜长的作用，使之缩小采空区内的漏风范围。此外，隔漏风墙还可提高采面有效风量，从而减少采面供风量及往采空区漏风量，达到防治采空区遗煤自燃的效果。

2）吸热降温技术措施。吸热降温技术措施是指采用有效措施耗散煤炭在氧化过程中产生的热量，同时降低采空区内的环境温度。主要应用的吸热降温技术措施有低压汽雾和向采空区灌水。由分子运动理论可知，环境温度愈高，分子热运动的速率愈快。阿伦尼乌斯（Arrhennius）根据范特霍夫（Vant Hoff）的分析，做了大量的实验，并于1889年提出了可用来描述碳氧反应的I型反应速率$K$与反应温度$T$的关系式：

$$K = K_0 \exp(-E/RT) \tag{7-45}$$

式中 $K_0$——频率因子；

$E$——反应活化能（J/mol）；

$R$——通用气体常数［J/(kg·K)］；

$T$——反应温度（K）。

大量实验结果表明，在常温下每提高10℃反应速率提高2～4倍。因此，控制温升是延缓遗煤自燃的最佳方法。

水是来源广泛、价格低廉的不可燃物质，水的比热容较空气大得多，被加热升温时将吸收大量的热，水在加热被汽化时，吸取的热量更多。根据传热、传质理论，水的吸热降温作用主要表现为以下几个方面。

a. 热平衡中使水温上升时耗热量 $Q_1$：

$$Q_1 = m_1 C_{p_1}(T_2 - T_1) \quad \text{mJ} \tag{7-46}$$

式中　$m_1$——被加热升温的水的质量（kg）；

$C_{p_1}$——水的定压比热值，4.868kJ/(kg·K)；

$T_1$、$T_2$——水被加热前后的温度（K）。

由式（7-46）中不难算出，当水温由 20℃升到 30℃，每吨水将消耗热量为 48.68mJ。

b. 水被汽化时消耗热量 $Q_2$：

$$Q_2 = m_2 \gamma \quad \text{mJ} \tag{7-47}$$

式中　$m_2$——常温下（20℃）被加热汽化的水的质量（kg）；

$\gamma$——一定条件下水的汽化热，当 $p$=0.1MPa，$t$=20℃时，$\gamma$=2453kJ/kg。

由式（7-47）可算出，每加热汽化 1t 水，可耗散和带走热量 2453mJ。

c. 水蒸气及汽化水雾耗散或带走的热量 $Q_3$：低压汽化形成的水雾，随漏风进入采空区内，一部分凝结沉降在采空区内的中、小漏风通道和遗煤中，一部分被加热后再随漏风进入回风巷，被采场回风流带走，这部分汽雾耗散和带走的热量可由式（7-48）计算：

$$Q_3 = m_3 C_{p_2} \Delta t \quad \text{mJ} \tag{7-48}$$

式中　$m_3$——加热升温后被风带走的汽雾水的质量（kg）；

$C_{p_2}$——水蒸气定压比热容，1.867kJ/(kg·K)；

$\Delta t$——加热前后的温差，一般为 2～4℃，此处取 3℃。

应该指出，当采用低压汽雾和往采空区深部灌水的技术措施时，必须在机巷内挖掘排水沟，使经采空区导出的水及时排走，不影响煤炭的运输和其他生产活动。机巷的排水能力愈好，往采空区深部灌水量愈多，愈能使采空区保持冷湿状态，达到防治遗煤自燃的目的。

3）既能隔氧又能降温的技术措施。既能隔氧又能降温的技术措施是指在实施的过程中既能较好地隔离煤氧联系阻止煤炭的氧化，又具有吸热降温抑制升温减缓煤炭氧化反应速度的技术措施。本项目研究和应用的灌注黄泥石灰浆，撒石灰后洒、灌水属于此类技术措施。

a. 黄泥灌浆的作用机理是制作合格的泥浆洒、灌在采空区后能覆盖、包裹遗留在采空区的浮煤或渗透到煤柱裂隙，起到隔绝碳氧联系、阻止煤炭氧化的作用，同时，泥浆水被加热升温时，将吸收大量的热量，起到散热、冷却的作用。

b. 往采空区撒石灰后洒、灌水的作用机理类同黄泥灌浆，此外石灰具有吸水、保水作用，并可吸收周围空间的水分，在采空区的浮煤表面上形成一层水膜，阻隔煤氧接触，将吸收和带走大量的煤炭氧化生成热，起到散热降温作用。

c. 为防止煤炭自燃，煤炭储存时的煤堆形状、堆积角度、堆积高度和堆积时间都要严格选择。如广东省日照时间长，夏天中午阳光几乎垂射，煤堆最好采用屋脊式，以减少阳光辐射热及雨水的渗入；堆煤角度一般为 40°～45°为宜，堆放高度不超过 6m，以免煤炭自燃时难以倒堆处理；有条件的电厂最好分开堆存，自燃倾向性高的煤炭和自燃倾向性低的煤炭不能混堆堆放。煤炭堆存时应一层层组堆，并用扒机压实。

d. 在常年降雨量较大的地区，煤炭堆积时间不宜过长，无烟煤不要超过 4 个月，而挥发分高的褐煤、长焰煤、不黏煤等不要超过 1 个月。

e. 要加强煤炭储存监督，主要是监测煤堆内部温度变化，因为煤堆内部温度升高是由于煤炭自燃放出的热量积聚。煤堆内部温度达到 60℃时，氧化反应加快，煤炭自燃倾向性加大。当温度继续升高到80℃时，煤炭自燃可随时发生。传统的测温工具是水银温度计，现在逐渐使用各种热电阻、热电偶及半导体热敏电阻作为测温传感器。以上这些传感器必须在煤堆中钻孔或埋设在煤堆中才可检测煤温，因此存在以下不足：①要在煤堆内部不同深度、不同地点设置很多只传感器才可全面监测；②埋设的传感器对上煤燃烧有影响；③钻孔或埋设传感器增加了工作量。

目前，国内已有便携式深基点测温仪问世，采用测温杆插入煤堆测量温度。测温杆长度可以伸缩，最长可达到6m，测温探头采用K型NiCr-NiAl热敏电偶。国外有使用红外探测法探测煤堆内部温度，这是非接触型的测温仪，分为红外测温仪和红外热成像仪。红外测温仪是测取点温，红外热成像仪是扫描成像测取温度。这两种仪器，特别是红外测温仪对电厂具有很高的实用价值，应该推广使用。同时，防止煤堆自燃有以下几点：

a. 电厂应加强存煤监督措施，改进测温手段，实在测不准的话，可借助量热仪煤质测验仪器。更重要的是掌握布点与测温技术，当煤堆局部温度到60℃时，要加大测温频度与测温点密度，以便确定自燃源。当煤堆温度达到80℃左右时，自燃可能随时发生。故在密切监控煤堆温度的同时，采取降温措施，以防自燃。

b. 对于高挥发、高含硫量的煤在夏季不能存放过多，堆放过高，一旦出现自燃迹象要及时处理，不可向已自燃的煤堆上直接泼水降温，由于加水不匀、受热不均等问题，将造成煤堆局部温度进一步升高，使得煤堆自燃扩大与蔓延，火情无法控制。

c. 煤场监管人员要定期或不定期彻底清理煤场，避免局部存煤死角成为自燃源，若该地区与主煤场连成一片，其后果可想而知。对不易清理的地方，尽可能不要用于存煤。

d. 煤矸石集中区，煤中硫分布不均，再加上适宜的外部条件，就可能首先引起自燃。

煤堆自燃现象经常发生，给电厂造成的经济损失是无法弥补的，部分电厂终年存在隐患，也未能采取有效措施加以防范，防止煤堆自燃，可采取多种措施，必须深入研究，引起相关电厂及发电公司的高度警惕。

第八章

# 燃料（输煤）设备

## 8.1 输煤系统介绍

作为火力发电厂的重要组成部分，火力发电厂输煤系统是指将进厂的原煤按一定的要求输送到锅炉原煤斗的机械输送系统。由于是公用系统，其安全可靠的运行是保证电厂安全、高效运行中不可缺少的环节。输煤系统的工艺流程随锅炉容量、燃料品种、运输方式的不同而差别较大，并且使用设备多，分布范围广。现代的输煤系统已不仅是煤的输送问题，而是在煤的输送过程中必须达到以下各方面的要求：

(1) 必须适应煤的某些特殊的自然性质（如含水量、煤中变化种类的增加、北方冬季煤的冻结等）。

(2) 对于供给锅炉的煤，必须连续进行数量和质量的检验。

(3) 对输送过程中每一环节的煤的粒度要进行严格控制。

(4) 输煤系统必须能够长期可靠的工作。

(5) 输煤系统还必须满足环境保护的要求。

火力发电厂输煤系统一般是由煤运进厂内开始，将煤输送到锅炉的原煤斗为止。主要包括卸煤、储煤、上煤和配煤四大系统，具体而言，主要包含来煤计量、原煤采样化验、煤的受卸、储存、运输、破碎、计量、配仓等相关设备。

(1) 来煤计量：主要指对各矿点原煤的计量，是电厂对煤矿进行结算的质量依据（电子磅）。

(2) 原煤采样化验：是对燃料抽取样品进行分析的过程，也是对煤进行定价的一个依据，取样同时也是对燃料掺配的依据。

(3) 煤的受卸：是将煤从运煤工具中卸到储煤的地点（火电厂主要指将煤卸到汽车卸煤沟、煤场中，一般指火车来煤用翻车机、螺旋器等）。

(4) 储存：是指将煤混合存储到煤场，以调节来煤的不均衡，从而调配锅炉用煤的均衡性。

(5) 运输：指将受卸装置、储煤场中的原煤运到锅炉原煤斗中的过程（输送机）。

(6) 破碎：是指将原煤经过碎煤机破碎成适于锅炉磨煤机制粉所需的粒度（碎煤机）。

(7) 计量：用以计量入炉煤的质量，用来分析锅炉燃烧用煤和发电煤耗（电子皮带秤）。

(8) 配仓：根据燃烧的需要，将煤分配到各原煤斗的过程（犁式卸料器）。

以某电厂输煤系统为例，该输煤系统担负着将四台300MW机组和两台（25、50MW）小机组所需燃煤经过翻卸、储存、转运、破碎、筛分和配仓等环节，经济而合理地输送至各炉原煤仓的任务。此输煤系统由甲乙两路翻车机、斗轮机、滚轴筛、碎煤机、1～11号皮带输送机、煤仓犁煤器，以及1～4号煤场、除尘器、除铁器等辅助设备组成，如图8-1所示。

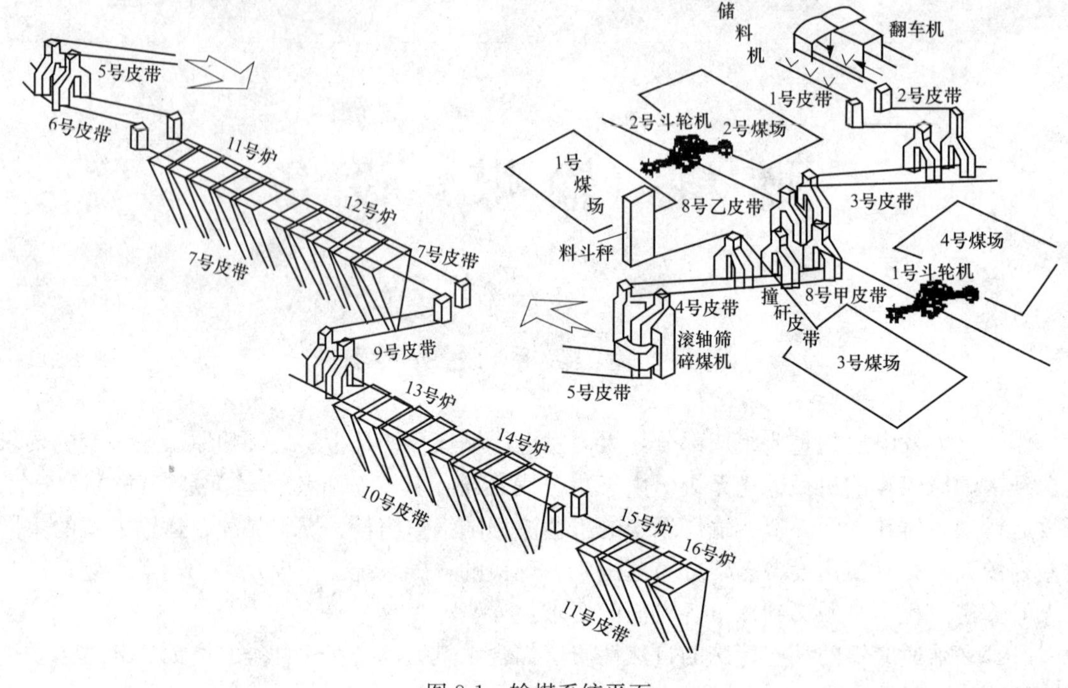


图8-1　输煤系统平面

## 8.2　带式输送机

### 8.2.1　概述

带式输送机是连续运输机中的效率最高、使用最普遍的一种机械，带式输送机是由挠性输送带作为物料承载件和牵引性的连续输送设备。根据摩擦传动原理，由传动滚筒带动输送带，将物料输送到所需的地方。它的输送能力大、功耗小、结构简单、对物料适应性强，因此应用范围很广。在我国建设的大、中型燃煤火力发电厂中，从煤矿运煤至电厂受卸装置或储煤场向锅炉原煤仓输送所用的运送设备主要就是带式输送机，而且近年来已逐步发展开始承担厂外运输，即用带式输送机从煤矿或码头直接运输原煤到电厂。

带式输送机同其他类型的输送设备相比，具有生产率高、运行平稳可靠、输送连续均匀、运行费用低、维修方便、易于实现自动控制及远方操作等优点。因此，带式输送机在火力发电厂、煤矿、码头中被广泛采用。

按皮带种类的不同，带式输送机可分为普通带式输送机、钢丝绳芯带式输送机和高倾角花纹带式输送机；按驱动方式及胶带支承方式的不同，又可分为普通带式输送机、气垫带式输送机和钢丝绳牵引带式输送机；按托辊槽角的不同，还可分为普通槽角带式输送机和深槽形带式输送机。

此外，输送设备还有刮板输送机、管道输送装置及气动输送装置等。在火力发电厂输煤系统中，刮板输送机大多用作给自煤设备和配煤设备；管道输送装置是在煤矿将煤磨成煤粉，加水制成煤浆，然后用泵输送至火力发电厂或其他用煤地点，最后将煤浆脱水，再送至锅炉燃烧，它适于长距离输送。带式输送机的工作原理及总体结构如图 8-2 所示。

胶带绕过主动滚筒和机尾改向滚筒形成一个封闭的环形带，上下两部分支承在托辊上，拉紧装置保证胶带有足够的张力，物料装在胶带上与胶带一起运行，实现输送物料的目的。

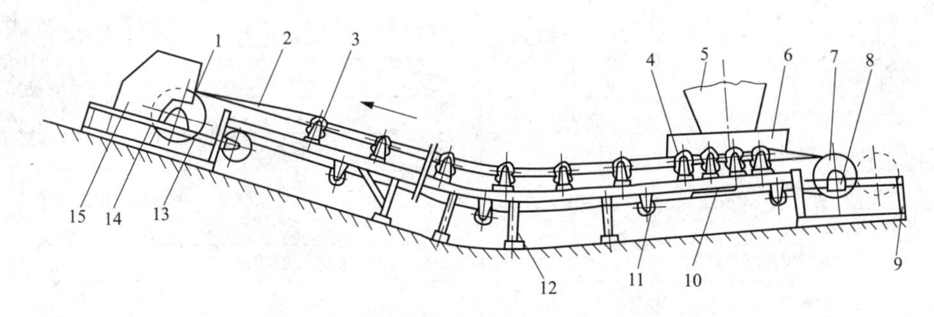


图 8-2　带式输送机的工作原理及总体结构

1—传动滚筒；2—输送带；3—上托辊；4—缓冲托辊；5—漏斗；6—导料栏板；7—改向滚筒；8—螺旋张紧装置；9—尾架；10—空段清扫器；11—下托辊；12—中间架；13—头架；14—弹簧清扫器；15—头罩

带式输送机可用于水平输送，也可用于倾斜输送，但不同类型的带式输送机，倾斜向上运输的倾斜角有一定的限度，通用型带式输送机倾斜角度一般不允许超过 18°。带式输送机不宜输送有棱角的坚硬物料，因输送该种物料时，对输送带的磨损较严重，甚至造成输送带纵向划破。

输送带是带式输送机的牵引构件，同时又是承载构件。整个输送带都支承在托辊上，并绕过驱动滚筒和张紧滚筒。驱动滚筒和输送带之间是依靠摩擦进行传动的。

带式输送机具有优良的性能，在连续装载的条件下能连续运输，所以生产率较高，最近，世界上出现的大型带式输送机系统中，生产效率最高已达 30 000$m^3$/h、输送带的强度已达 8000kgf/cm、最高带速可达 10m/s，带速的提高，同等生产效率下，带宽可大大下降，牵引力可大大下降，大量节省了电能。它可运输矿石、煤、粉末状的物料和包装好的成件物品，工作过程中噪声较小、结构简单。所以，带式输送机在厂矿企业中获得了广泛的应用。

带式输送机可用于水平或倾斜运输。倾斜运输时的爬坡能力为 16°～18°，通常铁路的爬坡能力为 1°43′～2°17′，汽车的爬坡能力为 5°43′～6°50′，因为输送机比汽车、火车爬坡能力大，从而可缩短运距，减少基建工程量和投资，并可缩短施工时间。其布置形式基本上有如图 8-3 所示的几种形式。在倾斜向上运输时，不同物料所允许的最大倾角 $\beta$ 值见表 8-1。若 $\beta$ 角超过此值，则由于物

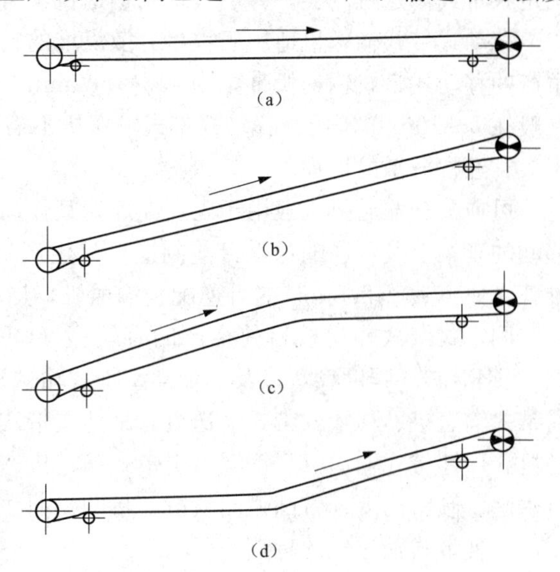


图 8-3　带式输送机的基本布置形式

(a) 水平输送机；(b) 倾斜输送机；
(c) 带凸弧曲线段输送机；(d) 带回弧曲线段输送机

料与输送带间的摩擦力不够，物料在输送带上将产生滑动，因而影响运输生产率。在倾斜向下运输时，允许最大倾角取为表 8-1 所列值的 80%。

表 8-1　　带式输送机的最大倾角值

| 物料名称 | β (°) | 物料名称 | β (°) |
|---|---|---|---|
| 快煤 | 18 | 湿精矿 | 20 |
| 原煤 | 20 | 干精矿 | 18 |
| 谷物 | 18 | 筛分后的石灰石 | 12 |
| 0～25mm 焦炭 | 18 | 干沙 | 15 |
| 0～3mm 焦炭 | 20 | 湿沙 | 23 |
| 0～350mm 矿石 | 16 | 盐 | 20 |
| 0～120mm 矿石 | 18 | 未筛分的煤块 | 18 |
| 0～60mm 矿石 | 20 | 水泥 | 20 |
| 40～80mm 油母页岩 | 18 | 块状干黏土 | 15～18 |
| 20～40mm 油母页岩 | 20 | 粉状干黏土 | 22 |

### 8.2.2　类型和布置

带式输送机按连续运输特性可分为：

(1) 具有挠性牵引物件的输送机，如带式输送机、板式输送机、刮板输送机、斗式输送机、自动扶梯及架空索道等。

(2) 不具有挠性牵引物件的输送机，如螺旋输送机、振动输送机等。

(3) 管道输送机（流体输送），如气力输送装置和液力输送管道。

在电厂应用的主要是普通带式输送机，普通带式输送机一般可分为移动式带式输送机与固定式带式输送机两类。移动式带式输送机又可分为动输送机与可逆配仓输送机。

移动式带式输送机适用于零星分散煤堆的转运，由于结构笨重、移动困难，目前制造厂生产的移动式带式输送机带宽为 400～800mm，速度为 0.8～25m/s，倾角为 0°～20°，长度一般在 5～20m 范围内。移动式带式输送机不需要建筑物，转运灵活方便，它适用于输送量不大、经常分散的场地。

可逆配仓输送机一般用于煤仓配煤，其作用与电动卸煤车类似。由于其输送机安装在可移动的车架上及可逆输送，目前制造厂只生产机长范围为 6～60m，带宽为 500～1400mm，推荐带速不大于 2.5m/s 的可逆配仓输送机，当超过其范围时应与制造厂进行协商。

固定式带式输送机目前生产的有轻型（QD 型）、普通型（TD62 型、TD72 型、TD75 型）、钢绳芯高强度型，以及其他类型带式输送机，如大倾角带式输送机（GH69 型）、可弯曲带式输送机、移置式带式输送机、吊挂式带式输送机、压带式带式输送机、气垫式带式输送机、磁性带式输送机、钢绳牵引带式输送机、钢带输送机、网带输送机。其基本布置形式有水平、倾斜向上、带凸弧曲线段、带凹弧曲线段、同时带凹凸弧曲线段。

各种带式输送机的特点：

(1) QD80 轻型固定式带式输送机与 TDⅡ型相比，其带较薄、载荷也较轻，运距一般不超过 100m，电机容量不超过 22kW。

(2) U 形带式输送机又称为槽形带式输送机，其明显特点是将普通带式输送机的槽形托辊角提高到使输送带成U形，使输送带与物料间产生挤压，导致物料对胶带的摩擦力增大，从而输送机的运输倾角可达25°。

（3）管形带式输送机是将U形带式输送机的输送带进一步成槽，最后形成一个圆管状，即为管形带式输送机。因为输送带被卷成一个圆管，故可实现闭密输送物料，可明显减轻粉状物料对环境的污染，并且可实现弯曲运行。

（4）气垫式带式输送机的输送带不是运行在托辊上的，而是在空气膜（气垫）上运行，省去了托辊，用不动的带有气孔的气室盘形槽和气室取代了运行的托辊，运动部件的减少，使总的等效质量减少，阻力减小，效率提高，并且运行平稳，带速提高，但一般其运送物料的块度不超过300mm。增大物流断面的方法除了用托辊把输送带强压成槽形外，也可改变输送带本身，把输送带的运载面做成垂直边的，并且带有横隔板。一般把垂直侧挡边做成波状，故称为波状带式输送机，这种机型适用于大倾角，倾角在30°以上，最大可达90°。

（5）压带式带式输送机是用一条辅助带对物料施加压力，这种输送机的主要优点是输送物料的最大倾角可达90°，运行速度可达6m/s，输送能力不随倾角的变化而变化，可实现松散物料和有毒物料的密闭输送，其主要缺点是结构复杂、输送带的磨损增大和能耗较大。

（6）钢绳牵引带式输送机是无际绳运输与带式运输相结合的产物，既具有钢绳的高强度、牵引灵活的特点，又具有带式运输的连续、柔性的优点。它属于高强度带式输送机，其输送带的带芯中有平行的细钢绳，一台运输机运距可达几千米到几十千米。

目前在电厂应用的主要通用型，即TD75和DTⅡ（A）型带式输送机居多数，一些小厂也有用TD62式带式输送机。

带式输送机的一般要求是在曲线段内，不允许设备给料和卸料装置，各种卸料装置应设于水平段。

### 8.2.3　主要部件

普通带式输送机主要由胶带、托辊、机架、驱动装置、拉紧装置、制动装置、清扫装置和其他装置组成。

**1. 胶带**

在带式输送机中，胶带既是承载构件，又是牵引构件，用来载运物料和传递牵引力，是带式输送机的主要组成部分之一。胶带贯穿于输送机的全长，用量较大，价格较贵。是带式输送机中最重要也是最昂贵的部件，输送带的价格占输送机总投资的25%～50%左右。所以在设计带式输送机时，正确计算、选择输送带是一个很重要的问题。要充分考虑保护输送带，使之有较长的寿命，至少要用5～10年。在设计其他部件时，应尽量减少引起输送带不正常损坏的可能，必要时要加各种安全防护装置。胶带的主要技术参数有宽度、帆布层数、工作面和工作面覆盖胶厚度。

胶带可分为普通胶带、钢丝绳芯胶带、花纹胶带、耐热和耐寒胶带及耐酸、耐碱、耐油胶带等。目前，燃煤电厂输煤系统中常用的胶带是普通胶带和钢丝绳芯胶带。下面对普通胶带、钢丝绳芯胶带和花纹胶带做简要介绍。

（1）普通胶带。普通胶带一般用天然胶作胶面，由棉帆布或维尼龙帆布作带芯制成。以棉帆布作带芯制成的普通型胶带，其纵向扯断强度为56kN/(m·层)，一般用于固定式和移动式带式输送机；以维尼龙作带芯制成的强力型胶带，其纵向扯断强度为14 000N/(m·层)，用于输送量大、输送距离较长的场合。随着电力工业的迅速发展，为满足大容量机组的需要，强力型胶带必将得到更广泛的应用。

（2）钢丝绳芯胶带。钢丝绳芯胶带是以钢丝绳作带芯、外加覆盖橡胶制成的一种胶带。钢丝绳芯胶带与普通胶带相比具有以下优点：

1）强度高，可满足长距离、大输送量的要求。由于带芯采用钢丝绳，其破断强度很高，输送机长度可较长；胶带的承载能力有较大幅度的提高，可满足大输送量的要求。

2）胶带的伸长量小。钢丝绳芯胶带由于其带芯刚性较大，弹性变形较帆布要小得多，因此拉紧装置的行程可以很短，这对于长距离的胶带输送机非常有利。

3）成槽性好。钢丝绳芯胶带只有一层芯体，并且是沿胶带纵向排列的，因此能与托辊贴合得较紧密，可形成较大的槽角，有利于增大运输量，同时能减小物料向外飞溅，还可防止胶带跑偏。

4）使用寿命长。钢丝绳芯胶带是用很细的钢丝捻成钢丝绳作带芯，所以它有较高的弯曲疲劳强度和较好的抗冲击性能。

钢丝绳芯胶带的缺点为：

1）芯体无横丝，横向强度很低，容易引起纵向划破。

2）胶带的伸长率小，当滚筒与胶带间卷进煤块、矸石等物料时，容易引起钢丝绳芯拉长，甚至拉断。

因此，此种胶带的清扫问题应引起足够重视。

（3）花纹胶带。花纹胶带除了其工作面有按一定花纹布置的橡胶凸块外，其余均与普通胶带相同。

花纹胶带分为条状花纹胶带和点状花纹胶带两种。

带式输送机采用花纹胶带时，可将输送机的倾角提高到28°～35°，从而可大大缩短输送机及其通廊的长度，节省基建投资和占地面积。但采用花纹胶带时，需要配备专用的清扫装置。

**2. 托辊**

托辊是用来承托胶带并随胶带的运动而做回转运动的部件。托辊的作用是支撑胶带，减小胶带的运动阻力，使胶带的垂度不超过规定限度，保证胶带平稳运行。

托辊按其用途可分为槽形托辊、平形托辊、缓冲托辊、自动调心托辊、过渡托辊和回程托辊。

目前较常用的托辊直径有$\phi$89、$\phi$133、$\phi$159mm三种。

（1）槽形托辊。槽形托辊一般由三个托辊组成，中间的短托辊轴线与两边的短托辊轴线均形成一个夹角，称为托辊的槽角。TD75型带式输送机托辊槽角为30°，TD62系列托辊槽为20°，DTⅡ型带式输送机托辊槽角为35°。TD75型输送机托辊可使胶带的输送量提高20%左右，并能使物料运行平稳，不易洒落。由于输送量的提高，在相同出力的情况下，可使胶带宽度下降一级，从而可节约胶带费用。

槽形托辊主要用作上层运输胶带的托辊（简称“上托辊”），如图8-4所示。

托辊的辊体一般由无缝钢管制成，现在也有用接缝钢管代替无缝钢管的。无缝钢管存在的主要问题是尺寸与几何形状偏差较大，影响托辊的质量。国外大多采用精度较高的接缝钢管。目前我国在高精度接缝钢管的制造上还存在一些问题，因此仍大量采用无缝钢管制作辊体。

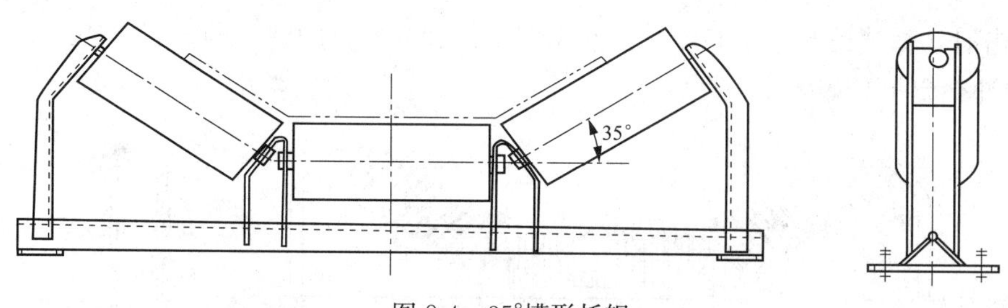


图 8-4　35°槽形托辊

托辊轴承一般均采用滚筒轴承。据有关资料介绍，国外近年来采用一种大游隙深槽形专用轴承，其优点是摩擦力小、使用寿命长。

托辊轴承的润滑过去常采用钙基润滑脂，目前新型托辊大多采用 2 号锂基润滑脂。实践证明，锂基润滑脂的性能比钙基润滑脂好，特别是锂基润滑脂的使用寿命比钙基润滑脂高 4 倍以上。

(2) 平形下托辊。平形下托辊一般为一长托辊，主要用作下层运输胶带的托辊（简称"下托辊"），支撑空载段皮带，如图 8-5 所示。

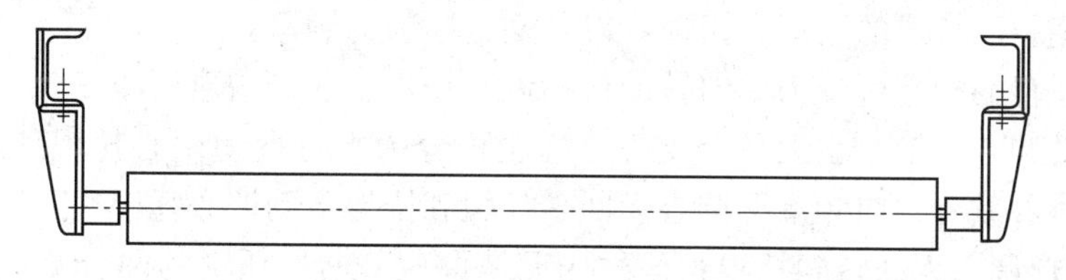

图 8-5　平行下托辊

普通平形托辊在运行过程中存在着黏煤、转动部分质量较大、拆装不便等问题。近年来，出现了大跨距胶环平形下托辊（简称"胶环托辊"）。其辊体采用无缝钢管制成，胶环是用天然橡胶硫化成型，胶环与辊体的固定采用氯丁胶黏剂，其剥离强度为 $1.5\times10^{6}\mathrm{N/m^{2}}$，剪切强度为 $2\times10^{6}\mathrm{N/m^{2}}$。

实际使用的情况表明，胶环托辊具有转动部分质量轻、运行平稳、黏煤少等优点。特别是在北方地区，冬季气候寒冷，下托辊黏煤现象严重，采用胶环托辊效果更为理想。

(3) 缓冲托辊。缓冲托辊的作用就是在受料处由于物料下落到输送带上时，会不可避免的冲击胶带和托辊，采用缓冲托辊能在落料处减少物料对胶带的冲击，保护胶带和避免托辊轴承被冲击损坏，如图 8-6 所示。

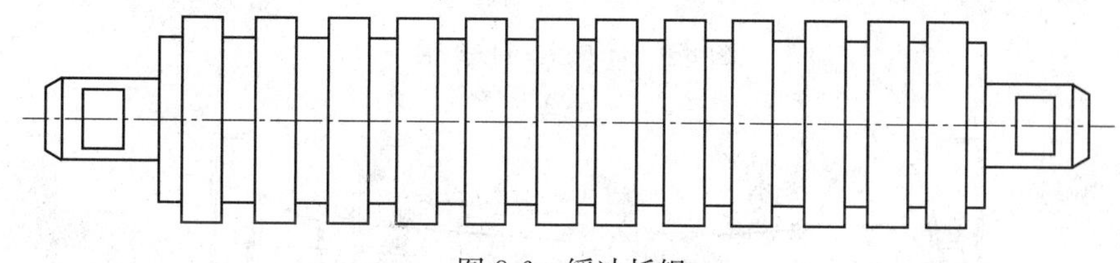

图 8-6　缓冲托辊

缓冲托辊一般分为橡胶圈式、弹簧板式、弹簧板胶圈式、弹簧丝杠可调式、槽形接料板缓冲床式和组合式等（槽角有 35°和 45°）。其中：

1）橡胶圈式缓冲托辊即在槽形托辊三节短托辊体外套上橡胶圈，以达到缓冲目的。

2）弹簧板式缓冲托辊是槽形托辊，只是三节短托辊的支撑架改用弹簧板，当胶带受下落物料冲击时，弹簧板支撑架能发生弹性变形，达到缓冲目的。

35°缓冲托辊示意如图 8-7 所示。

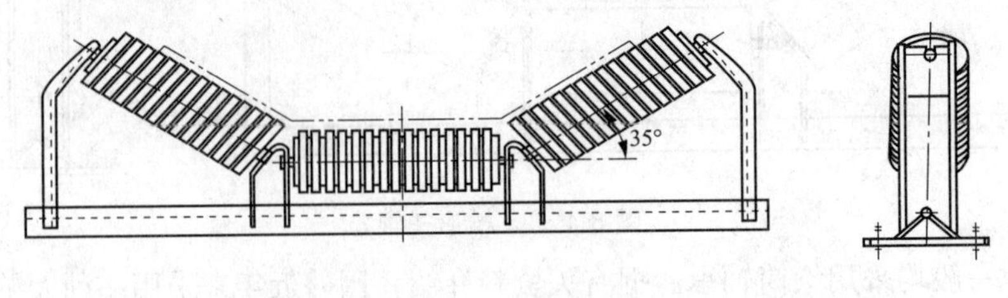


图 8-7　35°缓冲托辊

目前有些新建电厂采用缓冲床来替代缓冲托辊，缓冲床由超高密度聚乙烯材料制成，配合多功能导料槽（防溢裙板橡胶）使用，效果显著。

（4）自动调心托辊。各种形式的带式输送机在运行过程中由于受许多随机因素的影响而不可避免地存在不同程度的跑偏现象。为了解决这个问题，除了在安装、检修、运行中注意调整外，还应装设一定数量的自动调心托辊，用来调整输送带的纵向中心线，防止和减轻胶带运行时由于偏斜而造成的磨损和扭损，以及输送物料的洒落。

自动调心托辊的种类可分为单向转动自动调心托辊、前倾槽形调心托辊、可逆自动调心托辊、锥形自动调心托辊。在无载分支下，托辊可分为平行自动调心托辊和 V 形前倾式回程托辊。下面将着重介绍前倾槽形调心无回转托辊和锥形自动调心托辊。

1）前倾槽形调心无回转架托辊：该种托辊是将三节槽形托辊的两个侧托辊朝胶带运行方向前倾一定角度，一般为 3°～5°，由于在输送带和偏斜托辊之间产生一相对的滑动速度，在托辊与胶带之间就有轴向的摩擦力存在。当胶带跑偏时，一侧的摩擦力大于另外一侧，促使输送带回到原来的位置，优点是简单可靠，缺点是胶带运行时存在附加滑动摩擦力，增加了胶带的磨损，如图 8-8 和图 8-9 所示。

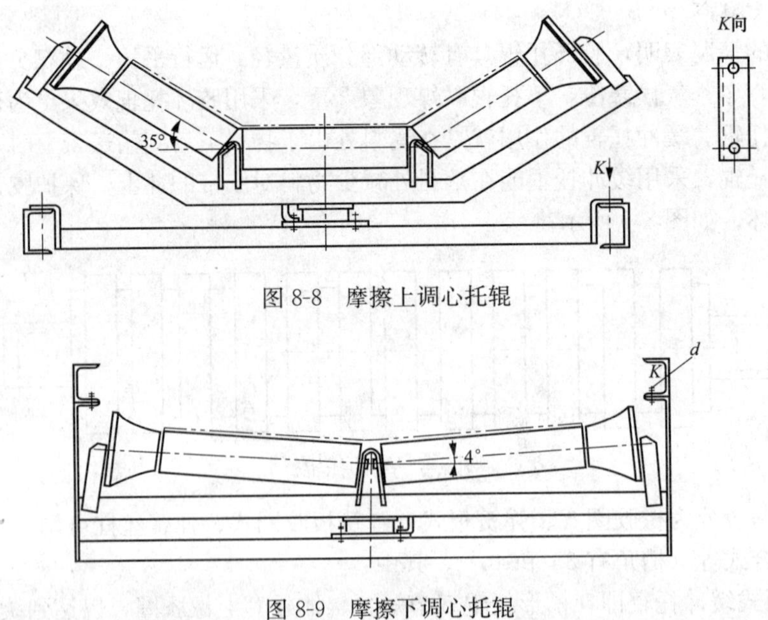


图 8-8　摩擦上调心托辊

图 8-9　摩擦下调心托辊

2）锥形自动调心托辊：该种托辊的特点及工作原理为当胶带运动带动托辊转动时，托辊面的圆周速度在直径大端的附近点与带速相同，在这点上胶带与托辊面相对滑动为零，而锥形托辊直径小的部分与胶带有相对滑动，且当胶带处于正常位置时，左右锥形托辊与胶带之间的附加滑动摩擦力数值是相等的。此时，托辊的中心线与胶带的中心线垂直。假如胶带在前进的方向左侧跑偏，左右锥形托辊的摩擦力平衡被破坏，由于左右摩擦力之差，左侧锥形托辊向前转动，并通过连杆使右侧锥形托辊也相应转动，这时托辊中心线的位置与胶带中心线不再垂直，胶带与托辊之间有附加的轴向滑动，因而锥形托辊给胶带一个带偏角的附加摩擦力，使胶带回复到正常位置，锥形托辊也就转回到原来的位置。如果胶带的跑偏量已超出所规定的数值，就由设在输送机旁边的限位开关发出信号而停止运行。这种调心托辊的缺点是结构复杂，制造比较麻烦。优点是使胶带对中的能力强，调心灵敏度高，它的调心作用自始至终在进行。锥形自动调心托辊主要为两种，如图 8-10 和图 8-11 所示。

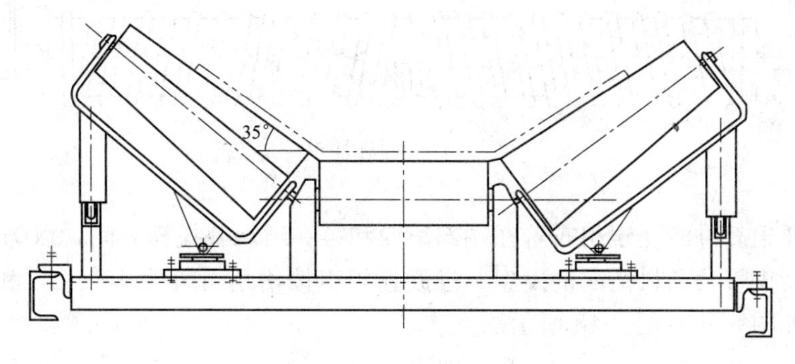


图 8-10　锥形上调心托辊

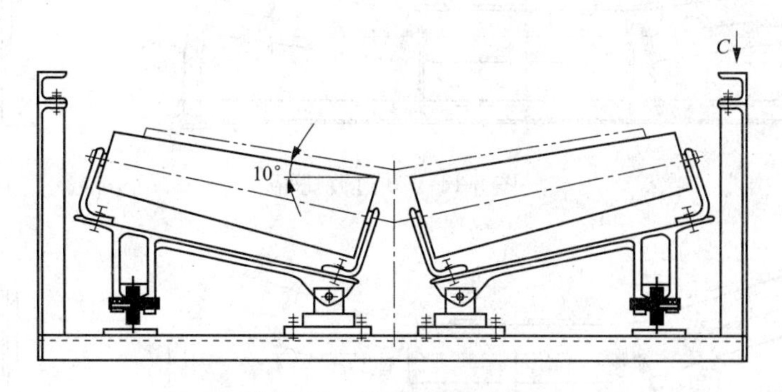


图 8-11　锥形下调心托辊

(5) 回程托辊。作为胶带输送机的无载分支下托辊，该种托辊的主要作用是支撑空载段胶带，有的可用来除去无载段表面上的黏煤，有的用来减少黏煤。

V 形梳形托辊（如图 8-12 所示）是靠胶带的自重使胶带的中心自动向中间移动来防止跑偏，同时减少托辊的黏煤。

螺旋托辊（如图 8-13 所示）主要是清除无载支撑段胶带表面上的积煤。运动时，胶带带动螺旋托辊转动，螺纹的运动方向与胶带的运动方向有一偏角，使得左右方向各有一个摩擦力，这对摩擦力大小相等方向相反，在运动时把胶带上的积煤清除掉。

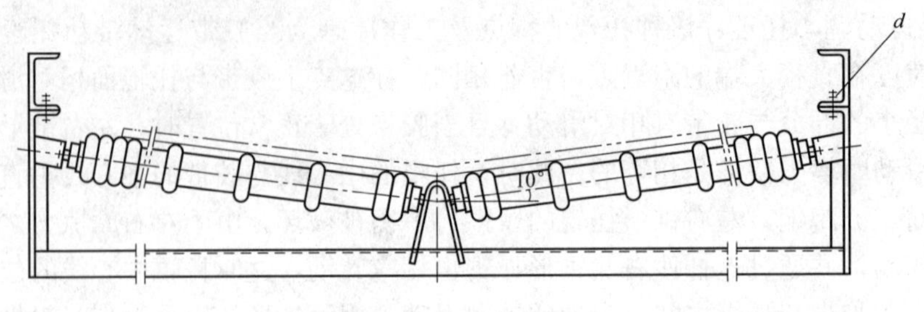


图 8-12　V形梳形托辊

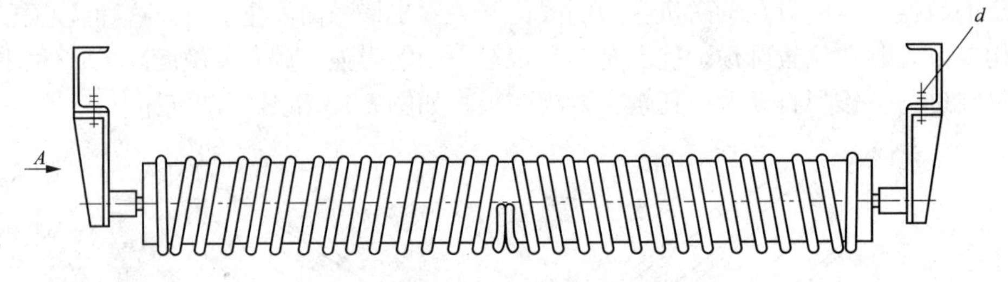


图 8-13　螺旋托辊

（6）过渡托辊。过渡托辊组布置在端部滚筒和第一组承载托辊之间，以降低输送带边缘应力，避免撕裂皮带及洒料情况的发生。过渡托辊组按槽角可分为 10°、20°和 30°三种及可调槽角托辊，如图 8-14～图 8-18 所示。

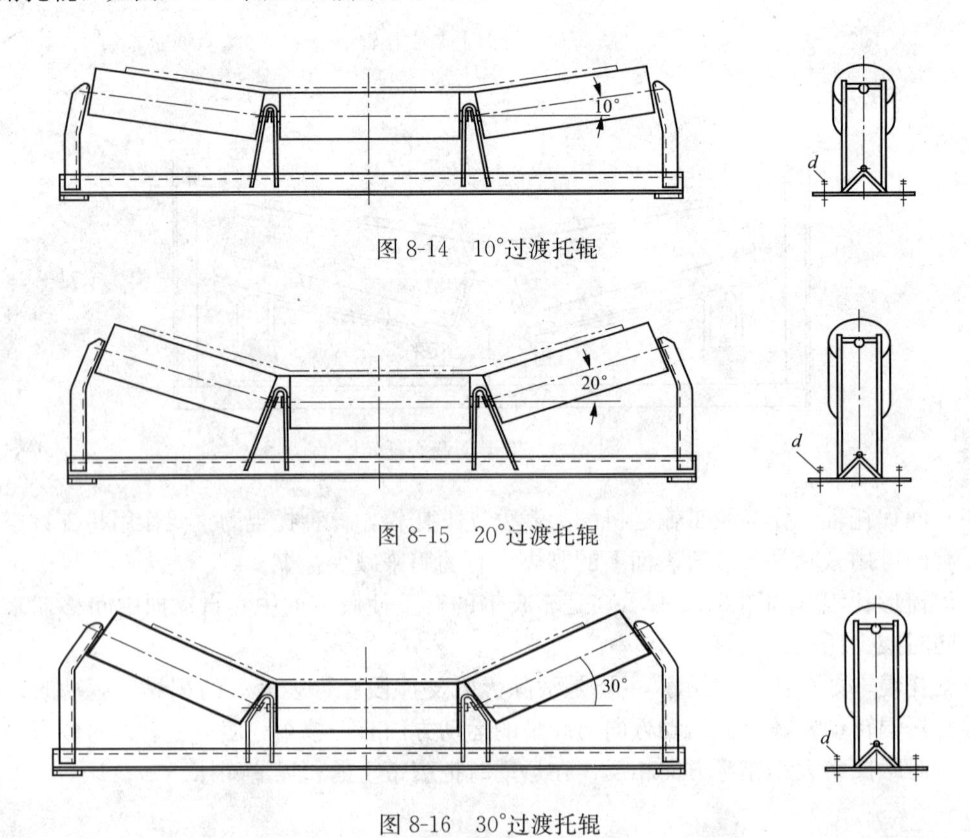


图 8-14　10°过渡托辊

图 8-15　20°过渡托辊

图 8-16　30°过渡托辊

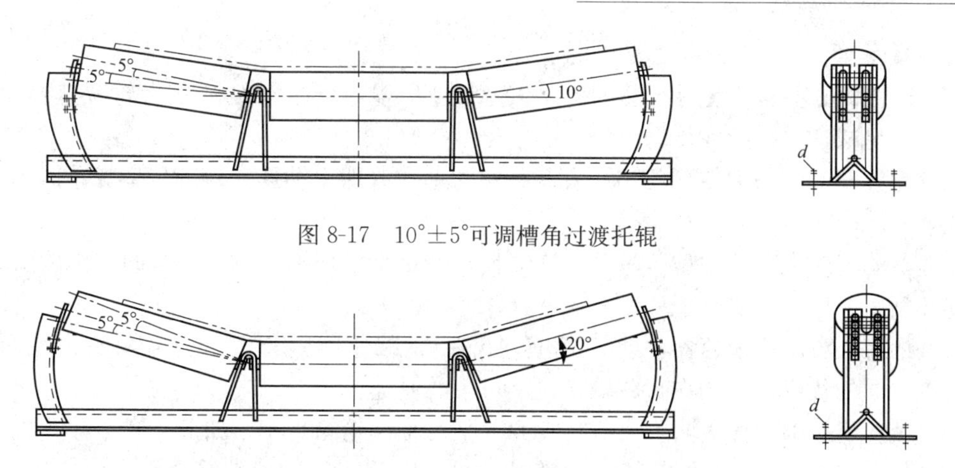


图 8-17　10°±5°可调槽角过渡托辊

图 8-18　20°±5°可调槽角过渡托辊

**3. 驱动装置**

驱动装置是带式输送机动力的来源，电动机通过联轴器、减速器等设备带动传动滚筒转动，借助滚筒与胶带之间的摩擦力使胶带运转。驱动装置主要分为以下三种：

（1）电动机和减速机组成的驱动装置：这种组合由电动机、减速机、传动滚筒、联轴器、液力偶合器等组成，如图 8-19 所示。

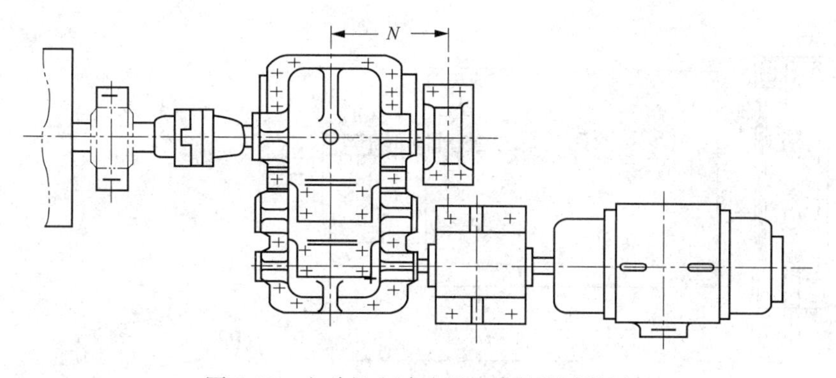


图 8-19　电动机和减速机组成的驱动装置

1）电动机。由于运行环境条件差，输煤系统的带式输送机一般采用封闭鼠笼式异步电动机，常用的是 Y 系列电动机。

鼠笼式电动机具有结构简单、运行安全可靠、启动设备简单、可直接启动等优点，因而得到广泛的应用。但鼠笼式电动机有启动电流大（一般为额定电流的 5～10 倍）、不能调整转速、启动力矩较大等缺点，因此不适用于频繁及经常在满负荷下启动的设备。

JS 系列电动机属于鼠笼式电动机的改进型，其启动电流较小（为额定电流的 4～5 倍），适用于带动大、中型负荷的机械。Y 系列电动机为封闭式，适用于灰尘、粉尘较多，尘土飞扬的地方。

2）减速机。其是电动机和传滚筒之间的变速机构，作用是降低转速、增大扭矩，完成传递功率的任务。

带式输送机常用的减速器为圆柱齿轮减速器。此种减速器可传递一定的功率、结构紧凑、效率高、工作可靠、使用寿命长、维护检修量小，常用的有 JZQ 型、ZQ 型、ZL 型、

ZS 型、NGW 型。

TD75 型带式输送机系列配套的有 JZQ 型、ZL 型，皆为双级圆柱齿轮减速器。NGW 型为两级行星减速器，用在传动比较大的场合。

JZQ 型减速器（与 PM 型相当）有 9 种装配形式（即出轴形式），ZL 型减速器有五种装配形式。

减速器的工作类型分中型、重型、连续型、特重型。根据带式输送机的工作性质，一般采用连续型。

另外还有一种新型减速器，即 SS 型垂直输出轴减速器。SS 型减速器具有占地面积小、安装布置方便的优点，应用在带式输送机上可节约基建投资。

进口减速机按 B（直交轴齿轮箱）或 H（平行轴齿轮箱）型，如 B3SH11 减速机，各位数表示（从左向右）：第一位：B 为直交轴齿轮箱/H 为平行轴齿轮箱；第二位：传动级数，分 1、2、3 级和 4 级；第三位：输出轴的布置形式，S 为实心轴，H 为空心轴，D 为带缩紧盘的空心轴，K 为带花键的空心轴，F 为法兰轴，V 为加强型实心轴；第四位：安装方式，H 为卧式安装，M 为卧式安装不带地脚，V 为立式安装；后两位：设备规格。

3）传动滚筒。传动滚筒是传递动力的主要部件。带式输送机的传动滚筒结构有钢板焊接结构、铸钢和铸造铁结构，如图 8-20 所示。新型带式输送机的传动滚筒均为钢板焊接结构，滚筒轴承一般采用滚动轴承。

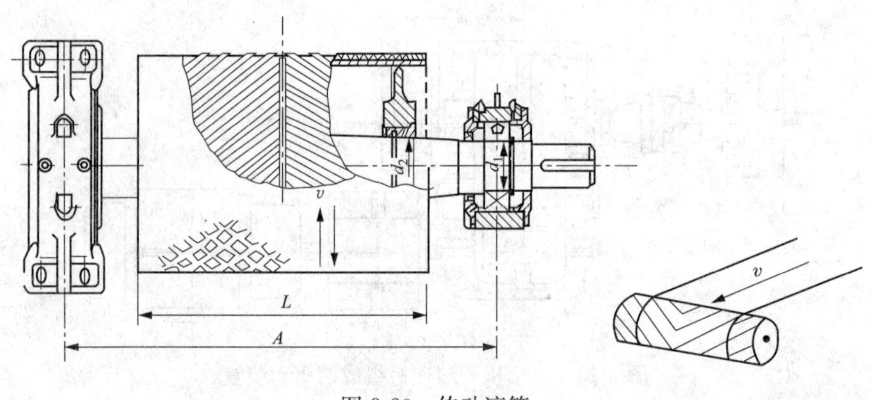


图 8-20　传动滚筒

滚筒的分类方式如下：

a. 按滚筒外形分类：分为圆筒形和圆鼓形两种，圆鼓形滚筒能使胶带运转对准中心。

b. 按滚筒筒面分类：分为光面和胶面两种。在功率不大，环境温度低的情况下，可采用光面滚筒。在功率较大，环境潮湿易打滑时，采用胶面滚筒。胶面滚筒分为包胶和铸胶。包胶滚筒的缺点是胶皮易脱离，螺钉头露出刮伤输送带，优点是可自行更换胶面；铸胶滚筒胶面厚而耐磨、使用寿命长，缺点是价格高，使用单位不能自行浇铸新胶。

带式输送机是靠绕滚筒张紧的输送带与滚筒之间的摩擦力运转的。因此，输送带与滚筒面之间必须有足够的黏着力，才能将牵引力传递给输送带，否则输送机运转时，带条在传动滚筒上会发生打滑现象。为防止滚筒与带条之间打滑，必须满足以下条件：

a. 增大输送带在传动滚筒上的包角 $\chi$，带式输送机因受布置限制，为增大包角可设改向滚筒或压紧滚筒，要求包角在 200°～240°。

b. 增大胶带与滚筒之间的摩擦系数。光面滚筒的摩擦系数 $\mu=0.2\sim0.25$，胶面滚筒的摩擦系数 $\mu=0.25\sim0.4$，为增大摩擦系数，采用在滚筒表面包胶或铸胶。

c. 胶带芯需有一定的初张力，才能将胶带压紧在滚筒上，这要求通过拉紧装置来满足。

4）联轴器。联轴器主要用来使两轴相连接，并能一起回转而传递扭矩和转速。电动机与减速器、减速器与传动滚筒之间的相互连接是靠联轴器来实现的。电动机与减速器的连接常采用尼龙柱销联轴器，它具有体积小、质量轻、结构简单、使用可靠等优点。当传递功率较大时，可选用粉末联轴器，较常采用的是 ZL 型弹性柱销齿轮联轴器。弹性柱销齿式联轴器具有一定补偿两轴相对偏移的性能，适用于中等和较大功率传动，不适用于对减振有一定要求和噪声需要严加控制的工作部位。ZL 型弹性柱销齿式的联轴器如图 8-21 所示。

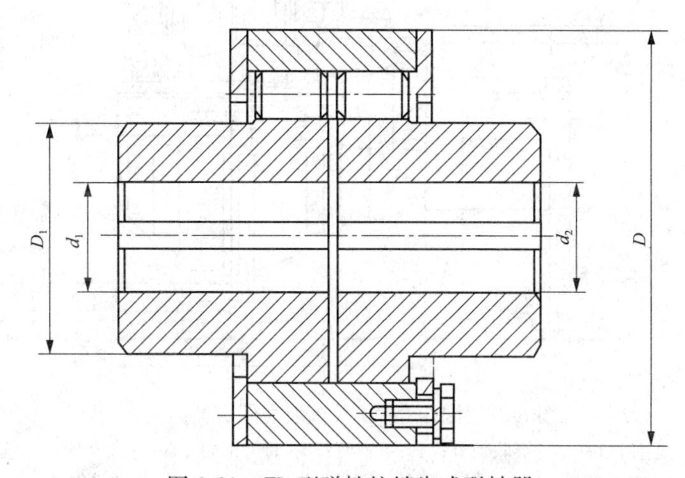


图 8-21　ZL 型弹性柱销齿式联轴器

弹性柱销齿式联轴器的结构：由非金属材料柱销、半联轴器、半联轴器外环、挡环构成。

弹性柱销齿式联轴器的工作原理：利用若干非金属材料制成的柱销，置于两半联轴器与外环内表面之间的对合孔中，通过柱销传递转矩实现两半联轴器连接。

弹性柱销齿式联轴器的特点：传递转矩大，在相同转矩时回转直径大多数比齿式联轴器小，体积小，质量轻，可部分代替齿式联轴器。与齿式联轴器相比，结构简单、组成零件较少、制造较方便、不用齿轮加工机床；维修方便、寿命较长，拆下挡板即可更换尼龙柱销。尼龙柱销为自润材料，不需润滑，不仅节省润滑油，而且净化工作环境，但减振动能差，噪声较大。

5）液力偶合器。液力偶合器由主动轴、泵轮、涡轮、从动轴和防止漏油的转动外壳等主要部件组成。泵轮和涡轮一般对称布置，几何尺寸相同，在轮内安装径向辐射叶片。

液力偶合器的结构：由泵轮、涡轮、工作介质等组成，具体如图 8-22 所示。

液力偶合器工作原理：电动机运行时带动液力偶合器的壳体和泵轮一同转动，泵轮叶片内的液压油在泵轮的带动下随之一同旋转，在离心力的作用下，液压油被甩向泵轮叶片外缘处，并在外缘处冲向涡轮叶片，使涡轮受到液压油的冲击力而旋转，冲向涡轮叶片的液压油沿涡轮叶片向内缘流动，返回到泵轮内缘，然后又被泵轮再次甩向外缘。液压油就这样从泵轮流向涡轮，又从涡轮返回到泵轮而形成循环的液流。液力偶合器中的循环液压油，在从泵轮叶片内缘流向外缘的过程中，泵轮对其做功，其速度和动能逐渐增大，而在从涡轮叶片外缘流向内缘的过程中，液压油对涡轮做功，其速度和动能逐渐减小。液压油循环流动的产生，使泵轮和涡轮之间存在着转速差，使两轮叶片外缘处产生压力差。液力偶合器工作时，电动机的动能通过泵轮传给液压油，液压油在循环流动的过程中又将动能传给涡轮输出。液压油在循环流动的过程中，除受泵轮和涡轮之间的作用力外，没有受到其他任何附加的外力。根据作用力与反作用力相等的原理，液压油作用在涡轮上的扭矩应等于泵轮作用在液压油上的扭矩。

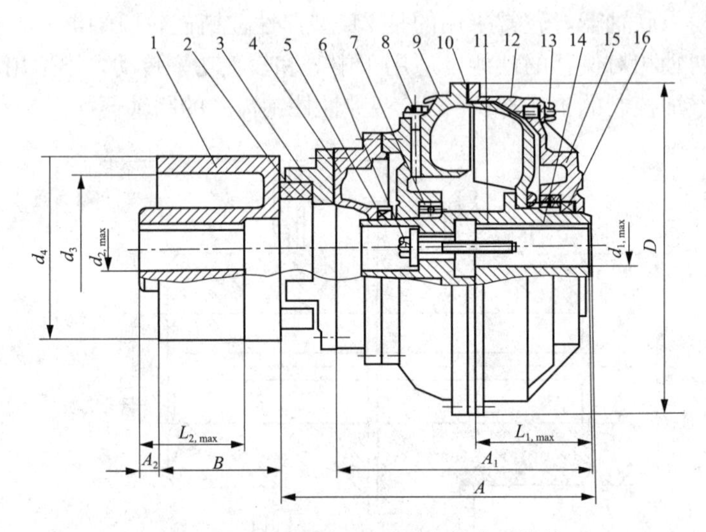


图 8-22 限矩型 YOXnz 液力偶合器结构

1—制动轮；2—梅花形弹性块；3—半联轴节；4—后辅腔；5—骨架油封；6—紧固螺栓；7—轴承；8—注油塞；9—泵轮；10—O 形密封圈；11—轴；12—涡轮；13—易熔塞；14—轴承；15—外壳；16—骨架油封

液力偶合器的作用为：

a. 隔离扭振。液力偶合器的扭矩是通过工作油来传递的，当主动轴有周期性波动时，不会通过液力偶合器传至从动轴上。

b. 过载保护。液力偶合器是柔性传动，当从动轴阻力扭矩突然增加时，液力偶合器可使主动滚筒减速甚至使其制动，此时电动机仍可继续运转而不致停车，保护电动机不被损坏。

c. 均衡多台电动机之间的负荷分配。在液力偶合器工作中，主、从动轴转速存在滑差，电动机转速稍有差异时，液力偶合器对扭矩的影响不太敏感，因而在带式输送机双驱动装置中，液力偶合器均衡它们之间的负荷分配。

d. 空载启动，离合方便。液力偶合器在流道充油时即接合传递扭矩，把油排空即自动脱离。因此，利用充、排油就可实现离合作用，且易于遥控。

e. 可实现无级变速。

f. 没有磨损，散热问题容易解决。泵轮和涡轮不直接接触，工作中没有磨损，使用寿命长。

g. 挠性连接。液力偶合器通过液体来传递扭矩，主、从动轴间可做成无机械联系的形式，它是一种挠性联合器，允许主、从动轴之间有较大的安装误差。

采用 YOXⅡ型或 YOXⅡZ 型（带制动轮）带式输送机专用液力偶合器，能显著改善启动性能，降低启动电流。

（2）电动滚筒驱动装置。电动滚筒就是将电动机、减速器（行星减速器）都装在滚筒内，壳体内的散热有风冷和油冷两种方式，所以根据冷却介质和冷却方式的不同可分为油冷式电动滚筒和风冷式电动滚筒。

油冷式电动滚筒壳内，带有环形散热片的电动机用左、右法兰轴支承，两个轴固定在支座上，电动机轴旋转带动一对外啮合轮和一对内啮合轮使滚筒旋转。滚筒内腔充有冷却润滑油液。当滚筒旋转时，油液可冲洗拉动机外壳并润滑齿轮和轴承。油冷式电动滚筒代号为 YD。

风冷式电动滚筒是电动机驱动风扇来冷却电动机和减速器，减速器有机油润滑，装置严密，灰尘不易侵入。风冷式电动滚筒代号为 FD。

（3）电动机和减速滚筒组成的驱动装置。它由电动机、联轴器和减速滚筒组成。所谓减速滚筒，就是把减速器装在传动滚筒内部，电动机置于传动滚筒外部。这种驱动装置有利于电动机的冷却、散热，也便于电动机的检修、维护。

**4. 拉紧装置**

输送机拉紧装置的作用是保证胶带具有足够的张力，使滚筒与胶带之间产生所需要的摩擦力，并限制胶带在各支承托辊间的垂度，使带式输送机能正常运行。

常用的拉紧装置有螺旋拉紧装置、重锤拉紧装置和液压拉紧装置。

（1）螺旋拉紧装置。采用螺旋拉紧装置时，输送带靠两根螺杆拉紧。转动螺杆时，张紧滚筒轴承座便产生一定的位移。螺旋拉紧装置的行程较短，同时又不能保证恒张力，一般适用于距离较短（小于 50m）、功率小的输送机，其拉紧行程一般可按机长的 1%选取，如图 8-23 所示。

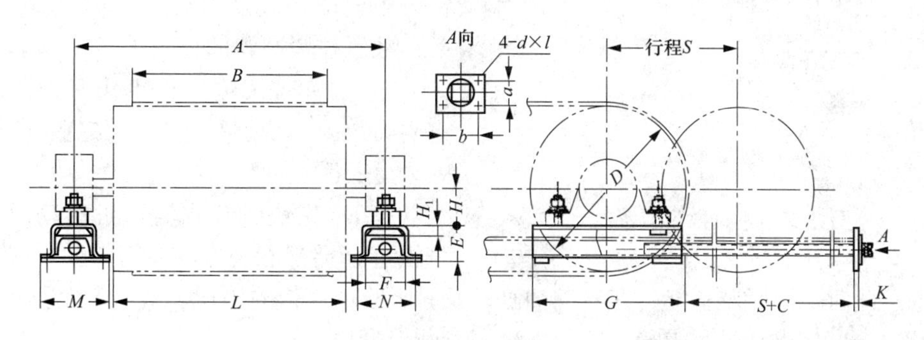


图 8-23　螺旋拉紧装置

（2）重锤拉紧装置。重锤拉紧装置能经常保持输送带的均匀张力，因为浮动的重块可根据运行情况自动调整。重锤拉紧装置又分为车式拉紧装置和垂直拉紧装置。

1）车式拉紧装置。车式拉紧装置中，张紧滚筒（即尾部滚筒）安装在小车上，重锤通过钢丝绳和导向滚轮拽拉小车沿输送机纵向移动，如图 8-24 所示。

a. 车式拉紧装置特点：把带式输送机尾部的拉紧滚筒安装在小车上，小车设置在沿水平或下倾导轨上移动，小车通过钢丝绳和导向滑轮系统以重锤曳拉，输送机沿纵向移动，适用于功率较大、长度大于 300m 的输送机。

b. 车式拉紧装置的优点：它是利用重锤的质量产生张力，能经常随时起作用自动进行调整，保证带条在各种运行状态下有恒定的张紧力，可自动补偿由于温度改变、磨损而引起

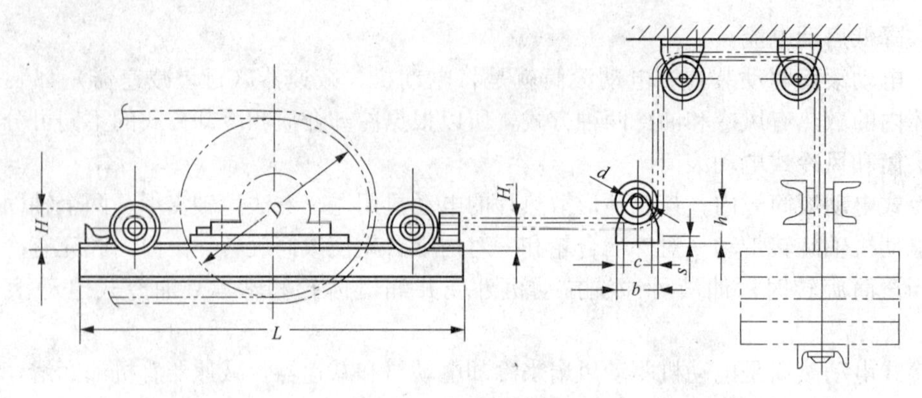


图 8-24　车式拉紧装置

的牵引结构伸长的变化。

c. 车式拉紧装置的缺点：重锤距离驱动装置较远，对传动滚筒绕出端的张紧作用较慢。

d. 车式拉紧装置的适用范围：车式拉紧装置适用于输送机较长的，拉紧行程不受限制，功率较大的情况，结构简单可靠，同时也能自动保持预紧力。

2）垂直拉紧装置。垂直拉紧装置由两个改向滚筒和一个张紧滚筒组成，可安装在输送机回空胶带的任何位置，张紧滚筒及活动框架一起沿垂直导轨移动，如图 8-25 所示。这种拉紧装置有较大的拉紧行程，一般用在较长的带式输送机上。

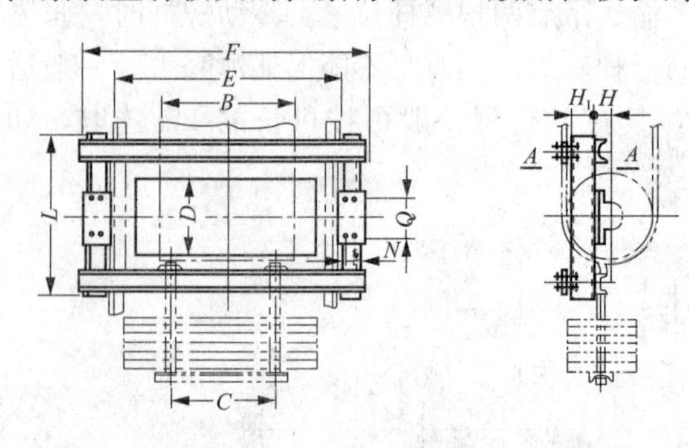


图 8-25　垂直拉紧装置

(3) 液压拉紧装置。其适用于长距离带式输送机的张紧，主要由拉紧油缸、液压泵站、蓄能站、电气控制开关和拉紧附件五大部分组成。

液压拉紧装置的特点是：

1）改善带式输送机工作时输送带的动态受力效果，特别是输送带受到突变载荷时效果尤其明显。

2）响应快。带式输送机启动时，输送带松边会突然松弛伸长，引起“打带”、冲击等现象。此时，拉紧装置能迅速收缩油缸，及时吸收输送带的伸长，从而大大缓和了输送带的载荷冲击，使启动过程平稳，避免发生撕、断带事故。

3）具有断带时自动提供断带信号的保护功能。

4）结构紧凑、占地面积小、便于安装使用。

5）可与集控系统连接，实现整个系统的集中控制。

**5. 制动装置**

带负荷倾斜输送的带式输送机，当倾斜角超过一定数值时，若电动机断电则会发生输送带逆向转动，使煤堆积外洒，甚至会引起输送带断裂或机械损坏。发生逆向转动的极限倾角称为极限平衡角，极限平衡角一般为 4°～6°。为防止重载停机时发生事故，一般都要设置制动装置。

输煤系统常用的制动装置有带式逆止器、滚柱逆止器、液压电磁制动器等。

滚柱逆止器结构紧凑、倒转距离小、物料外洒量小、制动力矩大。滚柱逆止器装在减速器低速轴的另一端，一般与带式逆止器配合使用，其结构如图 8-26 所示。

滚柱逆止器的星轮为主动轮与减速器连接。当其顺时针回转时，滚柱在摩擦力的作用下使弹簧压缩而随星轮转动，此时为正常工作状态。当胶带倒转即星轮逆时针回转时，滚柱在弹簧压力和摩擦力作用下滚向空隙的收缩部分，楔紧在星轮和外套之间，这样就产生了逆止作用。

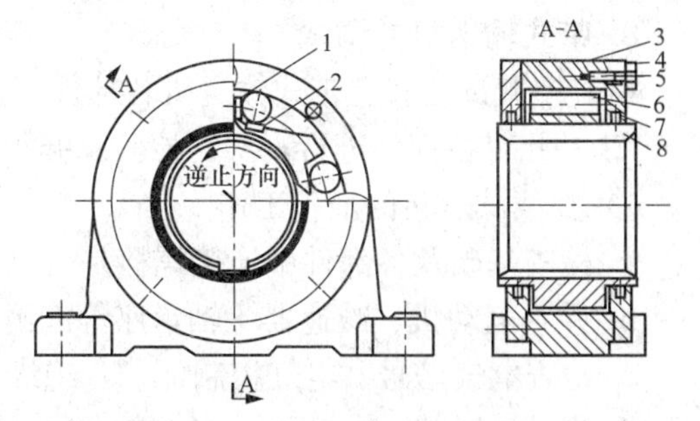


图 8-26　滚柱逆止器结构

1—压簧装置；2—镶块；3—外套；4—挡圈；5—螺栓；6—滚柱；7—毡圈；8—星轮

**6. 清扫装置**

皮带运输机在运行过程中，细小煤粒往往会黏结在胶带上。黏结在胶带工作面上的小颗粒煤，通过胶带传给下托辊和改向滚筒，在滚筒上形成一层牢固的煤层，使得滚筒的外形发生改变。胶带上的煤洒落到回空的胶带上而黏结于张紧滚筒表面，甚至在传动滚筒上也会发生黏结。这些现象将引起胶带偏斜，影响张力分布的均匀，导致胶带跑偏和损坏。同时由于胶带沿托辊的滑动性能变差，运动阻力增大，驱动装置的能耗也相应增加，因此在皮带运输机上安装清扫装置是十分必要的。

弹簧清扫器是利用弹簧压紧刮煤板把胶带上的煤刮下的一种装置。刮板的工作件是用胶带或工业橡胶板做的一个板条，通常与胶带一样宽，用扁钢或钢板夹紧，通过弹簧压紧在胶带工作面上。

空段清扫器装于尾部滚筒前，用以清扫胶带非工作面上的黏煤。

以花纹带做输送带的带式输送机，其清扫装置一般采用转刷式清扫器。此清扫器由电动机、皮带轮、尼龙转刷和一个框架组成。转刷式清扫器装在卸料滚筒下部，转刷应与输送带表面压紧，其压紧行程通过调节板调节，转刷旋转方向与下输送带的运动方向相反。

**7. 其他装置**

（1）改向滚筒。改向滚筒的作用是改变胶带的缠绕方向，使胶带形成封闭的环形。改向滚筒可作为输送机的尾部滚筒，组成拉紧装置的拉紧滚筒并使胶带产生不同角度的改向。

改向滚筒有铸铁制成和钢板制成两种。因橡胶具有弹性，可清除滚筒上的积煤，改向滚筒也有包胶和不包胶两种。

（2）落煤装置。带式输送机的落煤装置由落煤管和导料槽组成，落煤装置的结构应保证落煤与胶带运行方向的一致，并均匀地导入胶带，从而防止胶带跑偏和由于煤块冲击而引起的胶带损坏。

落煤管的外形尺寸和角度应有利于各种煤的顺利通过。一般落煤管倾斜角（落煤管中心线与水平线的夹角）应在 55°～60°之间。同时，落煤管应具有足够大的通流面积，以保证煤输送的畅通。

为了延长落煤管的使用寿命，落煤管工作面可用厚钢板或衬厚钢板、铸铁板、橡胶等耐磨材料制成。

导料槽的作用是使落煤管中落下的煤不致洒落，并能使煤迅速地在胶带中心上堆积成稳定的形状，因此导料槽要有足够的高度和断面，并能便于组装和拆卸。

（3）机架。带式输送机的机架一般是用型钢（如槽钢、角钢等）根据布置方式焊接或铆接而成。

**8. 带式输送机的调试**

（1）空载试运转。带式输送机各部件安装完毕后，首先进行空载试运转，运转时间不得小于2h，并对各部件进行观察、检验及调整，为负载试运转做好准备。

1）空载试运转的准备工作。

a. 检查基础及各部件中连接螺栓是否已紧固，工地焊接的焊缝有无漏焊等。

b. 检查电动机、减速器、轴承座等润滑部位是否按规定加入足够量的润滑油。

c. 检查电气信号、电气控制保护、绝缘等是否符合电气说明书的要求。

d. 启动电动机，确认电动机转动方向。对电动机前装有耦合器的驱动单元，可让耦合器暂不充油，不带耦合器的驱动单元可先拆开高速联轴器。

2）空载试运转中的观察内容及设备调整。试运转过程中，要仔细观察设备各部分的运转情况，发现问题及时调整。

a. 观察各运转部件有无相蹭现象，特别是与输送带相蹭的要及时处理，防止损伤输送带。

b. 检查输送带有无跑偏现象，如果跑偏量超过带宽的5%应进行调整（方法与负载试运转中调偏方法相同）。

c. 检查设备各部分有无异常声音和异常振动。

d. 检查减速机、液力偶合器及其他润滑部位有无漏油现象。

e. 检查润滑油、轴承等处温升情况是否正常。

f. 检查制动器、各种限位开关、保护装置等的动作是否灵敏可靠。

g. 检查清扫器刮板与输送带的接触情况。

h. 检查拉紧装置运行是否良好，有无卡死等现象。

i. 检查基础及各部件连接螺栓有无松动。

（2）负载试运转。设备通过空载试运转并进行必要的调整后进行负载试运转，目的在于检测有关技术参数是否达到设计要求，对设备存在的问题进行调整。

1）加载方式。加载量应从小到大逐渐增加，先按20%的额定负荷加载，通过后再按50%、80%、100%额定负荷进行试运转，在各种负荷下试运转的连续运行时间不得少于2h。

另外，应根据系统工艺流程要求决定是否进行110%～125%额定负荷下的满载启动和试运转试验。

2）试运转中可能出现的故障及排除方法。

a. 检查驱动单元有无异常声音，电动机、减速器轴承及润滑油、液力偶合器等处的温升是否符合要求。

b. 检查滚筒、托辊等旋转部件有无异常声音，滚筒轴承温升是否正确，如有不转动的托辊应及时调整或更换。

c. 观察物料是否位于输送带中心，如有落料不正和偏向一侧现象，可调整漏斗中可调挡板的位置来解决。

d. 观察启动时输送带与传动滚筒间是否打滑，如有打滑现象，可逐渐增大拉紧装置的拉紧力，直到不打滑为准。

e. 在负载试运转中，经常出现输送带跑偏现象，如果跑偏量超过带宽的5%，则应进行调整。调整方法为：①首先检查物料在输送带上对中情况，并做调整；②根据输送带跑偏位置，调整上、下分支托辊和头尾滚筒的安装位置，通常调偏效果较好；③如果输送带张力较小，适当增加拉紧力对防止跑偏有一定作用。

上述方法无效时，应检查输送带及接头中心线直线度是否符合要求，必要时应重新接头。

f. 检查各种清扫器的清扫效果振动是否过大等。

g. 仔细观察输送带有无划痕，并找出原因，防止昂贵的输送带造成意外损伤。

h. 对各种保护装置进行试验，保证其动作灵活可靠。

i. 测量带速、运量、启动、制动时间等技术参数是否符合设计要求。

j. 测量额定载荷下稳定运行时电动机工作电流值，对多电动机驱动时，可用工作电流值判断各电动机功率均衡情况，如相差较大可用调节液力偶合器充油量的方法进行调整和平衡。

k. 对各连接部位进行检查，如有螺栓松动应及时紧固。

3）输送机的运行与维护。

a. 带式输送机的启动与停止。带式输送机的运行有正常的启动、运行、停机和事故停机、带负荷启动等情况。正常情况下，带式输送机应处于空载状态，一旦锅炉需要煤时立即空载启动。当锅炉房煤斗满煤需停机时，一定要把胶带上的煤全部运完才允许停车。待下次启动时，仍为空载正常启动。

当输煤系统任何部分发生故障时，必须紧急事故停机，以免事故扩大。事故停机时带式输送机上往往是充满煤的，此时输送机再启动就需带负荷，因而需要较大的转矩。有时由于输送带上充满了煤，而造成不能启动、电动机过载冒烟甚至被烧毁等严重情况。这就需要选用较大的电动机，但这显然是不经济的，所以一般情况下不允许重载启动。

目前，多数电厂根据正常运行条件来选用带式输送机的电动机，为适应带负荷启动的工况，近年来设计的电厂一般是按照正常运行条件选择，而以带负荷启动工况进行校核，经过分析比较最后选定电动机。必须指出，为避免胶带和电动机经常过载而影响使用寿命，带式输送机应避免经常带负荷启动，正常情况下必须把全部煤卸尽再停车。

b. 带式输送机的联锁。运煤系统中的各台设备都按照一定的运行要求顺序启停，互相制约，以保证安全运行。带式输送机就是参加这样联锁运行的主要设备。一般设备启动时，按来煤流程顺序的相反方向逐一启动。而停机时，则按来煤流程顺序的相同方向逐一停止。运煤系统中碎煤设备一般不加入联锁，启动时，总是首先启动筛碎设备，然后再按顺序启动其他设备；而停机时，筛碎设备最后停止。

当系统中参与联锁运行的设备中某一设备发生故障停机时，则该设备以前的各设备按照联锁顺序自动停运，以后的设备继续运转，从而避免或减轻了系统中积煤和事故扩大的可能性。

c. 胶带的运行维护。胶带是带式输送机的主要组成部件，为了延长胶带的使用寿命，保证输送机安全可靠的运行，必须加强胶带的维护，杜绝胶带损伤的不利因素。

在胶带运行维护时，需及时做好胶带的清扫工作。在运行中由于煤的水分和黏性，胶带工作面经常黏煤和向非工作面掉煤。如果不及时清除，积煤黏在滚筒上，被胶带压实而“起包”，会导致胶带帆布与橡胶剥离而损坏，缩短胶带的运行寿命。为此在输送机的头部及尾部都装有清扫器，可有效地清扫胶带两面的积煤。所以，运行人员应经常检查清扫器的工作情况。

胶带跑偏会使胶带特别是侧边缘磨损严重，磨损处易受其他物质的侵蚀而扩大损伤。对此，加装调整托辊自动校正胶带的偏斜，运行人员应经常注意胶带有无跑偏问题，并观察调整托辊的转动情况。

胶带纵向断裂是由于物料中的坚硬异物被卡在导料槽处或尾部滚筒及胶带之间，胶带以一定的速度运行时将胶带划裂。为此，电厂都采用增加除铁器、木块分离器来除掉异物，并加大落煤管截面来防止坚硬对象的卡塞等措施。

胶带经常受到物料的冲击，也会使胶带局部损伤和缩短使用寿命，一般在受冲击处加装多组缓冲托辊，以减少物料的冲击力，所以对缓冲托辊的工作可靠性要注意检查。

为了减少由于腐蚀而损坏胶带，一般对装有犁煤器等设备的胶带选用较厚的覆盖胶层。运行时应检查犁煤器等设备对胶带的磨损情况，提早发现、及时处理。

采取上述保护措施，并加强检查监视后，可延长胶带寿命、减少维修工作量、节省材料和保证设备的安全。

（3）带式输送机常见的故障及处理见表 8-2。

**表 8-2　　带式输送机常见的故障及处理**

| 序号 | 故障 | 原因 | 处理方法 |
|---|---|---|---|
| 1 | 电动机启动时嗡嗡响，达不到额定转速或不转动 | （1）皮带带负荷启动或负荷过大<br>（2）轴承损坏或电动机转动部分被卡住<br>（3）拉紧装置故障或冬季冻住改向滚筒<br>（4）电动机两相运行<br>（5）电压达不到额定值 | （1）减小负荷，避免带负荷启动<br>（2）立即停机，检修处理<br>（3）清理积煤冻块，保持改向滚筒清洁<br>（4）通知检修人员处理<br>（5）通知电气人员检查处理 |
| 2 | 电动机发生异常振动、响声或出现过热现象 | （1）负荷过大<br>（2）电压低，动静之间有摩擦<br>（3）轴承故障<br>（4）电动机冷却风扇有故障<br>（5）地脚螺丝松动 | （1）减小负荷<br>（2）立即停机，汇报班长，通知检修处理<br>（3）汇报班长，停机处理<br>（4）检查风扇叶片，消除故障<br>（5）通知检修，紧固螺丝 |
| 3 | 减速机出现异常振动、响声或出现过热现象 | （1）地脚螺丝松动<br>（2）轴承损坏<br>（3）齿轮啮合不好或齿轮严重损坏、掉齿<br>（4）靠背轮中心不正<br>（5）缺油或润滑油变质 | （1）紧固螺丝<br>（2）检修更换轴承<br>（3）检修或更换齿轮<br>（4）找正靠背轮中心<br>（5）加油或更换合格油 |
| 4 | 各滚筒不转或各轴承发热 | （1）滚筒被杂物卡住<br>（2）轴承损坏<br>（3）缺油或润滑油变质<br>（4）滚筒被煤挤住或冻住 | （1）停机清理杂物<br>（2）检修更换轴承<br>（3）检修或更换合格油<br>（4）停机清理滚筒黏煤 |
| 5 | 皮带跑偏 | （1）导料槽挡煤皮子跑出<br>（2）落煤点不正<br>（3）物料偏载，导料槽偏移<br>（4）各滚筒黏煤或胶带接头不正<br>（5）拉紧滚筒倾斜或螺旋拉紧松动<br>（6）滚筒或托辊架安装不正<br>（7）落煤管或支架与皮带间卡有杂物 | （1）通知检修人员处理<br>（2）调整落煤点<br>（3）改进导料槽<br>（4）清理黏煤，处理接头<br>（5）通知检修人员调整滚筒倾斜<br>（6）调整滚筒或托辊架<br>（7）停机清理杂物 |
| 6 | 皮带打滑 | （1）煤量过大<br>（2）皮带非工作面有水<br>（3）拉紧重锤量过轻或机构卡涩<br>（4）主滚筒包胶磨损严重脱胶，摩擦力小 | （1）汇报班长，减上煤量<br>（2）向主滚筒上撒干煤或木屑，严重时停机<br>（3）校对计算调整重锤质量，检修拉紧机构<br>（4）通知检修更换主滚筒 |

续表

| 序号 | 故障 | 原因 | 处理方法 |
|---|---|---|---|
| 7 | 皮带划破及撕裂 | （1）皮带严重跑偏<br>（2）被锐利金属刺穿、划破<br>（3）皮带与滚筒之间、落煤管内卡有异物<br>（4）皮带接头脱开，犁煤器、清扫器有尖锐的毛刺<br>（5）导料槽处卡住异物<br>（6）托辊脱落，支架划破皮带 | 立即停机，汇报班长，清除异杂物，通知检修人员处理 |
| 8 | 皮带拉断 | （1）皮带接头质量不良<br>（2）过负荷运行或带负荷启动<br>（3）落煤管堵塞、压死，致使皮带拉断<br>（4）胶带打滑 | 汇报班长，清查余煤，联系检修人员处理 |
| 9 | 落煤管堵塞 | （1）煤的水分过大，黏度大<br>（2）落煤管有大块异物卡住或积煤过多<br>（3）前方皮带打滑或皮带速度变慢<br>（4）皮带超负荷运行<br>（5）皮带事故联锁停机失效<br>（6）上一级皮带导料槽皮子过宽，出力降低，挡板位置不对 | 立即开振打器消堵，严重时紧急停机，汇报班长；清理落煤管，降低负荷运行，对于设备上的问题，通知检修人员处理 |

（4）胶带的跑偏原因及处理见表 8-3。

**表 8-3　　胶带的跑偏原因及处理**

| 跑偏现象 | 产生原因 | 处理方法 |
|---|---|---|
| 胶带从某点开始局部跑偏 | 托辊组中心不正或胶带中心线不垂直 | 调整托辊位置 |
| | 托辊不转、辊面不圆或轴承损坏 | 检修或更换托辊 |
| | 由于黏附物使辊面凹凸不平 | 清理或更换托辊 |
| 整条胶带向一侧跑偏 | 滚筒中心线同带式输送机中心线不成直角，造成胶带跑偏（跑松不跑紧） | 调整滚筒，若因为拉紧装置松紧不一致，则应调整拉紧装置 |
| | 滚筒不水平，安装误差过大或制造外径不一致造成胶带向滚筒直径较大的一边跑偏（跑大不跑小） | 滚筒加工问题应修复或更换滚筒 |
| | 物料黏附在滚筒表面上使滚筒发生不规则变化 | 清理滚筒表面，并防止物料落入 |
| | 机架不正或左右摆偏 | 矫正或加固机架 |
| 整条胶带向一侧跑偏，最大跑偏在接头处 | 接头不正 | 将胶带接头割断，重新接头 |
| 无载时不跑偏，有载时跑偏 | 给料落点不正，造成胶带左右偏斜，负载不均造成块度和重度不均 | 调整落煤管，安装活动可调挡板或安装调整托辊 |
| 胶带破损部分跑偏 | 胶带边部磨损，水分浸入使带芯发生弯曲，引起两边摩擦阻力不一而造成跑偏 | 将破损边角进行修补，破损严重的进行更换 |
| 原先旧胶带不跑偏，更换新胶带后跑偏 | 新胶接带头不正或本体弯曲不直，胶带太厚，成槽性差 | 重新接头将胶带负荷对称静置一段时间或使用一段时间 |
| 胶带无载时发生空车跑偏，而加上物料就能纠正 | 胶带初张力太大 | 适当调整即可 |

## 8.3 斗 轮 堆 取 料 机

### 8.3.1 概述

斗轮堆取料机是连续输送机的一种。应用它可将物料在一定的输送路线上，从装载地点到卸载地点以恒定的或变化的速度进行输送。应用斗轮堆取料机可形成连续的物流或脉动的物流。斗轮堆取料机（又叫堆料机或取料机）是一种新型高效率连续装卸机械，主要用于散货专业码头、钢铁厂、大型火力发电厂和矿山等的散料堆场装卸铁矿石（砂）、煤炭、砂子等。尤其是大、中型火力发电厂在储煤场完成燃料煤的堆取作业方面，由于其作业效率高，故得到广泛应用。此外，我国大陆的上海、宁波、广州、秦皇岛、青岛、日照、南京等港口均已拥有这种机械。

### 8.3.2 斗轮堆取料机的分类和工作原理

**1. 斗轮堆取料机的分类**

（1）按其功能、用途可分为以下几种：

1）堆料机：专门用于堆料作业。

2）取料机：专门用于取料作业。

3）堆取料机：用于堆料作业和取料作业。

4）混匀堆料机：用于均化堆料。

5）混匀取料机：用于均化取料。

（2）按结构形式可分为以下几种：

1）臂式斗轮堆取料机：具有悬臂、俯仰、回转、行走功能，主要用于条形料场。

2）门式斗轮堆取料机："大跨度双梁"结构，主要用于矩形料场。

3）桥式斗轮堆取料机：属于"大跨度单梁结构"。

4）圆形料场斗轮堆取料机：分为桥式和悬臂式两种类型。

5）刮板式取料机：分为桥式和人字式两种类型。

（3）按尾车功能可分为以下几种：

1）固定单尾车：可完成堆料、取料作业。

2）活动单尾车：可完成堆料、取料、直通或折返取料作业，提高回转角度范围。

3）固定双尾车：可完成堆料、取料、自通作业。

4）活动双尾车：可完成堆料、取料、直通或折返取料作业。

5）伸缩升降双尾车：可完成堆料、取料、直通作业，能够提高回转角度范围，降低落差。

（4）按理论生产能力可分为以下几种：

1）小型：生产率在 630$m^3/h$ 以下。

2）中型：生产率为 630～2500$m^3/h$。

3）大型：生产率为 2500～5000$m^3/h$。

4）特大型：生产率为 5000～10 000$m^3/h$。

5）巨型：生产率在 10 000$m^3/h$ 以上。

（5）按运行装置的形式，可分为履带式、轮胎式和轨道式等。我国目前生产的斗轮堆取料机大多为轨道式。

（6）按斗轮臂架的平衡方式，可分为以下几种：

1）活配重式：如DQ3025型斗轮堆取料机是采用活配重形式，该机的斗轮臂架利用钢丝绳吊挂于带配重的平衡梁上。

2）死配重式：如KL-1型斗轮堆取料机采用的是死配重。

3）整体平衡式：如DQ5030型和DQ8030型斗轮堆取料机就是采用整体平衡式，如图8-27所示。

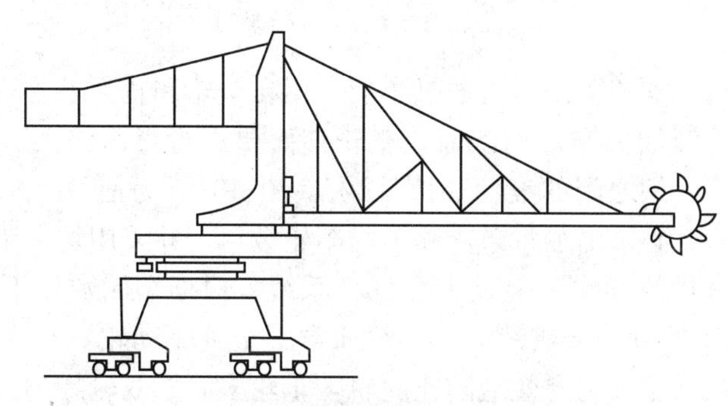

图8-27　整体平衡式斗轮臂架

**2. 斗轮堆取料机工作原理**

斗轮机构安装于悬臂皮带机的前端，与悬臂皮带机一同升降，以适应挖取不同高度的煤。电动机驱动斗轮旋转时，当铲斗旋转至下部时，铲斗将煤铲入斗子中，斗轮继续旋转至最高时，靠煤的自重落下来，由圆弧挡煤板将煤引至受料槽，由悬臂皮带机将煤运至中心落煤管。落煤管下部是与地面皮带同用一条胶带尾车的一条皮带机，煤由中心落煤管落至尾车皮带机上，经地面皮带通过头部伸缩装置运至输煤系统中，斗轮机即完成了取料过程。当煤仓不需上煤，可把厂外来煤通过前端系统运至煤场皮带，再通过斗轮机堆料。需堆料时，地面胶带输送机反向旋转，煤通过尾车其中一条皮带机落入另一条尾车胶带机上，尾车胶带机将煤运至悬臂胶带机上部，反向旋转的悬臂胶带机将煤运至斗轮部位，煤通过胶带机头部落至煤场上部，即完成堆料过程，此过程中斗轮不需旋转。

### 8.3.3　斗轮堆取料机的基本结构

**1. 行走机构**

行走机构的主要作用是用来支承和移动堆取料机，按行走机构的结构特点来分分为有轨行走和无轨行走。行走机构主要由支承装置和驱动装置两部分组成。如图8-28所示。此外，行走机构中还包括多种安全防护装置，如行走限位、缓冲器、夹轨器、锚固器等。

（1）支承装置。支承装置包括钢轨、行走车轮和均衡梁车架。钢轨一般采用P50铁路钢轨或港口专用钢轨，如煤系统和10万t矿系统采用P50铁路钢轨。通常人们不是很重视轨道和基础，往往会忽视对一些问题的处理，从而导致机械金属结构产生变形、裂纹或造成部件松动。若变形发生在机构装配部位，就可能使整个机械报废。因此，应加强对轨道的日常巡查，并每年进行一次调整维护。

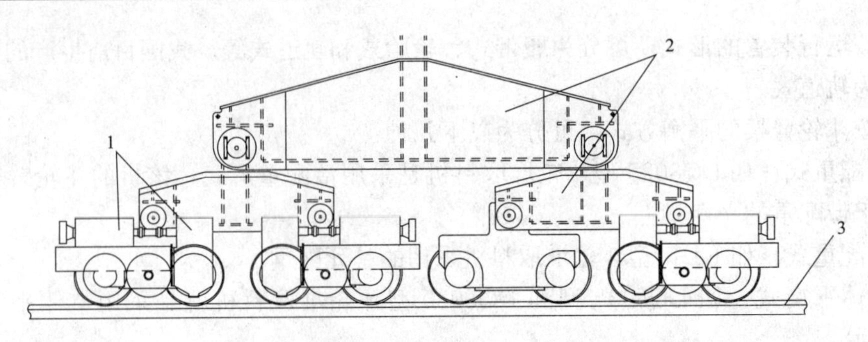


图 8-28　行走机构

1、2—驱动装置；3—行走轨道

堆取料机作用在每条支腿上的压力通过车架作用在车轮和轨道上。轨道和车轮都由钢制成，为了提高车轮的承载能力和使用寿命，车轮踏面要进行表面淬火、淬硬，故承载能力大，滚动运行阻力较小（钢之间的滚动摩擦系数 $f=0.15$）。为使每个车轮的轮压不超过轨道及基础所容许的压力，必须增加每条支腿下的车轮数目，并采用均衡梁和台车，使载荷均匀地作用于每个车轮。均衡梁实际上是一个杠杆系统，根据车轮数目不同可采用不同的形式，如图 8-29 所示。车轮可铸造或锻造，车轮通常不全是驱动轮，与驱动机构直接相连的叫主动轮，其余的叫从动轮。为有效地防止脱轨，车轮多制成双轮缘的。

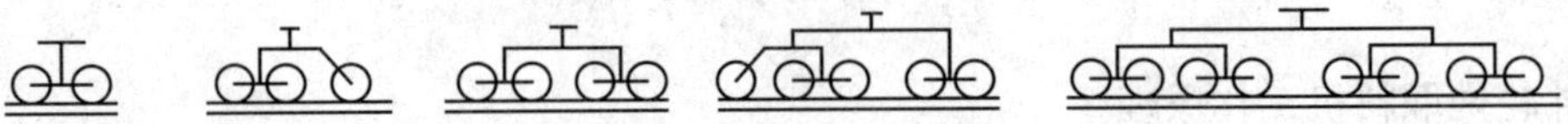

图 8-29　均衡车架示意

（2）驱动装置。行走机构的驱动装置采用电力驱动，驱动形式有集中驱动和分别驱动两种。集中驱动是由一台电动机通过传动装置驱动所有的主动轮。一般适用于各驱动车轮之间的距离较短，电动机能靠近所驱动的各个车轮的情况。由于堆取料机属于大型机构设备，不宜采用此种方式，故采用分别驱动。分别驱动就是由几台电动机分别驱动，每台电动机驱动一只主动轮或一条支腿下的两只主动轮，它结构简单，布置方便，分别驱动要求两侧同步。

行走机构的驱动部分包括制动器、电动机、联轴节、减速机，最后驱动车轮转动。堆取料机行走机构采用形式如图 8-30 所示。

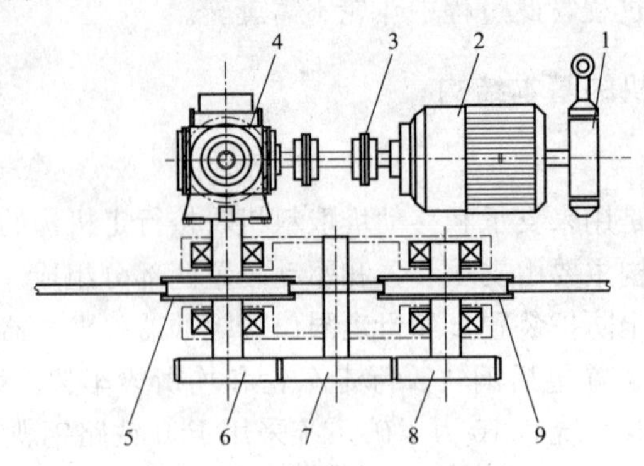


图 8-30　行走驱动机构示意

1—制动器；2—电动机；3—联轴节；4—减速机；5、9—主动轮；6、8—开式齿轮；7—惰轮电动机 2 通过齿轮联轴节 3 驱动齿轮减速机 4，减速机经过键连接或收缩盘，直接驱动主动轮 5，主动轮的另一侧带动开式齿轮 6，经过惰轮 7，带动另一开式齿轮 8 驱动另一主动轮 9 转动。它的优点是传动效率较高、结构紧凑。

(3) 安全防护装置。由于机械露天作业，为防止被风吹动，设有夹轨器，其抗风能力为 20m/s，堆取料机的锚固器，用于防止暴风时汽轮机滑移，其抗风能力为 55m/s，还设有行走终点减速和终点停止限位开关及轨道终端有止挡器，以保护汽轮机。

图 8-31 是煤系堆取料机夹轨器示意，它是一种重锤式夹轨器。堆取料机要正常行走工作时，动力缸 5 得电动作，将重锤 4 提起，夹钳 2 在弹簧拉力作用下与轨道 3 松开，不发生作用。当堆取料机行走停止后，动力缸停止工作，重锤由于自重作用力下落，克服弹簧拉力，使钳口夹紧轨道，防止机械滑移。

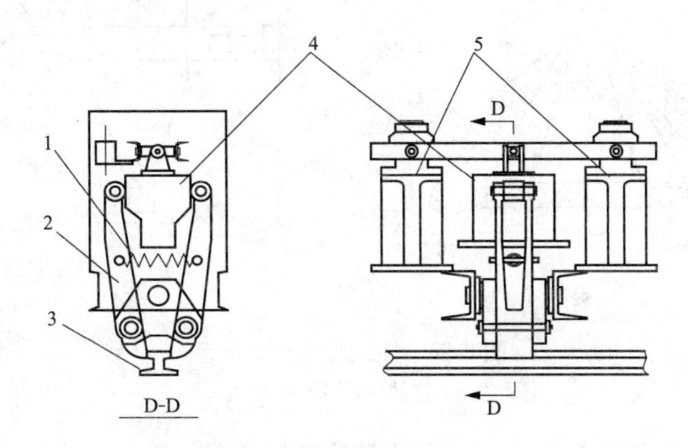


图 8-31　夹轨器结构示意

1—弹簧；2—夹钳；3—轨道；4—重锤；5—动力缸

锚固器结构如图 8-32 所示，沿轨道设有若干个锚定座（锚固坑），堆取料机不工作时，将电机停在锚定位置，锚固板插入锚固坑，槽内可起到固定作用。

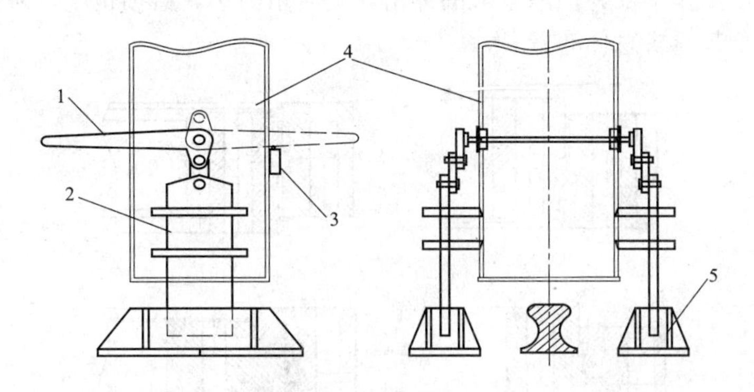


图 8-32　锚固器结构

1—转动臂；2—锚固板；3—限位开关；4—行走门架；5—锚固坑

**2. 旋转机构**

旋转机构的作用是使臂架围绕着旋转中心转动，旋转机构和俯仰机构与行走机构配合，在工作范围内进行堆料或取料，满足装卸作业的要求。

用旋转机构来完成水平运动的优点是不需要庞大的轨道及其支承结构，运动阻力较小，缺点是结构较复杂，移动范围较有限。

旋转机构一般由旋转支承装置和旋转驱动装置两大部分组成。旋转支承装置用来将堆取料机的旋转部分支持在固定的行走门架等部分上，它承受着取料机各种载荷所引起的垂直力、水平力与倾覆力矩。旋转驱动装置用来驱动堆取料机旋转部分，使其相对于固定部分旋转。

（1）旋转支承装置。旋转支承装置一般分为柱式旋转支承装置和转盘式旋转支承装置两大类。柱式旋转支承装置又分为定柱式旋转支承装置和转柱式旋转支承装置（如图 8-33 所示），其主要优点是承受倾覆力矩的能力较好。

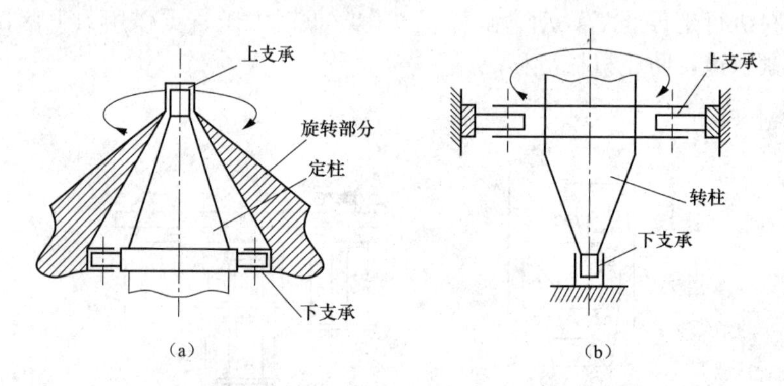


图 8-33　柱式旋转支承示意
(a) 定柱式；(b) 转柱式

转盘式旋转支承装置又为轮式、滚子式和滚动轴承式，滚动轴承式旋转支承装置根据滚动体的形状不同，分为滚珠式与滚子式；根据滚动体的列数分为单列、双列与三列式，如图 8-34 所示。

滚动轴承式旋转支承装置主要优点是结构紧凑，装配与维护简单，密封及润滑条件良好；轴向间隙小，工作平稳，消除了大的冲击，旋转阻力小，磨损也小，寿命长。轴承中央可作为通道，便于起重机总体布置。

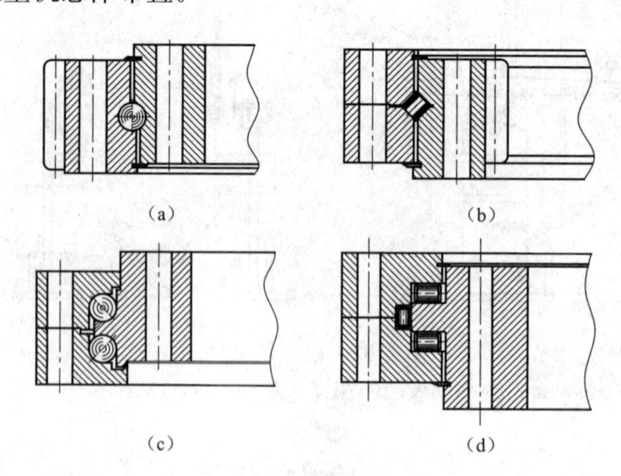


图 8-34　滚动轴承式示意
(a) 单列滚珠式；(b) 单列滚子式；(c) 双列滚珠式；(d) 三列滚子式

煤系统堆取料机旋转支承装置如图 8-34（c）所示。为了驱动堆取料机旋转部分，并能满足安全地正翻转和平稳地制动、停止等各种要求，作为旋转装置，除驱动电动机外，还需要有传动装置、旋转驱动元件、制动及过载保护、旋转行程限位装置等。

（2）旋转驱动装置。旋转驱动装置结构形式很多，但堆取料机通常采用的是行星齿轮作为旋转驱动元件，也就是在旋转驱动装置的下面设有一个大针齿圈，大针齿圈与堆取料固定部分相连，当电动机经减速传动装置驱动行星齿轮转动时，与大针齿圈啮合的行星齿轮就绕大针齿圈做行星运动，实现旋转运动。行星齿轮与大针齿圈可设计为外啮合式或内啮合式，堆取料机一般采用双驱动外啮合式。回转大针齿圈及开式齿轮通常采用人工定期涂润滑脂实现润滑，回转大针齿圈也有采用自动润滑的。为防水防尘，有的还在行星齿轮与大针齿圈外设防尘罩。

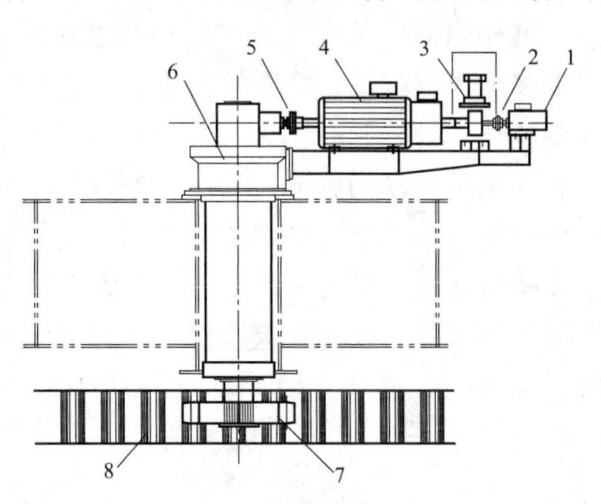

图 8-35 旋转驱动装置

1—测速发电机；2—联轴节；3—制动器；
4—卧式电动机；5—极限力矩联轴节；
6—行星轮减速机；7—行星齿轮；8—针齿圈

堆取料机旋转驱动装置如图 8-35 所示。因为堆取料机旋转部分对调速要求较高，一般采用调速性能较好的直流调速和交流变频调速。卧式电动机 4 通过极限力矩联轴节 5 直接驱动行星轮减速器 6 带动行星齿轮 7，绕针齿圈 8 旋转。极限力矩联轴节是用来预防因旋转阻力矩的急剧增加（如过猛的启制动及臂架碰到障碍物等）时，电动机、传动装置或旋转驱动元件，甚至臂架可能因过载而损坏。当旋转机构所受到的阻力矩超过了极限力矩联轴节所规定的极限力矩时，两摩擦面间就发生打滑现象，因而对所传递的力矩加以限制，起到安全保护作用，极限力矩的大小可由螺母和压紧弹簧调节。这种驱动装置由于采用星形减速，其传动比大，结构紧凑。测速发电机 1 用于检测旋转电动机转速，实现闭环控制，稳定转速。

**3. 臂架俯仰机构**

（1）臂架俯仰机构的基本原理。臂架俯仰机构主要用于调节堆料、取料时臂架的高度，配合其他机构满足生产要求。它是斗轮堆取料机不可缺少的部分，是最基本、最重要的机构，其工作性能的优劣将直接影响堆取料机的技术性能。对于堆取料机这种大型设备，臂架自重平衡多采用移动重心式，如图 8-36 所示。移动重心平衡原理是利用杠杆系统或拉索使臂架与配重的合成重心沿近似水平线移动，即应用平衡配重的上升或下降来抵偿臂架重心的下降或上升。

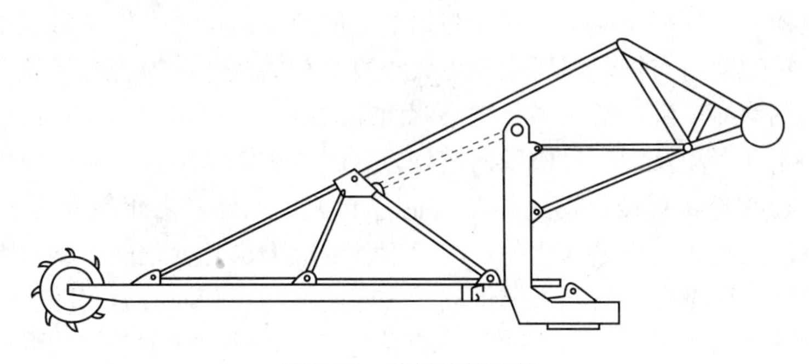
图 8-36 臂架俯仰机构

（2）臂架俯仰机构驱动装置的形式和概况。臂架俯仰机构装在旋转架的上部，臂架俯仰机构由驱动装置、传动装置、制动装置、卷绕系统及安全辅助装置等组成。臂架俯仰机构大多采用钢丝绳通过滑轮组绕到俯仰卷筒上，依靠俯仰卷筒收放钢丝绳而改变臂架的幅度，堆取料机驱动俯仰机构驱动形式如图 8-37 所示。可以看出，俯仰机构主要包括电动机、制动器、减速机、卷筒、滑轮和钢丝绳等组成。电动机经减速器驱动卷筒旋转，使钢丝绳绕上卷筒或从卷筒中放出，从而改变臂架的幅度。卷筒的正反转是通过改变电动机的转向来实现的，臂架俯仰的角度是依靠制动器制动来实现的。制动器通常采用常闭式制动器，在电气线路上和电动机联锁。煤系统堆取料机俯仰机构制动器采用涡流制动器、电磁制动器、液力推杆制动器三种。制动器一般装设在高速轴上，所需制动力矩小，可使制动器的质量轻、尺寸小。在集中驱动的俯仰机构中，制动器通常装于中速或低速轴上，并采用制动力矩大、尺寸较小的制动器。当制动力矩较大时，有时在高速轴上需装设两个制动器。第二个制动器可装设在减速器高速轴另一端，也可把制动器装设在电动机尾部轴伸端上，但需选用双轴伸的电动机。钢丝绳不仅用在起重机构中起吊货物、操纵抓斗，还可用来牵引小车运行和驱动起重机的旋转部分旋转。因此，它的应用遍及各个工作机构，是起重机上应用最广泛的挠性构件。

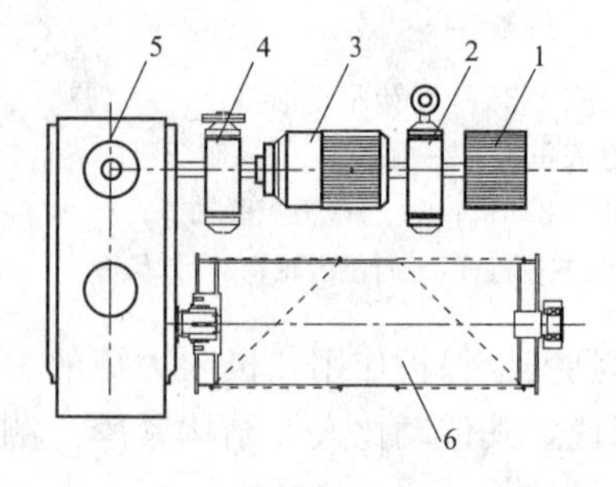


图 8-37　俯仰示意

1—涡流制动器；2—液力推杆制动器；3—电动机；4—电磁制动器；5—减速机；6—钢丝绳卷筒

有些起升机构（如手拉葫芦）采用另一种挠性构件——链条来提升货物。钢丝绳与链条相比，其优点是承载能力大、能承受较大的冲击、自重较轻、工作可靠；在破断以前，外面的钢丝先断裂和松散，因此，容易发现和及时更换；成本较低；高速转动时工作平稳、无噪声等。其缺点是挠性不如链条，需用较大直径的滑轮和卷筒，因此增大了传动机构的尺寸和质量，但这一缺点通常不影响钢丝绳在起重机上的应用。

（3）臂架俯仰机构钢丝绳的工作情况和破坏原因。钢丝绳是起重机的重要部件，也是起重机的易损零件。在起升机构、变幅机构中作为承载绳，有时也用于回旋机构、运行机构中，作为牵引绳。此外，钢丝绳还用作桅杆起重机的张紧绳、缆索起重机承载绳，系扎物品也多采用钢丝绳。每年各港口的钢丝绳消耗量都很大。因此，必须了解其损坏的原因，才能正确使用钢丝绳，并采取恰当有效的措施以延长其使用寿命。

钢丝绳在工作时受力复杂，工作时受拉伸应力、绕上滑轮或卷筒时所引起的弯曲应力、表面钢丝与滑轮槽之间的挤压应力、钢丝与钢丝之间的挤压应力及制造过程中所造成的残余应力等。显然，拉伸应力与钢丝绳所受拉力大小直接相关；弯曲应力与滑轮或卷筒直径大小有关：对一定的钢丝绳来讲，滑轮半径越小弯曲应力越大。钢丝绳在绕上或绕下滑轮时，还引起钢丝之间的相互滑动及钢丝对槽壁的擦碰，这将造成钢丝磨损；挤压应力与钢丝绳承受拉力的大小、滑轮或卷筒直径、钢丝绳的构造都有关。此外，由于钢丝绳所受载荷是变化的，钢丝绳在滑轮上的缠绕也是变化的，因而钢丝的应力也是变化的。钢丝绳随使用时间的增加，在经受一定的反复弯曲后，外层钢丝首先因磨损和疲劳而断裂。随着钢丝断裂数目的增加，尚存的钢丝就加快了断裂的速度。当断裂的钢丝数目达到了一定的限度还没及时停止使用时，就有出现整根钢丝破断的危险。

在正常使用中，钢丝绳的突然断折是极其少见的，其破坏主要是在长期使用中，钢丝绳的外层钢丝由于磨损和疲劳逐渐断折，而钢丝的磨损和疲劳主要由钢丝绳绕过滑轮、卷筒时的反复弯曲、挤压引起，反复弯曲和挤压达到一定值时，就会发生断折。这就是说，钢丝绳破坏的原因是钢丝的疲劳和磨损，而其破坏的形式主要是钢丝的磨损和断折。

断折的钢丝数随使用时间的增加而增加，当断丝数达到一定值时，钢丝绳就应报废，更换新绳。据此，将钢丝绳每一个捻距范围内钢丝磨损程度和断丝数作为钢丝绳报废的标准。

标准规定的断丝数报废标准：交互捻钢丝绳为总丝数的10%；同向捻钢丝绳为总丝数的5%。对于运送人或危险物品的钢丝绳，报废断丝数减半。

此外，当有一股折断或外层钢丝磨损达钢丝直径的40%时，不论断丝多少，都应立即报废。如果外层钢丝磨损严重，但尚未达到钢丝直径的40%时，可继续使用，但应根据磨损情况，降低断丝数标准。降低程度可参照表8-4执行。

**表8-4　钢丝绳报废断丝数标准的折减**

| 钢丝直径磨损（%） | 10 | 15 | 20 | 25 | 30 | 40 |
|---|---|---|---|---|---|---|
| 报废断丝数标准折减为（%） | 85 | 75 | 70 | 60 | 50 | 报废 |

（4）臂架俯仰机构制动器各种形式的介绍。制动器是利用摩擦力来制动的，其形式很多。根据制动器的构造形式分为块式制动器、带式制动器、盘式制动器、锥盘式制动器。在起重机上，前两种制动器常用。根据制动器的工作状态分为常开式制动器、常闭式制动器。所谓常开式制动器是机构不工作时，制动器处于松闸状态，工作时处于抱闸状态；常闭式制动器则相反，机构不工作时制动器抱闸，工作时松闸。

块式制动器结构简单，安装、调整、维修都很方便，由于两个制动瓦块对称布置，在结构满足一定条件时，压力基本相互平衡，作用在制动轮轴上的径向载荷很小，最大制动力矩较大。因此，在起重机械中得到广泛应用。

块式制动器主要由制动轮、制动瓦块、制动弹簧、制动臂、松闸器、机架等主要部分组成。靠装于机架上的制动瓦块与转轴上的制动轮之间的摩擦来实现制动。根据松闸器行程的长短，通常把块式制动器分为短行程块式制动器和长行程块式制动器。短行程块式制动器的松闸器可直接装设在制动臂上，使制动器结构紧凑，但其松闸力小，只适用于制动轮直径不超过300mm的小型制动器。长行程块式制动器的松闸器可通过杠杆系统产生很大的松闸力，适用于大型制动器。根据松闸器的不同，可分为电动液压推杆（电动推杆）制动器和电磁液压推杆（液压电磁铁）制动器等，这些都是常闭式制动器。

1）短行程块式制动器。图8-38为交流短行程块式制动器（电磁制动器）的工作原理。制动器底座12和机架相连，制动轮1和机构传动轴连接，松闸电磁线圈9接入电动机线路中。当机构不工作时（电动机断电），在制动弹簧4的作用下，通过直杆6和夹板7，拉动制动臂3，使制动瓦块2紧压在制动轮上，制动瓦块和制动轮间的摩擦力产生制动力矩，制动器处于上闸状态。当机构开始工作时，电磁线圈和电动机同时通电，电磁铁产生吸力，吸引衔铁10，使之绕铰点做顺时针转动，推动顶杆向左移动，使制动弹簧进一步压缩，在辅助弹簧5的共同作用下，左右两制动臂向两侧撑开，制动瓦块和制动轮分离，制动器松闸。为保证左右制动瓦块与制动轮间有大小适宜并均等的间隙，可通过限位螺钉11进行调整。制动弹簧的作用力大小可由螺母进行调节，从而可调节制动力矩的大小。其特点是结构简单、动作迅速、质量轻、尺寸小、制动效率高。但其制动力矩较小、制动猛、振动大、噪声大、频繁动作会使电磁铁烧损、使用寿命短、只宜用于工作不十分繁重的机构，如门座起重机运行机构。

2）长行程电磁铁制动器。图 8-39 所示为长行程电磁铁制动器，靠弹簧和重锤上闸，电磁铁松闸。电磁铁布置在制动器的一侧，通过杠杆系统产生较大的松闸力，适用于制动力矩较大的制动器，制动轮直径可达 600mm。由于这种制动器杠杆多而复杂，尺寸不紧凑，工作时冲击大、噪声大，目前很少应用。

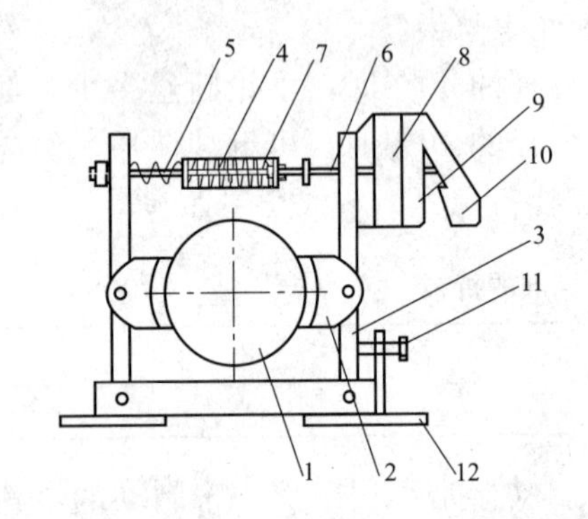


图 8-38　交流短行程块式制动器（电磁制动器）工作原理

1—制动轮；2—制动瓦块；3—制动臂；4—制动弹簧；5—辅助弹簧；6—直杆；7—夹板；8—检测器；9—松闸电磁线圈；10—电磁铁衔铁；11—限位螺钉；12—底座

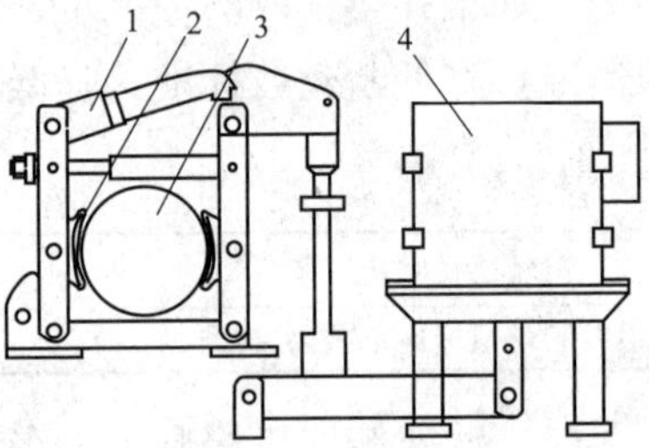

图 8-39　长行程电磁铁制动器

1—制动瓦；2—制动臂；3—制动轮；4—磁铁

3）电力液压推杆制动器。图 8-40 所示为电力液压推杆制动器，采用电力液压推杆代替长行程块式制动器中的杠杆系统和电磁铁，作为松闸器。当机构工作时，电力液压推杆内的小电动机通电旋转，驱动离心油泵（叶轮）将活塞上部中的液压油甩出，经通道进入活塞下部，推动活塞和推杆上升，使制动器松闸；机构停止工作时，电动机断电，活塞及推杆在弹簧力作用下下行复位，实现抱闸制动。其主要优点是制动平稳、噪声小、体积小、质量轻、使用寿命长、推力恒定、所需电动机功率小（0.06～0.4kW）、允许频繁动作（达 720 次/h）；缺点是结构复杂，价格高，适用于旋转、运行机构。煤系统堆取料机均采用此种型号的制动器。

4）电磁液压制动器。如图 8-41 所示为电磁液压制动器，利用弹簧 1、制动块 2、机架 3、电磁线圈 4 和推杆等组成的松闸器来完成制动器的动作；上闸仍靠弹簧力的作用。当通电后，动铁芯在电磁吸力的作用下向上移动，这时由于单向阀的截止作用，处于动铁芯上面空间中的油液通过推杆周围的间隙进入活塞下面的空间，使推杆上升、制动器松闸。当断电后，在制动器弹簧力作用下推杆复位，动铁芯向下移动，使动铁芯下面的油液经通道回到上部油池。用调节螺杆调整通道大小，可调节制动的快慢。其主要优点是动作灵敏、工作平稳、无噪声、寿命较长、可频繁动作（达 900 次/h）、能自动补偿制动器的磨损；缺点是结构复杂，制造工艺要求高，价格贵，可能有漏油、动作失灵现象。

**4. 斗轮机构**

（1）斗轮机构驱动装置的形式和概况。斗轮机构包括斗轮和斗轮驱动装置，作挖取物料

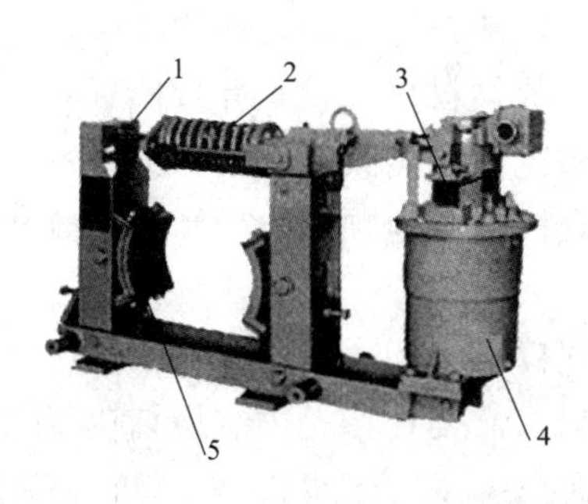

图 8-40　电力液压推杆制动器
1—调整螺母；2—弹簧；3—推杆；4—动力缸；5—制动片

图 8-41　电磁液压制动器
1—弹簧；2—制动块；3—机架；4—电磁线圈

之用。斗轮驱动机构主要由电机、减速机、制动器、液力联轴节、铲斗等组成。斗轮机构装于臂架的头部，斗轮是由电动机通过液力联轴节的减速机来驱动的。斗轮机构通过斗轮的旋转，配合堆取料机的行走、俯仰，逐层或按阶梯形方式分层取料。

斗轮由胀圈与减速机输出轴连接。大扭矩的轴套连接的胀圈能够取代键槽连接。胀圈是不带键而靠摩擦连接轴毂的一种装置，容易调整和拆卸，具有胀缩配合的所有优点。胀圈是通过径向压力在轴毂表面产生的摩擦力来传递扭矩和轴向负荷的。减速机齿轮为密封的油浴式润滑。

斗轮驱动装置一般布置在斗轮的两侧。煤系堆取料机的斗轮安装在臂架前端部的右侧，铲斗底部敞开，与轮体内部相通，圆弧形导料板通过调整丝杠固定在臂架的端部。当取料机构工作时，通过电机、液力联轴节、减速箱，使斗轮转动，铲斗切入物料堆挖取物料，物料沿弧形导料板转动到卸料区，由于卸料区没有弧形导料板挡住物料，物料依靠自重卸到溜煤板上，最后落到皮带上，通过皮带的运转输送物料。

（2）斗转结构及其优缺点。斗轮由斗轮体和铲斗组成，通常采用的斗轮直径为 2～18m。根据生产能力的不同，直径大小也不同。斗轮按其结构可分为有格式斗轮、无格式斗轮和半格式斗轮。

1）有格式斗轮：有格式斗轮结构，如图 8-42 所示。当斗轮工作时，铲斗 1 及卸料溜槽 2 中装有物料，当转过侧面扇形挡板 3 时，铲斗及卸料溜槽中的物料靠自重从一定倾斜角的卸料溜槽中溜出来，卸到侧面的带式输送机上。在斗轮旋转时，溜槽 2 及侧面的扇形挡板 3 是固定不动的。

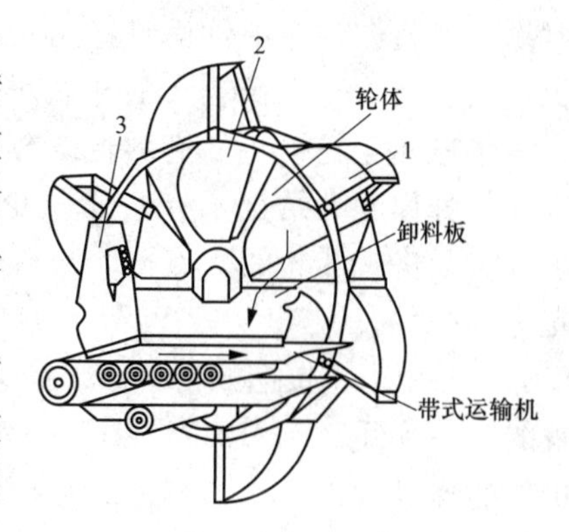

图 8-42　有格式斗轮结构

有格式斗轮由于每个斗（如斗轮直径较小时，有时相邻两个斗）都有自己相应的卸料槽，物料滑移行程较短，因而适于挖掘中小块度坚硬的物料。由于物料与卸料槽滑动表面之间的摩擦力阻碍卸料，有格式斗轮卸料区间较小，其卸料角不超过 70.93°，故而斗轮转速必须取得较低，否则物料来不及卸出。有格式斗轮的另一个缺点是斗轮工作表面很大，较容易黏结物料，清扫格子内表面比较困难，故有格式斗轮不适合挖掘黏性物料。

2）无格式斗轮：无格式斗轮结构（如图 8-43 所示），其特点是，在斗轮轮体的中央有固定的卸料槽，由前导板和侧导板构成。斗轮在旋转时，卸料槽是不转动的。在轮辋的圆周上还焊有与斗轮宽度相同的圆筒形挡板，使铲斗中装满的物料只有转到卸载位置时才能落入卸料槽，然后再卸落到带式输送机上。与有格式斗轮相比，显然其卸料槽的宽度大，当物料不黏附斗壁及斗底时，物料不与斗轮的内表面接触而直接自由地顺卸料槽卸料，故卸料区间大，卸料角可达到 130°。

无格式斗轮的优点是转速可提高，结构较简单，同样尺寸和质量的斗轮，生产能力可成倍地提高，最适宜挖掘黏性的材料；缺点是卸料高度高，需要在斗轮内装设结构复杂的专用卸料装置。此外，无格式斗轮的铲斗装得过满时，会使物料在铲斗内压实，妨碍自由卸料，因此近期出现半格式斗轮。

3）半格式斗轮：半格式斗轮结构，如图 8-44 所示。这种斗轮也是由铲斗 1、轮毂 2 构成。中间有一个同无格式斗轮相似的中间转卸装置。

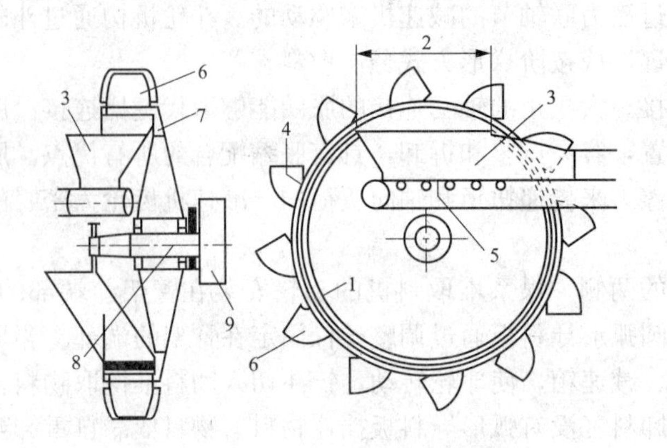


图 8-43 无格式斗轮结构

1—环形挡料板；2—铲斗卸料区间；3—溜料板；4—环形空间；
5—斗臂架带式输送机；6—铲斗；7—斗轮；8—斗轮轴；9—斗轮驱动装置

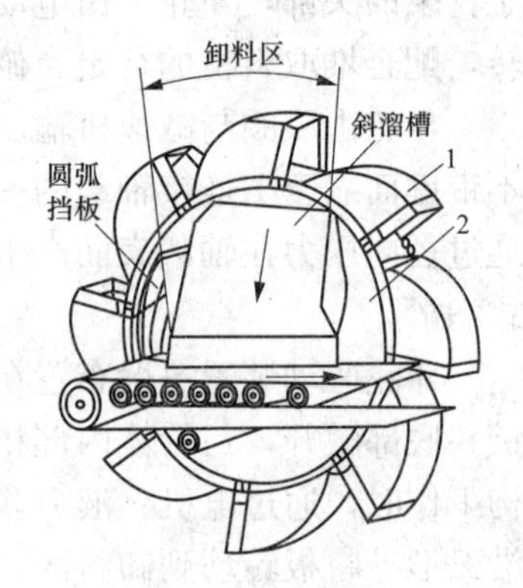


图 8-44 半格式斗轮

这种结构是将轮毂 2 的高度增加，铲斗用螺栓固定在轮毂上。当铲斗挖取物料时，不但物料可装在铲斗中，而且还可装进环形框架构成的空间里，使铲斗装载物料的有效容积增大。在斗轮直径较大的斗轮堆取料机中，采取半格式斗轮，可兼有有格式斗轮的优点。半格式斗轮铲斗的卸料同无格式斗轮一样，都在同一卸料槽中卸料，因此，这种结构在某种程度上结合了有格式斗轮的优点——斗下空间和结构刚度较大、物料下落高度小，和无格式斗轮的优点——卸料区间大、可提高斗轮的速度。所以这种斗轮是结构较为先进的一种。

铲斗用来直接挖取物料，并将挖取下来的物料运送到卸料处。通常情况下，斗轮体上装置的铲斗数目有 6～12 个，铲斗的容积为 20～630dm$^3$。煤系统堆取料机的铲斗数量为 8 只，铲斗的容积为 2.5m$^3$。铲斗要有合理的形状，使挖取过程中的阻力最小。铲斗还要有足够的强度和耐磨性，保证工作过程安全可靠、使用寿命长，并能快速更换铲斗的磨损部分。

铲斗的种类很多，根据用途和挖取物料的不同，较常使用的有平口斗、斜口斗、带齿斗等。斗口形状有拱形、梯形、花瓣形等，如图 8-45 所示。

铲斗由切割刃、斗唇、斗底和底座等组成。在铲斗的斗唇部分堆焊有斗箍，用以增加铲斗的刚性和强度。斗齿的作用是为了减少斗口的磨损，过去多用高锰钢斗齿以铆钉或高强度螺栓固定，现在改用铸钢（ZG55）或高强度合金调质钢，表面堆焊耐磨层，可大为提高斗齿的寿命。

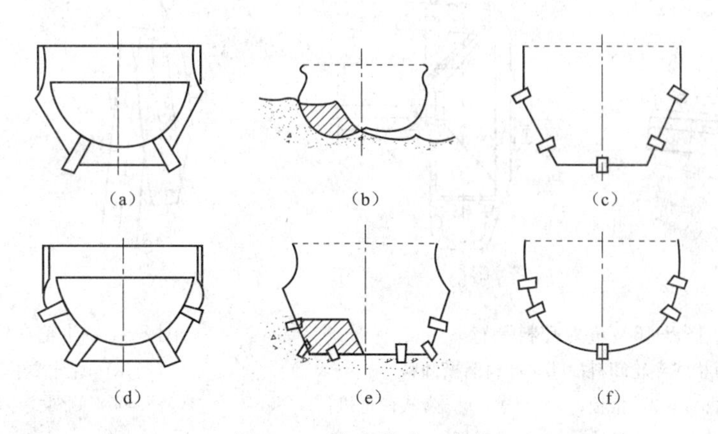


图 8-45　铲斗及斗口形状

(a) 平口斗；(b) 斜口斗；(c) 带齿斗；(d) 拱形斗口；(e) 梯形斗口；(f) 花瓣形斗口

(3) 卸料方式。斗轮的卸料方式主要有离心卸料和重力卸料两大类。

1) 离心卸料：斗轮内的物料主要是靠离心力抛出来的。斗轮转速高，所以生产率高。离心卸料的斗轮最小圆周速度为直径相同的重力卸料斗轮速度的 1.5～2 倍，因此，在生产率相同的情况下，其外形尺寸和质量都较小。其主要缺点是物流分散，物料卸不干净，故只宜卸干燥、流动性好的物料。一般离心卸料仅用于取料机中，这时，可将斗轮线与悬臂式输送机中心线重合布置，使斗轮机头简单紧凑，臂架受力情况好（无附加扭矩），因而整机自重较轻。

2) 重力卸料：斗轮内的物料主要是靠物料本身的重力卸下来的。斗轮转速较低，但卸料区间大、卸料时间长、物料能卸干净。

为了使斗轮机既能取料又能堆料，斗轮中心线就不能与悬臂带式输送机中心线重合布置，斗轮必须布置在悬臂带式输送机侧面。因此，大多数斗轮堆取料机是采用重力侧卸式斗轮。

重力侧卸式斗轮主要类型有格式斗轮，有格式斗轮装料如图 8-46 (a) 所示。当斗轮工作时，铲斗 1 及卸料溜槽 4 中装有物料，当转过侧面扇形挡板 6 时，铲斗及卸料溜槽中的物料靠自重从一定倾斜角的卸料溜槽中溜出来，卸到侧面的带式输送机 5 上。在斗轮旋转时，溜槽 4 及侧面的扇形挡板 6 是固定不动的。

卸料溜槽卸料如图 8-46 (b) 所示。铲斗 1 挖掘的物料被提升到斗轮上部，进入卸料溜槽口，物料靠自重从铲斗中落下，经侧面的溜槽斜板 8 滑落到带式输送机 5 上。为防止物料从胶带输送机上溢落，而在其侧面装有挡板 9。

采用重力侧卸式斗轮，臂架要承受附加扭矩，为了使臂架受力情况得到改善，并能更好地进行卸料，斗轮在臂架上的安装如图 8-47 所示。斗轮相对臂架轴线在水平面上有一夹角 $\beta$，其值一般为 2°～13°。这样，不仅减小了斗轮对臂架的扭矩，同时还改善了铲斗的卸料条件。

斗轮在水平面内有一夹角的同时，在垂直平面内再向受料槽方面倾斜一个 0～10°的 $\alpha$ 角，可以改善铲斗的卸料效果。这样安装使斗轮的卸料溜槽倾角加大，增加物料沿溜槽的下

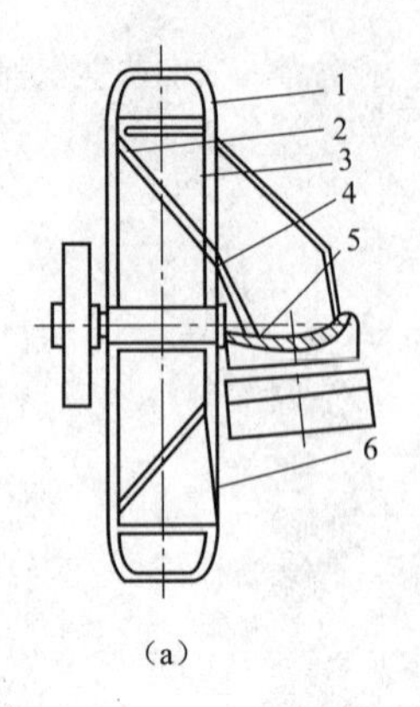


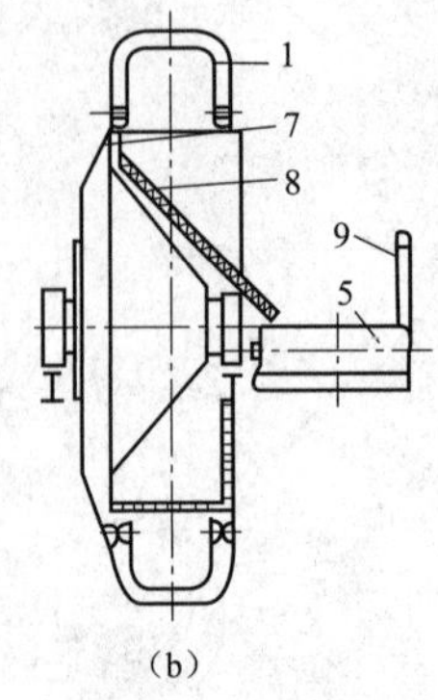


图 8-46 重力卸料装置

(a) 有格式斗轮卸料；(b) 卸料溜槽卸料

1—铲斗；2—漏板；3—格板；4—溜槽；5—带式输送机；

6—扇形挡板；7—斗轮体；8—溜槽斜板；9—挡板

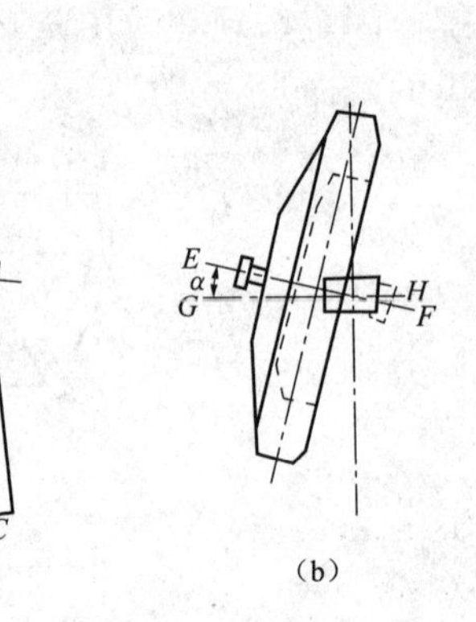


图 8-47 斗轮在臂架上的安装

(a) 侧斜式斗轮改良后；

(b) 侧斜式斗轮改良前

滑速度，提高了斗轮的卸料能力。

(4) 过载安全保护装置的工作原理。斗轮堆取料机在取料作业时，有可能挖掘到坚硬的大块物料，此外物料的倒塌或其他原因而造成异常负荷，如没有过载安全保护装置，则有可能使斗轮驱动遭到破坏，甚至引起机体倾覆。北仑港最大堆取能力为 5250t/h 的大型斗轮堆取料机，采用了浮动配重装置，实际上浮动配重是一种超负荷限制器。它是在俯仰钢丝绳的一端装上浮动式平衡配重。煤系堆取料机最大取料能力为 5400t/h。采用液力联轴节，起过载保护作用。

斗轮一旦发生异常负荷，设备就会产生异常应力，一方面钢丝绳均衡梁拉杆上装有负荷检测开关，可发出信号而停机，进行故障排除；另一方面，液力联轴节会因过热而喷油，以保护设备。因此，在取料作业时，要严格按照操作规程，控制好流量，使其在允许范围内。同时，要定期对液力联轴节的油位进行检查，并进行油品检验。

**5. 臂架皮带机**

(1) 概述。臂架皮带机是装船机、堆取料机、装车机、堆料机的重要工作机构，是典型的带式输送机。带式输送机可分为普通带式输送机、钢丝绳芯输送机和钢绳牵引带式输送机等。带式输送机主要组成部件如图 8-48 所示。

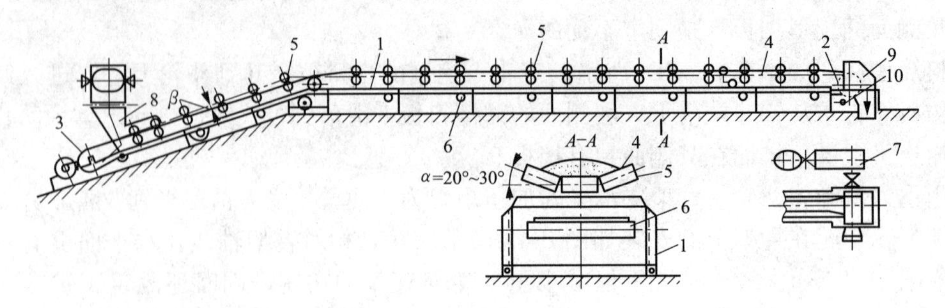


图 8-48 带式输送机

1—金属结构架；2—驱动滚筒；3—张紧装置；4—输送带；5—上托辊；

6—下托辊；7—驱动装置；8—装载装置；9—卸载装置；10—清扫器

（2）挠性牵引构件。臂架皮带机所用的挠性牵引构件是输送带。输送带广泛用于带式输送机及一部分斗式提升机中。输送带中的橡胶带在实践中应用最广。这种输送带由若干层棉织物、尼龙织物相互结合或用具备特殊要求的细钢丝绳和内层橡胶相互结合，并在外面覆以橡胶制成。上、下两边所覆的橡胶称为覆面，上覆面是输送带的承载面，即与被运物料接触的一面，其橡胶厚度为2～16mm；下覆面是输送带与支承托辊接触的一面（或称运转面），厚度为0～10mm。橡胶面两侧应采用高耐磨性的橡胶，因为该处特别容易损坏。

对橡胶输送带的要求如下：

（1）要求橡胶输送带自身质量轻、抗拉强度和抗弯强度大、成槽性能好。

（2）由于承受交变弯曲载荷，因而在衬垫和橡胶层之间要求有较高的黏附强度，以防衬垫和橡胶之间的剥离和撕开。

（3）必须精细加工，以保证在受纯拉伸时，所有衬垫均匀承受载荷。

（4）输送带的橡胶覆面和衬垫都应具有高的抗冲击能力和抗机械损伤能力。输送带在加载处最具有受损伤的危险性。

（5）要求输送带的寿命长，应设想输送带有足够的能承受金刚石一类输送物的耐磨性。

（6）为使在摩擦驱动时所需的预张力尽量小，因而需要输送带具有高摩擦系数。

（7）要求输送带端头连接简单，但接头处的强度减弱又不显著。

（8）要求输送带具有外形的稳定性，也就是没有太大的纵向伸长和具有较小的持久伸长。张紧行程不超过带式输送机长度的1.5%。接头处的厚度必须与输送带其他部分的厚度相同。

（9）在露天工作的带式输送机上所用的输送带，要能适应气候的变化。不许可在低温条件下过早老化。在输送带受损伤时，应该没有潮气或仅仅有少量的潮气侵入。

（10）织物衬垫输送带可在80℃时进行工作（短期可至100℃），特种抗热带可至130℃。具有抗寒保护措施的输送带，可在低温下进行工作。

（11）在有爆炸危险场所工作的抗燃烧输送带（在矿井下工作的输送带），需用特种材料进行制造，其中输送带覆面及衬垫都需要特种材料（如氯丁橡胶）制成。

（12）用于输送化学反应灵敏的物料的输送带，必须具有抗化学反应和抗细菌的性能，必须没有气味和不影响食品的味道。

（13）修理输送带必须没有困难。

对于前面的三条要求，在输送带具有较大张力时，选取尽可能少的层数而强度高的衬垫，比选取层数多而强度一般的衬垫容易得到满足。薄的输送带易于弯曲，同时，在它绕过滚筒进行弯曲时，各衬垫层间的不均匀受载不太显著，因而可选取较小的拉伸安全系数。对于块度很大的物料（如石头），可采用多层衬垫的输送带，这样可很好的缓冲冲击，保护输送带。

按照衬垫层的形状和材料，输送带分为下列几种：①棉织物及塑料的平衬垫的普通输送带，如图8-49所示；②具有合成材料为核心外包橡胶所形成的绳芯衬垫的输送带，如图8-50所示；③具有细钢绳芯（直径由1.2～12.3mm）的输送带，如图8-51所示。

由于后两种输送带具有埋入带内的绳芯，因而能较好地承受冲击力。此外，这类输送带具有较好的成槽性能，槽角最大在承载托辊上可达40°。

以前，输送带所用的衬垫几乎只用棉织物，随着带式输送机单机长度的日益加长，这种

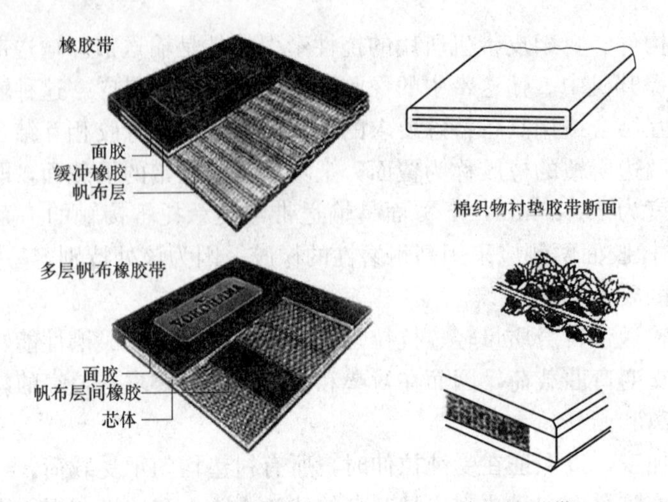


图 8-49　棉织物及塑料的平衬垫的普通输送带

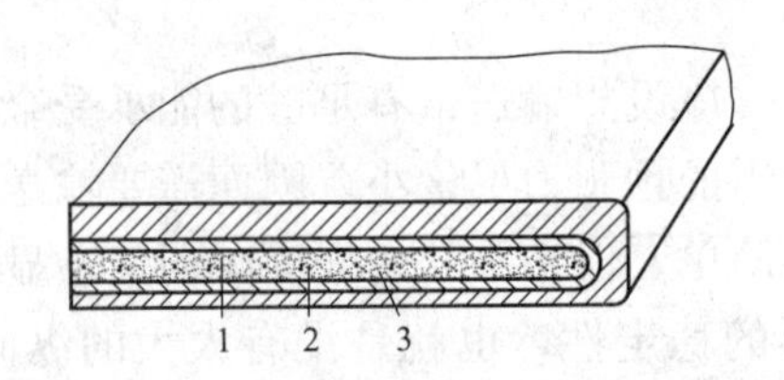


图 8-50　具有合成绳芯衬垫的橡胶带

1—挠性好的合成绳芯；2—耐磨和防撕裂的中间橡胶层；3—耐磨外橡胶覆层

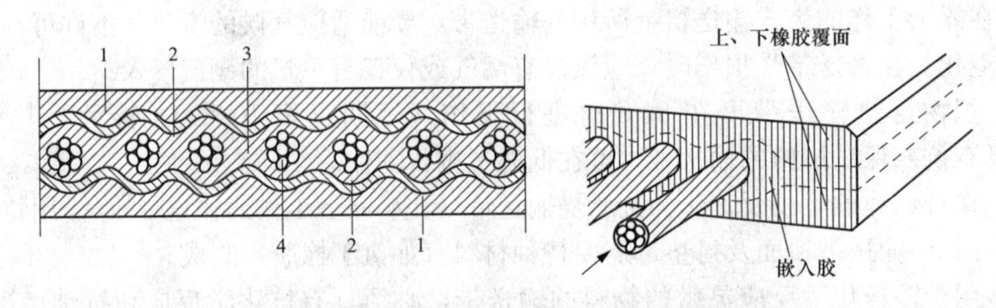


图 8-51　钢绳芯带及钢绳芯输送带断面

1—耐磨外橡胶覆层；2—耐磨和防撕裂的中间橡胶层；3—防撕裂的与金属连接的中间橡胶层；4—挠性好的高强度钢绳

输送带的强度已不能满足要求。它已被高强度、厚度薄的人造纤维衬垫所代替。

钢丝绳芯输送带由于它的带芯强度很高，可用于单机长度很长的带式输送机上。世界上已投产的单机长度最长超过 14km，这种输送带所用钢丝绳由高强度的钢丝顺绕制成，中间有软钢芯。它的带芯强度已达到 60 000N/cm，但拉伸率很小，为 0.1%～0.15%。钢丝绳上镀锌能保证很好地与橡胶黏合。这种镀锌层在输送带损坏钢绳露出时，还有防锈的作用。

棉织物衬垫的输送带只能耐受一定的温度，运送较高温度的物料时需采用耐热型胶带，运送灼热物料时输送带衬垫应采用石棉层进行保护。

一般输送胶带的覆面用天然橡胶、丁纳橡胶或特种材料制成。除平橡胶带外，也有用于坡度很陡的输送机的特种输送带。这种输送带的承载面制成各种凸出的花纹（波纹挡边皮带）。不过，这也给输送带的清理带来了困难。

输送带的制造加工需要十分精细。在长长的工作台上，依次把每层衬垫摊平，涂以橡胶，然后张紧。在145℃及压力为80～200N/cm² 时进行硫化。表面必须平滑而无波纹，厚度相等，纵向轴线应为直线。对于长度很长的输送带，在生产时必须按工艺要求预先考虑接头的问题。橡胶输送带（织物带）端头的连接有机械接头和硫化接头两种；塑料带则有机械接头和塑化接头。两种输送带的机械接头方法相同，而钢丝绳芯带只有硫化接头一种。橡胶输送带的接头大多是在现场使用一套可携带的设备进行热的或冷的（黏合）硫化连接。在硫化之前，把每层衬垫对纵轴成60°～70°倾斜地切成阶梯形状，如图8-52所示，并使两端头很好地相互配合（对接）。每层衬垫的接头处必须错开一定的位置，因为一层衬垫断开处的张力，必须由邻近的另一层衬垫作为它的附加载荷来承受。在十一层衬垫时，一个对接处的强度损失占9%，在五层衬垫时占20%。端头切开可在施工现场进行，也可在皮带生产车间进行。硫化设备必须在整个输送带宽度内加均匀而足够的压力和适当的温度，而且各硫化阶段必须按压力、温度、时间的要求严格操作。硫化接头两端的皮带中心线必须重合，否则，将引起皮带的跑偏。

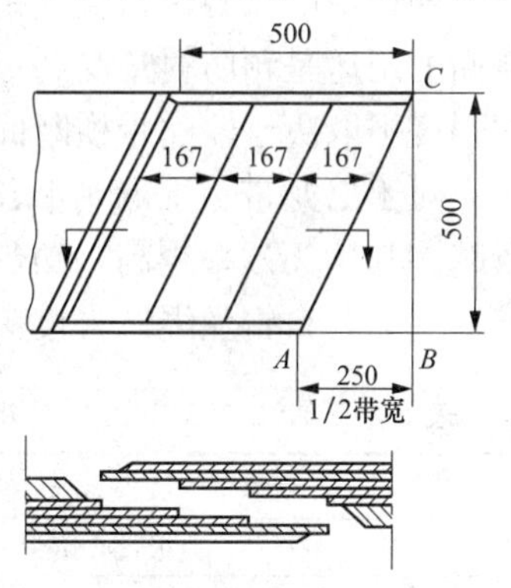

图8-52　硫化前衬垫

塑料带的塑化接头的方法是将整带拆开，相互编织打结后，上下覆塑料片加压力与适当温度。塑化接头的强度可达到带芯强度的75%～80%，并可防止带芯外露，工艺也不复杂，一般推荐使用。

橡胶带的局部修理采用硫化方法进行，对于较小破损处的局部修理也可采用局部冷黏的方法进行，无论哪一种方法，修理的准备工作都是将输送带受损处的橡胶或衬垫切成阶梯形状，然后在该处用新的衬垫补上。衬垫重叠是不许可的，这样会使该处的输送带加厚。钢丝绳芯带就不像织物衬垫带那样方便地连接和修理了，钢丝绳芯带破损处的局部修理分为两种，如果局部破损没有引起钢丝绳破断，可以采用冷泼的方法；如果出现钢丝绳破断，必须在钢丝绳破断处抛开一定区域，填充长200mm的附带橡胶同种型号的钢丝绳后，按局部硫化工艺进行热硫化。如果皮带断面破损宽度达到25cm，原则上重新进行接头处理，因为皮带破损宽度大，局部硫化工艺很难保证，处理不好容易出现局部凸出现象或受力严重不均问题。

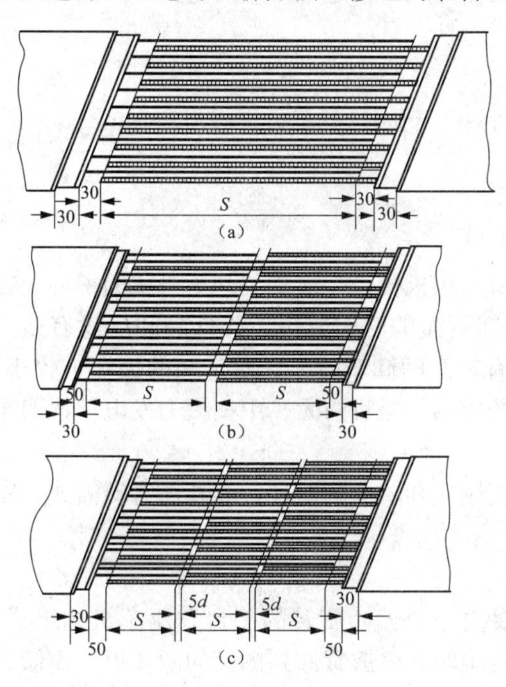

图8-53　接头布置方式
(a) 一级接头布置方式；(b) 二级接头布置方式；(c) 三级接头布置方式

钢绳芯带的接头中相互排列的钢绳端头间必须有足够的空隙，以容纳钢绳芯另一端的钢绳端头，如图8-53所示，其中，$d$ 为内衬钢绳直径，$S$ 为级长。接头的长度必须保证张力从一根钢绳芯通过在它旁边围抱的橡胶传递给输送带另一端的钢绳芯端头，具体参数见表8-5。

表 8-5　　硫化接头级长

| ST（kgf/cm） | 500 | 630 | 800 | 1000 | 1250 | 1600 | 2000 | 2500 | 3150 | 4000 | 5000 | 6000 |
|---|---|---|---|---|---|---|---|---|---|---|---|---|
| 级长 S（mm） | 300 | 300 | 300 | 400 | 450 | 500 | 550 | 800 | 950 | 1050 | 1200 | 1350 |

输送带的张力由衬垫或钢绳来承受，因为橡胶的弹性模数小，覆面几乎不能承受张力。覆面的用途是预防衬垫受到机械损伤、磨损及外部介质的有害影响。由于上述原因，输送带的强度不取决于输送带横断面面积，而取决于输送带宽度、钢丝绳的直径和衬垫层数。

对于尼龙带、维尼龙带、聚酯带等织物带五层衬垫，硫化接头的强度 $\eta=80\%$，衬垫层数越多其接头效率越高；塑料带的塑化接头的强度可达到带芯强度的 75%～80%，即 $\eta=75\%\sim80\%$；钢丝绳芯带接头方法与接头效率 $\eta$ 的关系见表 8-6。

表 8-6　　钢丝绳芯带接头方式与接头效率 $\eta$ 的关系

| 接头方法 | 接头效率 $\eta$ |
|---|---|
| 一级重叠接头 | 1.00 |
| 二级重叠接头 | 0.85 |
| 三级重叠接头 | 0.75 |

输送带接头质量直接影响整条输送带的寿命。接头不正，易引起输送带蛇行；接头胶料质量差，易磨损，接头寿命大大降低，并易引起接头处沿输送带纵向滑移。输送带制作时钢丝绳衬垫层、松紧不一易引起正条输送带跑偏，运行不稳定。漏斗落料不正、输送带支撑架不正、雨雪天气都易引起输送带跑偏。输送带跑偏时要及时调整，以免跑偏引起输送带边缘损坏。严禁用沙、矿粉等纠偏，以防块状硬物损伤输送带。输送带沿线的跑偏开关位置要合适，以免过于灵敏和失效。

## 8.4　翻　车　机

### 8.4.1　概述

翻车机也叫铁路货车翻卸机，在港口中属港口专用机械，是散货装卸车机械的一种。在港口、钢厂和电厂中应用较为广泛。由于完成翻卸所需的时间较短，并且翻卸后没有残留煤，免去了人工清扫车厢的环节，因此翻车机具有较高的卸车效率，对车厢的损坏也较小，节省了劳动力，能够适应现代化大运量、高速度的要求，是目前大、中型火力发电厂普遍采用的一种卸车设备。

翻车机是高生产率的散货卸车机械，主要有侧倾式和转子式两种，此外还有转筒式、复合式和端卸式。

**1. 侧倾式翻车机**

侧倾式翻车机如图 8-54 和图 8-55 所示。主要由一个偏心旋转的平台和压车机构组成。当车辆被送到平台上后，压车机构压住车辆、平台旋转，将散货卸到侧面的漏斗里。侧倾式翻车机设备由端盘、托车梁、平台、驱动装置、压车机构构成，结构简捷、刚性强，采用机械压车、机械锁紧，平台移动靠车，无液压系统，转动部件少、可靠性高、维护简单，适合配备重车调车机系统。平台与设备本体在零位时分离，与地面锥形定位装置啮合定位，对轨准确，适合恶劣环境下运行。翻车机结构庞大，特别是侧倾式翻车机，由于整机自重大，工作线速度较高，翻车轴线位于敞车的侧上方，对旋转系统重心的配置不利，因而驱动功率很大。

图 8-54 侧倾式翻车机实物

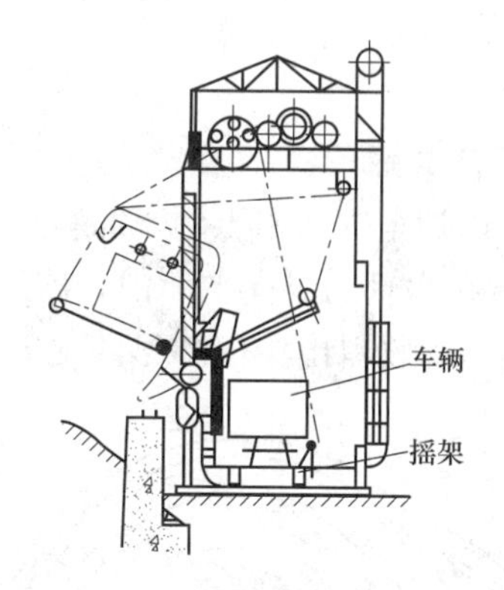


图 8-55 侧倾式翻车机结构

**2. 转子式翻车机**

转子式翻车机由一个设置在若干组支承滚轮上的转子构成。当车辆被送入转子内的平台后，通过压车机构压紧车辆，并和转子一同旋转，将散货卸出。

转子式翻车机的翻转轴线靠近其旋转轴线的重心，虽然需要较大的压车力和较深的基础，但因其质量较轻、驱动功率小、生产率较高，故应用比较广泛。

翻车机按每次翻车节数不同可分为单翻翻车机、双翻翻车机、三翻翻车机。

转子式翻车机按端环端面结构不同可分 O 形翻车机、C 形翻车机。

（1）O 形转子式翻车机如图 8-56（a）所示。其属于早期翻车机产品，设备结构较复杂，整体刚性好，驱动功率较大，平台移动靠车，适合配备钢丝绳牵引的重车调车系统。

（2）C 形转子式翻车机，如图 8-56（b）所示。采用 C 形端盘，结构轻巧，平台固定，液压靠板靠车，液压压车，消除了对车辆和设备的冲击，降低了压车力。根据液压系统特有的控制方式，使卸车过程车辆弹簧能量有效释放，驱动功率小。C 形端盘结构适合配备重车调车系统。

（a）

（b）

图 8-56 转子式翻车机

（a）O 形；（b）C 形

**3. 转筒式翻车机**

转筒式翻车机将载货敞车推入形似转筒的金属构架（如图 8-57 所示）内夹紧后，由驱动装置使转筒旋转 140°～170°，车内的散状物料在自重作用下卸入地下料仓。如果车辆具有旋转车钩，不需将货车脱钩就能将整列货车逐节卸车，作业能力可达 8000t/h。转筒式翻车机应用最广。

**4. 复合式翻车机**

复合式翻车机适用于棚车卸料。货车推上卸车平台并夹紧后，二者向同一侧倾斜 15°～20°，然后在车辆的纵向平面内，前后各倾 1 次，倾角约 40°（如图 8-58 所示），3 次倾斜动作即可使车内物料由中门卸尽。

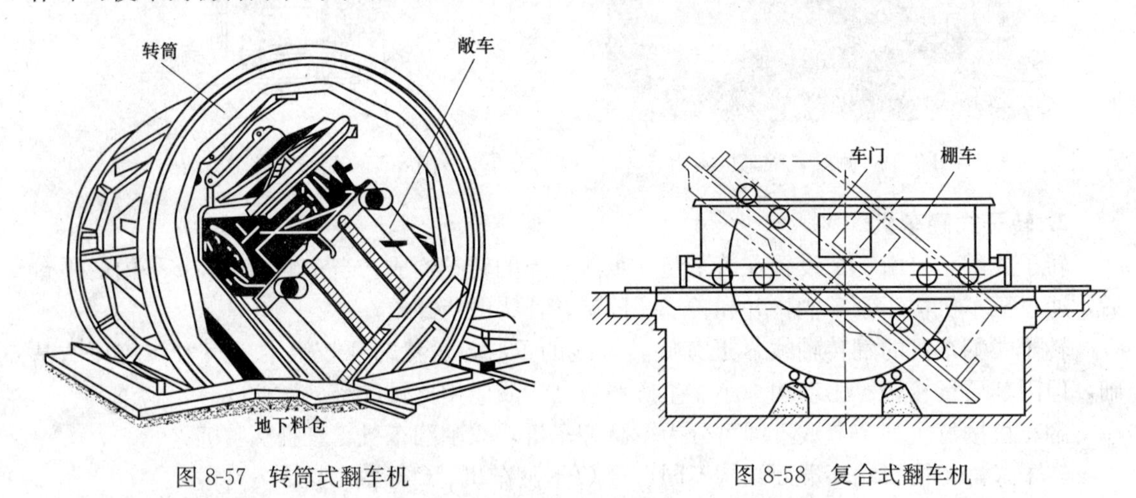


图 8-57　转筒式翻车机　　图 8-58　复合式翻车机

**5. 端卸式翻车机**

端卸式翻车机将车辆推上卸车平台（如图 8-59 所示）并夹紧后，驱动装置使卸车平台绕与车轴平行的轴旋转 50°～70°，物料由端部车门卸出。这种翻车机结构较简单，但只适用于端部开门的车辆。

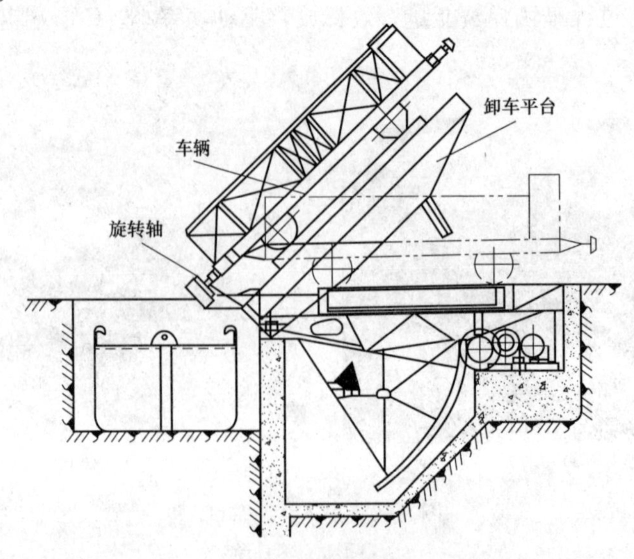


图 8-59　端卸式翻车机

### 8.4.2　翻车机系统基本结构

本部分以内蒙古大唐国际克什克腾旗煤制气工程过机车双车翻车机系统设备为例，主要介绍翻车机主要设备的组成及工作原理。

**1. 大唐国际克什克腾旗过机车双车翻车机主要参数**

（1）翻车机系统主要设备参数。

1）荷载能力：额定200t，最大220t。

2）翻卸角度：正常165°，最大175°。

3）压车力：不超过78.4kN/400mm。

4）端盘数量：2个。

5）两端环间距：17.4m。

6）端环直径：9.13m。

7）托车梁形式：整体固定式。

8）托车梁长度：28.5m。

9）靠车板形式：移动式。

10）重车调车机牵引质量：50t。

11）限界：机车通过翻车机。

12）轨道间距：1.505m。

（2）列车参数。

1）重列车辆数：54节/列。

2）重列最大牵引质量：5000t/列。

3）空列车辆数：54节/列。

4）空车最大牵引质量：1200t/列。

5）车钩间中心距：最大13 976mm，最小11 938mm。

6）车宽：最大3242mm，最小3100mm。

7）车高：最大3446mm，最小2940mm。

（3）操作方式：自动、集中手动、就地。

（4）供电电源：380/220V电源。

**2. 翻车机系统卸煤过程**

过机车双车翻车机可与卸车线上其他配套设备联动实现自动卸车，也可由人工操作实现手动控制。作业程序如下。

（1）机车牵引整列煤车进厂，机车脱钩通过机车走行线退到煤车尾部，将待卸煤车牵引至远端夹轮器作业范围内，远端夹轮器夹住第一节车皮前轮对，机车摘钩。重车调车机来牵引机车通过翻车机离去，注意机车通过翻车机时，翻车机断电，制动器抱死；压车机构的压车钩升到机车通过高位，确保机车离开翻车机系统工作区域后，翻车机系统处于工作状态。

（2）翻车机通电，重车调车机已高速返回。

（3）重车调车机调车臂落下，后钩和整列煤车联挂，远端夹轮器松开。

（4）重车调车机牵引煤车前进，当第一辆煤车进入翻车机，第三辆煤车后轮对行至近端夹轮器时，近端夹轮器夹住第三辆煤车后轮对。

(5) 人工将第三节煤车和前面的第二节煤车摘钩。

(6) 重车调车机牵引第一节、第二节煤车继续前进，准确停于翻车机上后，重调脱钩，前行，调车臂抬起，重车调车机返回，重复上述作业。

(7) 翻车机本体压车机构下落压住敞车两侧车帮，当压车钩压住、靠板在液压缸的推动下靠向敞车一侧，靠板靠上，重车调车机臂已驶出翻车机平台后，翻车机开始翻卸。翻车机翻卸直到接近160°左右时减速、停车、振动器投入，3s后，振动停止，翻车机回翻，快到零位时减速，对轨停机，停机后，压车钩开始抬起，靠板后退。

(8) 当压车钩升到工作高位，靠板后退到终端位后，翻卸完的两节空车停在翻车机托车梁，翻车机等待下一个工作循环。

(9) 重车调车机牵引第三、四节煤车及整列前行，当第五节煤车的后轮对停在近端夹轮器时，人工将第五节煤车和前面的第四节煤车摘钩。

(10) 当重车调车机牵引第三、四节煤车继续前进，前行到第二节车皮时，重车调车机与第二节车皮撞击挂钩，重车调车机继续前进，第三、四节车皮准确停于翻车机上后，重车调车机摘后钩，继续推第一、二节车皮前行。

(11) 重车调车机推第一、二节车皮通过近端双向止挡器时，重车调车机摘前钩，后退调车臂抬起，重车调车机返回，重复上述作业。

(12) 重车调车机推送空车离开后，翻车机回转，进行卸车。

(13) 重车调车机推送最后两节或一节空车时，重车调车机必须将空车皮推送过远端双向止挡器，再摘前钩，调车臂抬起，重车调车机返回，进行下一列煤车的调车作业。

(14) 重复上述作业，直至整列煤车全部卸完。此时，空车集结在空车线上，等待机车牵引出厂。

**3. 翻车机设备组成**

翻车机主要作用是将平台上定位准确的火车车皮，通过压车装置、靠车装置的压紧和靠住，将车皮内的散料翻到底部的漏斗内。其翻转动作是由驱动装置驱动齿条和齿轮系统，对翻车机进行倾翻来完成的。

翻车机的结构基本相同，具体部位稍有差异。结构在不断改进，设备性能在不断完善，其工作状况越来越稳定，效率越来越高。

(1) 转子。过机车双车翻车机，翻车机回转框架由两个C形端盘及靠车梁、托车梁、小纵梁三大箱型结构梁用高强螺栓连接形成的一个回转体，大约28.5m长，直径为9.13m，两端盘间距为17.4m。翻车机倾翻时，液压锁定缸用来支承车厢侧面，并牢固地夹紧车厢。回转框架支承在4组辊轮之上，驱动装置驱动齿条和齿轮系统，对翻车机进行倾翻。

1) 端盘。两个端盘，定位于靠近翻车机的两端，制作成C形结构。端盘与左侧小纵梁、右侧靠车梁和托车梁连接。一个敞开扇形齿条围绕两外侧端盘的圆周进行安装，与翻车机驱动装置啮合。围绕每个端盘圆周安装有一条轨道，由托辊上的滚轮支承。轨道和传动齿条分段由螺栓固定。端环两侧装有导料板，在导料板的后部装有控制电缆槽架。

2) 左侧小纵梁。小纵梁是一个25.037m长装配式重型钢箱形截面结构。八个压车机构安装于小纵梁的侧面，翻车机倾翻循环时，其用来将车皮牢固地定位。

3) 右侧靠车梁。靠车梁是一个26.4m长装配式重型钢箱形截面结构。4个靠板振动器依靠液压缸附于侧面靠车梁，其延伸刚好与两个卸载循环之前翻车机内的车厢接触，共四个振动器安装在靠板振动器上。

4）托车梁。平台托车梁是一个重型装配式箱形截面，其通过端盘支承一段轨道，具有足够的长度容纳两个车皮。在靠车梁侧，安装有护轨。倾翻循环时出现故障，护轨有助于防止车轮脱轨。共两对靠板振动器撑杆支承在托车梁侧面的支架上。

（2）压车机构。翻车机压车机构由分别安装在靠车梁和小纵梁上的十四个压车机构组成，压车钩与车帮接触部分装有缓冲橡胶，压车机构运行时不损车帮。

压车机构由液压缸操纵，安装于靠板后面及靠车梁、小纵梁的内侧。压车装置每个压车钩由两个油缸驱动，翻卸前压住车辆，在翻卸过程中，车辆弹簧的释放由压车机构上的弹簧进行补偿。

（3）靠板系统。靠板系统共有四套，每套靠板振动装置上装有两个振动电动机、四个油缸，靠板的质量由撑杆支承，油缸用来推动靠板靠车托住翻卸车辆，靠板面铺有缓冲橡胶以保护车辆。两个振动电动机振动一块振动板，振动板将振动力传到车辆上，起到清除残余物料的作用而又不损伤车辆。

（4）驱动系统。翻车机有两个驱动装置，定位于翻车机两端。包含一个75kW的变频电动机，两个电力液压块式制动器和一个3级减速斜齿轮减速器，进车端驱动装置装配一个主令控制器。减速器低速轴输出轴安装有驱动小齿轮，小齿轮与围绕端盘圆周的齿条啮合，位于轨面下。两台电动机是电子同步的，为变频控制。

驱动小齿轮为合金钢，并经机加工和热处理。大齿圈材质为优质铸钢合金钢。

下面就驱动装置各主要部件做简要介绍。

1）制动器。制动器是翻车机的机械安全保护装置，每套翻车机有四台制动器，进出端各有两台，属于一种双保护形式，可以实现翻车机在任意角度的制动。翻车机使用的制动器形式为电力液压推杆块式制动器。制动器的安装位置及松闸间隙的调整、检查情况如下。

a. 制动器的安装：块式制动器应安装在机构中的高速轴上，由于转速越高，转矩就越小，需要的制动力矩也就越小，因而可选用较小的制动器。通常，制动器都安装在电动机和减速器之间，这样可将制动轮和半个联轴器制成一体。在两个半联轴器中，应该使用安装在减速器轴上的半个联轴器做制动轮。因为万一联轴器的连接发生故障，制动器仍可对减速器及其后面的工作机构起制动作用，保证工作安全。

b. 松闸间隙的调整：对于块式制动器，在松闸状态时制动瓦块与制动轮之间应有一定间隙以保证瓦块与制动轮完全脱离，避免造成瓦块和制动轮之间的不正常摩擦。松闸间隙不能过大也不能过小，最小松闸间隙$\delta=0.4\sim0.8$mm，最大间隙约为最小间隙的1.5倍，即$1.5\delta$。

调整松闸间隙除了满足上述最大和最小间隙要求外，还应使两个制动瓦块与制动轮之间的左右、上下间隙相等。调整可通过装设于制动器上的调整装置（如调整螺钉等）进行。

c. 制动器的检查和保养：①检查制动器各铰接点是否灵活，每月对制动器铰接点进行润滑保养，保证制动器轴销润滑良好；②检查制动蹄片的厚度是否正常，确保制动蹄片大于原厚度的50%；③检查电动缸的油位、油品是否正常。每月对油位进行定期检查，每年对油品进行检验，保证油品正常；④检查制动器松开时蹄片的左右、上下间隙是否正常；⑤检查制动弹簧是否正常，有无断裂，确保制动力矩在正常范围内；⑥检查制动器制动轮的磨损是否正常，当制动轮表面磨损凹凸达到3mm时，应及时进行更换。

d. 制动器日常使用注意事项：①制动器各轴销要经常润滑保养，防止制动器动作不灵敏；②液力推杆制动器油位要保持在适当位置，油位过低易出现制动器动作不到位的问题；③如果控制系统出现问题，容易出现制动器抱闸运转事故，如果处理不及时将引起制动瓦片烧毁、电动机过载，严重时可能还会引起火灾，所以运转时一定要注意观察。

2）减速器。减速器是一种封闭在刚性壳体内的独立传动装置，其作用是降低转速、增大转矩，把原动机的运动和动力传递给工作机。减速器结构紧凑、效率较高、传递运动准确可靠，使用维护方便、可成批生产，因此应用非常广泛。常用减速器我国已标准化、系列化，有专门厂家生产，其技术参数可查阅有关手册。

a. 减速器的组成和分类。减速器主要由传动件、轴、轴承和箱体四部分组成。其中，传动件有的采用齿轮，有的采用蜗杆蜗轮，有的二者都用。大多数减速器的箱体采用中等强度的铸铁铸造而成，重型减速器则采用高强度铸铁和铸钢，单件少量生产时也可用钢板焊接而成。减速器箱体的外形要求形状简单、表面平整。为了便于安装，箱体常制成剖分式，剖分面常与轴线平面重合。

减速器类型很多，其分类方法一般有以下几种：

a）按转动件类型可分为圆柱齿轮减速器、圆锥齿轮减速器、蜗杆减速器、行星齿轮减速器、摆线针轮减速器和谐波齿轮减速器。

b）按传动比级数可分为单级减速器和多级减速器。其中，两级减速器按齿轮在箱体内的布置方式不同又分为展开式、分流式、同轴线式和中心驱动式。

c）按轴在空间的相对位置可分为卧式减速器和立式减速器。

b. 减速器的使用。

a）减速器机械功率的额定值等于或大于电动机铭牌功率与使用系数的乘积。

b）减速器的发热功率等于或大于电动机铭牌功率与使用系数的乘积。

c）飞溅润滑、高性能的耐磨轴承、油密封性能持久。

d）减速器外壳采用铸钢和钢结构。

e）减速器齿轮为斜齿轮或人字齿轮，齿轮表面推荐使用硬齿面且表面适当修正，以便得到很好的啮合。硬齿面机械性能好、强度高、寿命长。强度、寿命相同的硬齿面减速器和普通齿面减速器相比，其体积大大减小，使用寿命大大延长。

f）减速器外壳上设一个油位观察标尺和可拆卸的检查罩、通气孔，不使用的轴端有护盖。需注意的是，当减速器系统受到非正常的冲击时，容易出现齿面点蚀、断齿、轴承损坏等问题，如果驱动系统长时间振动超标，就容易产生谐振、引起减速器整机损坏。所以在进行驱动装置安装时必须引起高度重视，与减速器匹配的电动机和机械联轴器的精度要求必须满足。减速器高速轴端的骨架油封易损坏漏油，需适时更换。

翻车机使用的减速器为卧式齿轮减速器，型号为 M3PSF70，功率为 75kW，减速比为 31.5∶1。

3）齿轮。

a. 齿轮传动的维护。

a）使用齿轮传动时，在启动、加载、换挡及制动的过程中应力求平稳，避免产生冲击载荷，以防止引起断齿等故障。

b）经常检查润滑系统的状况，如润滑油量、供油状况、润滑油质量等，按照使用规则定期更换或补充规定牌号的润滑油。

c）注意监视齿轮传动的工作状况，如有无不正常的声音或箱体过热现象。当润滑不良和装配不合要求时，容易造成齿轮失效，因此在保证正确安装工艺的同时，采用声响监测和定期检查也是发现齿轮有无损伤的重要方法。

b. 齿轮的修复。在生产中，常见齿轮损伤主要有过热磨损、点蚀、撕痕和断齿。应根据情况不同，予以修理或更改，下面介绍几种常用的修复方法。

a）堆焊补齿法。可堆焊某几个齿或整圈齿以修复部分损坏的齿或恢复磨损的齿形。具体操作步骤为：①把坏齿去掉，并清理干净；②补齿堆焊；③切削加工齿（如铣齿）；④必要的热处理。

例如，对 15Cr 和 20Cr 的渗碳齿轮，可用 20Cr 和 40Cr 钢丝，以还原焰或中性焰（气焊）进行堆焊，也可用气门弹簧钢丝（65Mn）进行手工电焊堆焊，但此时钢丝上应涂焊药。堆焊检验合格后，需在车床上加工外圆和端面，在铣床上铣齿，最后再进行渗碳、回火处理。

b）镶齿法。一般当齿轮的齿较大时采用该种方法。具体操作方法是用机床将坏齿切削掉后安装新齿，如果是单齿，常把该齿的齿根部分做成燕尾形和齿轮体镶在一起；若是好几个齿，则可把几个齿连在一起做成燕尾体镶入，然后用埋头螺钉固紧或焊接，如图 8-60 所示。

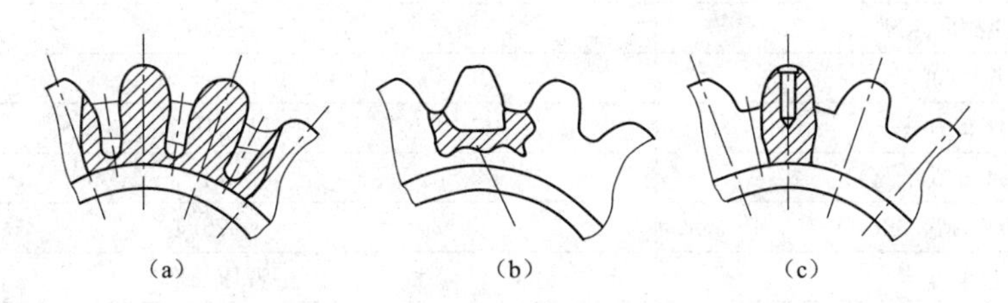

图 8-60　镶齿法的三种嵌入方式

(a) 多齿燕尾镶入式；(b) 单齿焊接镶入式；(c) 单齿埋头螺钉镶入式

c）变位加工法。对于尺寸较大的齿轮磨损后，一般可采用变位加工法，即报废小齿轮，将大齿轮磨损部分采用负变位加工，然后再配换一个正变位的小齿轮即可。

此外，若齿轮为单向传动，工作一段时间后可调换方向，即翻转 180°使用。

需要说明的是：①因齿轮损坏有时源于不正确的安装和使用，所以要保证正确的安装；②对修复的齿轮应进行侧隙、接触斑点等检验，满足要求后才能使用；③对修复好的齿轮，一般要先予跑合，后使用；④对破坏严重、修复困难或修复不经济的齿轮应进行更换。

（5）托辊装置。托辊装置包含 2 套凸缘辊及 2 套平辊轮。2 套凸缘辊安装在进车端支承梁上，总共 4 个辊子，辊子接触面直径为 630mm；2 套平辊轮安装在出车端支承梁上，总共 4 个辊子。托辊用来承载回转体及翻卸车辆的质量。

（6）电缆支架。电缆支架用于支承翻车机上的动力电缆和控制电缆之用，安放在进车端盘的翻卸侧。

（7）润滑装置。翻车机润滑装置主要有转子驱动和支承托辊部分等的润滑，采取操作司机利用作业间隙来完成。

（8）行程限位开关。翻车机光电装置机超行程限位开关见电气控制部分。

（9）翻车机本体技术参数见表8-7。

表8-7　　翻车机本体技术参数

| 形式 | 过机车双车翻车机 |
|---|---|
| 型号 | FZ211-200转子式 |
| 翻转传动方式 | 齿轮齿条 |
| 支承方式 | 托辊支承、两支点 |
| 翻卸能力（次/h） | 22～25 |
| 适用车型 | C60、C61、C62、C64、C70型铁路敞车 |
| 钢轨型号（kg/m） | 50 |
| 最大载质量（t） | 220 |
| 回转速度（m/s） | 1.326 |
| 回转周期（s） | 55 |
| 回转角度（°） | 正常165，最大175 |
| 长度（m） | 28.5 |
| 支承环直径（m） | 9.13 |
| 振动电机型号 | VB-546-W |
| 振动电机功率（kW） | 0.38 |
| 振动电机数量（个） | 8 |
| 击振力（kN） | ≤18 |
| 击振时间（s） | 3～5 |
| 压车方式 | 液压压车 |
| 压车油缸（个/台） | 14 |
| 压车力（kN/40cm） | ≤78.4 |
| 靠车方式 | 液压靠车 |
| 靠车油缸（个/台） | 16 |
| 对车辆侧墙立柱内倾总弯矩（kN·m） | ≤235 |

**4. 翻车机主要辅助机械**

（1）重车调车机：用于牵引重车车辆，设备由车体、调车臂、行走结构、导向轮装置、驱动装置、液压系统、电缆悬挂装置、地面驱动齿条和导向块组成。齿轮齿条驱动。驱动装置配备盘式制动器，以保证负载均衡，制动可靠。调车臂液压系统采用平衡油缸和摆动油缸双作用方式，起落平稳，如图8-61所示。

（2）空车调车机：用于将迁车台上的空车车辆推出送到规定位置。同重车调车机采用相同的驱动和导向方式，充分保证了可靠性。车臂固定，单速运行，也可选用调速方式，如图8-62所示。

（3）迁车台：是翻车机系统配套的一种调车设备形式，分为销齿驱动和摩擦驱动两种形式。设备由平台、行走结构、导向轮装置、驱动装置、液压系统、电缆悬挂装置、地面销齿系统和缓冲装置组成。驱动装置采用双三合一减速器、同步轴销齿驱动，或采用双三合一减速器、摩擦驱动，以保证负载均衡，行走平稳，如图8-63所示。

**5. 翻车机电气设备概述**

煤制气翻车机系统由翻车机、重车调车机两大部套组成。这两大部套通过PLC（可

图 8-61　重车调车机

图 8-62　空车调车机

图 8-63　迁车台

编程序控制器）集中控制，将其连为一个有机的整体，按设定程序运行。PLC（可编程序控制器）采用 AB 公司软件，它提供了视窗软件开发环境，大大地加速了工厂控制系统的标准化，可使用各种视窗工具开发软件，而且视窗支持软件将提高从系统设计到调试、维护和操作的整个过程的效率，并且支持柔性化的网络，通过自由组合网络，创建传送信息的网络，使工厂信息应用更加方便。

翻车机采用变频器调速，使回零位对轨在低速运行中完成，其余过程采用高速运行，这样大大减小了运行过程中的冲击，消除了损车现象，同时提高了运行效率。调速装置采用西门子公司 6SE70 系列三相交流传动系统电压源型变频器，高低速切换方便，性能好。

重车调车机采用交流变频电动机拖动，由于重车调车机工作程序复杂，调速装置采用西门子公司 6SE70 系列三相交流传动系统电压源型变频器，保证了重车调车机可靠运行。车臂采用活塞式摆动液压电动机控制，减小抬落臂到位时的冲击，缩短了抬落臂的时间，提高了系统工作效率。

下面就翻车机电气的总体供配电情况及电气设备的主要技术参数进行说明。

（1）翻车机供电与配电。现场各部套配电柜放置于配电室内。整套电气设备的电气柜都采用电力部标准 GGD 设计柜，外形尺寸 800(1000)×800×2200(宽×深×高，单位：mm)，密封防尘，防护等级都达到设计要求。各就地操作箱放于便于操作的地方，其防护等级都达到设计要求。主要电气设备概况见表 8-8。

表 8-8　　主要电气设备概况

| 名称 | 符号 | 安装位置 |
|---|---|---|
| 重车调车机控制柜 | G11-G15 | 翻车机配电室 |
| 翻车机控制柜 | G21-G22 | 翻车机配电室 |
| 程控柜 | G01 | 翻车机操作室 |
| 集控台 | T01 | 翻车机操作室 |
| 重车调车机就地操作箱 | J10 | 重车调车机车体上 |
| 翻车机就地操作箱 | J22 | 靠近翻车机本体处 |
| 双向止挡器操作箱 | J17 | 靠近迁车台、空调处 |

翻车机系统总电源供至翻车机 1 号控制柜柜内母排，再通过母排分别给翻车机、重车调车机的液压系统泵电动机及主电动机、振动器、变频电动机冷却风扇、PLC 控制等供电。

（2）翻车机电气设备简介。

1）翻车机驱动：翻车机由 2 台变频电动机驱动，电动机分别安装在翻车机的两侧，通过减速箱、驱动轴对翻车机进行驱动。每台电动机的驱动功率为 75kW，变频电动机配套的变频器为西门子公司 6SE70 系列变频器。

2）重车调车机驱动：重车调车机由 6 台变频电动机驱动，每台电动机的驱动功率为 63kW，变频电动机配套的变频器为西门子公司 6SE70 系列变频器。

3）翻车机液压站动力：液压装置由 2 台功率为 37kW 的三相交流鼠笼式电动机拖动。

4）重车调车机液压站动力：液压装置由 1 台功率为 22kW 的三相交流鼠笼式电动机拖动。

5）检测保护开关简介：

a. 接近开关。接近开关是非接触型的物体检测装置，按工作原理分为高频振荡型、电容型、感应电桥型、永久磁铁型和霍尔型等，应用最多的是高频振荡型接近开关，约占 80%。这种开关的工作原理以高频电路状态的变化为基础，当金属物体（它相当于工作机械运动部件上的触块）进入以一定频率振荡着的高频振荡器的线圈磁场时，由于金属物体内部产生涡流损耗，致使振荡电路的电阻增大，能耗增加，结果导致振荡减弱，输出发生变化，动合触点闭合，动断触点打开。重车调车机、翻车机的定位开关均采用此开关。

b. 光电开关。翻车机的光电开关为漫反射式的，发射的为不可见红外线光，工作原理如下：当红外线被遮挡时，通过内部的光电耦合器，触发晶体管输出，动合触点闭合，动断触点断开，当红外线未被遮挡时，输出不变。翻车机的进出端两侧安装的光电开关，用来检测车厢是否超出翻车机端盘范围。

6）低压配电系统简介：各个控制柜内的交流接触器、热继电器都选用法国施耐德公司产品，中间继电器选用日本 OMRON 公司的产品。

另外，为防止外部干扰信号干扰 PLC 机，PLC 机输入模块电源使用隔离变压器，并在所有输入信号上使用电容端子，这样大大提高了 PLC 机的抗干扰能力，使控制线路简单直观，使维护更为方便。

（3）翻车机电气设备主要技术参数。

1）翻车机变频电动机参数：额定功率 75kW，额定电压 380V，额定电流 143A，额定转速 985r/min。

2）重车调车机变频电动机参数：额定功率 63kW，额定电压 380V，额定电流 130A，额定转速 735r/min。

3）PLC 参数：CPU 型号为 1756-L62，PLC 输入输出点数 480，PLC 通信方式为 PLC 与上位机为以太网通信。

**6. 翻车机 PLC 自动控制部分**

（1）PLC 简介。

1）可编程序控制器。可编程序控制器又称为可编程序逻辑控制器 PLC（Programmable logic controller），是微机技术与继电器常规控制技术相结合的产物，是在顺序控制器和微机控制器的基础上发展起来的新型控制器，一种以微处理器为核心的数字控制器。它不仅充分利用微处理器的优点来满足各种工业、领域的实时控制要求，同时也兼顾到现场电气技术人员的技能和习惯，形成一套以继电器梯形图为基础的形象编程语言和模块化的软件结构。

AB 品牌 PLC 系统以各种柔性的工业标准化 I/O 接口模块，提供了完备的各种控制解决方案。易用的软硬件配置系统，使设计控制系统更轻松；高可靠的工业标准化设计，适应各种恶劣工况现场环境；AB 的 PLC 系统广泛应用于石油、化工、电力、冶金等各种大小尺度的工业控制。AB 的 PLC 在简单易于使用的环境下，实现了卓越的性能，堪称业内典范。昆腾控制器最大存储容量可达 8M，支持过程密集型的应用和快速运动控制应用。可以根据应用要求，选用不同存储容量的控制器。多种处理器、多种通信模块和 I/O 可混合使用，不受限制。不需要处理器执行 I/O 的桥接和路由，随着系统的增大，可用网络把控制分布到另外的机架。

2）PLC 的主要特点。

a. 应用灵活、扩展性好。PLC 的用户程序可简单而方便地进行编制和修改，以适应现场作业的要求。PLC 可根据现场所连接的电气设备的数量，以积木方式扩充系统规模满足生产要求。

b. 操作方便。梯形图形式的编程语言与功能编程键符的运用，使用户程序的编制清晰直观。

c. 标准化的硬件和软件设计、通用性强。PLC 具有标准的积木式硬件结构及模块化的软件设计，具有通用性强、设计简单、维护方便、连线容易、调试周期短等特点。

d. 完善的监视和诊断功能。可在线监视各个开关的动作状态，现场某个开关动作是否良好，可立即显示出来，可根据工作状况，强制改变某个开关的状态。

e. 可适应恶劣的工业应用环境。PLC 的现场连线采用屏蔽线，PLC 的输入采用光耦隔离，具备信号抗干扰措施，PLC 的耐热、防潮、抗干扰和抗振动性能好。

（2）翻车机 PLC 硬件配置。

克旗煤制气翻车机系统采用 AB 系列 PLC，硬件配置见表 8-9。

**表 8-9　　硬　件　配　置**

| 序号 | 名称 | 规格型号 | 数量 |
|---|---|---|---|
| 1 | 电源模块 | 1756-PA75 | 3（个） |
| 2 | CPU 控制器 | 1756-L62 | 1（个） |
| 3 | CN 控制网模块 | 1756-CNB | 3（个） |
| 4 | 17 槽底板 | 1756-A13 | 2（个） |

续表

| 序号 | 名称 | 规格型号 | 数量 |
|---|---|---|---|
| 5 | 模拟量输入模块 | 1756-IF8 | 1（个） |
| 6 | 通信模板 | 1756-ENBT | 1（个） |
| 7 | 端子排 | 1756-TBCH | 32（个） |
| 8 | 开关量输入模块 | 1756-IM16I | 18（个） |
| 9 | 开关量输出模块 | 1756-OW16I | 14（个） |
| 10 | 空模板 | 1756-N2 | 7（个） |
| 11 | 7 槽底板 | 1756-A17 | 1（个） |
| 12 | 终端电阻 | 1786-XT | 2（个） |
| 13 | F 形接头 | T 形头（分支器） | 3（个） |
| 14 | 连接头 | 1786-BNC | 15（个） |
| 15 | RG6 同轴电缆 | 1786-RG6 | 100（m） |

由表 8-9 可看出，翻车机 PLC 基本结构主要由电源模块、CPU 控制器、I/O 模件（开关量输入，开关量输出，模拟量输入），底板或机架组成。

各硬件的功能为：

1）电源模块主要是为 PLC 内部供电。

2）CPU 控制系统主要处理程序与数据，执行用户编辑的逻辑指令等。

3）远程扫描器主要与远程输入输出机架通信，读取输入模块的输入信号，并把逻辑处理器的执行指令送到输出模块去。

4）输入模块主要采集现场的各种开关量信号和模拟量信号，一般可分为数字量输入模块和模拟量输入模块。

5）输出模块是 PLC 的输出接口，来推动现场各种执行元件，如接触器、继电器输出等，一般可分为数字量输出模块和模拟量输出模块。

**7. 翻车机变频驱动装置**

（1）变频调速系统简介。克旗煤制气翻车机系统翻车机、重车调车机动力驱动装置采用西门子公司 6SE70 系列变频调速装置。

西门子公司 6SE70 系列交流变频器提供了简捷实用的卓越性能。6SE70 系列交流变频器主要用于控制三相感应电动机，从最简单的速度控制到最苛刻的转矩控制，满足应用系统的要求。其标准控制方式主要包括电压/频率（$U/f$）控制和无速度传感器矢量控制。

（2）翻车机变频调速原理。翻车机、重车调车机、迁车台、空调机变频调速装置都是采用西门子公司 6SE70 系列变频调速系统，在原理上是一样的，仅在功率上不一样，如图 8-64 所示，下面就一台的原理进行分析。

我们知道，交流电动机的同步转速表达式为

$$n = 60f(1-s)/p \tag{8-1}$$

式中 $n$——异步电动机的转速；

$f$——异步电动机的频率；

$s$——电动机转差率；

$p$——电动机极对数。

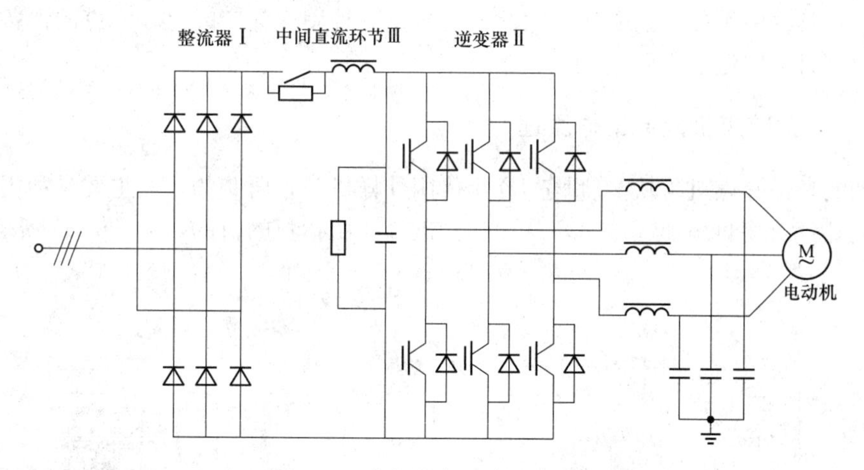


图 8-64　变频器主回路基本结构

由式（8-1）可知，转速 $n$ 与频率 $f$ 成正比，只要改变频率 $f$ 即可改变电动机的转速，当频率 $f$ 在 0～50Hz 的范围内变化时，电动机转速调节范围非常宽。变频器就是通过改变电动机电源频率实现速度调节的，是一种理想的高效率、高性能的调速手段。

（3）翻车机系统电动机控制及常用速度。

1）翻车机系统变频器的应用。克旗煤制气翻车机系统两大部套的变频器均采用工厂宏进行控制，工厂宏所有的传动命令和参数设定都可通过控制盘按键或一个外部控制地给出。当前的控制地是由控制盘的 LOC/REM 键来选择，传动单元为速度控制方式。在外部控制模式下，控制地为 EXT1。给定信号连接到模拟输入口 AI1，启动/停止和转向信号分别连接到数字输入 DI1 和 DI2。默认情况下，运转方向为 FORWARD（参数 10.03）。DI2 不控制电动机的运转方向，除非参数 10.03 的值设为 REQUEST。通过数字输入口 DI5 和 DI6 可选择 3 个恒度值，可预设两个加速/减速斜坡，根据数字输入口 DI4 的状态来选择使用那个斜坡。在控制端子板上有两个模拟输出（速度和电流）信号和三个继电器输出信号（准备、运行和反转故障）。控制盘默认的实际显示信号是 FREQUENCY、CURRENT 和 POWER。

2）翻车机及其调车设备常用速度（为与设置参数保持一致性，各速度均以频率表示）。

a. 翻车机部分：翻车机正翻的常速为 50Hz，低速为 10Hz，停机速度为 0Hz；翻车机回翻的常速为 50Hz，低速为 7Hz，停机速度为 0Hz；翻车机驱动采用一台变频器拖动两台电动机的方式。

b. 重车调车机部分：重车调车机前行的牵整列重车常速为 40Hz，牵单节重车及推空车入迁车台常速为 50Hz。对位的低速均为 10Hz，停机速度为 0Hz；重车调车机返回的常速为 60Hz，低速为 10Hz，停机速度为 0Hz。重车调车机驱动采用两台变频器拖动六台电动机的方式。

## 8.5　环 锤 碎 煤 机

环锤碎煤机是近年来从国外引进的一种新型碎煤作业的机械，由于这种机械是利用高速旋转的锤环冲击煤块，使煤块沿其裂隙或脆弱部位而破碎，即大块碎成小块。实践证明，该机械可优质高效地破碎无烟煤、普通烟煤、劣质烟煤和褐煤，而且还可用于破碎化学制品中的脆性材料及某些中等硬度的矿物，因此该机械是一种用途甚广的比较先进的设备，正被逐步推广并得到日益广泛的应用。

### 8.5.1 环锤碎煤机设备工作原理

该系列的环锤碎煤机是从20世纪80年代国外样机开始研制的，它主要是利用高速旋转的转子上的环锤对物料施加锤击力，从而达到破碎块状物料的目的，如图8-65所示。

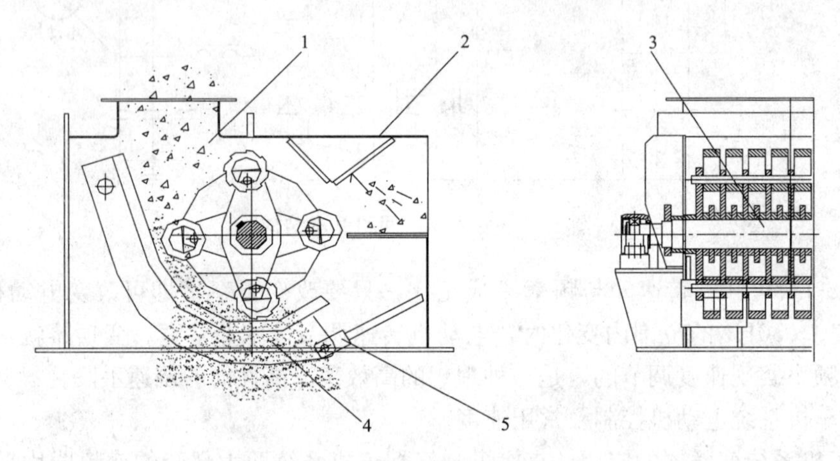


图8-65 碎煤机原理及结构

1—机体；2—机盖；3—转子；4—筛板架；5—调节器

如图8-65所示，环锤碎煤机由机体1、机盖2、转子3、筛板架4和调节器5等主要部分组成。电动机通过具有挠性叠片式联轴器或液力偶合器驱动转子。具体运行过程为从输煤皮带运来的原煤，均匀进入碎煤机破碎腔后，首先受到高速旋转的环锤的冲击而被初碎，初碎的煤高速冲向碎煤板和筛板后再次被撞碎，同时煤块之间也相互撞击，落到筛板及环锤之间时又受到环锤的剪切，滚碾和研磨等作用被粉碎到规定的粒度，而后从筛板栅孔中排出，而少量不能被破碎的物料如铁块、木块等杂物，在离心力的作用下，经拨料板被抛到除铁室内而后定期清除，因此具有自身保护功能。出料粒度的调节是通过交换各种不同特性的筛板来实现的，以及与转子、环锤工作圆的间隙大小（它根据工作需要，通过调节器来调节出料粒度），达到出料粒度要求。

### 8.5.2 设备型号及技术参数意义说明

#### 1. 设备型号

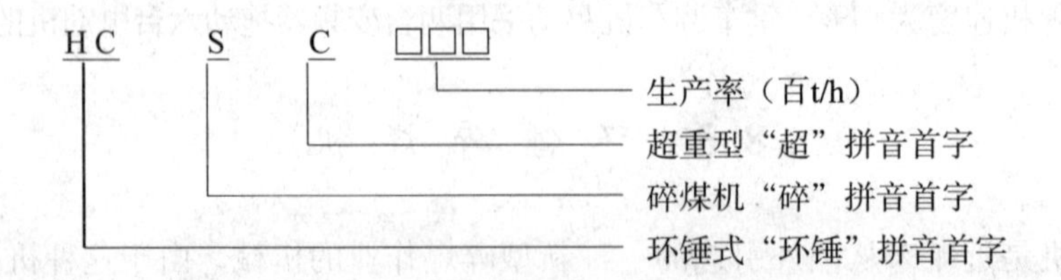

## 2. 某电厂所用的环锤碎煤机技术参数

某电厂所用的环锤碎煤机技术参数见表 8-10。

表 8-10　　　　环锤碎煤机技术参数

| 项目 | | 单位 | 参数 | |
|---|---|---|---|---|
| 生产率 | | t/h | 800 | 600 |
| 最大入料粒度 | | mm | ≤300 | ≤300 |
| 出料粒度 | | mm | ≤30 | ≤30 |
| 转子 | 直径 | mm | 900 | |
| | 工作长度 | mm | 1660 | 1180 |
| | 线速度 | m/s | 44.8 | |
| | 转动体质量 | kg | 3665 | 2785 |
| | 飞轮矩 | kgf·m² | 1020 | 786 |
| | 扰力值 | N | 36 068.9 | 27 311.5 |
| 环锤 | 数值 | 排 | 4 | |
| | | 个 | 齿环 26/圆环 26 | 齿环 18/圆环 18 |
| | 质量 | kg | 齿环 24.4/圆环 28.6 | |
| 电动机 | 型号 | | YKK500-8 | YKK400-6 |
| | 功率 | kW | 280 | 250 |
| | 电压 | V | 6000 | 6000 |
| | 转速 | r/min | 990 | 740 |
| | 质量 | kg | 2610 | 2510 |
| | 防护等级 | | IP54 | IP54 |
| | 冷却方法 | | 空空冷却 | 空空冷却 |
| 限矩型液力偶合器 | 型号 | | YOX750 | |
| | 输入转速 | r/min | 1000 | |
| | 传递功率范围 | kW | 170～330 | |
| | 过载系数 | | 2～2.5 | |
| | 效率 | % | 96 | |
| | 质量 | kg | 350 | |
| 外形尺寸（长×宽×高） | | mm×mm×mm | 3060×2900×1500 | 2580×2900×1500 |
| 碎煤机质量 | | kg | 14 272 | 12 950 |

以上配置为基本配置，根据煤质及用户要求可采用不同的配置。

### 8.5.3　设备结构及传动方式

#### 1. 设备结构

设备结构如图 8-66～图 8-68 所示。它由下机体、后机盖、中间机体、前机盖、转子、同步调节器、筛板架、出轴端盖、启闭液压系统九部分组成。

（1）机体。机体包括下机体、后机盖、中间机体、前机盖四大部分，全部采用钢板焊接结构。下机体用来支撑，具有良好的刚性，在其支撑面上开有密封槽。中间机体垂直法兰也开有密封槽，内镶密封胶条。四部分用螺栓、螺母连接。前后机体与下机体采用铰链轴连接，便于启闭回转。机体内装有 ZG50Mn2 材质的防磨衬板。设备入料口位于中间机体上

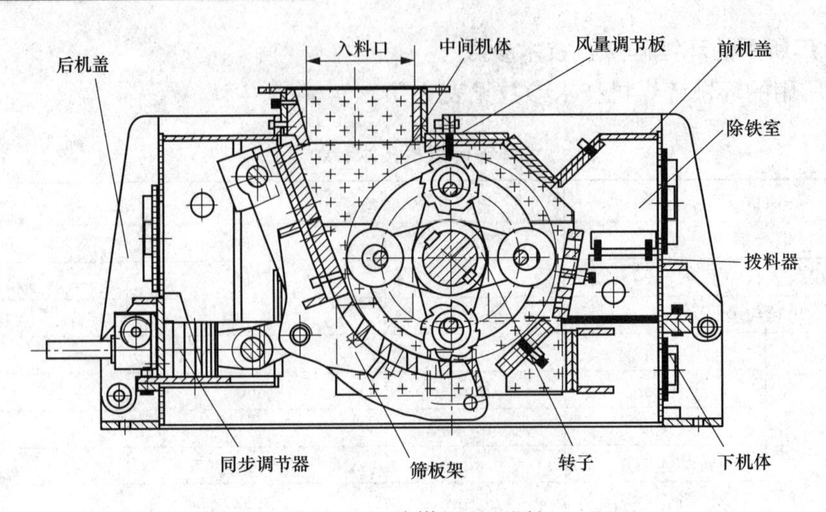


图 8-66　碎煤机正面图

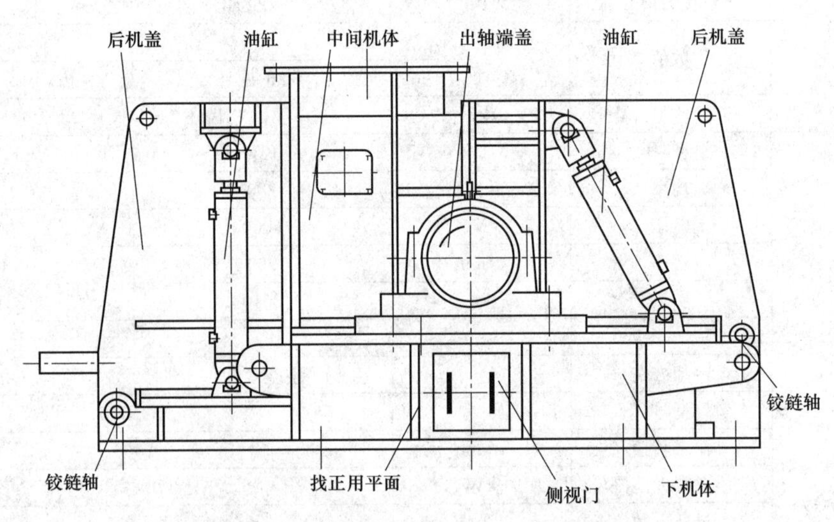


图 8-67　碎煤机背面图

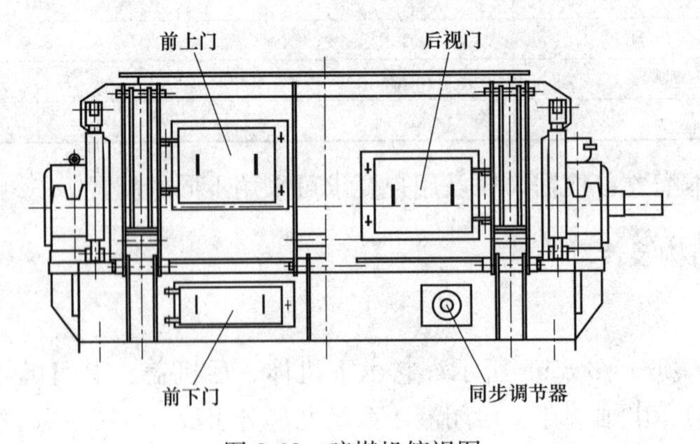


图 8-68　碎煤机俯视图

方，在其喉部装有风量调节板，可调整转子鼓风量。后机盖的上方有筛板架的挂轴支座。下机体和前机盖均有拨料板，用于清除异物。整机共设有八个检查门，便于维护、调整、检修和磨损检测。机体两端转子出轴处装有出轴端盖，内有毡封和胶封。

(2) 转子。在主轴上装有 1 组平键、2 个圆盘、十字交错的数个摇臂和 2 个隔套，由 2 个锁紧螺母将其紧固，且以止动块焊接放松。4 根环轴上装着顺序排列的齿环锤和圆环锤，用挡盖螺栓及弹簧垫圈限位。两轴承体为剖分式，轴承座内有 2 条环形槽，将内迷宫及闷盖定位。主轴两端装有双列向心球面滚子轴承，内圈以圆螺母及止动垫紧固，出轴端的轴承外圈用稳定环轴向紧固，非出轴端的轴承外圈可轴向游动，轴承径向采用迷宫式密封，如图 8-69 所示。

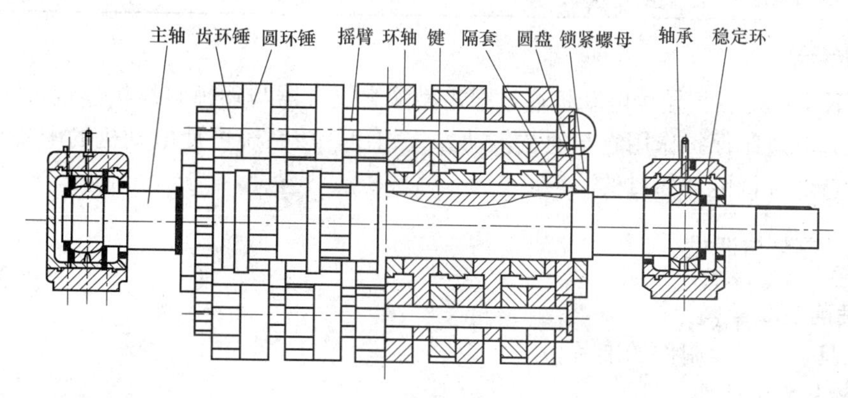


图 8-69　筛板架

参考图 8-66，筛板架部件的架体为焊接结构，用轴悬挂在后机盖支座内，通过铰链轴与同步调节器连接。由高锰钢制成的破碎板分Ⅰ型和Ⅱ型两种规格各 4 块，用合金钢铸成的切向栅孔的筛板 1 件，均用方楔螺栓紧固。筛板架可绕挂轴回转。

(3) 同步调节器。如图 8-70 所示，筛板间隙的调节是通过左右对称的两套蜗轮蜗杆减速装置实现的。用连接轴、套筒、弹性销将其连接在一起进行同步调节。蜗杆转动时，蜗轮推动丝杠、铰链头、轴前后移动，连杆可绕轴和铰链轴转动以调节筛板架和转子之间的相对位置。调整垫片是用于筛板间隙的调节和承受撞击力的。

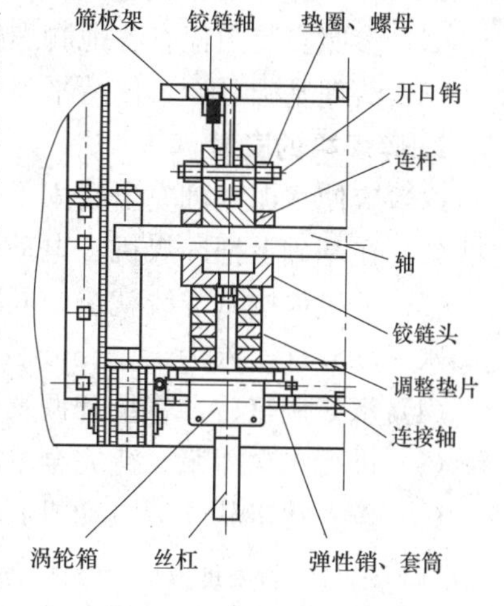


图 8-70　同步调节器

(4) 启闭液压系统。该系统由一套液压站、各种管路、控制元件（换向阀）及执行元件（油缸）等组成。为检修方便，前后机盖各配有两个油缸，但是前后机盖不可同时打开。液压系统在非工作状态时，快速接头应有防尘保护措施。

液压站包括电动机、爪式联轴器、齿轮泵、进回油管，粗、精滤油器、溢流阀、换向阀、节流阀、滤清器、信号灯、压力表、油箱等元件。精滤油器配有压差发信器，当滤芯堵塞，压力管路的油压差达 0.35MPa 时，信号灯即会亮起，此时应更换滤芯。液压系统参数见表 8-11。

**表 8-11**　　　　**液压系统参数**

| 项目 | 单位 | 参数 |
|---|---|---|
| 电动机功率 | kW | 1.5 |
| 电动机转速 | r/min | 940 |

续表

| 项目 | 单位 | 参数 |
|---|---|---|
| 电压 | V | 380 |
| 系统额定工作压力 | MPa | 6.25 |
| 油泵最大工作压力 | MPa | 7.85 |
| 额定流量 | L/min | 8.19 |
| 机盖开启溢流阀压力 | MPa | 7.5 |

**2. 传动方式**

采用YKK系列三相异步电动机通过限矩型液力偶合器与环锤碎煤机连接，能够对碎煤机及电动机起到过载保护作用。与通常传动方式相比，该系统可使电动机的配备功率减少，达到节约投资、降低能耗的目的。

### 8.5.4 安装与调试

**1. 安装前的准备**

(1) 工具、仪器及附件的准备。

1) 一般装配用标准工具。

2) 水准仪（精度为0.1mm/m）墨线及软尺（10m）各一件。

3) 地脚螺栓等紧固件（见随机附件或用户自备）。

4) 调整垫片（自备）。

5) 20t吊车、起吊钢绳。

(2) 参照安装图检查各地脚螺栓预留孔尺寸是否正确，相互位置是否符合图纸要求。

(3) 清理基础平面，保持平整。

**2. 碎煤机的安装**

(1) 应使水泥基础完全凝固干化，具有足够的强度后，才可进行安装工作。

(2) 在基础上把碎煤机、电动机的中心位置打上墨线。

(3) 下机体按基准线就位，同时在轴承座垫板上用水准仪找正水平度，转子轴的轴向和径向水平度允许误差为±0.2mm。

(4) 水平调整后，将垫和调整垫铁焊牢。

(5) 进行二次灌浆，待完全凝固后，将地脚螺栓完全紧固。

(6) 按上述步骤安装电动机底座。

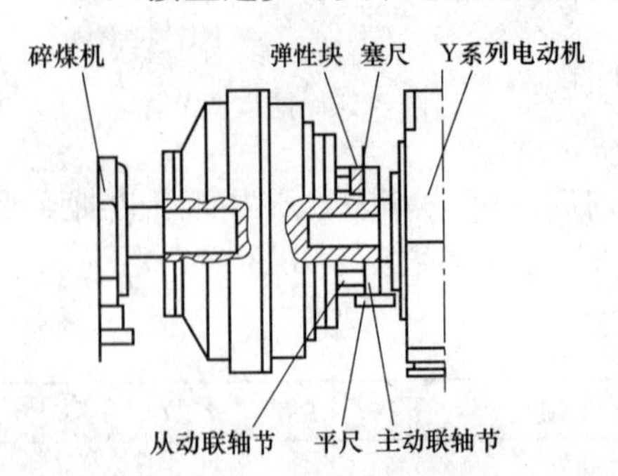


图8-71 限矩型液力偶合器

**3. 限矩型液力偶合器的安装**

(1) 液力偶合器在安装过程中，不得使用铁锤等硬物击打设备外表。

(2) 把液力偶合器输出轴孔套在碎煤机主轴轴端上。

(3) 移动电动机，使其轴端插入液力偶合器的主动联轴节孔中，保证两者的轴间间隙$X$=2～4mm。

(4) 用平尺（光隙法）和塞尺分别检查电动机轴与碎煤机的同轴度和角度误差，其允许误差不大于0.20mm，限矩型液力偶合器如图8-71所示。

**4. 设备的吊装**

（1）整机起吊：将起吊钢丝绳固定于下机体 4 块吊挂板的吊孔中，然后整体起吊。

（2）解体起吊参数见表 8-12。

表 8-12　　　解体起吊参数

| 部件＼型号 | HCSC | HCSC6 |
|---|---|---|
| 下机体（kg） | 3270 | 3535 |
| 转子（kg） | 3479 | 4273 |
| 中间机体（kg） | 912 | 1076 |
| 前机盖（kg） | 1676 | 1958 |
| 后机盖（kg） | 1376 | 1588 |
| 筛板架（kg） | 1171 | 1645 |
| 整机（kg） | 12 950 | 14 300 |

**5. 调整环锤与筛板之间的间隙**

（1）机器必须在停车状态下进行调整。

（2）从后视门筛板孔或侧视门可检查筛板与环锤之间的破碎间隙，如图 8-72 所示，$H$=45～75mm 为宜（$H$ 值可依电厂煤质情况和出料粒度要求自定），其同步调节口的调整垫片与筛板间隙的关系见表 8-13。

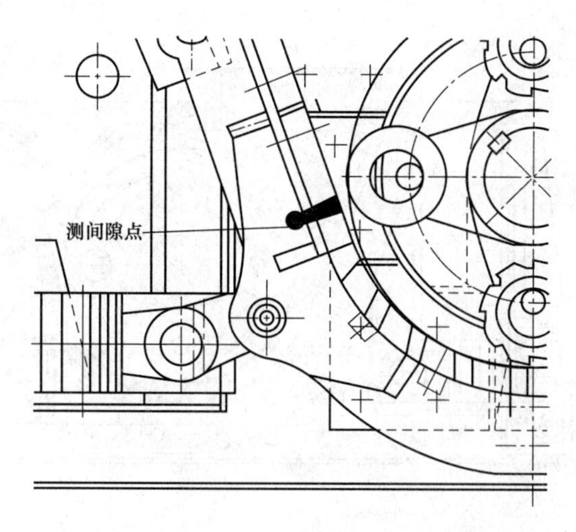


图 8-72　筛板与环锤之间的破碎间隙示意

表 8-13　　　垫片与筛板间隙的关系

| 垫片编号 | 垫片厚度（mm） | 所垫数量 | 筛板间隙（mm） | 说明 | |
|---|---|---|---|---|---|
| 1 | 35 | 1 | 238 | — | — |
| | | 2 | 196 | | |
| | | 3 | 154 | | |
| | | 4 | 114 | | |

续表

| 垫片编号 | 垫片厚度(mm) | 所垫数量 | 筛板间隙(mm) | 说明 | |
|---|---|---|---|---|---|
| 2 | 30 | 1 | 81 | — | — |
| 3 | 20 | 1 | 59 | 新环锤工作间隙 | |
| | | 2 | 38 | | |
| 4 | 15 | 1 | 23 | 环锤磨损调节 | |
| | | 2 | 9 | | 设计间隙 |
| 5 | 10 | 1 | −0.5 | | 筛板上调 |
| | | 2 | −10 | | |
| 6 | 8 | 1 | −17 | | |
| | | 2 | −24 | 环锤磨损极限 $\varphi$170 | |

(3) 调整步骤如下，如图 8-73 所示。

1) 在蜗杆端部方头套上带接头的棘轮扳手，自上而下转动数次，使被压紧的调整垫片放松。

2) 欲增大间隙，可取出几块垫片，将棘轮扳手反向套上，自下而上转动，直到间隙满足要求，当调整结束时，调整垫片必须紧紧压在箱体内壁上，使蜗轮、蜗杆、丝杠处于不受力状态。

3) 欲减小间隙，重复步骤 1)，插入必要的调整垫片，然后将棘轮扳手反向套上转动，直到压紧调整垫片为止。

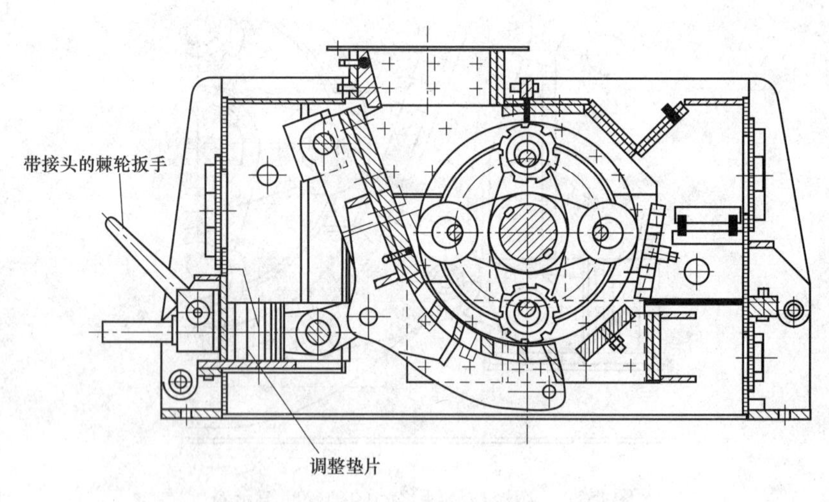


图 8-73　调整间隙步骤

**6. 空载鼓风量的调节**

如图 8-74 所示，风量调节装置装在中间机体的顶部。

本机出厂前，装配好的风量调节装置，已考虑到与破碎腔内循环气流的间隙相匹配，能够保证碎煤机正常工作间隙下的空载鼓风量要求。当碎煤机的运行工况各异时，或者环锤和筛板磨损到严重程度，用风量仪测得碎煤机入口和出口处鼓风量超标时，应停机照图 8-74 所示，松开风量调节板的紧固螺母，但无须从方楔螺栓上拆下，用风量调节扳手松开调节套筒，根据情况增减调节垫片，即可调节入口和出口鼓风量。

一般按下式调节气流间隙：

$$\delta_B = 1.25\delta_A \tag{8-2}$$

式中　$\delta_A$——环流间隙，即筛板与环锤轨迹圆之间的间隙，mm；

$\delta_B$——回流间隙，即风量板出口处与环锤轨迹圆之间的间隙，mm。

间隙调整结束后，必须将调节套筒和紧固螺母牢牢紧固后，方可开机运行。

**7. 机器的润滑**

（1）本机发往用户时，各润滑部位均已进行防锈处理，使用前需清理，再加入规定牌号的润滑剂。

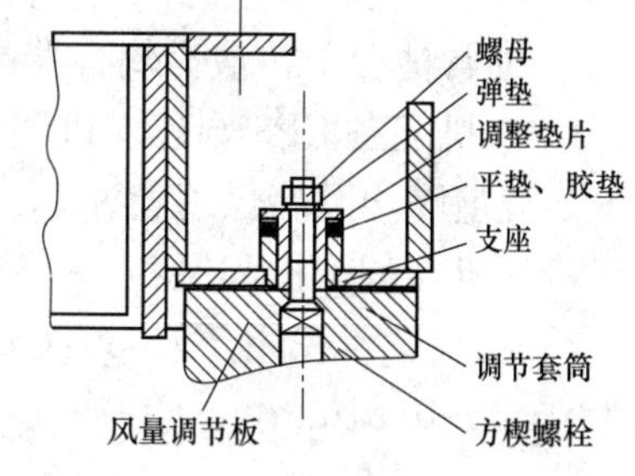

图 8-74　风量调节装置

（2）轴承座里要注入 3 号或 4 号 $MoS_2$ 锂基润滑脂，注入量应为油腔的 1/3～2/3 为宜，润滑剂必须清洁，隔半年更换一次。

（3）同步调节器的蜗轮、蜗杆、轴承及丝杠用 ZG-4 号钙基润滑脂润滑，每年更换一次。

（4）同步调节器的铰链头与轴、连杆与铰链轴处用 ZG-4 号钙基润滑脂润滑，每月注油一次。

（5）限矩型液力偶合器的用油及要求。

1）液力偶合器用油应具备低黏度、高闪点、耐老化的特点，一般采用 20 号透平油。

2）向液力偶合器内注油时必须经过 80～100 目/$cm^2$ 的滤网过滤。

3）充油量是决定液力偶合器特性的重要因素，应根据电动机转速及所传递的功率，严格按照该产品说明书所列图表选取相应的充油量。

4）运转 3000h 后需检查工作油，若老化，变质则更换新油。

（6）机器的运行和操作。

1）空载运行。

a. 前后机盖合好，关闭所用的检查门，并用楔铁紧固。

b. 检查机体各联接螺栓、衬板螺栓、地脚螺栓是否松动。

c. 机内不应有异物存在，盘车 1～2 圈，观察有、无卡住现象。

d. 各润滑部位按规定加注润滑油。

e. 电动机未插入液力偶合器前，应检查其转向与碎煤机转向是否一致。

f. 不得随意改变转子转速。

g. 完成以上检查工作，方可进行空载运行。

h. 空载运行 4h 后，轴承温度不超过 90℃。

i. 运行中无异常声音，电流值较平稳，轴承座的单振幅在 0.06mm 以内（刚性基础），弹性基础根据基础的性质定，但最高不得超过 0.35mm。

2）负载运行。

a. 空载运行正常即可进行负载运行，开始给料要少量，逐渐增加到额定值，应在入料口全长上均匀布料。

b. 给料过程中，随时检查电流值的大小，轴承温度变化及机体和轴承座的振动，无异常时正式进行负载运行。

c. 除特殊紧急情况外，一般不允许在给料运行中停机。

d. 正常停机，应先停给料机，确认机内没有残存的处理物后（破碎声音消失 1～2min 后）方可停机。

e. 转子没有完全停止之前，严禁打开检查门和进行维修检查工作。

f. 负载运行时，轴承座的垂直和水平单振幅均在 0.04～0.125mm 内，若某个方向的振幅超过 0.25mm 时，应立即停机检查；弹性基础根据基础的性质定，但某个方向的振幅超过 0.50mm，应立即停机，检查分析振动原因并消除之。

g. 通常情况下，液力偶合器的工作油温不应超过 90℃。

h. 本机配备 CP810 碎煤机测量监控系统，监测碎煤机在负载运行中的轴承振动、轴承温度、环境噪声及堵煤现象。

（7）机器的维护和保养。

1）主轴轴承采用 3G3630（22330C/W33C3）双列向心球面滚子轴承，装配后，径向游隙为 0.14～0.21mm。

2）如图 8-75 所示，当环锤磨损到规定的磨损极限时，该环锤及相对应侧的环锤应一起更换。

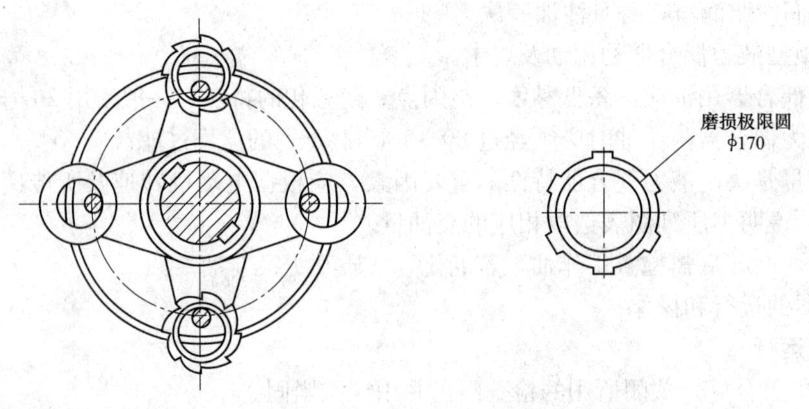


图 8-75　环锤示意

3）环锤的磨损极限为原始直径的 2/3，当预测到它不能与下次环锤一起更换时，应提前更换。为了使环锤、环轴能均匀地磨损，提高使用寿命，应沿转子全长上均匀给料。

4）更换环锤的程序。

a. 切断电动机电源，防止误合闸。

b. 拆除轴端密封总成及前盖法兰紧固件。

c. 将液压站快速接头体与前盖启闭液压管路快速接头按通，开动油泵，操纵方向阀，使前盖油泵工作，将前盖打开至 69°，加垫木使支柱固定。

d. 用手拉葫芦等工具将转子固定。

e. 拆下环轴端压盖，从反电动机侧抽出环轴，一边抽环轴，一边取下旧环锤，然后将平衡好的新环锤顺序装配。

f. 检查无误，开动液压站，关闭前盖。

5）转子的平衡和环锤的配置。转子质量的不平衡将导致强烈的振动，必须注意，装新环锤时，请依照下列要领进行环锤的质量平衡。

a. 以 25g 为最小单位，将所装新环锤全部称重，在环锤表面上标注其质量，测定后列表记录。

b. 在垂直于轴的断面上，相对应的两个环锤的质量差不大于 150g，相对应的两排环锤的累计质量差也不大于 150g。

c. 相对应的两排环锤 1 和 3、2 和 4 应平衡，其累计质量差均不大于 150g，假如所有对应的每对环锤都平衡，只有相距 180°的两个环锤不平衡，如图 8-75 所示，对于轴心线是静平衡的，可是当旋转起来，每个不平衡的环锤产生的离心力，在轴承中出现摇摆，引起动不平衡，因此必须使“A”值尽量小为宜。如图 8-76 所示。

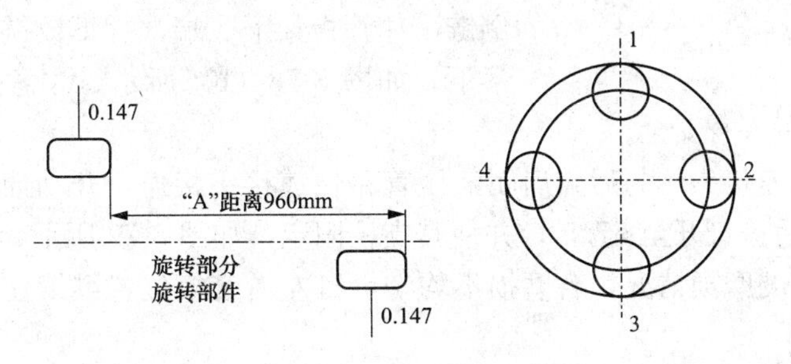


图 8-76　环锤配置

d. 在环锤的静平衡度和动平衡度上选择最佳的平衡方案，表 8-14 是选择时的举例，每排长度质量差在允许的范围内，但在平衡度上并非最佳，其环锤的平衡必须按表 8-15 重新排列，显而易见，表 8-15 每排和每行上的环锤，经过重新变换位置（符号标记）后，达到了静平衡度和动平衡度最小。

**表 8-14**　　环锤平衡选择举例

| | 第 1 排 | 第 3 排 |
|---|---|---|
| 同一行齿圆环锤公斤数 | A52/820 | A52/820 |
| | B52/630 | B52/765 |
| | C2/955 | C52/825 |
| | D52/585 | D52/725 |
| | E52/980 | E52/845 |
| | 263/970 | 263/980 |

**表 8-15**　　环锤平衡方案

| | 第 1 排 | 第 3 排 |
|---|---|---|
| 同一行齿圆环锤公斤数 | A52/820 | A52/820 |
| | E52/980 | C52/955 |
| | D52/585 | B52/630 |
| | B52/765 | D52/725 |
| | C52/825 | E52/845 |
| | 263/975 | 263/975 |

注　表中字母为行标记符号，箭头与数字表示方向和行质量差。

（8）如需更换轴承，拆卸转子时，应打开前机盖，按图 8-77 所示，松开下机体衬板的紧固螺母（勿从方楔螺栓上卸下），把方楔螺栓往机体内稍串动一点，即可抽出 U 形垫，再往机体外拉动螺栓，使衬板贴近侧板内壁，衬板弧口不会卡住圆盘，即可用起重设备吊出转子，检修完后，向体内推动螺栓装上U形垫，再紧固衬板。

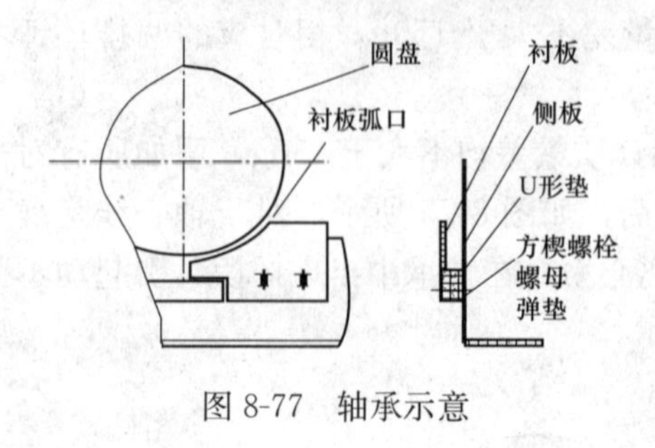


图 8-77　轴承示意

(9) 筛板与碎煤板的检查及更换。

1) 日常检查可从轴承座下方的侧视门，观察筛板的磨损情况，当筛板磨损到15mm厚度时，应更换新筛板。

2) 取出同步调节器的调整垫片，操纵蜗轮蜗杆，使筛板架处于最低位置，如图8-78 (a) 所示，再用倒链吊住筛板架下底端，拆下铰链轴，使筛板架慢慢落下，如图8-78 (b) 所示。注意此项操作必须在检查门外边进行，注意人身安全。

3) 将液压站快速接头体与后盖启闭液压管路快速接头接通，开动油泵操作方向阀，使后盖油缸工作，将后盖打开至57.5°，并使其支柱固定，如图8-79所示。

4) 检查碎煤板的磨损情况，若磨损不均匀，可左右交换位置继续使用，一旦发现磨出孔洞，应立即更换。

5) 拆除方锲螺栓，更换碎煤机的筛板。

6) 利用液压系统合箱，装好法兰，密封及紧固件。

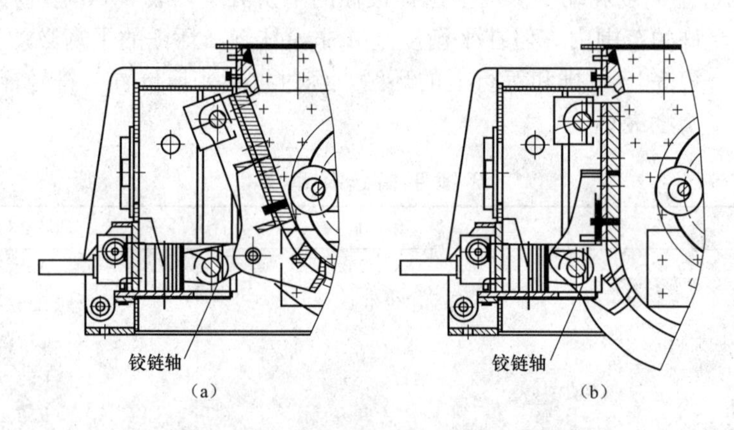


图 8-78　同步调节器的筛板位置

(a) 错误位置；(b) 正确位置

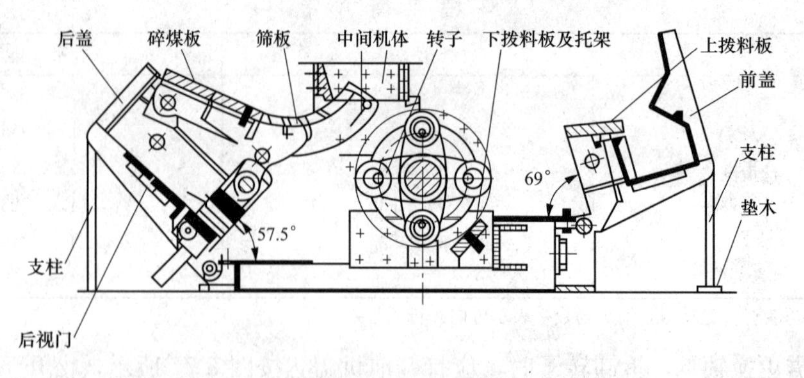


图 8-79　油缸示意

（10）液压系统的操作与维护。

1）液压系统的安装：按照液压系统原理图进行安装；安装前各液压元件应认真清洗，管道内腔进行酸洗，以清除铁锈等杂物。

2）液压站启动前的检查：启动前油箱面应位于油标的上端，启动后，油面应处于油标中可视位置。若从油标中看不到油面应补充油；检查管路各接头连接是否可靠；检查油泵电动机转向是否正确，从轴头方向看应为顺时针方向旋转。

3）油泵的启动与运行：油泵初次启动之前，应向泵内注满工作油，使泵的排出管卸载，缓缓转动电动机，排出泵体内及管路中的空气（或反复启动电动机）；电动机停转后，重新启动时，需间隔 1min 方可进行；调整溢流阀的压力到 8.5MPa，液压站在出厂时已调整好，用户无须调整。若需更高的工作压力可做相应的调整，但不允许超过 14MPa。

4）液压系统的维护：工作油的黏度为 17～38 厘斯（2.5～5°E）推荐使用 30 号液压油，夏季使用油温较高时，选用 40 号液压油；正常油温 10℃～60℃，当启动时，油温低于 0℃，要对油预热。待油温升至 5℃，方可运行；系统的过滤精度不低于 30μm，吸油口滤油器精度为 80 目，压力管路滤油器为 20 目，空气滤清器用 40 目网过滤；液压站的压力管路滤油器，配置了压差发信装置，当滤芯堵塞到进出口压差为 0.35MPa 时，液压站的指示灯发亮，此时应清洗或更换滤芯；定期对工作油进行取样检查，与新的工作油进行比较，检查油的颜色、透明度、沉淀物、气味等情况。若油液已变质或严重污染，应及时更换。一般最初三个月换油一次，以后每半年更换一次；快速接头在非工作状况下，应进行防尘保护。

（11）机器的故障及排除方法见表 8-16。

**表 8-16　　机器的故障及排除方法**

| 序号 | 故障性质 | 原因 | 排除方法 |
|---|---|---|---|
| 1 | 碎煤机振动 | 环锤碎裂或严重磨损失去平衡 | 按说明书重新选装，更换新环锤 |
| | | 轴承损坏或径向游隙过大 | 更换新轴承 |
| | | 电机与液力偶合器安装不同心 | 按说明书要求重新找正 |
| | | 给料不均匀，造成环锤不均匀磨损 | 调整给料装置，在转子长度上均匀布料 |
| | | 轴承座螺栓或地脚螺栓松动 | 紧固松动的螺栓 |
| 2 | 轴承温度超过 90℃ | 轴承径向游隙过小或损坏 | 更换 3G 或 4G 大游隙轴承增大游隙 |
| | | 润滑油不足 | 增加润滑油 |
| | | 润滑油秽 | 更换新油 |
| 3 | 碎煤机腔内产生连续的敲击声 | 不易破碎的异物进入 | 停机清除异物 |
| | | 破碎机、筛板等件的螺栓松动，环锤打在其上 | 紧固螺栓螺母 |
| | | 环锤轴磨损太大 | 更换新环锤轴 |
| 4 | 排料大于 25mm 的粒度明显增加 | 筛板与环锤间隙过大 | 重新调整间隙 |
| | | 筛板孔有折断处 | 更新筛板 |
| | | 环锤磨损过大 | 更新环锤 |
| 5 | 产量明显降低 | 给料不均匀 | 调整给料机构 |
| | | 筛板孔堵塞 | 清理筛板栅孔，检查煤的含水量、含灰量 |

续表

| 序号 | 故障性质 | 原因 | 排除方法 |
|---|---|---|---|
| 6 | 泵虽排油，但达不到工作压力 | 溢流阀动作不良 | 拆卸阀体，检查修复 |
| | | 油压回路无负荷 | 检查油路，加负荷 |
| | | 系统漏油 | 检查管道制止漏油 |
| 7 | 停车时漏油 | 输出轴处的油封损坏 | 更换油封 |
| 8 | 噪声过大 | 油面低 | 加油至规定油面 |
| | | 泵的安装基础刚性不足 | 提高安装基础刚度 |
| | | 转速和压力超出规定值 | 检查转速、压力及油路 |
| 9 | 液力偶合器油温过高 | 充油量减少 | 加油到所需要的数量 |
| | | 超载 | 减小载荷 |
| 10 | 油泵发热 | 容积效率不良，泵内进入空气 | 排除空气，提高容积效率 |
| | | 轴承损坏 | 更换新轴承 |
| | | 油黏度高，润滑不良或油污严重 | 更换新油 |
| 11 | 液力偶合器运转时漏油 | 热保护塞或注油塞上的O形密封圈损坏，或没上紧 | 更换密封圈或拧紧油塞 |
| | | 后辅室或外壳与泵轮连接处O形密封圈损坏 | 更换密封圈 |
| | | 后辅室或外壳与泵轮结合面没上紧 | 拧紧该两处的联接螺栓 |
| 12 | 启动或停车时有冲击声 | 弹性块过度磨损 | 更换新的弹性块 |
| 13 | 有压力但不排油或者容积效率下降 | 泵内密封体损坏 | 与制造厂家联系进行修理 |
| | | 吸入异物在滑动部分产生异常摩擦 | 进行检查，排除异物 |
| | | 吸入管太细或被堵塞 | 允许吸入真空度为110mm水银柱 |
| | | 吸入过滤器堵塞 | 清洗 |
| | | 吸入过滤器容量不足 | 过滤器的容量应为使用容量的2倍 |
| | | 吸入管或其他部位吸入空气 | 向吸入管注油，找出不良处 |
| | | 油箱内有气泡 | 检查回油路，防止发生气泡 |
| 14 | 电动机被烧毁 | 充油量过多 | 按需要的充油量加油 |

### 8.5.5 保养与维护

（1）每当机器运转3个月之后，对各轴承应加注（锂基润滑脂）一次。

（2）定期检查各紧固件是否牢固可靠。

（3）定期检查各易损件的磨损情况。

（4）易损件的更换。

1）环锤更换：拆除转子轴上的密封挡板零件及紧固螺栓等件将机盖打开，转动转子上一排环锤处于开口处，用V形座卡住转子轴颈上，防止摆动，固定后卸下环轴上的弹性销，然后拉环轴从圆盘的轴向孔中抽出，逐个地取下环锤，即一排一排的更换。

2）破碎板、筛板的更换：卸下后盖（如图8-80所示）及机体前挡板、结合面处各螺栓、螺母，将后盖开启，随后拆卸筛板架上的卡板，然后在筛板架与机体之间用一钢绳托住其组合件，使其便于与调节器和丝杠分开，分别拆下弹性销、垫圈、交接轴，将其脱开，随后吊起筛板架，向机前方向移动，由机前检修门吊出。无须搬动转子即可进行筛板和破碎板的更换。

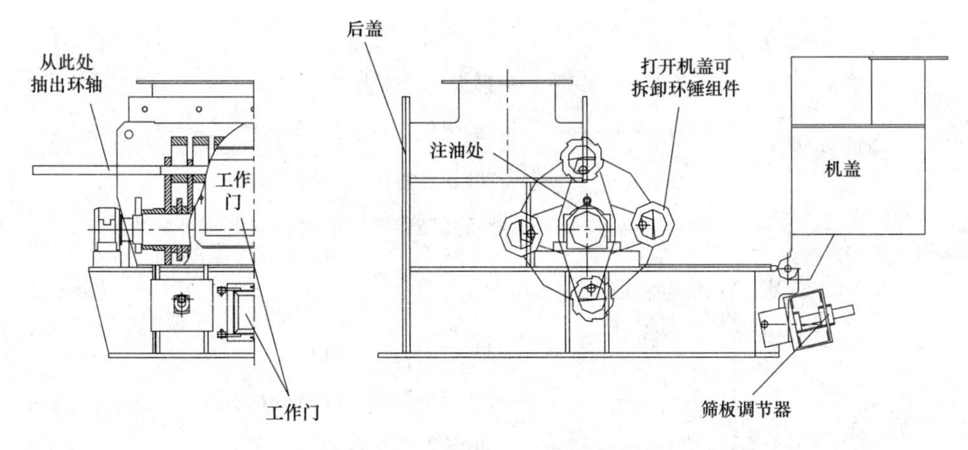


图 8-80　碎煤机维护与检修

3）轴承座内的润滑脂每六个月更换一次，加油时应保证填满轴承座内腔 2/3。

## 8.6　叶轮给煤机

### 8.6.1　叶轮给煤机用途及特点

**1. 用途**

叶轮给煤机是适用于长形缝隙式煤沟下部煤槽中的一种给煤机械。叶轮给煤机用其放射状布置的叶片（也称犁臂），将煤沟底槽平台上面的煤拨落到叶轮下面安装在机器构架上的落煤斗中，煤经落煤斗被送到胶带运输机的胶带上。其要求给料粒度在 300mm 以下，出力给煤量可方便调整，从 100t/h 到 1000t/h 都可以调整。叶轮工作面的一面有圆弧状的，也有特殊曲面（如对数螺线面、渐开线面等）的。

**2. 特点**

一般叶轮给煤机具有以下特点：

（1）采用电缆供电，可对给煤机实行程控和集控。

（2）传动系统全部采用封闭式结构。

（3）叶轮拨煤可在出力范围内进行无级调整。

（4）叶轮传动机构具有机械和电气两级过载安全保护装置，保证设备安全运行。

（5）叶轮传动与行车传动系统彼此分开，具有相对独立性，便于安装、使用和检修。

（6）叶轮可原地拨煤。

（7）配有布袋式除尘装置，满足给煤机运行中的环境保护要求。

### 8.6.2 叶轮给煤机的分类及结构

**1. 产品型号说明**

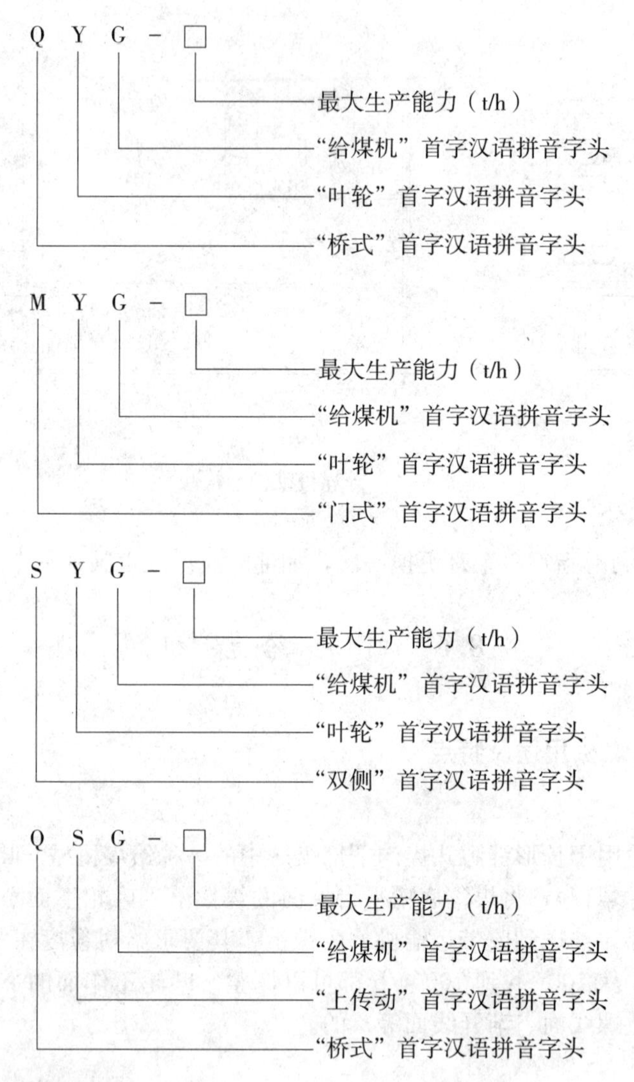


**2. 叶轮给煤机结构及分类**

叶轮给煤机根据其结构的不同主要可分为桥式叶轮给煤机和门式叶轮给煤机。桥式叶轮给煤机和门式叶轮给煤机的结构基本相同，仅行车轨道与机架不同。

叶轮给煤机主要由机架、叶轮转动机构、行车传动机构、电缆供电机构、除尘机构、电气控制六部分组成。叶轮转动机构主要包括主电动机、联轴器、减速机柱销联轴器、叶轮等；行车传动机构包括联轴器、行星摆线减速机、涡轮减速机、车轮、车轮轴及弹性柱销联轴器等。电缆供电机构一般由电源滑线、滑线车及手电装置组成，也可由滑览式供电装置组成。几种叶轮给煤机结构如图 8-81 和图 8-82 所示。

如图 8-81 所示，QYG 型桥式叶轮给煤机由叶轮驱动电装置、桥架、受电装置、轨道、驱动装置、走动轮组成。双侧叶轮给煤机的叶轮伸入长缝隙煤槽内，其行走机构由一个电动

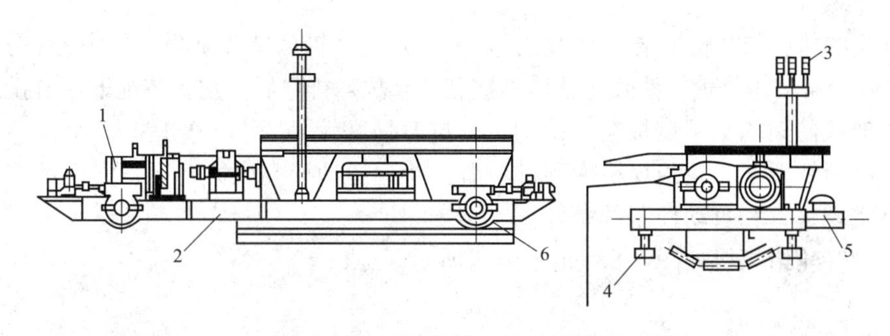


图 8-81 QYG 型桥式叶轮给煤机

1—叶轮驱动电装置；2—桥架；3—受电装置；4—轨道；5—驱动装置；6—走动轮

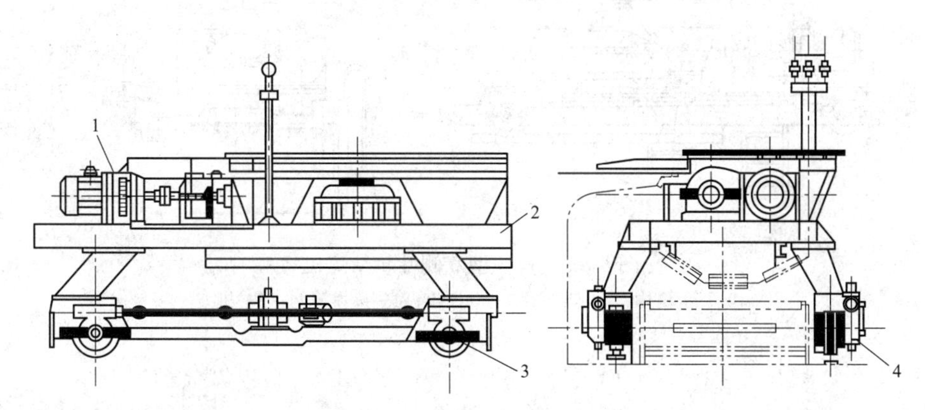


图 8-82 MYG 型门式叶轮给煤机

1—叶轮驱动电装置；2—门架及框架；3—走动轮；4—驱动装置

机经无级链式减速机驱动，可调节行走速度和给煤量。相同煤层高度的长缝隙式煤槽单位长度上有效容积比单侧长缝隙煤槽要大些，叶轮给煤机正反向行走时给煤量相等。结构改造后的 QYG 型行走机构与叶轮的传动是分置的。行走机构单独由一个电动机传动，借助于传动连杆两侧前后走动轮，传动电动机可正反向运行。叶轮由一台电动机通过减速机、伞齿轮驱动，叶轮伸入煤槽的两侧。

单侧叶轮给煤机的叶轮一侧伸入长缝隙煤槽中。AⅡ型叶轮给煤机的叶轮与驱动机构由一台电动机经由圆柱齿轮减速机驱动，DJ 型叶轮给煤机的叶轮与驱动机构由一台变速电动机经减速机、伞齿轮驱动。行走机构由减速机一出轴端连接传动连杆带动两侧前后走动轮。

MYG、QYG 型单侧叶轮给煤机是由 JZJ 系列电磁调速电动机，经减速机、伞齿轮驱动叶轮，行走机构由电动机经减速机、传动连杆驱动前后和左右的行走轮。行走电动机、主电动机都可正反向运行。

**3. MYG、QYG 型叶轮给煤机的特点**

（1）拨煤机构与行走机构分别驱动，结构较 DJ 型、AⅡ型简单，维护工作量小，检修方便。

（2）拨煤机构主电动机采用电磁减速电动机调速，其特点是操作方便，当机器运行超过电动机额定功率时，滑差离合器本身起到涡流保护作用。

（3）拨煤机构电磁调速输出端采用安全摩擦离合器，可按额定输出转矩进行调整。若发生过载时，能自动切断供电电源。

（4）叶轮的轮毂与叶轮爪结构为装配式，其特点是叶轮爪易磨损部分与其整体分开，若运行中发生故障时可解体修理，使叶轮整体不被破坏，故障排除后，重新装配即可再投入运行。

（5）桥架或门架均采用钢板箱体结构，其抗弯强度较 DJ 型和 AⅡ型都高。

（6）电源滑线置于叶轮给煤机的顶部位置，距通道地面高度大，运行安全可靠。

（7）有实现远方和自动控制的条件。

其他类型叶轮给煤机如图 8-83 和图 8-84 所示。

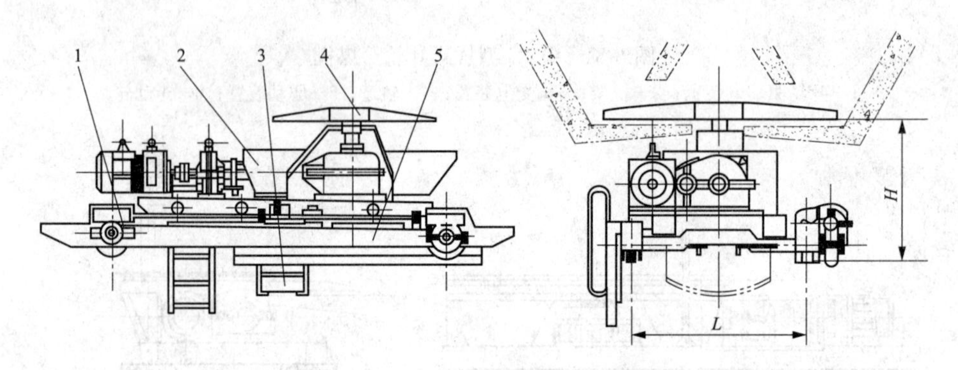


图 8-83　SYG 型双侧叶轮给煤机

1—行走机构；2—煤斗；3—电控箱；4—拨煤机构；5—机架

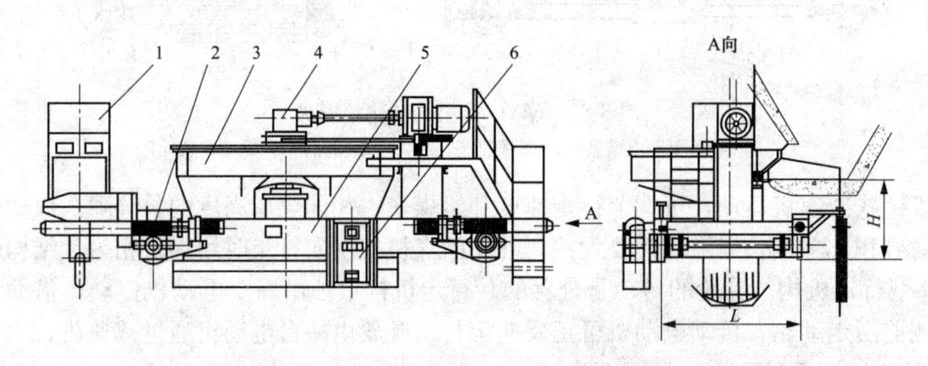


图 8-84　QSG 型上传动式叶轮给煤机

1—除尘器；2—行走机构；3—煤斗；4—拨煤机构；5—机架；6—电控箱

**4. 叶轮给煤机技术参数简介**

本部分主要以某电厂桥式叶轮给煤机为例，给出了相关技术参数，其具体技术参数见表 8-17～表 8-24。

（1）QYG-1000A 型。

**表 8-17　　叶轮给煤机技术参数**

| 型号 | QYG-1000A | 轨距（mm） | 2000 |
|---|---|---|---|
| 出力（t/h） | 300～1000 | 质量（kg） | 10 800 |
| 物料粒度（mm） | ≤300 | 皮带宽度（mm） | 1200 |
| 调速范围（r/min） | 3～10 | 出厂日期 | 年月 |
| 行走速度（m/min） | 3.7 | 制造厂家 | 沈阳电力机械厂 |

表 8-18　　主电机技术参数

| 型号 | Y180L-A | 频率（Hz） | 50 |
|---|---|---|---|
| 额定功率（kW） | 22 | 接法 | △ |
| 额定电压（V） | 380 | 质量（kg） | 300 |
| 额定电流（A） | 42.5 | 出厂日期 | 年月 |
| 转速（r/min） | 1470 | 制造厂 | 无锡华达电机厂 |

表 8-19　　交流电磁调速电动机技术参数

| 型号 | JJT471-4 | 绝缘等级 | E 级 |
|---|---|---|---|
| 额定转矩（N·m） | 143 | 总质量（kg） | 595 |
| 调速范围（r/min） | 1200～120 | 出厂序号 | 365 |
| 最大激磁电流（A） | 3.5 | 出厂日期 | 年月 |
| 测速发电机三相输出电压（V） | 24 | 制造厂 | 南京调速机厂 |

表 8-20　　主减速机技术参数

| 型号 | JZQ650 | 质量（kg） | 800 |
|---|---|---|---|
| 中心距（mm） | 650 | 出厂编号 | 0003 |
| 主轴转速（r/min） | 400～1200 | 出厂日期 | 年月 |
| 速比 | 40.17 | 制造厂 | 沈阳电站辅机厂 |

表 8-21　　行走摆线针轮减速机技术参数

| 型号 | XWD | 出厂日期 | 年月 |
|---|---|---|---|
| 速比 | 47 | 制造厂 | 沈阳工矿齿轮厂 |

表 8-22　　行走电机技术参数

| 型号 | JA0231-4X/W-5 | 接法 | Y |
|---|---|---|---|
| 功率（kW） | 2.2 | 绝缘等级 | E 级 |
| 电压（V） | 380 | 连续工作堵转电流（A） | 35.7 |
| 电流（A） | 5.09 | 产品编号 | J6834 |
| 频率（Hz） | 50 | 出厂日期 | 年月 |
| 转速（r/min） | 1430 | 制造厂 | 天津大明电机厂 |

表 8-23　　电 缆 技 术 参 数

| 动力电缆 | 型号（西德进口） | HFLN-J4×25 | 控制电位 | 型号（西德进口） | HKYFLTCY30×1 |
|---|---|---|---|---|---|
| | 截面积（mm） | 4×25 | | 截面积（mm） | 30×1 |
| | 宽×厚（mm×mm） | 51.6×16.4 | | 宽×厚（mm×mm） | 75.0×10.0 |

（2）QYG-600 型。

表 8-24　　　　QYG-600 型叶轮给煤机技术参数

<table>
<tr><td>型号</td><td>QYG-600</td><td colspan="2">总重（kg）</td><td>6000</td></tr>
<tr><td>叶轮直径（mm）</td><td>2680</td><td rowspan="4">主电动机</td><td>型号</td><td>JZT225-L</td></tr>
<tr><td>出力（t/h）</td><td>600</td><td>功率（kW）</td><td>17</td></tr>
<tr><td>叶轮转速（r/min）</td><td>2.7～8</td><td rowspan="2">转速（r/min）</td><td rowspan="2">250～1250</td></tr>
<tr><td>物料粒度（mm）</td><td>1～300</td></tr>
<tr><td>适应皮带宽度（mm）</td><td>800～1000</td><td rowspan="3">行走电动机</td><td>型号</td><td>JO41-6</td></tr>
<tr><td>轨距（mm）</td><td>1600</td><td>功率（kW）</td><td>3</td></tr>
<tr><td>主转动速比</td><td>150</td><td>转速（r/min）</td><td>960</td></tr>
<tr><td>行车转动速比</td><td>504</td><td colspan="2">行车速度（m/min）</td><td>2.09</td></tr>
</table>

### 8.6.3　叶轮给煤机工作原理

（1）通过动力电缆对工作电动机供电。

（2）通过控制电缆和电气控制系统对整机实行集控和程控，也可以就地手动。

（3）机器通过电气控制箱控制主电动机，并由主电动机和行车电动机分别带动叶轮和车轮转动。主电动机带动叶轮顺时针转动［通过型号为 JZT280-S 的电磁调速电动机（主电动机）带动叶轮旋转］，并在转速范围内进行无级调速。

（4）叶轮给煤机的工作机构是一个绕垂直轴旋转的叶轮，叶轮伸入长缝隙煤槽的缝隙中，叶轮转动把煤从轮台上拨送到下面的带式输送机上。

（5）行走只有固定的速度，并由行车电动机通过传动系统使机器在预定的轨道上往复行走。

（6）通过除尘系统排除叶轮拨煤过程中产生的粉尘。

（7）当给煤机行至煤沟端头时，靠机侧二行程终端限位开关使给煤机自动反向行走。

（8）当两机相遇时，靠给煤机端部行程限位开关使两机自动反向行走；当行程限位开关失灵时，给煤机的缓冲器可使两机避免相撞。

（9）当给煤机过载时，安全离合器动作，使给煤机自动停止。安全离合器失灵时，靠电气自身安全保护装置也可使给煤机自动停止。

### 8.6.4　叶轮给煤机常见的故障、原因及消除方法

叶轮给煤机常见的故障、原因及消除方法见表 8-25。

表 8-25　　　　叶轮给煤机常见的故障、原因及消除方法

| 故障现象 | 产生原因 | 消除方法 |
|---|---|---|
| 按下启动按钮，主电动机不转 | （1）未合电振开关<br>（2）控制回路接线松动<br>（3）熔断器损坏 | （1）合上刀闸开关<br>（2）检查控制线路<br>（3）更换熔断器 |
| 合上滑差控制开关，指示灯不亮 | （1）220V 电源未接通<br>（2）控制器内部保险损坏<br>（3）指示灯损坏<br>（4）组合插头式印刷线路板插座接触不良 | （1）检查电源接线<br>（2）更换保险<br>（3）更换指示灯<br>（4）检查插头、插座的接触情况，使之接触良好 |

续表

| 故障现象 | 产生原因 | 消除方法 |
| --- | --- | --- |
| 调节主令电位器叶轮不转，转速表无指示 | (1) 控制器输出端接线问题<br>(2) 控制器本身故障 | (1) 检查线路<br>(2) 逐级检查控制器 |
| 按前进或后退按钮，叶轮给煤机不行走 | (1) 行走电动机熔断器损坏<br>(2) 热继电器动作未恢复<br>(3) 回路接线松动或断线 | (1) 更换熔断器<br>(2) 按热继电器动作按钮<br>(3) 检查回路接线 |
| 转速失控 | (1) 控制器输出端接线问题<br>(2) 控制器本身故障 | (1) 检查线路<br>(2) 逐级检查控制器 |
| 转速摆动 | (1) 可控硅击穿<br>(2) 电位器损坏<br>(3) 印刷电路板插座接触不良 | (1) 更换可控硅<br>(2) 更换电位器<br>(3) 检查线路板插座的接触情况 |
| 圆柱齿轮减速器转动而伞齿轮减速器不转（叶轮不转） | 尼龙柱销联轴器的尼龙柱销被剪断 | (1) 检查叶轮有无卡住<br>(2) 更换剪切的柱销<br>(3) 找正对轮，使同轴度误差在0.1～0.25mm之内 |

### 8.6.5　叶轮给煤机的检修

**1. 检修周期及项目**

(1) 叶轮给煤机，每三年进行一次大修。

(2) 各减速器，每半年换一次润滑油。

(3) 大修项目：

1) 减速器解体检修。

2) 伞齿减速器解体检修。

3) 行星摆线针轮减速器解体检修。

4) 蜗轮蜗杆减速器解体检修。

5) 叶轮及叶轮护板检查及更换。

6) 保护罩及溜煤槽检查及更换。

7) 行走轮及轨道检查。

**2. 检修工艺及要求**

(1) 检修之前做好原始记录。

(2) 准备好照明工具，准备好符合安全要求的钢丝绳、卡环等起重工具。

(3) 办好一切安全措施（应办理工作票）。

(4) 清理叶轮给煤机的积煤和杂物。

(5) 根据煤沟所设起吊工具的负荷和整体的质量，决定好起吊方案，必要时，分体吊出。

(6) 起吊叶轮给煤机时，首先应吊去起吊孔盖板，放在一侧；吊完后，将盖反盖好。

(7) 检查行走轨道的不平度和轨面水平度，检查行走轮与轨道是否有卡轨现象，连接板与螺栓有无松动现象。发现异常时，应及时修理。

(8) 检修时，拨煤机构和行走机构的传动部件、齿轮减速器、伞齿轮箱等的零件要进行拆大盖检修。蜗轮蜗杆减速器和行星摆线针轮减速器解体检修、清洗，检查齿轮、蜗轮蜗杆、叶轮、轴及轴承的磨损情况、要求按通用机械要求进行。若发现磨损严重而不能再修复时，应及时更换。

（9）检查机座、机架及其他部件的焊缝有无裂纹，必要时进行补焊。

（10）行走轮联轴和通轴有弯曲现象时，应进行直轴处理，否则应换新轴。

**3. 检修质量标准**

以 QYG-1000A 为例加以说明。

（1）检修后，现场整洁，给煤机各表面干净，各齿轮箱结合面严密不漏油。

（2）各减速器检修质量要求：

1）JZQ650 减速器：

a. 轴承轴向间隙，第一轴：0.4～0.6mm，第二轴：0.07～0.018mm，第三轴：0.08～0.20mm。

b. 滚动轴采用钠基润滑油。

c. 齿轮用 40 号机油润滑，油面应维持在油针第三刻线处。

2）伞齿轮减速器：

a. 轴承轴向间隙，小轴：0.07～0.18mm，大轴：0.4～0.6mm。

b. 滚动轴承用钙基润滑油。

c. 齿轮润滑油 HL-30 齿轮油，油面应维持在油窗口上限。

d. 伞齿轮最好啮合侧隙为 0.2mm。

3）蜗轮减速器与车轮：

a. 轴承轴向间隙均为 0.06～0.15mm。

b. 滚动轴承用钙基润滑脂。

c. 蜗轮蜗杆润滑采用 HG-11 饱和汽缸油，蜗轮蜗杆保证啮合侧隙 0.38mm。

（3）各联轴器端面没有锤击后留下的斑迹，径向、端面的摆动量和对轮柱销应符合有关规定要求。

（4）护罩、溜煤槽钢板的磨损量大于 3/4 时，应进行局部或全部更换。给煤机在试运拨煤时，没有严重的漏煤现象。

（5）安全装置可靠。当给煤机行至煤沟一端或两台给煤机相遇时，限位开关能使给煤机自动返回或停止。

（6）设备整洁，铭牌清楚，步梯安全牢固。

## 8.7 滚　轴　筛

滚轴筛是火力发电厂输煤系统中必不可少的设备。它能够提高碎煤机的工作效率，又可降低碎煤机电能消耗和金属磨损。滚轴筛对煤的适应性广，尤其对高水分的煤更具有优越性，不易堵塞。它具有结构简单、运行平稳、无振动、噪声低、粉尘少、出力大的特点。

### 8.7.1 滚轴筛的类型及主要技术性能参数

目前使用的滚轴筛，滚轴沿一倾斜面平行安装在筛架上，倾斜角一般为 12°～15°，它的传动形式是由电动机经减速器带动筛轴转动，各筛轴间用链条传动，筛轴上按一定的间隔排列筛盘（筛盘又称筛片）。筛轴与筛盘有整体式的，也有套装式的。筛盘的形状有三角形的，也有偏心圆形的，滚轴筛相应地称为三角盘滚轴筛和偏心圆盘滚轴筛。

**1. 滚轴筛的类型**

（1）三角形筛盘。三角形筛盘的每个筛盘由三段圆弧组成，如图 8-85 所示。由于最小间隙 $e_{min}$ 在安装过程中和链条传动过程中存在误差，往往使相邻两盘的三角尖不能保证设计要求的最小间隙，容易发生卡轴现象，使筛轴卡弯或造成链条断裂，所以其使用效果不好。

（2）偏心圆筛盘。偏心圆筛盘（如图 8-86 所示）的盘间间隙容易调整，又能确保运行中无卡轴现象，筛分效果较好。

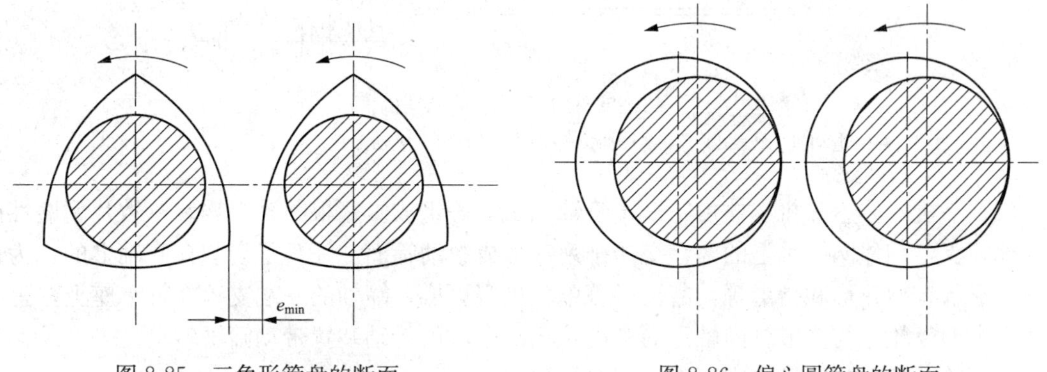


图 8-85 三角形筛盘的断面

图 8-86 偏心圆筛盘的断面

**2. GS 系列滚轴筛主要技术性能参数**

滚轴筛的主要技术性能参数见表 8-26。

**表 8-26 滚轴筛的主要技术性能参数**

| 型号 | 筛面宽度（mm） | 轴数 | 生产能力（t/h） | 筛孔尺寸（mm） | 筛分效率（%） | 减速器型号 | 电动机型号 |
|---|---|---|---|---|---|---|---|
| GS-10 | 1000 | 6、9、12、15 | 630 | 55×65 | 75～90 | CJY225-80SZ<br>CJY250-80SZ | Y132M-4<br>Y160M-4 |
| GS-14 | 1400 | 6、9、12、15 | 1000 | 60×80 | 80～95 | CJY250-80SZ<br>CJY280-80SZ | Y160M-4<br>Y160L-4 |
| GS-18 | 1800 | 6、9、12、15 | 1500 | 60×80 | 80～95 | CJY250-80SZ<br>CJY280-80SZ | Y160M-4<br>Y160L-4<br>Y180M-4 |

**3. 滚轴筛的结构特点及运行方式**

新型的 GS 系列滚轴筛，其筛轴为水平布置，与旧式滚轴筛的不同之处是筛轴不倾斜（即倾斜角为 0°），传动方式是采用联轴器和伞形齿轮传动，传动性能比较平稳，传递的功率较大。

GS 系列滚轴筛由传动机构和筛机本体两部分组成，如图 8-87 所示。

（1）传动机构。传动机构由调速电动机、离合器、减速器及长伞齿轮减速箱组成。减速箱中有多节纵向轴和伞形齿轮，它们全被密封在箱体中，润滑条件良好，密封性能也较好，能够保证筛子可靠运行。

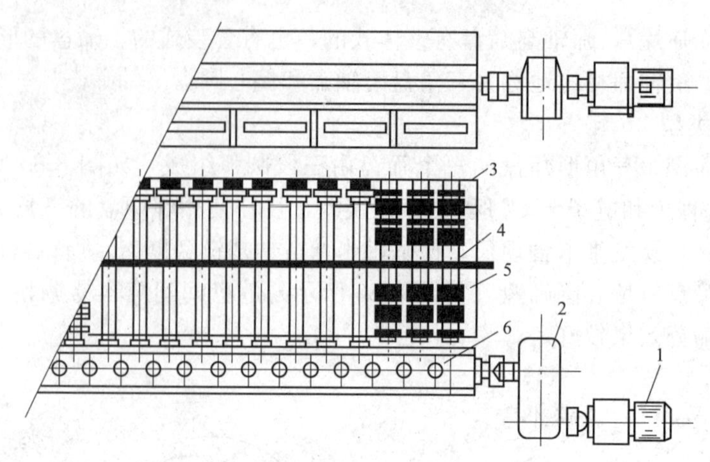


图 8-87　GS 系列滚轴筛结构

1—电动机；2—减速器；3—轴承座；4—滚轴；5—滚轴筛盘；6—轴承齿轮箱

（2）筛机本体。筛机本体由筛框、筛轴和筛盘等组成。每根筛轴上均装有数片耐磨性能较好地筛盘，相邻两筛轴上的筛盘交错排列，形成滚动筛面。筛盘是套装在筛轴上的，为铸钢件，形状有梅花形和指形等，磨损后可单独进行更换。筛轴的一端支承在轴承座上，另一端装有伞形齿轮，与多节纵向轴上的伞齿轮相啮合，由传动装置带动筛轴转动。

整套传动装置和筛轴均牢固地安装在筛框上。

GS 系列滚轴筛的特点是对煤的适应性强，不易堵煤（对于水分较高的煤种更为突出），而且具有结构简单、运行平稳、筛分效率高、无噪声、粉尘小、生产能力大和检修维护方便等优点，但其设备质量较大。

GS 系列滚轴筛是一种利用多轴旋转推动物料前移，并同时进行筛分的设备。它的工作机构是一排排的筛轴，各轴按同一方向旋转，使物料沿筛面向前运动，同时搅动物料，小于筛孔尺寸的颗粒受自重及筛轴旋转力的作用沿筛孔落下，大于筛孔尺寸的颗粒留在筛面上继续向前运动并落入碎煤机。

### 8.7.2　其他类型滚轴筛简介

近些年来，随着对滚轴筛要求不断提高及相关技术发展，我国已逐步在 GS 系列滚轴筛基础上研发出了相关升级滚轴筛设备，并在一些电厂得到了实施应用，效果良好。如 HGS 系列滚轴筛、XGS 系列滚轴筛等。

**1. HGS 系列滚轴筛**

（1）HGS 系列滚轴筛概述。HGS 系列滚轴筛是利用多轴旋转推动物料前移，并同时筛分的一种机械。

本产品密封性能好、噪声小，采用辊道电动机单轴驱动。安装维修方便，使用可靠，并配有电动挡板，使筛机本身具有旁路系统，实现自动控制。

本产品是燃煤发电厂输煤系统的重要设备之一，在冶金、化工、建材、煤炭系统均可广为使用，深受用户好评。

（2）HGS 系列滚轴筛主要技术参数见表 8-27。

**表 8-27　　　HGS 系列滚轴筛主要技术参数**

<table>
<tr><th rowspan="2">型号</th><th rowspan="2">筛面宽度（mm）</th><th rowspan="2">出力（t/h）</th><th rowspan="2">筛孔尺寸（mm）</th><th rowspan="2">筛分效率（%）</th><th rowspan="2">筛分效率（%）</th><th rowspan="2">减速器</th><th colspan="2">电动机</th><th colspan="3">电动推杆</th><th>外形尺寸</th><th rowspan="2">总质量（kg）</th></tr>
<tr><th>型号</th><th>功率（kW）</th><th>行程（mm）</th><th>推力（N）</th><th>功率（kW）</th><th>长×宽×高（mm×mm×mm）</th></tr>
<tr><td>HGS-1406</td><td>1400</td><td>1000</td><td rowspan="18">30×90<br>50×90</td><td>75</td><td>75</td><td rowspan="6">HL-150 同轴减速器 $I=4.628$</td><td rowspan="6">JG251-12<br>JG252-1</td><td rowspan="6">1.7<br>2.5</td><td rowspan="18">500</td><td rowspan="18">4900</td><td rowspan="18">1.5</td><td>3170×2835×1640</td><td>11 300</td></tr>
<tr><td>HGS-1407</td><td>1400</td><td>1000</td><td>80</td><td>80</td><td>3550×2835×1640</td><td>12 500</td></tr>
<tr><td>HGS-1408</td><td>1400</td><td>1000</td><td>85</td><td>85</td><td>3930×2835×1640</td><td>13 700</td></tr>
<tr><td>HGS-1409</td><td>1400</td><td>1000</td><td>87</td><td>87</td><td>4310×2835×1640</td><td>14 900</td></tr>
<tr><td>HGS-1410</td><td>1400</td><td>1000</td><td>90</td><td>90</td><td>4690×2835×1640</td><td>16 100</td></tr>
<tr><td>HGS-1411</td><td>1400</td><td>1000</td><td>92</td><td>92</td><td>5070×2835×1640</td><td>17 300</td></tr>
<tr><td>HGS-1412</td><td>1400</td><td>1000</td><td>93</td><td>93</td><td rowspan="12">HL-180<br>HL-150<br>同轴减速器<br>$I=4.0$</td><td rowspan="12"></td><td rowspan="12">3.4</td><td>5450×2835×1640</td><td>18 500</td></tr>
<tr><td>HGS-1413</td><td>1400</td><td>1000</td><td>94</td><td>94</td><td>5830×2835×1640</td><td>19 700</td></tr>
<tr><td>HGS-1414</td><td>1400</td><td>1000</td><td>95</td><td>95</td><td>6120×2835×1640</td><td>20 900</td></tr>
<tr><td>HGS-1806</td><td>1800</td><td>1500</td><td>75</td><td>75</td><td>3170×3235×1640</td><td>12 300</td></tr>
<tr><td>HGS-1817</td><td>1800</td><td>1500</td><td>80</td><td>80</td><td>3550×3235×1640</td><td>13 550</td></tr>
<tr><td>HGS-1818</td><td>1800</td><td>1500</td><td>85</td><td>85</td><td>3930×3235×1640</td><td>14 780</td></tr>
<tr><td>HGS-1809</td><td>1800</td><td>1500</td><td>87</td><td>87</td><td>4310×3235×1640</td><td>16 010</td></tr>
<tr><td>HGS-1810</td><td>1800</td><td>1500</td><td>90</td><td>90</td><td>4690×3235×1640</td><td>17 200</td></tr>
<tr><td>HGS-1811</td><td>1800</td><td>1500</td><td>92</td><td>92</td><td>5070×3235×1640</td><td>18 470</td></tr>
<tr><td>HGS-1812</td><td>1800</td><td>1500</td><td>93</td><td>93</td><td>5450×3235×1640</td><td>19 700</td></tr>
<tr><td>HGS-1813</td><td>1800</td><td>1500</td><td>94</td><td>94</td><td>5830×3235×1640</td><td>20 930</td></tr>
<tr><td>HGS-1814</td><td>1800</td><td>1500</td><td>95</td><td>95</td><td>6210×3235×1640</td><td>22 130</td></tr>
</table>

（3）HGS 系列滚轴筛结构特点。本系列滚轴筛是由辊道电动机单独驱动的多根筛轴组成的滚动筛面，每根筛轴上装有梅花形筛片，筛轴与减速器用过载联轴器连接，既起过载保护作用，又便于维修。在滚轴筛的入口端装有电动挡板，物料既可通过筛面进行筛分，又可经旁路通过。

本系列滚轴筛每根筛轴是由辊道电动机、减速器单独驱动，可组成任意轴数的筛面。

**2. XGS1810型滚轴筛**

（1）XGS1810型滚轴筛概述。XGS1810型滚轴筛是在原GDS型平筛子的基础上自行研发的筛煤设备，目前已被国内外众多电厂使用且效果良好，经过多年的运行经验和不断改进，滚轴筛具有结构合理、筛分效率高、噪声低、无振动、无粉尘、不易堵煤、维修方便等特点。

（2）XGS1810型滚轴筛主要技术参数。XGS1810型滚轴筛主要用于筛分煤炭、焦炭、石灰石等，其主要技术参数见表8-28。

表8-28　**XGS1810型滚轴筛主要技术参数**

| 名称 | | 单位 | 参数 |
|---|---|---|---|
| 额定出力 | | t/h | 800 |
| 筛分效率 | | % | ≥90 |
| 筛面面积 | | $m^2$ | 3.7×1.8 |
| 入料粒度 | | mm | ≤300 |
| 筛下粒度 | | mm | ≤30 |
| 轴数 | | 根 | 10 |
| 筛轴转速 | | r/min | 90 |
| 电动机减速器总成 | 型号 | R77DV 112M4-4kW（前三根轴）、R77 DV100L4-3kW（后七根轴） | |
| | 配套电动机 | 减速器厂家配 | |
| 外形尺寸 | | mm×mm×mm | 5220×2980×2250 |
| 质量 | | kg | 15 135 |

（3）XGS1810型滚轴筛工作原理及结构特点（结构如图8-88所示）。

1）工作原理：煤料从入料口进入筛箱后，由于前5根筛轴和水平成15°大夹角，煤料开始在自重和筛片转动的双重作用下，以较快速度向下移动的同时进行筛分，此为初步粗筛分阶段。大部分物料经此阶段后被筛分完毕并平铺在整个筛面上；当物料进入后5根筛轴后，由于筛轴排列近乎水平，筛轴和水平成5°，物料前进速度减慢，此为筛分的精筛阶段，物料经此阶段后小于30mm的粒度已被筛下，大于30mm的物料经出料口被送入碎煤机进行下一步破碎。

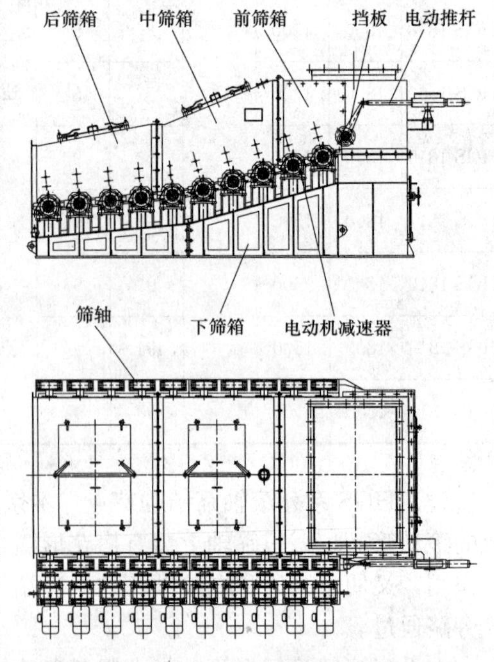

图8-88　XGS1810型滚轴筛设备结构

2）结构特点：

a. 筛轴、筛片等易损件容易更换；筛片采用梅花状筛片，并且交错布置，不仅有利于煤料的输送，而且能减小相邻筛轴形成的死角，避免卡塞，适用于烟煤、无烟煤、褐煤、煤矸石等物料。

b. 每个筛轴均由电动机减速器单独驱动，即每一组筛轴均设有一套驱动装置；减速器与滚轴筛联轴器采用弹性柱销联轴器连接；任一组筛轴发生故障，燃煤可在前一筛轴推动下越过故障筛轴继续前进，设备可照样运行。各筛轴同向等速旋转，且有过载能力。各转动部件转动灵活，没有卡阻现象。

c. 筛轴多角度合理布置，在设备入口段筛轴和水平夹角为 15°，在出口段筛轴和水平夹角为 5°，使煤料进入设备先经初步粗筛后再进行二次细筛，可有效地提高筛分效率并防止堵煤。

d. 设备箱体两侧设有耐磨衬板，避免物料和箱体的直接接触，大大提高了设备的使用寿命，且耐磨衬板和箱体使用螺栓连接，更换方便。

e. 在机内入口处设有用电动（液）推杆切换的挡板，可在滚轴筛检修时使煤料直接进入下层皮带而不影响系统的运行；煤挡板置于入料口的下方，设备在工作状态时挡板处于状态Ⅰ的位置，如图 8-89 所示；当煤的粒度不大于 30mm 或设备出现故障而输煤线不能停机时，可启动电动（液）推杆将煤挡板转到状态Ⅱ的位置，这时煤流可直接落入下游运输皮带中。挡板用耐磨钢板制作而成，有均匀布料功能，使煤料均匀平铺在整个筛面上，起到更好的筛分效果。

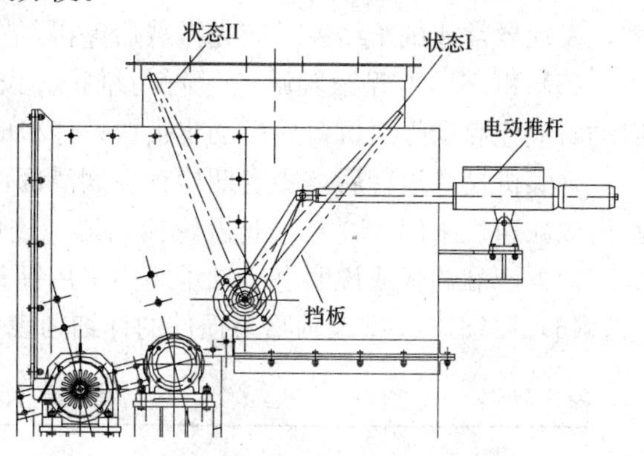


图 8-89　挡板工作位置示意

f. 筛片表面全部加工，提高其表面光洁度以防止黏煤，且筛轴下设有经过热处理的“刃”形清扫板，能清除筛片侧面和根部的黏煤，有效地防止堵煤现象的发生。

g. 筛轴两端采用耐磨衬板包圆盘结构，彻底解决了箱体两侧和筛片卡大块的问题，保证了设备的正常运行。

h. 筛轴的出轴端盖采用橡胶密封垫和 O 形毛毡圈双重密封，确保箱体严密不漏煤粉；轴承座采用剖分式，轴承用钙基润滑脂润滑，而不用稀油润滑，便于维护及检修，轴承密封迷宫式密封，确保没有油脂渗漏现象；轴承温升一般不大于 40℃，且轴承温度不超过 70℃。

i. 整机设备采用厚度 $\delta \geqslant 10$mm 的钢板制作而成，以确保箱体及底座有足够的刚度；焊接表面光滑平整，没有气孔、夹渣、焊瘤、裂纹等缺陷存在，主要焊缝还进行探伤检查。

j. 滚轴筛的每根筛轴上均设有机械和电气双重保护，当设备过载时，联轴器的尼龙安全销将被剪断，对减速器起到机械保护，另外，当筛轴堵转时，电动机电流变大，超过临界值将发出报警信号，从而起到电气保护的作用。

k. 滚轴筛采用顺序启动，即出口处第一根筛轴先启动，然后依次向上顺序启动，使设备可在筛面上有煤时带负荷启动。

l. 筛轴和筛片有足够的机械强度和刚度，并满足带负荷启动运转。筛片的材质为 ZG50Mn2，有良好的耐磨性能，筛轴使用寿命不低于 10 年，筛片使用寿命不低于 3 年。

（4）XGS1810 型滚轴筛的安装与试车。

1）根据工艺布置的要求，滚轴筛分左、右安装两种形式；顺煤流方向看，电动机减速器在左侧为左安装，反之为右安装。

2）安装前应根据设备地基图的要求设置预埋件，并检查预埋件的水平度，滚轴筛为整机发货，待设备就位后找正、调整滚轴筛中心和基础中心相一致后，将底座与预埋件焊牢，并进行二次灌浆，使滚轴筛底座和基础之间不漏煤粉。

试车分空载运转和负载运转两个阶段，空载运转正常后，方可进行负载运转。

a. 空载运转：①试运转之前先检查减速器及轴承座内是否加足了润滑油（脂）；②试运转之前应先清除筛面上的杂物；③先点动运转，正常后方可连续运转。在此阶段各减速器、筛轴应转动灵活，各轴承温升应正常，否则应立即停机检查，排除后继续试车，直到正常为止。

b. 负载运转：①当空载运转 2h 无异常后方可进行负载运转；②应先启动设备后加负载，发现异常或试车结束时应先撤载后停机。

（5）XGS1810 型滚轴筛的运行与维护。设备安装在系统中应与输煤皮带机联锁运行，启动时应先启动筛煤机，后启动皮带机；停机时应先停皮带机，后停筛煤机。

筛煤机投入运行后，要定期检查各润滑部位的润滑情况，定期补充和更换润滑油。国产斜齿轮减速机采用 250 号工业齿轮油润滑，进口减速器采用 VG220，每台减速器加油量详见减速器产品铭牌或说明书。轴承座内采用钙基润滑脂润滑。更换周期为半年。

（6）XGS1810 型滚轴筛易损件的详细列表见表 8-29。

**表 8-29　易损件列表**

| 图号 | 名称 | 材料 | 单台数量 |
|---|---|---|---|
| XGS-SP（45） | 筛片 | ZG50Mn2 | 235 |
| XGS18-DSP | 端筛片 | ZG50Mn2 | 10 |
| XGS-LZQ-2 | 柱销 | 尼龙 1010 | 60 |
| XGS1810-MHB1A | 磨耗板Ⅰ | 16Mn | 2 |
| XGS1810-MHB2A | 磨耗板Ⅱ | 16Mn | 8 |
| XGS1410-MHB3A | 磨耗板Ⅲ | 16Mn | 2 |
| XGS1410-MHB4A | 磨耗板Ⅳ | 16Mn | 2 |
| XGS1410-MHB5A | 磨耗板Ⅴ | 16Mn | 2 |
| XGS1812-MHB7A | 磨耗板Ⅵ | 16Mn | 2 |
| XGS1812-MHB8A | 磨耗板Ⅶ | 16Mn | 2 |
| XGS18-QSB-1（45）A | 清扫板 1 | 45 | 8 |
| XGS18-QSB-2（45） | 清扫板 2 | 45 | 68 |

### 8.7.3　滚轴筛常见的故障、原因及消除方法

滚轴筛常见的故障、原因及消除方法见表 8-30。

**表 8-30　滚轴筛常见的故障、原因及消除方法**

| 故障现象 | 产生原因 | 消除方法 |
|---|---|---|
| 按下启动按钮，电动机不转 | （1）未合电源开关<br>（2）控制回路接线松动<br>（3）熔断器损坏 | （1）合上刀闸开关<br>（2）检查控制线路<br>（3）更换熔断器 |
| 电动机转动而筛轴不转 | 尼龙柱销联轴器的尼龙柱销被剪断 | （1）检查筛轴有无卡住<br>（2）更换剪切的柱销<br>（3）找正对轮使同轴度误差在 0.1～0.25mm 之内 |

续表

| 故障现象 | 产生原因 | 消除方法 |
|---|---|---|
| 轴承温度过高（超过 80℃） | （1）轴承保持架、滚珠或锁套损<br>（2）轴承装配紧力过大<br>（3）轴承游隙过小<br>（4）润滑油脂污秽或不足 | （1）更换轴承或锁套<br>（2）调整装配紧力<br>（3）更换大轴承<br>（4）清洗轴承，更换、填注润滑脂 |
| 启动后筛轴转动吃力或不转，电流最大不返回 | （1）机内有杂物卡死<br>（2）煤堵塞 | （1）停机清理杂物<br>（2）停机清除堵煤 |
| 电流摆动 | 给料不均匀 | 调整给料 |

## 8.8　除　尘　设　备

由于燃煤在火力发电厂输煤系统的输送过程中因落差而产生大量煤尘，污染了输煤系统的环境，威胁、损害了燃料运行和检修人员的身体健康，同时煤尘进入控制箱、配电柜后，容易造成电气元件的腐蚀和引起误动作，特别是高挥发分煤尘积聚后，还会引起爆炸和自燃，故输煤系统中安装除尘设备非常必要。

### 8.8.1　除尘设备简介及分类

输煤系统的除尘设备一般布置在胶带机尾部所在的转运站里，即在尾部落煤点处的导煤槽上布置吸尘罩、循环风管，也有在煤仓间或翻车机室多点布置吸尘罩进行除尘的。煤尘经除尘器收集后，经二级回收煤管落入系统胶带或由排污系统排到污水池中沉淀后再回收，如图 8-90 和图 8-91 所示。

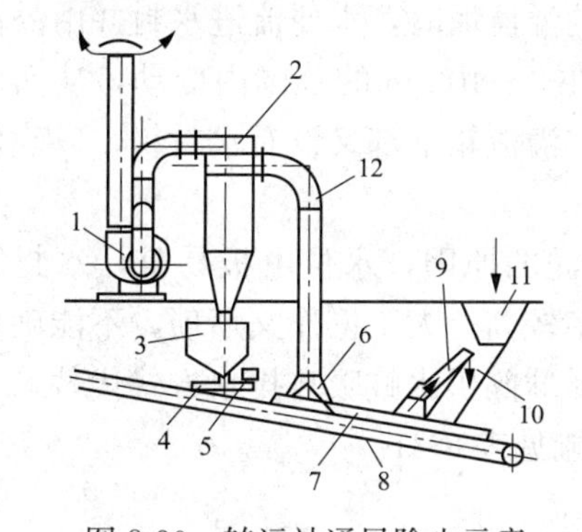

图 8-90　转运站通风除尘示意

1—排风机；2—除尘器；3—尘斗；4—水管；5—卸尘机；6—吸尘罩；7—导煤槽；8—带式输送机；9—循环风管；10—落煤管；11—落煤斗；12—风管

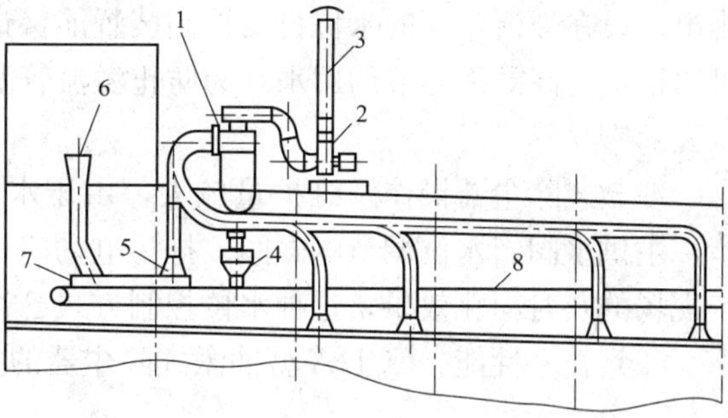

图 8-91　煤仓间通风除尘示意

1—除尘器；2—排风机；3—风管；4—卸尘机；5—吸尘罩；6—落煤管；7—导煤槽；8—带式输送机

随着科技的发展及制造技术的进步，除尘器的技术、性能也日渐成熟。输煤系统中常用的除尘器主要有冲激式除尘器、水浴式除尘器、旋风式除尘器、布袋式除尘器、电除尘器等。下面对冲激式除尘器和水浴式除尘器作简要介绍。

### 8.8.2　冲激式除尘器

冲激式除尘器是利用含尘气体与水、水雾接触后，其中煤尘与水滴结合而沉降下来，使气体得到净化的一种除尘设备。早期的冲激式除尘器一般都是用砖石砌筑水池，用钢板现场制作的。这是一种结构简单、维修方便的除尘设备。

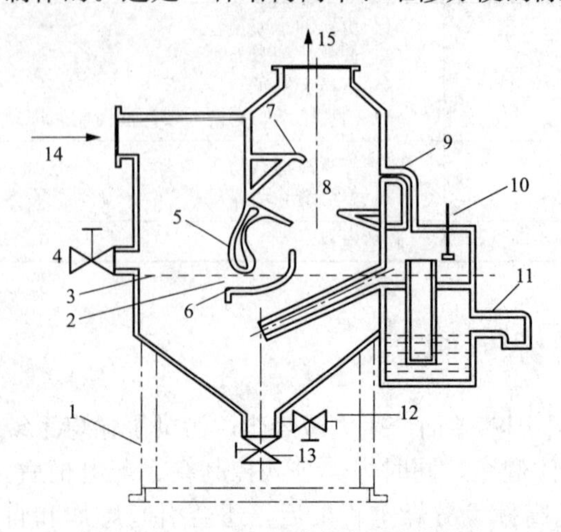


图 8-92　CCJ/A 型冲激式除尘器结构

1—除尘器支架；2—S 形通道；3—充水水位；4—进水阀；5—上叶片；6—叶片；7—挡水板；8—净气分雾室；9—通气道；10—水位自动控制装置；11—溢流管；12—冲洗阀；13—排污阀；14—气体入口；15—净气出口

**1. CCJ/A 型冲激式除尘器**

（1）结构原理。冲激式除尘器由通风机、除尘器、排灰机构等部分组成，如图 8-92 所示。工作时打开总供水阀后，自动充水至工作水位，启动风机。含尘气体由入口经水幕进入除尘器，气流转弯向下冲击水面，部分较大的尘粒落入水中，然后含尘气体携带大量水滴以 18～35m/s 的速度通过上下叶片间的 S 形通道时，激起大量的水花，使水气充分接触，绝大部分微细的尘粒混入水中，使含尘气体得到充分净化。净化后的气体由分雾室挡水板除掉水滴后，经净气出口由风机排出。由于重力的作用，获得尘粒的水返回漏斗，混入水中的粉尘靠尘粒的自重自然沉降，泥浆由漏斗的排浆阀定期或连续排出，新水由供水管路补充。入口水幕除起除尘作用外兼补水作用。这种除尘器水位的高低对除尘效率的影响较大，水位太高，阻力加大，水位高出 S 通道上叶片下沿，使风量减小；水位太低，水花减少，尘汽直排，使除尘效率下降，水位高出 S 通道上叶片下沿 50mm 为最佳。

机组内的水位由溢流箱控制，当水位高出溢流箱的溢流堰时，水便流进水封并由溢流管排出。设在溢流箱上的水位自动控制装置能保证水面在 3～10mm 的范围内变动，从而保证机组稳定的高效率并节约用水。为防止溢流管漏风，在溢流箱下部又设有水封箱，以确保负压腔的密封性。

冲激式除尘器操作及维护量较大，由于水质和污泥的原因，水位电极易脏，水封箱易堵，主供水阀、水位调节电磁阀、排污电动门等故障率较高，人工操作又烦琐，不能确保生产现场的及时净化效果，这种水位控制方式已逐渐被浮球阀供水虹吸自排水方式代替。

（2）技术性能。CCJ/A 型冲激式除尘器的技术性能见表 8-31。

**表 8-31　　CCJ/A 型冲激式除尘器技术性能**

| 型号 | 进口风速（m/s） | 处理风量（$m^3$/h） | 阻力（$kg/m^2$） | 耗水量（t/h） | 效率（%） | 外形尺寸（长×宽×高，mm×mm×mm） | 质量（kg） |
|---|---|---|---|---|---|---|---|
| CCJ/A-5 | 18 | 5000 | 100～160 | 0.16 | 99 | 1588×1284×3124 | 809 |
| CCJ/A-7 | | 7000 | | 0.23 | | 1568×1634×3240 | 1058 |
| CCJ/A-10 | | 10 000 | | 0.33 | | 1568×2012×3579 | 1212 |
| CCJ/A-14 | | 14 000 | | 0.46 | | 1956×2600×4828 | 2430 |
| CCJ/A-20 | | 20 000 | | 0.66 | | 2573×2600×4828 | 3370 |
| CCJ/A-30 | | 30 000 | | 0.98 | | 3279×2600×4828 | 4132 |
| CCJ/A-40 | | 40 000 | | 1.32 | | 4200×2250×5196 | 5239 |
| CCJ/A-60 | | 60 000 | | 1.97 | | 5913×2250×5566 | 6984 |

**2. CCJ/AG 型虹吸冲激式除尘器**

CCJ/A 型冲激式除尘器运行投入不久就会出现灰斗被煤泥经常堵塞和自动补水控制失灵的问题，造成除尘机组不能正常投入运行，改进为 CCJ/AG 型虹吸冲激式除尘器，虹吸自动排污和浮球式闸阀自动补水。虹吸冲激式除尘器结构如图 8-93 所示。

虹吸冲激式除尘器用浮球阀控制水位，虹吸管自动排水，简化了大量的控制元件和电动执行机构，解决了电控水位除尘器的种种弊端，进一步接近了无人操作和免维护运行的要求，其工作过程如下：

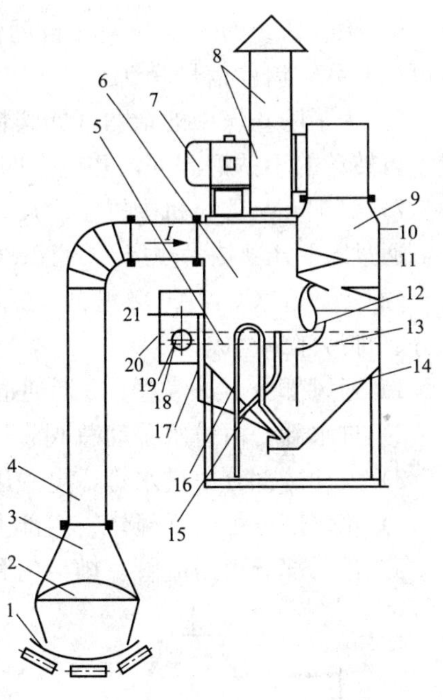


图 8-93 虹吸冲激式除尘器结构

1—皮带机；2—导料槽；3—吸尘器；4—进风管；5—吸尘室水位；6—吸尘室；7—电动机；8—风机排风管；9—净化室；10—除尘器本体；11—挡水板；12—S 形通道；13—净化室水位；14—防水室；15—溢流管；16—虹吸排污管；17—进水管；18—浮球；19—给水阀；20—水箱；21—水源

(1) 打开除尘机组的水源阀门，通过过滤器、磁化管、电磁阀和浮球阀往机内自动充水。

(2) 当水位达到要求的高度时（图 8-93 中的虚线位置），浮球阀自动关闭水源，停止供水。

(3) 启动风机，除尘器开始运行，净气出口及负压腔在风力的作用下形成负压，S 形通道右侧的负压腔水位升高，同时 S 形通道左侧的进风腔水位下降，两侧水位相差约 15cm，这时与进风腔相连的浮球阀液位控制阀开始补水，直至达到原来水位线的高度后停止补水，并由溢流管来控制水位，使之不再升高。除尘器进入稳定运行阶段，负压腔比进风腔的水位始终高出 10～15cm 的高度。

(4) 当除尘器停机时，负压腔的水位自然回落，以求与进风腔的水位达到一致，最终两侧水位相平衡，回落的 10～15cm 的水使新水位比原水位高出 5～8cm，这个水位正好将虹吸排污管的最高点下弯段淹没，排污管自动开始快速虹吸排污。

(5) 随着水位的下降，浮球阀同时开始补水，能对箱斗中沉淀的煤泥起到反冲洗的作用，由于排污管较粗，所以排水速度大于供水速度，水位将继续下降，直到箱底虹吸管的进水口露出水面后进入空气为止，虹吸被破坏后便自然停止排水。

(6) 排水停止后，供水继续进行，直到达到原有水位（溢流管的管口高度），供水自停等待，为下次启动做好准备。

**3. CCJ/A-GZ 型冲激式除尘器**

CCJ/AG 型除尘机组在电厂中的投入率还不到 30%，其主要因素是操作麻烦、虹吸管易堵塞及除尘效率不稳定等。进入 20 世纪 90 年代后，这种除尘器得到了进一步发展和完善，其除尘效率得到进一步提高（可达 95%以上）。下面着重介绍 CCJ/A-GZ 型冲激式除尘器。

(1) 特点。

1) 在水源管路上增设了 FCGQ 型磁力净化器。由于磁场能量的作用，破坏了水的表面张力，提高了煤的亲水性，从而进一步提高了除尘效率。

2) 供水系统由不锈钢球阀和液位自动控制器同时进行控制水位，提高了液位控制的可靠性。

3）当风机停下后，虹吸排污自动进行，不需人工操作。

4）在灰斗内增设自动反冲洗系统。反冲洗时间可通过PLC任意设定，保证灰斗内的煤泥及时自动排出。

5）除尘机组的转换开关在自动位置时，不需再用人操作，可以和对应的皮带机联动，也可以和系统启停信号联动。

6）为了防止煤中的杂物（如塑料布、破纸等）吸入除尘机组，在除尘机组的入口处设置了可转动的不锈钢滤网，并应定期检查处理。

7）对15kW的风机配置了软启动开关。

通过以上几项技术改造，CCJ/A-GZ型除尘机组已全面满足了输煤系统粉尘治理的要求。

（2）结构。CCJ/A-GZ型冲激式除尘器主要由通风部分、进水部分、反冲洗部分、箱体部分、排污部分组成。

1）通风部分由进气管、S形通道、净气分雾室、净气出口和风机组成。

2）进水部分由进水手动总阀、过滤器、磁化管、进水管、供水浮球阀和电磁阀组成。

3）反冲洗部分由进水管、电磁进水阀和手动门组成。

4）箱体部分由外部壳体、内部上叶片和下叶片、挡水板和机架部分组成。

5）排污部分由溢流管、排污门和排污管组成，具体结构如图8-94所示。

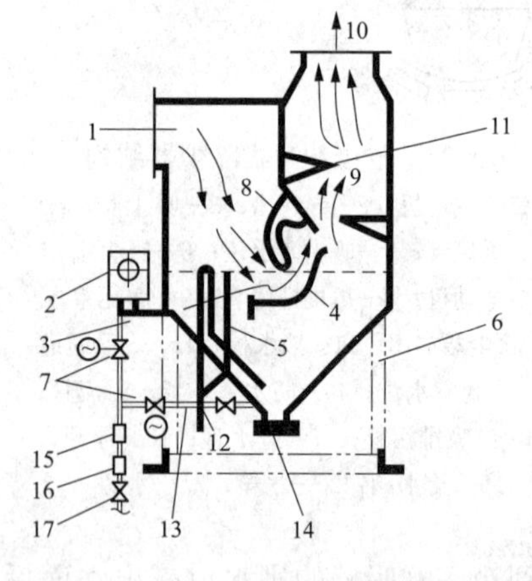


图8-94　CCJ/A-GZ型冲激式除尘器

1—尘气入口；2—供水浮球阀；3—S形通道；4—下叶片；5—溢流臂；6—机架；7—电磁进水阀；8—上叶片；9、10—净气出口；11—挡水板；12—排污管；13—冲洗水管；14—挡板；15—磁化管；16—过滤器；17—阀门

（3）工作原理。打开供水总阀后，浮球阀和液位自动控制器给出低水位信号，于是电磁进水阀打开，自动进水。当自动充水至工作水位时，风机启动，含尘气体由入口进入除尘机组内，气流转向冲击水面，部分较大的煤尘颗粒被水吸收；当含尘气体以18～35m/s的速度通过上下叶片间的S形通道时，激起大量水花，于是含尘气体与水充分接触，绝大部分微细尘粒混入水中，使含尘气体得以充分净化；经由S形通道后，由于离心力的作用，获得尘粒的水又回到灰斗；净化后的气体由分雾挡水板除掉水滴后，经净气出口排出机体外。老式的冲激式除尘器灰斗里的污水一般是由特制排污系统定期排放，新型的冲激式除尘器则在风机停下后，由虹吸排污系统自动进行排污，并在灰斗内增设自动反冲洗系统；新水再由浮球和液位自动控制器重新补充。

（4）技术性能。

1）处理风量与设备阻力的关系。从图8-95（a）中可看出，阻力随风量的增加而提高。

2）处理风量与净化效率的关系。从图8-95（b）中可看出，净化效率随风量的增加而提高。

3）气体入口含尘浓度与净化效率、出口含尘浓度的关系。从图8-95（c）、图8-95（d）中可看出，净化效率随气体入口含尘浓度的增加而提高，出口含尘浓度变化不大。当入口含尘浓度在$100\times10^3$mg/m$^3$以下时，出口含尘浓度均不大于140mg/m$^3$，可见本除尘机组用于净化高含尘浓度的气体时具有突出的特点。

4）水位与净化效率、设备阻力的关系。水位的高低对设备阻力及净化效率都有直接的影响，水位增高，阻力和效率都随之提高，但水位过高时，效率增加不显著而阻力增加较大，水位过低时，虽然阻力减小但效率也有明显降低。

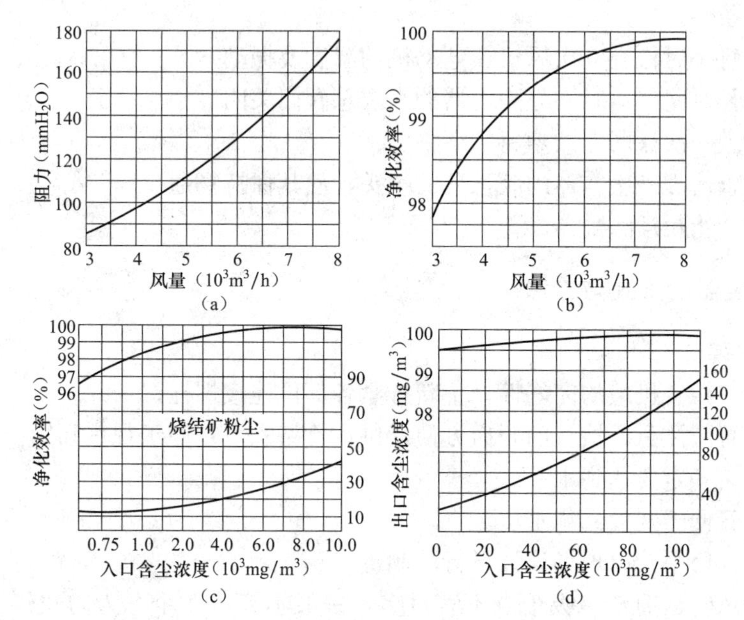


图 8-95 技术性能关系

（a）风量与阻力的关系；（b）风量与效率的关系；

（c）入口含尘浓度与效率的关系；（d）入口含尘浓度与出口含尘浓度的关系

## 8.8.3 水浴式除尘器

### 1. 结构与原理

水浴式除尘器的结构如图 8-96 所示，喷嘴设在筒体上部，将水雾切向喷向器壁，使筒体内壁始终覆盖一层很薄的水膜，并向下流动。含尘空气由筒体下部切向引入，旋转上升，由于离心力作用而分离下来的粉尘甩向器壁，为水膜所黏附，然后随排污口排出。净化了的空气经设在筒体上部的挡水板消除水雾后排出。这种除尘器的入口最大空气允许含尘浓度为 $1.5g/m^3$，当超过此值时，可在此除尘器前面增加一级除尘器。

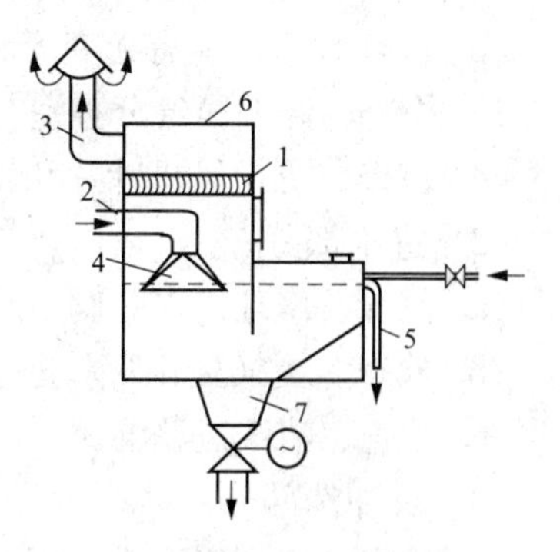


图 8-96 水浴式除尘器

1—挡水板；2—进气管；3—出风管；4—喷头；5—溢流管；6—盖板；7—煤泥斗

### 2. 水浴式除尘器的特点

水浴式除尘器结构简单，对粉尘的适应性较强、设备投资少、制造容易、运行费用低、检修维护工作量小；缺点是废水处理困难、净化空气含湿量大、不利于排尘风机的运行、清理煤泥。因此应用水浴式除尘器必须具备以下条件：要设有接收煤泥的沉淀池，在运行中要保证煤泥不会将排浆孔堵塞，除尘器中的水要经常更换，要有充足的水源。

**3. 水浴式除尘器运行的过程与要求**

（1）打开除尘器的水源总阀门和除尘器的供水总阀门，关闭供水电磁阀旁路阀门。

（2）启动风机后（自动或手动），电磁阀自动喷水，除尘器进入运行状态。

（3）风机停运后（自动或手动），电磁阀自动停止喷水，无电磁阀的除尘器人工关水，具备下次工作的条件。

（4）运行时每小时检查一次风机、电动机的温度及振动。

（5）除尘器长时间停运时，将除尘器的水源总阀门关闭。

（6）各班清理一次滤网上的塑料纸杂物。

（7）各班检查清理一次本体内腔顶部的喷头，使其保持畅通。

（8）停水时禁止投运除尘器。

### 8.8.4 除尘器的安装与检修

**1. 机组的安装**

（1）安装前应检查机组的完好性，重新拧紧各部位连接螺栓。

（2）安装位置应注意：检查门开启方便，供水管路和水箱便于观察和操作。

（3）机组安装一定要达到水平。

（4）排污水管便于铺设到集水坑。

（5）操作及检修平台由现场设计自行配制。

（6）除尘通风管道简洁。吸尘点不宜过多，一般不超过 4 个。为防止煤尘在管道内积聚，管道应避免水平敷设，管道与水平面应有 45°～60°的倾角；若不可避免地敷设水平管道，应在水平段加装检查口。管道一般采用 3mm 的钢板制作。

**2. 冲激式除尘器的检修项目**

（1）检修项目。

1）通风部分。

a. 检查进气管有无腐蚀穿孔，穿孔处应进行补焊或更换。

b. 检查 S 形通道有无变形和腐蚀。

c. 检查、修补净气分雾室与净气出口的内壁腐蚀情况。

d. 检查、更换风机叶片和轴承，并对轴承进行加润滑脂。

2）进水部分。

a. 检查、修理进水总阀、浮球阀、电磁阀。

b. 检查、更换磁化管、进水管。

c. 检查、清洗过滤器。

3）反冲洗部分。

a. 检查、修理电磁进水阀、手动门。

b. 检查、更换进水管。

4）箱体部分。

a. 检查、修补外部壳体和机架口。

b. 检查、更换内部的上下叶片和挡水板。

5）排污部分。

a. 检查、更换溢流管和排污管。

b. 检查修理排污门。

(2) 检修质量标准。

1) 通风部分。

a. 进气管一般是用 3mm 的钢板卷制，腐蚀到 1mm 时就需更换。

b. S 形通道必须完整、无变形、无破损，其一般由不锈钢制作的上、下叶片构成。

c. 风机运行时的轴承温度不超过 75℃。

d. 风机叶片与壳体不应有摩擦，新更换的叶片应做平衡试验。

e. 风机运行时的振幅不应超过 0.06mm。

2) 进水部分。

a. 进水总阀、浮球阀、电磁阀的密封性应良好，不应有渗漏。

b. 拆卸磁化管、过滤器并进行清洗，更换密封。

3) 反冲洗部分。

a. 手动门和电磁进水阀应密封良好，无渗漏。

b. 进水管无破损、渗漏。

4) 箱体部分。

a. 外部壳体和机架完好，无破损、无穿漏。

b. 内部的上、下叶片构成的 S 形通道完整顺畅。

5) 排污部分。

a. 溢流管、排污管和排污门检修后应无破损、无渗漏。

b. 排污部分在风机停止运转后能正常进行虹吸排污。

(3) 维护与保养。

1) 除尘系统工作时，应使通过机组的风量保持在额定风量左右，且尽量减少风量的波动。

2) 经常注意观察孔和各检查门的严密性。

3) 根据机组的运行经验，定期地冲洗机组内部及自动控制装置中液位装置电极杆上的积灰。

4) 通入含尘气体时，不允许在水位不足的条件下运转，更不允许无水运转。

5) 经常保持控制装置的清洁，防止灰尘进入操作箱，发现控制系统失灵时应及时检修。

6) 当出现过高、过低水位时，应及时查明原因，排除故障。

7) 如发现叶片由于磨损或腐蚀等原因有所损坏时，必须及时修理后更换。

(4) 一般故障及处理方法。

CCJ/A-GZ 型冲激式除尘器故障及处理方法见表 8-32。

**表 8-32　　CCJ/A-GZ 型冲激式除尘器故障及处理方法**

| 异常情况及现象 | 原因 | 处理 |
|---|---|---|
| 除尘器排放口冒黑烟 | (1) 除尘器内无水<br>(2) 除尘器内水位低 | 补水至工作水位 |
| 除尘器不排污 | (1) 虹吸管堵<br>(2) 除尘器内水位低 | (1) 把电磁阀手动开启把手打至“开”位或用水管将虹吸管疏通<br>(2) 打开除尘器底部排污阀门进行排污<br>(3) 将水补至没过虹吸管即可排污 |

续表

| 异常情况及现象 | 原因 | 处理 |
|---|---|---|
| 除尘器吸力不足 | （1）过滤网堵塞<br>（2）挡水板由于积粉尘堵塞<br>（3）进风管路积煤造成通路不畅 | （1）清理过滤网<br>（2）用水冲洗挡水板及除尘器内部<br>（3）用水冲洗进风管路 |
| 水箱内水位达到工作水位而除尘器内水位达不到工作水位 | 水箱与除尘器本体连通管堵塞 | 用水将连通管冲开 |
| 浮球漏水 | （1）水压过大<br>（2）进水门开度过大<br>（3）浮球高度不合适 | （1）适当调整进水阀门<br>（2）调整浮球可调部位，使浮球不漏水 |
| 补水慢 | （1）水压低<br>（2）进水门开度小<br>（3）过滤器堵<br>（4）水箱与除尘器本体连通管堵塞 | （1）开大进水门<br>（2）清理过滤器<br>（3）清理连通管 |

### 8.8.5 除尘器的运行

**1. 冲激式除尘器启动前的检查**

（1）水箱内的污水应在交班前检查清理，以免泄水管受堵。

（2）进风管过滤器的滤板在交班前清理，以免堵塞。

（3）进水管断水时，打到停机位置，不得自动投运，以免干抽堵塞。

**2. CCJ/A 型冲激式除尘器的运行**

（1）除尘系统工作时，应使通过机组的风量保持在给定的范围内，并尽量减少风量的波动，应经常注意观察孔和各检查门的严密性。

（2）根据机组的运行经验，定期冲洗机组内部，消除积尘及杂物。

（3）除尘工作时，不允许在水位不足的条件下运转，更不允许无水运转。

（4）应经常保持水位自动控制装置的清洁，发现自动控制系统失灵时应及时检修。当发现溢流箱底部淤积堵塞时，可打开溢流箱下部的管帽，并由截止阀接入压力水配合清洗。

（5）当风机停止运行后，吸尘管路上的蝶阀也随之关闭（电动或手动）；如果吸风管上没有安装蝶阀，除尘机组停运一个星期以上，再运行时，将煤尘用水清理干净再投入运行。

（6）运行前应检查通风管道上的过滤网，如有杂物，应及时清理，保证气流畅通。如发现叶片由于磨损或腐蚀等原因有所损坏时，应及时修理或更换。

**3. CCI/AG 型虹吸冲激式除尘器的运行使用要求**

（1）打开除尘器水源总门，打开除尘器供水阀门，通过浮球阀自动供水，达到工作水位后浮球阀自关。水源总阀门与供水阀门常开，正常情况下不得关闭。

（2）启动风机后（自动或手动），浮球阀自动补水达到工作水位后，除尘器进入稳定运行状态。

（3）皮带停运后，停运风机（自动或手动），虹吸排污自动进行，同时自动补水，再补水达到工作水位后自停，具备下次工作的条件。

（4）除尘器长时间停运时，在风机停运前，关闭除尘器供水阀门。

（5）当浮球水箱内有积物时，打开反冲洗门进行冲洗，干净后关闭冲洗门。

（6）每班清理一次进风管道滤网上的纸、绳、塑料等被吸上来的杂物。

（7）每班在风机停运后及时检查排水情况，如有沉淀不能自排时，应人工加水搅拌或打开排污阀盖处理。水箱内的污水应能自动换新。

（8）停水时禁止投运除尘器。除尘器应打到停机位置，以免自动投运后抽干堵塞。

（9）运行时每小时检查一次风机电动机的温度及振动，温度不得超过65℃，振动不得超过0.08mm。各地脚螺栓无松动，各指示灯显示正确。水箱、各吸风管、各排灰管不得有堵塞漏水现象。

**4. CCJ/A-GZ型冲激式除尘器的运行操作**

（1）该机组能自动补水、自动反冲洗、自动排污，无须人工调整和操作。

（2）应保证除尘机组的经常供水，无水时应禁止使用，正常时所有水门在开启状态，水源水压应保持在0.3～0.6MPa。

（3）转换开关在自动位置（正常运行方式）时，程控室发出运行信号后，除尘机组自动启动；程控室发出停止信号3min后自动停机，转换开关切至解除位置，风机立即停止运行。

（4）转换开关在手动位置时（非正常运行方式），按下启动按钮，风机开始运行；按下停止按钮，风机立即停止运行。

（5）风机启动时，同时打开反冲洗电磁阀，1min后，反冲洗电磁阀自动关闭；机组在运行时，反冲洗电磁阀每10min自动反冲洗一次，每次冲洗15s。

（6）在机组停止运行时，反冲洗电磁阀自动反冲洗一次，每次冲洗1min。为避免堵塞，除尘机组停止运行8h后，就自动反冲洗一次，每次冲洗1min。

（7）动力电源消失后再送电时，反冲洗电磁阀自动反冲洗一次，每次冲洗1min。

（8）机组的自动补水是靠机械球阀自动调节的。正常情况下，电磁阀手动操作把手应在关闭位置。

（9）进风管上的过滤网是为了防止杂物进入除尘机组内部而安装的，应在运行除尘器前检查是否有杂物并及时清理。

（10）供水管路上的过滤器是为防止水中杂质卡塞电磁阀而装设的，应根据水质情况定期排放杂质，每月至少清洗一次。

（11）定期检查除尘器内部及挡水板是否有撇泥，并及时清理干净。根据煤质情况定期打开排污阀门，清理除尘器底部淤泥。

（12）皮带启动后，除尘器应及时启动，如有其他原因不能启动时应将调风阀关闭，皮带停止后，除尘器应及时停止，否则有可能造成排污堵塞。

## 8.9 喷淋装置

燃煤电厂的输煤栈桥（廊道）、储煤场及其他装卸煤设备的周围，煤尘含量严重超标，危害工人身体健康，对厂区及周围环境也造成严重破坏。喷水除尘是针对上述情况创立的一项除尘技术。

概括地说，喷水除尘是借助一定的装置产生封闭尘源的水雾封，对含尘气体进行洗涤、沥滤，以达到消除粉尘、净化空气的目的。不管是储煤场等大面积开放性尘源，还是输运煤设备产生的局部尘源，喷水除尘都可看成是人工降雨。需要指出的是，与自然降雨相比，喷水除尘的水滴大小集中在一个最佳尺寸范围内，并且非常密集，因此更有利于对含尘气体的净化。

### 8.9.1 喷淋装置的特点

**1. 工作原理**

喷淋除尘（如图 8-97 所示）是利用喷头把压力水转换成雾罩，保证喷头的雾化效果和雾化角度，大大减少耗水量，使用防尘罩使尘源封闭，将尘源限制在一定的空间内，增加尘粒与水滴的碰撞概率和速度，提高除尘效率，使含尘气体的湿度增加，尘粒相互凝聚，体积增大而沉积到燃料表面，一起送至原煤仓，而达到消除粉尘、净化环境的目的。

**2. 除尘机理**

（1）高速运动的水滴截留尘粒及尘粒与水滴之间的惯性碰撞。

（2）尘粒因扩散运动撞击水滴并黏附于水滴上。

（3）含尘气体因湿度增加，尘粒相互凝聚，使体积增大而沉降。

（4）表层物料含水量增加，表面张力加大，尘粒不再飘散。

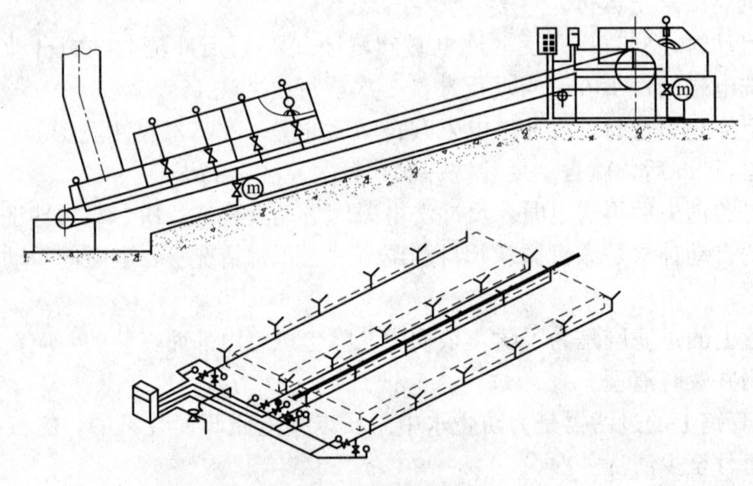

图 8-97　喷淋除尘系统

**3. 适用范围**

喷水除尘适用于所有散粒物料在装卸、输送、堆放、存取、筛分、破碎等过程中的粉尘治理。其限制条件是物料必须允许加少量水，即向物料内加适量水，不会对生产设备和工艺产生不利影响。目前喷水除尘在燃煤电厂输运煤系统中的应用最成熟，包含了从运煤车（船）进厂开始，一直到送入原煤仓的各个场所和各种设备。具体来说是带式输煤机转运点、地沟、叶轮给煤机、螺旋卸车机、储煤场、干煤棚、储灰场、翻车机、往复（振动）给煤机、犁煤器、碎煤机、斗轮堆取煤机、门式抓斗机、链斗卸车机等。

**4. 除尘效果**

带式输煤机转运点、叶轮给煤机等室内尘源，以及螺旋卸车机、翻车机等局部尘源，即使煤尘含量高达 2000mg/m³ 以上，仍可保证在生产设备运行的条件下，达到含尘量不大于 10mg/m³ 的国家规定指标。储煤场等大面积开放性尘源，应保证喷洒覆盖率大于等于 98%。

**5. 主要特点**

喷水除尘摒弃了其他除尘方法的所有缺点，除具有高除尘率以保证“达标”外，还具有以下显著特点。

(1) 不需要收集和输送含尘气体。喷水除尘是利用喷头产生的水雾封将尘源封闭，就地处理，因此不需要用收尘罩、风机、风管等收集和输送含尘气体。

(2) 不会造成二次污染。喷水除尘是利用水雾（小水滴）把粉尘压向煤表面，一起送到下一级，直到原煤仓，不存在粉尘搬家和二次污染。

(3) 系统简单，操作维护方便。加压输水系统像自来水系统一样简单，运行采用自动控制或按钮控制，不需要专人操作，维修也很简单。

(4) 造价低，投资少。喷水除尘的投资仅为其他方法的几分之一。

## 8.9.2　喷淋装置的结构

如图 8-98～图 8-100 所示，典型的喷水除尘系统由供水装置、加压输水系统、除尘喷头、防尘罩、控制电气五部分组成。

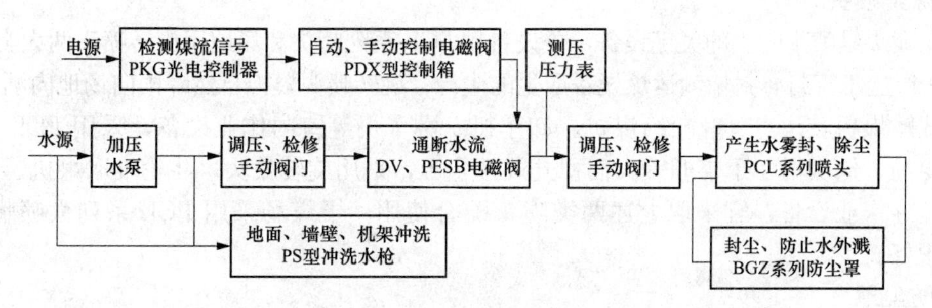


图 8-98　皮带机喷淋系统的组成

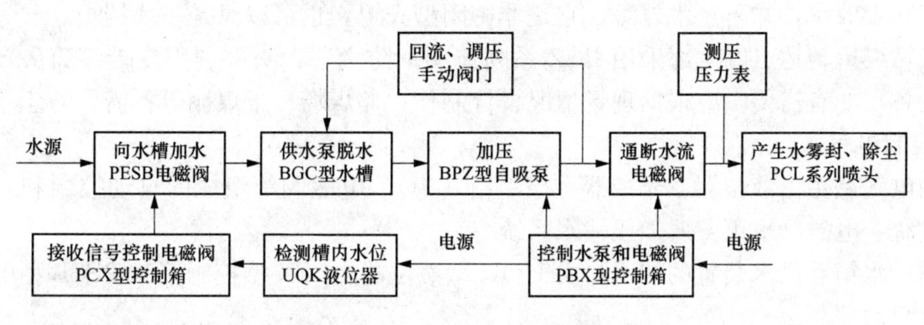


图 8-99　翻车机喷淋系统的组成

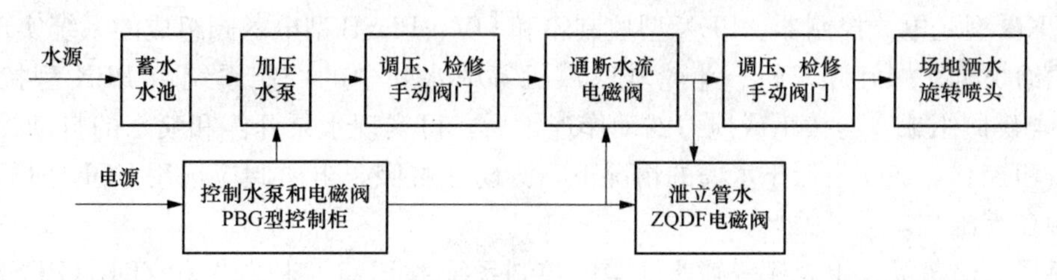


图 8-100　储煤场喷淋系统的组成

**1. 供水装置**

供水装置可以是水池、水箱或水槽，也可借用其他压力水管网，如生产、生活或消防水系统。具体采用哪一种方式供水，需根据现场情况确定。

储煤场、带式输煤机转运点等喷水除尘的用水量大，常采用水池或水箱供水，最好利用输煤栈桥水冲洗的废水，经沉淀后再利用。叶轮给煤机、螺旋卸车机、斗轮堆取煤机等行走作业设备，应采用 BGC 系列玻璃钢水槽供水。

**2. 加压输水系统**

加压输水系统主要由水泵、阀门、管道和管件组成。当借用其他压力管网时，一般不需要水泵。如压力偏低，仍需用水泵二次加压；反之，如压力偏高，则需用阀门或节流装置减压。系统的水压过高、过低或水量不足，都直接影响除尘效果，应详细进行水力计算，合理选配水泵和管道。

主管路中的最高点和局部凸起部位，应安装空气阀，用以排除管内的空气。为调压和运行管理方便，应在水泵出口、支线隔离阀下游等处安装压力表。每个喷头上游应安装手动阀门，用以调压和局部关断。

**3. 除尘喷头**

除尘喷头是喷水除尘的关键设备，分设备用 PCL 系列喷头和场地用旋转喷头两大类。PCL 系列喷头产生水雾封，封堵输运煤设备产生的尘源；旋转喷头模拟自然降雨向场地内洒水。

带式输煤机转运点、叶轮给煤机、卸车机、翻车机等室内作业设备，采用 PCL 系列喷头；储煤场、储灰场、干煤棚等大面积开放性尘源，采用旋转喷头；斗轮堆取煤机、门式抓斗机等室外作业设备，宜采取上述两类喷头配合使用；干煤场采用 PCL 系列大喷嘴喷头，效果也很好。

**4. 防尘罩**

防尘罩的作用是把粉尘限制在一定空间，增加粉尘与水雾（小水滴）的碰撞概率和速度，提高除尘效率，并防止水外溅。它是非密闭型壳罩，也可以只是一块挡板。

带式输煤机转运点的尾部采用 BGZ 系列玻璃钢防尘罩，头部利用皮带滚筒头罩；其他输运煤设备，如有需要，应根据现场情况设计制作；储煤场、干煤棚等不需要防尘罩。

**5. 控制电气**

控制电气是指由液位器、光控器、控制箱（柜）、电磁阀等组成的自动控制和（或）按钮控制系统。电磁阀也可归属加压输水系统。

水槽、水箱等供水装置的持水量由 UQK 型液位器、PCX 型控制箱和 PESB 型电磁阀配套，实现自动控制。

带式输煤机转运点及与之配套的往复（振动）式给煤机、碎煤机等喷水除尘的自动控制，由 PKG 型光电式控制器、PDX 型控制箱和 DV、PESB 型电磁阀组成的系统实现。

叶轮给煤机、螺旋卸车机、斗轮堆取煤机等喷水除尘的控制系统由 PBX 型控制箱和 PESB 型电磁阀组成，与拨爪或搅刀的动作连锁后，可实现水泵开停和喷水的自动控制，也可单独按钮控制。在喷头低于水槽的情况下，为防止虹吸，电磁阀应选用 ZQDF-1Y 型，该型电磁阀在零压时，仍可关严。

储煤场、储灰场、干煤棚等喷水除尘的控制系统由 PBG 型控制柜和 ZDF（PESB）型电磁阀组成。可实现水泵自动开停和分区自动喷洒口以防止冻裂立管和喷头，延长北方地区的冬季使用时间，应采用 ZQDF-1Y 型电磁阀，实现自动泄水。

**6. 喷淋部件**

（1）PCL 系列除尘喷头。

1）作用：把具有压力的水转换成高速运动的水雾（小水滴）组成的实心圆锥体，几个喷头组合后，可形成密实的水雾封，用以封堵、沥滤粉尘，消除局部尘源，如图 8-101 所示。

2）用途：适用于带式输煤机转运点、叶轮给煤机、螺旋（链斗）卸车机、翻车机、往复（振动）给煤机、犁煤器、碎煤机、斗轮堆取煤机等局部尘源的消除，大喷嘴喷头适用于干煤棚。

3）特点：①雾化（水滴大小）适中，除尘效果好；②出水口和内流道断面大，不易堵塞；③水雾锥角度大，利于封堵尘源；④结构简单，维修方便；⑤材料耐腐蚀，使用寿命长。

（2）场地用旋转喷头。

1）作用：把具有压力的水喷洒到场地上空，洗涤、沥滤空气中的含尘气体。然后，把水均匀地洒落到场地上的物料表面，加湿物料，防止起尘，如图 8-102 所示。

2）用途：储煤场、储灰场、干煤棚等大面积开放性尘源的消除。

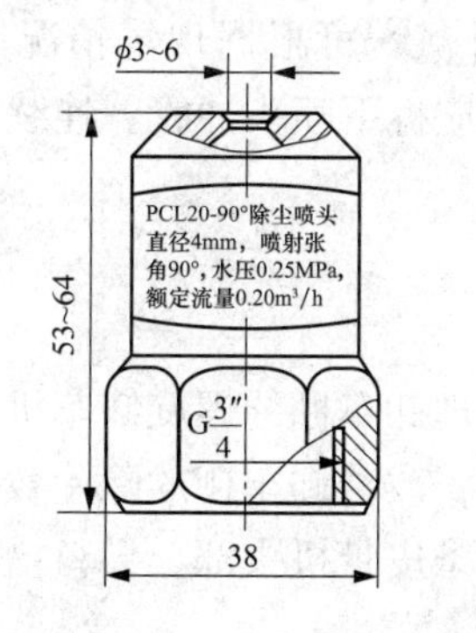


图 8-101　除尘喷头

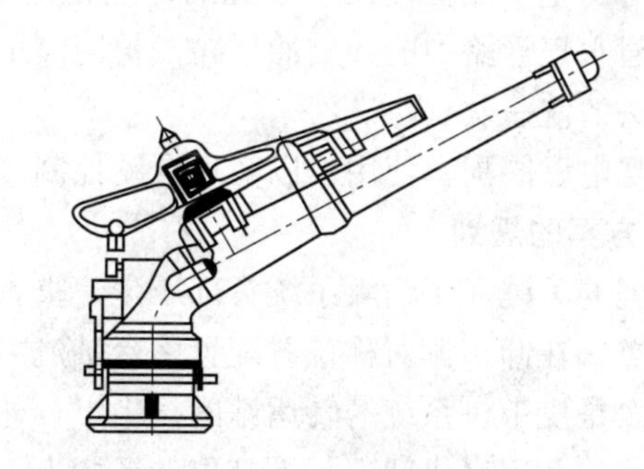

图 8-102　旋转喷头

（3）喷水除尘用电磁阀。先导式电磁水阀将先导阀、手动阀和节流阀组合于一体，先导阀接受电信号后带动主阀动作，主阀动作时间可调，磨损后也可通过调整进行补偿。这种电磁阀的主要优点是开关时不产生水锤，动作可靠，阀体上有手动装置，不需增设旁通管路。该阀可平装、立装或斜装，是喷水除尘自动控制的执行器。

1）作用：电磁阀连接在加压输水系统中，其电磁线圈与 P 系列喷水除尘控制箱（柜）相连。它的作用是根据控制箱（柜）发出的电信号，接通或关断喷水除尘系统的水流。

2）用途：各种规格型号分别适用于不同的喷水除尘系统。

3）特点：①所有阀均采用耐腐蚀材料，经久耐用；②所有阀均为先导式，动作可靠，并可减小水锤；③美国电磁阀的先导流采用两级过滤，可用于非洁净水。

（4）过滤器。常用 Y 形螺纹连接过滤器，结构包括阀体、过滤盖和过滤网，常用规格见表 8-33。

**表 8-33　过滤器常用规格**

| 工作压力（MPa） | 1.0 | 1.6 | 2.5 |
|---|---|---|---|
| 滤网面积 | 通径面积的 2.5～4 倍 | | |
| 有效过滤面积 | 大于滤网面积的 40% | | |
| 用途 | 工业、生活给水及采暖水、消防水系统 | | |

### 8.9.3 喷淋装置的安装与维护

**1. 煤现场喷水除尘的布置使用要求**

喷水除尘与加湿物料抑尘的意义不同，喷水主要以水雾封尘为目的，每个尘源点加水量一般不大，以能消除该处粉尘为主，设计时靠近煤源点的皮带多装喷水头，靠近原煤仓的尘源点可少装喷头，使用时要合理投运，以免造成燃煤含水量太高。喷头用水不应含有 1.5mm 以上的固体颗粒。一个出口直径为 4mm 的喷头，额定水压是 0.25MPa，流量是 0.1～0.5m³/h，每个尘源点推荐安装的喷头数量见表 8-34。

表 8-34　　喷头安装数量　　(个)

| 一条皮带机 | 一套翻车机 | 螺旋卸车机 | 叶轮给煤机 | 概率筛 | 碎煤机 | 悬臂斗轮 | 门式斗轮 |
|---|---|---|---|---|---|---|---|
| 头部煤斗 1～3<br>尾槽内 5～12 | 50～70 | 40～50 | 10～18 | 3～5 | 10～20 | 15～20 | 40～60 |

喷头应与防尘罩配套使用，罩壳的作用是防止外溅，可根据现场情况制作。喷头安装前，必须先通水把管路中的杂质冲干净，长期停用也应拆下喷头冲管。连续使用时，应每三个月拆下喷头清洗一次。

喷头应与电磁阀配套使用，以实现自动控制。

**2. 治理方案的规划**

(1) 治理的关键在于输煤系统头部压尘，重点治理卸车棚的螺旋卸车机和皮带的叶轮给煤机的扬尘点。在卸车棚对称位置配置多台轴流风机，改善卸车棚的除尘效果。

(2) 其次是皮带机系统的转运站的扬尘点，即每条皮带机头部、导料槽部位（即落煤管落差较高部位）和碎煤机间上、下部位的扬尘点。

(3) 皮带机系统的除尘中，在封闭导料槽上配合现有的多管水冲击除尘器的负压通风系统，提高皮带机除尘效率。

(4) 通过头部压尘后，粉尘浓度大大降低，用现有的布袋式除尘器即可满足煤仓间的除尘要求，配合水冲洗地面，若煤仓间位置较高，可选用管道泵增压，以满足供水需要。

(5) 在皮带机系统中完善暖气系统，配置防水灯具、防水电控箱、电缆桥架，制作水冲洗地面、墙壁，完善水压系统和废水沉淀回收系统，营造水冲洗环境。

**3. 实施的要点和关键**

(1) 带式输送机喷淋装置的实施要点。

1) 皮带喷淋喷头安装的高度位应适宜，以喷头喷水锥角覆盖皮带宽度的 90%为宜，避免造成用水量的浪费。

2) 喷淋水管路的水截门前应安装过滤器，以适应水质的要求，避免堵塞喷嘴。

3) 喷水电磁阀应选用性能可靠的元件，以保证皮带机启动时喷淋的动作正确，避免误动。

4) 在皮带机的头部适当布置喷嘴，于落煤管上部在煤流下落位置（即落煤管头部）适当布置喷嘴，以更好地达到除尘目的。

(2) 翻车机喷淋装置的实施要点。

1) 卸车和喷淋同时进行，两侧墙壁可分别设置两个不同角度的喷嘴，在卸车的同时，可将卸车墙壁清洗干净。

2）喷淋的关键是喷嘴配置合理，保证将煤的卸车流动方向全部覆盖，起到除尘的效果。同时适当增加喷嘴数量，并提高雾化效果，但应避免煤表面水分饱和，影响煤的流动性。

3）局部部分水管可用高压胶管连接，喷头可采用铁板打孔固定，避免因翻车卸煤导致损坏喷嘴。

4）选用适宜的增压泵，避免发生水泵与水槽的虹吸现象。喷淋装置使用后注意将余水放净，避免冬季冻裂水管路。

（3）煤场喷淋装置的实施要点。煤场喷淋主要考虑春、夏、秋三季使用。应环煤场设置，选用可摇摆式喷头。喷头的扬程视煤的堆积高度而定。根据水压情况设置增压泵。喷水管路采用预埋方式，喷水喷嘴部位设置截门和放水管，喷水管喷头部位建围池，冬季用稻草预埋，并把喷水管路的余水放干净，避免冬季冻裂水管路。在夏季投入露天煤场喷淋可在一定程度上避免煤的热量和挥发分损失，对节能降耗起到一定的作用。

**4. 洒水器的维护**

（1）结构特点。洒水器设备外壳材质采用铝合金，零件采用不锈钢、铜，具有永不生锈、寿命长、结构紧凑、小巧玲珑，可利用自身水压进行自动换向回转，转速稳定、抗震、抗风性能好、洒水雾化好等优点，由于该洒水器采用水轮内置，更具备节水、少维修、寿命长等特点。

（2）安装注意事项。

1）洒水器安装前应清除水道内切屑及泥沙、杂草等易堵物。

2）洒水器拧入管道接头时严禁利用洒水器枪筒拧紧。

3）使用管钳拧紧洒水器时注意不要损坏定位环。

4）安装后将各注油嘴处注入油脂。

（3）调整方法。

1）旋转速度的调节。洒水器的旋转速度取决于水轮上承受水压、流量的大小，当水压力为 $5kg/cm^2$ 时，转速约为 0.5r/min。

2）旋转角度的调整。改变两定环上定位柱之间的夹角，从而改变洒水器的旋转范围，调整好后拧紧螺栓，固定定位环。

3）洒水水滴的大小及喷射距离的调节。将喷砂机嘴端部的螺帽钉（射注销）拧入，则洒水距离短，水滴细小。反之，拧出螺钉，则洒水距离大，水滴大。特别是在原料场洒水时，由于风大，采用大水滴喷洒效果好，调整好后用防松螺母将螺钉固定住（煤场喷洒一般不用射流）。

（4）使用注意。

1）洒水供水压力约 5kg/cm，若供水压力低于 3kg/cm，则回转速度缓慢且洒水距离短。

2）洒水操作时阀的开启应缓。

3）冬季使用后，洒水器中留水应放光以防止冻坏设备。

4）长期不使用时，应用防尘尼龙布将淋水器扎起来。

### 8.9.4　喷淋装置的运行

**1. 煤场洒水器的使用性能与技术参数**

煤场洒水器的零配件采用铝合金、不锈钢、铜等材质，其使用可靠、寿命长，利用自身水压进行自动换向回转，转速稳定，抗震、抗风性能好，洒水雾化效果好，主要技术参数见表 8-35 所示。

表 8-35　　煤场洒水器的主要技术参数

| 项目 | 数据 |
|---|---|
| 工作压力（$kg/cm^2$） | 5～6 |
| 喷嘴直径（mm） | 21 |
| 喷水量（t/h） | 36 |
| 射程半径（m） | 50 |
| 喷射侧角 | 45° |
| 120°回转时间（s） | 58 |
| 旋转角度（可调） | 0°～360° |
| 洒水状况（连续） | 雾状 |
| 管头连接直径（mm） | 80 |
| 水管法兰连接（标准法兰）（配 80mm 阀门） | 法兰外径 195mm，中心眼 160mm（18mm×4 孔） |

**2. 煤场喷水作业投停喷淋水的要求**

首先根据季节和天气情况确定煤场喷水作业，当煤场存煤比较干燥、表面水分低于 4%时，开启喷水系统来水总门，然后依次打开高压喷枪阀门对煤场存煤喷洒湿润。每次洒水要均匀，注意防止局部聚水使煤泥自流。水分大于 8%时禁止洒水加湿。

因煤干燥使斗轮机取煤扬尘过大时，应开启斗轮机机头的喷水系统（斗轮机上可设置一个大水箱定点加水，运行时由自用泵喷洒，也可用水缆供水）。效果不大时，可由地面水管装上快速接头消防带喷枪，开启阀门，向扬尘处喷洒，加大水量能有效防止扬尘。当汽车卸煤或斗轮堆煤时，如煤过干，可用此法对卸料点人工伴水。涸雨季节每天将煤场及周围喷洒一至二遍。

冬季停用前，要将水源总门关闭，各段余水放尽，阀门头包好。

**3. 翻车机投停喷淋水的要求**

翻车机卸煤时，根据煤的干湿情况确定是否投运喷淋水系统。当需要喷淋时，打开相应喷淋水系统的总门，电磁阀将自动打开，进行喷淋，喷淋水系统旁路门处于常关闭状态。翻车结束，电磁阀自动关闭。当喷淋系统电磁阀故障时，打开相应喷淋水系统总门及喷淋系统的旁路门进行喷淋。翻车结束，关闭喷淋水总门和旁路门。

**4. 湿式抑尘法的主要技术措施**

煤在转运过程中的起尘量大小，受煤的含水量大小影响。喷水加湿可使尘粒黏结，增大粒径及质量，进而增加沉降速度，或黏附在大块煤上，减小煤尘飞扬。当煤的水分达到 8%以上时，一般可不装除尘装置。因此，在翻车机、卸煤机、卸船机、储煤场、斗轮机、叶轮给煤机、皮带机头部等煤源皮带机上，重点采用湿式抑尘法。喷头的投入量，也就是加水量，可根据煤的含水量和上煤量的大小自动调整。在扬尘点布置的常规喷雾装置，只能抑制部分煤尘。为了提高抑尘效率，减少用水量，目前有两种新技术可行：一种是超音芯喷嘴（干雾装置）和雾化系统，耗水量仅为常规的 1/10，除尘效率可达到 90%；二是磁化水喷雾装置，是把水经过磁化处理后，由于磁场能量的作用，使聚合大分子团的 $H_2O$ 变成单散的

$H_2O$，比重变轻，表面积增大，从而提高了煤尘的亲水性能，提高了除尘效率，减少了用水。以上两种方式的喷雾装置可布置在头部和导煤槽的出口，其水雾可覆盖全部扬尘面，基本上可解决这些部位的扬尘问题。

**5. 输煤系统投停喷淋水的要求**

根据煤的干湿情况确定是否投运喷淋水系统。自动喷水系统可利用煤流信号（带压轮水门或自动粉尘监测仪等）开关与皮带联动。下雨天或煤较湿（水分大于4%）时，应关闭皮带喷水装置阀门。

当需要喷淋时，打开皮带喷淋水系统的总门，随着煤流信号的动作，电磁阀打开，进行自动喷淋。上煤结束时，电磁阀自动关闭，喷淋停止。喷淋系统旁路门应处于常关闭状态，当喷淋系统电磁阀故障自动失灵时可手动投停，打开喷淋水系统总门及旁路门，进行人工操作喷淋，上煤结束时，关闭旁路门，停止喷淋。

**6. 自动水喷淋除尘系统的控制种类**

（1）与煤流信号联锁，有煤时喷水，无煤时停水，煤流装置和喷头不能离得过远。

（2）用带压式水门直接控制喷水管路的开闭，有煤时，皮带压紧转轮，靠旋转力打开水门。

（3）用粉尘测试仪实时测试尘源点的粉尘浓度，现场粉尘超过 $5\sim8mg/m^3$ 时，通过电脑控制系统开启相应的喷头电磁阀，通过对现场粉尘浓度的在线监测，可根据现场粉尘浓度的大小决定是否打开电磁阀喷水或打开系统中的几个位置的电磁阀喷水除尘，避免了手动控制时有无煤全皮带喷水，以及常规自动控制时干湿煤都喷水等种种弊端，节约了用水，减少了蓬煤堵煤现象。

（4）将红外线光电式自动喷水控制器安装在皮带头部，监测煤流。

第九章

# 燃　料　油

## 9.1　燃料油性质

燃料油是成品油的一种，是石油加工过程中在汽油、煤油、柴油之后从原油中分离出来的较重的剩余产物，广泛用于船舶、工业锅炉等的燃料。对燃料油性质的了解有助于我们对燃料油进出正确的管理。

### 9.1.1　化学性质

燃料油是一种组成成分十分复杂的有机混合物，不同质量的燃料油包含不同组成成分的烃（包括直链和支链烷烃）、环烷烃（多数是烷基环戊烷、烷基环已烷）和芳香烃（多数是烷基苯）。按照化学元素来说，燃料油由碳、氢、氮、氧、硫、灰分、水分等组成，其中碳和氢的含量最高（二者之和至少占总比重的95%），灰分及水分的含量极为少。所以燃料油在燃烧的过程中有很高的发热量，同时十分容易被引燃，炉内结渣和受热面磨损的问题几乎不存在，同时输送和控制都较方便。

燃料油中的硫，主要的存在形式是硫化氢、单质硫及各种硫化物。根据燃料油含硫量的多少，对燃料油可分为三种：低硫（硫含量低于0.5%），中硫（硫含量在0.5%到2%之间），高硫（硫含量大于2%）。一般来说，若是燃料油中硫的含量高于0.3%，在低温受热面的腐蚀问题就应该引起足够的重视。

### 9.1.2　物理性质

燃料油的物理性质主要有黏度、凝固点、闪点、燃点、密度。

**1. 黏度**

黏度是流体在发生连续形变是在切向上产生阻力的性质，也就是流体流动时产生的阻力大小的度量。黏度作为燃料油的流动性的重要指标，对于燃料油的输送及燃烧（在燃烧过程中的雾化过程）有着直接的影响。燃料油的黏度主要由以下的三点决定：燃料油的组成成分及含量、现场温度、压力。燃料油的黏度一般以恩氏（恩格尔）黏度（°E）表示。它是指在一定温度下（如50、80、120℃等），200mL样品油从恩氏黏度计流出的时间与20℃的同体积蒸馏水从恩氏黏度计流出的时间之比。一般来说，温度越高时燃料油的黏度越小，所以对于重油等黏度较大的燃料油在燃烧前都要经过必要的加热过程，以确保燃料油在管路中具有良好的流动性，同时确保燃料油可在喷嘴处得到有效的雾化。根据实践经验，对于压力雾化喷嘴的炉前燃油，黏度应在10°E以下，最好为2～4°E。

**2. 凝固点**

凝固点就是液态物质由液态开始转变为固态时的温度。对于燃料油来说，温度越低，黏度越大。以重油为例，随着温度的降低，重油变得越来越黏稠直至凝固。若是盛油的试管倾斜45°后重油的表面在1min之内不表现出移动的倾向，那么此时的温度称为所测重油的凝固点。

就像重油温度接近凝固点时，重油的黏度就会提高，同时流动性也会变差。直接后果就是抽注装卸、管道输送、喷嘴雾化等都受到阻碍，若是温度低到足以使重油析出粒状固体物，则可能造成管路和设备的沉积和堵塞。因此，燃料油系统在运行时维持足够高的温度是必需的，这样可有效地防止因断油而影响锅炉正常运行，同时最大程度的保护输油管的畅通。

**3. 闪点**

当燃料油加热到某一温度时，表面就会有油气发生，若是油气和空气混合到某一比例，同时有明火接近就会产生蓝色的、瞬间即逝的闪光，此时的温度称为闪点。从原油中分馏提取产品越多，则闪点越高。若是所使用的燃料油拥有较高的闪点，可在使用的过程中采取较高的预热温度，这样可降低黏度从而得到良好的流动性。对于闪点较低的燃料油，当预热温度接近闪点温度时，有着火和爆炸的危险性。因此，为安全起见，在开放环境中预热燃料油，一般低于闪点10℃以上，而在无空气的压力容器（如重油加热器和输油管路等）中，则可加热到满足对黏度要求的温度。

**4. 燃点**

若是燃料油的温度升高到某一温度时，油面上的油气分子趋于饱和，此时若与空气混合，同时有明火接近即可着火，且能保持连续燃烧（不同于闪火的一闪而逝），这时的温度称为燃点或着火点。油的燃点一般要比它的闪点高20～30℃，其具体数值视燃油品质和性质而定。闪点和燃点越高，着火的危险性就越小。在锅炉运行过程中，闪点和燃点间距越大，越容易出现火炬跳跃波动，甚至火炬暂时中断，在运行中应当引起注意。相反，若是燃料油的闪点和燃点越低，那就意味着火的危险性越大，因此在储存过程中要特别注意防火。

**5. 密度**

在一定温度下，单位体积油的质量称为该油在这个温度下的密度。密度大的油，其碳及杂质的含量较高，而氢的含量较低，这类油的黏度较大，闪点较高，发热量较低。因此在检验和评价油的品质时，密度是最常用的物理特性之一。

### 9.1.3　燃料油质量标准

初入库的燃料油，首先要对其的各项性能及品质有所了解，然后按照油品的不同对这些燃料油进行分类管理。燃料油的执行标准有以下四种：GB/T 17411《船用燃料油》；SH/T 0356《燃料油》；有关企业标准；协议质量指标。

对于燃料油的质量，通常情况下可通过以下的十个项目做出判断：

（1）运动黏度50℃（$mm^2/s$），试验方法参考GB 11137及GB/T 265。

（2）运动黏度100℃（$mm^2/s$），试验方法参考GB 11137及GB/T 265。

（3）密度20℃（$kg/m^3$），试验方法参考GB/T 1884及GB/T 1885。

(4) 闪点(闭口)(℃),试验方法参考 GB/T 261。

(5) 闪点(开口)(℃),试验方法参考 GB/T 3536。

(6) 倾点(℃),试验方法参考 GB/T 3535。

(7) 水分 $v/v$(%),试验方法参考 GB/T 260。

(8) 硫含量 $m/m$(%),试验方法参考 GB/T 388、SH/T 0172 及 GB/T 11140。

(9) 沉淀物或机械杂质 $m/m$(%),试验方法参考 GB/T 6531 及 GB/T 511(在有异议时,以 GB/T 511 方法测量结果为准)。

(10) 灰分 $m/m$(%),试验方法参考 GB 508。

## 9.2 燃料油发展

我国生产供应的商品燃料油品种主要是船用燃料油和重质燃料油。船用燃料油(不包括柴油)比重很小,重质燃料油比重较大,此外还有一些无规格产品。本文讨论的燃料油指的就是重质燃料油(简称“重油”)。重油调入适量轻质油后,即为商品重油。按用途分类,可分为工业窑炉用重油、取暖锅炉用重油、冶金用重油、船载锅炉用重油等;按加工流程分类,可分为常压重油、减压重油、催化裂化重油和混合重油等。

现阶段的节约替代石油、燃料油的途径主要是煤代油、气代油及副产品代油。替代燃料油的方式选择也应该考虑到行业和区域的差别,同时要兼顾保护环境,注意减少污染物的排放。

替代燃料研究应立足于国内现有资源来开展,所以洁净煤技术应该占替代燃料研究的主要部分。目前已进行的替代燃料研究有水煤浆、水焦浆、煤制甲醇、煤制二甲醚、奥里乳化油、煤液化合成油、煤气化制液体燃料等项目。

**1. 水煤浆**

我国于 20 世纪 80 年代初开始研究的水煤浆也取得了成效。我国现已建成水煤浆厂 9 座、年制浆能力为 170 万 t。由于水的降温作用,使得水煤浆的理论燃烧温度不能满足一些要求高温、高效和对水蒸气敏感的场合,如钢铁冶炼、有色金属冶炼、玻璃熔化、特殊建材烧制等。水煤浆的燃烧产物中有灰分,所以燃油锅炉改烧水煤浆,锅炉需要增加除灰装置,还需对水冷壁和炉膛结构进行改造,燃烧器也需要更换或改造,这些都加大了利用水煤浆的成本。

**2. 水焦浆**

目前众多焦化厂炼焦产物浪费严重、环境保护形势严峻,如将炼焦产物煤焦油中加入部分添加剂和水制成水焦浆,代替燃料油将是能源替代技术的一条思路。煤焦油热值高,与重油相当,但是煤焦油黏度大,不易流动,碳氢比高,燃尽困难。为了解决其燃烧问题,加入水和助剂,帮助多相燃料稳定和流动,还能起到乳化和微爆雾化的作用。随着新技术和新设备更多的应用到生产领域,如新型化学助剂和新型液体燃料燃烧器的开发,水焦浆开发的难度降低,燃料燃烧状况有所改善,市场前景看好。浙江大学的研究表明,某种山西产中温煤焦油加水量在 12%左右时燃烧情况良好,且经过实验可知,乳化煤焦油完全适于作锅炉燃料。

**3. 油煤浆**

油煤浆以重油、渣油为连续相,以煤粉为分散相,均匀混合形成的一种混合液态燃料。对油煤浆的研究表明,在平均粒径为 75μm 的粉煤中,再加入约 5%小于 5μm 的极细粉煤,可获得稳定性较好的油煤浆。但煤的粒径越小，粉煤功耗越大，操作会复杂化。与水煤浆类似，在油煤浆中加入少量的添加剂可提高其稳定性。添加剂主要是分散剂，它被吸附在煤粒表面上，防止煤粒的聚集，降低煤粒下沉速度，提高油煤浆的体系稳定性。不同煤种的表面性质不同，所适应的添加剂种类也不相同。商品化的煤浆制备工艺条件，需要进行大量的筛选工作。大量试验表明，阳离子表面活性剂对油煤浆是最有效的。

**4. 煤液化**

根据化学加工过程的不同路线，煤炭液化可分为直接液化和间接液化两大类。直接液化是将煤粉、催化剂（可选）和溶剂混合在液化反应器中，在适宜的温度和压力下，将煤直接转化为液化油的过程。间接液化是先通过煤气化生产合成气（$CO+H_2$），然后通过高活性催化剂作用在合成器中合成为油产品。神华集团在得到“863”项目支持后，已建成了全球首个煤直接加氢液化合成油的商业化示范装置。煤的直接、间接液化合成油要在高温、高压条件下进行，所需设备投资巨大，投入产出比不高，但是该技术作为我国的一项重要技术储备，从国家发展战略角度看，应该大力发展。

**5. 煤气化**

煤炭气化技术不仅能减少燃烧排放物对大气的污染，而且能使煤炭的利用效率得到极大提高。煤炭气化技术可生产合成气、合成氨和烯烃等化工产品，也可生产液体燃料，如甲醇、二甲醚等，还可生产燃料气用于发电、供热（如通过 IGCC）及城市煤气等。以煤气化为源头的技术系统最终可能做到空气污染物可忽略不计，净二氧化碳排放为零或接近零。我国先后从国外引进的煤气化技术多种多样。如引进的水煤浆气化装置就有 1987 年投产的鲁南煤气化炉、1995 年投产的吴泾煤气化炉、1996 年投产的渭河煤气化装置、2000 年 7 月投产的淮南煤气化装置等。从当前国外技术发展趋势来看，大型化、加压、适应多种粉煤、低污染、易净化是煤气化的发展方向。我国煤气化技术发展的主要问题是工艺落后、煤质适应范围窄、污染物排放控制力度不够、生产规模小、经济效益较差。

**6. 煤制甲醇、二甲醚**

煤制甲醇、二甲醚都是先通过煤气化制粗煤气。以煤为原料制甲醇工艺主要包括煤气化制粗煤气、氧气制备、净化（包括脱硫、变换、微量成分脱除等）、甲醇合成、甲醇精馏等单元。二甲醚的制取则是通过甲醇脱水法，或者直接煤基合成气法。煤制甲醇、二甲醚投资大，但运行费用低，相比之下，仍然合算，所以必须形成规模效益。甲醇和二甲醚对臭氧层无损害，在大气层中易降解，燃烧充分、无残液、不析碳。可代替煤气、石油液化气作民用燃料，也可作为汽车燃料等。我国煤制甲醇、二甲醚领域存在的主要问题是工艺落后和生产规模太小。甲醇、二甲醚不同于现有的汽油、柴油产品，如果要替代汽柴油作汽车燃料，需要建立新的储运和分配系统，对发动机也要进行必要的改造，因而在扩大使用上存在一定的困难。

**7. 奥里乳化油**

在委内瑞拉的奥里努考（Orinoco）地区埋藏着大约 3000 亿 t 的超重黏油，这种黏油是很难用常规的炼油工艺提取具有更高使用价值的烃类成品。1996 年 11 月，我国与委内瑞拉签订了联合开发奥里努考油田的协议。由双方投资建设的油田和奥里油乳化工厂于 2004 年投产，每年有 650 万 t 奥里乳化油运回国内使用。奥里乳化油外观是一种黑色、黏稠、均匀的液体，具有石油气味，含 70％超重质原油、30％乳化剂的非牛顿体产品，属于水包油型乳化液。油滴被表面活性剂包围形成亲水界面薄膜，水为连续相，油为分散相。奥里乳化油燃烧时，在一定条件下发生微爆，有利于燃烧，且火炬较短，燃烧透彻；奥里油理论燃烧温度比原油低150℃左右，有利于实现低 $NO_x$ 燃烧，降低烟气中 $NO_x$ 的浓度；闪点较高，着火困难，防火防爆要求不高；密度与水相近，储油罐不必设脱水设施；奥里油经乳化后黏度低，流动性好，便于储运，耗能较低。但是奥里乳化油含水量高，热值低，着火困难；含硫量高，尾气含二氧化硫较多，必须增加脱硫装置才能达到环保排放标准；燃烧形成的灰细而黏，会影响锅炉正常运行。所以，如果要用奥里乳化油替代燃料油，在运输、电厂运行和尾气净化这些问题上还需要进行进一步的研究。

**8. 锅炉用油煤浆燃料油**

油煤浆技术是将一定粒度煤粉与油类物质混合，使之成为性质稳定的液体燃料的技术。油煤浆可用于燃油锅炉、发电等，其主要特点是：①投资少、加工简便、成本较低；②作为流体燃料可用泵输送；③燃料供给自动化控制系统相对简单而有效；④雾化燃烧，对大气污染小，排放的废气中 $NO_x$ 可大幅度减少。因此，油煤浆是一项具有可行性的新型燃料油。

油煤浆中煤粉含量越高，其成本越低，但煤粉含量越高浆体的黏度也会越高。油煤浆黏度是衡量燃料油性质的一个重要指标，其直接关系到油煤浆输送和雾化特性。虽然国内外对影响油煤浆黏度的因素做了很多研究工作，但是，目前油煤浆技术偏重于重油研究的较多，且制的油煤浆黏度偏高。

**9. 欧美燃料油发展趋势**

欧洲的小麦生产过剩，用小麦生产乙醇将是解决小麦过剩的途径，同时用小麦生产的乙醇作为燃油还可减少 $CO_2$ 的排放量，有利于环保。

欧洲的乙醇生产较美国发展要慢，因为欧洲人喜欢柴油汽车，而且油菜易种植，其油转化为生物柴油相对较容易。英国政府要求2010年运输燃油将采用5%的新油源。如果采用小麦为原料生产乙醇，将需要730万t小麦。英国每年约有250万t小麦出口，这部分小麦可用于生产乙醇。随着生产乙醇对小麦用量的增加，欧盟会减少补助金对生产的影响，这又将导致小麦价格的上涨。

美国用于生产乙醇的玉米达4000万t/年。欧洲已有几家公司在生产乙醇，如德国2月份已将E85乙醇（小麦生产乙醇85%、石油15%）推向市场销售。德国有足够的原料（每年约1500万～2000万t谷物），可用于加工乙醇，其中以小麦为原料生产乙醇，年加工能力为70万t小麦。

英国已计划建造乙醇生产厂。BRITISH SUGAR公司正在建造以甜菜为原料生产乙醇的工厂，2007年初投产。该公司表示用糖生产乙醇不是长远计划，将来会用谷物、小麦作为原料生产乙醇；另一家公司GREEN SPIRIT FUELS也在2007年建造第一家以小麦为原料的乙醇厂。

## 9.3 燃料油市场

### 9.3.1 世界燃料油市场现状

世界经济从2010年开始缓慢复苏，但并没有从根本上扭转经济下行的态势。另外，欧债危机的爆发又进一步打击了脆弱的世界经济。基于世界经济的疲软现状，2008 年以来，全球对燃料油的需求逐年下降。据剑桥能源研究会（CER）统计，2011 年，全球燃料油需求总量为 875 万桶/日，较 2008 年减少了 57 万桶/日，降幅为 6.5%。总体来说，全球燃料油的需求在不断减少。

全球燃料油表观消费量总体呈下降趋势，近 5 年基本保持平稳。近 10 年来，国内燃料油消费量总体呈现减少态势。2005 年以来，由于受到电力、热力等生产领域的燃料油替代影响，燃料油消费总体呈下降态势，年均减少 2.0%。2005～2014 年，燃料油表观消费量（产量＋进口量－出口量）由 4223.7 万 t 减少至 3384.1 万 t。近年来，在以燃料油为主要原料的地方炼油企业大规模建设的带动下，燃料油消费基本保持平稳。

2010 年以来，我国进口燃料油来源国家及地区相对稳定，主要集中在委内瑞拉、俄罗斯、新加坡、马来西亚、韩国等国家。2014 年，我国从上述五国进口的燃料油数量合计占总进口量的 86.6%。其中，从委内瑞拉、新加坡进口的燃料油数量每年基本稳定在 400 万～500 万 t；从韩国、马来西亚、俄罗斯进口的燃料油数量有所减少，特别是从俄罗斯的进口量下降明显，已从 2012 年高峰时期的 785.8 万 t 减少到 2014 年的 270.8 万 t，这主要是源于地方炼油企业对俄罗斯 M100 燃料油需求的减少。值得注意的是，近年来，我国从中东地区进口的燃料油有所增加，尤其是 2013 年从该地区的进口量达到了 266.6 万 t。未来随着中东地区新建及扩建炼油厂的陆续投产，中东地区将成为我国燃料油重要的来源地之一。

### 9.3.2　我国原油进出口管理体制

**1. 我国原油进出口管理体制现状**

以《国务院批转国家计委、国家经贸委关于改革原油、成品油流通体制意见的通知》和《关于清理整顿小炼油厂和规范原油成品油流通秩序的意见》为主要依据，我国原油进出口的管理以五家国有企业（包括联合石化、联合石油、中海油、中国石化、威海振戎）组成没有贸易进口数量限制的集团，同时允许非国有企业从事少量进口（获得授权的企业按照相关规定申请年度进口允许量，所进口原油统一交由中石油、中石化两大公司排产加工），但事实情况并非如此，每年商务部发布的关于非国有贸易原油进口配额，可以很明显地看出，除很少的一部分流向民营企业的指标外，大部分指标实际上均归属于中石油、中石化、中海油、中国中化和珠海振戎公司直接或间接控股的企业。同时，我国现行政策已经有规定，明确要求所有的非国有贸易企业进口原油，必须先通过中石油、中石化统一排产后才能按照排产计划销售，而且不能直接转售炼化企业使用。所以，2007 年开始实施的《原油市场管理办法》虽然在原油批发方面规定国家对原油经营活动实行许可制度，但受限于现阶段各类的严格管理，原油市场并未实际形成。

**2. 我国原油进出口管理体制问题分析**

我国原油进出口管理体制的问题归纳起来有以下三点：

（1）原油贸易企业利益流向“排产权”拥有者，进口原油必须有中石油或中石化出具的排产证明，海关才给予放行，铁路部门才给予安排运输计划，而两大公司的排产计划又对油品类型、时间、运输方式等有严格要求，实际操作中在国际石油市场自行采购、进口原油的困难非常大，非国营原油贸易进口业务面临名存实亡的窘境。

（2）非“体制内”炼厂获得原料相对困难，世界各地石油指标参数差别较大，对炼化企业而言能够获得稳定的优质原油供应对成本控制至关重要，但事实上作为中石油、中石化旗下的石油炼厂，原油供给能够得到较好的保障，其他的炼化企业相对处于市场劣势地位。

(3) 国际燃料油价格严重扭曲，燃料油作为原油一次加工提取成品油后的副产品，价格理应远低于原油价格，但在国内原油“排产”管理体制下，一些炼化企业没有充足的原油指标，只能通过进口加工燃料油维持经营，燃料油和原油的价格关系被严重扭曲，加上我国炼化企业曾经大量进口燃料油，国际燃料油市场价格一度达到甚至超过原油的价格，这些都严重损害了我国石油炼化行业的整体利益。

**3. 改革方案建议**

对于目前我国国内的原油进出口现状，走改革及调整道路是势在必行的，主要有以下四种方案可供选择：

(1) 立足当前市场格局，积极培育新的竞争主体：石油作为重要的战略物资，总体上讲，应该构建寡头竞争的市场结构，但也必须有一定数量的其他企业作为补充，才能形成有效的竞争，同时应允许中石油、中石化两大公司以外的国营贸易公司自行出售原油到国家核准的炼厂，允许非国营贸易公司在允许总量范围内自行进口原油并自行出售到国家核准的炼厂，从根本上解决原油管理体制下企业面临的“产权残缺”问题。

(2) 利用世界经济形势，促进原油贸易方式多样化：根据世界经济形势走向，欧美原油需求将在最近一段时期内继续下降，这促使中东、拉丁美洲、加拿大、俄罗斯等能源出口地客观上需要更加积极地寻找输出对象。我国应抓住这一有利时机，不断加强面向全球的能源勘探、开发、贸易和科技合作，增强对国际能源市场的影响力，从根本上改变“亚洲溢价”问题。鼓励国内企业通过获取份额油、发展长期贸易、加强期货贸易、发展工程换能源等多种途径，增加国家外部原油供应的渠道。

(3) 增强储备能力，加快完善石油战略储备体系：针对石油对外依存度不断提高的情况，我国应当加快完善与原油进出口管理体制相适应的石油战略储备体系。一是充分考虑未来全球能源格局变化，适时调整石油战略储备计划和目标；二是规范石油战略储备建设的中长期目标、发展规划，明确政府储备和商业储备的最低规模、紧急情况下的动用程序和规模等；三是充分利用民营石油企业现有的具备相当规模的油库，在加快石油储备基地建设速度的同时，利用民营企业补充国家战略储备，通过“藏油于民”增强国家储备力量。

(4) 优化政府职能，建立规范的市场竞争秩序：加强政府保障石油安全、应急、规划及市场监管职能，提供或保障行业内的普遍服务，建立完善的法律法规体系。建立健全燃油税、资源税和石油超额收益金，以及对消费者的财政补贴制度为主要内容的财税调控体系。

## 9.4 进口原油与燃料油鉴别方法

目前我国进口原油主要来自世界30多个国家和地区，有中东原油、非洲原油、亚洲原油、大洋洲原油、拉丁美洲原油和欧洲原油，涉及俄罗斯、哈萨克斯坦、挪威、苏丹、沙特阿拉伯王国、科威特、伊朗、伊拉克、澳大利亚、越南等国家和地区。凝析油特点是密度较小、微透明，常温挥发性大，通常由天然气中的重组分凝析而成。超轻原油的特点是轻组分较多、密度较小、常温流动性和挥发性较大、不透明，密度在 0.80g/cm$^3$ 以下；轻质原油的特点是轻组分多，密度、流动性、挥发性较超轻原油差，不透明，密度在 0.82g/cm$^3$ 左右；中质原油的特点是轻组分少、挥发性、流动性较差，不透明，密度在 0.85g/cm$^3$ 左右；重质原油的特点是轻组分很少、几乎没有挥发性、流动性差，黏稠不透明，密度在 0.90g/cm$^3$ 以上。这四种原油通常均来源于自然开采。

根据性质和使用用途，以及当前国际标准和国家标准，燃料油分为两大类，即馏分燃料油和残渣燃料油。馏分燃料油是由原油直接蒸馏或催化裂化后再经蒸馏组分调和而成的，其特点是具有一定的透光度，即清澈透明；并且初馏点较高，50%回收温度在 250～300℃之间。残渣燃料油是由直馏残渣油或催化裂化残渣油根据需要调和而成的，其特点是黏度大，含非烃化合物、胶质、沥青质多，没有轻组分。馏分燃料油和残渣燃料油都是成品油，具有不同规格和性质。馏分燃料油主要应用于大型低速船用柴油机、加热炉或蒸汽锅炉，其主要使用性能是要求燃料油能够喷油雾化良好，以便燃烧完全，降低耗油量，减少积炭和发动机的磨损。因而要求馏分燃料油具有一定的运动黏度，以保证在预热温度下能达到高压油泵和喷油嘴所需要的黏度。残渣燃料油主要应用于各种锅炉，包括船用动力锅炉和工业用炉，它主要由常、减压渣油、催化裂化渣油加入适量裂化轻油（指裂化馏分燃料油）调和而成。

对于进口原油及燃料油的鉴别方法如下：

**1. 感官鉴别**

由于馏分燃料油是由原油直接蒸馏所得，因此在感观上具有一定的透明度，而超轻原油、轻质原油没有透明度。虽然凝析油具有一定的透明度，但凝析油由存在于天然气中的重组分在常温条件下液化而成，其组成主要由 $C_5$ 及以上组分组成，因此凝析油在性质上具有密度小（一般在 0.70g/cm$^3$ 以下）、挥发性大的特点，非常容易与馏分燃料油区分。所以感观上馏分燃料油与轻质、超轻和凝析原油是非常容易区分的。

残渣燃料油由常、减压渣油和催化裂化渣油加入少量催化裂化轻油调和而成，因此在外观上不透明，无挥发性，并且具有黏稠性。而轻质原油、中质原油都含有一定量的挥发性轻组分，常温或加热到足够流动性时都有轻组分挥发，并且很容易被人们的感观所感觉到，而残渣燃料油不具有此性质。利用此方法可将大量的原油与残渣燃料油区分。

**2. 性质鉴别**

性质鉴别方法主要分为黏度、密度鉴别两类，以及金属含量鉴别。

残渣燃料油根据用途及黏度不同分为 5 种规格和 10 个品种。它的特点是各个品种具有固定的黏度范围，例如 180 号燃料油在 50℃条件下，运动黏度不大于 180mm$^2$/s，通常情况下，50℃运动黏度在 150～180mm$^2$/s 之间。对重质原油，由于它不是燃料油，因此没有固定的黏度范围，而有些原油虽然运动黏度接近，但是密度差别较大。

由于残渣燃料油是由常、减压渣油和催化裂化渣油加入少量催化裂化轻油调和而成，因此，在生产过程中或多或少混有一定量的钒触媒催化剂和硅藻土，从而引起钒含量偏高现象，因此，规定了各类残渣燃料油的钒含量，而原油中通常情况下钒含量是比较低的，如达尔原油在正常情况下检不出钒含量，而 180 号燃料油钒含量都在 150$\mu$g/g 以下，由此也可判定油品的类别。

## 9.5　燃料油的工艺操作

### 9.5.1　燃料油的卸货工艺

装运燃料油的船到港后，首先由船方加热燃料油以降低其黏度，利用船上的泵送入储罐。这种流程要求平面与高程设计中以满足船泵按正常流量卸油时的扬程大于进罐的全管路系统的水头损失为前提。如船泵扬程满足不了输送要求，需进行二次加压接力输送，目前采用的接力方式是通过船上泵输送到码头，由码头泵接力输送，此种卸船工艺对设备控制，以及管理方面提出了很高的要求。

### 9.5.2　燃料油的装运工艺

**1. 装船**

首先利用加热系统对储罐的燃料油进行加温，一般温度在45～90℃之间，然后进行装船。装船有两种方式：①储罐位置相对较高，利用有利地形，重力流装船，这种方式节省费用，降低装船成本，但由于燃料油黏度大，装船慢，比较耗时间；②直接用泵装船，速度快、时间短，但静电易于聚集，所以要控制好流量。在输油过程中，当罐区、码头和油船等环节中发生故障时必须迅速停泵、关阀，停止输油作业，避免发生事故。

**2. 装车**

装车主要是对火槽或汽槽机械装运，将储罐的燃料油加热至80℃左右，不能超过90℃，并注意定时脱水，利用泵装火槽或汽槽，在装车过程中要及时查看装车液位，防止溢油事故的发生。操作工艺基本同装船。

### 9.5.3　卸船管线的吹扫

**1. 气体吹扫**

气体吹扫包括用惰性气体和压缩空气。气源压力一般要求保持在0.6～0.8MPa，使吹扫气体流动速度大于正常操作的流速，或最小不低于20m/s，吹扫时要注意温度的变化，温度太低燃料油太黏而吹不动，温度太高容易油沸引起火灾，应间断吹扫多次，以保证吹扫效果。

**2. 水冲洗**

利用船上油泵进行水冲洗，应以管内可能达到最高流量或不小于1.5m/s的流速进行，冲洗的水质应符合管道和设备材质的要求，最少要间断冲洗三次以上，以保证冲洗效果。

**3. 蒸汽吹扫**

蒸汽吹扫是以不同参数的蒸汽为介质的吹扫，它由蒸汽发生装置提供气源。蒸汽吹扫具有很高的吹扫速度，因而具有很大的能量。而间断的蒸汽吹扫方式，又使管线产生收缩、膨胀，这有利于管线内壁附着物的剥离和吹除，吹扫时必须先暖管，并注意输水，防止发生水击现象。暖管要缓慢进行，即先向管道内缓慢送入少量蒸汽，对管道预热，当吹扫管首端和末端温度相近时，再逐渐增大蒸汽流量进行吹扫。吹扫方法是暖管—吹扫—降温—暖管—吹扫—降温，重复进行，直到吹扫合格。

## 9.6 燃料油的储运技术

### 9.6.1 燃料油的储存设备

**1. 地面储罐**

地面储罐是指罐内最低液面略高于附近地坪的罐。最常见的，也是应用最广泛的地面罐是罐底坐落在均质油罐基础上，基础顶面高于附近地坪200～400mm，以便于立式圆柱形钢制油罐排水。同其他油罐相比，地面储罐具有投资少、施工快、日常管理和维修方便等优点，其缺点是储罐的温度受大气温度的影响大，不利于燃料油的加热保温，而且要求罐间的安全距离大，因而占地面积大。

**2. 地下储罐**

地下储罐是指罐内最高油面低于储罐附近地面最低标高200mm的罐。这类储罐多采用非金属材料建造，内壁涂敷防渗层或粘贴薄钢板衬里，以防油品渗漏，顶板上覆土厚度为500～1000mm，燃料油多用此类罐。其优点是隔热效果好、受大气温度日常变化小、减少了燃料油的蒸发损耗，而且在加热时可降低热能消耗；由于采用非金属材料建造，因而钢材耗量较少，着火危险性小，即使着火也不易产生油品漫溢而危及其他油罐，具有一定的隐蔽性。其缺点是造价高、施工期长、操作管理不方便、输送泵的吸入条件较差，而且不宜在地下水位较高的地区建造。此类储罐一般修建于20世纪60年代，目前已很少建造。

**3. 半地下储罐**

半地下储罐是指罐底埋入地下深度不小于罐高的一半，且罐内最高油面不高于油罐附近地面最低标高2m的油罐，这类储罐实际上是地下储罐的改型，以解决地下水位对罐高的限制，其结构及优缺点同地下储罐。

**4. 高架储罐**

高架储罐是指储罐内最低油面高出储罐附近地坪3～8m的罐，这类储罐一般作为加热炉自流的工艺罐。高架储罐的罐型一般采用架设在支墩上的卧式钢油罐。

### 9.6.2 燃料油的储存要求

**1. 防变质**

在燃料油储存过程中，要保证其质量，必须注意以下几点：

(1) 减少温度的影响。温度的变化对燃料油的质量影响较大，如影响其抗氧化安定性，故在油库中常采用绝热油罐、保温油罐，高温季节还需对油罐淋水降温。

(2) 减少空气与水分的影响。空气与水分会影响燃料油的氧化速度，故在储存时常采用能控制一定压力的储罐进行密闭储存。

(3) 降低阳光对燃料油的影响。阳光的热辐射使得油罐中的气体空间和油温明显升高，而且紫外线还能对燃料油过程起催化作用，故轻油储罐外部大多涂成银灰色，以减少其热辐射作用。近年来，一种耐油防腐隔热的白色涂料也在油罐中得到应用。

(4) 降低金属对燃料油的影响。各种金属会对燃料油的氧化速度起催化作用，其中铜的催化作用最强，其次是铅。就同种金属而言，油罐容量越小，与燃料油接触面积的比例就越大，影响也就越大。

**2. 降低燃料油的损耗**

在燃料油储存过程中，降低燃料油蒸发损耗不仅能保证燃料油的数量，还能保证燃料油的质量。目前油库通常的做法是选用浮顶油罐、内浮顶油罐，油罐呼吸阀下选用呼吸阀挡板，淋水降温。

**3. 提高燃料油储存的安全性**

由于燃料油的火灾危险性和爆炸危险性较大，故储存时应采取措施提高其储存的安全性，具体要求是使其爆炸敏感性降低。这一方面要求平时严格加强火种管理，另一方面要在生产中防止金属摩擦产生火花，且在收发油过程中减少静电产生，防止静电积聚。

### 9.6.3 储罐的附件及其作用

**1. 通气孔**

通气孔安装在储存燃料油的罐顶上，是一根铝的金属管，油品收付时的呼吸通道。管上面有盖，通气孔外包有金属网，此网必须经常保持完好和清洁。

**2. 升降管**

其附件有卷扬机、滑轮等，安装在储存燃料油的立罐内部，是一根薄钢管，一端连接在转动关节上，转动关节则与进出油结合管相接，另一端则装有一根钢丝绳，通过罐顶的滑轮与罐外的卷扬机连接，利用卷扬机使升降管上升或下降。其作用是：①依靠升降管位置变化，可将罐内不同高度的油料输出；②可将同一品种而不同密度的油品收入不同高度，以利于油料混合均匀；③当储罐进出口阀门损坏或更换时，如油料向外泄漏，可将升降管升高至液面以上，减少损失。

**3. 加热器**

燃料油需要加热、保温，以满足储运生产操作要求。目前储罐普遍采用固定在罐底部上的水蒸气加热器，称为固定式加热器，其结构有分段式、蛇管式、围栏式等。

（1）分段式加热器。分段式加热器采用无缝钢管焊接而成，在罐内对称分布，并保持一定坡度，便于冷凝水集中外排，减少水击。每一组有单独水蒸气进口控制阀门和冷凝水出口控制阀门，一旦发现某组损坏，可关闭该组进出口控制阀门，将其取出更换。此加热器具有加热均匀、操作方便、热效率高、检修方便等优点；主要缺点是故障率高、易发生泄漏。

（2）蛇管式加热器。蛇管式加热器由无缝钢管弯曲焊接而成，配以少量法兰便于维修。此种加热器对于温差而产生的伸缩变形有较大的适应性。蛇管通过卡箍连接在支撑架上，对称地在罐内分布，并保持一定坡度。对于大型储罐，可分几组并联供汽。它的特点是具有自由伸缩能力，管道内应力小，可承受稍高压力的水蒸气，提高了油品的加热效果。相对而言，蛇管式加热器泄漏要少、故障率低，但存在施工要求高，管道阻力大，不便于油罐清理、检修等缺点。

（3）围栏式加热器。围栏式加热器是近年来开发的一种新型加热器，它采用无缝钢管焊接而成，对称的在罐内分布，并保持一定的坡度，但改变分段式加热器、蛇管式加热器的平面结构为立体结构。此加热器加热速度快，是分段式加热器和蛇管式加热器的 2～3 倍；安全性高，消除了水击现象，加热器泄漏低，使用寿命长；布局合理，罐内可利用空间大，便于附近安装和油罐的清理、维修。

**4. 搅拌器**

搅拌器用于防止燃料油沉积积聚，保证其加热均匀的设备。目前应用较多的是侧向伸入式搅拌器。侧向伸入式搅拌器主要由防爆电机、减速传动装置、支吊架和螺旋桨等组成。防爆电机和减速传动装置设在罐外，由支吊架支承，螺旋桨轴穿过带密封装置的压盖伸入罐内，其端装有直径为355～835mm的船用三叶螺旋桨，压盖用螺栓固定在底圈壁板的开口法兰上。当电机带动螺旋桨旋转时，罐内油品受到螺旋桨叶片的轴向推力和同向推力，前者使油品在水平面上沿螺旋桨轴向方向运动，当推动的油品受到罐壁的阻碍时则产生沿罐壁的圆周运动；后者使罐内油品上下翻滚。二者合成的结果使罐内油品混合均匀，同时使罐内的重质沉积物呈悬浮状态，以免堆积于罐底。根据搅拌器安装后其螺旋桨在水平面上的方位是否可调，可分为固定角度式和可调角度式两种。油品调和一般选固定角度式搅拌器。

## 9.7　燃料油的运输及存储

### 9.7.1　燃料油的运输

因为燃料油的供应点和使用点中间有一定的距离，所以燃料油需要经过运输才能够使用。运输的方式大体上分为以下四类：若是燃料油的使用地点就在沿江河海一带，则可采用船舶运输；若是附近就有燃料油供应点甚至油田，可采用输油管路；远距离的输油多采用铁路油罐车运输；小型用油点或不通铁路的用油点，可采用汽车油罐车运输。

### 9.7.2　燃料油的存储

为了满足生产需要，用油单位的油库必须储存一定的燃油量，燃油用储油罐储存。储油罐可分为地上、半地下和地下三种类型；按结构可分为金属储油罐和混凝土储油罐。为了使存油满足生产要求和减少损失，在储存燃油时应注意以下几个方面：①储油罐中的油位不得高于高限值（各厂有具体规定），以防跑油；油罐顶部应留有足够的空间，以备灭火用；运行油罐油位不得低于低限值，以防油泵抽空断油；②储油罐的油温必须严加监视，防止超温；③对储油罐上部空间的油气浓度，应定期进行测定；对油质，应定期进行化验；防止火灾事故及燃油的氧化变质；及时采取措施，减少燃油损失；④对储油罐定期放水。

对于燃料油的存储设施条件，有以下三点要求：①燃料油入库后必须按照品种、牌号进行单罐存储，不得随意易换或调和；②燃料油调和应该设有专用的调和罐，馏分燃料油及残渣燃料油调和罐要分开专用；③调和罐应采用罐侧机械搅拌装置，对于易分层燃料油储罐也应该注意搅拌，保证燃料油品质稳定。

存储的燃料油应该定期地进行抽样检验，燃料油抽样一般执行GB/T 4756《石油液体手工取样法》：①在油管内去上、中、下三个点样，分别检测密度和水分，若是三个点的结果都在均匀范围内，确认油罐内油品是均匀的；②在油品不均匀的油罐内取代表性油样，应该每间隔数米取样；③对于密度黏度大、倾点温度高的燃料油，应确保样品的代表性，保证检测结果的准确性及代表性。

### 9.7.3　燃料油调和管理

燃料油在调和之前，由燃料油中心提出书面申请和调和方案（若是属于协议销售的，同时应该附销售协议），经过物流中心同意后，油库质检室按照调和方案，进行小样试验，填写油品质量处理报告，并附待调油品、调入油品及小样质检报告，经各个有关部门提出审核意见，报经理室审批后方可通过。调和作业必须严格按照小样比例和调和方案实施，确保大样和调和方案一致。在调和结束之后，按照 GB/T 4756《石油液体手工取样法》的有关规定进行燃料油大样的均匀性检验，同时按调和油品名称、牌号的质量项目指标进行大样的质检，合格后方可履行出库审批手续。

### 9.7.4 燃料油库存管理

对燃料油管理的质检室要做好油样的保存工作，同时燃料油的质量检验必须按照相关的规定建立质量档案，要有规范完整的原始记录、质量报表及调和资料等，以备复查。燃料油的库存管理大体上可分为入库管理及出库管理。

**1. 燃料油入库管理**

经营国建及行业标准燃料油的油库，必须按照产品标准完成 B 级项目检验（对有国家标准的燃料油入库检验，待条件具备后逐步过渡到 A 级项目检验），合格后方可入库。作为重质燃料油入库的油品必须按照规定进行质量检验，检验的项目包括密度、水分、硫含量、沉淀物或机械杂质、黏度、倾点、闪点（油库没有能力检验的项目，由燃料油中心安排外委送检）。

**2. 燃料油出库管理**

储罐第一次使用前必须对发货罐取样进行出库检验，若是不通过则不能对外发货。已经入库或大样检验的油罐，在未进下一批油品之前，并且罐内油品是均匀的、合格的，可免去出库检验。经搅拌均匀、检验合格，库内输送转进空罐的油品，可免去出库检验。对于出库的油进行下述检验项目：黏度、密度、水分及销售协议有要求的其他项目。

### 9.7.5 燃料油管理过程中相关部门的职责

**1. 燃料油中心**

燃料油中心在燃料油管理的过程中主要有五个方面的任务：①对燃料油的油品质量做出监管，确保油品质量；②在采购燃料油的过程中确保所采购的燃料油符合现行的国家标准、行业标准、企业标准或协议质量标准；③和承担运输的单位签订油品保证协议，以确保在运输的环节油品质量不受到污染；④向物流中心提供与质量相关的数据及情况；⑤燃料油日常经营中质量纠纷处理事宜。

**2. 物流中心**

物流中心的主要职责包涵三方面内容：①负责对燃料油质量的管理，对入库油品加强质量监控，同时保证出库油品质量符合有关质量标准和要求；②负责组织对有燃料油业务的油库的燃料油质检情况定期进行监督检查，一旦发现问题要及时指出，并督促整改；③协助处理发生在物流环节的燃料油质量纠纷。

**3. 安全质量处**

安全质量处的职责主要是确保油品质量及存储安全的问题。详细地说，分为以下四个方面：①对经营过程中燃料油质量进行监督管理，审核燃料油质量处理报告，发现问题要及时指导处理；②负责收集、下发与销售行业有关的燃料油产品标准及实验方法，确保标准的及时更新和贯彻；③牵头组织燃料油质检业务培训；④协调处理燃料油的重大质量问题。

## 9.8　燃料油的安全储运

**1. 防静电**

在油品装卸作业时，物料沿管路流动，摩擦起电，使管壁和物料分别积聚极限相反的电荷，其电位可达到很高的量值，易在金属物体的不良导电部位放电引起电火花，导致燃烧和爆炸，具体防止措施有：①可靠接地；②油面与大气隔离；③清除罐内不接地的金属悬浮物。储罐接地考虑防静电和防雷击，接地电阻不大于 100Ω，导出线为铜质，单根导线截面积不小于 25mm。

**2. 防雷电**

雷电的破坏性很大，不仅能伤人毙物，还能引起油罐的火灾和爆炸事故。科学地设计防雷措施和精心管理可避免雷击造成的灾害。具体措施有以下几点：①金属储罐要接地，接地点不少于 2 处，接地点沿罐周长的间距不小于 30m，接地电阻不应大于 100Ω，宜不大于 10Ω；②油罐上安装的信息系统装置金属外壳与油罐体做电气连接；③在雷雨季节前检查罐顶附件与罐顶本体的导电连接是否完好，尤其是呼吸阀与阻火器、阻火器与连接短管之间的螺栓螺母，应无缺件、锈蚀和松动而影响雷电通路的现象；④检查浮顶罐浮顶静电导出装置的连接铜线，应无断裂和缠绕。

**3. 抗震**

地震是一种地质灾害，是人类无法控制的自燃现象。抗震措施如下：①适当增加罐底边缘板和底圈壁板的厚度，加大油罐的径高比，在罐壁下部圈板增设钢板箍等加强圈，基础采用钢筋混凝土环墙式基础；②每年进行一次基础沉降观测，及时处理不均匀沉降；③罐体与进出口管线采用挠性连接。

**4. 硫化铁自燃**

硫化铁本身不是易燃物，在常温下与空气发生氧化反应，该反应为放热反应。如果在反应环境中有可燃烃类物质，就会发生燃烧和爆炸。防止措施有：①罐体内部做防腐处理，防止油品中的活性硫与罐体发生反应，避免硫化铁的生成；②油罐尽量不在低液位下运行，硫化铁的积聚物密度比较大，一般沉在油罐底部，只要液位覆盖沉积物，与空气隔离，没有氧气，缺少了燃烧的条件，就不会发生自燃；③使用化学清洗剂等，清除罐底积聚的硫化铁。除以上安全措施外，油库还应严格控制油气混合气浓度，减少油气排放，保持设备的良好、严密，严防滴、漏、跑、冒。对油库的生产性建筑物应采用自然通风，全面换气，对于泵房和灌油间，应设置排风机进行定期排风，设备的维护维修严格按章执行。

## 9.9　燃料油管理中静电的产生及消除方案

受到其自身特性的影响，危险性极高的燃料油在日常管理过程中（特别是在装卸的过程中）极易产生和集聚静电荷，这时若是遇到可燃物体引发爆炸的必备条件时，就会发生火灾爆炸的事故。燃料油在管理过程中产生的静电越来越受到人们的关注，同时静电的产生又极为容易引起火灾这类危险事件的发生。如何消除在燃料油管理过程中产生的静电也就成了当务之急需要解决的问题。

**1. 静电火灾爆炸的必备条件**

在没有外界因素作用的情况下，物体内部电荷处于平衡状态，该状态称为对外不显电性。当两物体相互摩擦时，就会有电子转移的情况发生（失去电子的带正电，反之带负电）。静电就是指静止的而非流动的电荷聚集起来显示出电性。可燃液体与其他物体发生相对运动（如搅拌、沉降、喷射、流动等）时就会在液体中产生静电。静电引起火灾爆炸事故的必备条件以下四点：一是产生静电；二是静电的聚集程度达到击穿介质、引起火花放电的静电压；三是放电火花周围有一定量的爆炸混合物；四是静电的火花能量不低于可燃性气液混合物的最低引爆能量。

**2. 静电的放电形式**

燃料油的不同运动方式会引起不同的放电形式，主要的放电形式有以下四种情况：

（1）流动带电：在燃料油运输的过程中，燃料油与管壁摩擦，使原来的双电层发生改变，燃料油中的部分电荷发生转移，破坏电荷间的平衡关系，这也是最为常见的带电形式。

（2）喷射带电：燃料油从输油管口喷出时，在强大压力驱使下与空气接触形成束状分布的大小液滴。较大的液滴在重力作用下很快发生沉降，而微小的液滴分散在空气中形成具有大量电荷的雾状小液滴云。

（3）冲击带电：燃料油从管道口喷出后或经顶部注入时，与罐壁或油面发生冲击，产生飞沫、气泡和雾滴，形成带有电荷的电荷云。

（4）沉降带电：燃料油中可能含有固体颗粒杂质和水分，在水和油的界面处形成双电层，当悬浮于液体中的微粒沉降时，液体内部由于电子转移而产生静电。

**3. 静电产生原因**

静电的产生主要有以下五种原因：

（1）静电的产生与燃料油含水量有关，燃料油中含有固体颗粒杂质和水分时，会通过沉降带电增加静电量。

（2）储罐容积影响静电的带电量和空间分布，不同径高比的油罐，其最高电位的变化不同。

（3）燃料油高度对电位变化的影响，在油槽车注油过程中，电位从初始值0开始，随着注油过程油面高度的增高而增大，在注油完成后静置一段时间，静电便会消散。

（4）静电的产生与装油方式关系密切，卸油方式通常分为底部装油法和上部装油法两种，其中上部装油法比底部装油法引起火灾爆炸的可能性大，因为燃料油注入时与罐壁和油面撞击形成大量的电荷云。

（5）与装油系统有关，铁路槽车装油基本有两种方式：泵式装油系统及自流式装油系统，因为自流式装油系统不用油泵注油，通过过滤器的初始电荷较少，相比之下更安全。

**4. 静电危害消除方案**

目前常用的，可以有效消除静电危害的方法主要有五种，包括静电接地、控制燃料油流速、在燃料油中添加防静电添加剂、增加通风性（避免低洼作业）、控制作业环境的空气相对湿度。

（1）静电接地：油品储运过程中，管道、过滤器、油罐等均会产生静电，因此这些设备必须接地；在燃油装卸前，应在作业场所选择湿度较大的地面，同时必须严格检查接地极与导线间各接口的接触是否良好。

（2）控制燃料油流速：燃油装卸过程中，液体流速与静电的产生存在紧密联系，但最大流速不应超过 7m/s。

（3）在燃料油中添加防静电添加剂：这是一种较常见且有效的方法，防静电添加剂本身是一种化学试剂，是结合油品本身的物化特性研制的，若是油品中加入静电添加剂，可以加大油品的导电性、离子性及吸湿性，防止静电产生，同时还可增加油品的导电性，加快静电的消散速度，避免发生静电危险。

（4）增加通风性（避免低洼作业）：由于油蒸汽的密度低于空气密度，蒸发的油气极易存在于低洼处；当蒸发油气与空气混合时，混合气体密度达到爆炸密度极限范围时极易引起爆炸，所以作业时应选择地表通风宽敞的区域，同时避免装卸场地地面存在坑洼。

（5）控制作业环境的空气相对湿度：物体表面的水分能够增加物体的导电性，从而加快静电消除的速率；同时为了避免灾难事故的发生，应对空气环境湿度进行严格控制，必要时可在周边进行洒水以提高空气湿度。

# 第十章 燃料经济活动分析

经济活动分析就是运用各种经济指标和换算资料，对企业的经济活动过程及其成果进行分析研究，以了解过去、控制现在和预测未来，促使企业改善经营管理，提高经济效益的一种管理活动。

电力燃料管理是一个复杂的系统工程，它包括燃料品种选择、订货、分配、运输、接卸、验收、保管与配用等环节，又受地区、时间、市场、资金、资源等许多条件的制约。任何一个环节都同燃料费用相联系，都属于燃料经济活动，都是分析的对象，而它们之间又是互相联系、互相影响的，因而需要进行综合的分析。一般综合为三个部分，即燃料供应量与耗用计划完成情况分析、燃料质量保证程度分析、燃料经济效益综合分析。搞好燃料经济活动分析，必须注意以下几点：

（1）坚持实事求是，切忌猜想与假设。

（2）有定性分析，还必须有定量分析。

（3）要有健全的管理机构和必要的计量、检质手段。

（4）原始资料、台账齐全，数据准确。

（5）从事分析人员要有一定的管理知识和分析能力。要了解燃料资源、运输、订货过程；通晓计量、检质验收工作；熟悉燃料计价和有关政策、法规；了解财务结算，电力生产过程及煤耗等有关电力企业经济指标的含义界定及计算方法。

## 10.1 数量保证分析

### 10.1.1 供应量分析

供应量分析包括合同到货率、计划外采购量分析和库存调剂量分析三个方面。

**1. 合同到货率分析**

影响合同到货率的因素有三个方面，即矿方资源、运输能力、电厂接卸。由于煤炭、石油是大宗散装物资，受储存场地、生产能力、装卸运输能力的制约程度大，要求生产、运输、接卸有机地衔接，任何一个环节的障碍都将影响合同的兑现，一般采用大事主因法和均衡计算法对三个环节影响进行量化分析。

大事主因法是在执行合同中往往会出现影响合同兑现比较重大的事件，也可能同时出现几起重大事件的重叠，在分析时应根据先发生先算；均衡计算法是根据《煤炭送货办法》第二条规定：铁路部门和煤矿应当根据煤炭月度运输计划、用煤单位需用煤炭的缓急情况和卸车、储存能力，共同编制旬、日装车方案，做到对大户均衡发运，对小户定旬发运，保证全面完成计划。

**2. 计划外采购量分析**

计划外采购有年度和月度之分。年度，根据年度发电、供热计划需要的燃料量，扣除国家和地方已分配的计划量进行补充安排；月度，根据合同到货率预测的不足部分安排。

**3. 库存调剂量分析**

发电厂为了保证发供电的连续性和稳定性，必须储备一定数量的燃料作为周转，但库存调剂是有一定限度的，必须根据具体情况，按照储备定额三条线来分析，即经常储备定额线、保险储备定额线和储备警戒线。一般情况下，超过经常储备定额线以上的库存量是可动用的，可列入供应量的库存调剂量。当水电比重大的电网处于供水期、北方电网的冬季采暖期及沿海电网大潮期，则可将保险储备定额线以上的库存，列入供应量的库存调剂量。凡低于以上库存定额时，其低于定额部分即为负库存调剂量，应计算补充库存量。

### 10.1.2　耗用量分析

电力企业燃料耗用由生产消耗和其他消耗两部分构成。

**1. 生产消耗分析**

电力企业产品为电、热两种，生产消耗量＝（发电量×发电煤耗率）＋（供热量×供热煤耗率）。这四项指标是影响耗用量的主要因素，同时又是电力企业生产管理的重要指标，企业应对此经常做出反映、研究和分析。

**2. 其他消耗分析**

其他消耗包括运输损耗、储存损耗和其他非生产性消耗。这些消耗都由国家或行业主管部门制定出最高定额。低于定额部分为节约，超过定额部分则需找有关责任部门赔偿，或查明原因报上级主管部门处理，因此需分别做分析。

### 10.1.3　数量保证程度分析

衡量数量保证程度的标准有两个，即实际可供生产用燃料量同发电、供热计划需要量及同设备可能发电、供热需要量的比较。在做电网燃料保证程度分析时，还需加上供高效机组燃料量同高效机组所需燃料量的比较，具体方法如下。

**1. 列出分析表**

（1）列出可供生产用燃料量分析表，见表10-1。

表10-1　可供生产用燃料量分析表

| 项目 | 末期 | | | 去年同期标准煤量（t） | 上期标准煤量（t） | 比较 | |
|---|---|---|---|---|---|---|---|
| | 原煤量（t） | 天然煤发热量（MJ/kg） | 折合标准煤量（t） | | | 上年同期 | 上期 |
| 实际到货合计 | | | | | | | |
| 国家分配到货量（t） | | | | | | | |
| 合同到货率（%） | | | | | | | |

续表

| 项目 | 末期 | | | 去年同期标准煤量（t） | 上期标准煤量（t） | 比较 | |
|---|---|---|---|---|---|---|---|
| | 原煤量（t） | 天然煤发热量（MJ/kg） | 折合标准煤量（t） | | | 上年同期 | 上期 |
| 地方承担到货量（t） | | | | | | | |
| 合同到货率（%） | | | | | | | |
| 计划外购进到货量（t） | | | | | | | |
| 占总量（%） | | | | | | | |
| 带料加工到货量（t） | | | | | | | |
| 占总量（%） | | | | | | | |
| 运输损耗量（t） | | | | | | | |
| 杂损量（t） | | | | | | | |
| 可动用库存量（t） | | | | | | | |
| 可供生产用资料量（t） | | | | | | | |
| 本期计划需要量（t） | | | | | | | |
| 保证率（%） | | | | | | | |
| 本期设备能力需要量（t） | | | | | | | |
| 保证率（%） | | | | | | | |
| 实供高效机组燃料（t） | | | | | | | |
| 高效机组需用燃料（t） | | | | | | | |
| 满足率（%） | | | | | | | |

（2）表10-1中各项指标计算公式。

1）运输损耗量公式：

$$B_{ys} = B_{yh} + B_{kt} \tag{10-1}$$

式中 $B_{ys}$——运输损耗量（t）；

$B_{yh}$——合理途耗（t）；

$B_{kt}$——亏吨量（t）。

2）杂损量公式：

$$B_{zs} = B_{ch} + B_{pk} + B_{q} \tag{10-2}$$

式中　$B_{zs}$——杂损（t）；

$B_{pk}$——盘亏（t）；

$B_{ch}$——储存损耗（t）；

$B_{q}$——其他耗用燃料（t）。

3）可动用库存量公式：

$$B_{kd} = B_{gc} - B_{hv} \tag{10-3}$$

式中　$B_{kd}$——可动用库存量（万 t）；

$B_{gc}$——期初库存量（万 t）；

$B_{hv}$——储备定额库存量（万 t）。

4）保证率公式：

$$P_{bz} = \frac{B_{sy}}{B_{sx}} \tag{10-4}$$

式中　$P_{bz}$——保证率（%）；

$B_{sy}$——可供生产用燃料量（万 t）；

$B_{sx}$——生产需要量（万 t）。

5）计划发电、供热需用标准煤量公式：

$$B_{ar} = (E_{fd} \cdot b_{fd}) \times 10^2 + (Q_{gr} \cdot b_{gr}) \times 10^3 \tag{10-5}$$

式中　$B_{ar}$——计划发电、供热需用标准煤量（t）；

$E_{fd}$——计划发电量（亿 kWh）；

$b_{fd}$——发电标准煤耗率（g/kWh）；

$Q_{gr}$——计划供热量（106kJ）；

$b_{gr}$——供热标准煤耗率（kg/106kJ）。

6）发电设备能力需用标准煤量公式：

$$B_{fds} = \sum[G_{aj}(t_f - t_s)P_{fh}] \times b_{fd} \times 10^6 \tag{10-6}$$

式中　$B_{fds}$——发电设备能力需用标准煤量（t）；

$G_{aj}$——单机组可调出力（kW）；

$t_f$——发电设备日历运行小时（h）；

$t_s$——发电设备计划检修小时（h）；

$P_{fh}$——预计平均负荷率（%）。

注：如果是供热电厂，则再加上供热需标准煤量。

7）高效机组需标准煤量公式：

$$B_{qj} = \sum[G_{qj}(t_f - t_s)P_{qh}] \times b_{qd} \times 10^6 \tag{10-7}$$

式中　$B_{qj}$——高效机组需标准煤量（t）；

$G_{qj}$——高效机组可调出力（kW）；

$P_{qh}$——高效机组平均负荷率（发电负荷率，即实际发电量同设备可调发电量之比）（%）；

$b_{qd}$——高效机组发电标准煤耗率（g/kWh）。

**2. 经济效益分析**

（1）增加可供生产用燃料（在设备允许增加发电量时）可取得的经济效益。首先计算增加燃料所增发电量。然后，计算可获多少利润，一般从下面三个方面计算。

1）正常利润：

$$L_z = E_{fz} \times L_{gd} \times 10^4 \tag{10-8}$$

式中 $L_z$——正常利润（万元）；

$E_{fz}$——增发电量（亿 kWh）；

$L_{gd}$——计划单位利润（元/kWh）。

2）减少固定费用分摊：因为固定费用已全部摊在原发电计划单位成本中，新增电量不含固定成本，参加平均单位成本时就使整体单位成本下降。减少固定费用分摊获得利润公式为

$$L_{jg} = E_{fz} \times L_{gdg} \times 10^4 \tag{10-9}$$

式中 $L_{jg}$——减少固定费用分摊获得利润（万元）；

$L_{gdg}$——计划单位成本中所含固定费用（或上期单位成本中固定费用）（元/kWh）。

3）标准煤单价差异：增加的燃料标准煤单价同原计划标准煤单价有差异，所以需进行调整。调整公式为

$$L_{dc} = E_{fz} \times b_{fd} \times (C_{gdc} - C_{zdc}) \times 10^2 \tag{10-10}$$

式中 $L_{dc}$——标准煤单价差异获得利润（万元）；

$C_{gdc}$——计划标准煤单价（元/t）；

$C_{zdc}$——增加的煤炭标准煤单价（元/t）。

（2）增加可供生产煤量可取得的效益。

$$X_y = L_z + L_{jg} + L_{dc} \tag{10-11}$$

式中 $X_y$——增加可供生产煤量可取得的效益（万元）。

（3）提高高效机组燃料满足率，取得的经济效益。在分析时，一般采用等比效应（即等效系数为 1）为基础进行比较，即以系统高效机组所发电量占总电量的比例，同系统高效机组装机容量占系统装机总容量的比例完全一致，等效系数为 1。以此作标准，与实际高效机组发电量占同系统总电量的比例作比较，如果得出系数超过 1，为取得经济效益；如果小于 1，则为负效益，其方法如下。

首先，计算高效机组平均煤耗率和其他机组平均煤耗率，求出等效标准煤耗率，其公式为

$$b_{dm} = b_{gm} \cdot G_b + b_{qm} \cdot Q_b \tag{10-12}$$

式中 $b_{dm}$——等效标准煤耗率（g/kWh）；

$b_{gm}$——高效机组平均标准煤耗率（g/kWh）；

$G_b$——高效机组装机比例（%）；

$b_{qm}$——其他机组平均标准煤耗率（g/kWh）；

$Q_b$——其他机组装机比例（%）。

由于提高高效机组燃料满足率，可取得效益，取得的效益按下列公式计算：

$$X_{gz} = E_{fj}(b_{dm} - b_{mm}) \times 10^2 \times C_{pdc} \tag{10-13}$$

式中 $X_{gz}$——由于提高高效机组燃料满足率可取得的效益（元）；

$E_{fj}$——系统总发电量（亿 kWh）；

$b_{mm}$——系统平均煤耗率（g/kWh）；

$C_{pdc}$——系统平均标准煤单价（元/t）。

如计算结果为负值，即为未满足等比发电而造成的损失。如需与上期或上年同期比较，

只要把 $b_{dm}$ 换成 $b_{ds}$ 或 $b_{dt}$ 即可。

$$b_{ds} = b_{gm} \cdot G_s + b_{qm} \cdot Q_s \tag{10-14}$$

式中 $G_s$——上期高效机组发电比（%）；

$Q_s$——上期其他机组发电比（%）。

$$b_{dt} = b_{gm} \cdot G_t + b_{qm} \cdot Q_t \tag{10-15}$$

式中 $G_t$——上年同期高效机组发电比（%）；

$Q_t$——上年同期其他机组发电比（%）。

［例1］ 某电网二季度发电量为100亿kWh，其中高效机组发电量为65亿kWh，系统装机容量600万kWh，其中高效机组装机容量为360万kWh。本季度系统标准煤耗率为410g/kWh，其中高效机组标准煤耗率为380g/kWh，其他机组标准煤耗率为466g/kWh。系统平均标准煤单价为584元/t，求由于提高高效机组满足率，可取得经济效益多少元？

解：先计算高效机组装机容量比例 $G_b$：

$$G_b = \frac{360}{600} = 0.6$$

高效机组发电比例 $E_{gd}$：

$$E_{gd} = \frac{65}{100} = 0.65$$

按式（10-12）计算 $b_{dm}=(380\times0.6)+(466\times0.4)=228+186.4=414.4(g/kWh)$

按式（10-13）计算 $X_{gz}=100\times(414.4-410)\times100\times584=2569.6$(万元)

由于提高高效机组满足率，取得经济效益为2569.6万元。

## 10.2 质量保证分析

质量的保证分析依据是电厂设计所采用的代表煤种的质量指标。允许偏差范围则以校核煤种的质量指标作为依据。主要分析指标有挥发分、低位发热量、灰分、硫分、水分和灰熔点。分析方法可采用总体水平法、均匀度法和微增趋势。

### 10.2.1 从总体水平分析所供燃料保证程度

一般采用动态相对数进行对比分析，以观察本期所供燃料从总体水平上各项质量指标同设计要求值的比较；同上期值比较；同上年同期值比较。列出对照表，见表10-2。

表10-2 某电厂煤质情况比较表（ 年 月）

| 项目 | 本期时间平均值 | 设计值 | | 上期值 | | 去年同期值 | |
|---|---|---|---|---|---|---|---|
| | | 要求 | 比较（±） | 实际 | 比较（±） | 实际 | 比较（±） |
| 挥发分（%） | | | | | | | |
| 低位热值（MJ/kg） | | | | | | | |
| 灰分（%） | | | | | | | |
| 硫分（%） | | | | | | | |
| 水分（%） | | | | | | | |
| 灰熔融性ST（℃） | | | | | | | |

各项指标平均值计算公式如下：

(1) 水分平均值计算式为

$$\overline{M}_{ar} = \frac{\sum(P \cdot M_{ar})}{\sum P} \tag{10-16}$$

式中 $\overline{M}_{ar}$——平均水分（%）；

$P$——批量（t）；

$M_{ar}$——本批量收到基水分（%）。

(2) 灰分平均值计算式为

$$\overline{A}_{d} = \frac{\sum(P_{d} \cdot A_{d})}{\sum P_{d}} \tag{10-17}$$

其中 $P_{d}$＝本批量×$(1-M_{ar})$

式中 $\overline{A}_{d}$——干燥基平均灰分（%）；

$A_{d}$——本批量干燥基灰分（%）。

其余类推。

### 10.2.2 从逐日（班）检查分析入炉燃料质量均匀程度

从电厂锅炉燃烧的要求来说，每一瞬间所烧的燃料都必须符合设计质量要求，但这个要求是无法考查的，不可能对每一瞬间入炉的燃料都采样分析。由于燃料是批量进厂，可供比较长一段时间燃烧，同一批量的燃料一般质量是比较接近的，因而一般都是采用日（班）取入炉燃料样以检查监督燃料质量均匀程度，见表10-3。

**表10-3 某电厂燃料配掺均匀程度分析表**

| 项目 | 某日 | | | | 本期平均值 |
|---|---|---|---|---|---|
| | 日均 | 早班 | 中班 | 晚班 | |
| 挥发分（%） | | | | | |
| 低位热值（MJ/kg） | | | | | |
| 灰分（%） | | | | | |
| 水分（%） | | | | | |
| 黏度（°E） | | | | | |

平均偏差系数和最大偏差系数可反映燃料质量均匀程度。

(1) 平均偏差系数的计算式为

$$\overline{d}_{m} = \frac{\overline{d}}{g} \tag{10-18}$$

式中 $\overline{d}_{m}$——平均偏离系数（%）；

$\overline{d}$——平均偏差（取绝对数）；

$g$——界限值（取绝对值）。

(2) 最大偏差系数的计算式为

$$d_{mg} = \frac{d_{g}}{g} \tag{10-19}$$

式中　$d_{mg}$——最大偏差系数；

$d_g$——最大偏差（取绝对值）。

［例 2］　某两电厂设计煤种挥发分甲电厂为 12%，乙电厂为 34%，某月中旬两电厂入炉煤化验结果见表 10-4。

表 10-4　　入炉煤化验结果

| 甲电厂 | | | | 乙电厂 | | | |
|---|---|---|---|---|---|---|---|
| 日期 | 炉前化验值 | 设计要求值 | 偏差值 | 日期 | 炉前化验值 | 设计要求值 | 偏差值 |
| 11 | 10.0 | 12 | 2.0 | 11 | 32 | 34 | 2.0 |
| 12 | 9.0 | 12 | 3.0 | 12 | 31 | 34 | 3.0 |
| 13 | 8.0 | 12 | 4.0 | 13 | 30 | 34 | 4.0 |
| 14 | 7.8 | 12 | 4.2 | 14 | 29.8 | 34 | 4.2 |
| 15 | 7.2 | 12 | 4.8 | 15 | 29.2 | 34 | 4.8 |
| 16 | 12.0 | 12 | 2.0 | 16 | 32.0 | 34 | 2.0 |
| 17 | 13.2 | 12 | 1.2 | 17 | 35.2 | 34 | 1.2 |
| 18 | 13.8 | 12 | 1.8 | 18 | 35.8 | 34 | 1.8 |
| 19 | 14.0 | 12 | 2.0 | 19 | 36.0 | 34 | 2.0 |
| 20 | 15.0 | 12 | 3.0 | 20 | 37.0 | 34 | 3.0 |
| 平均值 | 11 | | 2.8 | | 32.8 | | 2.8 |

计算：甲电厂平均偏差系数＝2.8/12＝0.23＝23%

乙电厂平均偏差系数＝1.8/34＝0.053＝5.3%

甲电厂最大偏差系数＝2.8/12＝0.82＝8.2%

乙电厂最大偏差系数＝4.8/34＝0.141＝14.1%

从上述两电厂情况看，平均偏差值都是 2.8，最大偏差值都是 4.8，但是平均偏差系数和最大偏差系数就不一样了，说明甲电厂偏差系数大，煤的配掺均匀度不如乙电厂，对燃烧的影响也是甲电厂大，乙电厂小。

对低位发热量、灰分、水分、黏度都可采用此办法来分析，至于硫分、灰熔点则不需做均匀度分析。

### 10.2.3　从微增趋势分析所供燃料对标准煤耗率的影响

以上分析只能做出定性分析，要做定量分析，还需依靠试验和积累大量统计资料找出微增趋势来计算求得。一般煤质指标都同发电煤耗率相关，但其相关是直线方程（$y=ax+b$）或曲线方程（$y=ab^x$），还是抛物线方程（$y=ax^2+bx+c$），则需要收集大量资料整理，编制棋盘式的相关图表。

［例 3］　分析某电厂燃用的煤种挥发分的变化对发电煤耗率的影响，要研究两种因素的相关关系时，可先收集资料，根据资料数据先绘制相关图进行观察，看是否有相关性。收集的挥发分及发电煤耗原始资料见表 10-5。

**表 10-5　　挥发分及发电煤耗原始数据资料**

| No. | 1 | 2 | 3 | 4 | 5 | 6 | 7 | 8 | 9 | 10 | 11 | 12 | 13 | 14 | 15 | 16 | 17 | 18 | 19 | 20 |
|---|---|---|---|---|---|---|---|---|---|---|---|---|---|---|---|---|---|---|---|---|
| $V_{daf}$（%） | 8 | 8 | 9 | 9 | 9 | 10 | 10 | 10 | 10 | 11 | 11 | 11 | 11 | 11 | 11 | 11 | 11 | 12 | 12 | 12 |
| $B_{fd}$（g/kWh） | 440 | 438 | 438 | 434 | 432 | 432 | 432 | 430 | 428 | 424 | 424 | 424 | 422 | 422 | 420 | 420 | 420 | 418 | 416 | 416 |

根据表 10 5 数据绘制相关图，即是将要检查相关性的两种因素的数据在坐标纸上打点，然后观察点的分布情况，判断两种因素相关程度。从数据分布状况判断是直线方程关系（即挥发分越高标准煤耗率越低），按下列公式计算：

$$y_e = ax + b \tag{10-20}$$

式中　$x$——挥发分；

$y_e$——标准煤耗率；

$a$、$b$——待定参数。

根据表 10-5 提供的数据，计算挥发分与发电煤耗率的相关系数（见表 10-6），用最小平方法推导出下列标准方程式：

$$a\sum x + nb = \sum y \tag{10-21}$$

$$a\sum x^2 + b\sum x = \sum xy \tag{10-22}$$

**表 10-6　　挥发分（$x$）与发电煤耗率（$y$）的相关系数计算表**

| No. | $x$ | $y$ | $xy$ | $xx^2$ | $yy^2$ |
|---|---|---|---|---|---|
| 1 | 8 | 440 | 3520 | 64 | 193 600 |
| 2 | 8 | 438 | 3504 | 64 | 191 844 |
| 3 | 9 | 438 | 3942 | 81 | 191 844 |
| 4 | 9 | 434 | 3906 | 81 | 188 356 |
| 5 | 9 | 432 | 3888 | 100 | 186 624 |
| 6 | 10 | 432 | 4320 | 100 | 186 624 |
| 7 | 10 | 432 | 4320 | 100 | 186 624 |
| 8 | 10 | 430 | 4300 | 100 | 184 900 |
| 9 | 10 | 428 | 4280 | 100 | 183 184 |
| 10 | 10 | 424 | 4280 | 121 | 183 184 |
| 11 | 11 | 424 | 4664 | 121 | 179 776 |
| 12 | 11 | 424 | 4664 | 121 | 179 776 |
| 13 | 11 | 422 | 4692 | 121 | 178 084 |
| 14 | 11 | 422 | 4692 | 121 | 178 084 |
| 15 | 11 | 420 | 4620 | 121 | 176 400 |
| 16 | 11 | 420 | 4620 | 121 | 176 400 |
| 17 | 11 | 420 | 4620 | 121 | 176 400 |
| 18 | 12 | 418 | 5016 | 144 | 174 724 |
| 19 | 12 | 416 | 4992 | 144 | 173 056 |
| 20 | 12 | 416 | 4992 | 144 | 173 056 |
| Σ | 206 | 8534 | 87 732 | 2150 | 3 642 540 |

将表 10-6 中相关数值代入式（10-21）和式（10-22）得

$$206a + 20b = 8534$$
$$2150a + 206b = 87\,732$$

解上列方程式得

$$a = -5.9645$$
$$b = 488.134$$

现在测算该电厂挥发分从9%提高到10%影响煤耗的变化。先按式（10-21）分别测算挥发分9%和10%的预测煤耗率为

$$y_9 = (-5.9645) \times 9 + 488.134 = 434.5(\text{g/kWh})$$
$$y_{10} = (-5.9645) \times 10 + 488.134 = 428.5(\text{g/kWh})$$

影响煤耗下降434.5－428.5＝6（g/kWh）

其余均可类推。

## 10.3　燃料质价相符程度分析

燃料质价相符程度的依据是订货合同和国家标准。超出国家规定允许误差（或合同规定允许误差）范围外的燃料为质价不符燃料。一般以提供燃料的矿、厂为分析单位列出比照分析表，见表10-7。

**表10-7　　某局（厂）燃料质价不符分析表**

<table>
<tr><th rowspan="4">矿别</th><th colspan="9">本期</th><th colspan="9">上期</th><th rowspan="4">损失金额</th></tr>
<tr><th rowspan="3">质价不符率（%）</th><th colspan="3">灰分计价</th><th colspan="3">热值计价</th><th rowspan="3">损失金额（元）</th><th rowspan="3">质价不符率（%）</th><th colspan="3">灰分计价</th><th colspan="3">热值计价</th><th rowspan="3">损失金额（元）</th></tr>
<tr><th colspan="2">$A_d$（%）</th><th rowspan="2">级差</th><th colspan="2">$Q_{net,ar}$</th><th rowspan="2">级差</th><th colspan="2">$A_d$（%）</th><th rowspan="2">级差</th><th colspan="2">$Q_{net,ar}$</th><th rowspan="2">级差</th></tr>
<tr><th>矿</th><th>厂</th><th>矿</th><th>厂</th><th>矿</th><th>厂</th><th>矿</th><th>厂</th></tr>
<tr><td>合计</td><td></td><td></td><td></td><td></td><td></td><td></td><td></td><td></td><td></td><td></td><td></td><td></td><td></td><td></td><td></td><td></td><td></td><td></td></tr>
<tr><td>××矿</td><td></td><td></td><td></td><td></td><td></td><td></td><td></td><td></td><td></td><td></td><td></td><td></td><td></td><td></td><td></td><td></td><td></td><td></td></tr>
<tr><td>××矿</td><td></td><td></td><td></td><td></td><td></td><td></td><td></td><td></td><td></td><td></td><td></td><td></td><td></td><td></td><td></td><td></td><td></td><td></td></tr>
<tr><td>××矿</td><td></td><td></td><td></td><td></td><td></td><td></td><td></td><td></td><td></td><td></td><td></td><td></td><td></td><td></td><td></td><td></td><td></td><td></td></tr>
</table>

（1）质价不符率计算式为

$$F = \frac{\sum P_b}{\sum P_l} \times 100\% \tag{10-23}$$

式中　$F$——质价不符率（%）；

$P_b$——质价不符当批煤量（t）；

$P_l$——经抽查的煤量（t）。

（2）平均级差计算式为

$$\bar{q} = \frac{\sum P_b \cdot q}{\sum P_b} \tag{10-24}$$

式中　$\bar{q}$——平均级差（级）；

$q$——当批级差（级）。

**例4：**某电厂×月收到×矿各批煤的质量验收情况见表10-8，计算其质价不符率。

表 10-8　各批煤的质量验收情况

| 日期 | 进厂数量 | 验收数量 | 矿方化验 | | 电厂化验 | | 等级差 |
|---|---|---|---|---|---|---|---|
| | | | $Q_{net,ar}$（MJ/kg） | 等级 | $Q_{net,ar}$（MJ/kg） | 等级 | |
| 1 | 2700 | 2700 | 21.3 | 21.5 | 19.4 | 19.5 | 4 |
| 2 | 1000 | — | 21.5 | 21.5 | — | — | — |
| 3 | 5400 | 5400 | 22.1 | 22.5 | 21.1 | 21.5 | — |
| 4 | 2600 | 2600 | 22.3 | 22.5 | 19.8 | 20 | 5 |
| 5 | 800 | — | 21.5 | 21.5 | — | — | — |
| 6 | 2800 | 2800 | 22.4 | 22.5 | 20.1 | 20.5 | 4 |
| 7 | 3000 | 3000 | 22.2 | 22.5 | 19.6 | 20 | 5 |
| 8 | 500 | 500 | 21.5 | 21 | 21.4 | 21.5 | — |
| 9 | 2800 | 2800 | 23 | 23 | 21 | 21 | 4 |
| 平均 | 21 600 | 19 800 | — | — | — | — | 4.4 |

按式（10-23）计算质价不符：

$$F=\frac{2700+2600+2800+3000+2800}{19\,800}\times 100\%=\frac{13\,900}{19\,800}=70.2\%$$

注意，分母要用到厂验收煤量，因为未抽查部分无法判断是否相符。

$$\bar{q}=\frac{2700\times 4+2600\times 5+2800\times 4+3000\times 5+2800\times 4}{13\,900}=\frac{61\,200}{13\,900}=4.4\text{ 级}$$

## 10.4　标准煤单价变动因素分析

标准煤单价变动分析，主要采取对比分析法，即本期同上期比较。一般影响标准煤单价变化的因素可分成三类，即账务处理中的不可比因素、客观社会因素和企业自身因素。

### 10.4.1　账务处理中的不可比因素

为了客观准确地反映实际情况，对一些账务处理中的不可比因素做出调整，便于在同一口径下进行对照，以找出或把握问题的关键，然后进行分析研究，提出切实可行的对策。

一般情况下，账务处理中的不可比因素有下列几种。

**1. 调价翘尾**

调价翘尾是指上期（上年）中间某时起某项燃料价格调整，或某种运输价格调整，延续到本期继续执行。在本期同上期比较时，就应把本期支付的前面那一段涨价（降价）因素剔出来，调整到与上期同口径。调整公式为

$$D_0=B_1\times\frac{12-h_t}{12}\times C_{d0} \tag{10-25}$$

式中　$D_0$——调价翘尾金额（元）；

$B_1$——本期有关煤量（t）；

$h_t$——上期调价起到年末的月份数；

$C_{d0}$——上涨单价（元/t）。

**2. 本期支付不属本期费用**

在业务往来中往往会有某些纠纷（如质价不符，亏吨及杂费等）先行拒付，过后协商解

决，就会发生本期补付前期费用，这些都需逐笔列出进行调整。

**3. 特殊费用**

有些临时列支的费用，如购买使用清焦剂、系统内部代购费、管理费等。

**4. 上期支付不属该期费用**

为了调整到同一口径，对上期列支的不属该期费用，因为它已进入上期标准煤单价中，所以在表中也应用负号调整。据此列出调整因素明细表，见表 10-9。

表 10-9　　调整因素明细表

| 名称 | 合计金额（万元） | 调价翘尾 | | | 不属本期费用（万元） | 特殊费用（万元） | 减：上期支付不属该期费用（万元） |
|---|---|---|---|---|---|---|---|
| | | 数量（t） | 单价（元/t） | 金额（万元） | | | |
| | | | | | | | |

### 10.4.2　客观社会因素

**1. 煤炭调价**

煤炭调价，有国家调价，有市场变化，还有煤矿附加费的变化等。这些均系以 t 为调价单位的。应把相关煤量（油量）列出，然后乘以上涨单价得出总金额。

**2. 运输调价**

运输调价，往往是以吨公里计算，具体收费则按运价里程表的运距间隔计算。因此，只能按前后比较全程运费增长数，分别计算出总金额。

**3. 装卸费变化**

装卸费和矿区运杂费变化。

**4. 新增项目费用**

涨价因素明细表，见表 10-10。

表 10-10　　涨价因素明细表

| 涨价项目 | 合计金额（万元） | ××厂 | | | ××厂 | | | ××厂 | | |
|---|---|---|---|---|---|---|---|---|---|---|
| | | 有关煤量（t） | 单价（元/t） | 金额（万元） | 有关煤量（t） | 单价（元/t） | 金额（万元） | 有关煤量（t） | 单价（元/t） | 金额（万元） |
| | | | | | | | | | | |

明细表列出后，再编制标准煤单价比照分析表，见表 10-11。

表 10-11　　标准煤单价比照分析表

| 单位 | 入炉煤折标准煤量（t） | 标准煤单价 | | | 调整 | | 涨价因素 | | 可比 | |
|---|---|---|---|---|---|---|---|---|---|---|
| | | 本期实际（元/t） | 上期实际（元/t） | 升降（±）（元/t） | 金额（万元） | 影响单价（元/t） | 金额（万元） | 影响单价（元/t） | 单价（元/t） | 升降（±）（元/t） |
| 全局 | | | | | | | | | | |
| ××厂 | | | | | | | | | | |
| ××厂 | | | | | | | | | | |
| ××厂 | | | | | | | | | | |

### 10.4.3 企业自身因素

前面调整的是属于客观因素，调整后的可比单价升降，则受企业自身的因素影响。当然企业自身因素应是主观因素，但是有些因素不属燃料管理自身能解决的，有些则是燃料管理主观能解决的，因此又可细分为两类。

**1. 不属于燃料管理自身能解决的**

(1) 国家调配的煤种结构变化的影响。尽管煤炭已走向市场，但是为了保证重点企业的需要及受交通运输的制约，国家还保留部分煤炭运销的统一调配。由于煤炭资源及运输每年都会有一些变化，加上新增电厂、新增机组，需求也会有变化，因此分配到各局（厂）的煤种会有变化，而各种煤的到厂标准煤单价不是一致的，有的差别很大，因此煤种结构变化对某一个局（厂）平均标准煤单价会产生很大的影响。

煤种结构变化影响（只计算调配部分）的计算式为

$$Z_{mj}=\left(\frac{\sum B_1C_0}{\sum B_1}-\frac{\sum B_0C_0}{\sum B_0}\right)\times\sum B_1 \tag{10-26}$$

式中 $Z_{mj}$——由于煤种结构变化影响金额（万元）；

$B_0$——上年度使用各种煤折合标准煤的数量（万 t）；

$B_1$——本年度使用各种煤折合标准煤的数量（万 t）；

$C_0$——上年度各种煤的标准煤单价（元/t）。

(2) 地区发电结构变化的影响。地区发电结构变化，影响到各地区用煤量产生变化。由于各地区距煤炭产地远近不一，运输距离有长有短，运费支出也就不同，因此到厂标准煤单价也各异。一旦各电厂使用煤量发生变化，就导致全局平均标准煤单价发生变化，与煤种结构变化一样，有时影响较大。地区发电结构变化影响平均标准煤单价变动，主要反映在使用标准煤量的变化上，其计算式为

$$Z_{aj}=\left(\frac{\sum B_1C_0}{\sum B_1}-\frac{\sum B_0C_0}{\sum B_0}\right)\times\sum B_1 \tag{10-27}$$

式中 $Z_{aj}$——地区发电结构比例变化影响金额（万元）；

$B_0$——上年度地区使用标准煤量（万 t）；

$B_1$——本年度地区使用标准煤量（万 t）；

$C_0$——上年度地区到厂标准煤单价（元/t）。

**2. 燃料管理自身因素**

(1) 自购煤炭对标准煤单价的影响。市场采购煤炭价格随行就市，如果煤炭市场疲软，自由选购余地大，则容易选择质优价廉煤炭，反映在自购煤炭价格比统配低，甚至低于上年平均价格。如果市场紧张，就会出现自购煤炭价格超过统配煤炭价格，超出上年平均价格。计算式为

$$Z_z=(C_z-C_0)\times B_z \tag{10-28}$$

式中 $Z_z$——自购煤炭对标准煤单价影响金额（万元）；

$C_z$——自购煤炭平均到厂标准煤单价（元/t）；

$C_0$——上期平均标准煤单价（元/t）；

$B_z$——本期自购煤折标准煤量（万 t）。

（2）煤质管理对标准煤单价的影响。煤质管理工作好坏影响标准煤单价的变化，主要从两个方面分析。

1）加强煤质到厂验收，可以提高质价相符率，减少损失，直至质价完全相符。但是实际上质价不符情况总是存在的，只是加强煤质验收后，一方面促使矿方注意质价相符，降低不符率和级差，另一方面发生质价不符后，进行交涉索赔，挽回损失。提高质价相符减少损失金额计算式为

$$C_{kkj}=\left(\frac{C_{kk0}}{B_0P_0}-\frac{C_{kk1}}{B_1P_1}\right)\times B_1+(S_1-S_0) \tag{10-29}$$

式中　$C_{kkj}$——减少质价不符损失金额（万元）；

$C_{kk1}$——本期质价不符总金额（万元）；

$B_1$——本期标准煤量（万 t）；

$P_1$——本期检质率（%）；

$C_{kk0}$——上期质价不符总金额（万元）；

$B_0$——上期标准煤量（万 t）；

$P_0$——上期检质率（%）；

$S_1$——本期索赔金额（万元）；

$S_0$——上期索赔金额（万元）。

2）加强煤质管理，促使煤矿提高煤炭供应质量，从而提高了供煤热值。虽然煤炭是按质论价的，煤矿提高热值后煤价也相应提高，但是作为需方来说收到的热值增加了，而运费并未增加，因而降低了标准煤单价，其计算式为

$$L_q=B\times\left(\frac{Q_1-Q_0}{29.27}\right)\times Z \tag{10-30}$$

式中　$L_q$——热值增加减少运费支出金额（万元）；

$B$——到厂原煤量（万 t）；

$Q_1$——本期天然煤发热量（MJ/kg）；

$Q_0$——上期天然煤发热量（MJ/kg）；

29.27——标准煤每千克收到基低位热值（MJ/kg）；

$Z$——该煤矿到厂运输单价（元/t）。

（3）加强计量管理取得的效益。加强计量管理包括加强到厂计量验收可以减少的亏吨，以及出现亏吨后加强索赔工作的情况。煤炭从矿方发出到厂验收，中途运输有一定的损耗（称途耗），超过规定途耗率的为亏吨。发生货物亏吨，应由供方赔偿，但有时不仅没有途耗而且还有盈吨，因此出现盈吨折金额、亏吨折金额和索赔金额。计算效益时，应将本期净亏吨率，同上期净亏吨率比较，其计算式为

$$B_k=\left(\frac{K_0-K_{01}-K_{02}}{P_{20}}-\frac{K_1-K_{11}-K_{12}}{P_{21}}\right)\times P_1 \tag{10-31}$$

式中　$B_k$——加强计量验收取得效益（万元）；

$K_0$——上期亏吨折合金额（万元）；

$K_{01}$——上期盈吨折合金额（万元）；

$K_{02}$——上期索赔金额（万元）；

$P_{20}$——上期抽查煤量（万 t）；

$K_1$——本期亏吨折合金额（万元）；

$K_{11}$——本期盈吨折合金额（万元）；

$K_{12}$——本期索赔金额（万元）；

$P_{21}$——本期抽查煤量（万 t）；

$P_1$——本期进厂煤量（万 t）。

以上各项可单项列出，也可综合计算，再加上其他方面的效益，诸如加强审核发现矿方计算错误追回的损失，以及调整运输或避免不合理费用的开支等。各项相加，即为下降的总金额，再换算为标准煤单价下降值。

## 10.5　分析结果的表现形式

### 10.5.1　分析结果表达原则

经济活动分析的结果，不管采用什么形式，都必须坚持以下几条基本原则。

**1. 准确的数字为依据**

定性必须定量，以数据定性。例如，说发运不均衡，必须写清楚不均衡的数据，日均多少，最大偏差多少，均方差多少。

**2. 推理要符合逻辑**

确定论点要符合客观实际，符合客观事物的内部联系。例如，某矿订货合同本月只有5000t，该站是整列发运的，该煤量只能装两列，这就不能要求车站按日均发运；又如，现在电厂掺配条件都不十分完善，如果总量不大而进货渠道也不多，硬要提出多种不同质的煤炭按一定的比例掺配，显然是不符合客观实际的。

**3. 要选择正确的分析方法**

例如，选择对比分析法时，必须选择可比的基数或基期，或者调整成可比口径。否则，对比出来的结果是毫无意义的。

**4. 要用系统的观点进行综合分析**

对于某一项目或因素在某一方面会产生一定的效益，但可能对其他方面造成不利影响，因此必须做全面综合分析，综合分析是按系统工程理论做最优化研究。燃料经济活动分析应按燃料成本构成系统，来做综合分析；以燃料成本最低作系统目标，进行分析研究。即使某一因素对质量保证程度略有影响，但能大幅度降低标准煤单价，使综合燃料成本下降，也应该是优化方案等。

**5. 言简意明**

写分析报告一定要主题明确，使用统计数字恰当，做到言简意明，决不可搞成一大堆数字罗列。

### 10.5.2　分析结果表现形式

**1. 简要型**

一般向领导和上级机关报告，要求主题明确，问题清楚，一目了然，使用文字不宜过长；所分析的项目，都带一定的普遍性，分析要求比较规范，界定清晰。因此，多采用报表形式定期报送，如到货情况分析表，计量盈亏情况月报表，煤质验收情况月报表，煤价快报等。这些报表后面可附加简要文字，对一些重点问题提示，或做重点说明。

**2. 单项型**

此类分析报告，可采取不定期的专题报告形式，向领导、上级主管机关和有关部门报告。要求围绕一个或两个主题进行比较深入、清楚、透彻地分析，并有比较明确的结论和改进措施，或建设性的意见。例如，煤场盘点盈亏原因分析及处理意见报告，煤炭调价影响燃料单位成本和标准煤单价上升的分析报告，铁路运费率调整后影响燃料成本上升的分析报告等。

**3. 全面型**

主要是季度或年度作燃料经济活动分析报告，有条件的电厂也可采取月度分析报告。全面型分析报告要求真实的数据、详细的资料、全面的内容、客观的分析、分明的层次、合理的结论、具体的建议。

# 参 考 文 献

［1］ 国家电力调度通信中心．燃料管理工程［M］．北京：冶金工业出版社，1995．
［2］ 中能电力工业燃料公司．动力用煤煤质检测与管理［M］．北京：中国电力出版社，2000．
［3］ 孙刚．商品煤采样与制样［M］．北京：中国质检出版社，中国标准出版社，2012．
［4］ 方文沐，杜惠敏，李天荣．燃料分析技术问答［M］．北京：中国电力出版社，2005．
［5］ 尹世安．电厂燃料［M］．北京：水利电力出版社，1993．
［6］ 李文华．煤质管理与经营［M］．北京：中国标准出版社，2003．
［7］ 刘爱忠．燃料管理及设备［M］．北京：中国电力出版社，2003．
［8］ 张磊，马明礼．燃料运行与检修［M］．北京：中国电力出版社，2006．
［9］ 林木松，李智，张宏亮，等．动力燃料计量与检验技术［M］．北京：中国电力出版社，2011．